Windows Server 2012 系统配置指南

戴有炜　编著

清华大学出版社
北　京

本书版权登记号：图字：01-2013-8759

本书为碁峰资讯股份有限公司授权出版发行的中文简体字版本。

内 容 简 介

本书由台湾知名的微软技术专家戴有炜先生倾力编著，是他最新推出的 Windows Server 2012 三卷力作中的系统配置指南篇。

书中延续了作者的一贯写作风格：大量的实例演示兼具理论，以及完整清晰的操作过程，以简单易懂的文字进行描述，内容丰富且图文并茂。本书共分 19 章，内容包括 Windows Server 2012 基本概念、安装 Windows Server 2012、Windows Server 2012 基本环境设置、本地用户与组账户的管理、创建 Active Directory 域、NTFS 与 ReFS 磁盘的安全与管理、访问网络文件、打印服务器的设置与管理、利用配置文件管理用户工作环境、文件服务器的管理、组策略与安全设置、注册表与注册表编辑器、远程桌面连接、磁盘系统的管理、利用 WSUS 部署更新程序、AD RMS 企业文件版权管理、分布式文件系统、搭建 iSCSI 文件服务器故障转移群集和系统启动的疑难排除。

本书面向广大初、中级计算机技术人员、计算机管理和维护人员，也可作为高等院校相关专业和技术培训班的教学用书，同时可以作为微软认证考试的参考用书。

图书在版编目（CIP）数据

Windows Server 2012 系统配置指南 / 戴有炜编著. — 北京 ：清华大学出版社，2014(2020.7重印)

ISBN 978-7-302-36130-5

Ⅰ.①W…　Ⅱ.①戴…　Ⅲ.①Windows 操作系统－网络服务器－指南　Ⅳ.①TP316.86-62

中国版本图书馆 CIP 数据核字（2014）第 069713 号

责任编辑： 夏非彼
封面设计： 王　翔
责任校对： 闫秀华
责任印制： 从怀宇
出版发行： 清华大学出版社
网　　址： http://www.tup.com.cn，http://www.wqbook.com
地　　址： 北京清华大学学研大厦 A 座　　**邮　　编：** 100084
社 总 机： 010-62770175　　**邮　　购：** 010-62786544
投稿与读者服务： 010-62776969，c-service@tup.tsinghua.edu.cn
质 量 反 馈： 010-62772015，zhiliang@tup.tsinghua.edu.cn
印 装 者： 三河市龙大印装有限公司
经　　销： 全国新华书店
开　　本： 190mm×260mm　　**印　张：** 37.75　　**字　　数：** 966 千字
版　　次： 2014 年 6 月第 1 版　　**印　　次：** 2020 年 7 月第 5 次印刷
定　　价： 89.00 元

产品编号：056141-01

序

首先要感谢读者长久以来的支持与爱护！这一系列书籍仍然采用我一贯的编写风格，也就是完全站在读者的立场思考，并且以实用的观点来编写这几本Windows Server 2012书籍。我花费了相当多时间不断地测试与验证书中所述内容，并融合多年的教学经验，以最容易让您了解的方式将其写到书中，希望这本书能帮助您快速学会Windows Server 2012。

本套书的宗旨是希望能够让读者通过书中完整与清楚的实际操作，来充分了解Windows Server 2012，进而能够轻松地管理Windows Server 2012的网络环境，因为此书不但理论解说清楚，而且范例充足。对需要参加微软认证考试的读者来说，这套书更是不可或缺的参考书籍。

学习网络操作系统，要注重实际操作，只有掌握操作中所介绍的各项技术，才能充分了解与掌控它，因此建议使用类似Windows Server 2012 Hyper-V的虚拟化软件，来配置各种网络测试环境。

本套书分为《Windows Server 2012系统配置指南》、《Windows Server 2012网络管理与架站》和《Windows Server 2012 Active Directory配置指南》三本，内容丰富详实，相信这几本书仍然不会辜负您的期望，在学习Windows Server 2012时给予您最大的帮助。

感谢所有让这本书能够顺利出版的朋友们，他们在给予宝贵意见、帮助版面排版、协助技术审校、出借测试设备以及提供软件资源等方面都给予了很大帮助。

戴有炜
2014年1月

目　录

第 1 章 Windows Server 2012 基本概念

Windows Server 2012可以帮助信息部门的IT人员搭建功能强大的网站、应用程序服务器与高度虚拟化的云应用环境，无论是大、中或小型的企业网络，都可以使用Windows Server 2012的强大管理功能与安全措施，来简化网站与服务器的管理、改善资源的可用性、减少成本支出、保护企业应用程序与数据，让IT人员更轻松有效地管理网站、应用程序服务器与云应用环境。

- Windows Server 2012版本
- Windows网络架构
- TCP/IP协议简介

1.1 Windows Server 2012版本

Windows Server 2012可以提供具有高度经济实惠与高度虚拟化的环境，它仅分为如表1-1所示的4个版本，版本的简化让企业更容易选择其所需版本。

表1-1

版本	适用场合	主要差异	支持客户端数量
Datacenter	高度虚拟化的云端环境	完整功能 虚拟机器数量没有限制	根据购买的客户端访问授权数量而定
Standard	无虚拟化或低度虚拟化的环境	完整功能 虚拟机器数量仅限2个	根据购买的客户端访问授权数量而定
Essentials	小型企业环境	部分功能不支持 仅支持两个处理器 不支持虚拟环境	25个用户账户
Foundation	一般用途的经济环境 （仅提供给OEM厂商）	部分功能不支持 仅支持一个处理器 不支持虚拟环境	15个用户账户

1.2 Windows网络架构

可以利用Windows系统来架设网络，以便将资源共享给网络上的用户。Windows的网络架构大致可以分为工作组（Workgroup）架构、域（Domain）架构与前两者的混合架构。

工作组架构为分布式的管理模式，适用于小型网络；域架构为集中式的管理模式，适用于中大型网络。以下针对工作组架构与域架构的差异加以说明。

1.2.1 工作组架构的网络

工作组是由一组通过网络连接在一起的计算机所组成（参见图1-1），它们可以将计算机内的文件、打印机等资源共享出来供网络用户进行访问。

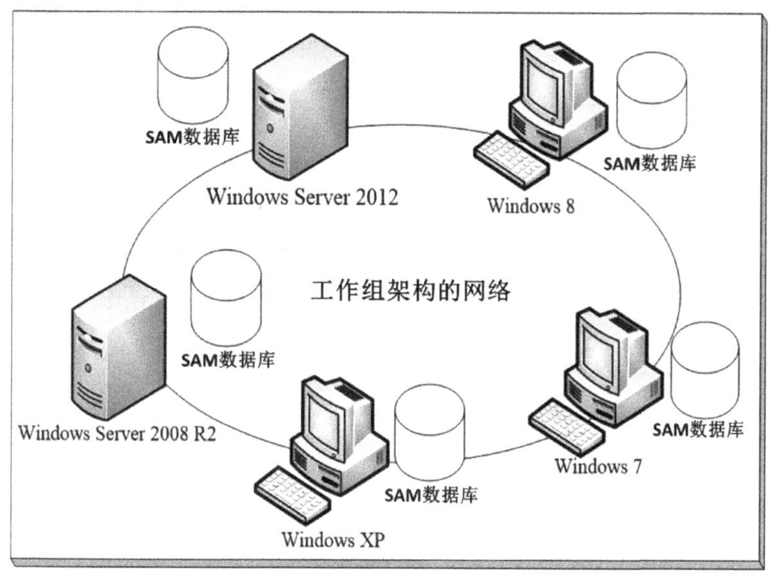

图 1-1

工作组网络也被称为**对等**（peer-to-peer）网络，因为网络上每一台计算机的地位都是平等的，它们的资源与管理分散在各个计算机上。它的特性为：

- 每一台Windows计算机都有一个**本地安全账户数据库**，称为Security Accounts Manager database（SAM）。用户如果想访问每一台计算机内的资源，系统管理员就必须在每一台计算机的SAM数据库内创建用户账户。例如，如果用户Peter要访问每一台计算机内的资源，则必须在每一台计算机的SAM数据库内创建Peter账户，并设置这些账户的权限。这种架构的账户与权限管理工作比较麻烦，例如当用户要更改其密码时，可能就需要全部更改该用户在每一台计算机内的密码。
- 工作组内可以不需要服务器等级的计算机（例如Windows Server 2012），也就是即使只有Windows 8、Windows 7等客户端等级的计算机，也可以架设工作组架构的网络。
- 如果企业内部计算机数量不多（例如10或20台计算机），就可以采用工作组架构的网络。

1.2.2 域架构的网络

域也由一组通过网络连接在一起的计算机组成（参见图1-2），它们可将计算机内的文件、打印机等资源共享出来供网络用户访问。与工作组架构不同的是，域内所有计算机共享一个集中的目录数据库（Directory Database），其中包含整个域内所有用户的账户等相关数据。在Windows Server 2012域内提供目录服务（Directory Service）的组件为**Active Directory域服务**（Active Directory Domain Services，AD DS），它负责目录数据库的添加、删除、修改与查询等工作。

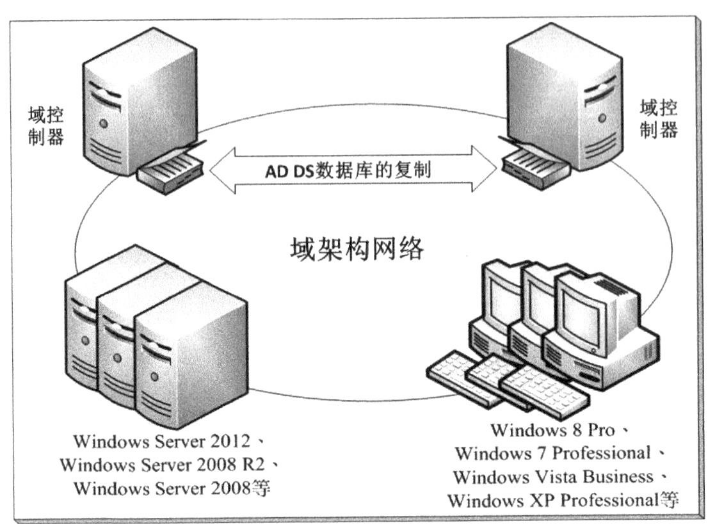

图 1-2

在域架构的网络内，这个目录数据库存储在**域控制器**（Domain Controller）中，而只有服务器级别的计算机才可以扮演域控制器的角色。

域中的计算机种类

域中的计算机成员如下。

- **域控制器**（Domain Controller）：服务器级别的计算机才可扮演域控制器的角色，例如Windows Server 2012 Datacenter、Windows Server 2008 R2 Enterprise等，但并非所有服务器级别的计算机都可以扮演域控制器，例如Windows Web Server 2008 R2就无法成为域控制器。

  一个域内可以有多台域控制器，而在大部分情况下，每台域控制器的地位都是平等的，它们各自存储着一份几乎完全相同的AD DS数据库（目录数据库）。当在其中一台域控制器内添加了一个用户账户后，此账户是被创建在这台域控制器的AD DS数据库内的，之后这份数据会自动被复制到其他域控制器的AD DS数据库内。这个复制操作可以确保所有域控制器内的AD DS数据库都能够同步（Synchronize），也就是拥有相同的数据。

  当用户在域内某台计算机登录时，会由其中一台域控制器根据其AD DS数据库内的账户数据，来审核用户所输入的账户与密码是否正确，如果是正确的，用户就可以登录成功，反之将被拒绝登录。

  多台域控制器还可以提供容错功能，例如其中一台域控制器出现故障了，此时仍然能够由其他域控制器来继续服务。此外，它也可改善用户登录效率，因为多台域控制器可以分担审核用户登录身份（账户名称与密码）的负担。
- **成员服务器**（Member Server）：当服务器级别的计算机加入域后，用户就可以在这些计算机上利用Active Directory内的用户账户来登录，否则只能够利用本地用户账户登

录。这些加入域的服务器被称为**成员服务器**，其中没有Active Directory数据，它们也不负责审核“域”用户的账户名与密码。成员服务器可以是：

- Windows Server 2012 Datacenter/Standard
- Windows Server 2008（R2） Datacenter/Enterprise/Standard
- Windows Server 2003（R2） Datacenter/Enterprise/Standard

如果上述服务器并没有被加入域，则它们被称为**独立服务器**（Stand-alone Server）或**工作组服务器**（Workgroup Server），但不论是独立服务器还是成员服务器，它们都有一个**本地安全账户数据库**（SAM），系统可以用它来审核本地用户（非域用户）的身份。

➘ 其他目前较常用的Windows计算机有：

- Windows 8 Enterprise/Pro
- Windows 7 Ultimate/Enterprise/Professional
- Windows Vista Ultimate/Enterprise/Business
- Windows XP Professional

当上述客户端计算机加入域以后，用户就可以在这些计算机上利用Active Directory内的账户进行登录，否则只能够利用本地账户登录。

注意

Windows 8（Standard）、Windows 7 Home Premium、Windows 7 Home Basic、Windows 7 Starter、Windows Vista Home Premium、Windows Vista Home Basic、Windows Vista Starter、Windows XP Home Edition等计算机无法加入域，因此只能够利用本地用户账户登录。

你可以将Windows Server 2012、Windows Server 2008 R2等独立服务器或成员服务器升级为域控制器，也可以将域控制器降级为独立服务器或成员服务器。

1.3 TCP/IP协议简介

网络上计算机之间或计算机与设备之间，互相传递的信号只是一连串的0与1，这一连串的电子信号到底代表什么意义，必须彼此之间通过一套同样的规则进行解释，才能够互相沟通，就好像人类用“语言”来互相沟通一样，这种计算机之间的沟通规则被称为**协议**（Protocol）。Windows系统支持多种协议，其中TCP/IP是Windows网络中使用最广的协议。

TCP/IP协议是目前最完整、最被广泛支持的协议，它可以让不同网络架构、不同操作系统的计算机之间相互通信，例如Windows Server 2012、Windows 8、Linux主机等。它也是Internet的标准协议，更是Active Directory Domain Services（AD DS）必须采用的协议。

在TCP/IP网络上，每台连接在网络上的计算机（与部分设备）被称为一台**主机**（Host），而主机与主机之间的沟通牵涉到IP地址、子网掩码与IP路由器3个基本要素。

1.3.1 IP地址

每台主机都有一个唯一的IP地址（其功能就好像是你家的门牌号码），IP地址不但可以被用来识别每一台主机，其中也隐含着如何在网络之间发送数据的路由信息。

IP地址由32位二进制数组成，为了简化IP寻址，它们被分为4组（以点隔开），每组8位（称为octet），将这8位二进制数转换为十进制，就是平常看到的IP地址，例如192.168.1.31。

> **附注**
>
> 此处介绍的IP地址为目前最被广泛使用的IPv4，它共占用32位。Windows Server 2012也支持新版的IPv6（IP version 6，参见附录A）。

这个32位的IP地址内包含**网络识别码**与**主机识别码**两部分。

- **网络识别码**（Network ID）：每个网络都有唯一的网络识别码，换句话说，位于相同网络内的每台主机都拥有相同的网络识别码。
- **主机识别码**（Host ID）：相同网络内的每台主机都有唯一的主机识别码。

如果此网络直接通过路由器来连接Internet，则需要为此网络申请一个网络识别码，整个网络内所有主机都使用与此相同的网络识别码，然后给网络内每台主机分配唯一的主机识别码，因此网络上每台主机就都会有唯一的IP地址（网络识别码+主机识别码）。可以向ISP（Internet服务提供商）申请网络识别码。

如果此网络并未通过路由器来连接Internet，则可以自行选择任何一个可用的网络识别码，不用申请，但是网络内各主机的IP地址不能相同。

1.3.2 IP类

传统的IP地址被分为A、B、C、D、E 5类，其中只有A、B、C类的IP地址可供一般主机使用（参见表1-2），各个类支持的IP数量都不相同，以便满足各种不同规模的网络需求。

表1-2

类	网络识别码	主机识别码	W值可为	可支持的网络数量	每个网络可支持的主机数量
A	W	X.Y.Z	1～126	126	16,777,214
B	W.X	Y.Z	128～191	16,384	65,534
C	W.X.Y	Z	192～223	2,097,152	254

IP地址共占用4个字节（byte），表中将IP地址的各字节以W.X.Y.Z的形式来加以说明。

- A类的IP地址适合于超大型网络，其网络识别码占用一个字节（W），W的范围为1～126，一共可提供126个A类的网络识别码。
  主机识别码共占用X、Y、Z三个字节（24位），此24位可支持（2^{24}）– 2 = 16,777216 - 2 = 16,777,214台主机（减2的原因后述）。
- B类的IP地址适合于中、大型网络，其网络识别码占用两个字节（W、X），W的范围为128～191，它可以提供（191 – 128 + 1）* 256 = 16,384个B类的网络。主机识别码共占用Y、Z两个字节，因此每个网络可支持（2^{16}）– 2 = 65,536 – 2 = 65,534台主机。
- C类的IP地址适合于小型网络，其网络识别码占用三个字节（W、X、Y），W的范围为192～223，它可以提供（223 – 192 + 1）* 256 * 256 = 2,097,152个C类的网络。主机识别码只占用一个字节（Z），因此每个网络可支持（2^{8}）– 2 = 254台主机。

在配置主机的IP地址时，请注意以下事项。

- **网络识别码不可以是127**：网络识别码127用于**回环测试**（loopback test）使用，可用来检查网卡与驱动程序是否正常运行。虽然不可以将它分配给主机使用，不过一般来说127.0.0.1这个IP地址用来代表主机本身。
- **每个网络的第一个IP地址代表网络本身，最后一个IP地址代表广播地址（Broadcast Address），因此实际可分配给主机的IP地址将少两个**：例如，如果申请的网络识别码为203.3.6，它共有203.3.6.0～203.3.6.255的256个IP地址，但是203.3.6.0用来代表这个网络（因此我们一般会说其网络识别码为4个字节的203.3.6.0）；而203.3.6.255是保留给广播使用的（255代表广播），例如，如果发送信息到203.3.6.255这个地址，表示将信息广播给网络识别码为203.3.6.0网络内的所有主机。

图1-3为C类的网络示例，其网络识别码为192.168.1.0，图中5台主机的主机识别码分别为1、2、3、21和22。

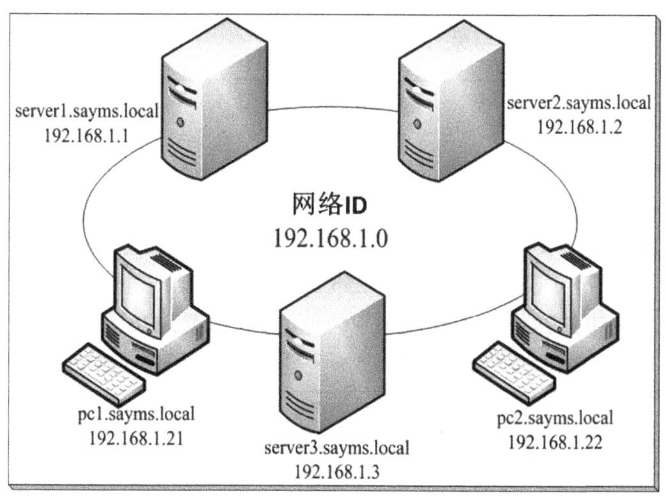

图 1-3

1.3.3 子网掩码

子网掩码也占用32 位，当IP网络上两台主机相互沟通时，它们利用子网掩码来得知双方的网络识别码，进而得知彼此是否在相同网络内。

表1-3所示为各类默认的子网掩码值，其中为1的位用来确定网络识别码，为0的位用来确定主机识别码，例如，如果某台主机的IP地址为192.168.1.3，其二进制值为11000000.10101000.00000001.00000011，而子网掩码为255.255.255.0，其二进制值为11111111.11111111.11111111.00000000，则计算其网络识别码的原则是：将IP地址与子网掩码两个值中相对应的位进行AND逻辑运算（参见图1-4），所得出来的结果192.168.1.0就是网络识别码。

表1-3

类	默认子网掩码（二进制）	默认子网掩码（十进制）
A	11111111 00000000 00000000 00000000	255.0.0.0
B	11111111 11111111 00000000 00000000	255.255.0.0
C	11111111 11111111 11111111 00000000	255.255.255.0

192.168.1.3 ⟶	11000000	10101000	00000001	00000011
255.255.255.0 ⟶	11111111	11111111	11111111	00000000
AND后的结果⟶	11000000 (192)	10101000 (168)	00000001 (1)	00000000 (0)

图1-4

如果主机A的IP地址为192.168.1.3，子网掩码为255.255.255.0，主机B的IP地址为192.168.1.5，子网掩码为255.255.255.0，因此主机A与主机B的网络识别码都是192.168.1.0，表示它们在同一个网络内，因此可直接相互通信，不需要借助于路由器（详情参阅系列著作《**Windows Server 2012网络管理与架站**》）。

> **注意**
>
> 如前所述的A、B、C为类的划分方式，不过目前最普遍采用的却是无类的CIDR（Classless Inter-Domain Routing）划分方式，这种方式在表示IP地址与子网掩码时有所不同，例如网络识别码为192.168.1.0、子网掩码为255.255.255.0，则一般我们会使用192.168.1.0/24来代表此网络，其中的24代表子网掩码中位值为1的数量为24个；同理，如果网络识别码为10.120.0.0、子网掩码为255.255.0.0，则一般我们会使用10.120.0.0/16来代表此网络。

1.3.4 默认网关

如果主机A要与同一个IP子网络内的主机B通信（网络识别码相同），可以直接将数据发送

给主机B；不过，如果要与不同子网络内的主机C通信（网络识别码不同），就需要将数据发送给路由器，再由路由器负责发送给主机C。一般主机如果要通过路由器来传输数据，只需事先将其**默认网关**指定到路由器的IP地址即可。

以图1-5为例，图中甲、乙两个网络通过路由器来串接。当甲网络的主机A要与乙网络的主机C通信时，由于主机A的IP地址为192.168.1.1、子网掩码为255.255.255.0、其网络识别码为192.168.1.0，而主机C的IP地址为192.168.2.10、子网掩码为255.255.255.0、其网络识别码为192.168.2.0，此主机A可以判断出主机C位于不同的子网内，因此会将数据发送给其默认网关，也就是IP地址为192.168.1.254的路由器，然后由路由器负责将其发送到主机C。

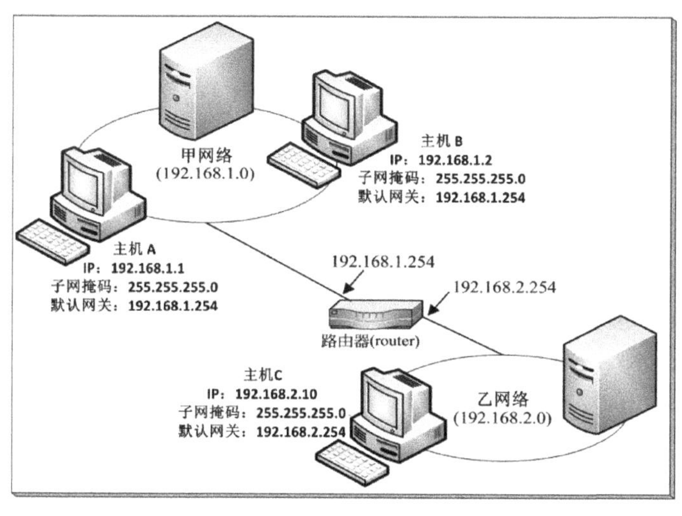

图 1-5

1.3.5 私有IP的使用

前面提到IP级别中的A、B、C类是可供主机使用的IP地址。在这些IP地址中，有一些被归类为**私有IP**（private IP））（参见表1-4），公司可以自行选择适合的私有IP，而且不需要申请，因此可以节省网络搭建成本。

表1-4

网络识别码	子网掩码	IP地址范围
10.0.0.0	255.0.0.0	10.0.0.1～10.255.255.254
172.16.0.0	255.240.0.0	172.16.0.1～172.31.255.254
192.168.0.0	255.255.0.0	192.168.0.1～192.168.255.254

不过，私有IP只能够在公司内部的局域网使用，虽然它可以让内部计算机相互通信，但是无法直接与外界计算机通信。如果使用私有IP的计算机对外上网、收发电子邮件，需要通过具备Network Address Translation（NAT）功能的设备，例如IP分享器、宽带路由器等。有关NAT

技术，可以参阅《**Windows Server 2012网络管理与架站**》一书中的详细说明。

其他属于非私有IP的地址被称为**公共IP**（public IP），例如220.135.145.145。使用公共IP的计算机可以通过路由器来直接对外通信，因此在这些计算机上可以架设商业网站，让外面的用户直接连接此商业网站。这些公共IP必须事先申请。

如果Windows Server 2012计算机的IP地址设置是采用自动获取的方式，但是却因故无法获取IP地址，此时该计算机会通过Automatic Private IP Addressing（APIPA）的机制为自己设置一个网络识别码为169.254.0.0的临时IP地址，例如169.254.49.31，不过只能够利用它来与同一个网络内（IP地址也是169.254.×.×格式）的计算机通信。

第2章 安装 Windows Server 2012

本章将介绍安装Windows Server 2012前必须具备的基本常识以及如何安装Windows Server 2012，接着说明如何登录、注销、锁定与关闭Windows Server 2012。

- 安装前的注意事项
- 安装或升级为Windows Server 2012
- 启动与使用Windows Server 2012

2.1 安装前的注意事项

2.1.1 Windows Server 2012的系统需求

如果要在计算机内安装与使用Windows Server 2012，此计算机的硬件配备必须符合如表2-1所示的基本需求。

表2-1

硬件	需求
处理器（CPU）	最少1.4GHz，64位
内存（RAM）	最少 512MB
硬盘	最少32GB
显示设备	Super VGA（800×600）或更高分辨率的显示器
其他	DVD光驱、键盘、鼠标（或兼容的指针设备）与可以连接因特网

附注

实际的需求要看计算机配置、需要安装的应用程序、扮演的角色与安装的功能等数量的多少而随时增加。

本书中许多范例需要使用多台计算机来演示，此时可以利用Windows Server 2012 内置的Hyper-V的虚拟机器来搭建这些计算机（见附录B）。

2.1.2 安装前的准备工作

为了能够顺利安装Windows Server 2012，建议先准备好以下工作。

- **拔掉UPS的连接线**：如果UPS（不间断电源供应系统）与计算机之间通过串行电缆（serial cable）串接，请拔掉这条线，因为安装程序会通过串行端口（serial port）来检测所连接的设备，这可能会让UPS接收到自动关闭的错误指令，因而造成计算机断电。
- **备份你的数据**：安装过程中可能会删除硬盘内的数据，或者为了避免操作不慎而导致数据毁掉，因此请先备份硬盘内的重要数据。
- **运行Windows内存诊断工具**：它可以测试计算机内存（RAM）是否正常。
  - 你可以到微软网站下载程序，来制作包含**Windows内存诊断工具**的光盘，然后利用此光盘来启动计算机并运行光盘内的内存诊断工具。
  - 如果计算机内已存在Windows系统（例如Windows Server 2008 R2），则也可以通过

以下方法来运行Windows内存诊断工具：【开始➲控制面板➲在搜索处输入内存➲单击诊断计算机的内存问题】。

- **准备好大容量存储设备的驱动程序**：如果该设备厂商另外提供驱动程序文件，请将文件放到软盘、CD、DVD或U盘等设备的根目录或amd64文件夹内，然后在安装过程中选择此驱动程序。

> **附注**
>
> 1. 如果是从旧版Windows系统升级到Windows Server 2012，建议先禁用防毒软件，因为防毒软件可能会干扰Windows Server 2012的安装，例如它可能会因为扫描每个文件，而让安装速度变得很慢。
>
> 2. Windows Server 2012的**Windows 防火墙**默认是启用的，因此如果有应用程序需要接收接入连接（incoming connection），这些连接会被防火墙阻挡，因此你可能需要在安装完成后，暂时将**Windows 防火墙**禁用或开放该应用程序所使用的连接端口（port）。

2.1.3 Windows Server 2012的安装模式

Windows Server 2012提供两种安装模式。

- **带有GUI的服务器**：安装完成后的Windows Server 2012包含图形用户界面（GUI），它提供友好的用户界面与图形管理工具。它相当于Windows Server 20008 R2中的完全安装。
- **服务器核心安装**：安装完成的Windows Server 2012仅提供最小化的环境，它可以降低维护与管理需求、减少使用硬盘容量、减少被攻击次数。由于没有图形用户界面，因此只能使用命令提示符（command prompt）、Windows PowerShell或通过远程计算机来管理此台服务器。此安装支持以下服务器角色：
  - Active Directory 凭证服务
  - Active Directory域服务
  - Active Directory Right Management Services
  - Active Directory轻量型目录服务
  - DHCP服务器
  - DNS服务器
  - Hyper-V
  - Windows Server Update Services
  - 打印与文件服务
  - 网页服务器
  - 路由及远程访问服务

- 文件服务（包含文件服务资源管理器）
- 流媒体服务

带有GUI的服务器提供较为友好的管理界面，但是**服务器核心安装**却提供比较安全的环境。由于安装完成后，可以随意在这两种选择环境中切换，因此可以先选择**带有GUI的服务器**，然后通过其友好的图形用户界面来完成服务器的设置工作。如有必要，最后切换到比较安全的**服务器核心安装**环境。

2.1.4 选择磁盘分区

在数据能够被存储到磁盘（硬盘）之前，该磁盘必须被划分成一个或多个磁盘分区（partition），每个磁盘分区都是一个独立的存储单位。可以在安装过程中选择要安装Windows Server 2012的磁盘分区（以下假设为**MBR磁盘**，详见第14章）：

- 如果磁盘完全未经过划分（例如全新磁盘），如图2-1左边所示，则可以将整个磁盘当作一个磁盘分区，并选择将Windows Server 2012安装到此区（会被安装到Windows文件夹内），不过因为安装程序会自动创建一个系统保留区，因此最后结果将是如图2-1右边所示的状况。

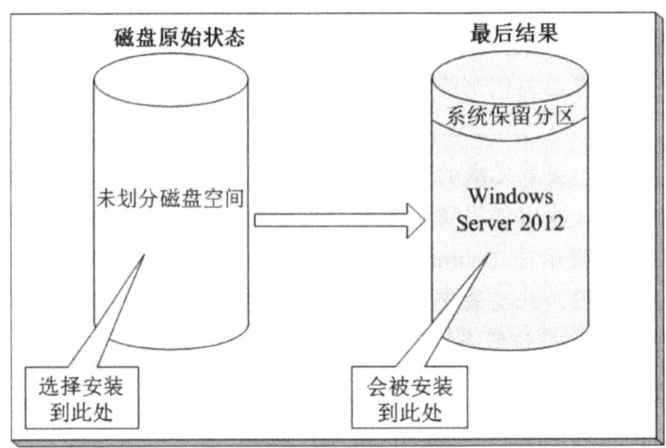

图 2-1

- 可以将一个未划分磁盘的部分空间划分出一个磁盘分区，然后将Windows Server 2012安装到此区，不过安装程序会自动另外创建一个系统保留区，如图2-2所示，图中最后结果中剩余的未划分空间可以用来当作数据存储区或安装另一个操作系统。
- 如果磁盘分区内已经有其他操作系统，例如Windows Server 2008 R2，若要将Windows Server 2012安装到此分区，则可以如图2-3所示进行安装。

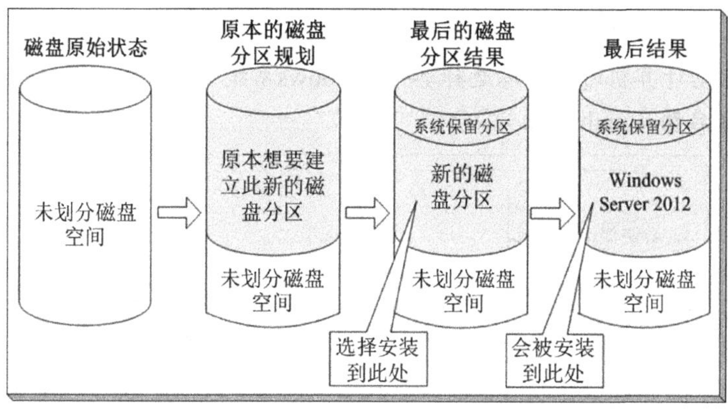

图 2-2

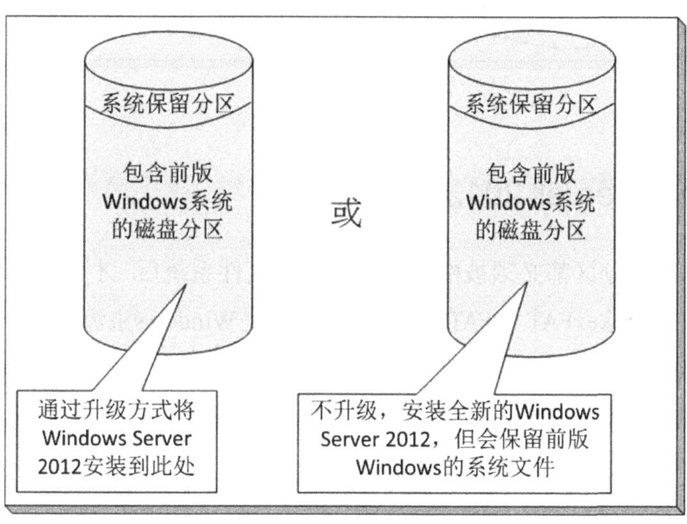

图 2-3

- **升级旧版Windows系统**：此时旧版Windows系统会被Windows Server 2012取代，不过原来大部分的系统设置会被保留在Windows Server 2012系统内，一般的数据文件（非操作系统文件）也会被保留。
- **不升级旧版Windows系统**：此磁盘分区内原有的文件会被保留，虽然旧版Windows系统已经无法使用，不过旧版Windows系统所在的文件夹（一般是Windows）会被移动到Windows.old文件夹内。安装程序会将新的Windows Server 2012安装到此磁盘分区的Windows文件夹内。

> **注意**
>
> 如果在安装过程中将现有磁盘分区删除或格式化，则该分区内的所有数据都将丢失。

- 虽然磁盘内已经有其他Windows系统，不过该磁盘内尚有其他未划分空间，而你要将

Windows Server 2012安装到此未划分空间的Windows文件夹内，如图2-4所示。此方式让你在启动计算机时，可以选择其他Windows系统或Windows Server 2012，这就是所谓的**多重启动**（multiboot）。

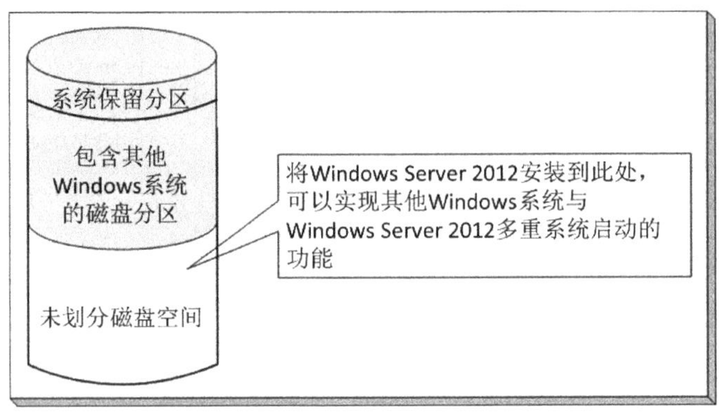

图2-4

2.1.5 Windows Server 2012的文件系统

任何一个新的磁盘分区都必须被格式化为适当的文件系统后，才可以在其中安装Windows操作系统与存储数据。除exFAT 、FAT32、FAT与目前是Windows主流文件系统的NTFS之外，Windows Server 2012还支持最新的ReFS，它提供比较高的安全性、更大的磁盘容量与较好的性能。不过，只能将Windows Server 2012安装到NTFS磁盘分区内，而ReFS、 exFAT 、FAT32与FAT磁盘仅能用来存储数据。

2.2 安装或升级为Windows Server 2012

可以选择全新安装Windows Server 2012或将原有的Windows系统升级。

- **全新安装**：利用Windows Server 2012 DVD来启动计算机并运行DVD内的安装程序。如果磁盘内已经有旧版Windows系统，则还可以先启动此系统，然后将Windows Server 2012 DVD放入光驱内，此时系统默认会自动运行DVD内的安装程序。
- **将旧版Windows操作系统升级**：必须先启动这个旧版的64位Windows系统（Windows Server 2008 R2、64位的Windows Server 2008同级别的版本），然后将Windows Server 2012 DVD放入光驱内，系统默认会自动运行DVD内的安装程序。

2.2.1 直接利用DVD 启动计算机并运行DVD内的安装程序

这种安装方式只能够进行全新安装，无法进行升级安装。请准备好Windows Server 2012

DVD光盘，然后按照以下步骤来安装Windows Server 2012。

STEP 1 将Windows Server 2012 DVD放到光驱内。

> **附注**
>
> 1. 如果硬盘内已经有其他操作系统，则可能需要将计算机的BIOS设置改为先从光驱启动计算机。
>
> 2. 如果你有Windows Server 2012 ISO安装文件，也可以上网找工具（例如Microsoft的**Windows 7 USB/DVD download tool**）来制作包含安装文件的**可启动U盘**（bootable USB drive），然后利用此U盘启动计算机并运行安装程序，不过可能需要将计算机的BIOS设置改为先从U盘启动计算机。

STEP 2 重新启动计算机后：

- 如果硬盘内没有其他操作系统，则将自动直接从DVD启动。
- 如果硬盘内已经有其他操作系统，则计算机会显示Press any key to boot from CD or DVD，此时请立刻按任何一个键，以便从DVD启动，否则可能会自动启动硬盘内的现有操作系统。

STEP 3 在如图2-5所示的界面中直接单击下一步按钮。

图2-5

STEP 4 在如图2-6所示的界面中单击现在安装按钮。

图 2-6

STEP 5　在如图2-7所示的界面中单击要安装的版本后（例如**带有GUI的服务器**）单击下一步按钮。

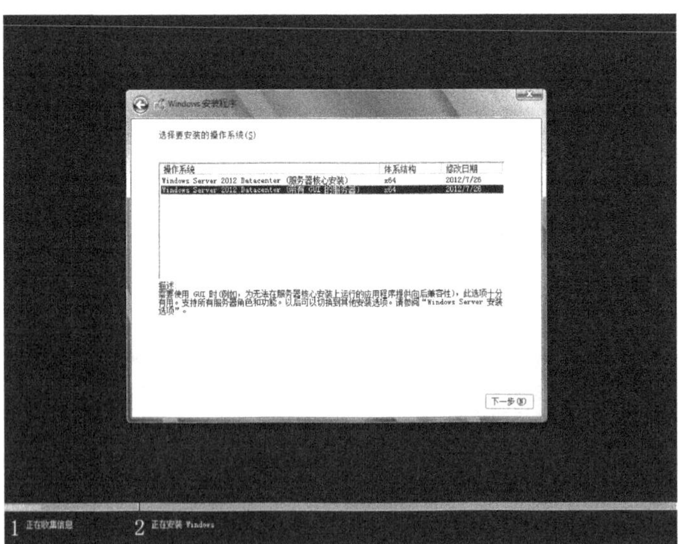

图 2-7

STEP 6　出现**许可条款**界面时，勾选**我接受许可条款**复选框后，单击下一步按钮。

STEP 7　在如图2-8所示的界面中单击**自定义：仅安装Windows（高级）**。

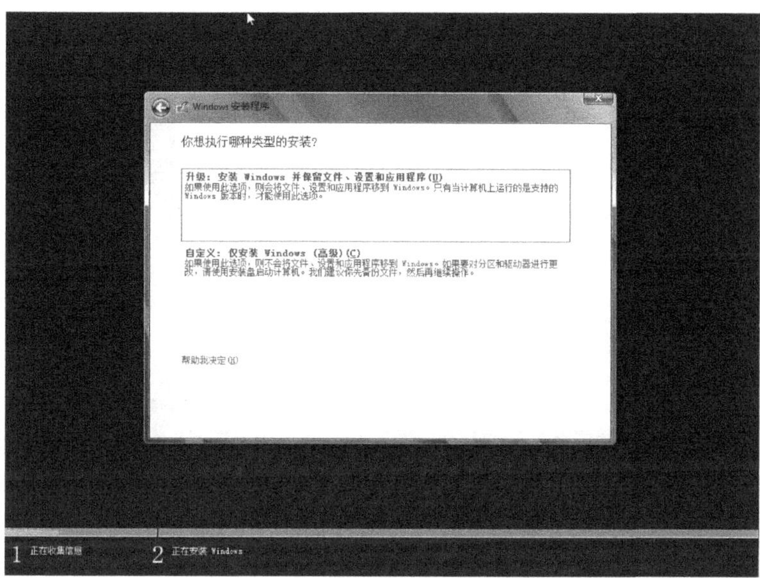

图 2-8

STEP 8　在如图2-9所示的界面中单击要安装Windows的磁盘分区，然后单击**下一步**按钮。

注意

如果需要安装厂商提供的驱动程序才可以访问磁盘，请单击**加载驱动程序**；如果需要删除、格式化、创建主分区，则请单击**驱动器选项（高级）**。

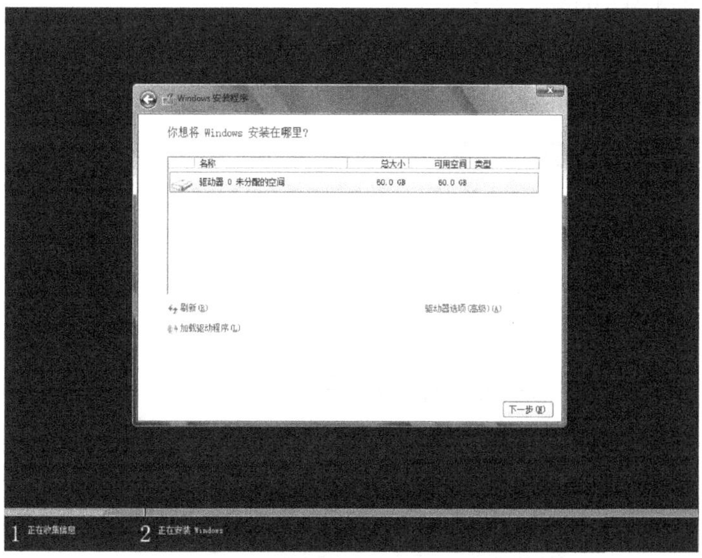

图 2-9

STEP 9　如图2-10所示，安装程序开始安装Windows Server 2012。

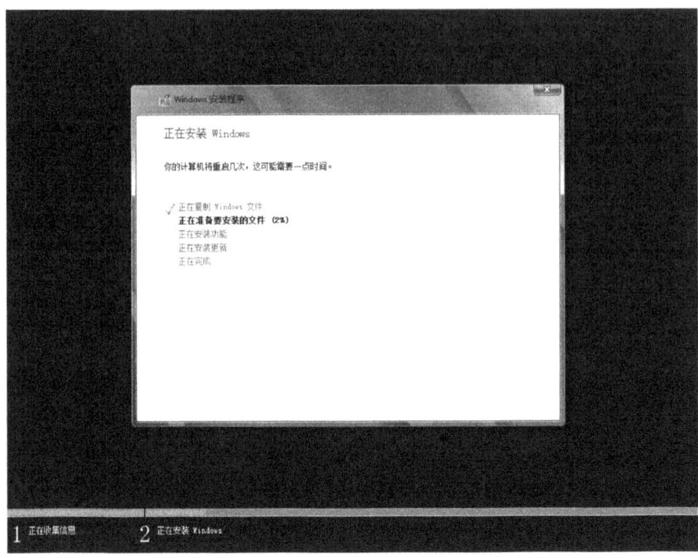

图 2-10

2.2.2 在现有的Windows系统中利用DVD安装

这种安装方式可以用来进行升级安装，也可以进行全新安装，不过主要用来升级安装，因此以下说明以升级安装为主。请准备好Windows Server 2012 DVD光盘，然后依照以下步骤来安装Windows Server 2012。

STEP 1　启动现有的Windows系统并登录。

STEP 2　将Windows Server 2012 DVD放到光驱内，等出现如图2-11所示的**自动播放**界面后单击运行**setup.exe**（必须启动现有系统的**自动播放**功能）。

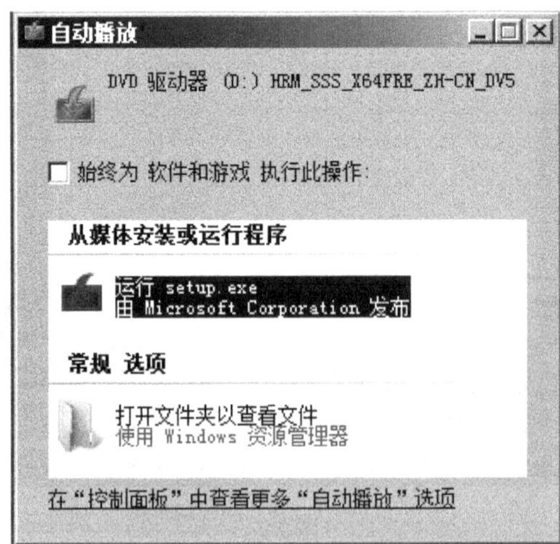

图 2-11

附注

如果有Windows Server 2012 ISO安装文件，也可以先上网查找提供虚拟光盘的免费程序，然后通过将ISO文件挂到虚拟光盘的方式来启动安装程序。

STEP 3 在如图2-12所示的界面中单击**现在安装**按钮。

图 2-12

STEP 4 可以在如图2-13所示的界面中选择上网下载Windows Server 2012的最新更新程序，以便确保能够成功地安装（请确认此计算机现在可以上网）。

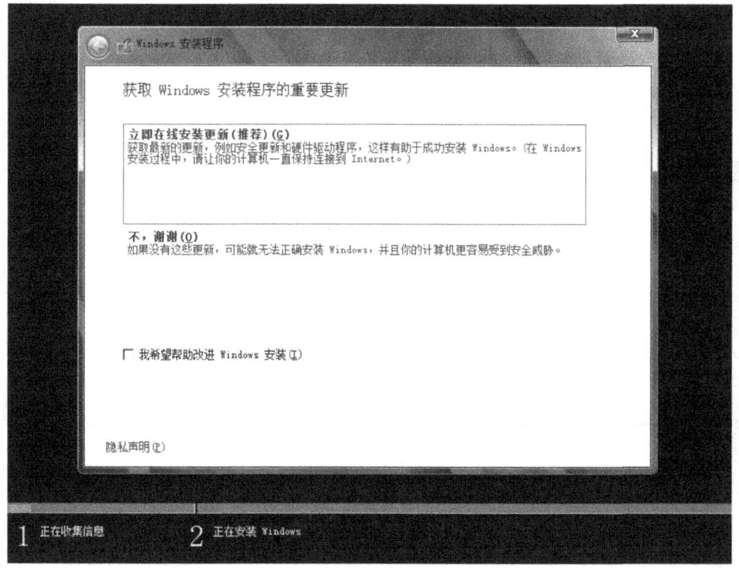

图 2-13

STEP 5　在如图2-14所示的界面中单击要安装的版本后（例如**带有GUI的服务器**），单击下一步按钮。

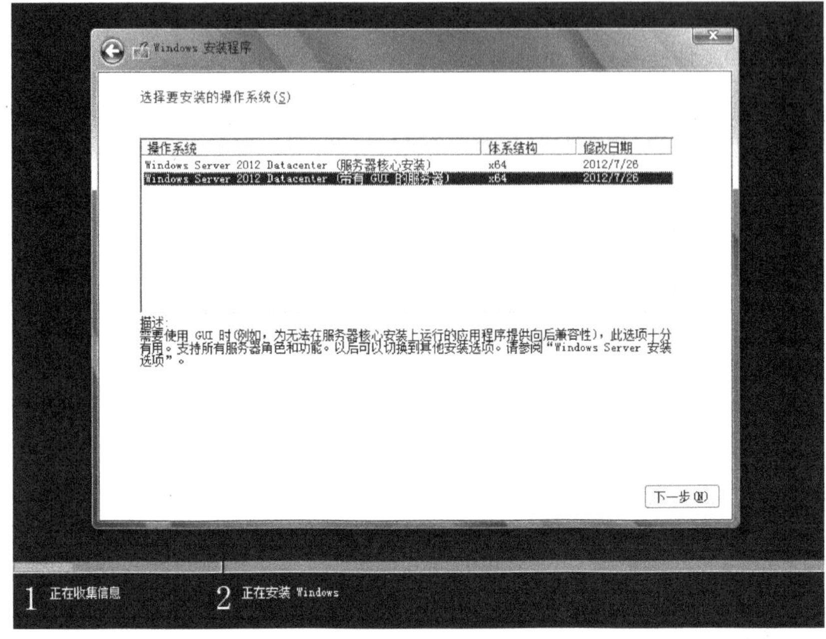

图 2-14

STEP 6　出现**许可条款**界面时，勾选**我接受许可条款**复选框后单击下一步按钮。

STEP 7　在如图2-15所示的界面中单击**升级：安装Windows并保留文件、设置和应用程序**，如果要全新安装，请单击**自定义：仅安装Windows（高级）**。

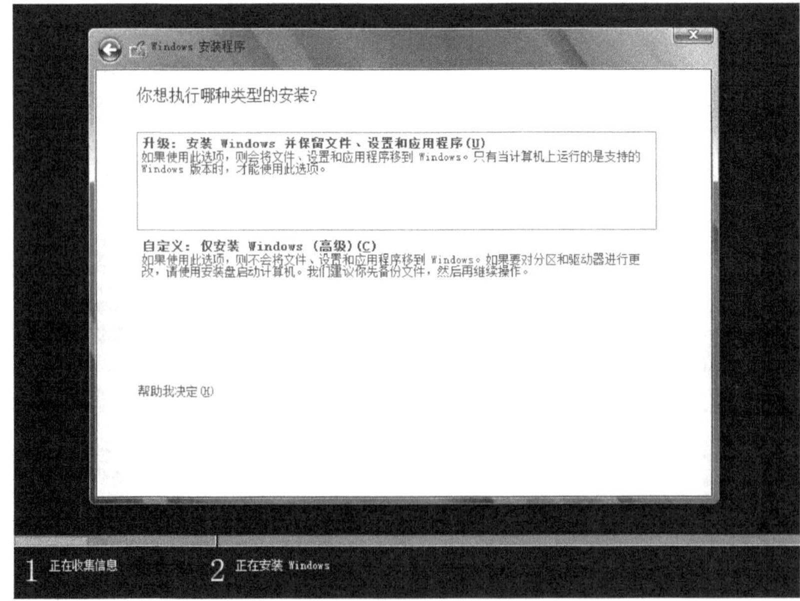

图 2-15

STEP 8　如果图2-16中没有显示系统有兼容性问题，请单击下一步按钮，否则建议解决问题后再安装。

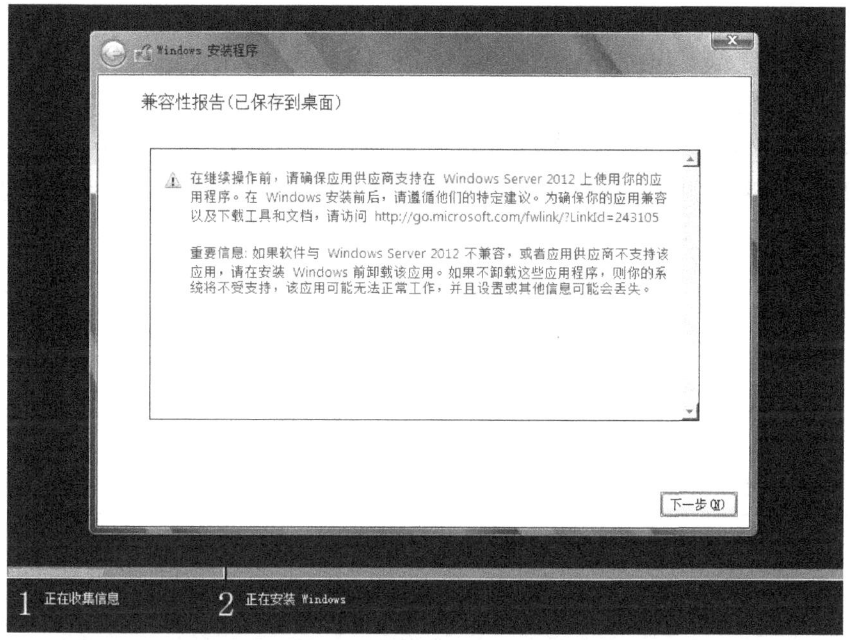

图 2-16

STEP 9　如图2-17所示，安装程序开始运行升级操作。

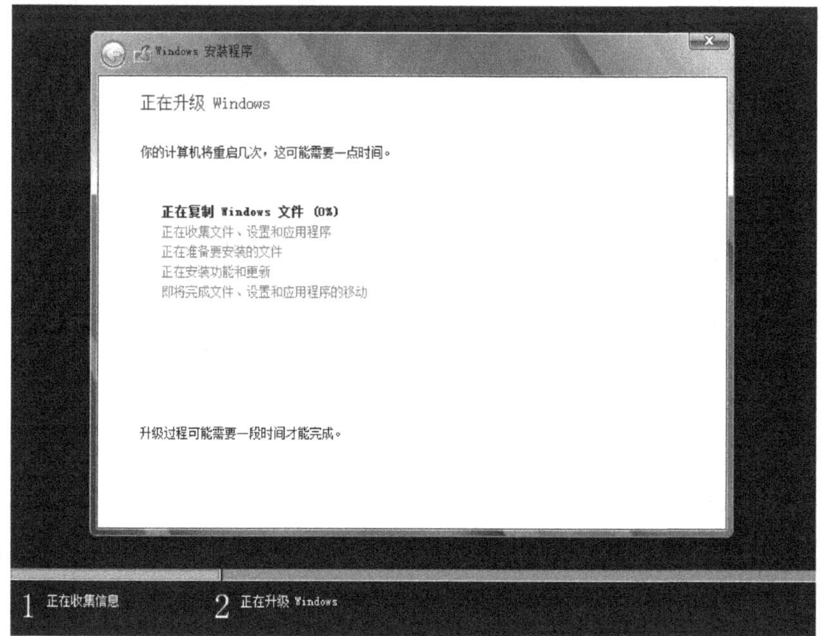

图 2-17

2.3 启动与使用Windows Server 2012

2.3.1 启动与登录Windows Server 2012

安装完成后自动重启计算机、启动Windows Server 2012操作系统。第一次启动Windows Server 2012时，会按照如图2-18所示，要求设置Administrator的密码（单击密码右方的图标可以显示输入的密码），设置好后单击完成按钮。

> **注意**
>
> 用户的密码默认至少需要6个字符、不可包含用户账户名称中超过两个以上的连续字符，并且至少要包含A～Z、a～z、0～9、非字母数字（例如!、$、#、%）等4组中的3组，例如12abAB就是一个有效的密码，而123456是无效的密码。

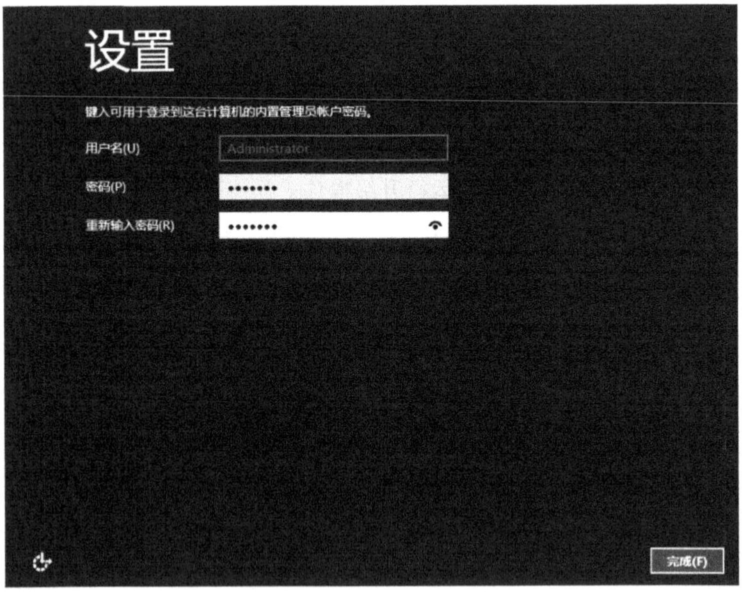

图2-18

接下来，请按照如图2-19所示的要求按Ctrl + Alt + Del键，然后在如图2-20所示的界面中输入系统管理员（Administrator）的密码后，按Enter键来登录（sign in）。登录成功后会出现如图2-21所示的**服务器管理器**界面。

图 2-19

图 2-20

图 2-21

> **注意**
>
> 如果计算机内同时安装多个操作系统，例如Windows Server 2008 R2与Windows Server 2012，则每次计算机启动时会出现类似于如图2-22所示的**Windows启动管理器**界面，此时请在30秒内从列表中选择要启动的Windows系统，否则默认会自动启动刚才安装的Windows Server 2012。

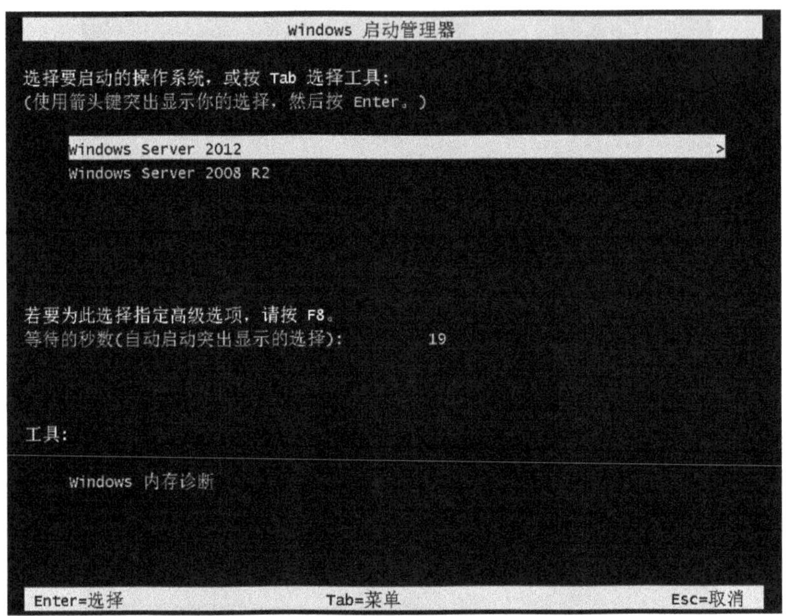

图 2-22

2.3.2 驱动程序需要经过签名

如果**即插即用**（plug-and-play）设备的驱动程序未经过签名（signed），则在安装此程序时会出现警告界面，而且即使完成此程序的安装，系统也不会加载此驱动程序。如果你是通过应用程序来安装未经过签名的驱动程序，此时虽然不会弹出警告界面，可是系统仍然不会加载此驱动程序。

如果因为系统不会加载该驱动程序，而造成系统不正常运行或无法启动，请通过以下程序来允许系统加载未经签名的驱动程序，以便正常启动Windows Server 2012。

STEP 1 重新启动计算机，并在完成自动测试、系统启动初期立刻按F8键。

STEP 2 如图2-23所示，选择**禁用驱动程序强制签名**后按Enter键。

STEP 3 启动成功后，将解除安装此驱动程序，以便重新利用常规模式启动系统时，可以正常启动、正常运行。

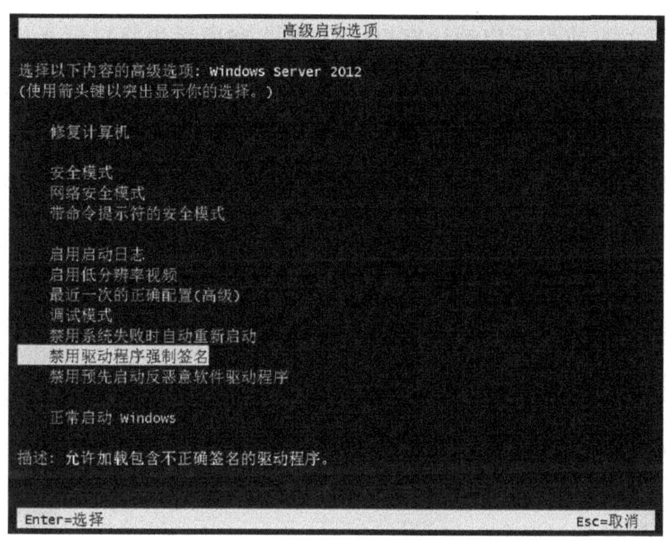

图 2-23

2.3.3 注销、登录与关机

如果暂时不想使用计算机，又不想关机，可以选择注销或锁定计算机：【按窗口键⊞切换到如图2-24所示的**开始**屏幕（再按一次窗口键⊞可切换回传统桌面）】，然后单击右上方的用户账户Administrator，此时可以选择：

- **锁定**：锁定期间所有的应用程序仍然会继续运行。如果要解除锁定，以便继续使用此计算机，需要重新输入密码。
- **注销**：注销会结束目前正在运行的应用程序。之后如果要继续使用此计算机，必须重新登录。

图 2-24

如果要将计算机关机或重新启动计算机：【如图2-25所示先将鼠标光标移到右下角，待右边出现超级按钮（charms bar，或直接按⊞+C键）时，单击代表**设置**功能的齿轮图形➲如图2-26所示单击**电源**➲单击**关机**或**重启**➲在下一个窗口中直接单击继续按钮】。

图2-25

图2-26

还可以直接按Ctrl+Alt+Del键，然后在如图2-27所示的界面中选择**锁定**、**注销**等功能，或者单击右下角的**关机**图标。

图 2-27

附注

如果计算机内除Administrator之外，还有其他用户账户可用（目前还没有），则系统可以让你选择其他用户账户进行登录。

第 3 章 Windows Server 2012 基本环境设置

本章将介绍如何设置Windows Server 2012的基本环境，以便让你能够熟悉Windows Server 2012的基本操作并具备基本的管理能力。

- 屏幕的显示设置
- 计算机名与TCP/IP设置
- 连接Internet并启用Windows系统
- Windows防火墙与网络位置
- 硬件设备的管理
- 默认启动系统的设置
- 环境变量的管理
- 计算机关机方式与电源计划
- 其他的环境设置

3.1 屏幕的显示设置

适当调整显示设置，可以让显示器获得最佳的显示效果，让你在观看屏幕时更方便、眼睛更舒服。

3.1.1 调整显示分辨率、颜色与刷新频率

屏幕上显示的字符是由一个一个的点组成的，这些点被称为**像素**或**图素**（pixel），可以自行调整水平与垂直的显示点数，例如水平1920点、垂直1080点，此时我们将其称为“分辨率为1920×1080”，分辨率越高，界面越细腻，图像与对象的清晰度越佳。每个**像素**能够显示的颜色多少，要看利用多少位（bit）来显示一个**像素**，例如若是由16位来显示一个**像素**，则一个**像素**可以有2^{16}=65,536 种颜色（也就是**高彩**），同理32位可以有2^{32} = 4,294,967,296种颜色（也就是**全彩**）。

如果屏幕刷新频率太低，显示器可能会闪烁，造成眼睛疲劳或头痛，你应该选择 75 Hz以上的刷新频率或根据厂商的建议进行设置。如果屏幕会闪烁或观看屏幕时感到不舒服，请试着增加刷新频率，直到觉得舒服为止。

如果Windows Server 2012显示分辨率不符合要求，可以【在传统桌面模式下在桌面空白处单击右键➲**屏幕分辨率**➲然后通过如图3-1所示的界面进行调整】。

图 3-1

> **注意**
>
> 显卡（或显示控制器）与显示器都必须支持希望的分辨率，如果你设置的分辨率超出范围，显示器本身会显示信息警告你，此时请等15秒或按R键（还原），系统就会恢复先前的设置；请不要按K键（保留更改），因为这表示你接受这个不妥当的设置。

如图3-1所示的界面也可以通过以下方法进行显示：【将鼠标指针移到窗口左下角➲等图3-2中出现**开始**图标（■）时单击鼠标右键➲**控制面板**➲单击**外观**处的**调整屏幕分辨率**】。

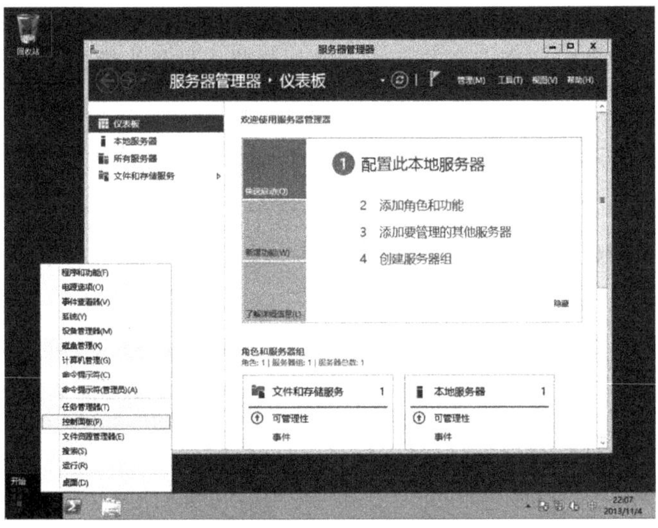

图 3-2

如果要同时更改屏幕分辨率、显示颜色与屏幕刷新频率：【单击如图3-1所示界面右边的**高级设置**➲如图3-3所示，通过单击**列出所有模式**按钮进行设置】。

图 3-3

3.1.2 调整文字与其他项目的大小

屏幕上的文字或其他项目可以被放大，以便让界面查看起来更轻松，此调整工作可以通过增加**DPI**（dots per inch，每英寸的显示点数）来完成。还可以缩小DPI让屏幕上的文字或其他项目变小，这样就可以让屏幕容纳更多信息。更改DPI的方法为：【单击图3-1中的**放大或缩小文本和其他项目**➲通过如图3-4所示进行设置】，默认为100%，也就是96DPI。

图 3-4

3.2 计算机名与TCP/IP设置

计算机名与TCP/IP的IP地址都是计算机的识别信息，它们是计算机之间相互通信所需的设置。

3.2.1 更改计算机名与工作组名

每台计算机的计算机名必须是唯一的，不应该与网络上其他计算机重复，虽然系统会自动设置计算机名，不过建议将此计算机名改为比较有意义的名称。

另外，建议将同一部门或工作性质类似的计算机划分在同一个工作组，让这些计算机之间通过网络通信时更为方便。每台计算机默认隶属的工作组名为**WORKGROUP**。更改计算机名或工作组名的方法如下所示。

STEP 1　单击左下角的**服务器管理器**图标➲单击图3-5中**本地服务器**右方系统自动设置的计算机名。

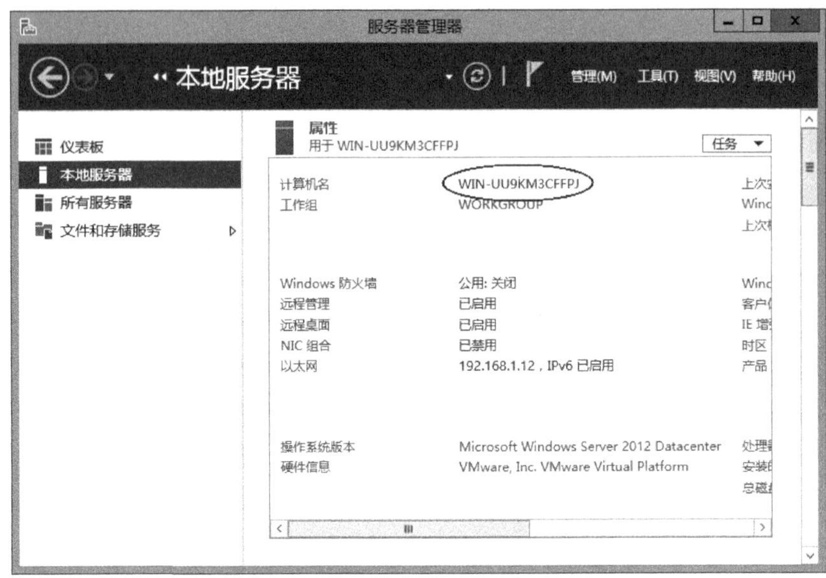

图 3-5

STEP 2　单击如图3-6所示**系统属性**对话框中的更改按钮。

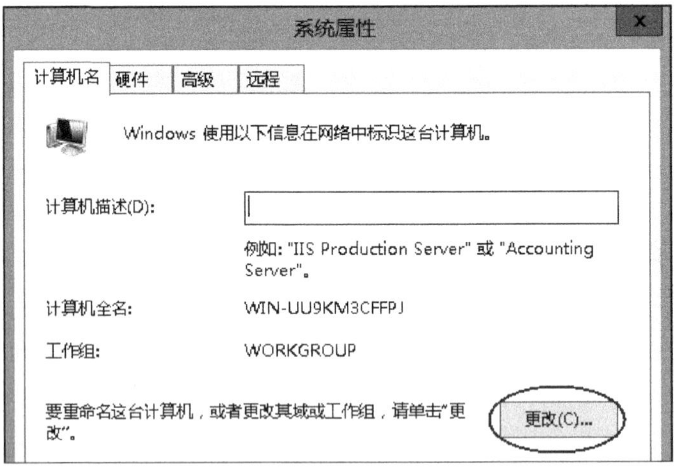

系统属性
计算机名　硬件　高级　远程
Windows 使用以下信息在网络中标识这台计算机。
计算机描述(D):
例如: "IIS Production Server" 或 "Accounting Server"。
计算机全名:　WIN-UU9KM3CFFPJ
工作组:　WORKGROUP
要重命名这台计算机，或者更改其域或工作组，请单击"更改"。
更改(C)...

图 3-6

STEP 3　更改图3-7中的**计算机名**后单击确定按钮（图中并未更改**工作组名**），按照提示重新启动计算机后，这些更改才会生效。

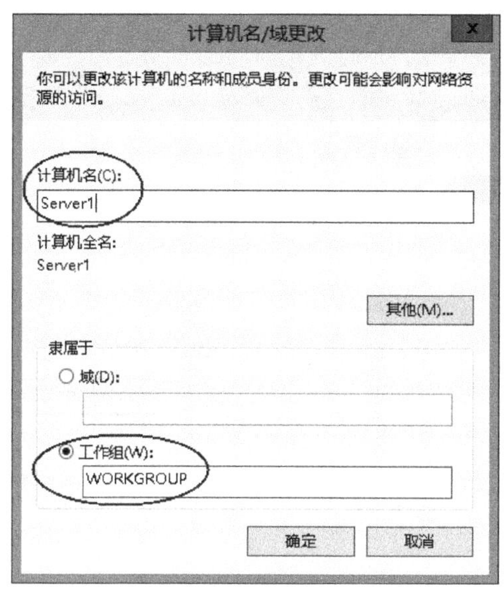

图 3-7

3.2.2 TCP/IP的设置与测试

如果一台计算机要与网络上其他计算机通信，还必须有适当的TCP/IP设置值，例如正确的IP地址。一台计算机获取IP地址的方式有两种。

- **自动获得IP地址**：这是默认值，此时计算机会自动向DHCP服务器租用IP地址，这台DHCP服务器可能是一台计算机，也可能是一台具备DHCP服务器功能的IP分享器（NAT）、宽带路由器、无线路由等。

  如果找不到DHCP服务器，此计算机会利用Automatic Private IP Addressing机制（APIPA）来自动为自己设置一个符合169.254.0.0/16格式的IP地址，不过此时仅能够与同一个网络中也使用169.254.0.0/16格式的计算机通信。

  这个169.254.0.0/16的IP地址只是临时分配的，该计算机仍然会继续定期查找DHCP服务器，直到租到正式的IP地址为止。

  自动获取方式适用于企业内部一般用户的计算机，它可以减轻系统管理员手动设置的负担，并可以避免手动设置可能发生的错误。租到的IP地址有使用期限，期限过后，下一次计算机启动租用到的IP地址可能会与前一次不同。

- **手动设置IP地址**：这种方式会增加系统管理员的负担，而且手动设置容易出错，比较适合于企业内部的服务器使用。

设置 IP 地址

STEP 1 单击左下角的**服务器管理器**图标➲单击图3-8中**本地服务器**右方**以太网**的设置值。

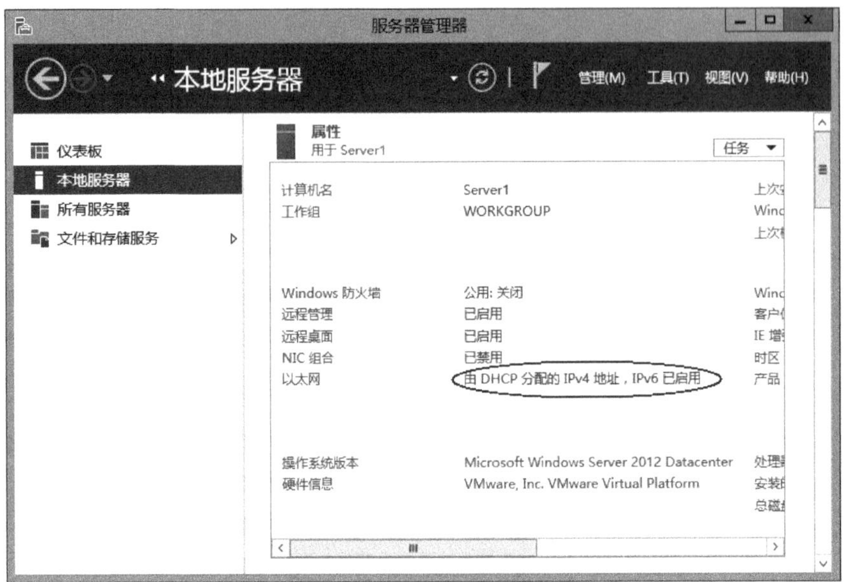

图 3-8

附注

你还可以选择以下方法：【在桌面模式下，对着右下方任务栏的网络图标单击鼠标右键➲打开**网络和共享中心**➲单击**以太网**】。

STEP **2**　在图3-9中单击**属性**➲**Internet协议版本4（TCP/IPv4）**➲**属性**。

图 3-9

STEP 3 在如图3-10所示的对话框中设置**IP地址**、**子网掩码**、**默认网关**与**首选DNS服务器**等。

- **IP地址**：请自行按照计算机所在的网络环境进行设置，或者按图进行操作。
- **子网掩码**：请按照计算机所在的网络环境进行设置，如果IP地址设置为图中的192.168.8.1，则可以输入255.255.255.0，或者在IP地址输入完成后直接按Tab键，会自动填入子网掩码的默认值。
- **默认网关**：如果位于企业内部局域网的计算机要通过路由器或IP分享器（NAT）来连接Internet，此处请输入路由器或IP分享器的局域网IP地址（LAN IP地址），否则保留空白不输入即可。
- **首选DNS服务器**：如果位于企业内部局域网的计算机要上网，此处请输入DNS服务器的IP地址，它可以是企业自行架设的DNS服务器的IP地址、Internet上任何一台正常运行的DNS服务器的IP地址或IP分享器的局域网IP地址（LAN IP地址）等。
- **备用DNS服务器**：如果首选DNS服务器发生故障、没有响应，会自动改用此处的DNS服务器。

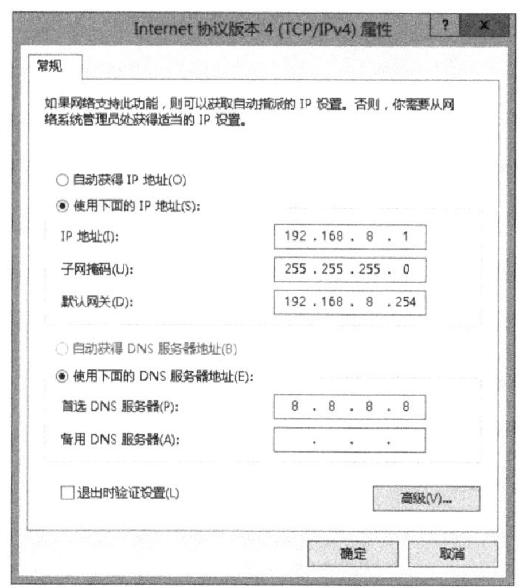

图 3-10

STEP 4 设置完成后，请依次单击确定、关闭按钮来结束设置。

查看 IP 地址的有效配置

如果IP地址是自动获取的，则你可能想要知道租用到的IP配置是什么。即使IP地址是手动设置的，你所设置的IP地址也不一定就是可用的IP地址，例如IP地址已经被其他计算机占用了。可以通过如图3-11所示的**服务器管理器**来得知IP地址的有效设置值为192.168.8.1。

如果要查看更详细的属性：【单击图3-11中圈起来的部分➲双击**以太网**➲如图3-12所示单击

背景图中的**详细信息**按钮后就可以从前景图中看到IP地址的有效设置值】，从图中还可看到网卡的物理地址（MAC address）为00-0C-29-5B-56-92。

> **附注**
>
> 也可以通过单击左下方的Windows PowerShell图标，然后运行ipconfig或ipconfig/all来查看IP地址的有效设置值。

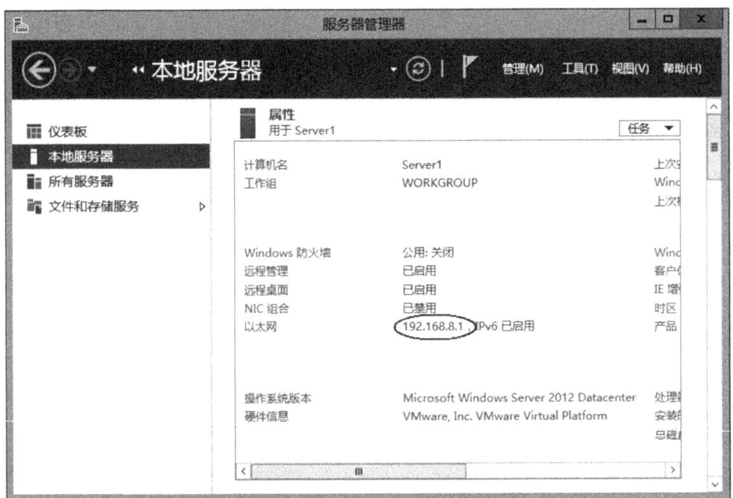

图 3-11

图 3-12

找出 IP 地址重复的计算机

如果你的计算机的IP地址与网络上另外一台计算机重复，而且另外一台计算机先启动并使

用此IP地址，则你的计算机将无法使用此IP地址，不过系统会重新自动分配一个169.254.0.0/16格式的IP地址给你的计算机使用，而且在**服务器管理器**内会显示如图3-13所示的“多个IPv4地址”信息。

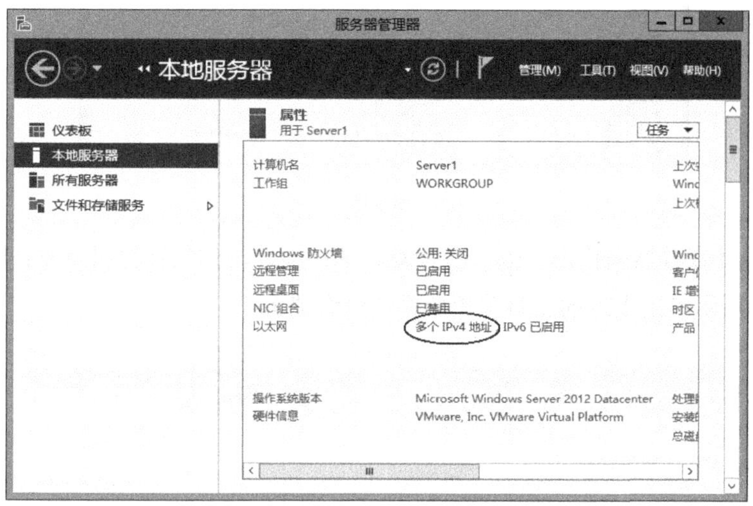

图 3-13

如果要查看更详细的属性：【单击图3-11中圈起来的部分➲双击**以太网**➲单击**详细信息**按钮】，之后就可以从图3-14中同时看到APIPA的IP地址169.254.142.157与原先手动设置的IP地址192.168.8.1。

图 3-14

还可以利用**ipconfig/all**命令来查看这些数据，如图3-15所示，图中的169.254.142.157地址最后注明它是**首选**（Preferred）的IP地址，而192.168.8.1地址则注明它是**复制**的IP地址。

```
管理员: Windows PowerShell
PS C:\Users\Administrator>
PS C:\Users\Administrator> ipconfig  /all

Windows IP 配置

   主机名  . . . . . . . . . . . . . : Server1
   主 DNS 后缀 . . . . . . . . . . . :
   节点类型  . . . . . . . . . . . . : 混合
   IP 路由已启用 . . . . . . . . . . : 否
   WINS 代理已启用 . . . . . . . . . : 否

以太网适配器 以太网:

   连接特定的 DNS 后缀 . . . . . . . :
   描述. . . . . . . . . . . . . . . : Intel(R) 82574L 千兆网络连接
   物理地址. . . . . . . . . . . . . : 00-0C-29-5B-56-92
   DHCP 已启用 . . . . . . . . . . . : 否
   自动配置已启用. . . . . . . . . . : 是
   本地链接 IPv6 地址. . . . . . . . : fe80::18b1:8c6f:96d9:8e9d%12(首选)
   自动配置 IPv4 地址  . . . . . . . : 169.254.142.157(首选)
   子网掩码  . . . . . . . . . . . . : 255.255.0.0
   IPv4 地址 . . . . . . . . . . . . : 192.168.8.1(复制)
   子网掩码  . . . . . . . . . . . . : 255.255.255.0
   默认网关. . . . . . . . . . . . . : 192.168.8.254
   DHCPv6 IAID . . . . . . . . . . . : 251661353
   DHCPv6 客户端 DUID  . . . . . . . : 00-01-00-01-1A-0D-63-58-00-0C-29-5B-56-92
   DNS 服务器  . . . . . . . . . . . : 8.8.8.8
   TCPIP 上的 NetBIOS  . . . . . . . : 已启用
```

图 3-15

可以通过事件查看器来找出是哪一台计算机的IP地址与你的计算机重复:【打开**服务器管理器**➲如图3-16所示单击上方的工具菜单➲**事件查看器**】。

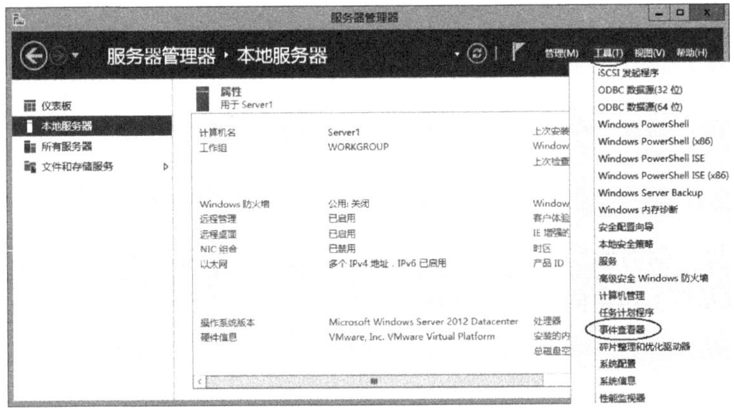

图 3-16

接着【如图3-17所示展开**Windows日志**➲**系统**➲单击中间窗口中有红色惊叹号且来源为Tcpip的事件】，就可以从下方得知此计算机（IP地址为192.168.8.1）与网卡物理地址为00-0C-29-45-9F-29的计算机发生冲突。

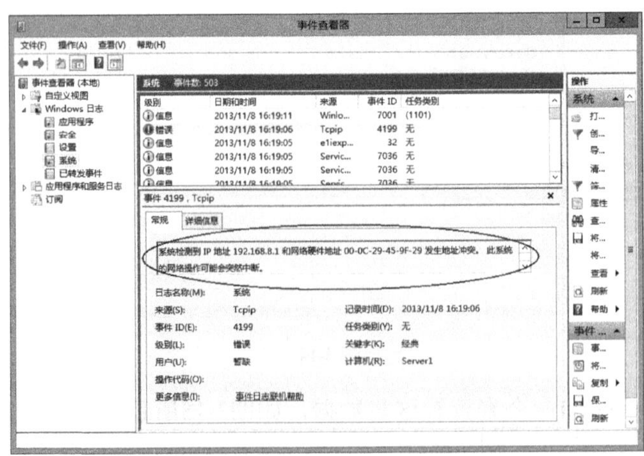

图 3-17

善用 Ping 命令排错

可以利用Ping命令来检测网络问题并找出不正确的设置，以确保计算机的网络功能正常。请先单击左下方的**Windows PowerShell**图标，然后建议通过以下步骤来运行Ping命令。

STEP 1 运行**回环测试**（loopback test）：它可以检测本地计算机的网卡硬件与TCP/IP驱动程序是否可以正常接收、发送TCP/IP数据包。请如图3-18所示输入**ping 127.0.0.1**，如果正常，会出现类似图中的回复界面（共自动测试4次，因此会收到4次回复）。

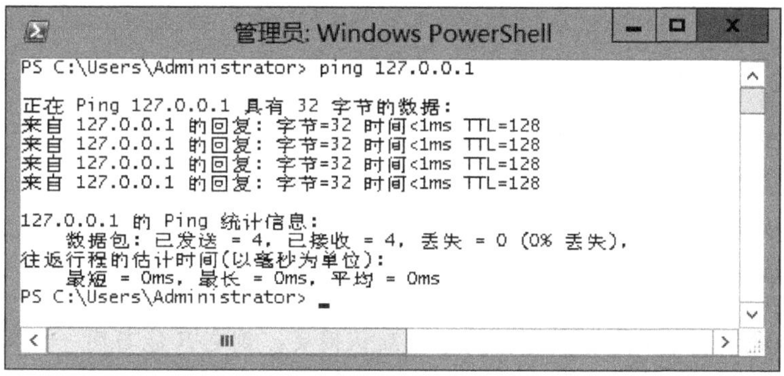

图 3-18

STEP 2 Ping同一个网络内其他计算机的IP地址（例如192.168.8.2）：

- 如果你的计算机IP地址是手动设置，并且没有与其他计算机冲突，则此时应该会出现类似如图3-19所示来自对方计算机的回复界面。

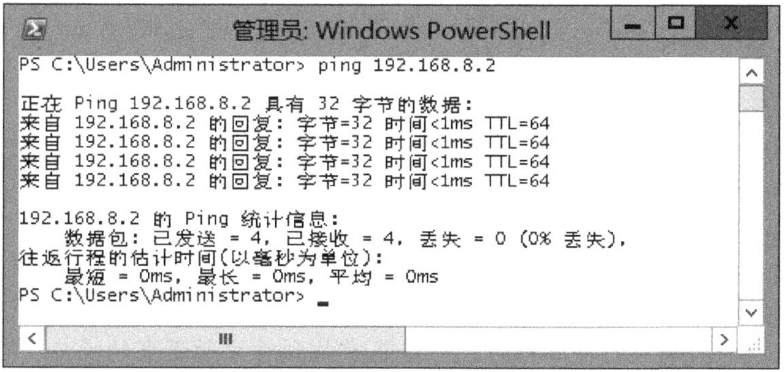

图 3-19

注意

如果所Ping的计算机不存在或此计算机已经启用**Windows防火墙**（这是默认值，则此Ping命令所发送的数据包会被防火墙阻挡），此时会出现类似如图3-20所示的界面。

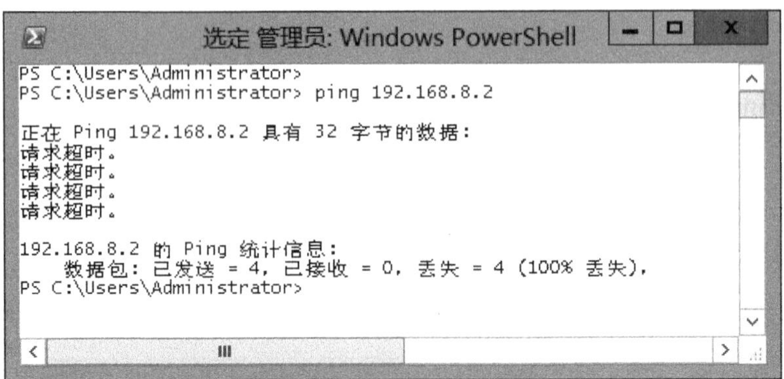

图 3-20

- 如果你的计算机的IP地址是手动设置的，并且IP地址与其他计算机冲突，则此时计算机的IP地址会是169.254.0.0/16的格式：

a. 如果你的计算机指定了正确默认网关，则它还是可以通过默认网关与同一个网络内的其他计算机通信，也就是仍然会显示如图 3-19 所示的界面。

b. 如果你的计算机没有指定正确默认网关，则它只能与同一个网络内也是使用169.254.0.0/16 的计算机通信。此时，如果 ping 其他不使用 169.254.0.0/16 的计算机，将会出现类似如图 3-21 所示的界面。

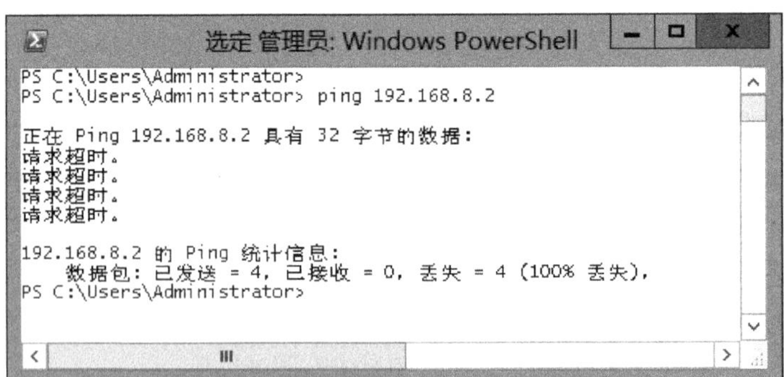

图 3-21

- 如果你的计算机的IP地址是自动获取的，并且成功从DHCP服务器获取，则ping同一个网络内的计算机时，可以正常收到对方所送来的响应，也就是会出现类似如图3-19所示的界面；但是如果无法从DHCP服务器获取IP地址，则你的计算机的IP地址会是169.254.0.0/16，而且它将只能与同一个网络内也是使用169.254.0.0/16的计算机通信。此时，如果ping其他不使用169.254.0.0/16的计算机，会出现类似如图3-21所示的界面。

STEP 3 Ping默认网关的IP地址。可以检测你的计算机是否能够与默认网关正常通信，如果正常，之后才可以通过默认网关与其他网络的计算机通信。

STEP 4　Ping 其他网络内的远程计算机，例如ping 8.8.8.8，此Ping命令的数据包会通过默认网关发送到远程计算机。如果能够正常通信，也会出现类似如图3-19所示的界面（假设你的计算机已经正确指定默认网关的IP地址）。

实际上，只要STEP 4成功，STEP 1～STEP 3都可以省略。不过，如果STEP 4失败，你可能就需要从STEP 3倒退，依次往前面的步骤进行测试，以便找出问题所在。

3.3 连接Internet与启用Windows系统

Windows Server 2012一般都扮演着企业内部重要服务器的角色，因此我们不应该利用它来上网、收发电子邮件，因为这样会增加服务器被攻击的可能性。

然而Windows Server 2012安装完成后，必须在30天内激活，以便过期后仍然可以拥有完整功能，还有此计算机必须定期连上Windows Update网站，以便下载与安装最新的更新程序。以上操作都需要先让此计算机上网。

3.3.1 通过路由器或NAT上网

如果计算机位于企业内部局域网，并且是通过路由器或NAT（IP分享器）来连接Internet，则需要将其**默认网关**指定到路由器或NAT的IP地址（参考如图3-10所示的相关说明）。还有必须在**首选DNS服务器**处，输入企业内部DNS服务器的IP地址或Internet上任何一台正常运行的DNS服务器的IP地址。

> **附注**
>
> 如果计算机是通过调制解调器（modem）、ADSL、Cable Modem等连接到Internet，则**默认网关**与**首选DNS服务器**两处都可以保留空白，因为连上ISP后，ISP会自动替该连接设置IP地址、默认网关与DNS服务器等，并利用此连接上网。

3.3.2 通过代理服务器上网

为了提高上网效率与局域网的安全性，大部分企业会通过**代理服务器**（proxy server）上网。当用户通过代理服务器上网时，它会代替用户到网站取得所需网页对象，并将这些对象缓存（cache）到代理服务器的缓存区。以后有用户要上网访问这些相同的对象时，代理服务器就可以快速从其缓存区取得对象后传给用户的计算机，不需要再上网读取，因此可以提高访问效率。此外，代理服务器也可以提供防火墙功能，从而加强局域网的安全性。

让计算机通过代理服务器上网的设置方法为：【先按Windows键⊞切换到**开始**屏幕➲单击图3-22中的**Internet Explorer**动态磁贴】。

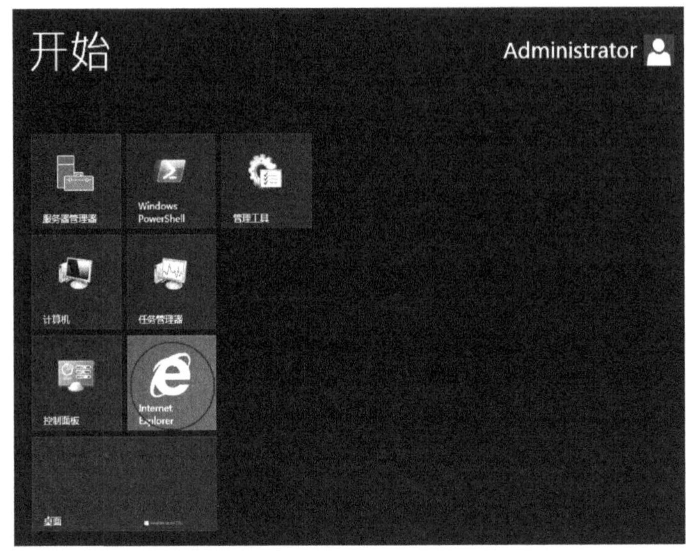

图 3-22

接着【按下Alt键➲工具菜单➲**Internet选项**➲如图3-23所示单击**连接**标签下的**局域网设置**按钮➲输入企业内部代理服务器的主机名或IP地址、连接端口号（图中是随意设置的，无法运行）】。如果代理服务器支持Web Proxy Autodiscovery Protocol，则还可以勾选**自动检测设置**复选框。

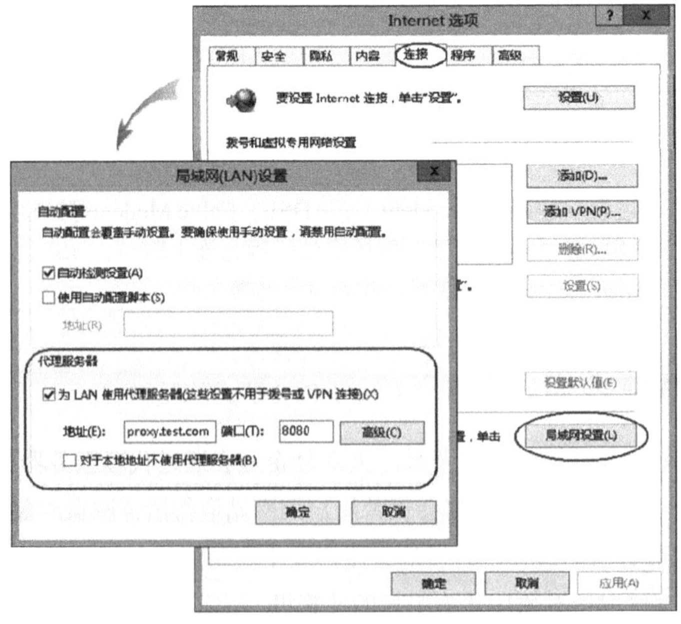

图 3-23

3.3.3 通过ADSL或VDSL上网

如果要通过ADSL或VDSL非固定式上网，则除ATU-R（ADSL调制解调器）或VTU-R（VDSL调制解调器）设备需要连接妥当之外，还需创建一个ADSL或VDSL连接，并通过此连接来连接ISP（例如电信）与上网。可以通过**网络和共享中心**来创建ADSL或VDSL连接，其设置步骤如下。

STEP 1　在桌面中对着右下方任务栏中的网络图标单击鼠标右键➲打开**网络和共享中心**➲单击图3-24中**设置新的连接或网络**（图中假设尚未连上Internet）。

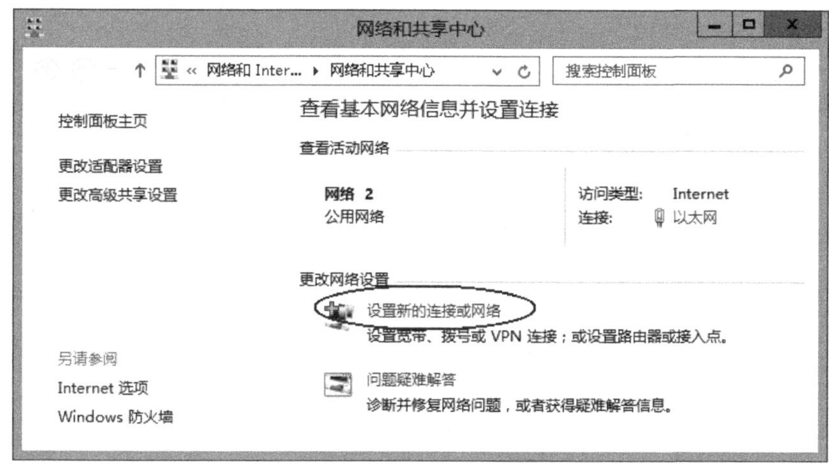

图 3-24

STEP 2　如图3-25所示，单击**连接到Internet**后单击**下一步**按钮。

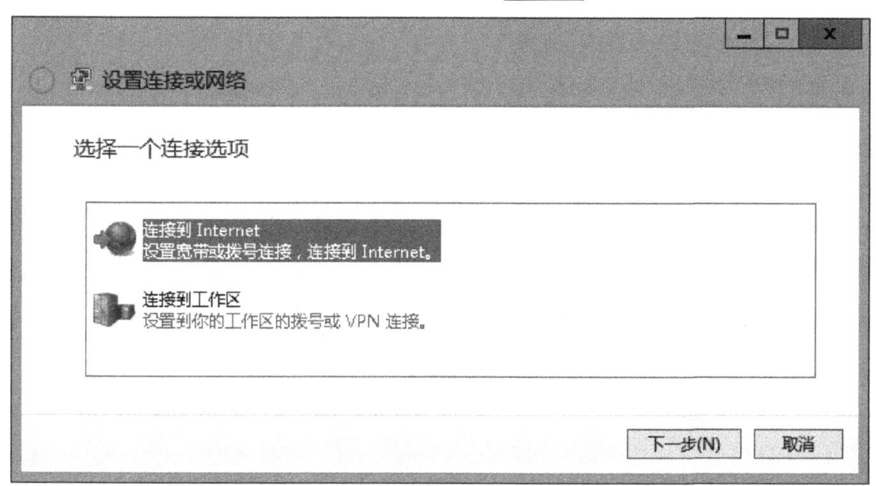

图 3-25

STEP 3　如图3-26所示，单击**宽带（PPPoE）**。

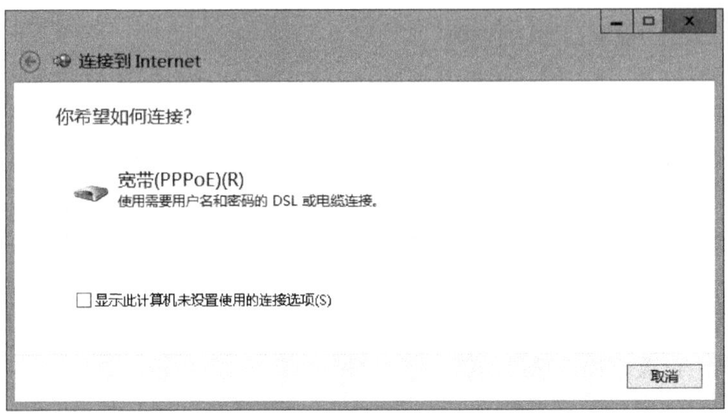

图 3-26

STEP 4　在图3-27中输入用来连接ISP的账户与密码，然后单击连接按钮就可以连接ISP与上网。

连接到 Internet
键入你的 Internet 服务提供商(ISP)提供的信息
用户名(U): 87654321@hinet.net
密码(P): ••••••••••
显示字符(S)
记住此密码(R)
连接名称(N): Hinet
允许其他人使用此连接(A)
这个选项允许可以访问这台计算机的人使用此连接。
我没有 ISP
连接(C)　取消

图 3-27

STEP 5　完成所有设置后，以后要连接可以通过：【在桌面中选择右下方任务栏中的网络图标并单击鼠标右键➲打开**网络和共享中心**➲单击图3-28中的**更改适配器设置**➲双击**PPPoE连接（Hinet）**➲单击右方的**Hinet**➲单击**连接**】。如果要修改此连接的相关设置【请选中此连接并单击鼠标右键➲**属性**】。

附注

也可以选择以下方法：【先将鼠标光标移到右下角，待右边出现**超级按钮**（charms bar）时，单击代表**设置**功能的齿轮图形➲单击代表网络的图形】。

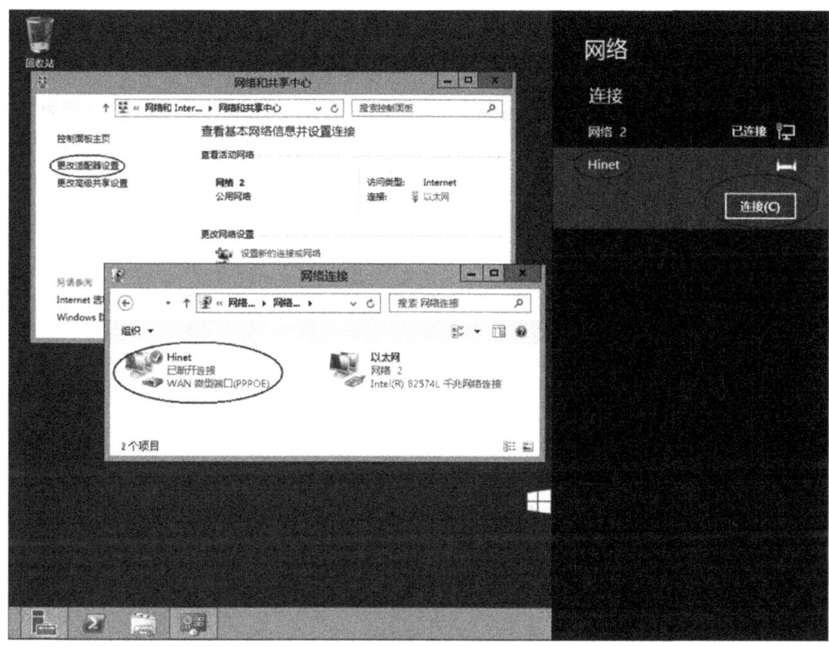

图 3-28

3.3.4 启用或禁用Internet Explorer增强的安全配置

Windows Server 2012应该都扮演着重要服务器的角色，我们不应该利用它来上网，因为这样会增加被攻击的可能性，因此Windows Server 2012默认通过启用**Internet Explorer增强的安全配置**（IE ESC）来将IE的安全性级别限定为**高安全性**，而这样做会阻挡你连接绝大部分网站（除了少数微软网站，例如Windows Update网站）。

如果要调整IE安全性级别，以便能够无障碍地连接绝大部分网站，请禁用**IE ESC**：【单击左下角的**服务器管理器**图标➲单击图3-29中**本地服务器**右方的**IE增强的安全配置**处的**启用**➲通过前景图来关闭此设置】，图中我们仅针对系统管理员来禁用**IE ESC**，也可以将一般用户的**IE ESC**禁用。禁用后，IE的Internet安全性级别会自动被降为**中高**，这样就不会阻挡你所连接的任何网站。

如果要查看Internet目前的安全性级别或想要调整到其他安全性级别：【按Windows键切换到**开始**屏幕➲单击**Internet Explorer**动态磁贴➲按下Alt键➲工具菜单➲**Internet选项**➲**安全**标签】，如图3-30所示。

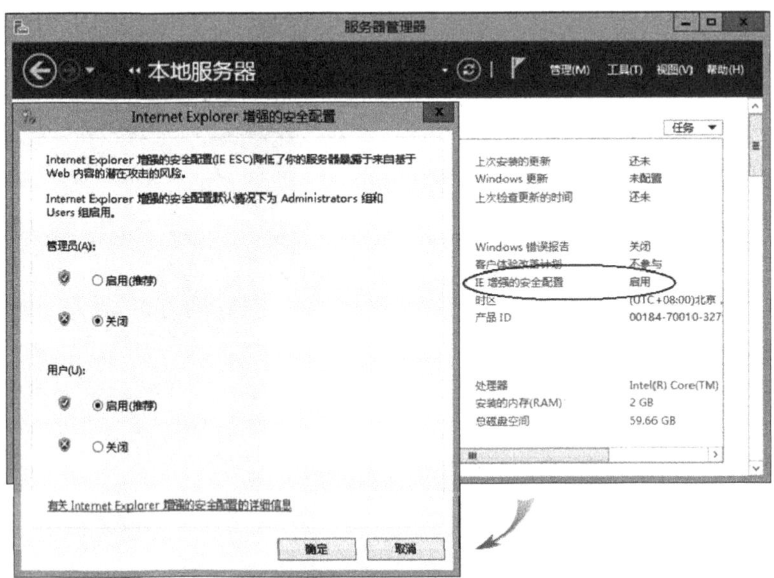

图 3-29

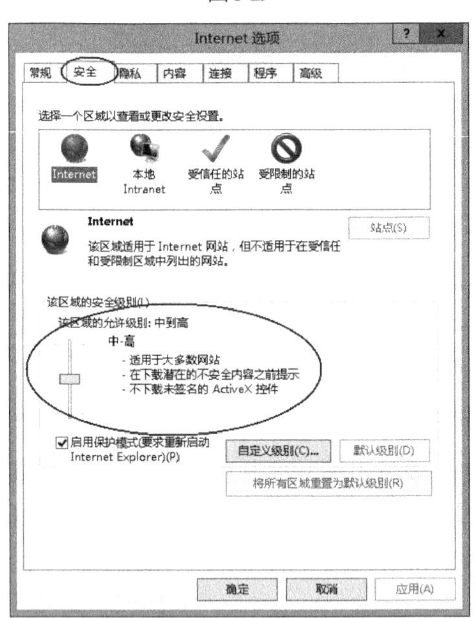

图 3-30

3.3.5 激活Windows Server 2012

Windows Server 2012安装完成后，必须在30天内激活，以便过期后仍然可以拥有完整功能。激活方法：【单击左下角的**服务器管理器**图标 ➲单击图3-31中**本地服务器**右方**产品ID**处的状态值来输入产品密钥并激活】。

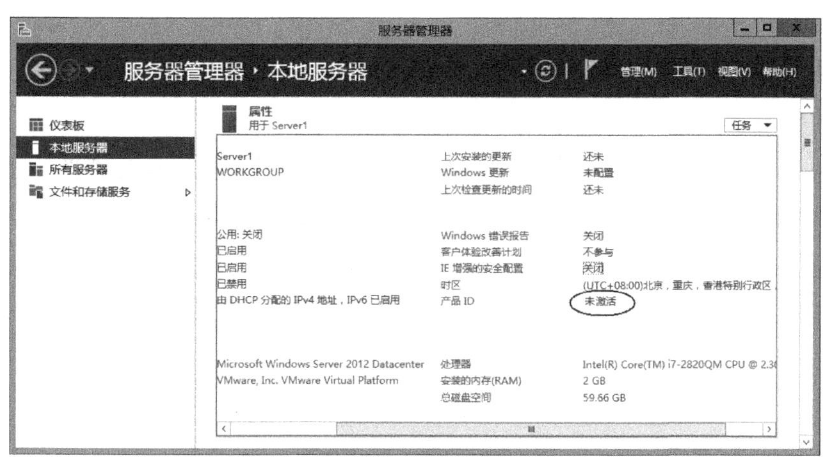

图 3-31

附注

也可以通过【按Windows键切换到**开始**屏幕➲对着**计算机**单击鼠标右键➲**属性**➲通过最下方的**Windows激活**来查看激活状态】。

如果试用期限即将到期，但是暂时还不想激活，可以通过运行**slmgr.exe**程序来延长试用期。请在30天试用期即将到期前，打开**Windows PowerShell**后运行命令：**slmgr/rearm**，待出现命令运行完成界面后，重新启动计算机。它会将试用期重新设置为30天，例如已经试用了29天，只剩下1天可用，此时只要执行此命令，就可以再试用30天。评估版最多可以延长5次，也就是共可试用180天。

如果要查看还剩下几次机会可延长试用期，请执行命令**slmgr/dlv**，然后通过如图3-32所示的对话框进行查看（由图中可知此计算机目前还有1000次机会，不过这不是评估版的界面，而是大量授权版的界面）。

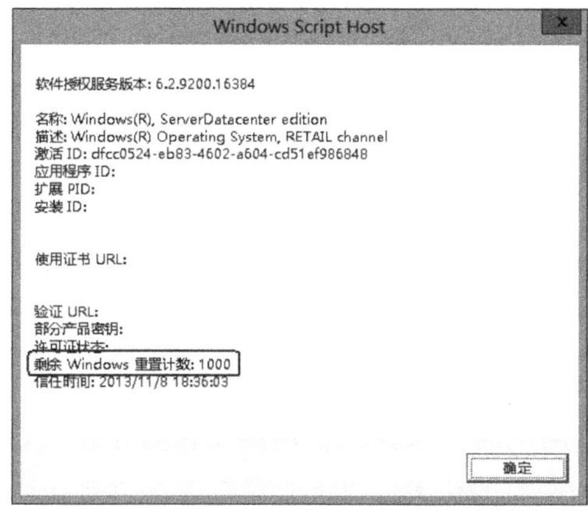

图 3-32

3.4 Windows防火墙与网络位置

Windows Server 2012内置的**Windows 防火墙**可以保护计算机，避免遭受外部恶意程序的攻击。系统将网络位置分为**专用网络、公用网络与域网络**，而且会自动判断与设置计算机所在的网络位置，例如加入域的计算机的网络位置自动被设置为**域网络**。可以通过**网络和共享中心**来查看网络位置，如图3-33所示，此计算机所在的网络位置为**公用网络**。

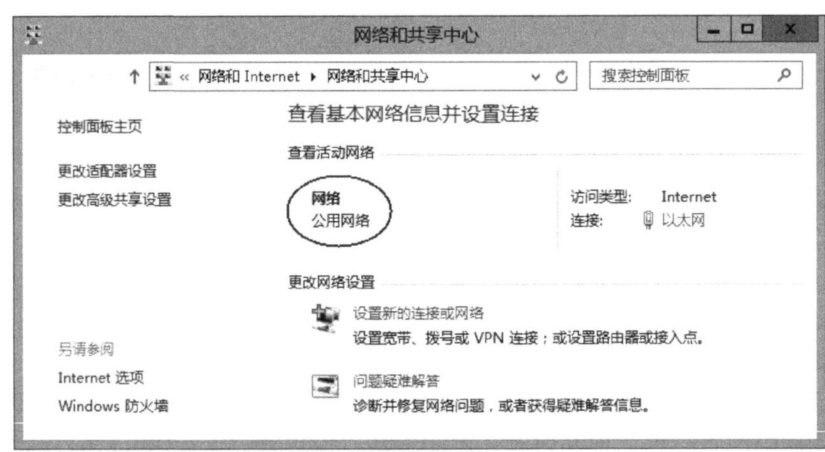

图 3-33

为了增加计算机在网络内的安全性，位于不同网络位置的计算机有着不同的**Windows防火墙**设置，例如位于公用网络的计算机，其**Windows防火墙**的设置比较严谨，而位于专用网络的计算机则比较宽松。

> **附注**
>
> 如果要自行更改网络位置（参见第11章的**本地安全策略**）：【按⊞+R键➲运行**SecPol.msc**➲**网络列表管理器策略**➲双击要更改的网络➲**网络位置**】。

3.4.1 启用与关闭Windows 防火墙

系统默认已经启用**Windows防火墙**，它会阻挡其他计算机与此台计算机通信。如果要更改设置：【按Windows键⊞切换到**开始**屏幕➲单击**控制面板**动态磁贴➲**系统和安全**➲**Windows防火墙**➲单击如图3-34所示背景图中的**启用或关闭Windows防火墙**➲通过前景图进行更改】，由图中看出此处可分别针对**专用网络**与**来宾或公用网络**位置来设置，并且这两个网络默认已启用**Windows 防火墙**，会封锁所有的传入连接（除了列于允许列表中的程序之外，可见后述）。

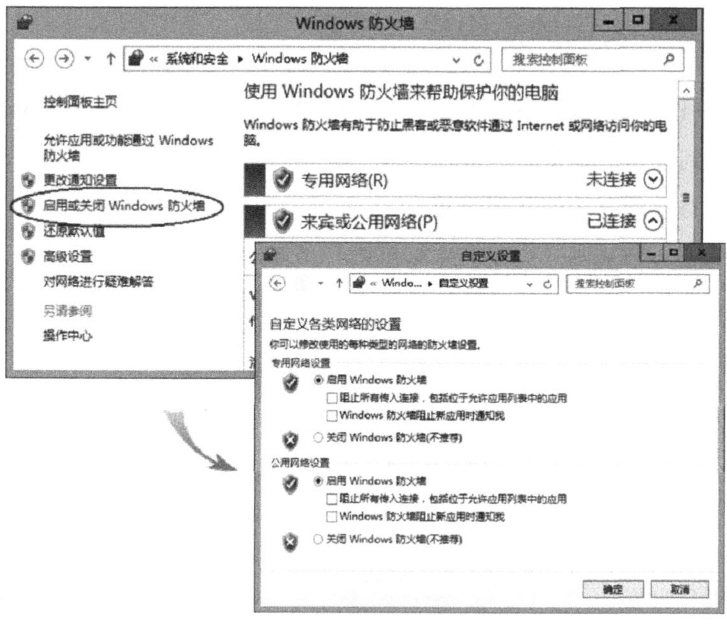

图 3-34

3.4.2 解除对某些程序的封锁

Windows 防火墙会阻挡所有的传入连接，不过可以通过单击如图3-34所示背景图左上方的**允许应用程序或功能通过Windows 防火墙**来解除对某些程序的封锁。例如，要允许网络上其他用户来访问你的计算机内的共享文件与打印机，请勾选图3-35中**文件和打印机共享**复选框，并且可以分别针对**专用网络**与**公用网络**来设置；另外，如果要开放通过**远程桌面服务**来连接，请勾选**远程桌面**复选框。

图 3-35

3.4.3 Windows防火墙的高级安全设置

如果要进一步设置**Windows防火墙**规则，可以通过**高级安全Windows防火墙**:【先按Windows键⊞切换到**开始**屏幕➲单击**系统管理工具**动态磁贴➲**高级安全Windows防火墙**】(或单击如图3-34所示背景图左边的**高级设置**)，之后可由图3-36左边看出它可以同时针对传入连接与传出连接来设置访问规则（图中的**入站规则**与**出站规则**）。

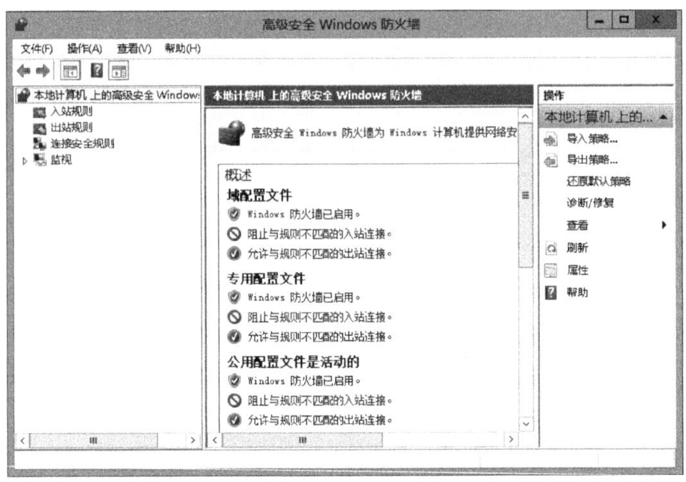

图 3-36

不同的网络位置可有不同的**Windows防火墙**规则设置，同时也有不同的配置文件，而这些配置文件可通过以下的方法进行更改:【选中如图3-36所示左边的**本地计算机上的高级安全Windows防火墙**并单击鼠标右键➲**属性**】，如图3-37所示，图中针对域、专用与公用网络位置的传入连接与传出连接分别有不同的设置值，这些设置值如下。

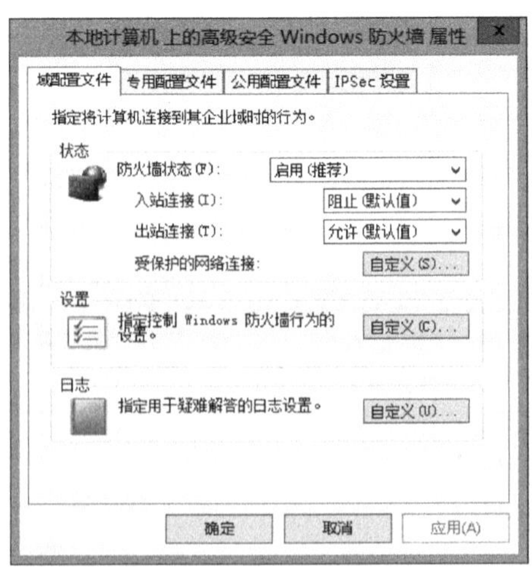

图 3-37

- **阻止（默认值）**: 阻止没有防火墙规则明确允许连接的所有连接。

- **阻止所有连接**：阻止全部连接，不论是否有防火墙规则明确允许的连接。
- **允许**：允许连接，但有防火墙规则明确封锁的连接除外。

可以针对特定程序或流量来开放或阻止，例如**Windows防火墙**默认是打开的，因此网络上其他用户无法利用Ping命令来与你的计算机通信。如果要开放，可通过**高级安全Windows 防火墙**的**入站规则**来开放ICMP Echo Request数据包：【单击如图3-38所示背景图**入站规则**中的**文件和打印机共享（回显请求 – ICMPv4-In）**➲勾选**已启用**复选框】。

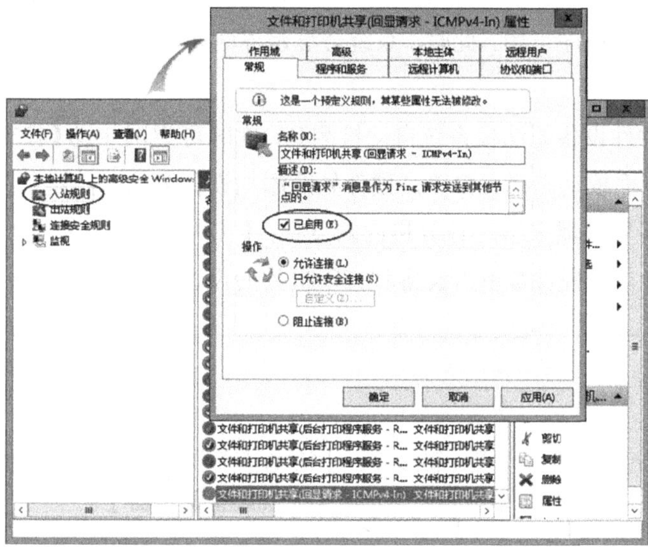

图 3-38

附注

如果要开放的服务或应用程序未在列表中，可在此处通过新增规则来开放，例如此计算机是网站，而你要开放让其他用户来连接此网站，可以通过单击图3-39中的**新建规则**来创建一个开放连接端口号为80的规则（如果是Windows Server 2012内置的**网页服务器（IIS）**，则系统会自动新建规则来开放连接端口80）。

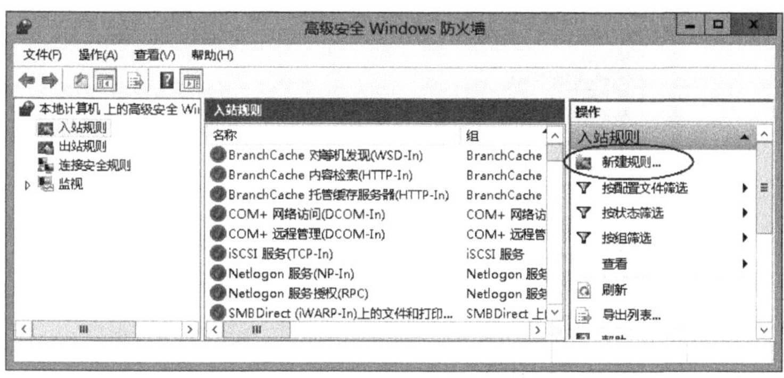

图 3-39

3.5 硬件设备的管理

由于Windows Server 2012支持Plug and Play（PnP，即插即用），因此在你安装了新设备后（例如网卡），只要系统支持该设备的驱动程序（device driver），系统就会自动安装此驱动程序，以后就可以使用此设备了。

如果是新上市的设备，系统可能尚未支持其驱动程序，因此虽然系统检测到此设备，但是却无法找到适当的驱动程序可用。此时，系统会显示界面要求你提供驱动程序（一般是在设备厂商所附的光盘内）。

如果所安装的硬件设备无法被系统自动检测到，此时可尝试通过【按Windows键⊞切换到**开始**屏幕➲单击**控制面板**动态磁贴➲单击**硬件**处的**添加设备**】的方法进行添加。

也可以利用**设备管理器**来管理计算机内的设备：【按Windows键⊞切换到**开始**屏幕➲单击**控制面板**动态磁贴➲单击**硬件**➲单击**设备和打印机**处的**设备管理器**】。

> **附注**
>
> 1. 也可通过以下方法来启动**设备管理器**：【按⊞+F键➲单击右方的**设置**➲在搜索处输入**设备管理器**后按Enter键➲单击左方搜索结果中的**设备管理器**】。
>
> 2. 如果要添加无法被系统自动识别的传统硬件设备：【打开**设备管理器**➲选中计算机名并单击鼠标右键➲**添加过时硬件**】。

3.5.1 禁用、解除与扫描新设备

可以在如图3-40所示的**设备管理器**界面中选中某设备并单击鼠标右键，将该设备禁用或解除安装，也可以扫描是否有新安装的设备。

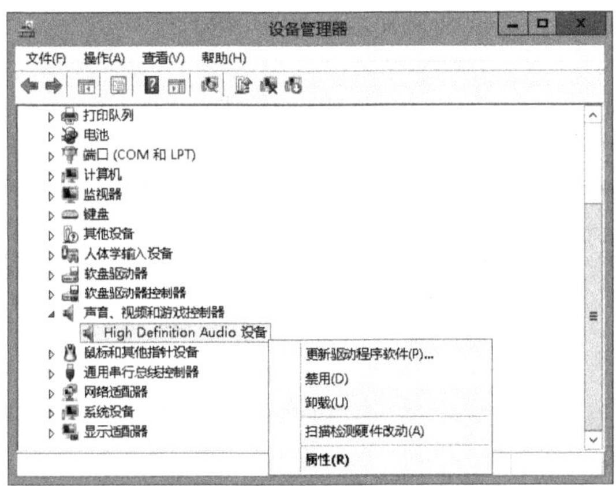

图3-40

注意

如果某个设备是由系统自动检测到的，并自动安装驱动程序，虽然将该设备解除安装，但是下次重启或运行**扫描检测硬件改动**操作时，该设备还是会被自动检测到、安装与启用。因此，若不想使用该设备，可以采取**禁用**的方式，而不是**卸载**，或者直接拔除该设备（若可以拔除）。

3.5.2 回滚驱动程序

在更新某设备的驱动程序后，若发现此新驱动程序无法正常运行，还是可以将之前正常的驱动程序再安装回来，此功能称为**回滚驱动程序**（driver rollback）。其操作步骤为：【在**设备管理器**界面中选中该设备并单击鼠标右键➲**属性**➲单击如图3-41所示的**驱动程序**标签下的回滚驱动程序按钮】（图中的设备因为未曾更新过驱动程序，因此无法单击回滚驱动程序按钮）。

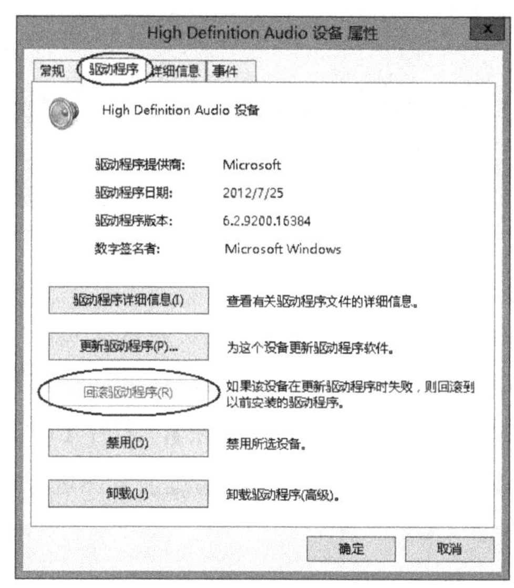

图 3-41

3.5.3 驱动程序签名

驱动程序经过签名后，该程序内就会包含一个数字签名，系统可通过此签名来得知该驱动程序的发行厂商名称与该程序的原始内容是否被篡改，这样即可确保所安装的驱动程序是安全的。

当在安装驱动程序时，如果该驱动程序未经过签名、数字签名无法被验证是否有效或驱动程序内容被篡改过，系统就会显示警告信息。

建议不要安装未经过签名或数字签名无法被验证是否有效的驱动程序，除非已确认该驱动程序确实是从发行厂商处取得的。

3.6 默认启动系统的设置

如果计算机内只安装一套Windows Server 2012操作系统，则开机时它会直接启动这套唯一的操作系统。但是如果计算机内安装了多套操作系统，例如同时安装了Windows Server 2008 R2与Windows Server 2012，则每次计算机开机时，就会出现类似图3-42所示的菜单界面。

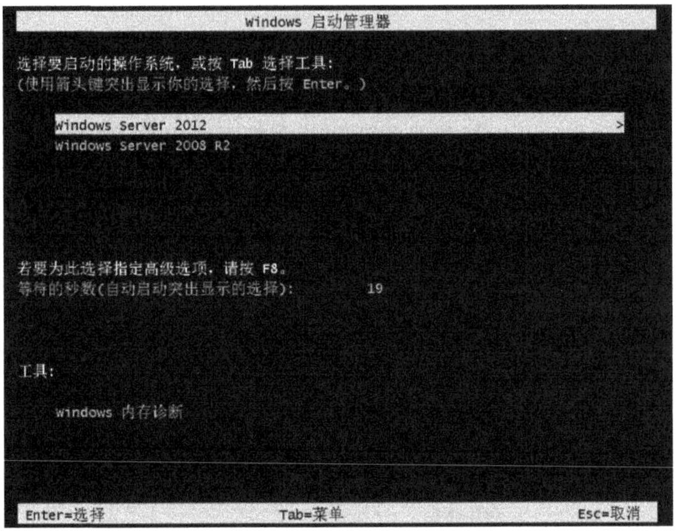

Windows 启动管理器

选择要启动的操作系统，或按 Tab 选择工具:
(使用箭头键突出显示你的选择，然后按 Enter。)

Windows Server 2012 >
Windows Server 2008 R2

若要为此选择指定高级选项，请按 F8。
等待的秒数(自动启动突出显示的选择): 19

工具:

Windows 内存诊断

Enter=选择 Tab=菜单 Esc=取消

图 3-42

此时请选择要启动的操作系统，然后按Enter键。若未在30秒内做选择，则会自动启动默认操作系统。如果要更改默认操作系统：【按Windows键⊞切换到**开始**屏幕➲选中**计算机**动态磁贴并单击鼠标右键➲单击如图3-43所示下方的**属性**】，之后【单击左边的**高级系统设置**➲如图3-44所示单击**启动和故障恢复**右方的**设置**按钮➲通过前景图进行设置】。

图 3-43

- **默认操作系统**：可以在此处更改默认的操作系统。
- **显示操作系统列表的时间**：可以在此处更改等待用户选择操作系统的时间（默认为30秒）。如果取消勾选此选项，则开机时将不会出现菜单供用户选择，而是直接启动默认操作系统。

图3-44

3.7 环境变量的管理

环境变量（environment variable）会影响计算机如何来运行程序、如何查找文件、如何分配内存空间等操作方式。

3.7.1 查看现有的环境变量

可以通过【单击左下方的**Windows PowerShell**图标➲运行**dir env:**或**Get-Childitem env:**命令】来检查计算机内现有的环境变量，如图3-45所示，图中每一行有一个环境变量，左边为环境变量名称，右边为环境变量值，例如，我们可以通过环境变量COMPUTERNAME来得知此计算机的计算机名为SERVER1。又如，可以通过环境变量USERNAME来得知目前登录此计算机的用户为Administrator。

```
管理员: Windows PowerShell
PS C:\> dir env:

Name                           Value
----                           -----
ALLUSERSPROFILE                C:\ProgramData
APPDATA                        C:\Users\Administrator\AppData\Roaming
CLIENTNAME                     WIN7DEMO
CommonProgramFiles             C:\Program Files\Common Files
CommonProgramFiles(x86)        C:\Program Files (x86)\Common Files
CommonProgramW6432             C:\Program Files\Common Files
COMPUTERNAME                   SERVER1
ComSpec                        C:\Windows\system32\cmd.exe
FP_NO_HOST_CHECK               NO
HOMEDRIVE                      C:
HOMEPATH                       \Users\Administrator
LOCALAPPDATA                   C:\Users\Administrator\AppData\Local
LOGONSERVER                    \\SERVER1
NUMBER_OF_PROCESSORS           1
OS                             Windows_NT
Path                           C:\Windows\system32;C:\Windows;C:\Windows\System32\Wbem;C:\Windows\System32\WindowsPo...
PATHEXT                        .COM;.EXE;.BAT;.CMD;.VBS;.VBE;.JS;.JSE;.WSF;.WSH;.MSC;.CPL
PROCESSOR_ARCHITECTURE         AMD64
PROCESSOR_IDENTIFIER           Intel64 Family 6 Model 42 Stepping 7, GenuineIntel
PROCESSOR_LEVEL                6
PROCESSOR_REVISION             2a07
ProgramData                    C:\ProgramData
ProgramFiles                   C:\Program Files
ProgramFiles(x86)              C:\Program Files (x86)
ProgramW6432                   C:\Program Files
PSModulePath                   C:\Users\Administrator\Documents\WindowsPowerShell\Modules;C:\Windows\system32\Window...
PUBLIC                         C:\Users\Public
SESSIONNAME                    RDP-Tcp#0
SystemDrive                    C:
SystemRoot                     C:\Windows
TEMP                           C:\Users\ADMINI~1\AppData\Local\Temp\1
TMP                            C:\Users\ADMINI~1\AppData\Local\Temp\1
USERDOMAIN                     SERVER1
USERDOMAIN_ROAMINGPROFILE      SERVER1
USERNAME                       Administrator
USERPROFILE                    C:\Users\Administrator
windir                         C:\Windows

PS C:\> _
```

图 3-45

3.7.2 更改环境变量

在Windows Server 2012内的环境变量分为以下两类。

- **系统变量**：它会被应用到每一位在此计算机登录的用户，也就是所有用户的工作环境内都会有这些变量。只有具备系统管理员权限的用户，才有权限更改系统变量。建议不要随便修改此处的变量，以免系统不能正常运行。
- **用户变量**：每个用户可以拥有自己专有的用户变量，这些变量只会被应用到该用户，不会影响到其他用户。

如果要更改环境变量：【按Windows键⊞切换到**开始**屏幕➲选中**计算机**动态磁贴并单击鼠标右键➲单击下方的**属性**➲单击左边的**高级系统设置**➲单击下方的环境变量按钮】，然后通过如图3-46所示的对话框进行修改，图中上、下部分分别为用户与系统变量区。

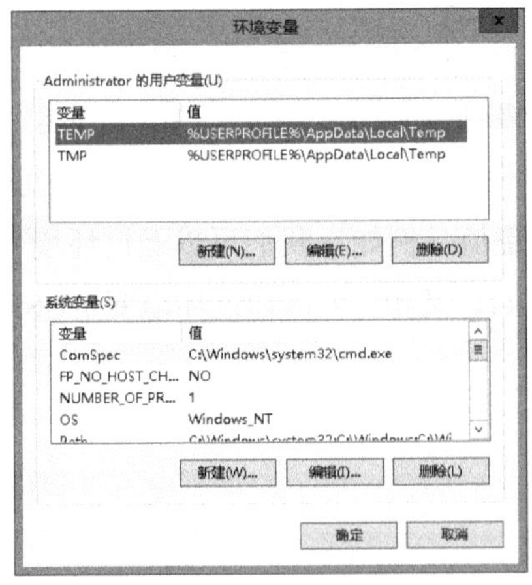

图 3-46

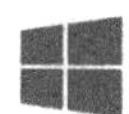

计算机在应用环境变量时，先应用系统变量，再应用用户变量。如果这两区内的变量设置发生冲突，则以用户变量优先。例如，如果系统变量区内有一个变量TEST=SYS、用户变量区内有一个变量TEST=USER，则最后的结果是TEST=USER。

附注

变量PATH例外：用户变量会被附加在系统变量之后。例如，如果系统变量区内的PATH=C:\WINDOWS\system32、用户变量区内的PATH= C:\Tools，则最后的结果为PATH=C:\WINDOWS\system32; C:\Tools（系统在查找运行文件时，根据PATH的文件夹路径来查找文件）。

3.7.3 环境变量的使用

使用环境变量时，请在环境变量的前后加上“%”符号，例如，图3-47中利用echo命令来显示当前的登录者，其中%username%代表当前登录者的用户账户名（请通过【按⊞+R键➲运行cmd】打开**命令提示符**窗口并运行此命令）。

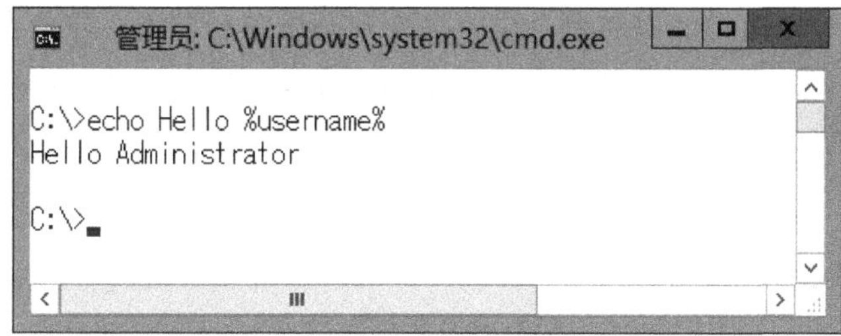

图3-47

3.8 计算机关机方式与电源计划

3.8.1 计算机关机方式

使用计算机一段时间后想要关机休息，并不是只能够采用一般的关机方式，而是有以下多种不同的选择（对服务器来说，一般应该只会使用其中的**关机**）。

- **关机（shutdown）**：会关闭所有的应用程序，然后关机并关闭电源。
- **休眠（hibernate）**：会将目前在内存（RAM）中所有打开的文件与应用程序都存储到硬盘的休眠文件内，然后关机并关闭电源。当你要再次使用计算机时，只要打开计算机电源，系统就会利用休眠文件来快速恢复打开的文件与应用程序，也就是直接将系统恢复到休眠之前的状态。

休眠文件的文件名为hiberfil.sys，由于需要将内存中的数据写到此文件，因此硬盘可用空间需要大于物理内存容量，此文件会被创建在Windows Server 2012的安装磁盘的根文件夹内，并且是受保护的、隐藏的操作系统文件。

- **睡眠（sleep）**：使用非常微小的电量来维持内存所有打开的文件与应用程序，然后关闭计算机。当你要再次使用计算机时，只要按下电源开关，系统就会在数秒内快速恢复所有打开的文件与应用程序，也就是恢复到睡眠之前的状态。睡眠就是旧版Windows系统内的**待机**（standby）。

> **注意**
>
> 虽然睡眠后计算机看似已经关机，但是实际上仍然还在使用非常微小的电量来维持内存内的数据，因此请不要切断电源，也就是不要拔掉电源插头或不要关闭计算机机箱后面的电源开关（若有），否则所有存储在内存内的文件与程序都将丢失。

- **混合睡眠（hybrid sleep）**：它同时具备睡眠与休眠功能，也就是说它不但会使用非常微小的电量来维持内存内所有打开的文件与应用程序，同时也会将它们存储到硬盘的休眠文件内，然后关闭计算机。当你要再次使用计算机时，只要按下电源开关，系统还是会在数秒内通过睡眠机制，快速恢复到睡眠前的状态，即使在混合睡眠后因故电源被切断而丢失内存内的数据也不必担心，因为此时它还可以利用休眠文件内的数据来恢复到之前的状态。

3.8.2 电源计划

可以利用电源计划来协助节省计算机的电源消耗或优化性能，或者在两者之间取得平衡。系统是如何省电的呢？举例来说，当计算机闲置一段时间后，系统就可以将硬盘（或其他设备）关闭，这样可以节省电源的使用，然而这也将牺牲掉一些性能，因为当你要继续使用计算机与硬盘时，系统必须花费时间来重新启动硬盘。

Windows Server 2012提供了以下3个默认的电源计划。

- **平衡**：在需要使用计算机时提供完整性能，但是也可以在计算机闲置时替你省电。
- **高性能**：提供最高的性能与响应能力，但是比较耗电。
- **节能**：通过降低性能来节省电源。

可以【按Windows键⊞切换到**开始**屏幕➲单击**控制面板**动态磁贴➲**硬件**➲**电源**选项➲在图3-48中选择所需计划】，每个计划都各有不同的设置，例如**节能**计划会在硬盘闲置超过20分钟后自动关闭硬盘，而**高性能**计划则不会关闭硬盘，让硬盘随时处于工作状态。

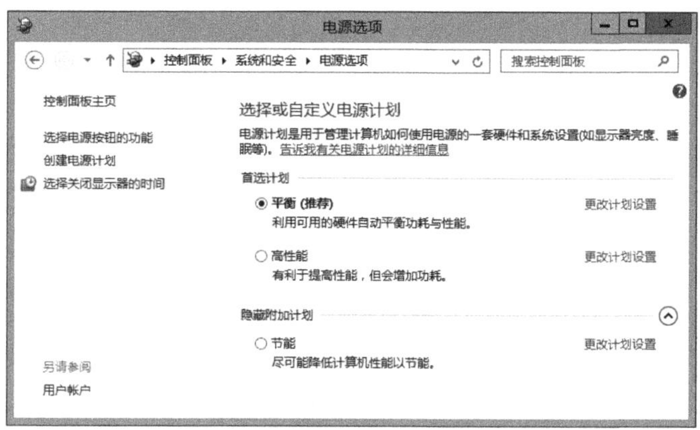

图 3-48

也可以在图中针对所选计划来更改设置。例如，如果要更改**平衡**计划中关闭显示器的时间，也就是设置系统闲置多少时间后就将显示器关闭，则请直接单击图中**平衡**计划处的**更改计划设置**，然后通过图3-49中的**关闭显示器**进行设置。

图 3-49

3.8.3 电源与睡眠按钮的操作方式

当用户按计算机机箱上的电源按钮或键盘上的Power键、Sleep键时（并非所有键盘都有这些键），计算机会关机、睡眠或休眠吗？这些操作可以通过电源计划进行自定义，例如可以单击图3-49中**平衡**计划的**更改高级电源设置**，然后通过如图3-50所示的对话框进行设置，图中将电源按钮（与键盘上的Power键）的操作设置为**睡眠**。如果打开**混合睡眠**，则图中的**睡眠**代表**混合睡眠**。

图 3-50

为什么我的计算机没有图3-50中的睡眠、休眠选项？

没有睡眠选项可能是计算机硬件不支持，例如未安装正确的显卡驱动程序，也可能是计算机的BIOS设置未启用与省电有关的功能。没有休眠选项，请运行**powercfg –h on**命令来打开休眠功能。如果旧版Windows Server 系统启用Hyper-V，就不支持睡眠、休眠，而Windows Server 2012则没有此限制。

3.8.4 测试睡眠与休眠功能

如果要测试休眠功能，请先运行**powercfg –h on**命令来打开休眠功能，之后系统就会自动创建休眠文件**hiberfil.sys**，如图3-51所示，必须先【打开**文件资源管理器**➲单击上方的**查看**➲单击右方的**选项**➲**查看**标签➲取消勾选**隐藏受保护的操作系统文件**并勾选**显示隐藏的文件、文件夹和驱动器**】，才会在根文件夹内看到此文件。

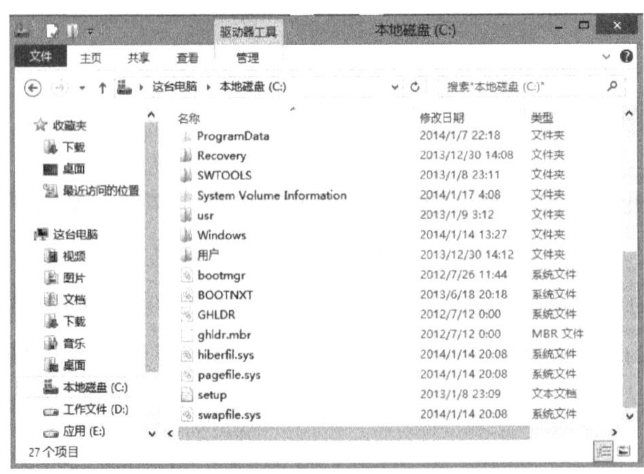

图 3-51

在完成图3-50中的电源按钮设置后，就可以开始测试其功能是否正常了：直接通过按机箱前面的电源按钮或键盘上的Power键（若有）来测试是否会运行指定的睡眠、休眠或关机操作。

也可以通过【按Windows键⊞切换到桌面➲按 Alt + F4 键➲在**希望计算机做什么？**处选择**睡眠**】的方法来测试睡眠功能。

3.8.5 睡眠与混合睡眠的设置

系统默认禁用**混合睡眠**，如果要启用，请如图3-52所示在**允许混合睡眠**处选择**启用**。

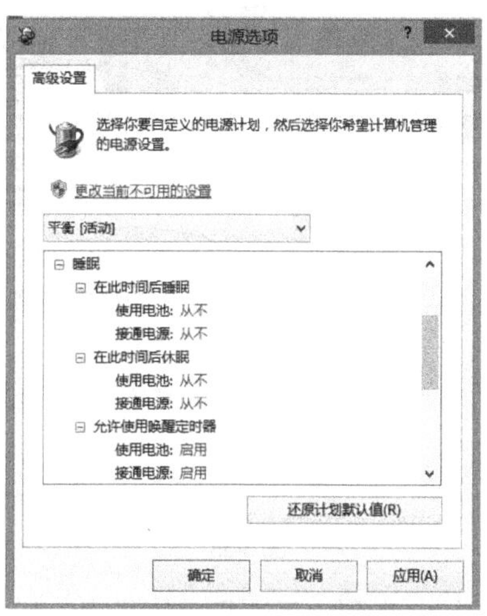

图 3-52

在启用**混合睡眠**的情况下，若系统要执行睡眠操作（例如用户按键盘上的Sleep键），系统会先执行休眠操作，然后执行睡眠操作。

图3-52中还有另外两个选项。

- **在此时间后睡眠**：用来指定当系统闲置一段时间后，就让系统自动执行睡眠操作。此设置也可以通过图3-49中的**让计算机睡眠**进行设置。
- **在此时间后休眠**：用来设置在系统已经进入**混合睡眠**的情况下（睡眠+休眠），隔多久时间后，就停止睡眠模式（不再利用电量来维持内存内的数据），仅保留休眠模式。对笔记本电脑来说，这样可以节省电池的电量。

3.9 其他的环境设置

3.9.1 桌面体验

虽然Windows Server 2012与Windows 8系出同源，但是Windows Server 2012用来扮演重要

服务器的角色，不是作为一般用户处理日常工作的操作系统，因此默认并没有Windows 8拥有的一些功能，但是可以在Windows Server 2012内通过安装**桌面体验**来拥有这些功能，包含Windows Media Player、桌面主题、照片管理、磁盘清理、录音机、字符映射表、磁盘清理、数学输入面板与截图工具等。安装**桌面体验**的方法如下所示。

STEP 1　在桌面中单击左下角**服务器管理器**图标或按Windows键切换到**开始**屏幕后单击**服务器管理器**动态磁贴。

STEP 2　如图3-53所示，直接单击**添加角色和功能**或【单击上方的**管理**菜单➲单击**添加角色和功能**】

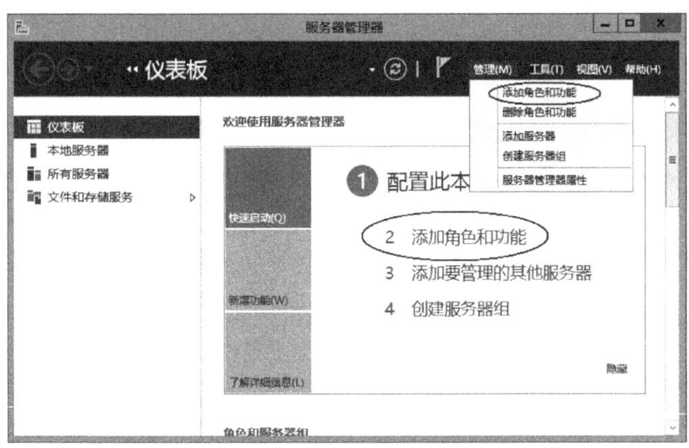

图 3-53

STEP 3　按顺序单击下一步按钮，直到出现**选择功能**界面，然后如图3-54所示勾选**用户界面和基础结构**下的**桌面体验**复选框。完成后需重新启动计算机。图3-55所示为完成安装后的**开始**屏幕界面。

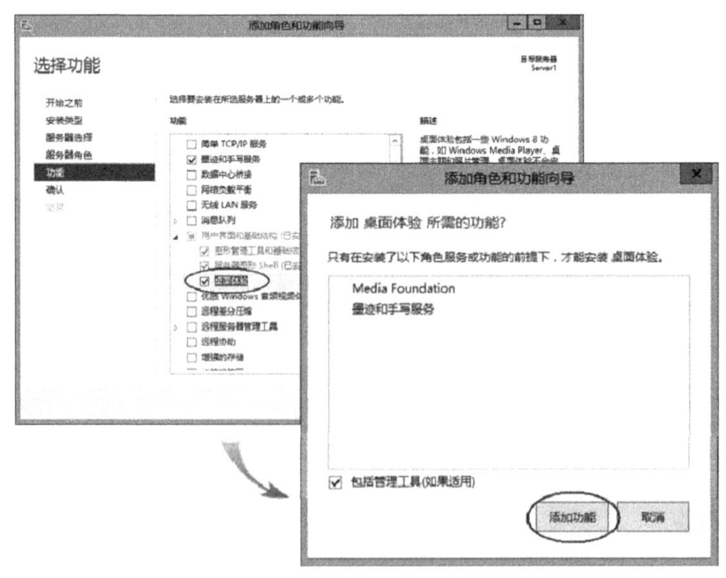

图 3-54

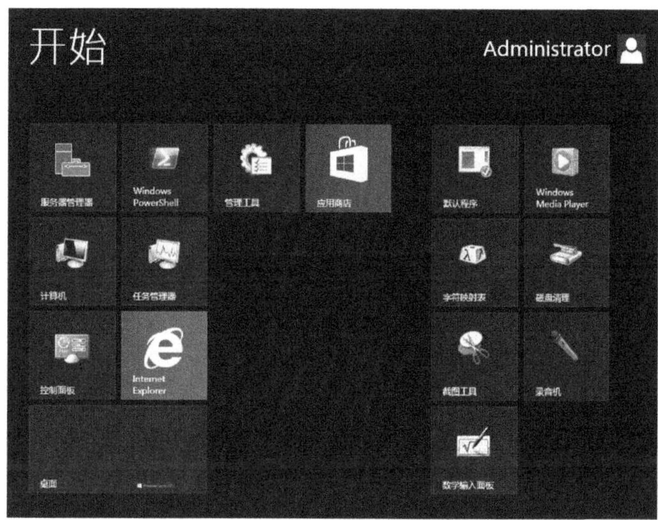

图 3-55

3.9.2 微软管理控制台

系统管理员可以通过自定义的**微软管理控制台**（Microsoft Management Console，MMC），让其在执行每天例行管理工作时，更加得心应手。举例来说，如果要自定义一个同时包含**计算机管理**与**证书**的控制台，其步骤如下所示。

STEP 1　按⊞+R键➲输入**MMC**➲单击确定按钮➲如图3-56所示选择**文件**菜单➲**添加/删除管理单元**。

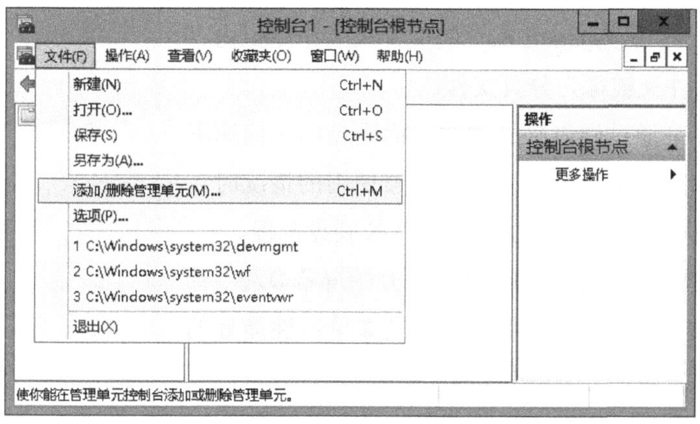

图 3-56

STEP 2　在图3-57中选择**计算机管理**，单击添加按钮，选择**本地计算机**（只要你有权限，也可以选择管理其他计算机），单击完成按钮。

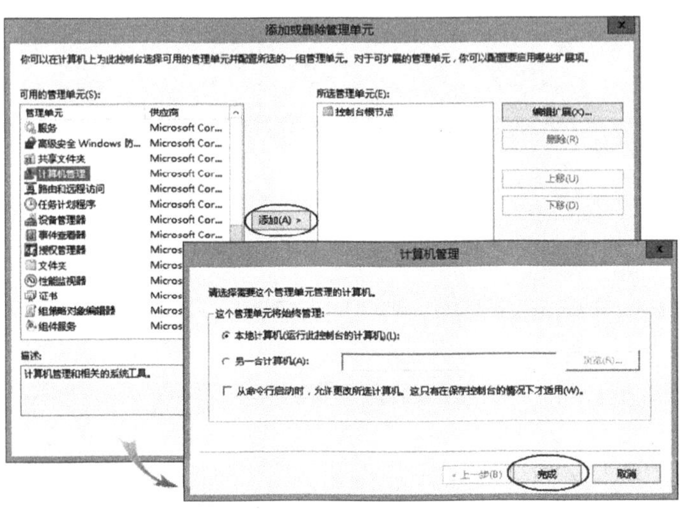

图 3-57

STEP 3　回到如图3-57所示的背景界面后继续从列表中选择**证书**，单击添加按钮，选择**本地计算机**，依次单击完成、确定按钮。

STEP 4　回到MMC主界面时，请通过【文件菜单➲保存】将此MMC控制台保存起来，默认文件名为**控制台1.msc**，建议将其保存到桌面，不要保存到默认路径，以便于访问。

3.9.3 虚拟内存

当计算机内的物理内存（RAM）不够使用时，Windows Server 2012会通过将部分硬盘（磁盘）空间虚拟成内存，从而给应用程序或服务提供更多的内存。系统通过创建一个名为pagefile.sys的文件来当作虚拟内存的存储空间，此文件又被称为**分页文件**。

因为虚拟内存是通过硬盘来提供的，而硬盘的访问速度比内存慢得多，因此如果经常发生内存不够使用的情况时，建议安装更多的内存，以免计算机运行效率被硬盘拖慢。

虚拟内存的设置方法：【按⊞键切换到**开始**屏幕➲选中**计算机**并单击鼠标右键➲**属性**➲**高级系统设置**➲单击**性能**处的设置按钮➲**高级**标签➲单击更改按钮】，如图3-58所示。

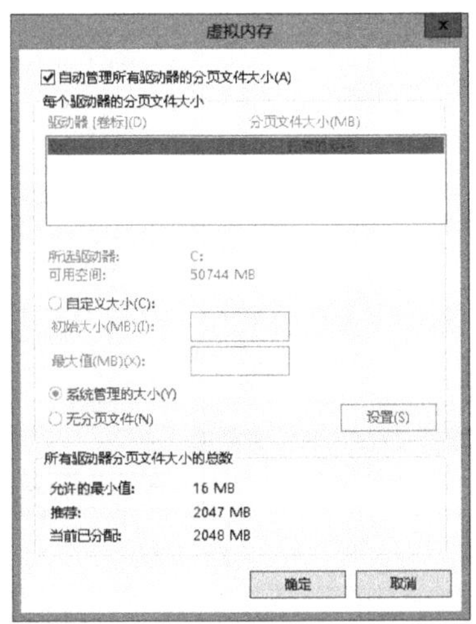

图 3-58

系统默认会自动管理所有磁盘的分页文件，并将文件创建在 Windows Server 2012 安装磁盘的根文件夹。分页文件有初始大小与最大值，初始大小容量用完后，系统会自动扩大，但是不会超过最大值。也可以自行设置分页文件大小，或将分页文件同时创建在多个物体磁盘内，以提高分页文件的运行效率。

注意

分页文件pagefile.sys是受保护的操作系统文件，必须先【打开**文件资源管理器**➲单击上方的**查看**菜单➲单击右方的**选项**➲**查看**标签➲取消勾选**隐藏受保护的操作系统文件**并勾选**显示隐藏的文件、文件夹和驱动器**】，在根文件夹下才可看到此文件（见图3-59）。

图 3-59

3.9.4 Windows Update与自动更新

如果要确保计算机安全并拥有良好性能，可以手动或让系统自动定期连接到Microsoft Windows Update网站来获取、安装最新的更新程序。自动更新的设置方法为【按Windows键⊞切换到**开始**屏幕➲单击**控制面板**动态磁贴➲**系统和安全**➲**Windows Update**➲如图3-60所示单击右边的**启用自动更新**】，此时它不但会启用自动更新，也会顺便连上Windows Update网站来执行更新操作。

图 3-60

也可以通过界面左边的**检查更新**来手动更新或通过**更改设置**来自定义更新的方式，如图3-61所示。

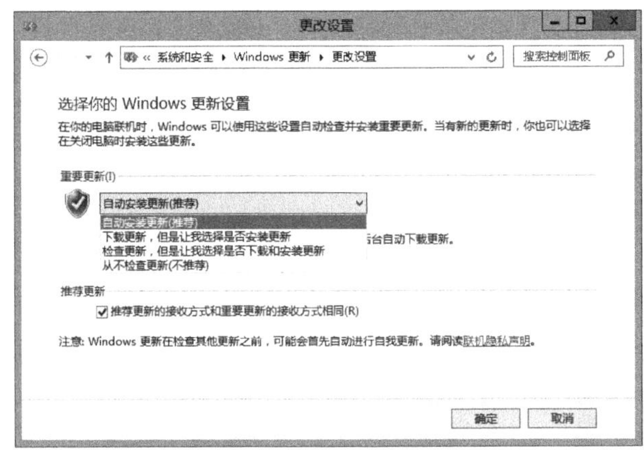

图 3-61

3.9.5 双屏幕显示

大部分的笔记本电脑除了本身的液晶显示器外，在后面背板上还有一个可以连接显示器的显示端口；而很多台式计算机的显卡上有两个显示端口，例如一个是传统模拟VGA显示端口，一个是数字DVI显示端口（或HDMI连接端口），这两个连接端口可以分别连接一台显示器。

这些计算机可以通过**双屏幕显示**（Dualview）功能来扩大工作桌面，例如当同时运行Microsoft Office Word与Excel时，可以将这两个程序的界面分别完整地显示在两台显示器上，让你工作起来更加方便。

双屏幕显示的两台显示器分为主要显示器与次要显示器。Windows Server 2012的登录界面会被显示在主要显示器上，而默认连接在第一个显示端口上的显示器就是主要显示器，但是可以更改这个默认值。笔记本电脑内置的液晶显示器就是主要显示器。

双屏幕显示的设置方法为：【在桌面空白处单击鼠标右键➲**屏幕分辨率**➲如图3-62所示】，其中**在这些显示器上同步显示**表示两台显示器的显示内容都相同，而**扩展这些显示**表示将两台显示器当作一个大显示器使用，它们各自显示不同的内容。

如果选择**扩展这些显示**（见图3-62），图中会出现编号1与2的两个显示器图形，其中1是连接在主要显示端口上的显示器，而2是连接在次要显示端口上的显示器。这两台显示器可以分别拥有不同的显示分辨率，例如第1台为1280×1024像素，而第2台为1024×768像素。

刚开始时，在第2台显示器上除了桌面图形之外，应该是一片空白，请试着将鼠标指针往第1台显示器的最右边移动，并将其跨越显示器右边的边缘，此时将发现鼠标指针会跑到第2台显示器上。也可以试着分别运行两个应用程序，然后将其中一个程序的界面向右拖拉到第2个显示器上。

图 3-62

在单击如3-62中第2台显示器图形后，可以如图3-63所示通过勾选**使它成为我的主显示器**来将其改为主要显示器，之后Windows Server 2012的登录界面被显示在这台显示器上。可以利用鼠标来移动图中的1与2号显示器图形，以便设置各显示器显示界面的相对位置。

图 3-63

如果你已经混淆不清、无法识别当前所查看的显示器代表哪一台，请单击如图3-63所示右上方的**识别**按钮，之后就可以从如图3-64所示界面中的大数字得知当前查看哪一台显示器。

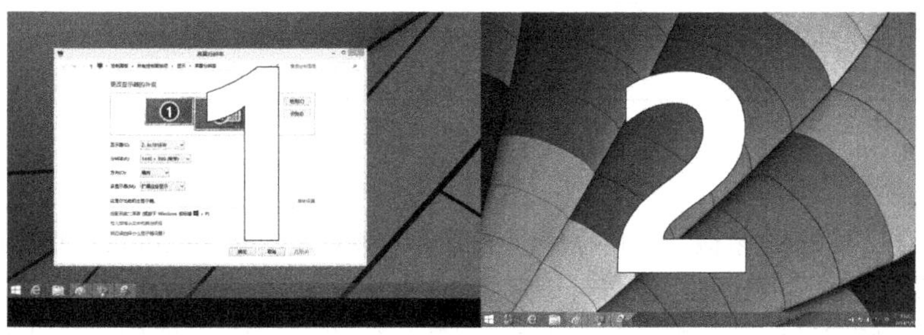

图 3-64

3.9.6 任务管理器

可以通过**任务管理器**来查看或管理计算机内的应用程序、性能、用户与服务等，而打开**任务管理器**的方法为:【按Ctrl+Alt+Del键➲**任务管理器**➲如图3-65所示可以看到当前正在运行的应用程序】在单击应用程序后，可以通过界面下方的结束任务按钮来强制结束所选的应用程序（例如已经停止响应的应用程序）；在选中应用程序并单击鼠标右键后，可以有更多的选项，例如切换到该应用程序。在单击图3-65中的**详细信息**后，可以看到如图3-66所示的更多信息。

图 3-65

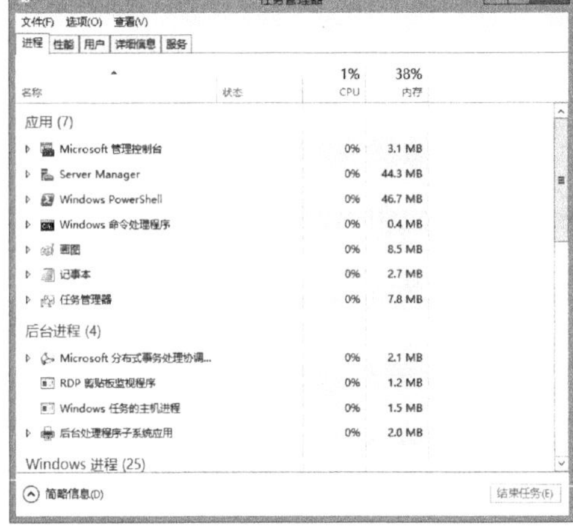

图 3-66

附注

还可以在桌面上通过【在底端任务栏的空白处单击鼠标右键➲**任务管理器**】或【按Windows键⊞切换到**开始屏幕**➲单击**任务管理器**动态磁贴】的方法。

如果要查看该应用程序的详细信息，只要选中该应用程序并单击鼠标右键后选择**转到详细信息**，就可通过**详细信息**标签进行查看，如图3-67所示为**任务管理器**的详细信息。从界面中还可得知运行此程序的用户、CPU的使用率、占用多少内存等。

还可以通过界面下方的结束任务按钮来结束该程序的运行，不过图中除应用程序之外，还有很多系统服务，请不要随意结束这些服务，以免影响到系统的正常运行。

附注

如果计算机的CPU是多核，应用程序会使用哪个核心是由操作系统与应用程序的设计方式来自动决定的，不过也可以自行指定要让某个程序由某个核心（CPU）来负责运行：【选中图3-67中的应用程序并单击鼠标右键➲设置相关性➲勾选要指定的CPU】。

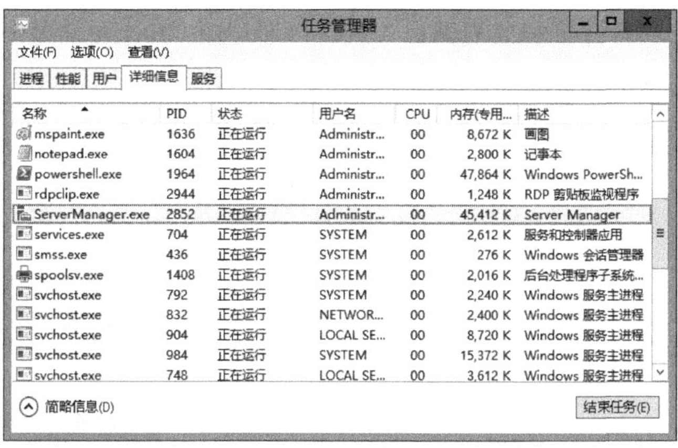

图 3-67

可以通过图3-68中的**服务**标签来查看这些服务的状态，而通过界面下方的**打开服务**进一步设置这些服务（请勿任意更改服务的设置，以免影响系统正常运行）。

图 3-68

可以利用图3-69中的**性能**标签来查看计算机的CPU、内存与以太网的使用情况。

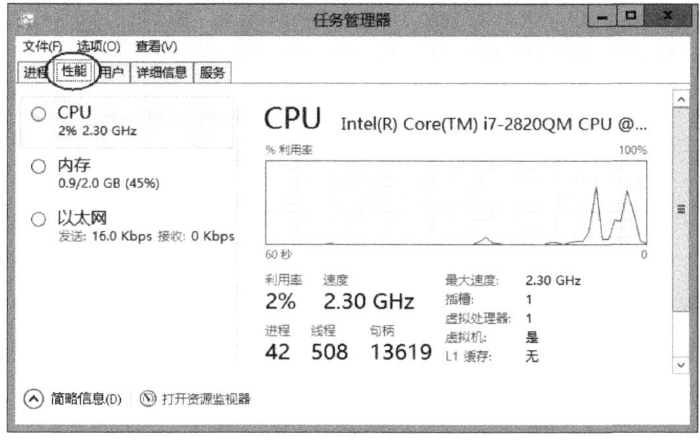

图 3-69

单击图3-69下方的**打开资源监视器**后，就可以通过图3-70来更清楚地查看这台计算机的CPU、内存、磁盘与网络等资源的使用情况了。

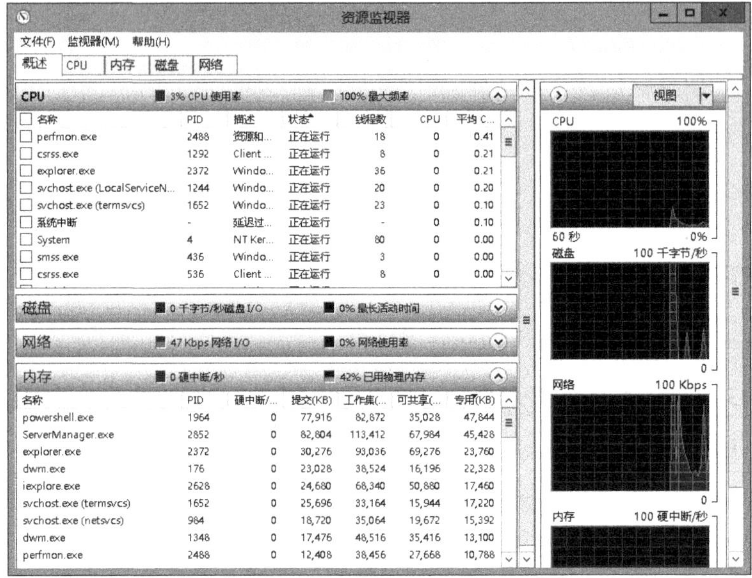

图 3-70

还可以通过如图3-71所示的**用户**标签查看在本地计算机登录的用户。单击用户后，可以中断该用户的连接、注销或给该用户发送信息，图中的两位用户是通过**切换用户**的方式登录的。

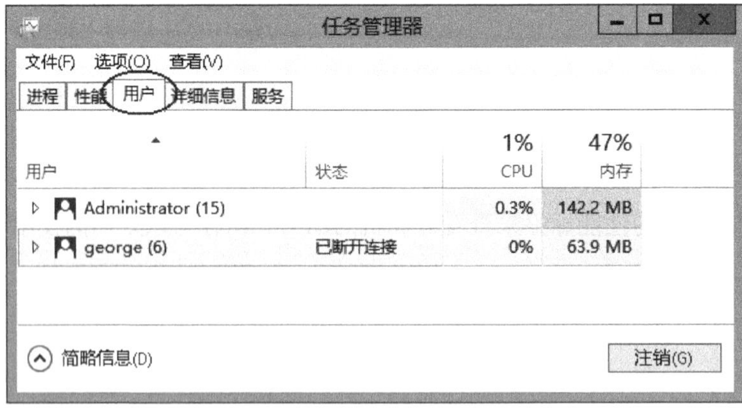

图 3-71

第 4 章 本地用户与组账户的管理

每个用户要使用计算机前都必须登录该计算机，而登录时必须输入有效的用户账户与密码。此外，如果我们能够合理使用组来管理用户权限与权利，必定能够减轻许多网络管理的负担。

- 内置的本地账户
- 本地用户账户的管理
- 密码的更改、备份与还原
- 本地组账户的管理

4.1 内置的本地账户

我们在第1章介绍过，每台Windows计算机都有一个**本地安全账户管理器**（SAM），用户在使用计算机前都必须登录该计算机，也就是要提供有效的用户账户与密码，而这个用户账户就创建在**本地安全账户管理器**内，这个账户被称为**本地用户账户**。同理，创建在**本地安全账户管理器**内的组被称为**本地组账户**。

4.1.1 内置的本地用户账户

Windows Server 2012内置了两个用户账户。

- **Administrator（系统管理员）**：它拥有最高的权限，可以利用它来管理计算机，例如创建/修改/删除用户与组账户、设置安全策略、添加打印机、设置用户权限等。无法将此账户删除，不过为了更安全起见，建议将其改名。
- **Guest（来宾）**：它是供没有账户的用户临时使用的，只有很少的权限。你可以更改其名称，但无法将它删除。此账户默认是被禁用的。

4.1.2 内置的本地组账户

系统内置了许多本地组，它们本身都已经被赋予一些权利（rights）与权限（permissions），以便让它们具备管理本地计算机或访问本地资源的能力。只要用户账户被加入到本地组内，此用户就会具备该组拥有的权利与权限。以下列出一些比较常用的本地组。

- **Administrators**：此组内的用户具备系统管理员的权限，它们拥有对这台计算机最大的控制权，可以执行整台计算机的管理任务。内置的系统管理员Administrator就隶属于此组，而且无法将它从此组内删除。
- **Backup Operators**：此组内的用户可以通过Windows Server Backup工具来备份与还原计算机内的文件，不论它们是否有权限访问这些文件。
- **Guests**：此组内的用户无法永久改变其桌面的工作环境，当他们登录时，系统会为他们创建一个临时的用户配置文件（见第9章的说明），而注销时此配置文件就会被删除。此组默认成员为用户账户Guest。
- **Network Configuration Operators**：此组内的用户可以执行一般的网络设置任务，例如更改IP地址，但是不可安装、删除驱动程序与服务，也不可执行与网络服务器设置有关的任务，例如DNS服务器与DHCP服务器的设置。
- **Performance Monitor Users**：此组内的用户可监视本地计算机的运行性能。
- **Power Users**：为了简化组，这个在旧版Windows系统存在的组将被淘汰了，Windows

Server 2008及其之后的系统虽然还留着这个组，但是并没有像旧版Windows系统一样被赋予比较多的特殊权限与权利，也就是它的权限与权利并没有比一般用户大。

- **Remote Desktop Users**：此组内的用户可以从远程计算机利用远程桌面服务来登录。
- **Users**：此组内的用户只拥有一些基本权限，例如运行应用程序、使用本地与网络打印机、锁定计算机等，但是他们不能将文件夹共享给网络上其他的用户、不能关机等。所有添加的本地用户账户都自动隶属于此组。

4.1.3 特殊组账户

除了前面介绍的组之外，Windows Server 2012内还有一些特殊组，而且你无法更改这些组的成员。以下列出几个常见的特殊组。

- **Everyone**：任何一位用户都属于这个组。如果Guest账户被启用，则在给Everyone指派权限时需要小心，因为如果一位在你的计算机内没有账户的用户，通过网络来登录你的计算机时，他会被自动允许利用Guest账户连接。此时，因为Guest也属于Everyone组，所以他将具备Everyone拥有的权限。
- **Authenticated Users**：任何利用有效用户账户来登录此计算机的用户，都属于此组。
- **Interactive**：任何在本地登录（按Ctrl+Alt+Del登录）的用户，都属于此组。
- **Network**：任何通过网络来登录此计算机的用户，都属于此组。
- **Anonymous Logon**：任何未利用有效的一般用户账户来登录的用户，都属于此组。Anonymous Logon默认并不属于Everyone组。
- **Dialup**：任何利用拨号方式来连接的用户，都属于此组。

4.2 本地用户账户的管理

系统默认只有Administrators组内的用户才有权限来管理用户与组账户，因此，请利用属于此组的Administrator登录来执行以下任务。

4.2.1 创建本地用户账户

我们可以利用**本地用户和组**来创建本地用户账户：【按Windows键⊞切换到**开始**屏幕➲**系统管理工具**➲**计算机管理**➲**系统工具**➲**本地用户和组**➲在图4-1的背景图中选中**用户**并单击鼠标右键➲**新用户**➲在前景图中输入用户的相关信息➲单击创建按钮】。

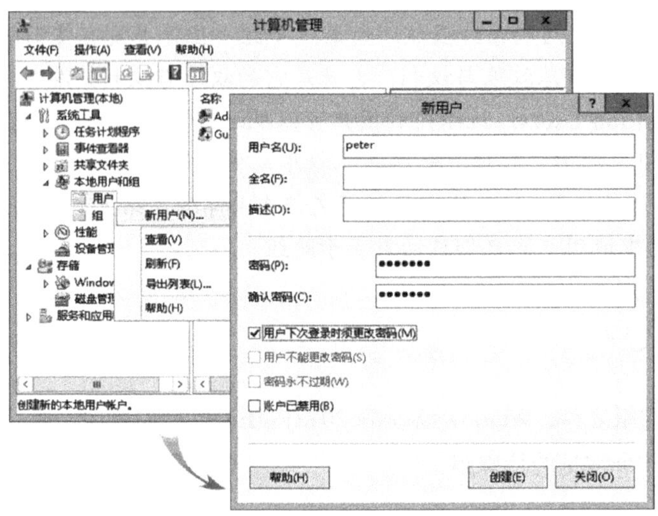

图 4-1

附注

也可以通过【按Windows键⊞切换到开始屏幕➲控制面板➲用户账户】来管理用户账户。

- **用户名**：它是用户登录时需要输入的账户名称。
- **全名、描述**：用户的完整名称，用来描述此用户的说明文字。
- **密码、确认密码**：设置用户账户的密码。输入的密码会以黑点显示，以免被旁人看到。必须再次输入密码来确认输入的密码是正确的。

注意

1. 英文字母大小写是不同的，例如abc12#与ABC12#是不同的密码，还有如果密码为空白，则系统默认是此用户账户只能够本地登录，无法采用网络登录（无法从其他计算机利用此账户来连接）。

2. 系统默认用户的密码必须至少6个字符，并且不可包含用户账户名中超过两个以上的连续字符，还至少要包含A～Z、a～z、0～9、非字母数字（例如!、$、#、%）等4组字符中的3组，例如12abAB是一个有效的密码，而123456是无效的密码。

- **用户下次登录时须更改密码**：用户在下次登录时，系统会强制用户更改密码，这个操作可以确保只有该用户知道自己更改过的密码。

注意

如果该用户要通过网络来登录，请勿勾选此选项，否则用户将无法登录，因为网络登录时无法更改密码。

- **用户不能更改密码**：它可防止用户更改密码。如果没有勾选此选项，用户可以在登录完后，通过【按Ctrl+Alt+Del键➲更改密码】的方法来更改自己的密码。
- **密码永不过期**：系统默认42天后会要求用户更改密码，但是如果勾选此选项，则系统永远不会要求该用户更改密码（42天的默认值可以通过**账户策略**来更改，见第11章）。
- **账户已禁用**：可以防止用户利用此账户登录，例如你预先为新进员工创建了账户，但是该员工尚未报到，或者某个请长假的员工账户，都可以利用此选项暂时将该账户禁用。被禁用的账户前面会有一个向下的箭头↓符号。

用户账户创建好后，请注销，然后在图4-2中单击此新账户，以便练习使用此账户登录。完成练习后，再注销、改用Administrator登录。

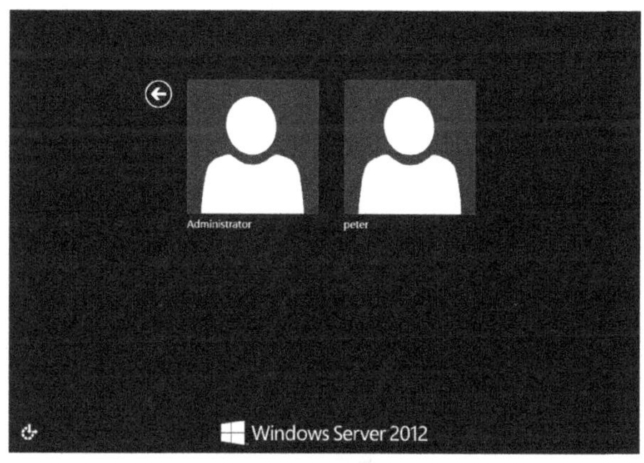

图 4-2

4.2.2 修改本地用户账户

如图4-3所示，选中用户账户并单击鼠标右键，然后通过界面中的选项进行设置。

- **设置密码**：用来更改用户的密码（请参阅下一节的说明）。
- **删除、重命名**：可以删除不需要的账户，也可以更改用户的账户名，不过请注意以下的说明。

  系统会替每个用户账户创建一个唯一的安全识别码（security identifier，SID，它是一串英文和数字的组合）。在系统内部利用SID来代表该用户，例如文件权限列表内是通过SID来记录该用户具备何种权限的，而不是通过用户账户名进行记录。不过，为了便于查看这些列表，当通过**文件资源管理器**来查看这些列表时，系统会将SID转换成用户账户名。

  当将账户删除后，即使再添加一个名称相同的账户，此时因为系统会赋予这个新账户一个新SID，它与原账户的SID不同，因此这个新账户不会拥有原账户的权限与权利。然而重命名账户时，由于SID不会改变，因此用户原来拥有的权限与权利都不会受到影响。例如，当某员工离职时，可以暂时先将其用户账户禁用，等到新进员工来接替他的工作时，再将此账户改为新员工的名称、重新设置密码与相关的个人信息。

图4-3

如果要修改用户账户的其他相关数据：【选中用户账户并单击鼠标右键➲**属性**】。

4.2.3 控制面板中的用户账户管理工具

可以通过【按Windows键⊞切换到**开始**屏幕➲**控制面板**➲**用户账户**➲**用户账户**➲**管理其他账户**（见图4-4）】的方法管理用户账户，此方法与前面使用的**本地用户和组**各有特色。

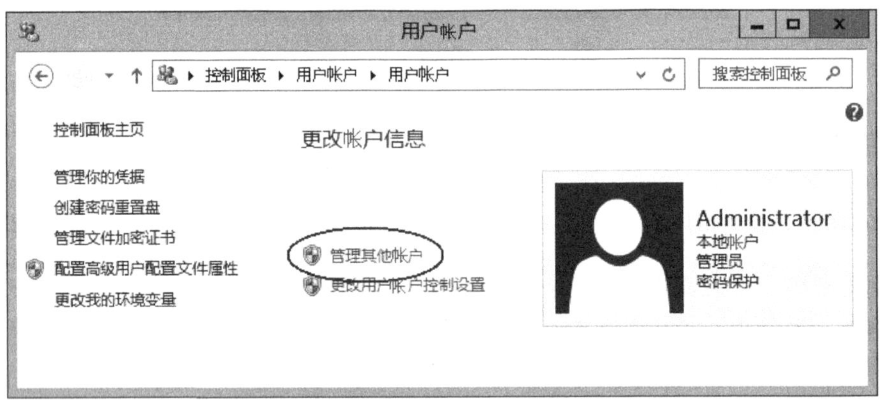

图4-4

4.3 密码的更改、备份与还原

若本地用户要更改密码，可以在登录完成后按Ctrl + Alt + Del键，然后在图4-5中单击**更改密码**。

如果用户在登录时忘记密码而无法登录时应该怎么办呢？应该事先制作**密码重置盘**，此磁盘在密码被忘记时就可以派上用场了。

图 4-5

4.3.1 创建密码重置盘

可以使用抽取式磁盘（以下以U盘为例）来制作密码重置盘。

STEP 1 请插入已经格式化的U盘到计算机，如果尚未格式化，请先【打开**文件资源管理器**➲选中U盘并单击鼠标右键➲**格式化**】。

STEP 2 登录完成后【按Ctrl+Alt+Del键➲单击**更改密码**➲单击图4-6中的**创建密码重置盘**】。

图 4-6

> **附注**
>
> 也可以使用【按Windows键切换到**开始屏幕**➲**控制面板**➲**用户账户**➲**用户账户**➲单击左方的**创建密码重置盘**】的方法。

STEP 3 从图4-7中可以得知**密码重置盘**制作完成之后，无论更改过多少次密码，都不需要再重新制作**密码重置盘**。单击下一步按钮。

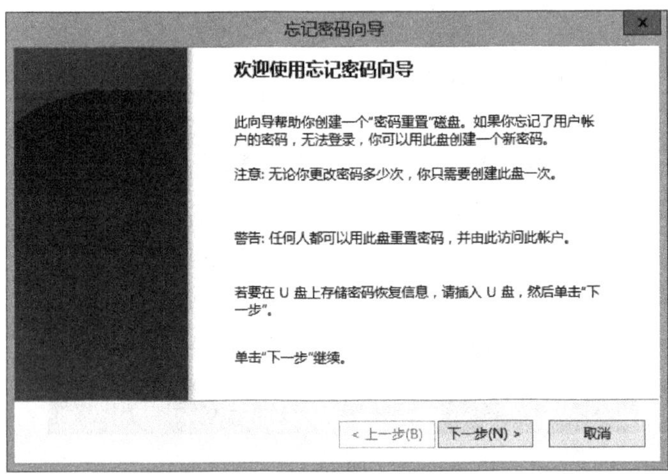

图 4-7

注意

请保管好**密码重置盘**，因为任何人得到它，都可以重置你的密码，进而访问你的私密数据。

STEP **4**　在如图4-8所示的对话框中选择利用U盘。

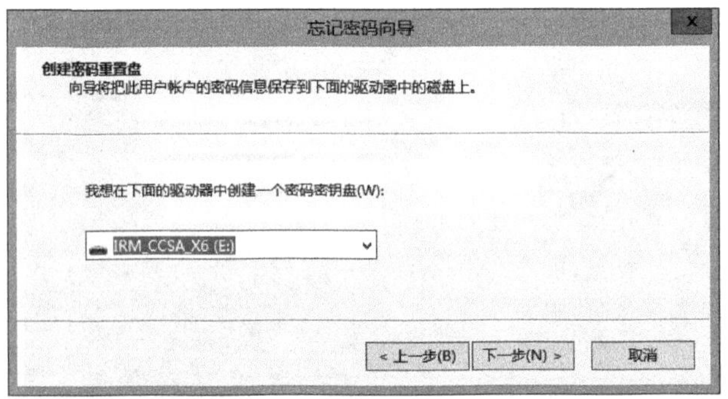

图 4-8

STEP **5**　在图4-9中输入当前的密码，单击下一步按钮并完成后续的步骤。

注意

如果你之前已经制作过**密码重置盘**，系统会警告你之前那个磁盘将无法再使用。如果放入的磁盘已经是一个**密码重置盘**，系统会警告你该磁盘内现有的密码信息将被替代。

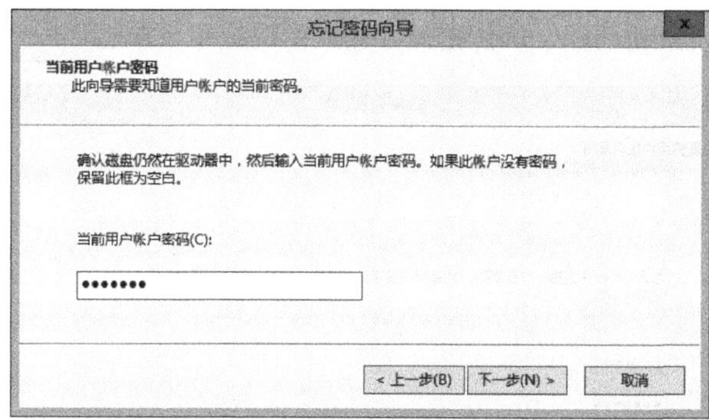

图 4-9

4.3.2 重置密码

如果用户在登录时忘记密码，就可以利用前面制作的**密码重置盘**来重新设置一个密码，其步骤如下所示。

STEP 1　在登录、输入错误的密码后，单击图4-10中的**重置密码**。

图 4-10

STEP 2　出现**欢迎使用密码重置向导**对话框时单击下一步按钮。

STEP 3　在图4-11中选择并插入U盘后单击下一步按钮。

图 4-11

STEP 4 在图4-12中设置新密码、确认密码并输入密码提示，单击下一步按钮。

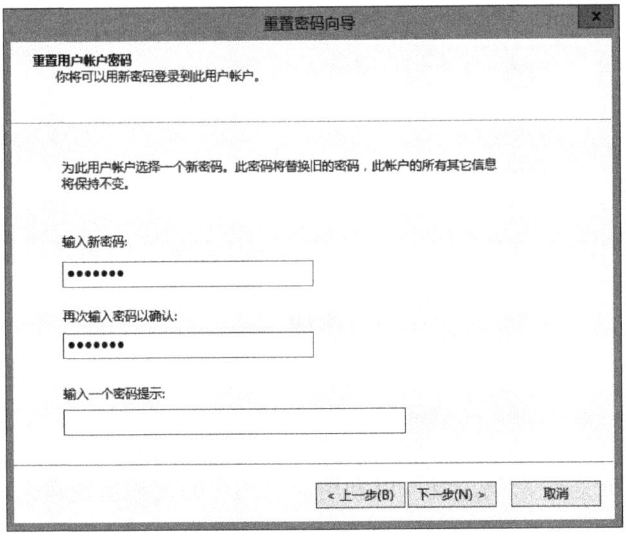

重置密码向导

重置用户帐户密码
你将可以用新密码登录到此用户帐户。

为此用户帐户选择一个新密码。此密码将替换旧的密码，此帐户的所有其它信息将保持不变。

输入新密码:

再次输入密码以确认:

输入一个密码提示:

< 上一步(B) 下一步(N) > 取消

图4-12

STEP 5 继续完成之后的步骤，并使用新密码登录。

4.3.3 未制作密码重置盘怎么办

如果用户忘记了密码，也未事先制作**密码重置盘**，此时需要请系统管理员替用户设置新密码（无法查出旧密码）：【按Windows键⊞切换到**开始**屏幕➲**系统管理**工具➲**计算机管理**➲**系统工具**➲**本地用户和组**➲**用户**➲选中用户账户并单击鼠标右键➲**设置密码**】，之后会出现如图4-13所示的警告信息，提醒你应该在用户没有制作**密码重置盘**的情况下才使用这种方法。因为有些受保护的数据在通过此种方法将用户的密码更改后，用户就无法再访问这些数据，例如被用户加密的文件、使用用户的公开密钥加密过的电子邮件、用户保存在本地计算机内用来连接Internet的密码等。

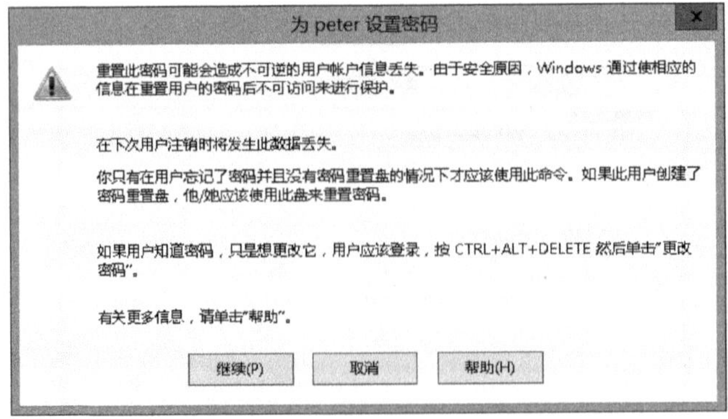

图4-13

注意

如果用户就是系统管理员Administrator，但是却忘记密码，也未制作**密码重置盘**，应该怎么办？此时，请利用另一位具备系统管理员权限的用户账户（属于Administrators组）来登录与更改Administrator的密码，但是请记住事先创建这个具备系统管理员权限的用户账户，以备不时之需。

4.4　本地组账户的管理

身为系统管理员的你，如果能够合理使用组来管理用户账户的权限与权利，则必定能够减轻许多管理负担。举例来说，当针对**业务部**设置权限后，**业务部**内的所有用户都会自动拥有此权限，不需要单独设置每一个用户。创建本地组账户的方法为：【按Windows键⊞切换到**开始屏幕**➲**系统管理工具**➲**计算机管理**➲如图4-14所示选中**组**并单击鼠标右键➲**新建组**】。

接着在如图4-15所示的界面中：【设置该组的名称（例如**业务部**）➲单击添加按钮来将用户加入到此组➲单击创建按钮】。

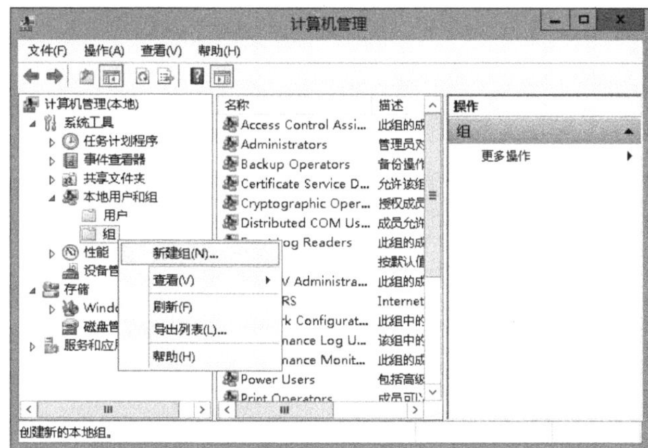

图 4-14

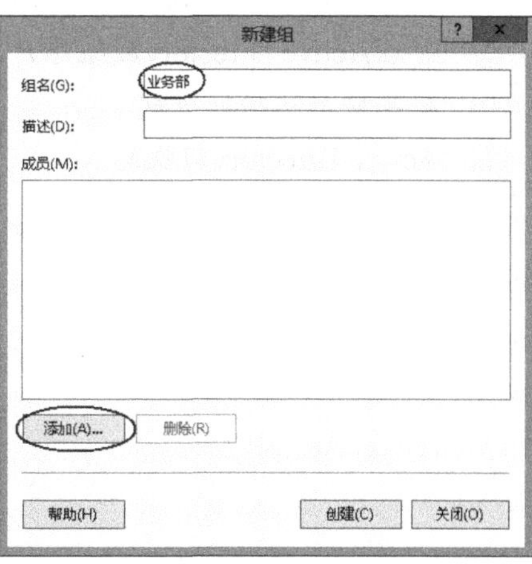

图 4-15

以后如果要将其他用户账户加入到此组：【双击此组➲单击添加按钮】，或者【双击用户账户➲**隶属于**➲单击添加按钮】。

第 5 章 创建 Active Directory 域

本章将介绍Active Directory的观念与Active Directory 域的配置方法。

- Active Directory与域
- 创建Active Directory域
- 将Windows计算机加入或脱离域
- 管理Active Directory域用户账户
- 管理Active Directory域组账户
- 提高域与林功能级别
- Active Directory回收站
- 删除域控制器与域

5.1 Active Directory与域

什么是**directory**呢？日常生活中使用的电话簿内记录着亲朋好友的姓名、电话与地址等数据，它就是**telephone directory**（电话目录）；计算机中的文件系统（file system）内记录着文件的文件名、大小与日期等数据，它就是**file directory**（文件目录）。

如果这些目录内的数据能够有系统加以整理，用户就能够容易且迅速地查找到所需数据，而directory service（目录服务）提供的服务，就是要达到此目的。在现实生活中，查号台也是一种目录服务；在Internet上，Google网站提供的搜索功能也是一种目录服务。

Active Directory域内的directory database（目录数据库）被用来存储用户账户、计算机账户、打印机与共享文件夹等对象，而提供目录服务的组件就是**Active Directory域服务**（Active Directory Domain Services，AD DS），它负责目录数据库的存储、添加、删除、修改与查询等操作。

5.1.1 Active Directory的适用范围

Active Directory的适用范围（Scope）非常广泛，它可以用于一台计算机、一个小型局域网（LAN）或数个广域网（WAN）的结合。它包含此范围中所有的对象，例如文件、打印机、应用程序、服务器、域控制器与用户账户等。

5.1.2 命名空间

命名空间（Namespace）是一块界定好的区域（bounded area），在此区域内，可以利用某个名称来找到与这个名称有关的信息。例如，一本电话簿就是一个**命名空间**，在这本电话簿内（界定好的区域内），可以利用姓名来找到此人的电话、地址与生日等数据。又如，Windows Server 2012内的文件系统也是一个**命名空间**，在这个文件系统内，可以利用文件名来找到此文件的大小、修改日期与文件内容等数据。

在**Active Directory域服务**（AD DS）内，Active Directory就是一个**命名空间**。利用Active Directory，我们可以通过对象名称来找到与这个对象有关的所有信息。

在TCP/IP网络环境内利用Domain Name System（DNS）来解析主机名与IP地址的对应关系，也就是利用DNS来得知主机的IP地址。除此之外，**Active Directory域服务**（AD DS）也与DNS紧密地结合在一起，它的域**命名空间**也是采用DNS架构，因此域名采用DNS格式来命名，例如可以将Active Directory域的域名命名为sayms.local。

5.1.3 对象与属性

Active Directory域内的资源以对象（Object）的形式存在，例如用户、计算机与打印机都是对象，而对象通过**属性**（Attribute）来描述其特征，也就是对象本身是一些**属性**的集合。例如，你要为用户**王乔治**创建一个账户，则必须添加一个对象类型（object class）为**用户**的对象（也就是用户账户），然后在这个用户账户内输入**王乔治**的姓、名、登录账户与地址等数据，这其中的用户账户就是对象，而姓、名与登录账户等数据就是该对象的属性（见表5-1）。另外，图5-1中的**王乔治**就是对象类型为**用户**（user）的对象。

表5-1

对象（object）	属性（attributes）
用户（user）	姓 名 登录账户 电话号码 电子邮件账户 地址 城市 国家 ……

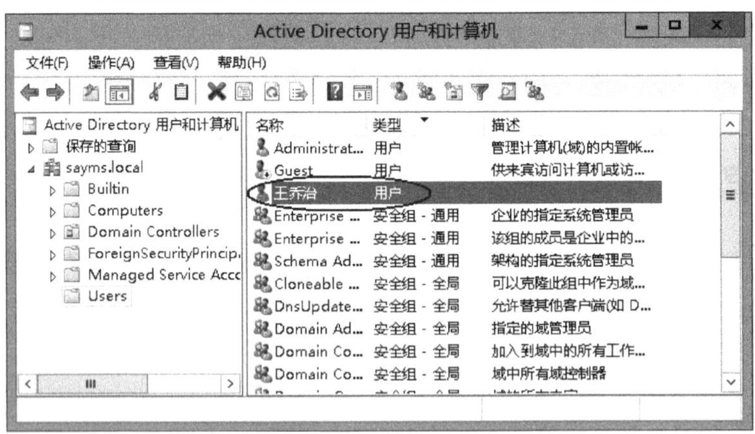

图 5-1

5.1.4 容器与组织单位

容器（Container）与对象相似，它也有自己的名称，也是一些属性的集合，不过容器内可以包含其他对象（例如**用户**、**计算机**等对象），也可以包含其他容器。而组织单位（Organization Units，OU）是一个比较特殊的容器，其中除了可以包含其他对象与组织单位之外，还有**组策略**（Group Policy）的功能。

如图5-2所示就是一个名称为**业务部**的组织单位，其中包含多个对象，即两个为**用户**对象、两个为**计算机**对象、两个本身也是组织单位的对象。

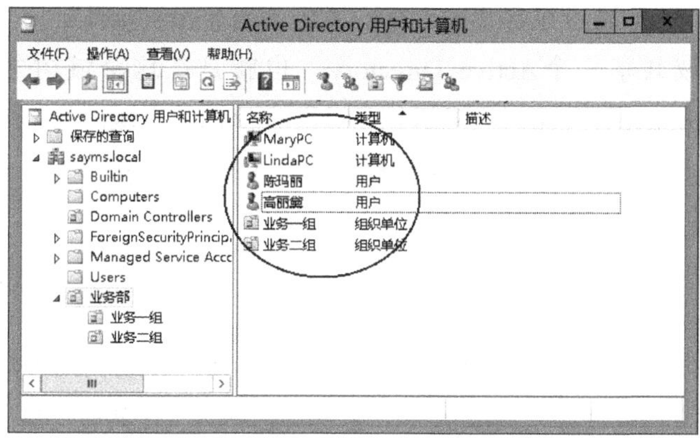

图 5-2

AD DS是以层级式（hierarchical）架构将对象、容器与组织单位等组合在一起，并将其存储到Active Directory数据库内。

5.1.5 域树

可以架设包含多个域的网络，而且以域树（domain tree）的形式存在，例如，如图5-3所示就是一个域树，其中最上层的域名为sayms.local，它是此域树的根域（root domain）；根域之下还有两个子域（sales.sayms.local与mkt.sayms.local），其下还有3个子域。

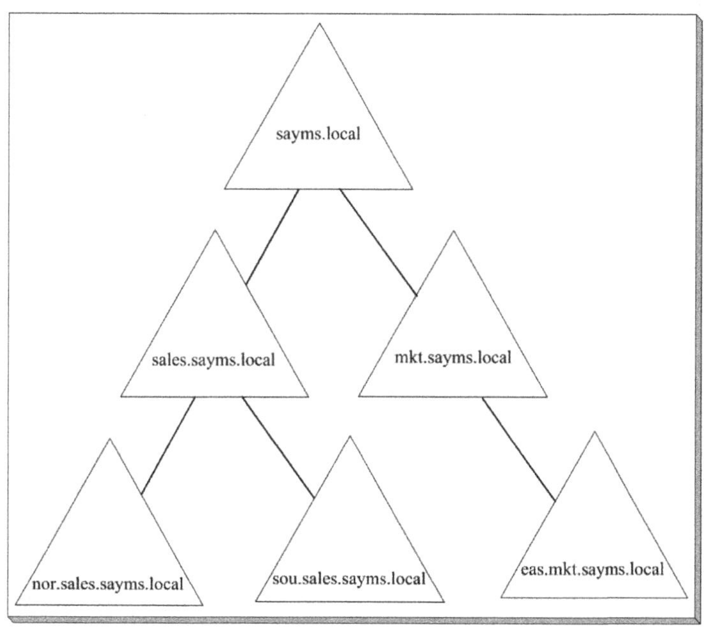

图 5-3

图中域树符合DNS域命名空间的命名策略，而且是有连续性的，也就是子域的域名内包含其父域的域名，例如域sales.sayms.local的后缀中包含其前一层（父域）的域名sayms.local；而nor.sales.sayms.local的后缀内包含其前一层的域名sales.sayms.local。

域树中的所有域共享一个Active Directory，也就是在这个域树之下只有一个Active Directory，不过这个Active Directory内的数据是分散存储在各个域内的，每个域内只存储属于该域的数据，例如该域内的用户账户（这些数据存储在域控制器内）。

5.1.6 信任

两个域之间必须创建信任关系（trust relationship），才可以访问对方域内的资源。而任何一个新的Active Directory域被加入到域树后，这个域会自动信任其前一层的父域，同时父域也会自动信任这个新的子域，而且这些信任关系具备双向传递性（two-way transitive）。由于这个信任工作是通过Kerberos security protocol来完成的，因此也被称为Kerberos trust。

> Q 域A的用户登录到其所隶属的域后，这个用户能否访问域B内的资源呢？
>
> A 只要域B信任域A就没有问题。

我们以图5-4为例来解释双向传递性，图中域A信任域B（箭头由A指向B）、域 B又信任域C，因此域 A自动信任域 C。另外，域 C信任域 B（箭头由C指向B）、域 B又信任域 A，因此域 C自动信任域 A。结果是域A和域C之间自动创建起双向的信任关系。

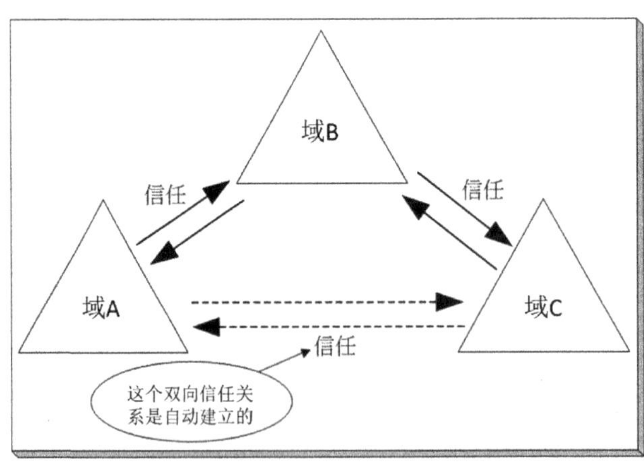

图5-4

因此，当任何一个新域加入到域树后，它会自动双向信任这个域树内所有的域，只要拥有适当的权限，这个新域内的用户就可以访问其他域内的资源，同理其他域内的用户也可以访问这个新域内的资源。

5.1.7 林

林（Forest）由一或数个域树组成，每个域树都有自己唯一的命名空间，如图5-5所示，其中一个域树内的每个域名都以sayms.local结尾，而另一个以saytmg.local结尾。

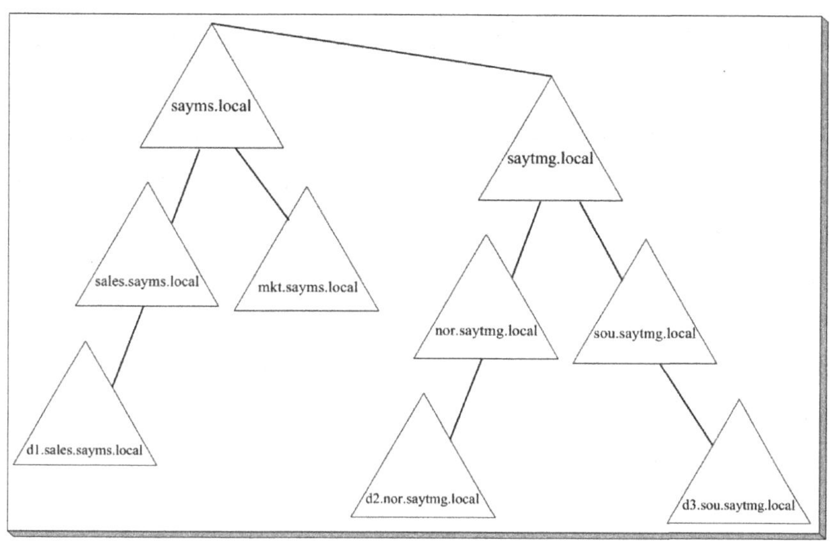

图 5-5

第一个域树的根域就是整个林的根域（forest root domain），同时其域名就是林的名称。例如，图5-5中的sayms.local是第一个域树的根域，它就是整个林的根域，而林的名称就是sayms.local。

当在创建林时，每个域树的根域与林根域之间双向的、传递性的信任关系都会自动被创建起来，因此每个域树中的每个域内的用户，只要拥有权限，都可以访问其他任何一个域树内的资源，也可以登录到其他任何一个域树内的计算机。

5.1.8 架构

Active Directory内的对象类型与属性数据定义在**架构**（Schema）内，例如它定义了**用户**对象类型内包含了哪些属性（姓、名、电话等），每个属性的数据类型与其范围等信息。

隶属于Schema Admins组内的用户可以修改**架构**内的数据，应用程序也可以自行在**架构**内添加其所需的对象类型或属性。在一个林内的所有域树共享相同的**架构**。

5.1.9 域控制器

Active Directory域服务（AD DS）的目录数据存储在域控制器（Domain Controller）内。一个域内可以有多台域控制器，每台域控制器的地位（几乎）是平等的，它们各自存储着一份

（几乎）完全相同的Active Directory。当在任何一台域控制器内添加了一个用户账户后，此账户默认被创建在此域控制器的Active Directory，之后会自动被复制（replicate）到其他域控制器的Active Directory，以便让所有域控制器内的Active Directory数据都能够同步（synchronize）。

当用户在域内某台计算机登录时，会由其中一台域控制器根据其Active Directory内的账户数据，来审核用户输入的账户与密码是否正确。如果是正确的，用户就可以登录成功；反之，会被拒绝登录。

多台域控制器可以提供排错功能，例如其中一台域控制器出现了故障，此时仍然能够由其他域控制器来继续服务。另外，它也可以改善用户登录效率，因为多台域控制器可以分担审核用户登录身份（账户名与密码）的负担。

域控制器是由服务器级别的计算机来扮演的，例如Windows Server 2012和Windows Server 2008 R2。

如前所述，域控制器的Active Directory数据库是可以被读写的，除此之外，还有Active Directory数据库是只可以读取、不可以被修改的**只读域控制器**（Read-Only Domain Controller，RODC）。例如，某子公司位于远程网络，如果安全措施并不像总公司一样完备，则很适合于使用RODC。

5.1.10 轻型目录访问协议

轻型目录访问协议（Lightweight Directory Access Protocol，LDAP）是一种用来查询与更新Active Directory的目录服务通信协议。**Active Directory域服务**（AD DS）利用**LDAP名称路径**（LDAP naming path）来表示对象在Active Directory内的位置，以便用它来访问Active Directory内的对象。**LDAP名称路径**如图5-6所示。

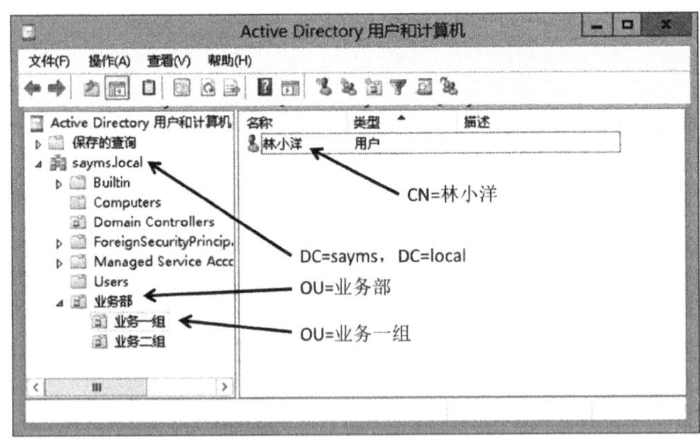

图5-6

- **可分辨名称（Distinguished Name，DN）**：它是对象在Active Directory内的完整路径，例如，图5-6中的用户账户名为林小洋，其DN为：

CN=林小洋，OU=业务一组，OU=业务部，DC=sayms，DC=local

其中的DC（domain component）表示DNS域名中的组件，例如sayms.local中的sayms与local；OU为组织单位；CN为common name。除了DC与OU之外，其他都利用CN来表示，例如用户与计算机对象都属于CN。上述DN表示法中的**sayms.local**为域名，**业务部**、**业务一组**都是组织单位。此DN表示账户**林小洋**存储在**sayms.local\业务部\业务一组**路径中。

- **相对可分辨名称（Relative Distinguished Name，RDN）**：RDN用来代表DN完整路径中的部分路径，例如前述路径中，**CN=林小洋**与**OU=业务一组**等就是RDN。

除了DN与RDN这两个对象名称外，另外还有以下两个名称。

- **全局唯一标识符（Globally Unique Identifier，GUID）**：GUID是一个128位的数值，系统会自动为每个对象指定一个唯一的GUID。虽然可以改变对象的名称，但是其GUID永远不会改变。
- **用户主体名称（User Principal Name，UPN）**：每个用户还可以有一个比DN更短、更容易记忆的UPN，例如，图5-6中的**林小洋**隶属域sayms.local，则其UPN可为bob@sayms.local。用户登录时所输入账户名最好是UPN，因为无论此用户的账户被移动到哪一个域，其UPN都不会改变，因此用户可以一直使用同一个名称来登录。

5.1.11 全局编录

虽然在域树内的所有域共享一个Active Directory，但是Active Directory数据却分散在各个域内，而每个域仅存储该域本身的数据。因此，为了让用户、应用程序能够快速找到位于其他域内的资源，在**Active Directory域服务**（AD DS）内设计了全局编录（global catalog）。

全局编录的数据存储在域控制器内，这台域控制器被称为**全局编录**服务器，它存储着林内所有域的Active Directory内的每个对象。不过只存储对象的部分属性，这些属性都是常用来搜索的属性，例如用户的电话号码、登录账户名等。**全局编录**让用户即使不知道对象位于哪一个域内，仍然可以快速地找到所需的对象。

用户登录时，**全局编录**服务器还负责提供该用户所隶属的**通用组**信息；用户利用UPN登录时，它会负责提供该用户隶属于哪一个域的信息。

一个林内的所有域树共享相同的**全局编录**，而林内的第一台域控制器默认就是**全局编录**服务器。必要时，也可以另外指派其他域控制器来当作**全局编录**服务器。

5.1.12 站点

站点（Site）由一个或多个IP子网组成，这些子网之间通过**高速且可靠的连接**串接起来，也就是这些子网之间的连接速度要够快并且稳定、符合需要，否则就应该将它们分别规划为不同的站点。

一般来说，一个LAN（局域网）之内的各个子网之间的连接都符合速度快并且高可靠性的要求，因此可以将一个LAN规划为一个站点；而WAN（广域网）内的各个LAN之间的连接速度一般都不快，因此WAN之中的各个LAN应该分别被规划为不同的站点，如图5-7所示。

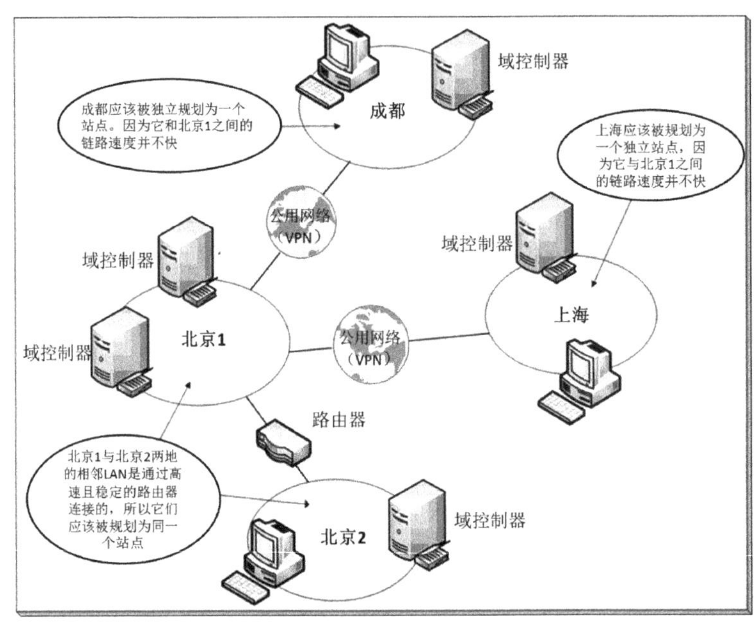

图5-7

域是逻辑的（logical）分组，而站点是物理的（physical）分组。在Active Directory内，每个站点可能包含多个域；而一个域内的计算机也可能分别属于不同的站点。

如果一个域的域控制器分布在不同站点内，而这些站点之间是低速连接，由于两个站点的域控制器之间会互相复制Active Directory数据库，因此必须谨慎规划执行复制的时段，也就是尽量设置在网络空闲时期才执行复制工作，同时复制频率也不要太高，以避免复制时占用两个站点之间连接的带宽，影响两个站点之间其他数据的传输效率。

而同一个站点内的域控制器，由于它们之间通过快速的连接串接在一起，因此在复制Active Directory数据时，可以有效、快速地复制。**Active Directory域服务**（AD DS）会设置让同一个站点内、隶属于同一个域的域控制器之间自动执行复制工作，并且其默认的复制频率也比不同站点之间来得高。

不同站点之间在复制时所发送的数据会被压缩，以减少站点之间连接带宽的负担；同一个站点内的域控制器之间在复制时不会压缩数据。

5.1.13 域功能与林功能

Active Directory域服务（AD DS）将域与林分为不同的功能级别，每个级别各有不同的

特色与限制。

域功能级别

Active Directory域服务（AD DS）的**域功能级别**（Domain Functionality Level）设置只会影响到该域，不会影响到其他域。**域功能级别**分为以下4种模式。

- **Windows 2003**：域控制器可以是Windows Server 2003、Windows Server 2008、Windows Server 2008 R2与Windows Server 2012。
- **Windows Server 2008**：域控制器可以是Windows Server 2008、Windows Server 2008 R2与Windows Server 2012。
- **Windows Server 2008 R2**：域控制器可以是Windows Server 2008 R2与Windows Server 2012。
- **Windows Server 2012**：域控制器只能是Windows Server 2012。

不同的域功能级别各有不同的特色，如表5-2所示（仅列出部分），其中的Windows Server 2012级别拥有Active Directory域服务的所有功能。可以提升域功能级别，例如将Windows Server 2008 R2提升到Windows Server 2012。

表5-2

域功能特色	Windows Server 2003	Windows Server 2008	Windows Server 2008 R2	Windows Server 2012
验证机制保证	不支持	不支持	支持（见附注1）	支持
前次交互式登录信息	不支持	支持（见附注2）	支持	支持
高能加密服务	不支持	支持（见附注3）	支持	支持
通用组	安全性组：支持 发布组：支持	支持：同左	支持：同左	支持：同左
组嵌套	支持	支持	支持	支持
SID历史文件	支持：让用户账户在不同域之间移动时，仍然拥有原来的权限与权利	支持：同左	支持：同左	支持：同左

附注

1. 它让应用程序可以根据令牌（Token）内的用户登录类型（智能卡或用户名/密码）来验证用户。
2. 它会显示用户上次成功登录的时间与登录失败次数等信息。
3. 高级加密服务（Advanced Encryption Services，AES 128与AES 256）适用于Kerberos验证通信协议。

林功能级别

Active Directory域服务（AD DS）的**林功能级别**（Forest Functionality Level）设置，会影响到该林内的所有域。**林功能级别**分为以下4种模式。

- **Windows Server 2003**：域控制器可以是Windows Server 2003、Windows Server 2008、Windows Server 2008 R2与Windows Server 2012。
- **Windows Server 2008**：域控制器可以是Windows Server 2008、Windows Server 2008 R2与Windows Server 2012。
- **Windows Server 2008 R2**：域控制器可以是Windows Server 2008 R2与Windows Server 2012。
- **Windows Server 2012**：所有的域控制器都必须是Windows Server 2012。

不同的**林功能级别**有不同的特色，如表5-3所示（仅列出部分）。可以提升林功能级别，例如将**Windows Server 2003**提升到**Windows Server 2008**。

表5-3

林功能特色	Windows Server 2003	Windows Server 2008	Windows Server 2008 R2	Windows Server 2012
Active Directory回收站	不支持	不支持	支持	支持
全局编录的复制优化	支持	支持	支持	支持
不同林间的信任关系	支持	支持	支持	支持
只读域控制器（RODC）	支持	支持	支持	支持
链接值复制	支持：可大幅提升复制的效率	支持：同左	支持：同左	支持：同左

表5-4中列出了每个林功能级别所支持的域功能级别。

表5-4

林功能级别	支持的域功能级别
Windows Server 2003	Windows Server 2003、Windows Server 2008、Windows Server 2008 R2、Windows Server 2012
Windows Server 2008	Windows Server 2008、Windows Server 2008 R2、Windows Server 2012
Windows Server 2008 R2	Windows Server 2008 R2、Windows Server 2012
Windows Server 2012	Windows Server 2012

5.1.14 目录分区

Active Directory数据库被从逻辑上分为以下多个目录分区（Directory Partition）。

- 架构目录分区（Schema Directory Partition）：它存储着整个林中所有对象与属性的定义数据，也存储着如何创建新对象与属性的规则。整个林内所有域共享一份相同的架

构目录分区，它会被复制到林中所有域内的所有域控制器。

- 设置目录分区（Configuration Directory Partition）：其中存储着整个Active Directory的结构，例如有哪些域、有哪些站点、有哪些域控制器等数据。整个林共享一份相同的**设置目录分区**，它会被复制到林中所有域内的所有域控制器。
- 域目录分区（Domain Directory Partition）：每个域各有一个**域目录分区**，其中存储着与该域有关的对象，例如用户、组与计算机等对象。每个域各自拥有一份**域目录分区**，它只会被复制到该域内的所有域控制器，并不会被复制到其他域的域控制器。
- 应用程序目录分区（Application Directory Partition）：一般来说，**应用程序目录分区**是由应用程序所创建的，其中存储着与该应用程序有关的数据。例如，由Windows Server 2012扮演的DNS 服务器，如果创建的DNS区域为Active Directory集成区域，则它就会在Active Directory内创建**应用程序目录分区**，以便存储该区域的数据。**应用程序目录分区**会被复制到林中的特定域控制器，而不是所有的域控制器。

5.2 创建Active Directory域

我们利用图5-8来介绍如何创建第1个林中的第1个域（根域）。创建域的方式是先安装一台Windows服务器（此处以Windows Server 2012为例），然后将其升级为域控制器。我们也将架设此域的第2台域控制器（Windows Server 2012）、一台成员服务器（Windows Server 2012）与一台加入域的Windows 8计算机。

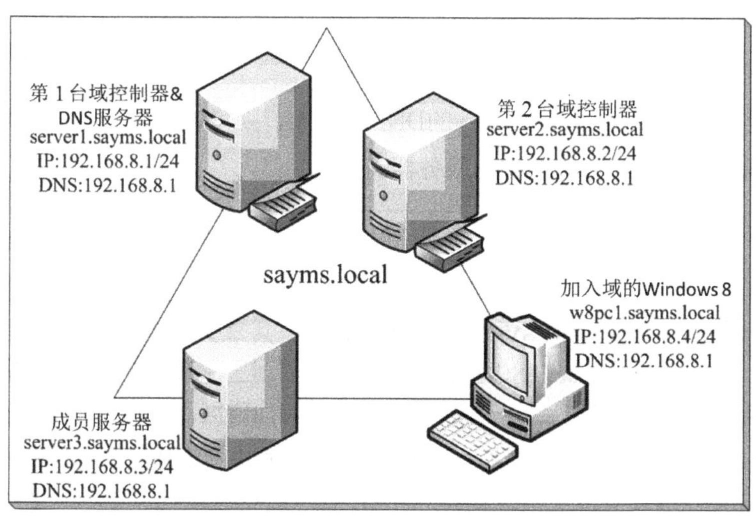

图 5-8

我们先要将图5-8中左上角的服务器升级为域控制器，也就是在其中安装Active Directory。在创建第1台域控制器server1.sayms.local时，它就会同时创建此域控制器所隶属的域sayms.local，也会创建域sayms.local所隶属的域树，而域sayms.local也是此域树的根域。由于是第一个域树，因此它同时会创建一个新林，林名就是第一个域树的根域的域名，也就是sayms.local。域sayms.local就是整个林的**根域**。

> **附注**
>
> 1. 建议利用Windows Server 2012 Hyper-V所提供的虚拟机器来配置图中的网络环境（参见附录B）。如果你对架设更复杂的域架构有兴趣，请参考《**Windows Server 2012 Active Directory配置指南**》这本书。
>
> 2. 如果要将现有域升级，则林中的域控制器都必须是Windows Server 2003（含）以上的版本，而且必须先分别运行Adprep/forestprep与Adprep /domainprep命令来为林与域执行准备工作。其他的升级步骤与2.2节相同。
>
> 3. 如果要在现有域内安装Windows Server 2012域控制器，则必须先执行域准备工作，不过这个操作的安装过程会自动运行。

5.2.1 创建域的必要条件

在将Windows Server 2012升级为域控制器之前，请注意以下事项。

- **DNS域名**：请事先为Active Directory域想好一个符合DNS格式的域名，例如sayms.local。
- **DNS服务器**：由于域控制器需要将自己注册到DNS服务器内，以便让其他计算机通过DNS服务器来找到这台域控制器，因此必须要有一台可支持Active Directory的DNS服务器，也就是它必须支持Service Location Resource Record（SRVRR），并且最好支持**动态更新**（dynamic update）。

如果现在没有可支持Active Directory的DNS 服务器，则可以在升级过程中，选择在这台即将升级为域控制器的服务器上安装DNS服务器。

> **注意**
>
> Active Directory需要一个SYSVOL文件夹来存储域共享文件（例如与组策略有关的文件），该文件夹必须位于NTFS磁盘，系统默认将其创建在系统盘（安装Windows Server 2012的磁盘，它是NTFS磁盘）。如果要将其改到其他磁盘，该磁盘必须为NTFS磁盘。
>
> 可以将现有的FAT或FAT32磁盘转换为NTFS磁盘，方法是【**开始**➲命令提示符】，然后执行以下命令（假设要转换D:盘）：
>
> **CONVERT D: /FS:NTFS**
>
> 如果该磁盘目前有任一文件正在使用中，系统将无法立即执行转换工作，此时可从警告对话框中选择下次重新开机时再自动转换。

5.2.2 创建网络中的第一台域控制器

我们将通过添加服务器角色的方式，将图5-8中左上角的服务器server1.sayms.local升级为域控制器。

STEP 1 先将该台计算机的计算机名设置为Server1，IPv4地址的设置如图5-8所示（可取消勾选TCP/IPv6）。注意，将计算机名设置为Server1即可，等升级为域控制器后，其计算机名自动会被改为server1.sayms.local。

STEP 2 单击左下角的**服务器管理器**图标，如图5-9所示单击**仪表板**处的**添加角色和功能**。

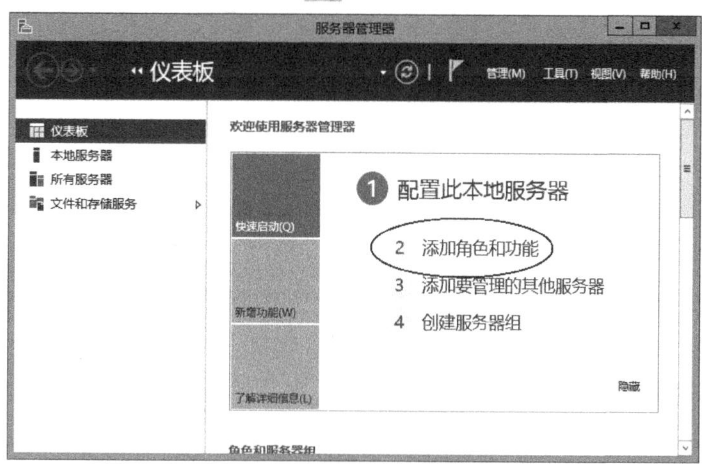

图 5-9

STEP 3 出现**开始之前**界面时单击下一步按钮。

STEP 4 在**选择安装类型**界面中采用默认的**角色型或功能型安装**后单击下一步按钮。

STEP 5 在图5-10中直接单击下一步按钮。

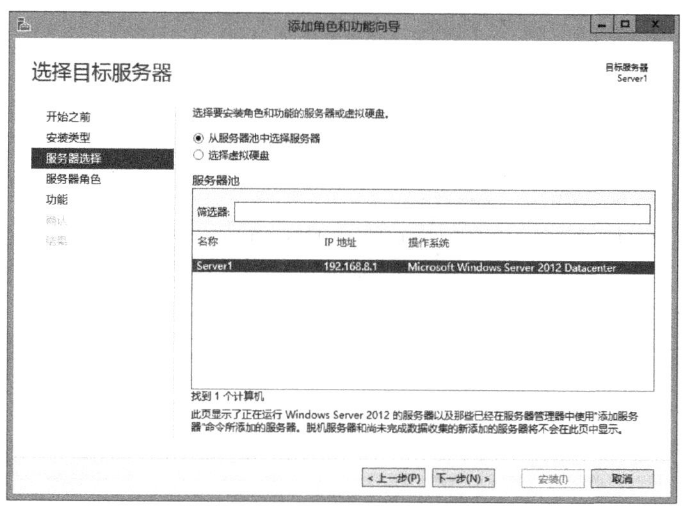

图 5-10

STEP 6　在图5-11中勾选**Active Directory域服务**复选框，单击添加功能按钮来安装所需的其他功能，单击下一步按钮。

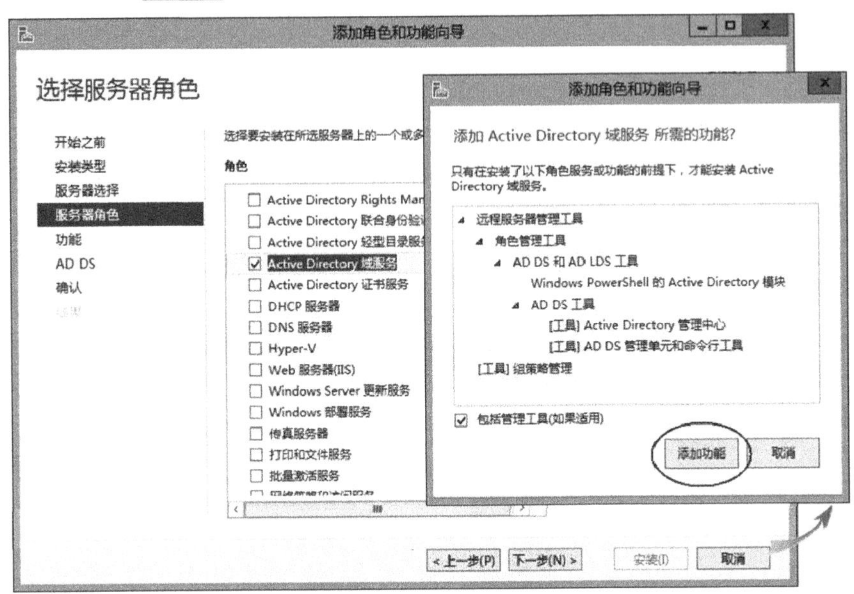

图 5-11

STEP 7　在**选择功能**界面中直接单击下一步按钮。

STEP 8　在**Active Directory域服务**界面中单击下一步按钮。

STEP 9　在**确认安装选项**界面中单击安装按钮。

STEP 10　如图5-12所示为完成安装后的界面，请单击**将此服务器提升为域控制器**。

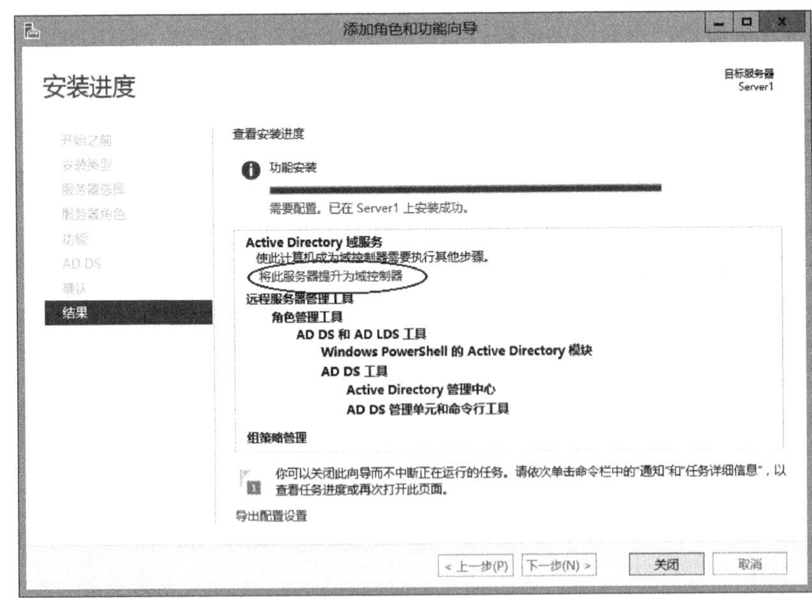

图 5-12

附注

如果在图5-12中直接单击关闭按钮，则之后要将其提升为域控制器，请在**服务器管理器**中单击左方的**AD DS**，单击上方的**Server1上Active Directory域服务所需的设置**处的**其他**，并单击图5-13中的**将此服务器提升为域控制器**。

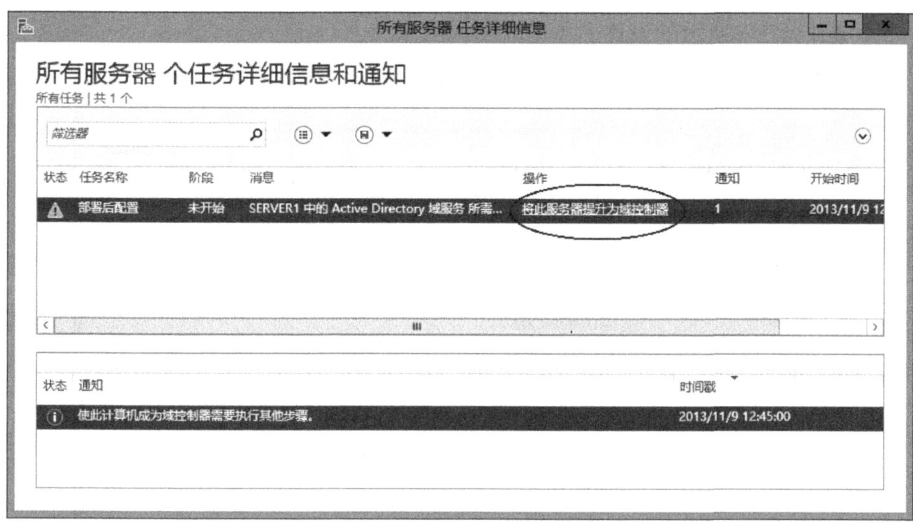

图 5-13

STEP 11　如图5-14所示，选择**添加新林**，设置**林根域名**（假设是sayms.local）并单击下一步按钮。

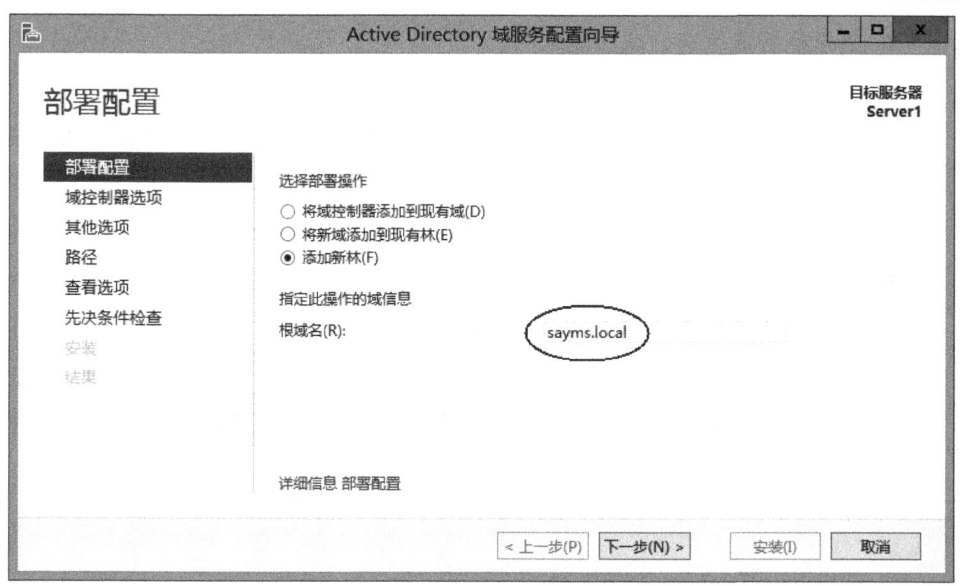

图 5-14

注意

此林根域名不要与对外服务的DNS名称相同，例如对外服务的DNS URL为http://www.sayms.com，则内部林根域名就不可以是sayms.com，否则未来可能会有兼容性问题。

STEP 12 完成图5-15中所示的设置后单击下一步按钮。

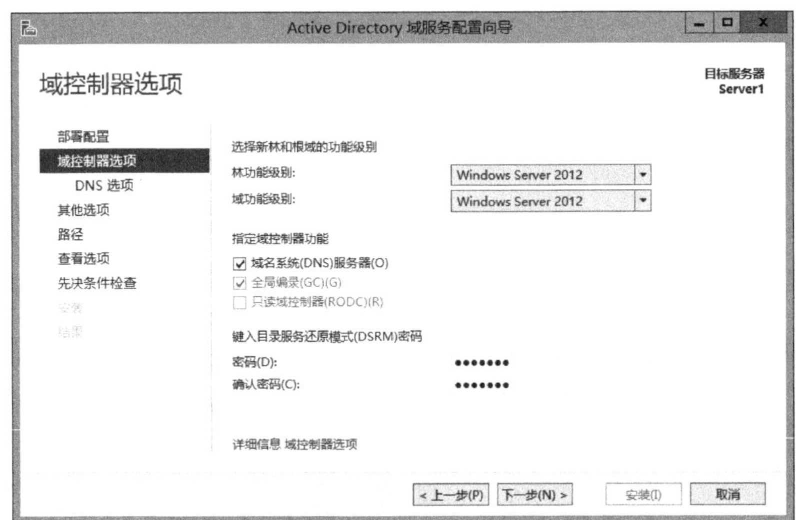

图 5-15

- 选择林功能级别、域功能级别

  此处我们选择的林功能级别为Windows Server 2012，此时域功能级别只能选择Windows Server 2012。如果选择其他林功能级别，还可以选择其他域功能级别。

- 默认会直接在此服务器上安装DNS服务器
- 第一台域控制器必须扮演**全局编录**服务器的角色
- 第一台域控制器不可以是**只读域控制器**（RODC）
- 设置**目录服务还原模式**的系统管理员密码：

  目录服务还原模式（目录服务修复模式）是一个安全模式，进入此模式可以修复Active Directory数据库。可以在系统启动时按F8键来选择此模式，不过必须输入此处所设置的密码。

注意

域用户的密码默认必须至少7个字符，并且不可包含用户账户名中超过两个以上的连续字符，还至少要包含A~Z、a~z、0~9、非字母数字（例如!、$、#、%）等4组字符中的3组，例如123abcABC为有效密码，而1234567为无效密码。

STEP 13 出现如图5-16所示的警告界面时，目前不会有影响，因此不必理会它，直接单击下一步按钮。DNS服务器的相关说明可以参考《**Windows Server 2012网络管理与架站**》这本书。

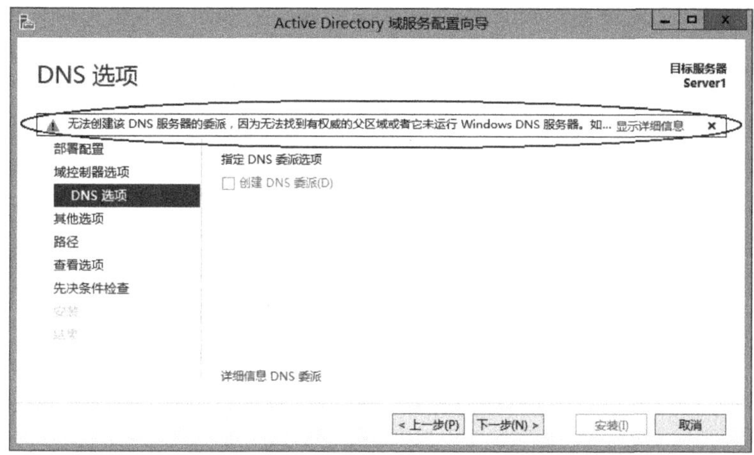

图 5-16

STEP 14 在图5-17中会自动为此域设置一个NetBIOS域名，你也可以更改此名称。如果此NetBIOS域名已被占用，安装程序会自动指定一个建议名称。完成后单击下一步按钮。

附注

不支持DNS域名称的旧版Windows系统（例如Windows 98、Windows NT），可以通过NetBIOS域名来与此域通信。默认的NetBIOS名称为DNS域名第一个句点左边的文字，例如DNS域名为sayms.local，则NetBIOS域名为SAYMS。

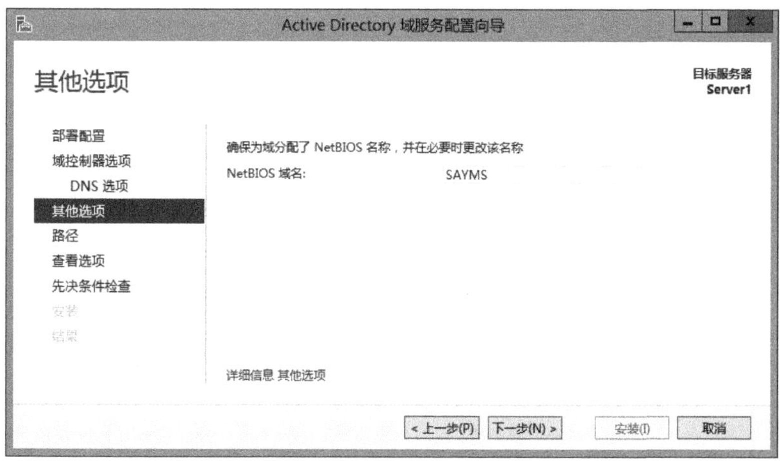

图 5-17

STEP 15 在图5-18中可以直接单击下一步按钮。

- **数据库文件夹**：用来存储Active Directory数据库。
- **日志文件文件夹**：用来存储Active Directory的更改记录，此记录文件可用来修复Active Directory数据库。
- **SYSVOL文件夹**：用来存储域共享文件（例如组策略相关的文件）。

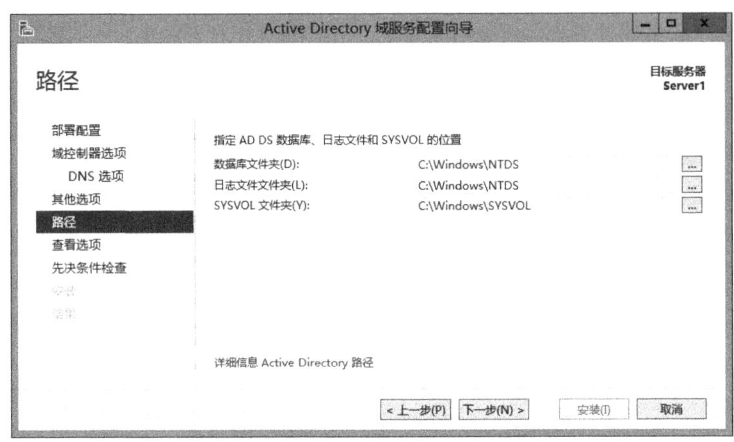

图 5-18

如果计算机内有多个硬盘，建议将数据库与日志文件文件夹，分别设置到不同硬盘内，因为两个硬盘分别操作可以提高运行效率，而且分开存储可以避免两份数据同时出现问题，以提高修复Active Directory的能力。

STEP **16** 在**查看选项**界面中单击下一步按钮。

STEP **17** 在如图5-19所示的界面中，如果顺利通过检查，就直接单击安装按钮，否则根据界面提示先排除问题。安装完成后会自动重新启动。

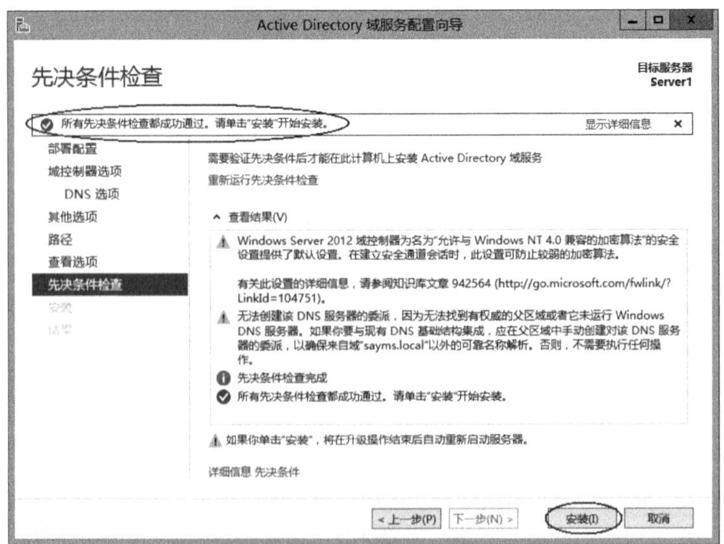

图 5-19

5.2.3 检查DNS服务器内的记录是否完备

域控制器会将自己扮演的角色注册到DNS服务器内，以便让其他计算机能够通过DNS服务器来找到这台域控制器，因此先检查DNS服务器内是否已经存在这些记录。请利用域系统管理员（SAYMS\Administrator）登录。

检查主机记录

首先检查域控制器是否已经将其主机名与IP地址注册到DNS服务器内。请到扮演DNS服务器角色的计算机server1.sayms.local上【单击左下角的**服务器管理器**图标➲单击右上方的工具菜单➲**DNS**】，如图5-20所示，应该会有一个名称为sayms.local的区域，图中的**主机（A）**记录表示域控制器server1.sayms.local已经正确地将其主机名与IP地址注册到DNS服务器内。

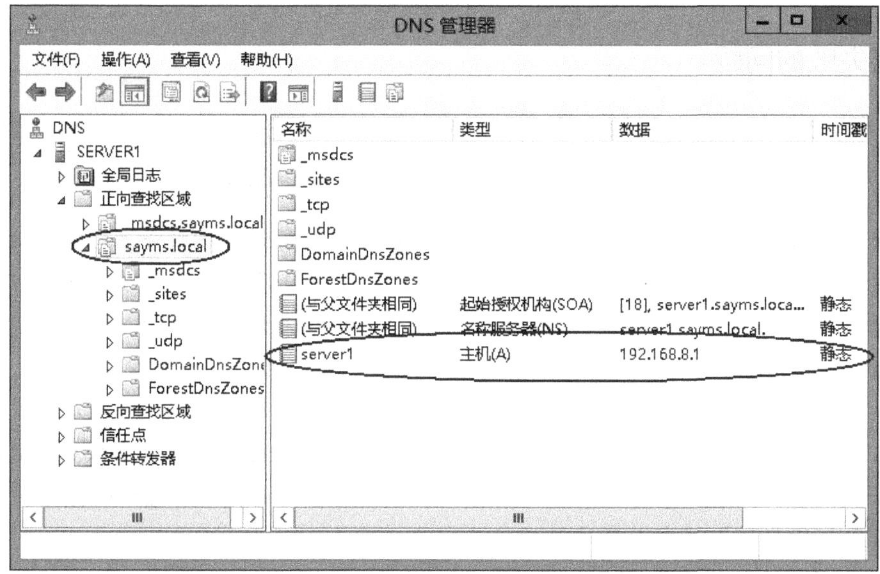

图 5-20

如果域控制器已经正确地将其扮演的角色注册到DNS服务器，则还应该有如图5-20所示的_tcp、_udp等文件夹。在单击_tcp文件夹后可以看到如图5-21所示的界面，其中数据类型为**服务位置（SRV）**的_ldap记录，表示server1.sayms.local已经正确地注册为域控制器。由图中的_gc记录还可以看出**全局编录**服务器的角色也是由server1.sayms.local扮演的。

DNS区域内包含这些数据后，其他要加入域的计算机就可以通过此区域来得知域控制器为server1.sayms.local。这些加入域的成员（域控制器、成员服务器、Windows 8、Windows 7、Windows Vista、Windows XP Professional等）也会将其主机与IP地址数据注册到此区域内。

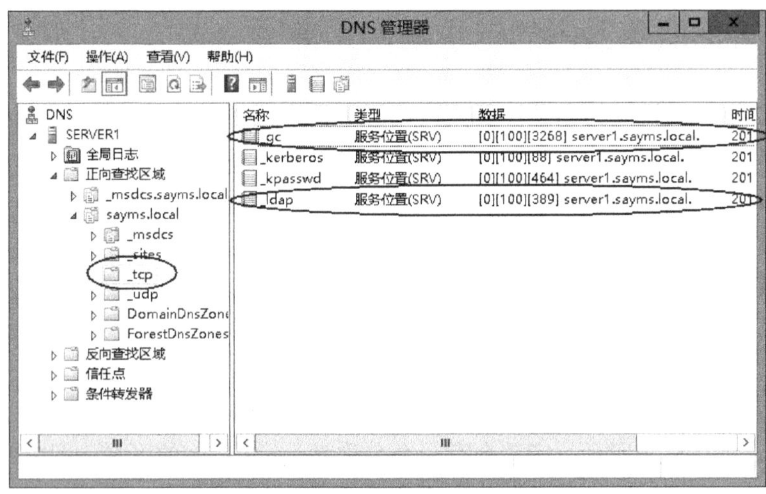
图 5-21

排除注册失败的问题

如果因为域成员本身的设置有误或者网络问题，造成它们无法将数据注册到DNS服务器，则可以在问题解决后，重新启动这些计算机或利用以下方法来手动注册。

- 如果某域成员计算机的主机名与IP地址没有正确注册到DNS服务器，可到此计算机上运行**ipconfig /registerdns**来手动注册。完成后，到DNS服务器检查是否已有正确记录，例如域成员主机名为server1.sayms.local，IP地址为192.168.8.1，则请检查区域sayms.local内是否有server1的主机（A）记录、其IP地址是否为192.168.8.1。
- 如果发现域控制器并没有将其扮演的角色注册到DNS服务器内，也就是并没有类似图5-21所示的_tcp等文件夹与相关记录，请到此台域控制器上利用【按Windows键⊞切换到**开始屏幕**➲**系统管理工具**➲**服务**➲如图5-22所示选中**Netlogon**服务并单击鼠标右键➲重新启动】的方式来注册。

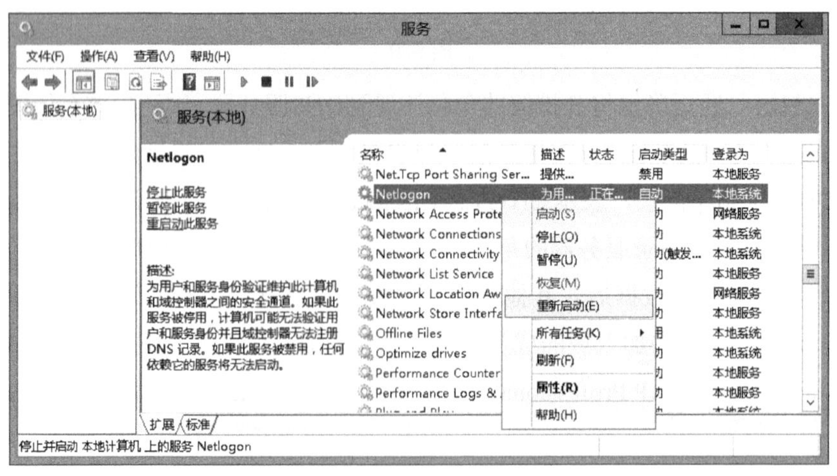
图 5-22

5.2.4 创建更多的域控制器

如果一个域内有多台域控制器，可以拥有以下好处。

- **提高用户登录的效率**：若同时有多台域控制器来对客户端提供服务，可以分担审核用户登录身份（账户与密码）的负担，让用户登录的效率更佳。
- **排错功能**：如果有域控制器发生故障，此时仍然能够由其他正常的域控制器来继续提供服务，因此对客户端的服务并不会停止。

我们将通过添加服务器角色的方式，将图5-23中右上角的服务器server2.sayms.local升级为域控制器。

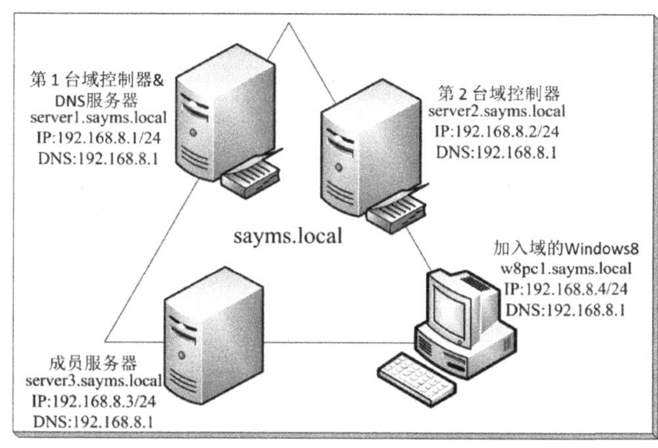

图 5-23

STEP 1 先将该台计算机的计算机名设置为Server2，IPv4地址等的设置如图5-23所示（可取消勾选TCP/IPv6）。注意，将计算机名设置为Server2即可，等升级为域控制器后，其计算机名自动会被改为server2.sayms.local。

STEP 2 单击左下角的**服务器管理器**图标，如图5-24所示，单击**仪表板**处的**添加角色和功能**。

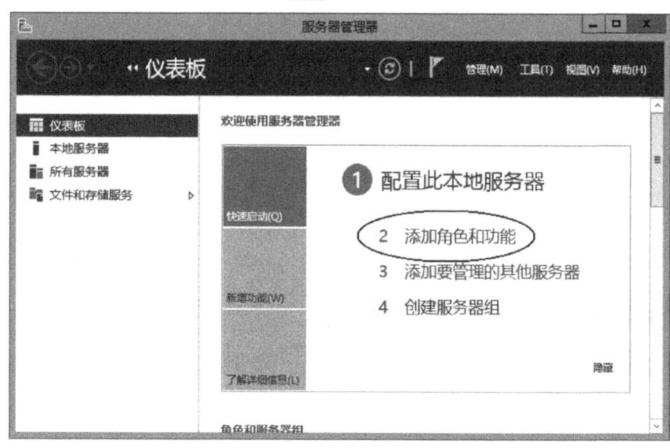

图 5-24

STEP 3　出现**开始之前**界面时单击下一步按钮。

STEP 4　在**选择安装类型**界面中采用默认的**角色型或功能型安装**后单击下一步按钮。

STEP 5　在图5-25中直接单击下一步按钮。

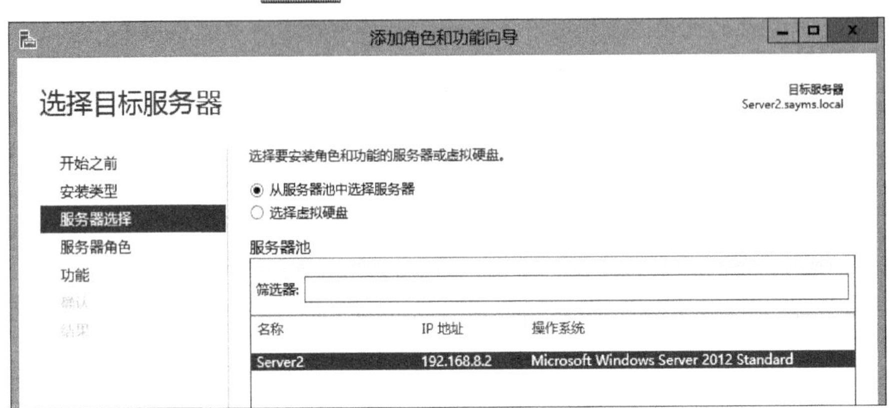

图 5-25

STEP 6　在图5-26中勾选**Active Directory域服务**，单击添加功能按钮来安装所需的其他功能并单击下一步按钮。

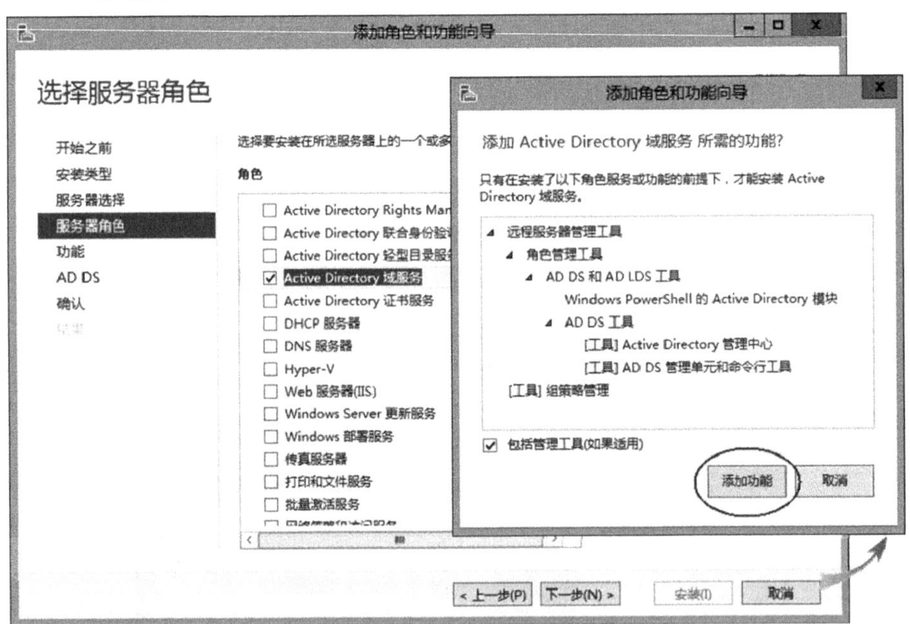

图 5-26

STEP 7　在**选择功能**界面中直接单击下一步按钮。

STEP 8　在**Active Directory域服务**界面中单击下一步按钮。

STEP 9　在**确认安装选择**界面中单击安装按钮。

STEP 10　如图5-27所示为完成安装后的界面，请单击**将此服务器提升为域控制器**。

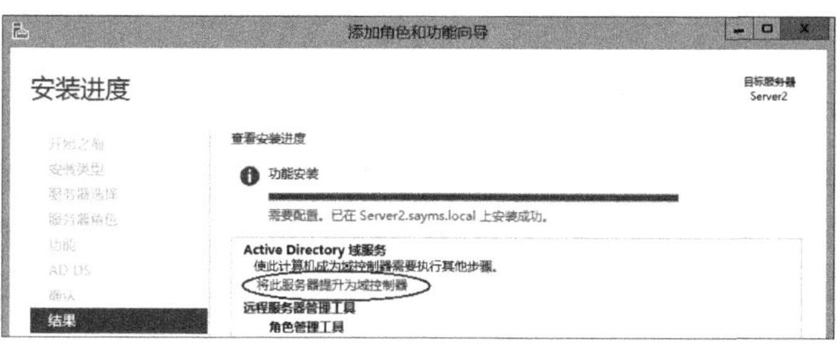

图 5-27

附注

如果在图5-27中直接单击关闭按钮，若之后要将其提升为域控制器，请在**服务器管理器**中单击左方的**AD DS**，单击上方的**Server2上Active Directory域服务所需的设置**处的**其他**并单击图5-28中的**将此服务器提升为域控制器**。

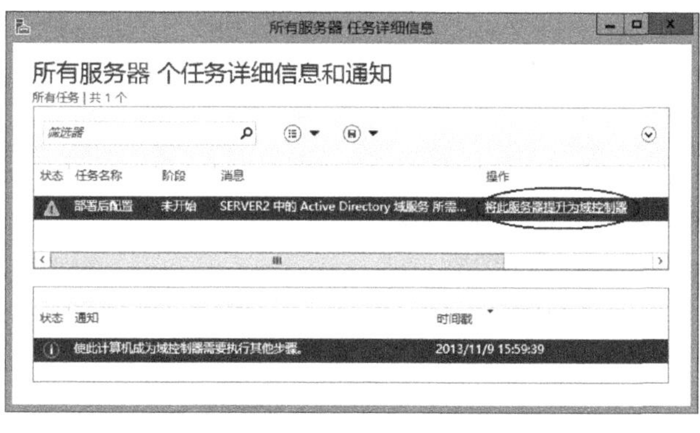

图 5-28

STEP 11 在图5-29中选择**将域控制器添加到现有域**，输入域名sayms.local，单击更改按钮后输入有权限添加域控制器的账户（sayms\administrator）与密码。完成后单击下一步按钮。

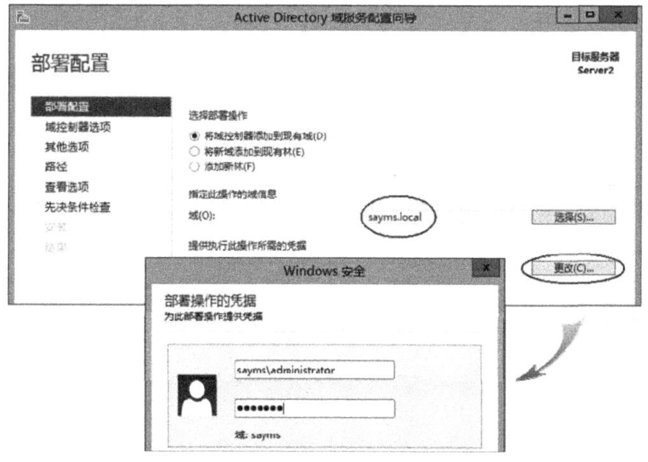

图 5-29

> **注意**
>
> 只有Enterprise Admins或Domain Admins内的用户有权限创建其他域控制器。如果现在登录的账户不隶属于这两个组（例如我们现在登录的账户为本地Administrator），则需如前景图（图5-29）所示另外指定有权限的用户账户。

STEP 12 完成图5-30中的设置后单击下一步按钮。

- 选择是否在此服务器上安装DNS服务器（默认会）
- 选择是否将其设定为**全局编录**服务器（默认会）
- 选择是否将其设置为**只读域控制器**（默认不会）
- 设置**目录服务还原模式**的系统管理员密码（见5.2.2小节STEP 12中**注意**处的说明）。

Active Directory 域服务配置向导
域控制器选项
目标服务器
Server2
部署配置
域控制器选项
DNS 选项
其他选项
路径
查看选项
先决条件检查
指定域控制器功能和站点信息
域名系统(DNS)服务器(O)
全局编录(GC)(G)
只读域控制器(RODC)(R)
站点名称(S):
Default-First-Site-Name
键入目录服务还原模式(DSRM)密码
密码(D):
确认密码(C):

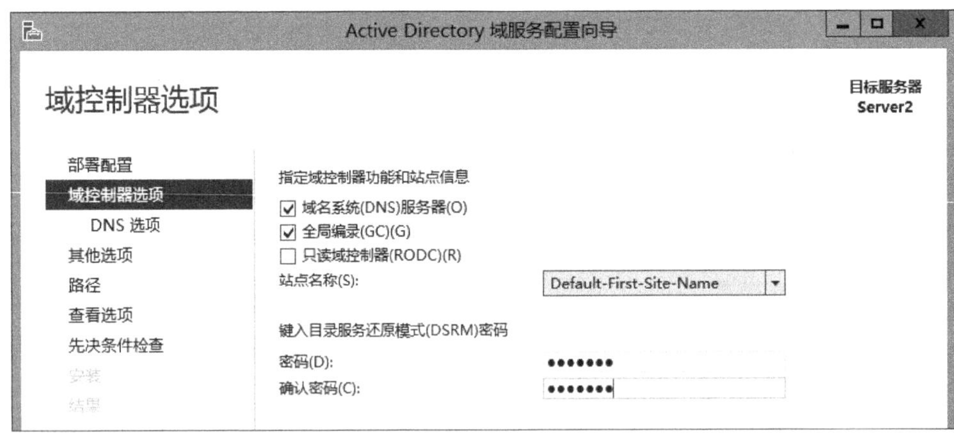

图 5-30

STEP 13 出现如图5-31所示的警告界面时，目前不会有影响，因此不必理会它，直接单击下一步按钮。

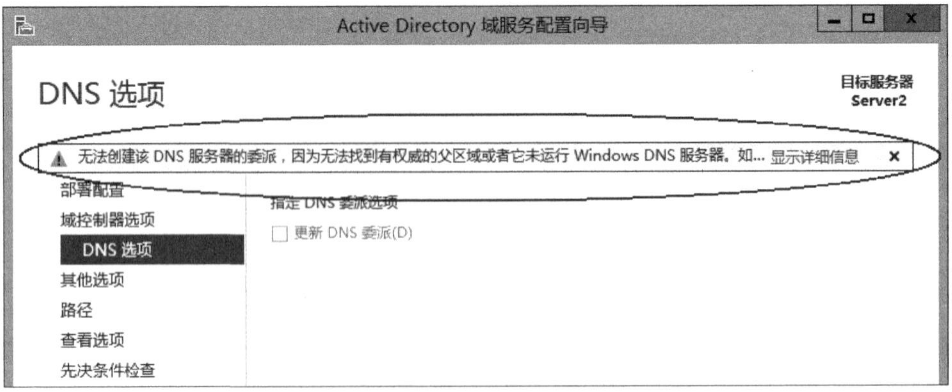

Active Directory 域服务配置向导
DNS 选项
目标服务器
Server2
无法创建该 DNS 服务器的委派，因为无法找到有权威的父区域或者它未运行 Windows DNS 服务器。如... 显示详细信息
部署配置
域控制器选项
DNS 选项
其他选项
路径
查看选项
先决条件检查
指定 DNS 委派选项
更新 DNS 委派(D)

图 5-31

STEP **14** 在图5-32中单击下一步按钮，会直接从其他任何一台域控制器（目前只有server1.sayms.local）来复制Active Directory（图中的**从介质安装**，可参考**《Windows Server 2012 Active Directory配置指南》**这本书）。

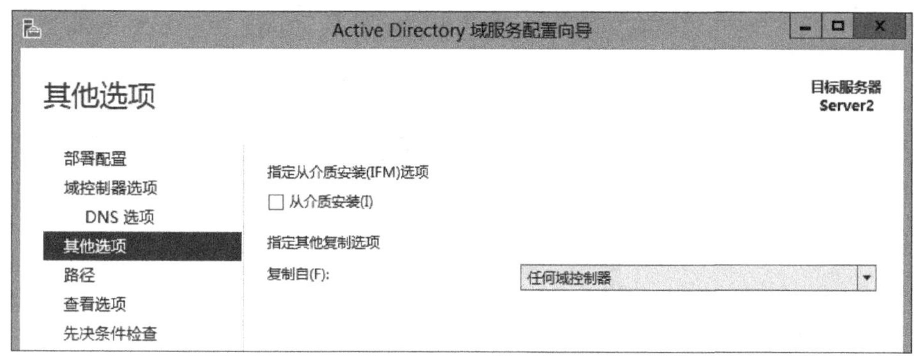

图 5-32

STEP **15** 在图5-33中可直接单击下一步按钮。

- **数据库文件夹**：用来存储Active Directory数据库。
- **日志文件文件夹**：用来存储Active Directory的更改记录，此日志文件可用来修复Active Directory数据库。
- **SYSVOL文件夹**：用来存储域共享文件（例如组策略相关的文件）。

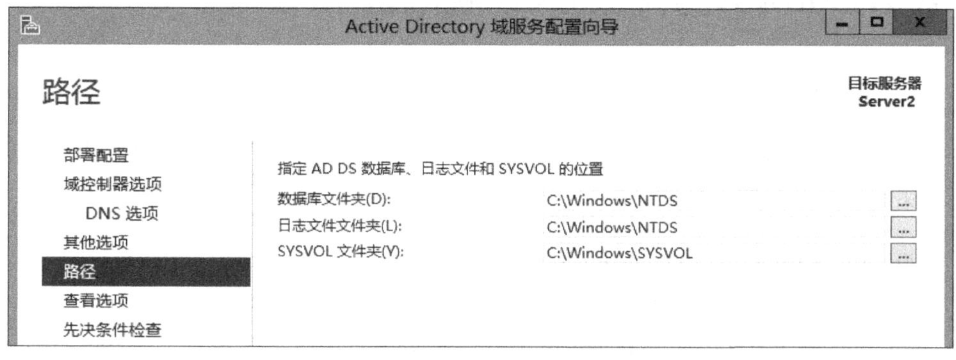

图 5-33

STEP **16** 在**查看选项**界面中单击下一步按钮。

STEP **17** 在如图5-34所示的界面中，如果顺利通过检查，就直接单击安装按钮，否则请根据界面提示先排除问题。

STEP **18** 安装完成后会自动重新启动，并重新登录。

STEP **19** 检查DNS服务器内是否有这台域控制器server2.sayms.local的相关记录，其说明可参考5.2.3小节“检查DNS服务器内的记录是否完备”。

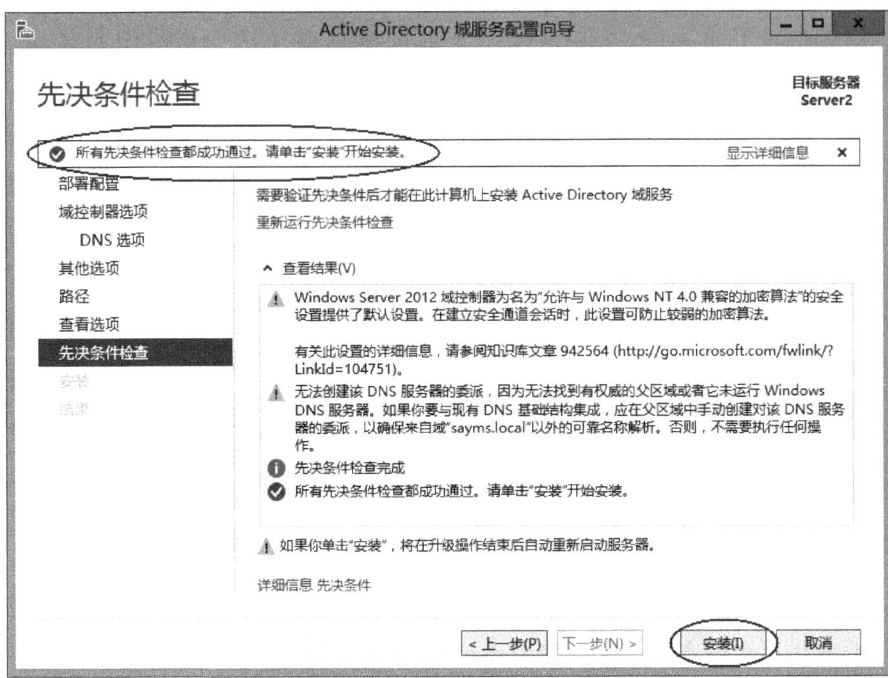

图 5-34

5.3 将Windows计算机加入或脱离域

Windows计算机加入域后，就可以访问Active Directory数据库与其他域资源了，例如用户可以在这些计算机上利用域用户账户来登录域,并利用此域用户账户来访问域内其他计算机内的资源。以下是可以被加入域的计算机：

- Windows Server 2012 Datacenter/Standard
- Windows Server 2008(R2) Datacenter/Enterprise/Standard
- Windows Server 2003(R2) Datacenter/Enterprise/Standard
- Windows 8 Enterprise/Pro
- Windows 7 Ultimate/ Enterprise/Professional
- Windows Vista Ultimate/Enterprise/Business
- Windows XP Professional

5.3.1 将Windows计算机加入域

我们要将图5-35左下角的服务器server3加入域，假设它是Windows Server 2012；同时也要将右下角的Windows 8计算机加入域。以下步骤利用图中左下角的服务器server3（Windows Server 2012）进行说明。

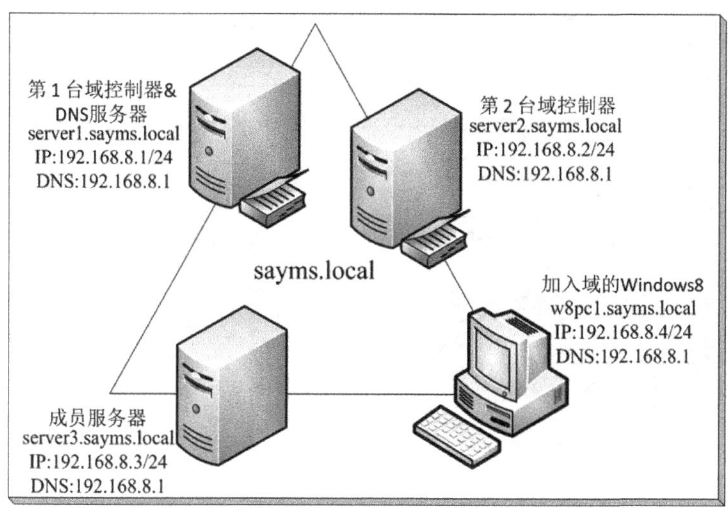

图 5-35

STEP 1 先将该台计算机的计算机名设置为server3，IPv4地址等的设置如图5-35所示。注意，计算机名设置为server3即可，等加入域后，其计算机名自动会被改为server3.sayms.local。

STEP 2 打开**服务器管理器**➲单击左侧的**本地服务器**➲如图5-36所示单击右方**工作组**处的WORKGROUP（也可以【按Windows键⊞切换到**开始**屏幕➲选中**计算机**动态磁贴并单击鼠标右键➲单击下方的**属性**➲单击右下角的**更改设置**】）。

图 5-36

如果是Windows 8计算机：【按Windows键⊞切换到**开始**屏幕➲在空白处单击鼠标右键➲单击右下角的**所有应用**➲选中如图5-37所示的**计算机**并单击鼠标右键➲单击下方的**属性**➲……】。

图 5-37

附注

Windows Server 2008（R2）、Windows 7与Windows Vista请选择：【开始➲选中**计算机**并单击鼠标右键➲**属性**➲单击右下角的**更改设置**】。Windows Server 2003（R2）与Windows XP请选择：【开始➲选中**我的电脑**并单击鼠标右键➲**属性**➲单击**计算机名**标签➲单击**更改**➲……】。

因为Windows Vista（含）之后的系统默认已经启用**用户账户控制**，因此，如果不是本地系统管理员，则此时系统会要求你输入本地系统管理员的密码。

STEP 3　单击图5-38中的更改按钮。

系统属性

计算机名 | 硬件 | 高级 | 远程

Windows 使用以下信息在网络中标识这台计算机。

计算机描述(D):

例如: "IIS Production Server" 或 "Accounting Server"。

计算机全名: Server3

工作组: WORKGROUP

要重命名这台计算机，或者更改其域或工作组，请单击"更改"。 更改(C)...

确定 取消 应用(A)

图 5-38

STEP 4 单击图5-39中所示的**域**➲输入域名sayms.local➲单击确定按钮➲输入域内任何一位用户的账户与密码（此账户需隶属于Domain Users组），图中使用Administrator➲单击确定按钮。

图 5-39

注意

如果出现错误警告，请检查TCP/IPv4的设置是否有误，尤其是**首选DNS服务器**的IPv4地址是否正确，以本示例来说应该是192.168.8.1。

STEP 5 出现如图5-40所示的界面表示已经成功地加入域，也就是此计算机的计算机账户已经被创建在Active Directory数据库内。请单击确定按钮。

图 5-40

注意

如果出现错误警告，请检查所输入的账户与密码是否正确，注意不一定需要域系统管理员账户，可以输入Active Directory内其他任何一个用户账户与密码，不过只可以在Active Directory内创建最多10个计算机账户。

STEP 6　出现提醒需要重新启动计算机的界面时单击确定按钮。

STEP 7　从图5-41可以看出，加入域后，其完整计算机名的后缀就会附上域名，如图中的server3.sayms.local。单击关闭按钮。

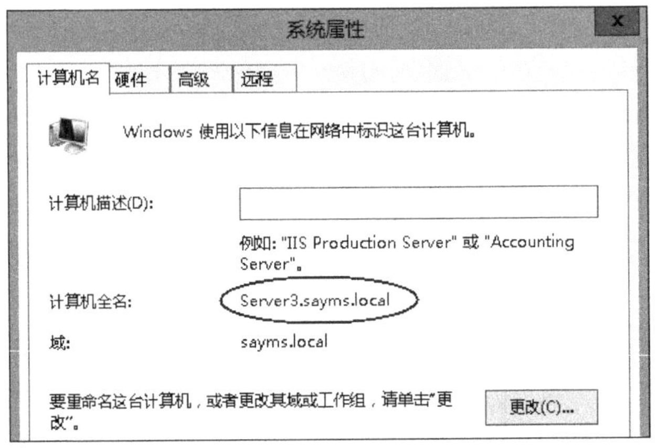

图5-41

STEP 8　按照界面提示重新启动计算机。

STEP 9　请自行将图5-35中的Windows 8计算机加入域。

附注

这些被加入域的计算机，其计算机账户会被创建在Computers容器内。

5.3.2 利用已加入域的计算机登录

可以在已经加入域的计算机上，利用本地或域用户账户进行登录。

利用本地用户账户登录

在登录界面中按Ctrl + Alt + Del 键后，将出现如图5-42所示的界面，图中默认让你利用本地系统管理员Administrator的身份登录，因此只要输入本地Administrator的密码就可以登录。

此时，系统会利用本地安全性数据库来检查账户与密码是否正确，如果正确，就可以登录

成功，也可以访问此计算机内的资源（若有权限），不过无法访问域内其他计算机的资源，除非在连接其他计算机时再输入有权限的用户名与密码。

图 5-42

利用域用户账户登录

如果要改用域系统管理员Administrator的身份登录:【单击图5-42中所示的人像左方的箭头图标➲单击**其他用户**➲如图5-43所示输入域系统管理员的账户（sayms\administrator）与密码进行登录】。

图 5-43

注意

账户名前面需要附加域名，例如sayms.local\Administrator或sayms\Administrator，此时账户与密码会被发送给域控制器，并利用Active Directory数据库来检查账户与密码是否正确，如果正确，就可以登录成功，并且可以直接连接域内任何一台计算机并访问其中的资源（如果被赋予权限），不需要再手动输入用户名与密码。

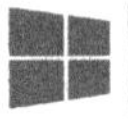

5.3.3 脱离域

只有域Enterprise Admins、Domain Admins成员或本地Administrator才有权利将计算机脱离域。因为Windows Vista（含）之后的系统默认已启用**用户账户控制**，因此如果没有权利执行脱离域的任务，系统会先要求输入账户与密码。

脱离域的方法与加入域的方法大同小异，以Windows Server 2012来说，其方法也是通过【按Windows键⊞切换到**开始**屏幕➲选中**计算机**并单击鼠标右键➲**属性**➲单击**更改设置**➲单击更改按钮➲单击图5-44中所示的**工作组**➲输入适当的工作组名称后单击确定按钮……】，完成后重新启动计算机，之后在这台计算机上就只能够利用本地用户账户进行登录，无法利用域用户账户登录。这些计算机脱离域后，其原本在Computers容器内的计算机账户会被禁用（计算机账户图标会多出一个向下的箭头）。

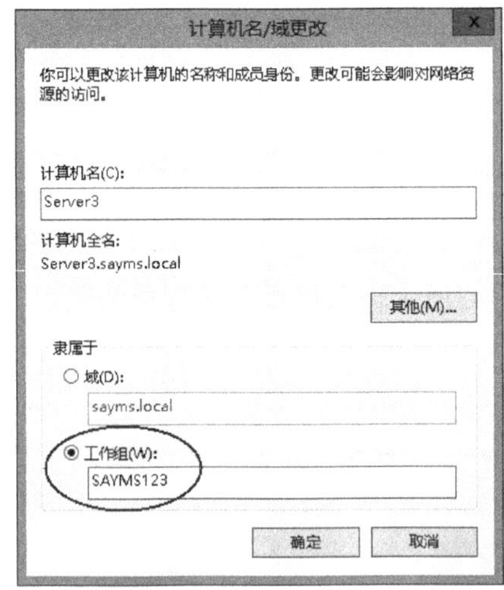

图 5-44

5.4 管理Active Directory域用户账户

5.4.1 域控制器内置的Active Directory管理工具

可以在Windows Server 2012计算机上通过以下两个工具来管理域账户，如用户账户、组账户与计算机账户等。

- **Active Directory用户和计算机**：它是以前Windows Server 2008、Windows Server 2003等系统就已经提供的旧工具。
- **Active Directory管理中心**：这是从Windows Server 2008 R2开始提供的工具，用来取代**Active Directory用户和计算机**。以下将尽量通过**Active Directory管理中心**进行说明。

这两个工具默认只有域控制器提供，可以通过【按Windows键⊞切换到开始屏幕➲系统管理工具➲Active Directory管理中心或Active Directory用户和计算机】的方法来执行它们。以我们的实验环境来说，请到域控制器server1或server2计算机上执行它们，如图5-45和图5-46所示。

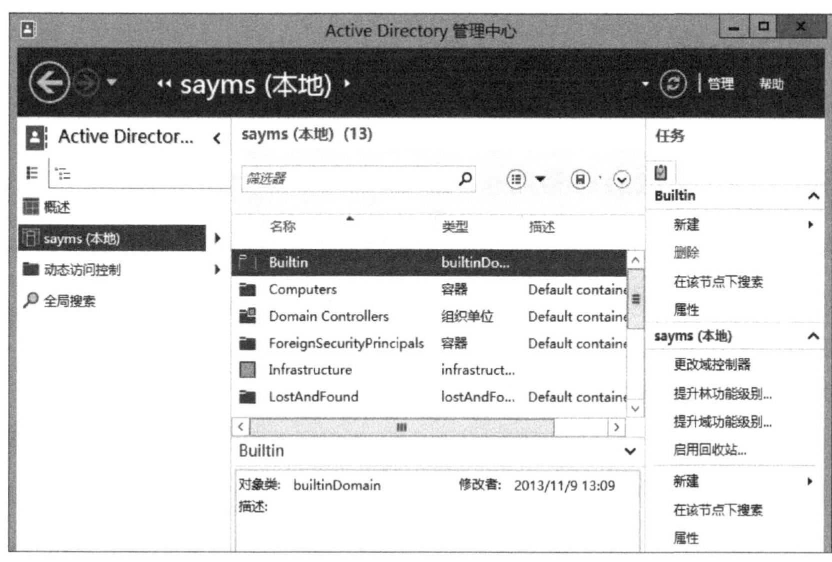

图 5-45

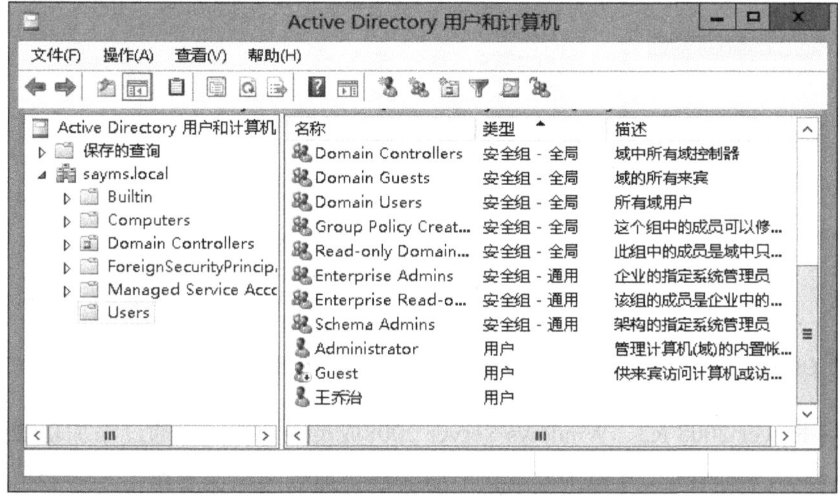

图 5-46

在服务器server1还没有升级成为域控制器之前，原本位于本地安全性数据库内的本地账户，会在升级后被转移到Active Directory数据库内，而且是被放置到Users容器内（见图5-46中的用户“王乔治”）。而且这台域控制器的计算机账户会被放置到图中的Domain Controllers组织单位内，其他加入域的计算机账户默认会被放置到图中的Computers容器内。

只有在创建域内的第一台域控制器时，该服务器原来的本地账户才会被转移到Active

Directory数据库，其他域控制器（例如本范例中的server2）原来的本地账户并不会被转移到Active Directory数据库，而是被删除。

5.4.2 其他成员计算机内的Active Directory管理工具

Windows Server 2012、Windows Server 2008（R2）等成员服务器与Windows 8、Windows 7等客户端计算机上必须自行安装，才会拥有Active Directory的管理工具。

Windows Server 2012 成员服务器

Windows Server 2012成员服务器可以通过**添加角色和功能**的方式来拥有Active Directory管理工具【单击左下角的**服务器管理器**图标➲单击**添加角色和功能**➲单击下一步按钮➲……➲ 在如图5-47所示的**选择功能**界面中勾选**远程服务器管理工具**下的**Active Directory管理中心**】，安装完成后可以通过**系统管理工具**或**开始**屏幕来运行它。

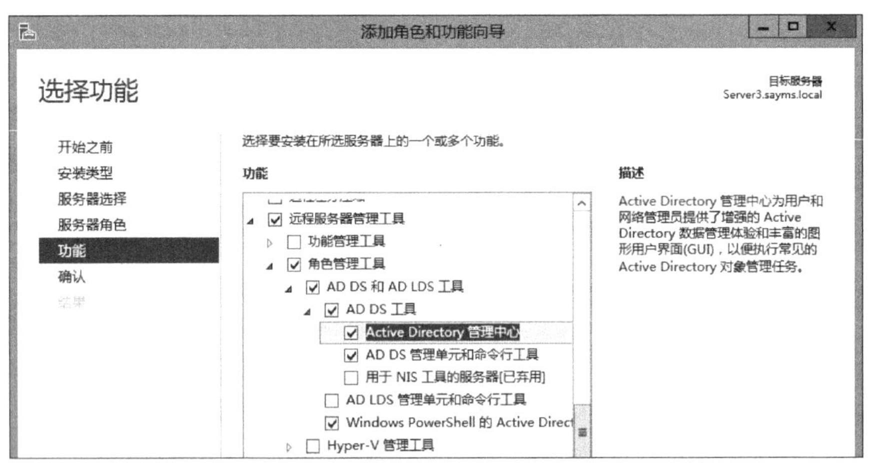

图 5-47

Windows Server 2008 R2、Windows Server 2008 成员服务器

Windows Server 2008 R2、Windows Server 2008成员服务器可以通过**添加功能**的方式来拥有Active Directory管理工具：【单击左下角的**服务器管理器**图标➲单击**功能**右边的**添加功能**➲勾选图5-48中所示**远程服务器管理工具**下的**Active Directory管理中心**】，安装完成后可以通过**系统管理工具**来运行它。

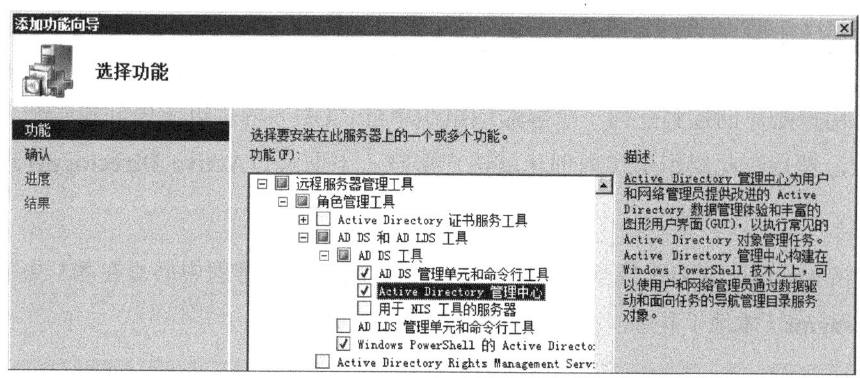

图 5-48

Windows 8

Windows 8计算机需要到微软网站下载与安装Remote Server Administration Tools for Windows 8（Windows 8的远程服务器管理工具），安装完成之后可以通过【按Windows键⊞切换到**开始**屏幕➲单击**系统管理工具**】的方法来选择**Active Directory管理中心**与**Active Directory用户和计算机**等工具。

Windows 7

Windows 7计算机需要到微软网站下载与安装Remote Server Administration Tools for Windows 7 with SP1（Windows 7 SP1的远程服务器管理工具），安装完成之后选择【**开始**➲**控制面板**➲单击最下方的**程序**➲单击最上方的**打开或关闭Windows功能**➲勾选图5-49中所示**远程服务器管理工具**下的**Active Directory管理中心**】。完成之后，就可以在【**开始**➲**系统管理工具**】中来选择**Active Directory管理中心**与**Active Directory用户和计算机**等工具了。

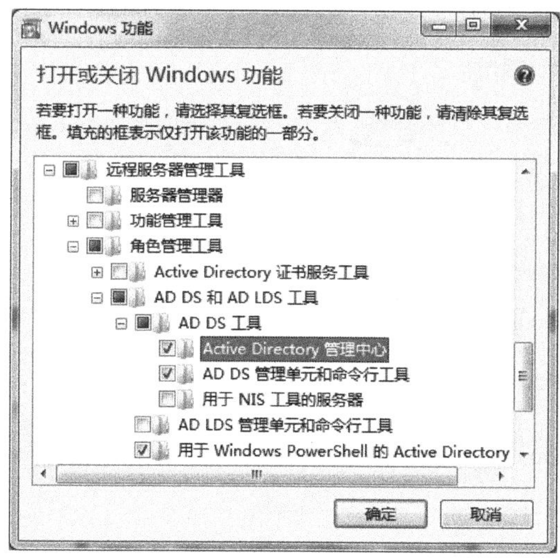

图 5-49

5.4.3 创建组织单位与域用户账户

可以将用户账户创建到任何一个容器或组织单位（OU）内。以下先创建一个名为**业务部**的组织单位，然后在此组织单位内创建域用户账户。下面通过**Active Directory管理中心**进行说明。

STEP 1 按Windows键⊞切换到**开始屏幕**➲**Active Directory**管理中心➲在图5-50中选中域名**sayms**（本地）并单击鼠标右键➲**新建**➲**组织单位**。

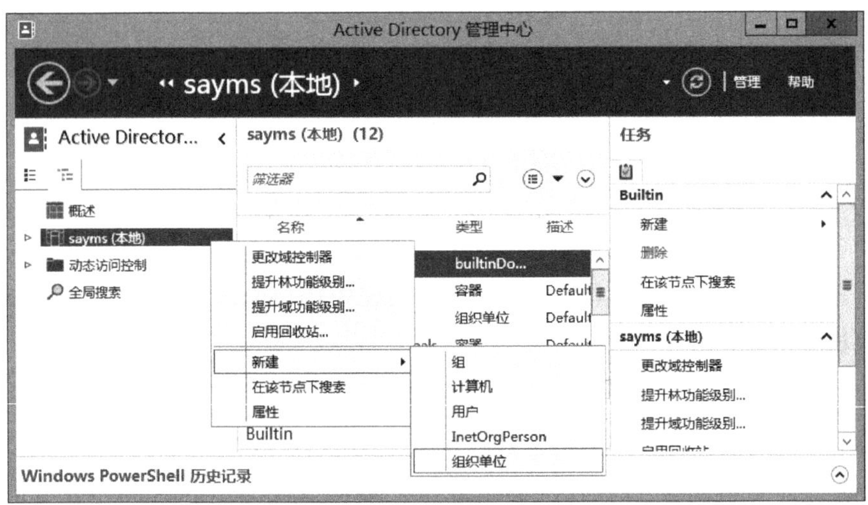

图 5-50

STEP 2 如图5-51所示，在**名称**文本框输入**业务部**后单击**确定**按钮。

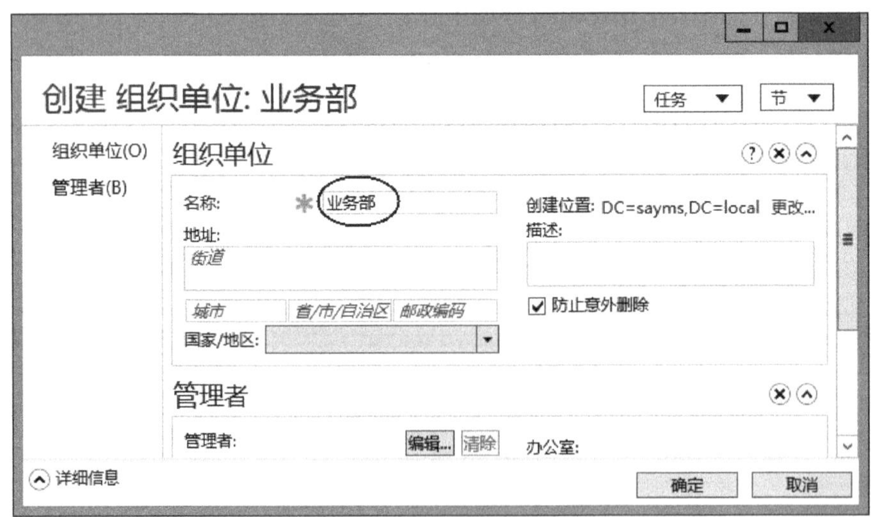

图 5-51

STEP 3 如图5-52所示，选中**业务部**组织单位并单击鼠标右键➲**新建**➲**用户**。

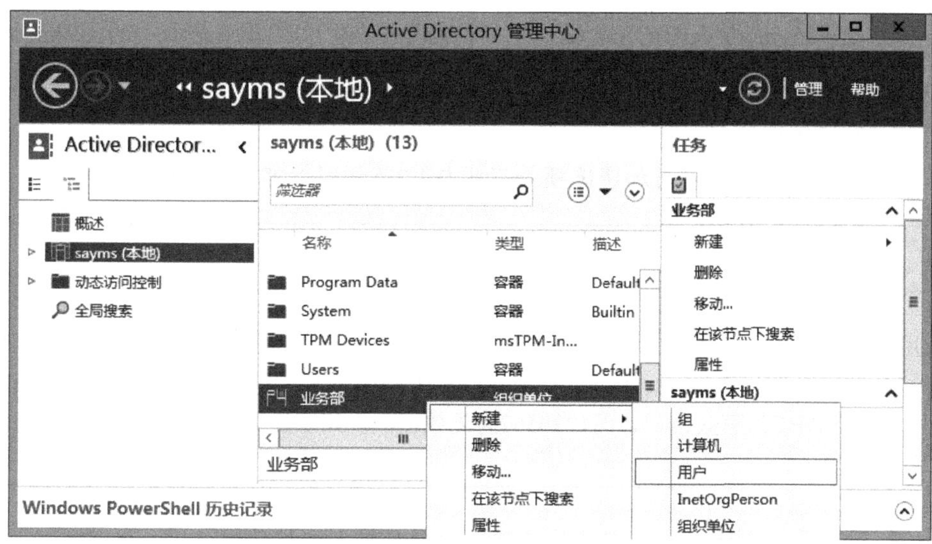

图 5-52

STEP 4　如图5-53所示，输入以下数据后单击确定按钮。

图 5-53

- **名字、姓氏与全名等数据。**
- **用户UPN登录：**用户可以利用这个与电子邮箱格式相同的名称（george@sayms.local）来登录域，此名称被称为User Principal Name（UPN）。在整个林内，此名称必须是唯一的。
- **用户SamAccountName登录：**用户也可利用此名称（sayms\george）来登录域，

其中sayms为NetBIOS域名。同一个域内，此登录名必须是唯一的。Windows NT、Windows 98等旧版系统并不支持UPN，因此在这些计算机上登录时，只能使用此处的登录名。

- **密码、确认密码与加密选项**等说明与4-2节相同，可自行参考。

> **注意**
>
> 域用户的密码默认必须至少7个字符，并且不可包含用户账户名中超过两个以上的连续字符，至少要包含A~Z、a~z、0~9、非字母数字（例如!、$、#、%）等4组字符中的3组，例如123abcABC为有效密码，而1234567为无效密码。如果要更改此默认值，请参考第11章的说明。

- **防止意外删除**：如果勾选此选项，此账户将无法被删除。
- **账户过期**：用来设置账户的有效期限，默认为账户永久有效。

我们将利用刚才创建的域用户账户（george）来测试登录域的操作。直接到域内任何一台非域控制器的计算机上登录域，例如Windows Server 2012成员服务器或已加入域的Windows 8计算机。

> **附注**
>
> 一般用户账户默认无法在域控制器上登录，除非另外开放，这部分的说明请参考下一节。

在登录界面中【单击人像左方的箭头图标➲**其他用户**】，如图5-54所示，输入域名\用户账户名（sayms\george）与密码，也可以如图5-55所示输入UPN名称（george@sayms.local）与密码进行登录。

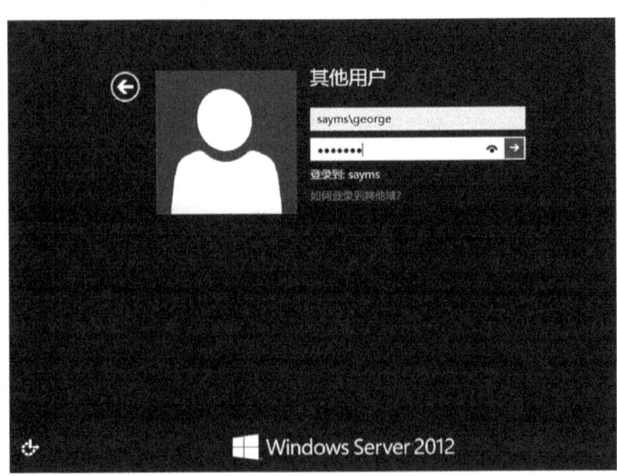

图 5-54

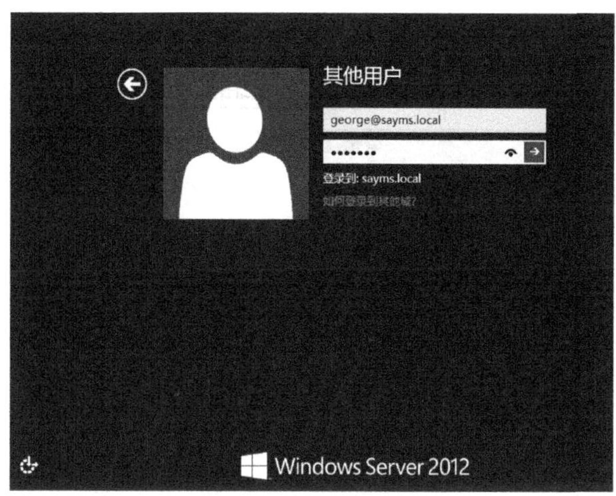

图 5-55

5.4.4 利用新用户账户到域控制器登录测试

除了域 Administrators 等少数组内的成员外，其他一般域用户账户默认无法在域控制器上登录，除非另外开放。

赋予用户在域控制器登录的权限

一般用户必须在域控制器上拥有**允许本地登录**的权限，才可以在域控制器上登录。此权限可以通过组策略来开放：请到任何一台域控制器上通过【按Windows键⊞切换到**开始**屏幕➲**系统管理工具**➲**组策略管理**➲展开**林：sayms.local**➲展开**域**➲展开**sayms.local**➲展开**Domain Controllers**➲如图5-56所示选中Default Domain Controllers Policy并单击鼠标右键➲**编辑**】。

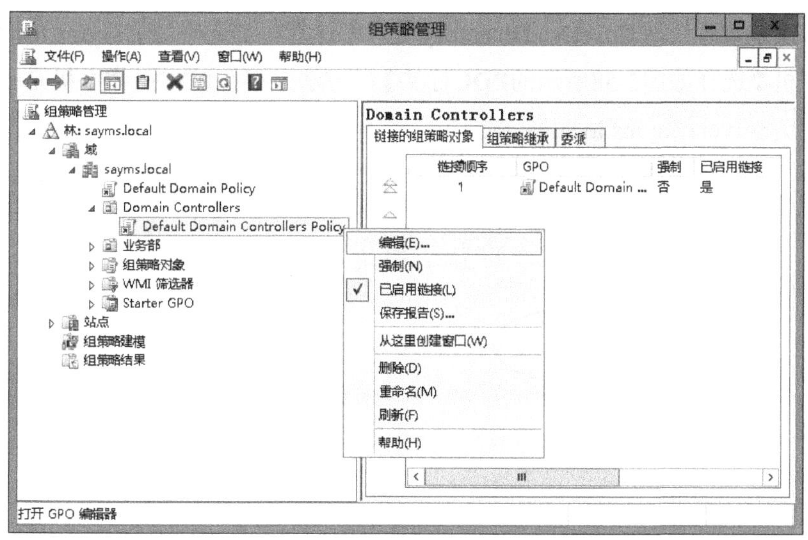

图 5-56

接着在图5-57中【双击**计算机配置**处的**策略**➲**Windows设置**➲**安全设置**➲**本地策略**➲**用户权限分配**➲双击右侧的**允许本地登录**➲单击添加用户或组按钮】，然后将用户或组加入到列表内。

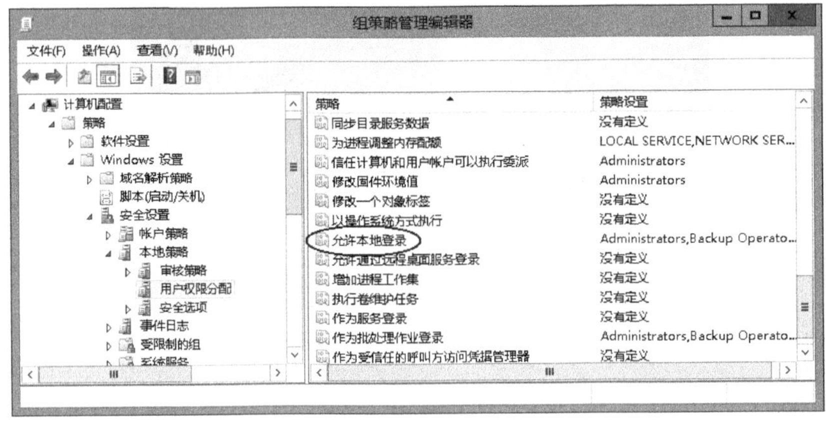

图 5-57

接着，需要等设置值被应用到域控制器后才有效，而应用的方法有以下3种：

- 将域控制器重新启动。
- 等域控制器自动应用此新策略设置，可能需要等待5分钟或更久。
- 手动应用：到域控制器上运行**gpupdate** 或 **gpupdate/force**。

可以在已经完成应用的域控制器上，利用前面创建的新用户账户来测试是否能正常登录。

多台域控制器的情况

如果域内有多台域控制器，则你所设置的安全设置值，是先被存储到扮演 **PDC操作主机**角色的域控制器内，而它默认由域内的第一台域控制器扮演，可以通过【按Windows键⊞切换到**开始**屏幕➲**系统管理工具**➲**Active Directory用户和计算机**➲选中域名sayms.local并单击鼠标右键➲**操作主机**➲选择如图5-58所示的**PDC标签**】的方法来得知**PDC操作主机**是哪一台域控制器（例如图中为Server1.sayms.local）。

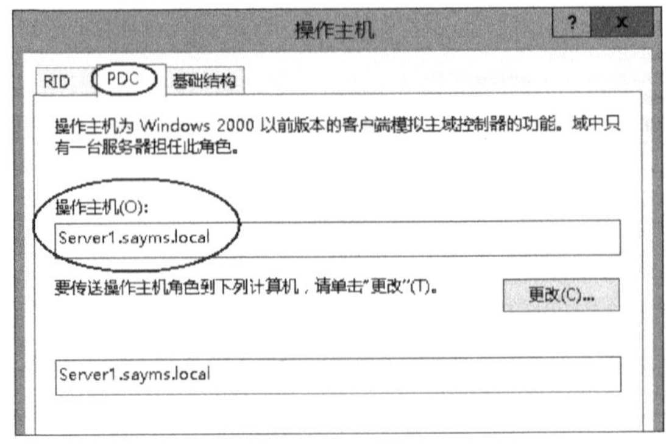

图 5-58

需要等待设置值从**PDC操作主机**复制到其他域控制器后，它们才会应用这些设置值。什么时候这些设置值会被复制到其他域控制器呢？可分为以下两种情况：

- **自动复制**：**PDC操作主机**默认15秒后会自动将其复制出去，因此其他域控制器可能需要等15秒或更久才会接收到此设置值。
- **手动复制**：到任何一台域控制器上通过【**按Windows键⊞切换到开始屏幕➲系统管理工具➲Active Directory站点和服务➲Sites➲Default-First-Site- Name➲Servers➲**单击要接收设置值的域控制器➲**NTDS Settings**➲如图5-59所示选中扮演**PDC操作主机**角色的服务器并单击鼠标右键➲**立即复制**】，图中假设SERVER1是**PDC操作主机**、SERVER2是要接收设置值的域控制器。

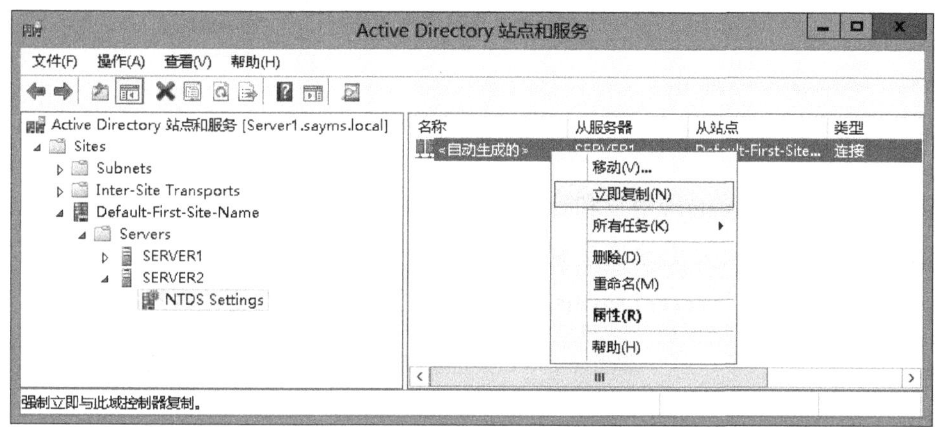

图 5-59

附注

基本上，同一个站点内的域控制器之间会每隔15秒自动复制，不需要手动复制，除非发生特殊情况，或者你希望不同站点之间的域控制器能够立即复制，才需要采用手动复制。

当利用**Active Directory管理中心**或**Active Directory用户和计算机**添加、删除、修改用户账户等Active Directory内的对象时，这些更改信息会先被存储在哪一台域控制器呢？具体分析如下。

如果是组策略设置（例如**允许本地登录**），则它先被存储在**PDC操作主机**内，但是如果Active Directory用户账户或其他对象有改动，则这些改动数据会先被存储在所连接的域控制器，同时系统默认会在15秒后自动将此改动数据复制到其他域控制器。

如果要查询目前连接的域控制器，可以如图5-60所示在**Active Directory管理中心**控制台中将鼠标指针对着图中的**sayms（本地）**，它就会显示目前所连接的域控制器，例如图中所连接的域控制器为Server1.sayms.local。如果要更改连接其他域控制器，请单击图右方的**更改域控制器**。

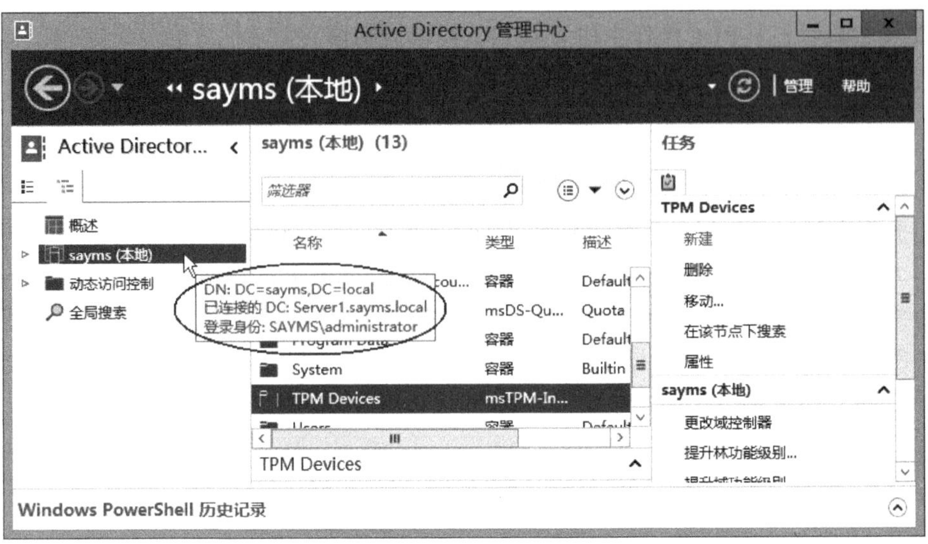

图 5-60

如果使用**Active Directory**用户和计算机，则可以从图5-61来查看所连接的域控制器为Server1.sayms.local。如果要更改连接到其他域控制器，可【选中如图5-61所示中的**Active Directory**用户和计算机（**Server1.sayms.local**）并单击鼠标右键➲**更改域控制器**】。

图 5-61

登录疑难排除

当你在域控制器上利用普通用户账户登录时，如果出现如图5-62所示的“不允许使用你正在尝试的登录方式……”警告界面，表示此用户账户在这台域控制器上没有**允许本地登录**的权限，可能原因是尚未被赋予此权限、策略设置值尚未被复制到此域控制器或尚未应用，此时请参考前面介绍的方法来解决问题。

图 5-62

5.4.5 域用户个人数据的设置

每个域用户账户内都有一些相关的属性数据，例如地址、电话、电子邮件等，域用户可以通过这些属性来查找Active Directory内的用户，例如可以通过电话号码来查找用户，因此为了更容易地找到所需的用户账户，这些属性数据越完整越好。

在**Active Directory管理中心**控制台中可以通过双击用户账户的方式来输入用户的相关数据，如图5-63所示，在**组织**处可以输入用户的地址、电话等。

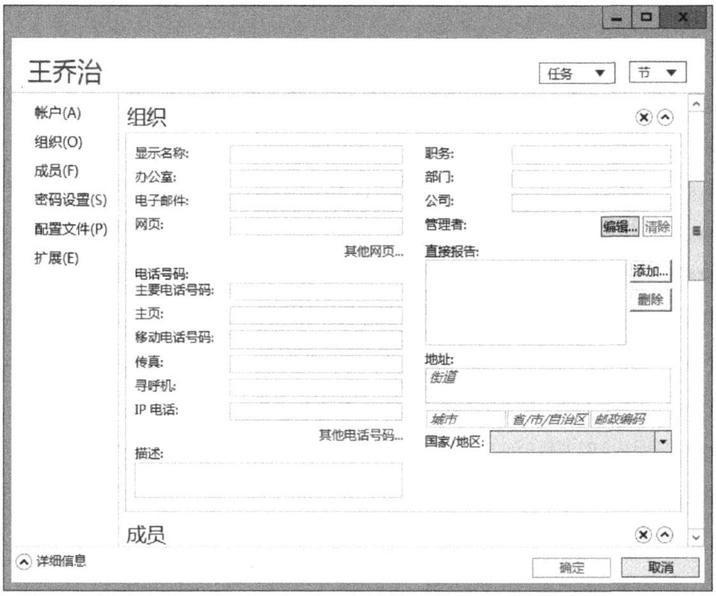

图 5-63

5.4.6 限制登录时间与登录计算机

我们可以限制用户的登录时间以及只能够使用某些计算机来登录域，其设置方法是单击如图5-64所示中的**登录小时**和**登录到**。

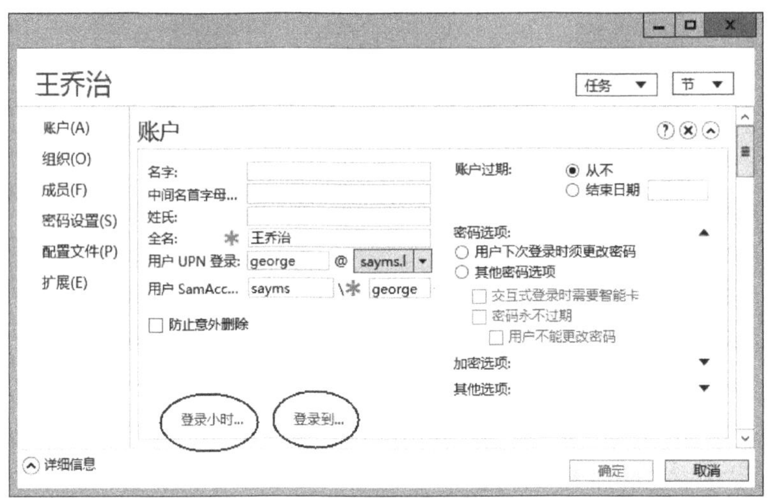

图 5-64

单击如图5-64所示的**登录小时**后就可以通过如图5-65所示的对话框进行设置，图中横轴每一方块代表一个小时，纵轴每一方块代表一天，填满的方块表示允许用户登录的时间，空白方块代表该时段不允许登录，默认开放所有时间。选好时间后单击**允许登录**或**拒绝登录**来允许或拒绝用户在上述时间登录。

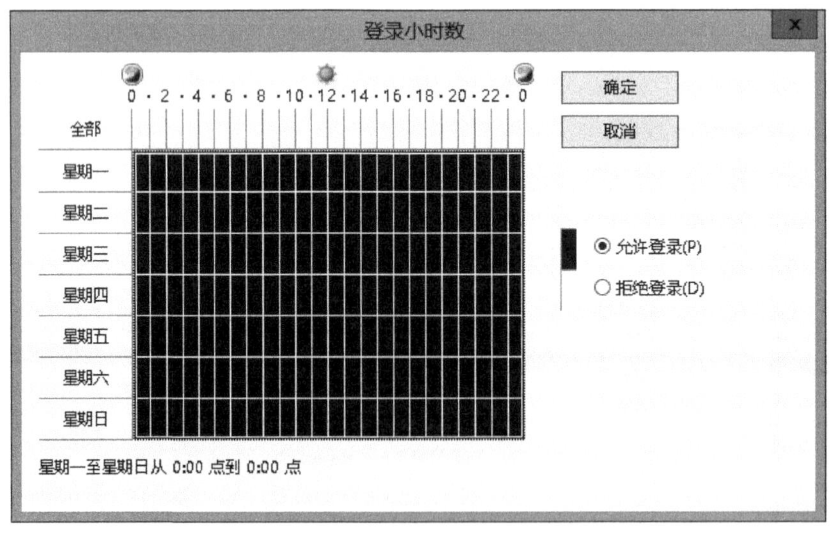

图 5-65

域用户默认在所有非域控制器的成员计算机上具备**允许本地登录**的权限，因此他们可以

利用这些计算机来登录域，不过也可以限制他们只能利用某些特定计算机来登录域：【单击如图5-64所示中的**登录到**➲在如图5-66所示的对话框中单击**下列计算机**➲输入计算机名后单击**添加**按钮】，计算机名可为NetBIOS名称（例如w8pc1）或DNS名称（例如w8pc1.sayms.local）。

图 5-66

5.5 管理Active Directory域组账户

我们在第4章已经介绍过本地组账户，此处将介绍域组账户。

5.5.1 域内的组类型

Active Directory域内的组分为以下两种类型。

- **安全组**：安全组可以被用来设置权限与权利，例如可以设置它们对文件具备**读取**的权限。安全组也可以用在与安全无关的工作中，例如可以给安全组发送电子邮件。
- **发布组**：发布组用在与安全无关的工作中，例如你可以给发布组发送电子邮件，但是无法针对它们来设置权限与权利等安全措施。

可以将现有的安全组转换为发布组，反之也可以。

5.5.2 组的使用范围

以组的使用范围来看，域内的组分为以下三种：本地域组（domain local group）、全局组（global group）和通用组（universal group）。

本地域组

本地域组主要用来指派其所属域内的访问权限，以便可以访问该域内的资源。

- 本地域组内的成员能够包含任何一个域内的用户、全局组、通用组；也能够包含相同域内的本地域组；但是无法包含其他域内的本地域组。
- 本地域组只能够访问该域内的资源，无法访问其他不同域内的资源；换句话说，当你在设置权限时，只可以设置相同域内的本地域组的权限，无法设置其他不同域内的本地域组的权限。

全局组

全局组主要用来组织用户，也就是你可以将多个即将被赋予相同权限的用户账户加入到同一个全局组内。

- 全局组内的成员只能够包含相同域内的用户与全局组。
- 全局组可以访问任何一个域内的资源，也就是说，可以在任何一个域内设置全局组的权限（这个全局组可以位于任何一个域内），以便让此全局组具备权限来访问该域内的资源。

通用组

通用组可以在所有域内被设置访问权限，以便访问所有域内的资源。

- 通用组具备“万用范围”特性，其成员能够包含林中任何一个域内的用户、全局组、通用组。但是它无法包含任何一个域内的本地域组。
- 通用组可以访问任何一个域内的资源，也就是说，可以在任何一个域内来设置通用组的权限（这个通用组可以位于任何一个域内），以便让此通用组具备权限来访问该域内的资源。

这3种组的特性如表5-5所示。

表5-5

组 特性	本地域组	全局组	通用组
可包含的成员	所有域内的用户、全局组、通用组；相同域内的本地域组	相同域内的用户与全局组	所有域内的用户、全局组、通用组
可以在哪一个域内被设置使用权限	同一个域	所有域	所有域
组转换	可以被换成通用组（只要是原组内的成员不含本地域组即可）	可以被换成通用组（只要是原组不隶属于任何一个全局组即可）	可以被换成本地域组；可以被换成全局组（只要是原组内的成员不含通用组即可）

上述将组加入到其他组内的操作称为组嵌套（group nesting）。

5.5.3 域组的创建与管理

要添加域组时，可以【按Windows键⊞切换到开始屏幕➲**系统管理工具**➲**Active Directory管理中心**➲单击域名➲选中任何一个容器或组织单位并单击鼠标右键（如图5-67所示中的**业务部**）➲**新建**➲**组**】。

图 5-67

然后在图5-68中输入组名、输入可供旧版操作系统（例如Windows 98）来访问的组名（SamAccountName）、选择组使用范围与组类型等。如果要删除组：【选中组账户并单击鼠标右键➲**删除**】。

附注

域用户账户与组账户也都有唯一的安全识别码（security identifier，SID），其相关注意事项与第4.2节相同，可自行参考。

如果要将用户、组等加入到组内，可以【如图5-69所示单击**成员**分类右方的添加按钮➲**高级**➲**立即查找**➲在如图5-70所示中选择要被加入的成员（按Shift或Ctrl键可同时选择多个账户）➲单击确定按钮】。

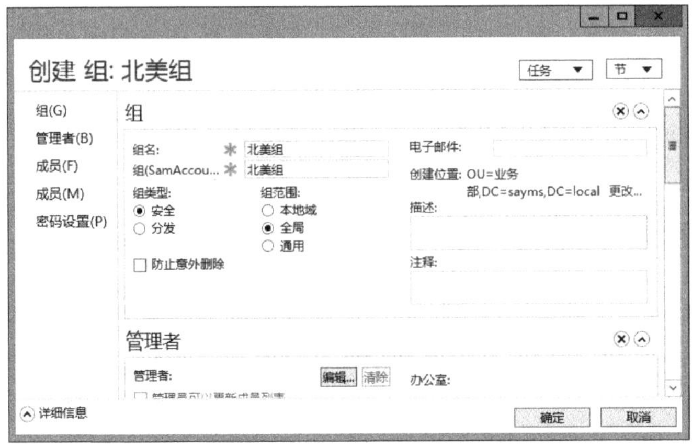

图 5-68

图 5-69

图 5-70

5.5.4 Active Directory域内置的组

Active Directory域有许多内置组，包含本地域组、全局组、通用组与特殊组。

内置的本地域组

这些本地域组本身已被赋予了一些权利与权限，以便让其具备管理Active Directory域的能力。只要你将用户或组账户加入到这些组内，这些账户也会自动具备相同的权利与权限。下面是Builtin容器内比较常用的本地域组。

- **Account Operators**：其成员默认可在容器与组织单位内添加/删除/修改用户、组与计算机账户，部分内置的容器例外（例如Builtin容器与Domain Controllers 组织单位），同时它们也不允许在部分内置的容器内添加计算机账户（例如Users）；也无法更改大部分组的成员（例如Administrators等）。
- **Administrators**：其成员具备系统管理员权限，他们对所有域控制器拥有最大控制权，可以执行Active Directory管理任务。内置系统管理员Administrator就是此组的成员，而且无法将其从此组内删除。

  此组默认的成员包含Administrator、全局组Domain Admins、通用组Enterprise Admins等。
- **Backup Operators**：其成员可以通过Windows Server Backup工具来备份与还原域控制器内的文件，不论他们是否有权限访问这些文件。其成员也可以将域控制器关机。
- **Guests**：其成员无法永久改变其桌面环境，当他们登录时，系统会为他们创建一个临时的用户配置文件（参见第9章的说明），而注销时此配置文件就会被删除。此组默认的成员为用户账户Guest与全局组Domain Guests。
- **Network Configuration Operators**：其成员可以在域控制器上执行一般网络设置任务，例如更改IP地址，但是不可以安装、删除驱动程序与服务，也不可运行与网络服务器设置有关的任务，例如DNS与DHCP服务器的设置。
- **Performance Monitor Users**：其成员可以监视域控制器的运行性能。
- **Pre-Windows 2000 Compatible Access**：此组主要是为了与Windows NT 4.0（或更旧的系统）兼容。其成员可以读取Active Directory域内的所有用户与组账户。其默认的成员为特殊组Authenticated Users。只有在用户的计算机是Windows NT 4.0或更旧的系统时，才将用户加入到此组内。
- **Print Operators**：其成员可以管理域控制器上的打印机，也可以将域控制器关机。
- **Remote Desktop Users**：其成员可以从远程计算机通过远程桌面进行登录。
- **Server Operators**：其成员可以备份与还原域控制器内的文件；锁定与解开域控制器；将域控制器上的硬盘格式化；更改域控制器的系统时间；将域控制器关机等。
- **Users**：其成员仅拥有一些基本权限，例如运行应用程序，但是他们不能修改操作系统的设置、不能更改其他用户的数据、不能将服务器关机。此组默认的成员为全局组Domain Users。

内置的全局组

Active Directory域有一些内置的全局组，它们本身并没有任何的权利与权限，但是可以通过将其加入到具备权利或权限的本地域组或者直接给此全局组指派权利或权限的方式 让它们拥有权利或权限。这些内置的全局组位于Users容器内。以下列出比较常用的全局组。

- **Domain Admins**：域成员计算机会自动将此组加入到其本地组Administrators内，因此Domain Admins组内的每个成员，在域内的每台计算机上都具备系统管理员权限。此组默认的成员为域用户Administrator。
- **Domain Computers**：所有加入域的成员计算机都会被自动加入到此组内。
- **Domain Controllers**：域内的所有域控制器都会被自动加入到此组内。
- **Domain Users**：域成员计算机会自动将此组加入到其本地组Users内，因此Domain Users内的用户将享有本地组Users拥有的权利与权限，例如拥有**允许本地登录**的权限。此组默认的成员为域用户Administrator，而以后添加的域用户账户都自动隶属于此组。
- **Domain Guests**：域成员计算机会自动将此组加入到本地组Guests内。此组默认的成员为域用户账户Guest。

内置的通用组

- **Enterprise Admins**：此组仅位于林根域，其成员有权管理林内的所有域。此组默认的成员为林根域内的用户Administrator。
- **Schema Admins**：此组仅位于林根域，其成员具备管理**架构**（schema）的权限。此组默认的成员为林根域内的用户Administrator。

内置的特殊组

此部分与4.1节相同，请自行参考。

5.6 提升域与林功能级别

我们在5.1节最后详细说明了域与林功能各级别的差异，此处将介绍如何提升现有的级别。你可以通过【按Windows键⊞切换到开始屏幕➲**系统管理工具**➲**Active Directory管理中心**➲单击域名**sayms（本地）**➲单击图5-71右方的**提升林功能级别…**或**提升域功能级别…**】的方法来提升级别。

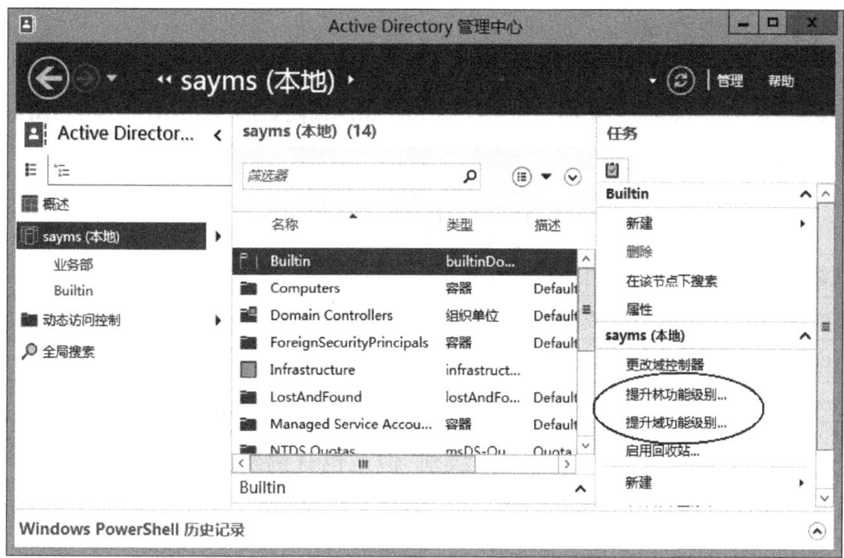

图 5-71

也可以【按Windows键切换到开始屏幕➲系统管理工具➲Active Directory用户和计算机➲选中域名sayms.local并单击鼠标右键➲提升域功能级别…】或【按Windows键切换到开始屏幕➲系统管理工具➲Active Directory域和信任➲选中Active Directory域和信任并单击鼠标右键➲提升林功能级别…】。

5.6.1 提升域功能级别

可参考表5-6来提升域功能级别。注意，如果你的域内还想拥有旧版Windows服务器的域控制器，就不要提升域功能级别。

表5-6

当前的域功能级别	可提升的级别
Windows Server 2003	Windows Server 2008、Windows Server 2008 R2、Windows Server 2012
Windows Server 2008	Windows Server 2008 R2、Windows Server 2012
Windows Server 2008 R2	Windows Server 2012

一旦提升级别后，就无法再改回原来的级别，但是也有例外：将域功能级别提升为Windows Server 2008 R2 或Windows Server 2012，并且此时林功能级别为Windows Server 2008或比较低，就可以将域功能级别降回Windows Server 2008或Windows Server 2008 R2。可以从Windows Server 2012级降到Windows Server 2008或Windows Server 2008 R2，或者从Windows Server 2008 R2级降到Windows Server 2008，但是无法从Windows Server 2008 R2降级到Windows Server 2003。这些升级、降级信息会被自动复制到所有域控制器，不过可能需要花费15秒或者更久的时间。

5.6.2 提升林功能级别

可参考表5-7来提高林功能级别。注意，如果你的域内还想拥有旧版Windows服务器的域控制器，就不要提高林功能级别。

表5-7

当前的林功能级别	可提升的级别
Windows Server 2003	Windows Server 2008、Windows Server 2008 R2、Windows Server 2012
Windows Server 2008	Windows Server 2008 R2、Windows Server 2012
Windows Server 2008 R2	Windows Server 2012

一旦提升级别后，就无法再改回原来的级别，但是也有例外：将林功能级别提升为Windows Server 2012 后，还可以降级回Windows Server 2008 R2。另外，如果**Active Directory回收站**尚未启用，你也可以从Windows Server 2012级降到Windows Server 2008 R2或Windows Server 2008，或者从Windows Server 2008 R2级降到Windows Server 2008，但是无法从Windows Server 2008 R2降级到Windows Server 2003。这些升级、降级信息会被自动复制到所有域控制器，不过可能需要花费15秒或者更久的时间。

附注

为了让支持目录访问的应用程序，可以在没有域的环境内享有目录服务与目录数据库的好处，Windows Server 2012内提供了 **Active Directory轻型目录服务**（Active Directory Lightweight Directory Services，AD LDS），它让你可以在计算机内创建多个目录服务的环境，每个环境被称为一个**AD LDS实例**（Instance），每个**AD LDS实例**拥有独立的目录设置、架构、目录数据库。

安装AD LDS的方法为【单击左下角的**服务器管理器**图标➲单击**仪表板**处的**添加角色和功能**➲……➲在**选择服务器角色**处选择**Active Directory轻型目录服务**➲……】，之后就可以通过以下方法来创建**AD LDS实例**：【按Windows键切换到**开始**屏幕➲**Active Directory轻型目录服务安装向导**动态磁贴】，也可以通过【按Windows键切换到**开始**屏幕➲**ADSI编辑器**动态磁贴】来管理**AD LDS实例**内的目录设置、架构、对象等。

5.7 Active Directory回收站

在旧版Windows系统中，如果系统管理员误将Active Directory对象删除，就需要进入**目录服务还原模式**（目录服务修复模式）来救回被误删的对象，这种方式比较耗费时间，而且重新启动计算机到进入目录服务还原模式这段期间，域控制器会暂停对客户端提供服务。

虽然Windows Server 2008 R2新增了**Active Directory回收站**，让系统管理员不需要进入目录服务还原模式，就可以救回被删除的对象，但是其**Active Directory回收站**却不是很好用，例如需要通过比较复杂的命令与步骤。

Windows Server 2012的**Active Directory回收站**又有进一步的改良：它提供容易使用的图形界面管理工具，让你轻易地启用**Active Directory回收站**并从回收站救回被误删的对象。

要启用**Active Directory回收站**，林与域功能级别必须为Windows Server 2008 R2（含）以上的级别，因此林中的所有域控制器都必须是Windows Server 2008 R2（含）以上。注意，一旦启用**Active Directory回收站**后，就无法再禁用，因此域与林功能级别也都无法再被降级（参见5.6节的相关说明）。启用**Active Directory回收站**的步骤如下。

STEP 1 打开**Active Directory管理中心**➲如图5-72所示单击左侧的域名**sayms**➲单击右侧的**启用回收站**。

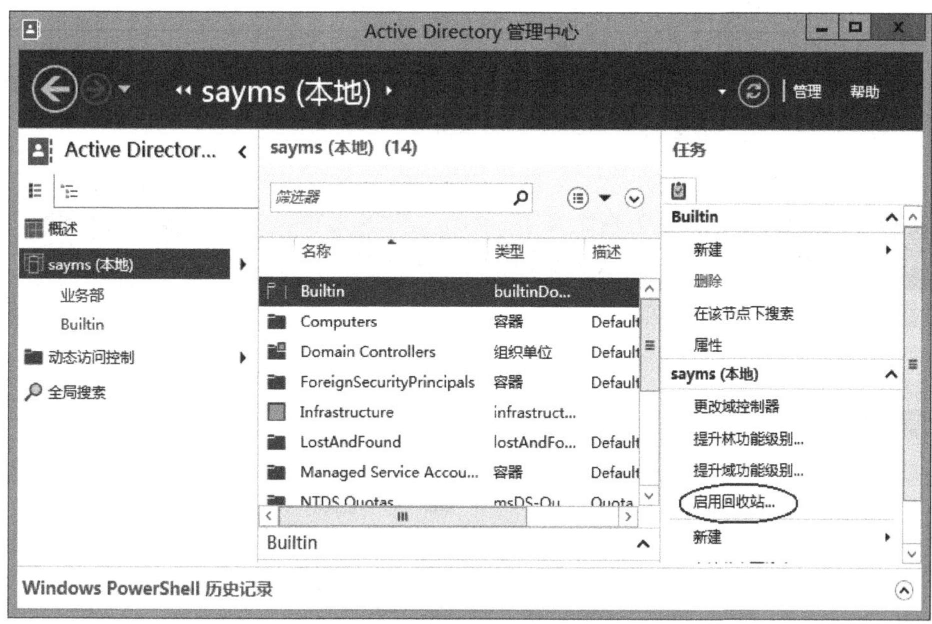

图 5-72

STEP 2 如图5-73所示，单击**确定**按钮。

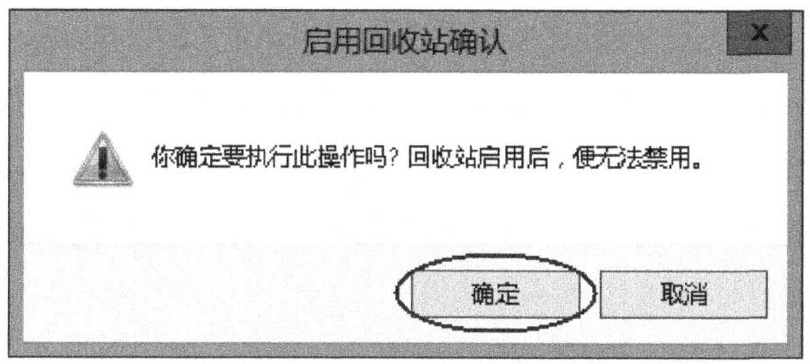

图 5-73

STEP 3　如图5-74所示，单击确定按钮后按F5键立即刷新AD管理中心。

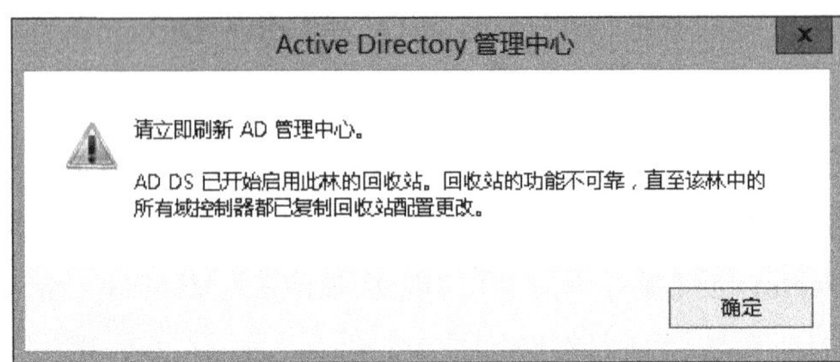

图 5-74

附注

如果域内有多台域控制器或者有多个域，则需要等设置值被复制到所有的域控制器后，**Active Directory**回收站的功能才会完全正常。

STEP 4　试着将某个组织单位（假设是**业务部**）删除，但是要先将防止删除的选项删除：如图5-75所示，单击**业务部**并单击右侧的**属性**。

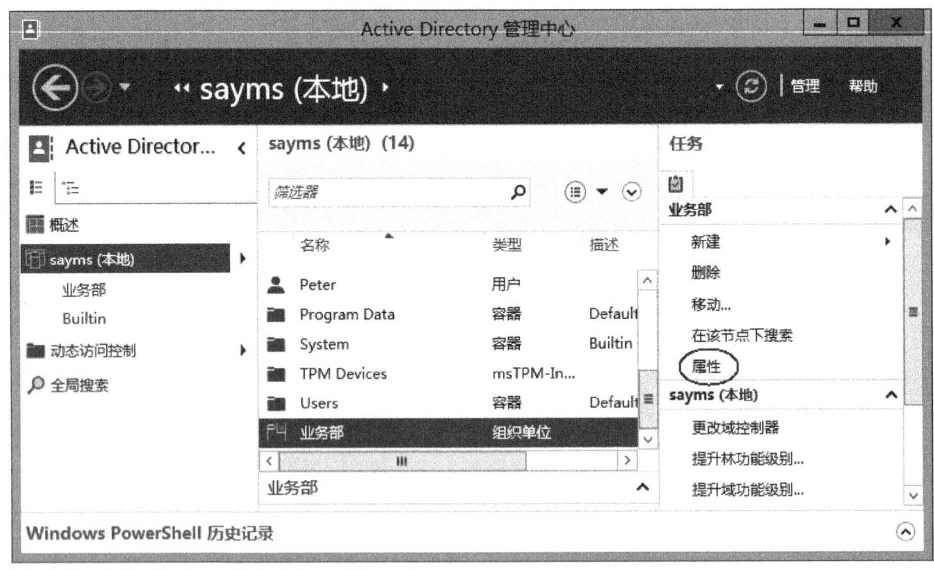

图 5-75

STEP 5　如图5-76所示，取消勾选图中的复选框，接着删除组织单位**业务部**。

STEP 6　接下来，要通过回收站来救回组织单位**业务部**：如图5-77所示，双击Deleted Objects。

STEP 7　在图5-78中选择要救回的组织单位**业务部**后，单击右侧的**还原**将其还原到原始位置。

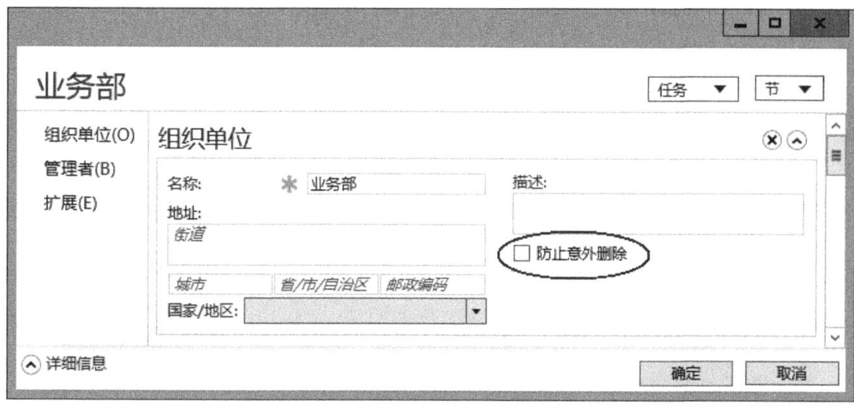

图 5-76

图 5-77

图 5-78

> **附注**
>
> 如果单击**还原为…**，则可以选择将其还原到其他位置。

STEP 8 组织单位**业务部**还原完成后，接着继续在图5-79中选择原本位于组织单位**业务部**内的用户账户，单击**还原**。

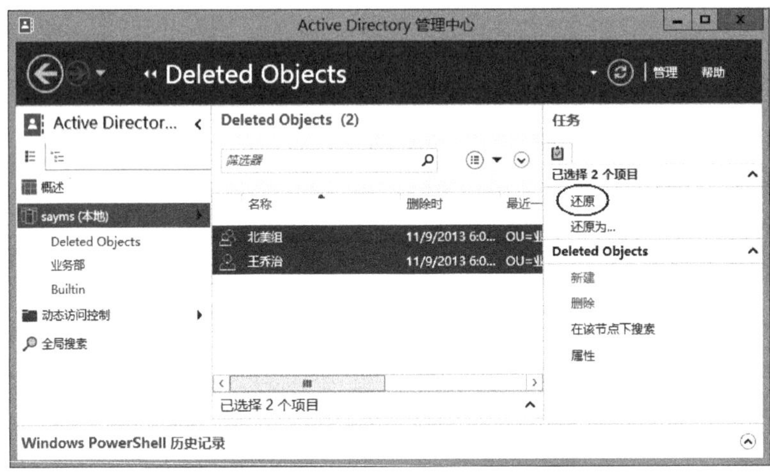

图 5-79

5.8 删除域控制器与域

可以通过降级的方式来删除域控制器，也就是将Active Directory 从域控制器删除。在降级前先注意以下事项：

- 如果域内还有其他域控制器存在，则它会被降级为该域的成员服务器，例如，将图5-80中的server2.sayms.local降级时，由于还有另一台域控制器server1.sayms.local存在，因此server2.sayms.local会被降级为域sayms.local的成员服务器。当然，必须是Domain Admins或Enterprise Admins组的成员才有权限删除域控制器。
- 如果这台域控制器是此域内的最后一台域控制器，例如假设图5-80中的server2.sayms.local已被降级，此时再将server1.sayms.local降级，因为此域内已经没有其他域控制器存在了，因此域会被删除，而server1.sayms.local也会被降级为独立服务器。

> **附注**
>
> 建议先将成员服务器server2.sayms.local脱离域，因为域删除后，在这台server2.sayms.local计算机上利用域账户就无法登录了（域删除后，也可以再将成员服务器server2.sayms.local脱离域）。

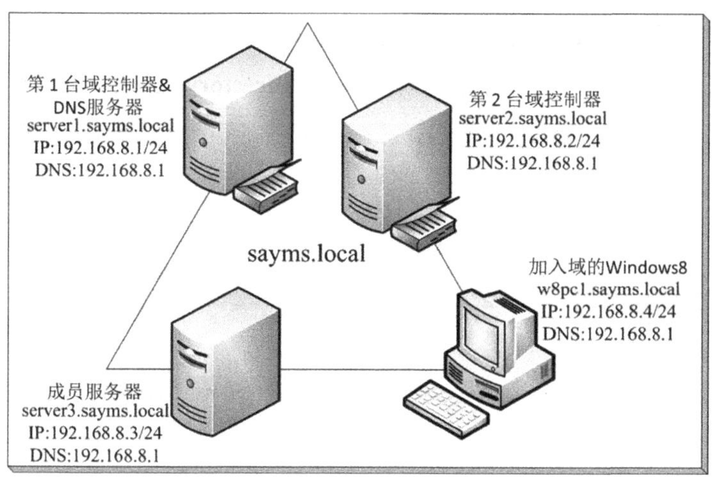

图 5-80

必须是Enterprise Admins组的成员，才有权限删除域内的最后一台域控制器（也就是删除域）。如果此域之下还有子域，请先删除子域。

- 如果此域控制器是**全局编录**服务器，请检查其所属站点（site）内是否还有其他**全局编录**服务器，如果没有，请先指定另一台域控制器来扮演**全局编录**服务器，否则将影响用户登录，指定的方法为【按Windows键⊞切换到**开始屏幕**➲**系统管理工具**➲**Active Directory站点和服务**➲**Sites**➲**Default-First-Site-Name**➲**Servers**➲选择服务器➲选中**NTDS Settings**并单击鼠标右键➲属性➲勾选**全局编录**】。
- 如果删除的域控制器是林内最后一台域控制器，则林会被一起删除。Enterprise Admins组的成员才有权限删除这台域控制器与林。

删除域控制器的步骤如下所示。

STEP 1　单击左下角的**服务器管理器**图标➲如图5-81所示单击**管理**菜单下的**删除角色和功能**。

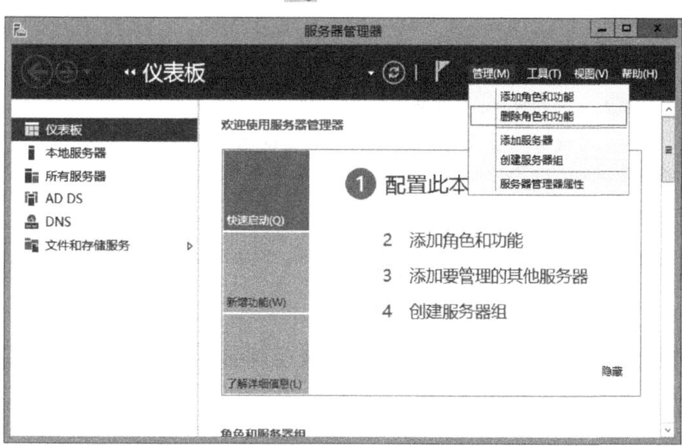

图 5-81

STEP 2　出现**开始之前**界面时单击**下一步**按钮。

STEP 3　确认在**选择目标服务器**界面中的服务器无误后，单击下一步按钮。

STEP 4　在如图5-82所示的对话框中取消勾选**Active Directory域服务**、单击删除功能按钮。

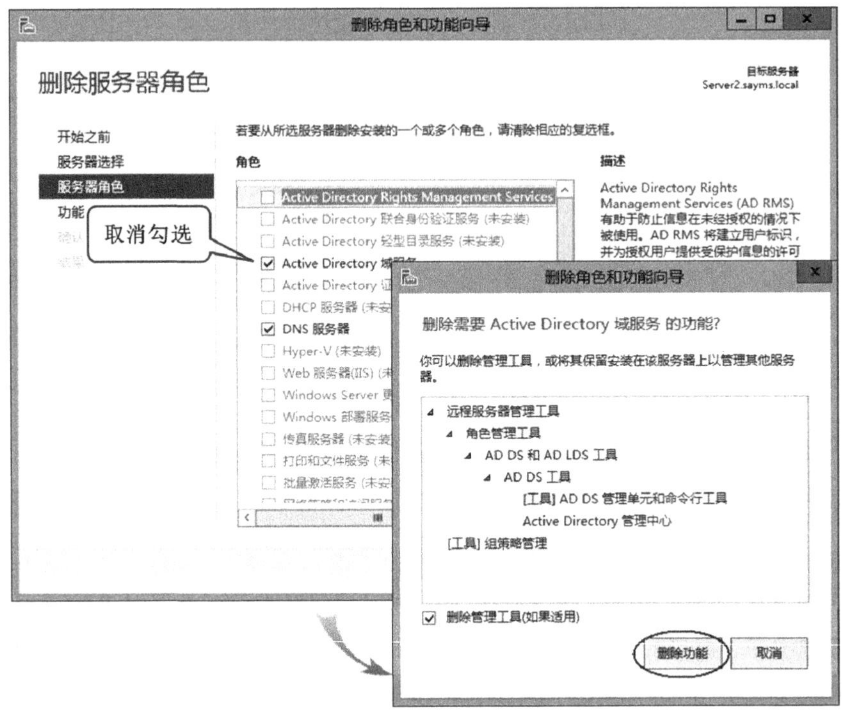

图 5-82

STEP 5　出现如图5-83所示的界面时，单击**将此域控制器降级**。

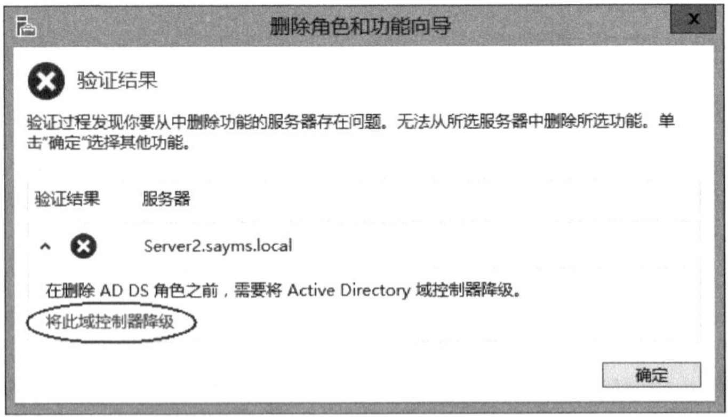

图 5-83

STEP 6　如果在图5-84中当前的用户有权删除此域控制器，请单击下一步按钮，否则单击更改按钮来输入新的账户与密码。

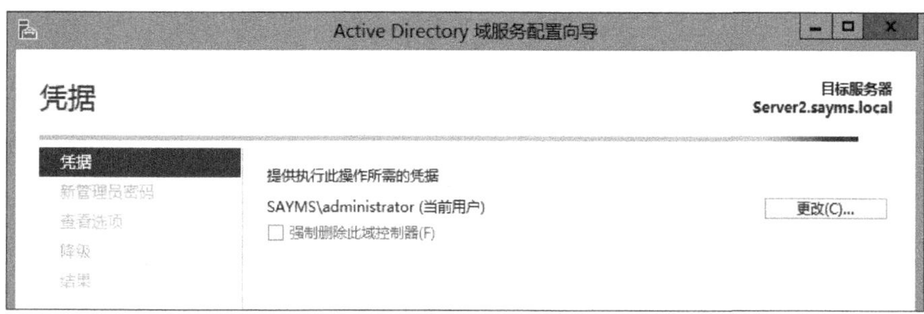

图 5-84

附注

如果因故无法删除此域控制器（例如，在删除域控制器时，需要能够先连接到其他域控制器，但是却一直无法连接），此时可以勾选图中的**强制删除此域控制器**复选框。

如果是最后一台域控制器，请勾选如图5-85所示的**域中的最后一个域控制器**复选框。

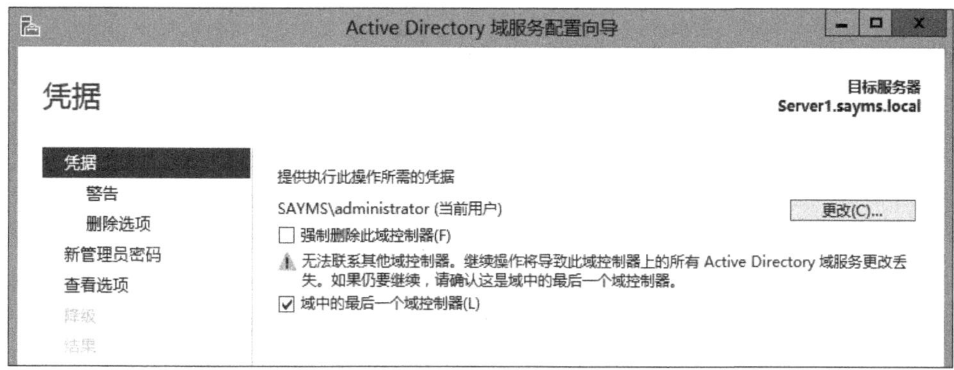

图 5-85

STEP 7　在图5-86中勾选**继续删除**复选框后，单击下一步按钮。

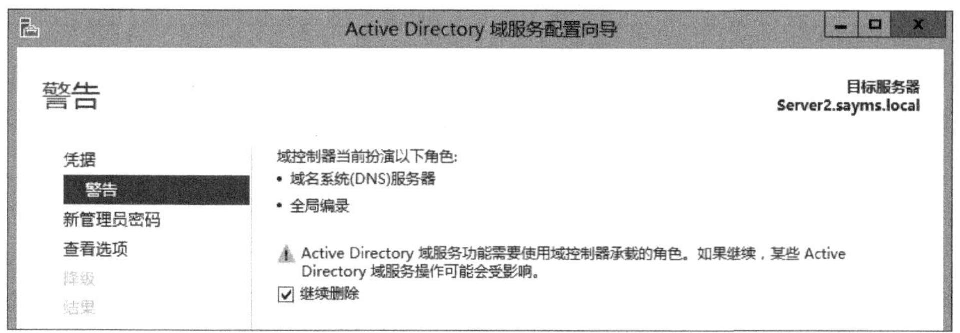

图 5-86

STEP 8　如果出现如图5-87所示界面，可以选择是否要删除DNS区域与应用程序分区后单击下一步按钮。

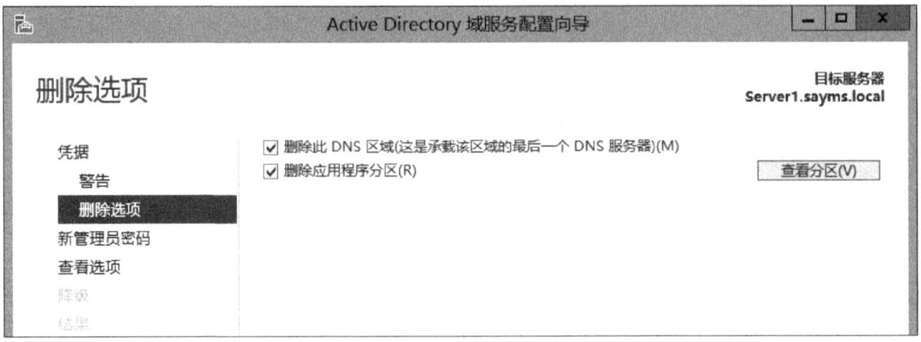

图 5-87

STEP 9　在图5-88中为这台即将被降级为独立或成员服务器的计算机设置本地Administrator的新密码后，单击下一步按钮。

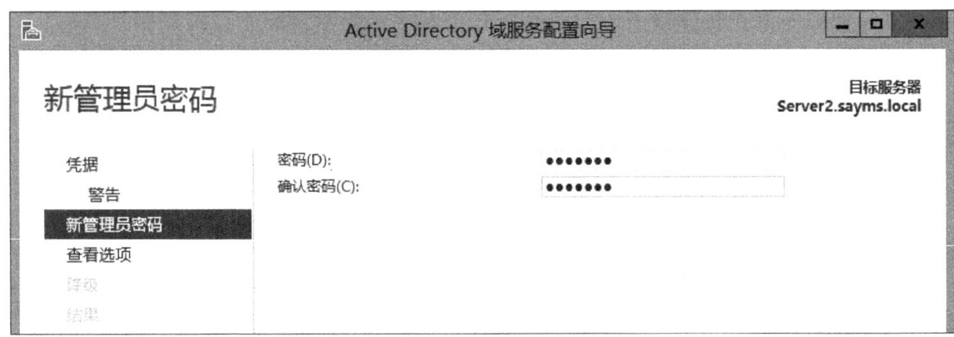

图 5-88

注意

密码默认必须至少7个字符，并且不可包含用户账户名中超过两个以上的连续字符，还至少要包含A~Z、a~z、0~9、非字母数字(例如!、$、#、%)等4组字符中的3组，例如123abcABC是一个有效的密码，而1234567是无效的密码。

STEP 10　在**查看选项**界面中单击降级按钮。

STEP 11　完成后会自动重新启动计算机，请重新登录。

附注

虽然这台服务器已经不再是域控制器了，不过此时其**Active Directory域服务**组件仍然存在，并没有被删除。因此，如果现在要再将其升级为域控制器，可以参考本章前面的说明。

STEP 12　在**服务器管理器**中单击**管理**菜单下的**删除角色和功能**。

STEP 13　出现**开始之前**界面时单击下一步按钮。

STEP **14** 确认在**选择目标服务器**界面的服务器无误后单击下一步按钮。

STEP **15** 在图5-89中取消勾选**Active Directory域服务**复选框，单击删除功能按钮。

图 5-89

STEP **16** 回到**删除服务器角色**界面时，确认**Active Directory域服务**已经被取消勾选（也可以一起取消勾选DNS服务器）后单击下一步按钮。

STEP **17** 出现**删除功能**界面时，单击下一步按钮。

STEP **18** 在**确认删除选择**界面中单击删除按钮。

STEP **19** 完成后，重新启动计算机。

第6章 NTFS与ReFS磁盘的安全与管理

在Windows Server 2012的文件系统中，NTFS与ReFS磁盘提供了相当多的安全功能，本章将针对这些功能进行详细的说明。

- NTFS与ReFS权限的种类
- 用户的有效权限
- 权限的设置
- 文件与文件夹的所有权
- 文件复制或移动后的权限变化
- 文件的压缩
- 加密文件系统
- BitLocker驱动器加密
- 碎片整理与检查磁盘错误
- 磁盘配额

6.1 NTFS与ReFS权限的种类

用户必须对磁盘内的文件或文件夹拥有适当权限后，才可以访问这些资源。权限可以分为标准权限与特殊权限，其中标准权限可以满足一般需求，而通过特殊权限可以更精确地分配权限。

> **注意**
>
> 以下权限仅适用于文件系统为NTFS与ReFS的磁盘，其他的exFAT、FAT32与FAT都不具备权限功能。

6.1.1 标准文件权限的种类

标准文件权限的种类说明如下。

- **读取**：可以读取文件内容、查看文件属性与权限等（你可以通过【**打开文件资源管理器**➲选中文件并单击鼠标右键➲**属性**】的方法来查看**只读**、**隐藏**等文件属性）。
- **写入**：可以修改文件内容、在文件后面增加数据与改变文件属性等（用户至少还需要具备**读取**权限才可以更改文件内容）。
- **读取和执行**：除了拥有**读取**的所有权限外，还具备执行应用程序的权限。
- **修改**：除了拥有**读取**、**写入**与**读取和执行**的所有权限外，还可以删除文件。
- **完全控制**：拥有前述所有权限，再加上**更改权限**与**取得所有权**的特殊权限。

6.1.2 标准文件夹权限的种类

标准文件夹权限的种类说明如下。

- **读取**：可以查看文件夹内的文件与子文件夹名称、查看文件夹属性与权限等。
- **写入**：可以在文件夹内添加文件与子文件夹、改变文件夹属性等。
- **列出文件夹内容**：除了拥有**读取**的所有权限之外，还具备**遍历文件夹**权限，也就是可以打开或关闭此文件夹。
- **读取和执行**：与**列出文件夹内容**相同，不过**列出文件夹内容**权限只会被文件夹继承，而**读取和执行**会同时被文件夹与文件继承。
- **修改**：除了拥有前面的所有权限之外，还可以删除此文件夹。
- **完全控制**：拥有前述所有权限，再加上**更改权限**与**取得所有权**的特殊权限。

6.2 用户的有效权限

6.2.1 权限是可以被继承的

当你针对文件夹设置权限后，这个权限默认会被此文件夹下的子文件夹与文件继承，例如你设置用户A对甲文件夹拥有**读取**的权限，则用户A对甲文件夹内的文件也会拥有**读取**的权限。

设置文件夹权限时，除了可以让子文件夹与文件都继承权限之外，也可以仅单独让子文件夹或文件继承，或者都不让它们继承。

而设置子文件夹或文件权限时，可以让子文件夹或文件不继承父文件夹的权限，这样该子文件夹或文件的权限将是直接针对它们设置的权限。

6.2.2 权限是有累加性的

如果用户同时隶属于多个组，而且该用户与这些组分别对某个文件（或文件夹）拥有不同的权限设置时，则该用户对这个文件的最后有效权限是所有权限来源的总和。例如，若用户A同时属于**业务部**与**经理**组，并且其权限分别如表6-1所示，则用户A最后的有效权限为这3个权限的总和，也就是**写入**+**读取**+**执行**。

表6-1

用户或组	权限
用户A	写入
业务部组	读取
经理组	读取和执行
用户A最后的有效权限为 **写入 + 读取 + 执行**	

6.2.3 “拒绝”权限的优先级比较高

虽然用户对某个文件的有效权限是其所有权限来源的总和，但是只要其中有一个权限来源被设置为**拒绝**，则用户将不会拥有此权限。例如，若用户A同时属于**业务部**与**经理**组，并且其权限分别如表6-2所示，则用户A的**读取**权限会被**拒绝**，也就是无法读取此文件。

表6-2

用户或组	权限
用户A	读取
业务部组	读取被拒绝
经理组	修改
用户A的读取权限为 **拒绝**	

> **注意**
>
> 继承的权限，其优先级比直接设置的权限低，例如将用户A对甲文件夹的写入权限设置为**拒绝**，并且让甲文件夹内的文件来继承此权限，则用户A对此文件的写入权限也会被拒绝，但是如果直接将用户A对此文件的写入权限设置为**允许**，此时因为它的优先级较高，因此用户A对此文件仍然拥有写入的权限。

6.3 权限的设置

系统会替新的NTFS或ReFS磁盘自动设置默认的权限值，如图6-1所示为C盘（NTFS）的默认权限，其中部分权限会被其下的子文件夹或文件继承。

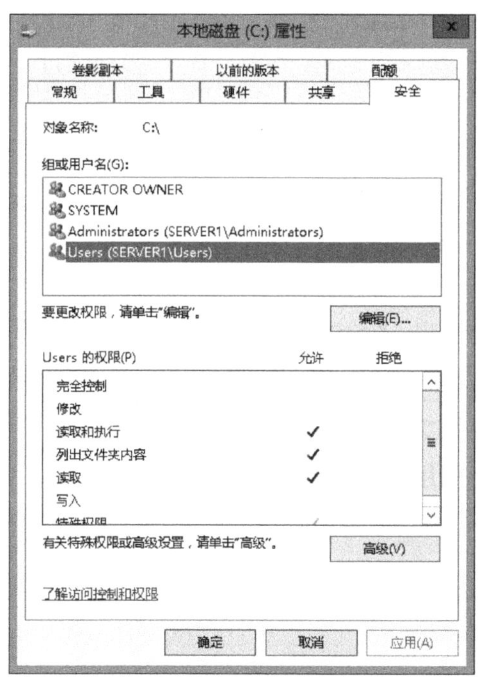

图 6-1

6.3.1 分配文件权限

如果要给用户分配文件权限：【在桌面环境下单击左下方的**文件资源管理器**图标➲单击**计算机**➲展开驱动器➲对着所选文件单击鼠标右键➲**属性**➲**安全标签**】，之后将出现如图6-2所示的界面（以自行建立的文件夹C:\Test内的文件Readme为例），图中的文件已经有一些从父项对象（也就是C:\Test）继承来的权限，例如Users组的权限（灰色对勾表示是继承的权限）。

> **注意**
>
> 只有Administrators组内的成员、文件/文件夹的所有者、具备**完全控制**权限的用户，才有权限来分配这个文件/文件夹的权限。以下步骤假设在成员服务器Server3上操作。

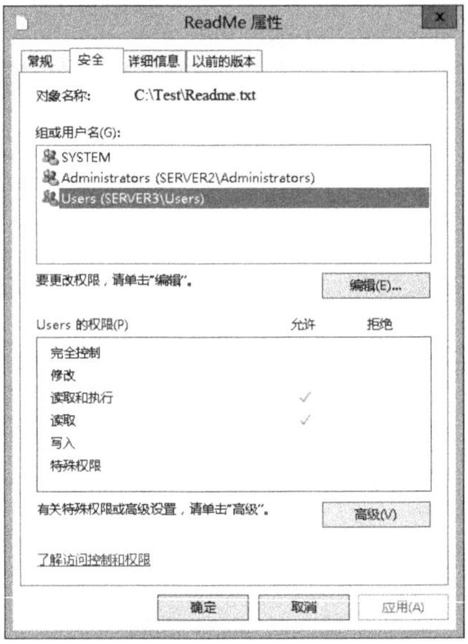

图 6-2

如果要将权限赋予其他用户：【单击如图6-2所示对话框中间的**编辑**按钮➲单击如图6-3所示背景图中的**添加**按钮➲通过**位置**按钮来选择用户账户的来源（域或本地用户）、通过**高级**按钮来选择用户账户➲**立即查找**➲从列表中选择用户或组】，图中假设已经选择了域sayms.local的用户**王乔治**与本地Server3的用户**jackie**。

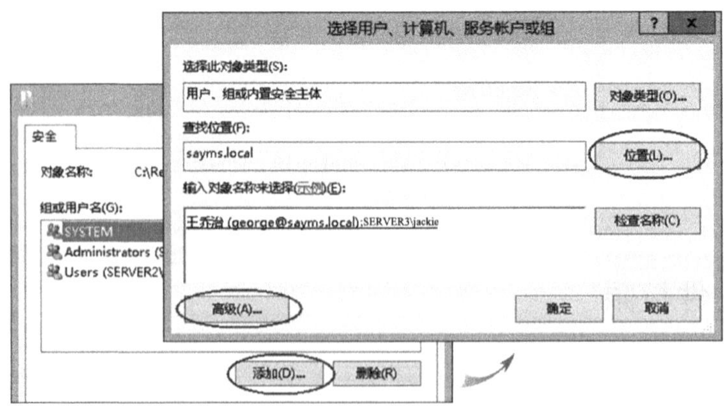

图 6-3

图6-4所示是完成设置后的界面，王乔治与jackie的默认权限都是**读取和执行**与**读取**。如果要修改此权限，请勾选权限右方的**允许**或**拒绝**复选框即可。

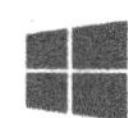

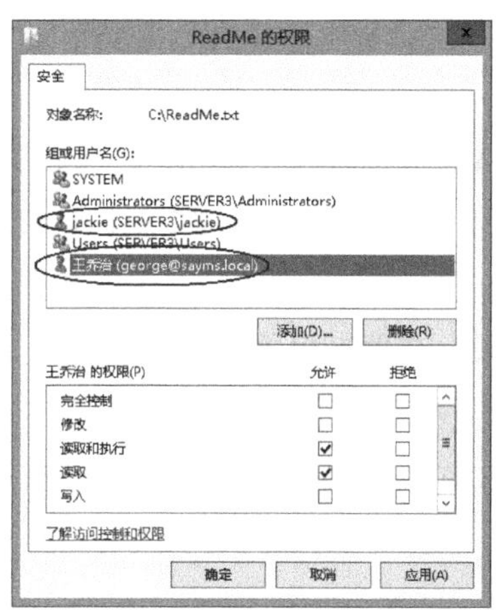

图 6-4

不过，从父项所继承来的权限（例如图中Users的权限），不能直接将其灰色的对勾删除，仅可以增加勾选，例如可以增加Users的**写入**权限。如果要更改继承来的权限，例如Users从父项继承了**读取**权限，则只要勾选该权限右方的**拒绝**复选框，就会拒绝其读取权限；又如，如果Users从父项继承了读取被拒绝的权限，则只要勾选该权限右方的**允许**复选框，就可以让其拥有读取权限。完成图6-4中所示的设置后单击确定按钮。

6.3.2 不继承父文件夹的权限

如果不想继承父项权限，例如不想让文件Readme继承其父项C:\Test的权限：【单击图6-5右下方的高级按钮➲单击禁用继承按钮➲通过前景图来选择保留原本从父项对象继承的权限或删除这些权限】，之后针对C:\Test设置的权限，Readme都不会继承。

图 6-5

6.3.3 分配文件夹权限

要给用户分配文件夹权限：【在桌面环境下单击左下方的**文件资源管理器**图标➲单击**计算机**➲展开驱动器➲对着所选文件夹单击鼠标右键➲**属性**➲**安全**标签】，之后将出现类似如图6-6所示的界面（以自行创建的文件夹C:\Test为例），图中文件夹已经有一些从父项（C盘）继承来的权限，例如Users组的权限。文件夹权限的分配方法与文件权限的分配方式类似，因此相关设置方法请参考前面的说明。

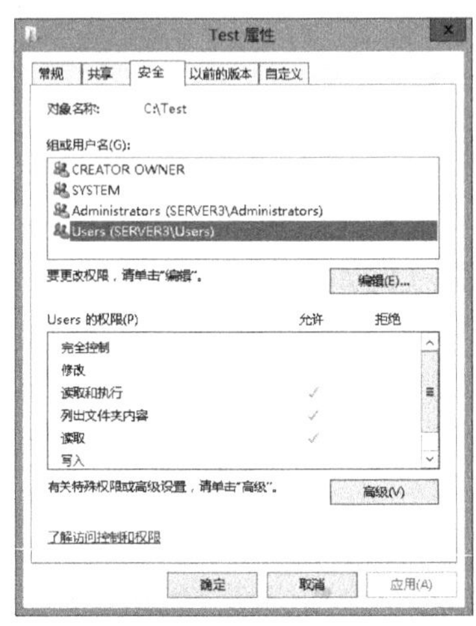

图6-6

6.3.4 分配特殊权限

前面所述的权限为标准权限，它是为了简化权限管理而设计的。标准权限能够满足一般需求，但是还可以利用特殊权限更精确地分配权限，以便满足各种不同的权限需求。

我们以文件夹的特殊权限设置进行说明：【在类似前面的图6-6中单击右下方的高级按钮➲在图6-7中单击用户账户后单击编辑按钮➲单击右方的**显示高级权限**】（如果在图6-7中未出现编辑按钮，而是查看按钮，请先停止继承，图中因为已经停止继承，因此启用继承改为显示启用继承按钮）。

附注

如果在图中勾选**使用可从此对象继承的权限项目替换所有子对象的权限项目**，表示强迫将其下子对象的权限改成与此文件夹相同，不过仅限那些可以被子对象继承的权限。例如，图6-7中jackie 的权限会被设置到所有的子对象，包含子文件夹、文件，因为jackie右方**应用于**的设置为**此文件夹，子文件夹和文件**；然而**王乔治**的权限设置并不会影响到子对象的权限，因为其**应用于**的设置为**仅此文件夹**。

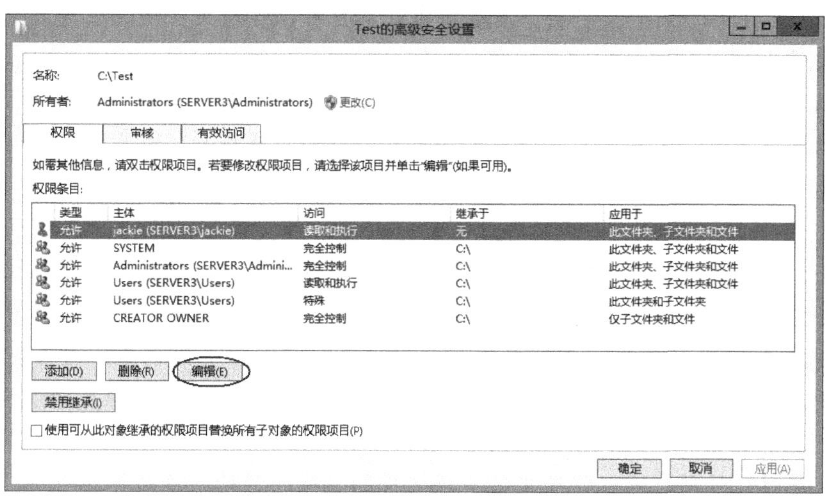

图 6-7

接着，通过图6-8来允许或拒绝将指定权限应用于指定的地点，在6.1节介绍的标准权限就是这些特殊权限的组合，例如标准权限**读取**就是特殊权限**列出文件夹/读取数据**、**读取属性**、**读取扩展属性**、**读取权限**4个特殊权限的组合。

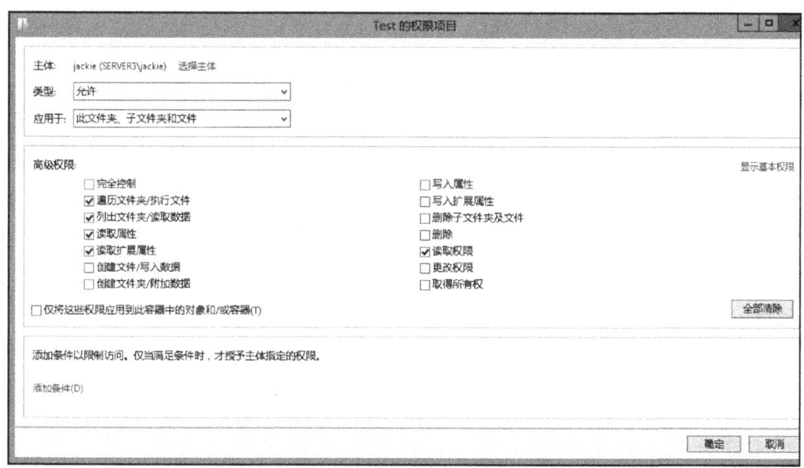

图 6-8

特殊权限的意义

以下列出特殊权限及其含义。

- **遍历文件夹/执行文件**：**遍历文件夹**让用户即使在没有权限访问文件夹的情况下，仍然可以切换到该文件夹内。此设置只适用于文件夹，不适用于文件。另外，这个权限只有用户在组策略或本地计算机策略（见第11章）内未被赋予**绕过遍历检查**权限时才有效。**执行文件**让用户可以执行程序，此权限适用于文件，不适用于文件夹。
- **列出文件夹/读取数据**：**列出文件夹**让用户可以查看此文件夹内的文件名与子文件夹

名，此权限只适用于文件夹。**读取数据**让用户可以查看文件内的数据，此权限只适用于文件。

- **读取属性**：让用户可以查看文件夹或文件的属性（只读、隐藏等属性）。
- **读取扩展属性**：让用户可以查看文件夹或文件的扩展属性。扩展属性是由应用程序自行定义的，不同的应用程序可能有不同的扩展属性。
- **创建文件/写入数据**：**创建文件**让用户可以在文件夹内创建文件，此权限只适用于文件夹。**写入数据**让用户能够修改文件内的数据或者覆盖文件的内容，此权限只适用于文件。
- **创建文件夹/附加数据**：**创建文件夹**让用户可以在文件夹内创建子文件夹，此权限只适用于文件夹。**附加数据**让用户可以在文件的后面添加数据，但是无法修改、删除、覆盖原有的数据，此权限只适用于文件。
- **写入属性**：让用户可以修改文件夹或文件的属性（只读、隐藏等属性）。
- **写入扩展属性**：让用户可以修改文件夹或文件的扩展属性。
- **删除子文件夹及文件**：让用户可删除此文件夹内的子文件夹与文件。即使用户对此子文件夹或文件没有**删除**的权限，也可以将其删除（见下一个权限）。
- **删除**：让用户可以删除此文件夹或文件。

> **注意**
>
> 即使用户对此文件夹或文件没有**删除**的权限，但是只要他对父文件夹具有**删除子文件夹及文件**的权限，他仍然可以将此文件夹或文件删除。例如，用户对位于C:\Test文件夹内的文件Readme.txt并没有删除的权限，但是却对C:\Test文件夹拥有**删除子文件夹及文件**的权限，则他仍然可以将文件Readme.txt删除。

- **读取权限**：让用户可以查看文件夹或文件的权限设置。
- **更改权限**：让用户可以更改文件夹或文件的权限设置。
- **取得所有权**：让用户可以夺取文件夹或文件的所有权。文件夹或文件的所有者，不论其对此文件夹或文件的权限是什么，他仍然具备更改此文件夹或文件权限的能力。

6.3.5 用户的有效权限

可以通过【选中文件或文件夹并单击鼠标右键➲**属性**➲安全标签➲高级按钮➲单击图6-9中的有效访问标签➲单击**选择用户**来选择用户➲单击查看有效访问按钮】的方法来查看用户的有效权限。

图 6-9

前面说过，如果用户同时隶属于多个组，而且该用户与这些组分别对某个文件（或文件夹）拥有不同的权限设置时，则该用户对这个文件的有效权限是其所有权限来源的总和。不过，图6-9中的有效权限并非完全如此，图中并不会将某些特殊组的权限计算进来，举例来说，用户A同时属于**业务部**与**经理**组，不论用户未来是网络登录（此时他隶属于特殊组**Network**，见第4章）或者本地登录（此时他隶属于特殊组**Interactive**），图6-9中的有效权限都不会将**Network**或**Interactive**的权限计算进去，只会将该用户、**业务部**组与**经理**组的权限相加。有效权限的计算，除了用户本身的权限之外，还会将全局组、通用组、本地域组、本地组、Everyone等组的权限相加。

6.4 文件与文件夹的所有权

NTFS与ReFS磁盘内的每个文件与文件夹都有**所有者**，默认是创建文件或文件夹的用户，就是该文件或文件夹的所有者。所有者可以更改其拥有的文件或文件夹的权限，不论其目前是否有权限访问此文件或文件夹。

用户可以获取文件或文件夹的所有权，使其成为新所有者，然而用户必须具备以下条件之一，才可以夺取所有权。

- 具备**取得文件或其他对象的所有权**权限的用户。系统默认赋予Administrators组拥有此权限。
- 对该文件或文件夹拥有**取得所有权**的特殊权限。
- 具备**还原文件及目录**权限的用户。

任何用户在变成文件或文件夹的新所有者后，他就具备更改该文件或文件夹权限的能力，但是并不会影响此用户的其他权限。另外，文件夹或文件的所有权被夺取后，也不会影响原所有者的其他已有权限。

例如，假设文件Note.txt是王乔治所创建，因此他是该文件的所有者，若他将**取得所有权**的权限赋予用户Mary，则当用户Mary要查看或夺取文件的所有权时，她可以在登录后：【选中文件Note.txt并单击鼠标右键➲**属性**➲**安全**标签➲**高级**➲如图6-10所示单击**所有者**右方的**更改**➲在前景图中选择Mary本人后单击确定按钮】。

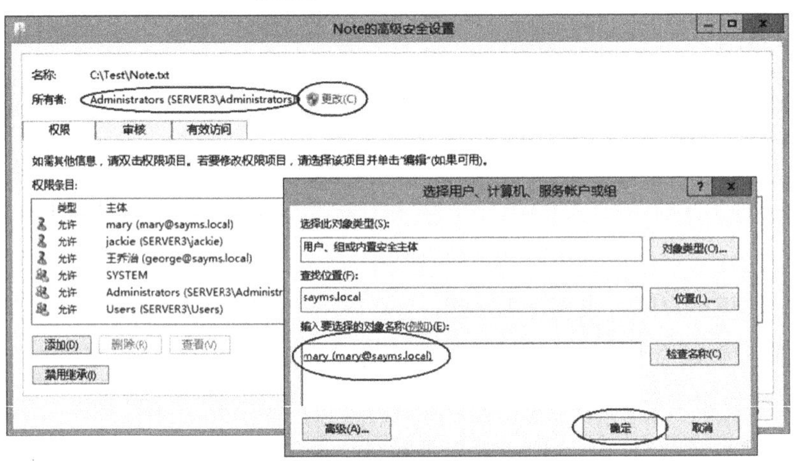

图 6-10

注意

必须在**用户账户控制**的通知时机被设置为**不要通知**并且组策略中的**用户账户控制：所有系统管理员均以管理员核准模式执行**策略被禁用的情况之下，才会直接出现图6-10中所示的前景界面，否则会先要求输入系统管理员的密码。**用户账户控制**的设置方法为【按Windows键⊞切换到**开始**屏幕➲**控制面板**➲**用户账户**➲**用户账户**➲**更改用户账户控制设置**】；组策略的设置方法为（以本地计算机策略为例，详见第11章）【按⊞+R键➲运行gpedit.msc➲**计算机配置**➲**Windows设置**➲**安全设置**➲**本地策略**➲**安全选项**】。完成后需要重新启动计算机。

6.5 文件复制或移动后的权限变化

磁盘内的文件被复制或移动到另一个文件夹后，其权限可能会改变（见图6-11）。

- **如果文件被复制到另一个文件夹**：无论是被复制到同一个或不同磁盘的另一个文件夹内，它都相当于添加一个文件，此新文件的权限是继承目的地的权限。例如，如果用户对位于C:\Data内的文件File1具有**读取**的权限，对文件夹C:\Tools具有**完全控制**的权

限，当File1被复制到C:\Tools文件夹后，用户对这个新文件将具有**完全控制**的权限。

- **如果文件被移动到同一个磁盘的另一个文件夹**
  - **如果原文件被设置为会继承父项权限**：则会先删除从来源文件夹所继承的权限（但会保留非继承的权限），然后继承目的地的权限。例如，由C:\Data文件夹移动到C:\Tools文件夹时，会先删除原权限中从C:\Data继承的权限、保留非继承的权限，然后继承C:\Tools的权限。
  - **如果原文件被设置为不会继承父项权限**：则仍然保留原权限（权限不变），例如由C:\Data文件夹移动到C:\Tools文件夹。
- **如果文件被移动到另一个磁盘**：则此文件将继承目的地的权限，例如，由C:\Data文件夹移动到D:\Common文件夹，因为是在D:\Common下产生一个新文件（并将原文件删除），因此会继承D:\Common的权限。

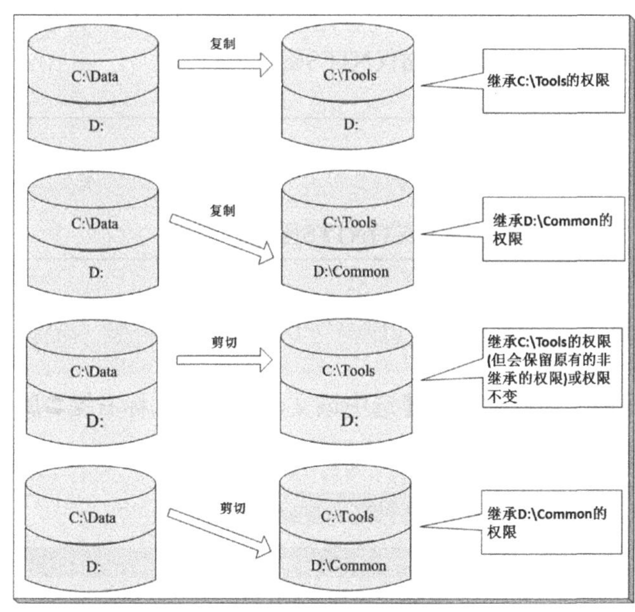

图 6-11

将文件移动或复制到目的地的用户，会成为此文件的所有者。文件夹的移动或复制的原理与文件是相同的。

> **附注**
>
> 如果将文件由NTFS（或ReFS）磁盘移动或复制到FAT、FAT32或exFAT磁盘内，则原有权限设置都将被删除，因为FAT、FAT32与exFAT都不支持权限设置的功能。

如果要移动文件或文件夹（无论是移动到同一个磁盘或另一个磁盘），则必须对来源文件或文件夹具备**修改**的权限，同时也必须对目的文件夹具备**写入**的权限，因为系统在移动文件或文件夹时，它是先将文件或文件夹复制到目的文件夹（因此对它必须具备**写入**权限），再将源文件或文件夹删除（因此对它必须具备**修改**权限）。

Q 将文件或文件夹复制或移动到U盘后，其权限有什么变化?

A U盘可被格式化成FAT、FAT32、exFAT或NTFS文件系统（移动式存储媒体不支持ReFS），因此要由它是哪一种文件系统来决定。

6.6 文件的压缩

将文件压缩后可以减少它们占用的磁盘空间。系统支持**NTFS**压缩与压缩（**zipped**）文件夹两种不同的压缩方法，其中**NTFS压缩**仅NTFS磁盘支持。

附注

ReFS、exFAT、FAT32与FAT都不支持**NTFS**压缩。

6.6.1 NTFS压缩

要将NTFS磁盘内的文件压缩，请【选中该文件并单击鼠标右键➲**属性**➲如图6-12所示单击**高级**按钮➲勾选**压缩内容以便节省磁盘空间**复选框】。

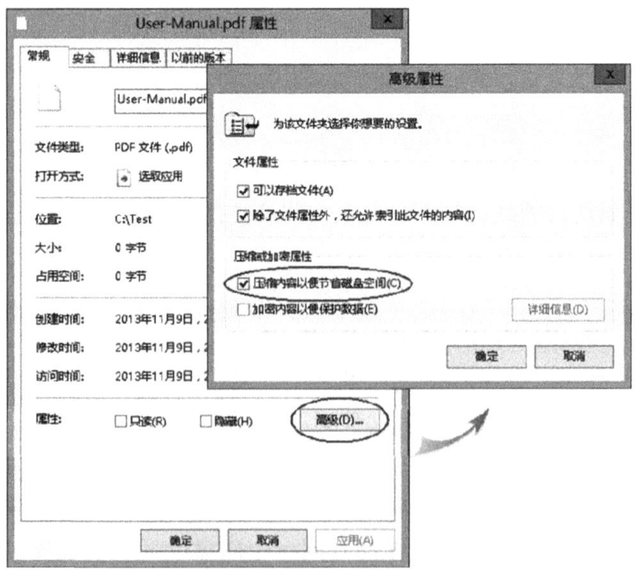

图6-12

如果要压缩文件夹【选中该文件夹并单击鼠标右键➲**属性**➲单击高级按钮➲勾选**压缩内容以便节省磁盘空间**复选框➲单击确定按钮➲单击应用按钮➲如图6-13所示】。

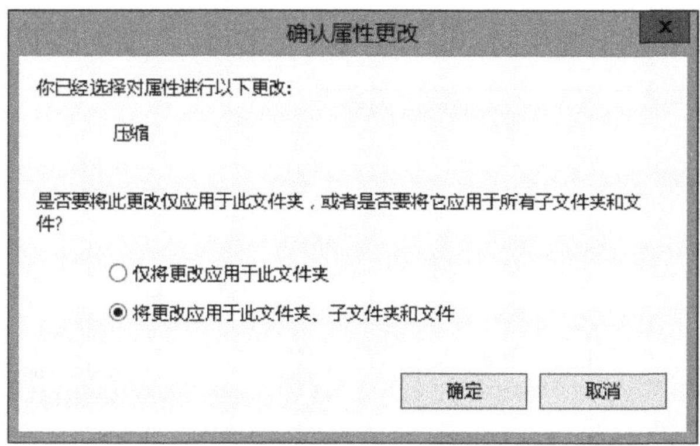

图 6-13

- **仅将更改应用于此文件夹**：以后在此文件夹内添加的文件、子文件夹与子文件夹内的文件都会被自动压缩，但不会影响到此文件夹内现有的文件与文件夹。
- **将更改应用于此文件夹、子文件夹和文件**：不但以后在此文件夹内添加的文件、子文件夹与子文件夹内的文件都会被自动压缩，同时会将已经存在于此文件夹内的现有文件、子文件夹与子文件夹内的文件一起压缩。

也可以针对整个磁盘进行压缩设置：【选中磁盘（例如C:）并单击鼠标右键➲**属性**➲**压缩此驱动器以节约磁盘空间**】。

当用户或应用程序要读取压缩文件时，系统会将文件由磁盘内读出、自动将解压缩后的内容提供给用户或应用程序使用，然而存储在磁盘内的文件仍然处于压缩状态。当用户或应用程序要将文件写入磁盘时，它们也会被自动压缩后再写入磁盘内。这些操作都是自动的，完全不需要用户介入。

系统默认会以蓝色来显示被压缩的磁盘、文件夹与文件，如果要更改此设置：【按Windows键⊞切换到**开始**屏幕➲单击**计算机**动态磁贴➲单击上方的**查看**➲单击右方的**选项**➲如图6-14所示勾选**查看**标签下的**用彩色显示加密或压缩NTFS文件**复选框】。

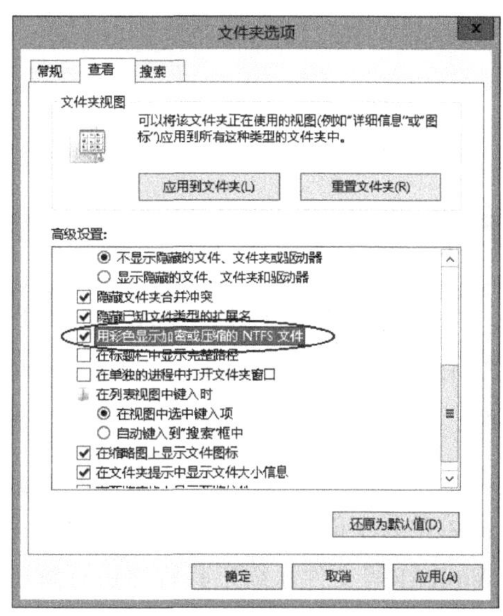

图 6-14

> **附注**
>
> 已加密的文件与文件夹无法压缩。还可以使用COMPACT.EXE来执行压缩工作。

文件复制或移动时压缩属性的变化

当NTFS磁盘内的文件被复制或移动到另一个文件夹后，其压缩属性的变化与第6.5节**文件复制或移动后的权限变化**的原理相同，请直接参考该节内容，此处仅以图6-15进行说明。

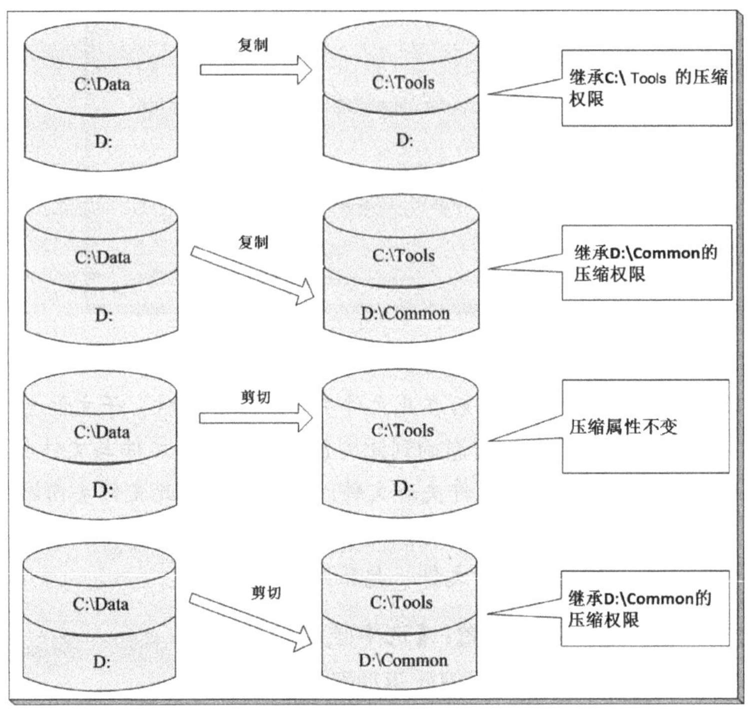

图6-15

6.6.2 压缩（zipped）文件夹

无论是FAT、FAT32、exFAT、NTFS或ReFS磁盘内都可以创建**压缩（zipped）文件夹**，在使用**文件资源管理器**创建**压缩（zipped）文件夹**后，被复制到此文件夹内的文件都会被自动压缩。

可以在不需要自行解压缩情况下，直接读取**压缩（zipped）文件夹**内的文件，甚至可以直接运行其中的程序。**压缩（zipped）文件夹**的文件夹名称的扩展名为.zip，可以被WinZip、WinRAR等文件压缩工具程序进行解压缩，也可以被复制或移动到其他任何磁盘或计算机。

可以如图6-16所示通过【在界面右方空白处单击鼠标右键➲**新建**➲**压缩（zipped）文件夹**】的方法来新建**压缩（zipped）文件夹**。

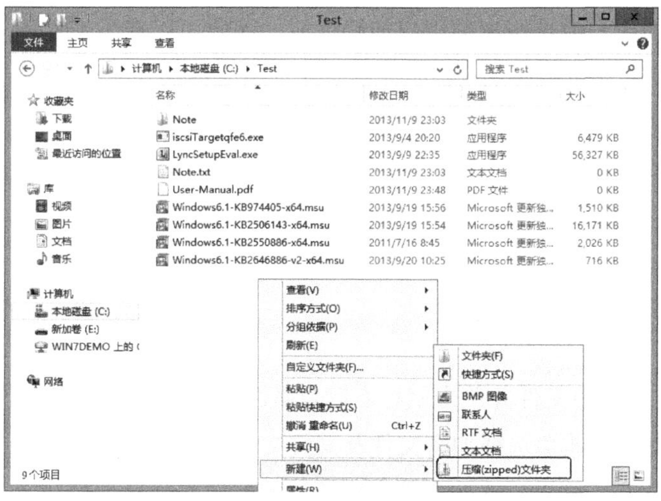

图 6-16

也可以如图6-17所示通过【选择要压缩文件➲选中这些文件并单击鼠标右键➲**发送到**➲**压缩（zipped）文件夹**】来建立一个存放这些文件的压缩（zipped）文件夹。

> **注意**
>
> **压缩（zipped）文件夹**的扩展名为.zip，不过系统默认会隐藏扩展名。如果要显示扩展名：【按Windows键⊞切换到**开始屏幕**➲单击**计算机**动态磁贴➲单击上方的**查看**➲勾选**扩展名**】。
>
> 如果此计算机内安装了WinZip或WinRAR等软件，则当你在**文件资源管理器**内双击**压缩（zipped）文件夹**时，系统会通过这些软件来打开**压缩（zipped）文件夹**。

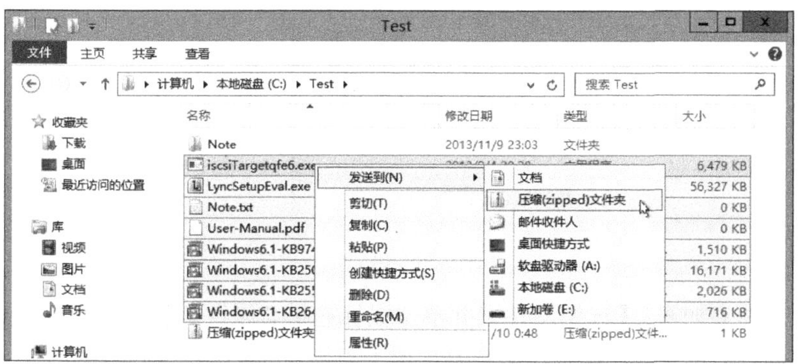

图 6-17

6.7 加密文件系统

加密文件系统（Encrypting File System，EFS）提供文件加密的功能，文件经过加密后，只有当初将其加密的用户或被授权的用户能够读取，因此可以提高文件的安全性。只有NTFS磁盘内的文件、文件夹才可以被加密，如果将文件复制或移动到非NTFS磁盘内（包含ReFS），则此新文件会被解密。

文件压缩与加密无法并存。如果要加密已压缩的文件，则该文件会自动被解压缩。如果要压缩已加密的文件，则该文件会自动被解密。

6.7.1 将文件与文件夹加密

要将文件加密：【选中文件并单击鼠标右键➲**属性**➲如图6-18所示单击**高级**按钮➲勾选**加密内容以便保护数据**复选框➲选择**加密文件及其父文件夹**或**只加密文件**复选框】，如果你选择**加密文件及其父文件夹**，则以后在此文件夹内新建的文件都会自动被加密。

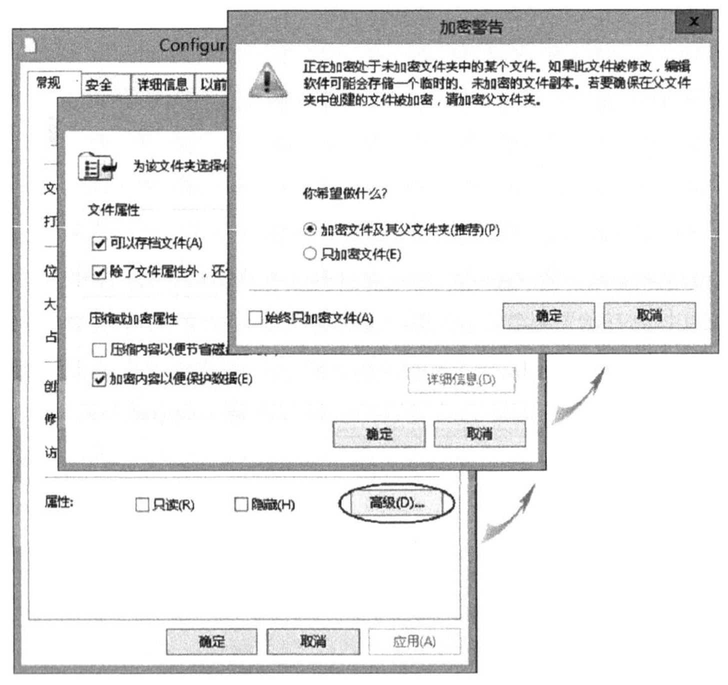

图 6-18

如果要将文件夹加密：【选中文件夹并单击鼠标右键➲**属性**➲单击**高级**按钮➲勾选**加密内容以便保护数据**复选框➲在如图6-19所示对话框中参考以下说明进行选择】。

- **仅将更改应用于此文件夹**：以后在此文件夹内添加的文件、子文件夹与子文件夹内的文件都会被自动加密，但是不会影响到此文件夹内现有的文件与文件夹。
- **将更改应用于此文件夹、子文件夹和文件**：不但以后在此文件夹内添加的文件、子文件夹与子文件夹内的文件都会被自动加密，同时会将已经存在于此文件夹内的现有文件、子文件夹与子文件夹内的文件一起加密。

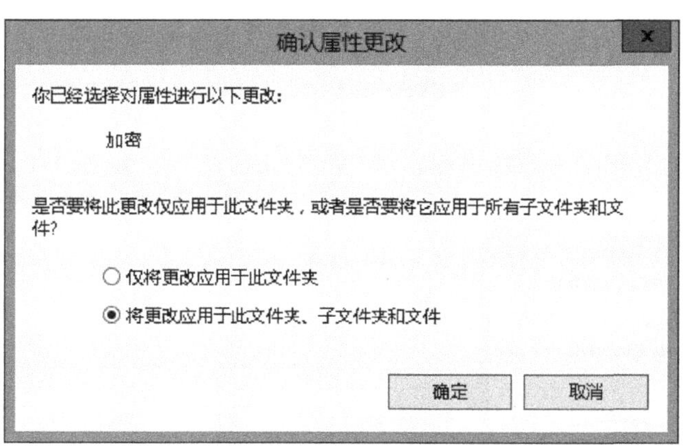

图 6-19

当用户或应用程序要读取加密文件时，系统会将文件从磁盘内读出、自动将解密后的内容提供给用户或应用程序使用，然而存储在磁盘内的文件仍然处于加密状态；而当用户或应用程序要将文件写入磁盘时，它们也会被自动加密后再写入磁盘内。这些操作都是自动的，完全不需要用户介入。

当你将一个未加密文件移动或复制到加密文件夹后，该文件会被自动加密。当你将一个加密文件移动或复制到非加密文件夹时，该文件仍然会保持其加密的状态。

附注

利用EFS加密的文件，只有存储在硬盘内才会被加密，通过网络发送的过程中是不会加密的。如果希望通过网络发送时，仍然保持加密的安全状态，请通过IPSec或WebDev的方式进行加密（详见《**Windows Server 2012网络管理与架站**》一书）。

6.7.2 授权其他用户可以读取加密的文件

你所加密的文件只有本人可以读取，但是可以授权给其他用户来读取。被授权的用户必须具备**EFS证书**，而一般用户在第一次执行加密操作后，就会被自动赋予**EFS证书**，也就可以被授权了。

以下范例假设要授权给用户王乔治，因此先让王乔治对任何一个文件执行加密的操作。授权给用户王乔治的步骤为：【选中加密的文件并单击鼠标右键➲**属性**➲单击高级按钮➲在如图6-20所示对话框中依次单击详细信息、添加按钮，选择用户王乔治（george）】。

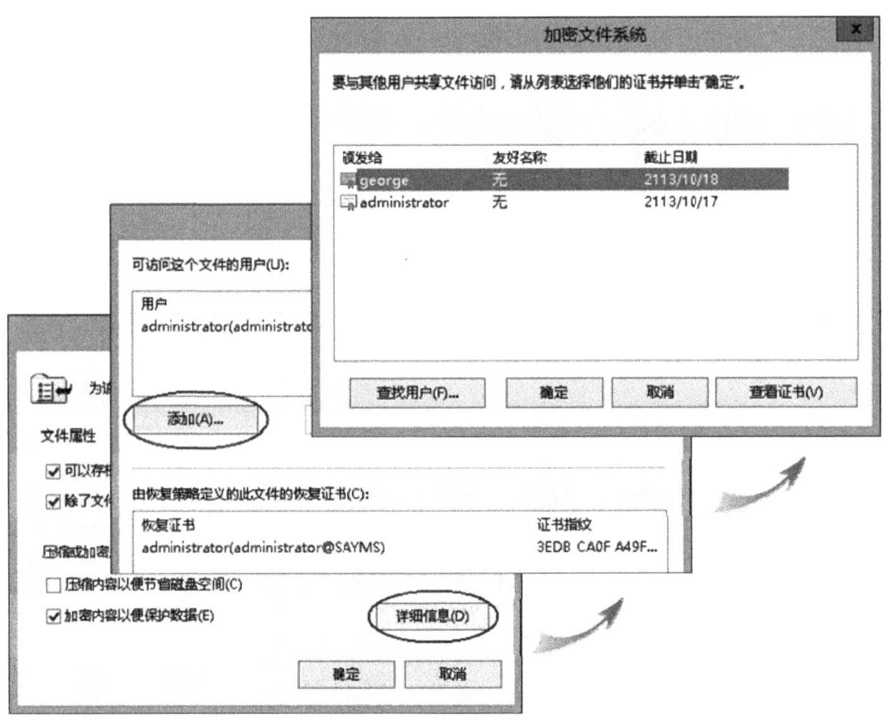

图 6-20

附注

具备**恢复证书**的用户也可以访问被加密的文件。默认只有域Administrator拥有**恢复证书**（由图6-20所示的中间图下方的**恢复证书**处可以看出）。不过，可以通过组策略或本地策略来将**恢复证书**指派给其他用户，以本地策略而言（详见第11章），其设置方法为【按Windows键⊞切换到**开始屏幕**➲**系统管理工具**➲**本地安全策略**➲**公钥策略**➲选中**加密文件系统**并单击鼠标右键➲**添加数据恢复代理程序**】。

6.7.3 备份EFS证书

为了避免你的**EFS证书**丢失或损毁，造成文件无法读取的后果，因此建议利用**证书管理**控制台来备份你的**EFS证书**：【按⊞+R键➲运行**certmgr.msc**➲如图6-21所示展开**个人**、**证书**➲选中右方使用目的为加密文件系统的证书并单击鼠标右键➲**所有任务**➲**导出**➲单击下一步按钮➲选择**是，导出私钥**➲在**导出文件格式**界面中单击下一步按钮来选择默认的.pfx格式➲在**安全**界面中选择用户或设置密码（以后只有该用户有权导入，否则需输入此处的密码）➲……】，建议将此证书文件备份到另一个安全的地方。如果有多个**EFS证书**，请全部导出保存。

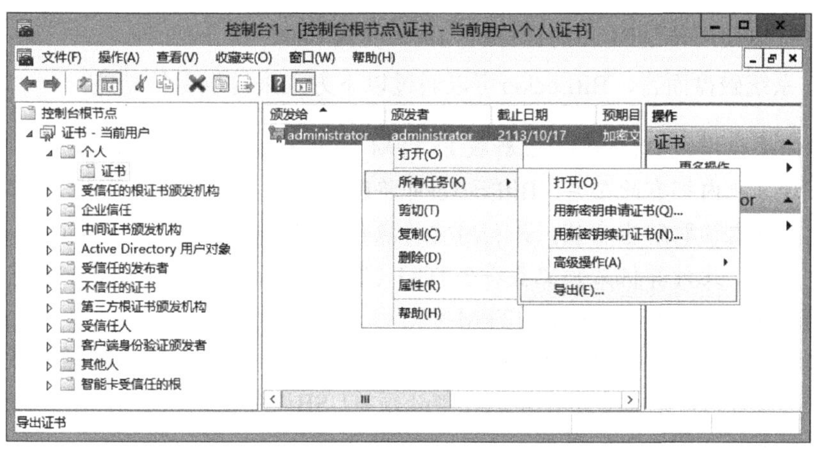

图 6-21

6.8 BitLocker驱动器加密

BitLocker驱动器加密可以将磁盘加密，以确保其中数据的安全。即使磁盘丢失，也不需担心其中的数据外泄，因为它被拿到另一台计算机中使用，也无法读取其中的文件。如果被加密保护的磁盘是Windows Server 2012操作系统磁盘，则即使它被拿到另一台计算机启动，除非已解除锁定，否则无法启动。

另外，因为移动磁盘（例如U盘）容易丢失、遭窃，因此为了避免磁盘内的数据轻易外泄，Windows Server 2012通过**BitLocker to Go**功能来将移动磁盘加密。

> **附注**
>
> 加解密操作会增加系统负担，因此系统效率会比启用BitLocker前差。NTFS与ReFS都支持BitLocker。

6.8.1 BitLocker的硬件需求

Windows Server 2012计算机内至少需要两个磁盘分区才可使用BitLocker：

- 一个用来安装Windows Server 2012操作系统的NTFS磁盘分区（一般是C盘），可以选择是否要将此磁盘加密。
- 一个用来启动计算机的磁盘分区（容量至少需要350MB），它必须被设置为**活动**（active），而且它不可以被加密。如果计算机配备的是传统BIOS，则此磁盘分区必须为NTFS；如果是UEFI BIOS，则此磁盘分区必须为FAT32。

当在一台新计算机上安装Windows Server 2012时，安装程序就会自动创建BitLocker所需的两个磁盘分区（以使用传统BIOS的计算机为例，见第14章）。

对于操作系统磁盘而言，BitLocker可以通过以下方式来提供保护功能。

- **可信任平台模组（TPM 1.2或新版）**：TPM（Trusted Platform Module）是一个微芯片，如果计算机内拥有此芯片，BitLocker可将解密密钥存储到此芯片内，计算机启动时会到此芯片内读取解密密钥，并利用它将操作系统磁盘解锁与启动Windows Server 2012操作系统。此计算机必须配备符合TCG（Trusted Computing Group）规范的传统BIOS或UEFI BIOS，并且必须启用TPM功能。
- **USB设备**：不支持TPM的计算机可以使用USB设备（例如U盘），它会将解密密钥存储到USB设备内，每次启动计算机时都必须将USB设备插到USB插槽。请确认BIOS设置已经启用对USB设备的支持。
- **密码**：用户在计算机启动时必须输入设置的密码进行解锁。

对于固定硬盘或可移动磁盘来说，BitLocker可以通过如下多种方法来提供保护。

- **密码**：当用户要访问该数据磁盘时，必须输入密码来解锁。
- **智能卡**：当用户要访问该数据磁盘时，需要插入智能卡、输入PIN号码来解锁。
- **自动解锁**：对于固定数据磁盘来说，只要操作系统磁盘有BitLocker加密保护，就可以设置自动将此数据磁盘解锁。以后系统启动时，此数据磁盘就会自动解锁。而针对可移动数据磁盘来说（操作系统磁盘不需BitLocker加密保护），在先使用密码或智能卡解锁后，就可以设置为以后自动解锁。

6.8.2 BitLocker实例演示

以下实例是将操作系统磁盘加密，并且采用**密码解锁**的方式。在安装Windows Server 2012时，安装程序会自动建立两个磁盘分区（以使用传统BIOS的计算机为例），其中一个被设置为用来启动计算机（见图6-22中标识为**系统保留**的磁盘分区）、另一个用来安装Windows Server 2012（图中C盘），此环境可以用来支持BitLocker功能。

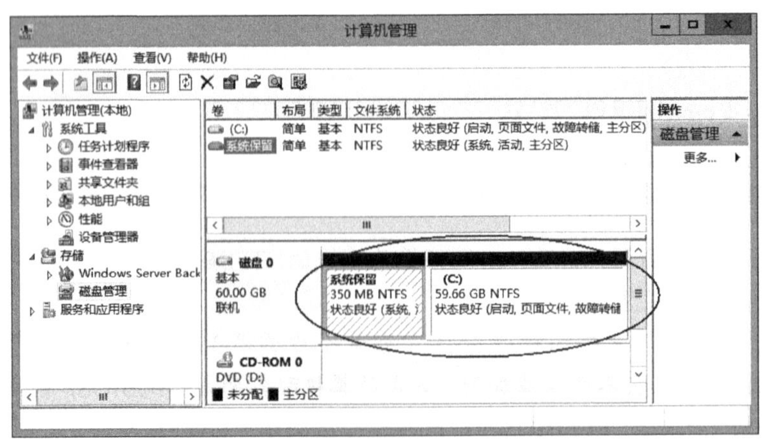

图6-22

安装 BitLocker 驱动器加密

安装**BitLocker驱动器加密**的方法为:【单击左下角的**服务器管理器**图标➲单击**仪表板**处的**添加角色和功能**➲持续单击下一步按钮，直到显示如图6-23所示的**选择功能**界面时勾选**BitLocker驱动器加密**➲……】，完成安装后重新启动计算机。

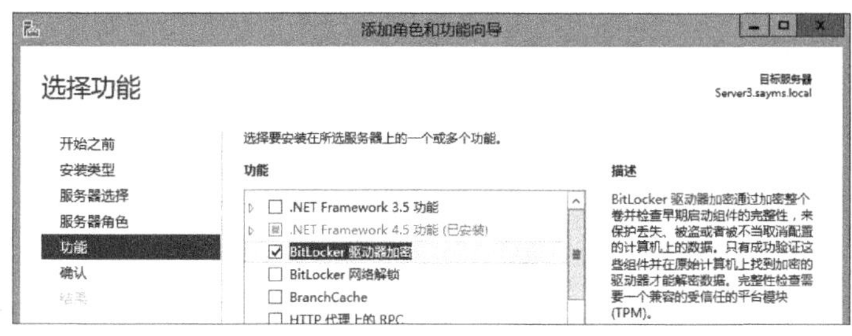

图 6-23

附注

在域环境下，如果客户端计算机的操作系统磁盘被BitLocker保护并且其BIOS为新版UEFI BIOS（包含DHCP驱动程序）、配备TPM 1.2（或新版）+PIN，则当此计算机启动时，可以通过一台安装**Windows部署服务**的服务器提供的密钥来远程解锁此客户端计算机。这台**Windows部署服务**服务器必须安装图6-23中所示的**BitLocker网络解锁**功能，并且安装适当证书。

允许在无 TPM 环境下使用 BitLocker

以操作系统磁盘而言，系统默认只支持TPM方式的BitLocker，如果要支持其他方式（U盘、密码）:【按⊞+R键➲运行GPEDIT.MSC➲展开如图6-24中所示的**计算机配置**➲**管理模板**➲**Windows组件**➲**BitLocker驱动器加密**➲**操作系统驱动器**➲双击右方**启动时需要附加身份验证**➲依照前景图所示进行勾选➲单击确定按钮】。

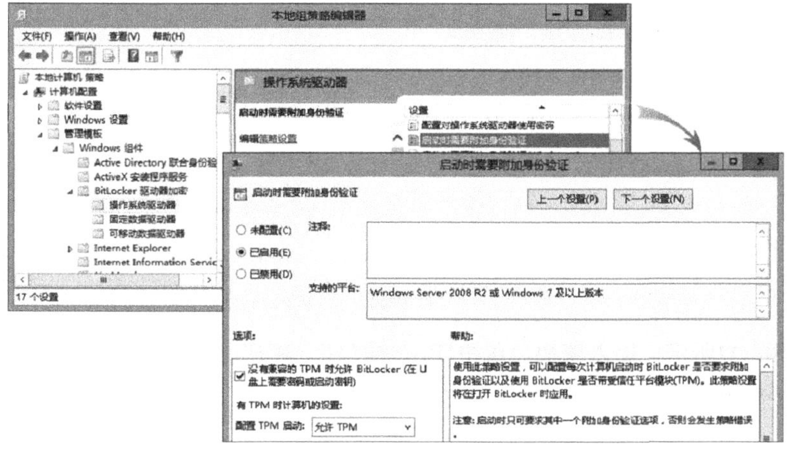

图 6-24

启用 BitLocker 驱动器加密

STEP 1 按Windows键⊞切换到开始屏幕➲控制面板➲系统和安全➲**BitLocker**驱动器加密➲单击如图6-25中所示的启用**BitLocker**。

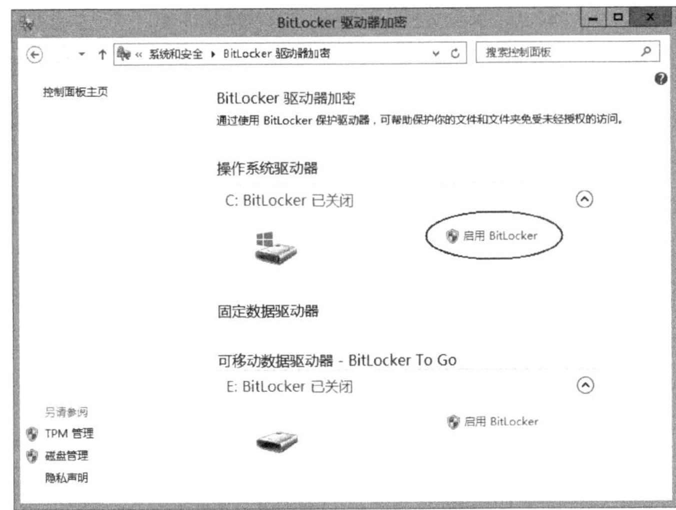

图 6-25

> **附注**
>
> 如果要将固定硬盘或可移动磁盘（例如U盘）加密，请通过图6-25中的**固定数据驱动器**或**可移动数据驱动器 - BitLocker To Go**处的启用**BitLocker**进行设置。

STEP 2 我们的范例是要在如图6-26所示对话框中选择**输入密码**。

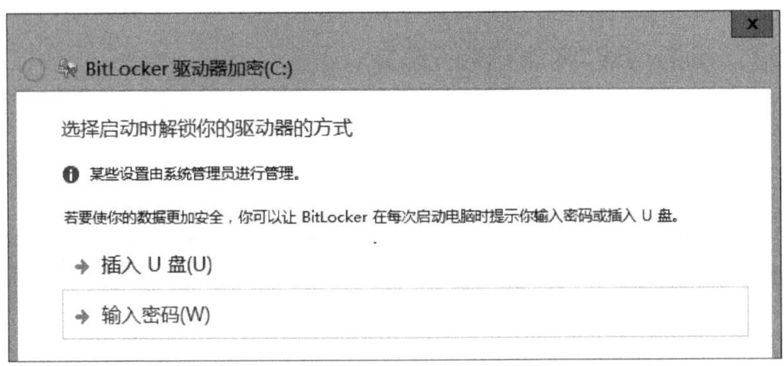

图 6-26

STEP 3 如图6-27所示，输入密码后单击下一步按钮。密码必须符合复杂性要求，并且至少需要7个字符。

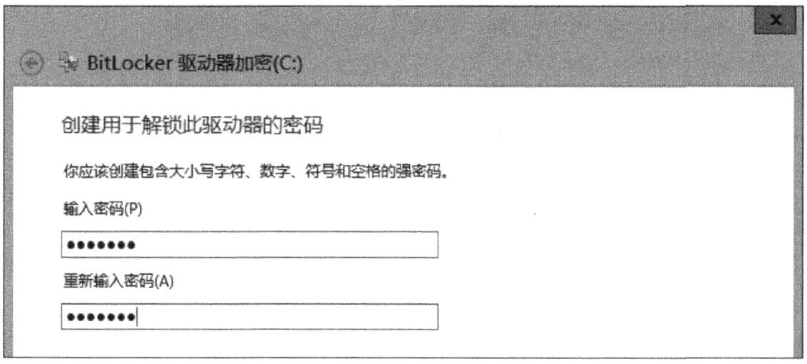

图 6-27

STEP **4** 如图6-28所示，可选择将**恢复密钥**（见下面**注意**中的说明）存储到U盘、文件或打印恢复密钥。此处我们选择**保存到文件**，单击**下一步**按钮。

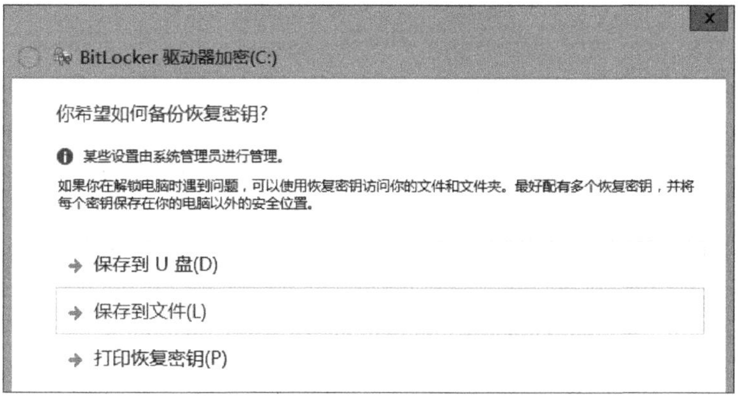

图 6-28

注意

启用BitLocker后，使用TPM的计算机启动时如果启动环境发生更改，例如BIOS被更新、磁盘有误、其他启动组件有更新或磁盘被拿到另一台计算机启动等，BitLocker就不会将操作系统磁盘解锁，因此无法启动Windows Server 2012。此时，用户可以利用**恢复密钥**将磁盘解锁与启动系统，因此必须在首次启用BitLocker时创建**恢复密钥**，否则以后可能会有磁盘无法读取的风险。

虽然使用U盘来存储解锁密钥的计算机不会检查启动环境是否发生更改，不过还是需要创建**恢复密钥**，以免U盘发生故障或丢失。如果要将恢复密钥存储到U盘，建议用另一个U盘，不要使用存储解锁密钥的同一个U盘，以免此U盘丢失时，解锁密钥与恢复密钥同时丢失。

STEP **5** 在如图6-29所示对话框中选择**恢复密钥**的存储位置后依次单击**保存**、**是(Y)**和**下一步**按钮。注意，不可以保存到Windows Server 2012操作系统磁盘内、不可以保存到固定数据盘的根文件夹内。

图 6-29

STEP 6　在如图6-30所示对话框中选择默认选项即可。单击下一步按钮。

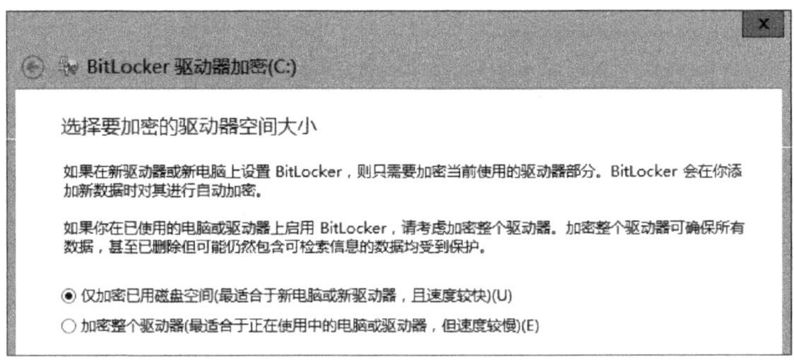

图 6-30

STEP 7　如图6-31所示，单击继续按钮，取出光盘（若有），单击立即重新启动按钮。

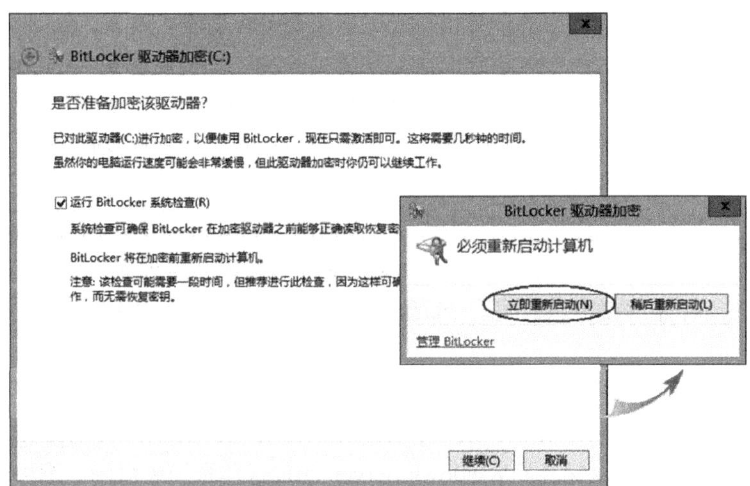

图 6-31

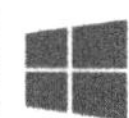

STEP 8 重新启动、输入解锁密码、登录，可以从任务栏图标得知BitLocker开始对操作系统磁盘加密。单击此图标，即可从如图6-32所示得知其加密进度，这将花费一段比较长的时间。

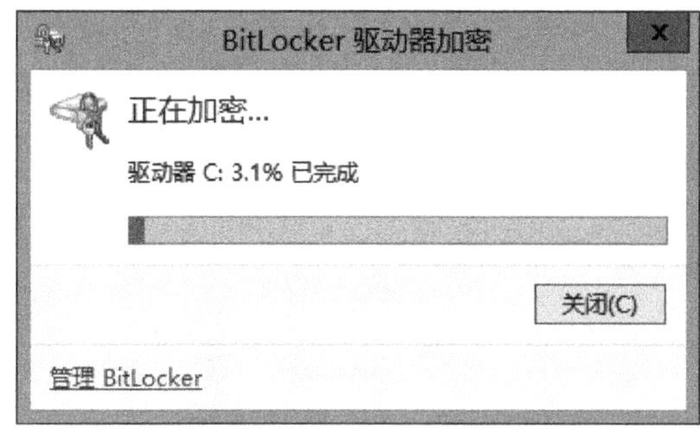

图 6-32

STEP 9 以后每次启动计算机时，都必须输入解锁密码，才可以启动Windows Server 2012。如果密码忘记时，可以通过输入**恢复密钥**来解锁，否则无法启动Windows Server 2012、也无法访问该磁盘内的文件。

挂起与关闭 BitLocker

如果需要更新计算机的BIOS、硬件或操作系统，请先挂起BitLocker，以免因为启动环境变化而影响到Windows Server 2012的启动。挂起后，下次重新启动计算机时就不需要输入密码。不过，计算机启动完成后，BitLocker会自动重新启用。挂起BitLocker的方法如图6-33所示，单击**挂起保护**，单击是(Y)按钮。

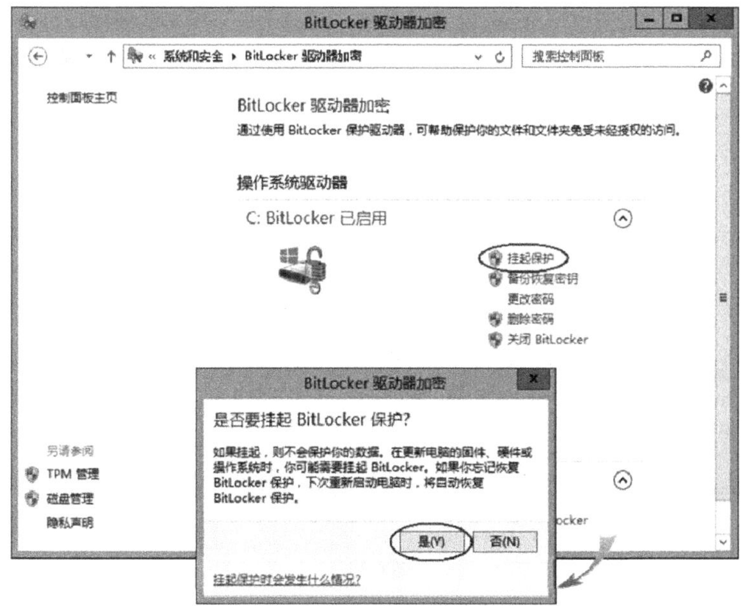

图 6-33

挂起后，可以随时重新启用BitLocker，此时由于磁盘仍然保持加密状态，因此重新启用BitLocker时，不需要再经过冗长的加密过程。重新启用BitLocker的方法如图6-34所示，单击**恢复保护**。

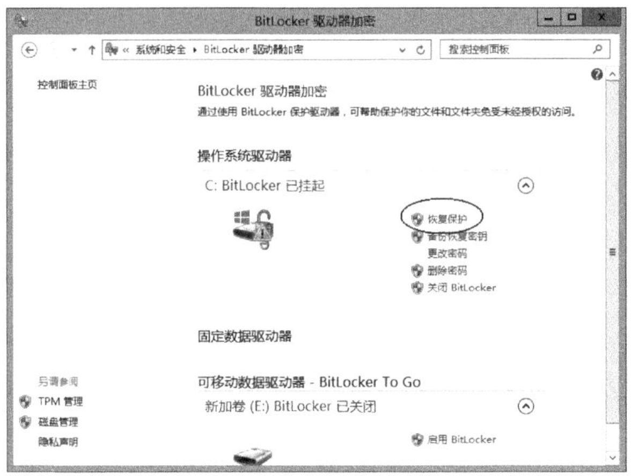

图 6-34

如果要将磁盘解密、不再使用BitLocker功能，可以通过关闭BitLocker的方式进行设置，如图6-35所示单击**关闭BitLocker**按钮。以后如果要重新使用BitLocker，就需要创建新的解锁密钥并恢复密钥，而且要花费很多时间重新加密磁盘。

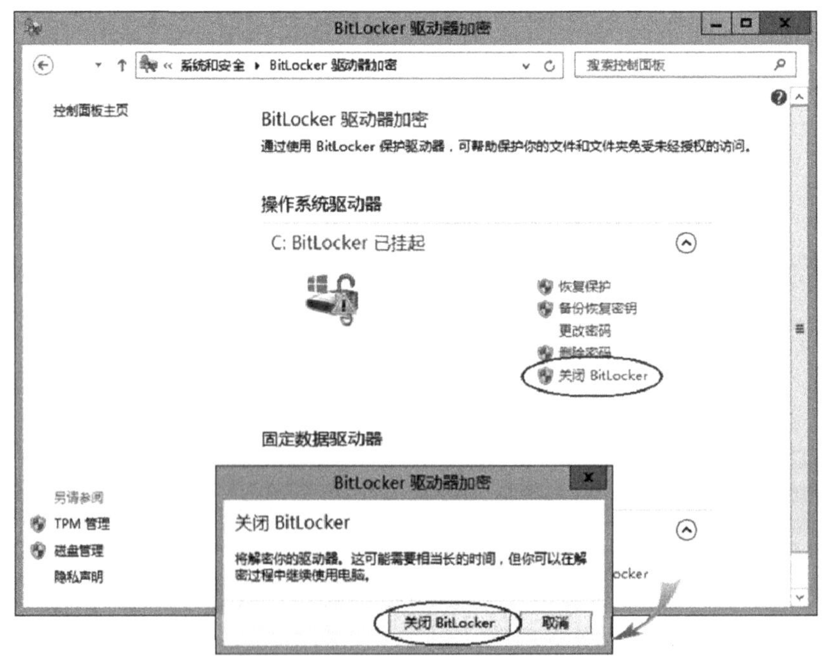

图 6-35

6.9 碎片整理与检查磁盘错误

磁盘使用一段时间后，存储在磁盘内的文件可能会零零散散地分布在磁盘内，从而影响到磁盘的访问效率，因此有必要整理磁盘。整理时，系统会将磁盘内的文件读出，然后重新写入到连续空间内，这样就可以提高访问效率。碎片整理的步骤为【按Windows键⊞切换到**开始**屏幕➲单击**计算机**➲选中任一磁盘并单击鼠标右键➲**属性**➲单击图6-36中所示背景图**工具**标签下的优化按钮➲单击要优化的磁盘➲可以通过分析按钮来了解该磁盘分散的程度，必要时可以通过优化按钮来整理磁盘】。

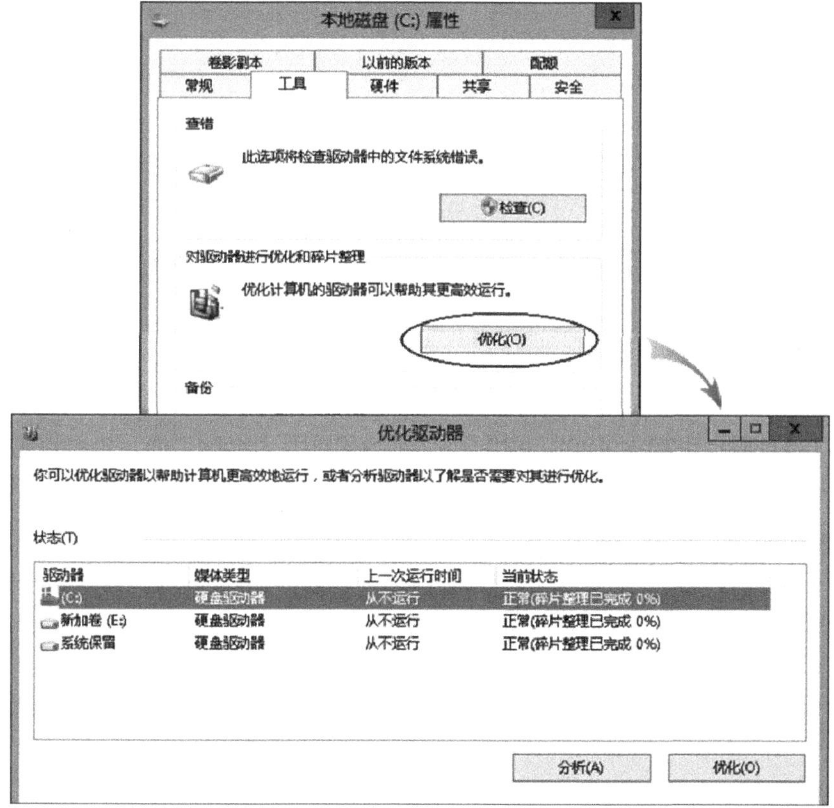

图 6-36

注意

由于固态硬盘（SSD）的特性与一般传统硬盘不同，因此建议不要整理固态硬盘，否则数据访问将会集中在某些区域，反而会影响该区域的使用寿命。

还可以来定期检查与修复磁盘的错误，其方法为单击图6-37中所示背景图**工具**标签下的检查按钮，然后通过前景图的**扫描驱动器**来检查磁盘是否有误。

图 6-37

6.10 磁盘配额

我们可以通过**磁盘配额**功能来限制用户在NTFS磁盘内的存储空间，也可以追踪每个用户的NTFS磁盘空间使用情况。通过磁盘配额的限制，可以避免用户不小心将大量文件复制到服务器的硬盘内。

第10章还将介绍另一种磁盘配额管理方法，它可以与本章的磁盘配额功能同时搭配使用。

6.10.1 磁盘配额的特性

磁盘配额具有如下的特性。

- 磁盘配额针对单一用户来控制与追踪。
- 仅NTFS磁盘支持磁盘配额，ReFS、exFAT、FAT32与FAT磁盘不支持。
- 磁盘配额是以文件与文件夹的所有权来计算的。

  在一个磁盘内，只要文件或文件夹的所有权是属于用户的，则其占有的磁盘空间都会被计算到该用户的配额内。例如，当在一个磁盘内添加一个文件、复制一个文件到此磁盘或夺取了此磁盘内的一个文件的所有权后，这个文件占用的磁盘空间就会被计算

在你的配额内。

- 磁盘配额的计算不考虑文件压缩因素。
  虽然磁盘内的文件与文件夹可以被压缩，但是磁盘配额在计算用户的磁盘空间总使用量时，是以文件的原始大小来计算的。
- 每个磁盘的磁盘配额是独立计算的，无论这些磁盘是否在同一块硬盘内。例如，如果第一个硬盘被分割为C与D两个磁盘，则用户在磁盘C与D中分别可以有不同的磁盘配额。
- 系统管理员并不会受到磁盘配额的限制。

6.10.2 磁盘配额的设置

必须具备系统管理员权限，才可以设置磁盘配额：【按Windows键⊞切换到**开始**屏幕➲单击**计算机**动态磁贴➲选中驱动器并单击鼠标右键➲**属性**➲如图6-38所示勾选**配额**标签下的启用**配额管理**复选框➲单击应用按钮】。

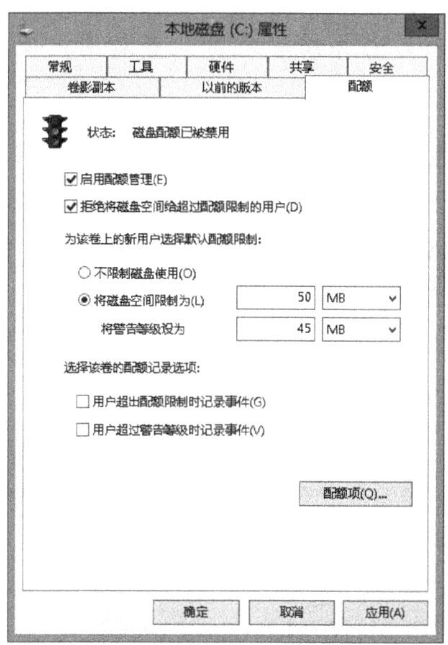

图 6-38

- **拒绝将磁盘空间给超过配额限制的用户**：如果用户在此磁盘使用的磁盘空间已超过配额限制：
  - 如果未勾选此复选框，他仍然可以继续将新数据存储到此磁盘内。此功能可用来追踪、监视用户的磁盘空间使用情况，但是不会限制其磁盘使用空间。
  - 如果勾选此复选框，用户就无法再向此磁盘写入任何新数据。如果用户尝试写入数据，屏幕上就会出现类似图6-39所示的被拒绝界面。

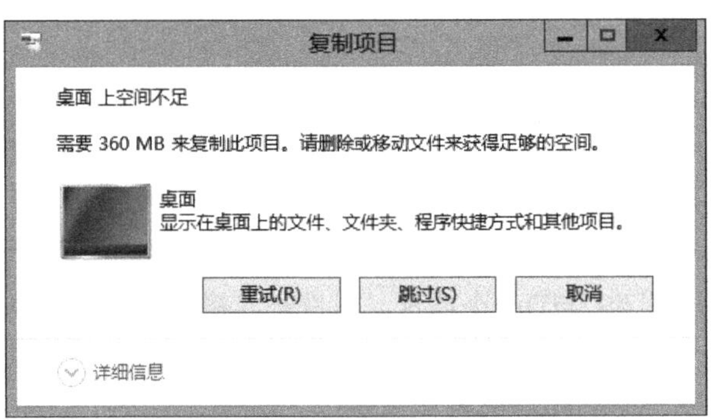

图 6-39

- 为该卷上的新用户选择默认配额限制：用来设置新用户的磁盘配额。
  - **不限制磁盘使用**：用户在此磁盘的可用空间不受限制。
  - **将磁盘空间限制为**：限制用户在此磁盘的可用空间。磁盘配额未启用前就已经在此磁盘中存储数据的用户，不会受到此处的限制。不过，可以另外针对这些用户设置配额。
  - **将警告等级设为**：可以让系统管理员来查看用户使用的磁盘空间是否已超过此处的警告值。
- **选择该卷的配额记录选项**：用来设置当用户超过配额限制或警告等级时，将这些事项记录到系统记录内，而你可以通过【按Windows键⊞切换到**开始屏幕➲系统管理工具➲事件查看器➲Windows日志➲系统➲**如图6-40所示单击来源为 **Ntfs** 的事件】的方法来查看其详细信息。

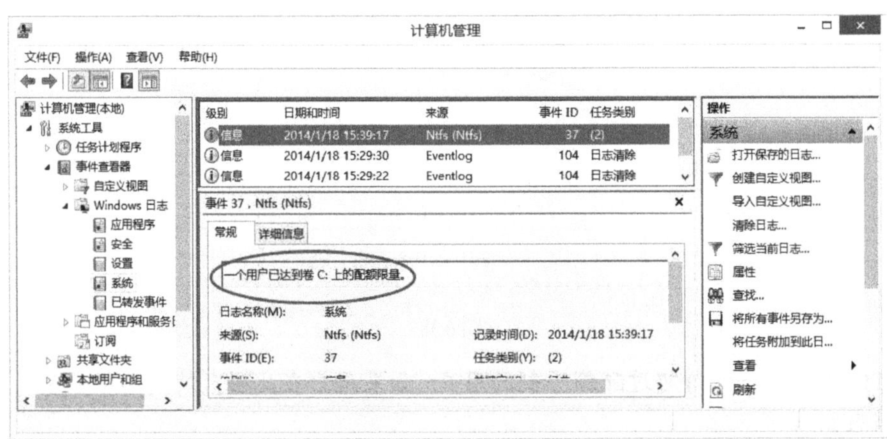

图 6-40

6.10.3 监控每位用户的磁盘配额使用情况

单击如图6-38所示下方配额项按钮后，就可以通过如图6-41所示的界面来监视每个用户的磁盘配额使用情况，也可以通过它来单独设置每个用户的磁盘配额。

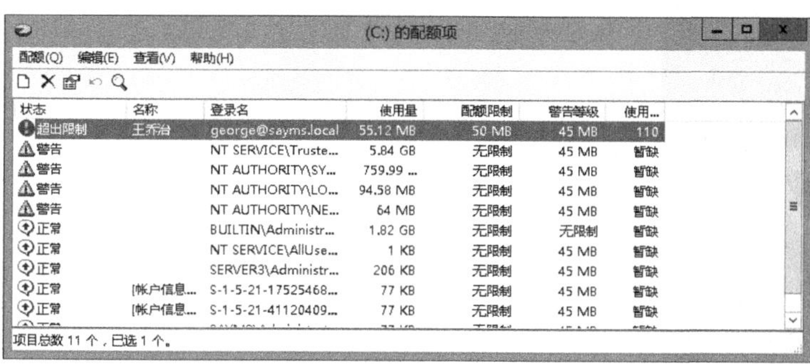

图 6-41

如果要更改其中任何一个用户的磁盘配额设置，只要在如图6-41所示中双击该用户，然后通过如图6-42所示的界面来更改其磁盘配额即可。

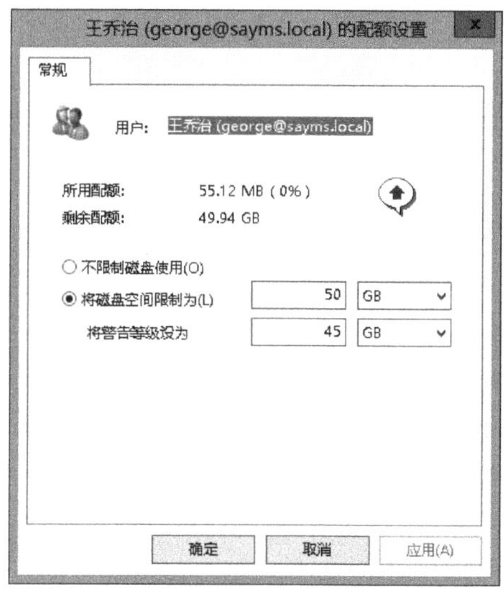

图 6-42

如果要针对未出现在如图6-41所示列表中的用户来单独事先设置其磁盘配额，请通过**【配额➲新建配额项】**的方法进行设置，如图6-43所示。

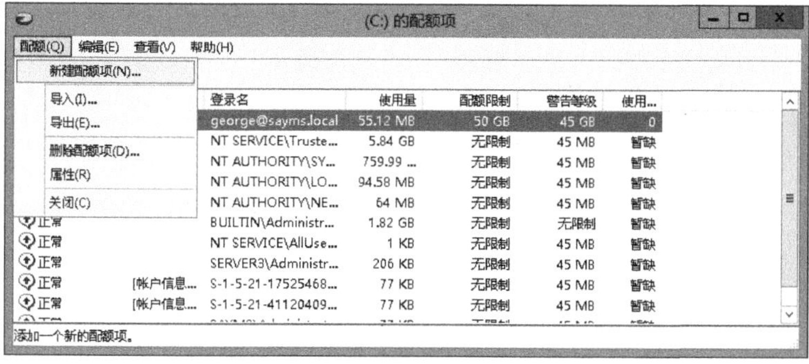

图 6-43

第 7 章 访问网络文件

网络的主要功能之一就是资源共享，因此本章将介绍如何通过**公用文件夹**（public folder）与**共享文件夹**（shared folder）将文件资源共享给其他用户。

- 公用文件夹
- 共享文件夹
- 共享文件夹的新建与管理
- 用户如何访问网络公用与共享文件夹
- 脱机文件
- 卷影副本

7.1 公用文件夹

磁盘内的文件经过适当权限设置后，每位登录计算机的用户都仅可以访问自己有权限的文件，无法访问其他用户的文件。此时，如果这些用户要相互共享文件，应该如何做呢？开放权限是一种可行的方法，不过也可以利用**公用文件夹**。一套系统只有一个公用文件夹，每位在本地登录的用户都可以访问此文件夹，用户可以通过【在桌面中单击左下方的**文件资源管理器**图标➲在如图7-1所示对话框中单击**计算机**➲**本地磁盘(C:)**➲**用户**➲**公用**】的方法来查看公用文件夹。

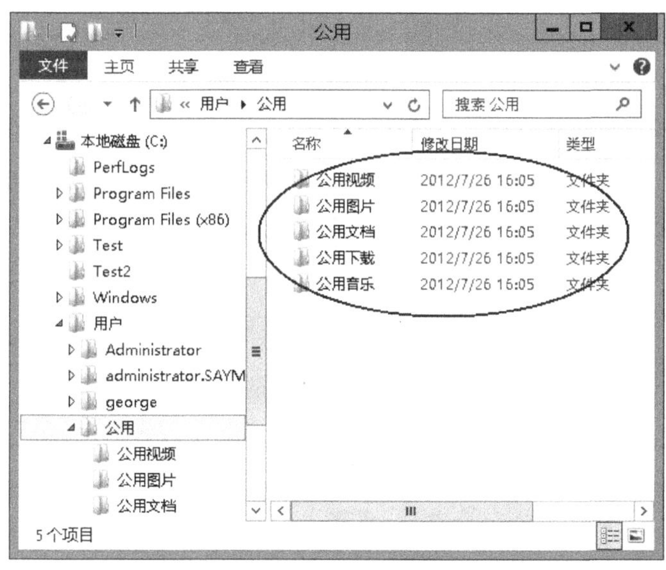

图 7-1

由图7-1可知，公用文件夹内默认已经有**公用下载**、**公用文档**等文件夹，用户只要把要共享的文件复制到其中即可。用户还可以在公用文件夹内新建更多文件夹。

系统管理员也可以开放让用户通过网络来访问公用文件夹：【按Windows键切换到**开始屏幕**➲**控制面板**➲**网络和Internet**➲**网络和共享中心**➲单击左侧的**更改高级共享设置**➲展开**所有网络**➲如图7-2所示进行选择➲单击保存更改按钮】。

如果选中图中最下方的**启用密码保护共享**（这是默认值。加入域的计算机会自动打开**启用密码保护共享**，并且在如图7-2所示对话框中不会显示此选项），则网络用户来连接此计算机时必须先输入有效的用户账户与密码后，才可以访问公用文件夹。

无法仅针对特定用户来打开公用文件夹，也就是如果不开放给网络上所有用户（用户可能需要输入账户与密码），就是全部不开放。

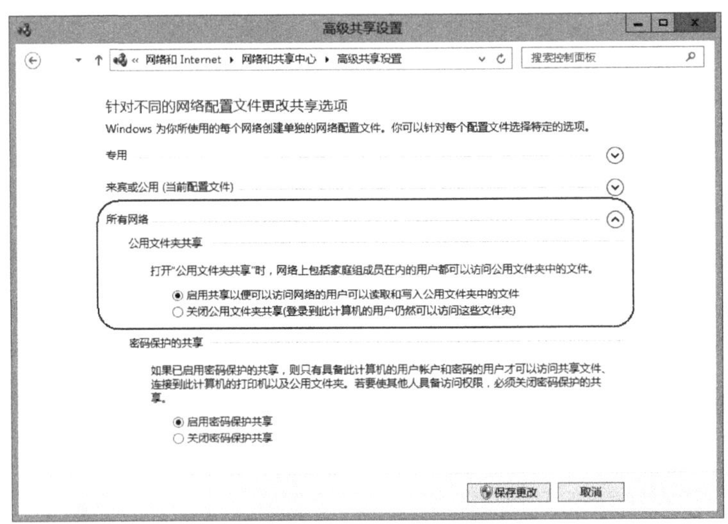

图 7-2

假设要打开公用文件夹的计算机，其IP地址为192.168.8.3，则网络上的用户要连接此公用文件夹时，可以通过【打开**文件资源管理器**➲按如图7-3所示输入**192.168.8.3**后按Enter键➲输入有权访问此公用文件夹的账号与密码（默认是Everyone都有完全控制的权限）➲单击**Users**➲单击公用➲……】。

图 7-3

7.2 共享文件夹

即使不将文件复制到**公用文件夹**，仍然可以通过**共享文件夹**（shared folder）来将文件共享给网络上其他用户。当将某个文件夹（如图7-4中的Database）设置为共享文件夹后，网络上的用户就可以通过网络来访问此文件夹内的文件、子文件夹等（当然用户必须拥有适当的权限）。

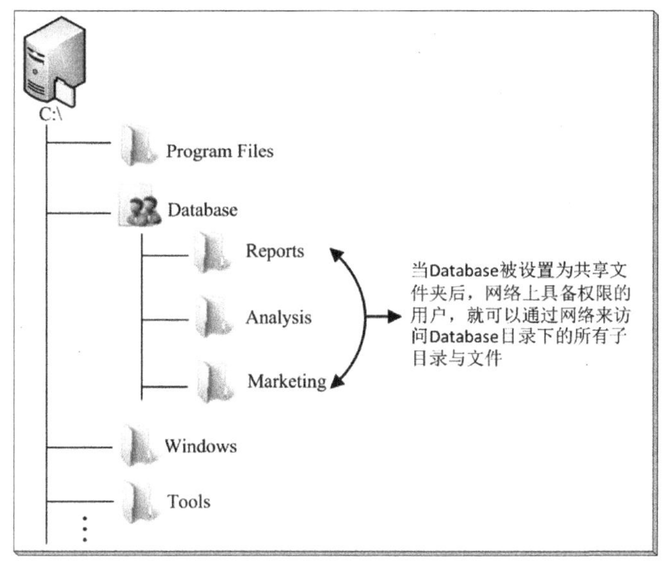

图 7-4

位于ReFS、NTFS、FAT32、FAT或exFAT磁盘内的文件夹，都可以被设置为共享文件夹，然后通过共享权限来设置网络用户的访问权限。

7.2.1 共享文件夹的权限

网络用户必须拥有适当的共享权限才可以访问共享文件夹。表7-1列出了共享权限的种类与其所具备的访问能力。

表7-1

权限的种类 / 具备的能力	读取	更改	完全控制
查看文件名称与子文件夹名称；查看文件内的数据；运行程序	ŏ	ŏ	ŏ
新建与删除文件、子文件夹；更改文件内的数据		ŏ	ŏ
更改权限（只适用于NTFS、ReFS内的文件或文件夹）			ŏ

注意

共享权限只对通过网络来访问此共享文件夹的用户有约束力，若用户由本地登录，也就是直接在计算机前按Ctrl + Alt + Del 键登录，就不受此权限的约束。

位于FAT、FAT32或exFAT磁盘内的共享文件夹，由于没有ReFS、NTFS权限的保护，同时共享权限又对本地登录的用户没有约束力。此时，如果用户直接在本地登录，他将可以访问FAT、FAT32与exFAT磁盘内的所有文件与文件夹。因此，如果磁盘文件系统为FAT、FAT32或

exFAT，建议不要随意让用户具备**允许本地登录**的权限（见第11章的说明）。

7.2.2 用户的有效权限

如果网络用户同时隶属于多个组，他们分别对某个共享文件夹拥有不同的共享权限，则该网络用户对此共享文件夹的有效共享权限是什么？

权限是有累加性的

网络用户对共享文件夹的有效权限是其所有权限来源的总和，例如用户A同时属于**业务部**与**经理**组，其共享权限分别如表7-2所示，则用户A最后的有效共享权限为这3个权限的总和，也就是**读取** + **更改** = **更改**。

表7-2

用户或组	权限
用户A	读取
业务部组	未指定
经理组	更改
用户A最后的有效共享权限为 **读取** + **更改** = **更改**	

“拒绝”权限的优先级较高

虽然用户对某个共享文件夹的有效权限是其所有权限来源的总和，但是只要其中有一个权限来源被设置为**拒绝**，则用户将不会拥有此权限。例如，如果用户A同时属于**业务部**与**经理**组，并且其共享权限分别如表7-3所示，则用户A最后的有效共享权限为**拒绝访问**。

表7-3

用户或组	权限
用户A	读取
业务部组	拒绝访问
经理组	更改
用户A最后的有效共享权限为 **拒绝访问**	

由前面两个例子可以看出，**未指定**与**拒绝访问**对最后的有效权限有不同的影响：**未指定**并不参与累加的过程，而**拒绝访问**在累加的过程中会覆盖所有其他的权限来源。

共享文件夹的复制或移动

如果将共享文件夹复制到其他磁盘分区内，则原始文件夹仍然保留共享状态，但是复制的

那一份新文件夹并不会被设置为共享文件夹。如果将共享文件夹移动到其他磁盘分区内，则此文件夹将不再是共享的文件夹。

与 NTFS（或 ReFS）权限搭配使用

如果共享文件夹位于NTFS（或ReFS）磁盘内，那么还可以设置此文件夹的NTFS权限，以便能够更进一步增强其安全性。当你将文件夹设置为共享文件夹后，网络用户才看得到并访问此共享文件夹，但是用户到底有没有权限访问此文件夹，需要根据共享权限与NTFS权限两者的设置进行决定。

网络用户最后的有效权限，是共享权限与NTFS权限两者之中最严格（most restrictive）的设置。例如，经过累加后，如果用户A对共享文件夹C:\Test的有效共享权限为**读取**，另外经过累加后，如果用户A对此文件夹的有效NTFS权限为**完全控制**，则用户A对C:\Test的最后有效权限为两者之中最严格的**读取**，如表7-4所示。

表7-4

权限类型	用户A的累加有效权限
C:\Test的共享权限	读取
C:\Test的NTFS权限	完全控制
用户A通过网络访问C:\Test的最后有效权限为最严格的**读取**	

注意

如果用户A直接由本地登录，而不是通过网络登录，则用户A对C:\Test的有效权限由NTFS权限来决定，也就是**完全控制**，因为直接由本地登录并不受共享权限的约束。

7.3 共享文件夹的新建与管理

隶属于Administrators组的用户具备将文件夹设置为共享文件夹的权限。

7.3.1 新建共享文件夹

STEP 1 按Windows键⊞切换到**开始屏幕**➲**计算机**➲如图7-5所示选中文件夹（例如Database）并单击鼠标右键➲**共享**➲**特定用户**。

STEP 2 如图7-6所示，单击向下箭头来选择你要与之共享的用户或组。

STEP 3 被选择的用户或组的默认共享权限为**读取**，如果要更改，请如图7-7所示单击用户右边向下的箭头，然后从显示的列表中进行选择，完成后单击**共享**按钮。

本地磁盘 (C:)
文件
主页
共享
查看
计算机
本地磁盘 (C:)
搜索 本地磁盘 (C:)
音乐
计算机
本地磁盘 (C:)
Database
PerfLogs
Program Files
Program Files
Test
Test2
Windows
用户
新加卷 (E:)
8个项目 选中 1 个项目
名称
修改日期
类型
2013/11/12 21:55
2012/7/26 15:44
2012/7/26 15:14
2012/7/26 16:05
2013/11/12 21:47
文件夹
打开(O)
在新窗口中打开(E)
固定到"开始"屏幕(P)
共享(H)
还原以前的版本(V)
包含到库中(I)
发送到(N)
剪切(T)
复制(C)
创建快捷方式(S)
删除(D)
停止共享
特定用户...

图 7-5

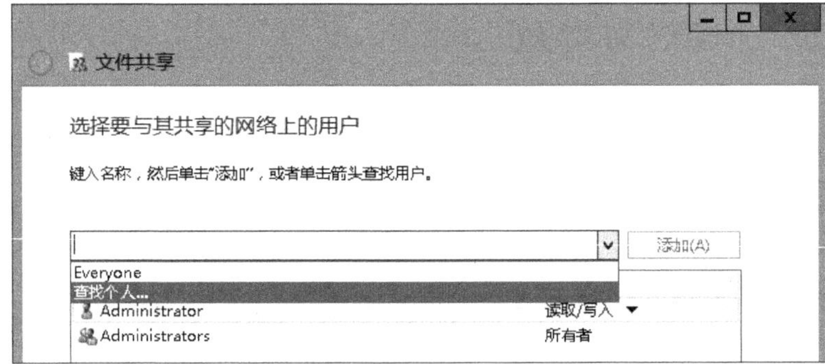
文件共享
选择要与其共享的网络上的用户
键入名称，然后单击"添加"，或者单击箭头查找用户。
添加(A)
Everyone
查找个人...
Administrator
读取/写入
Administrators
所有者

图 7-6

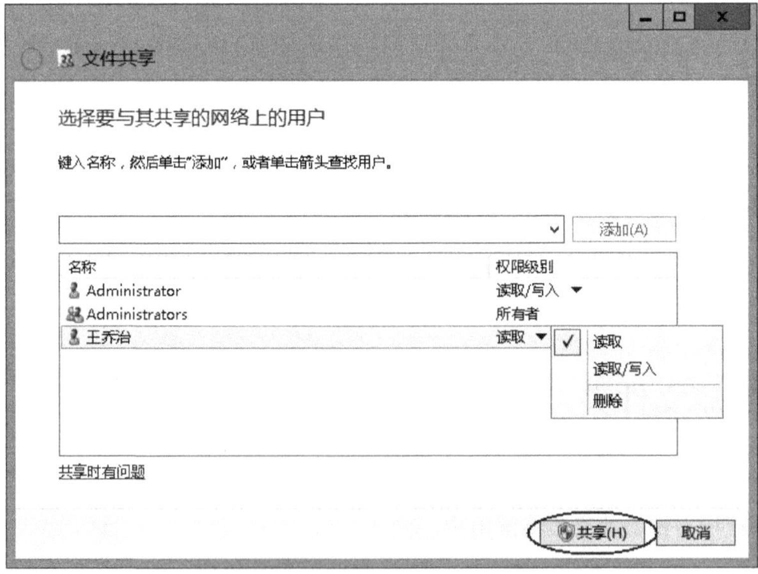
文件共享
选择要与其共享的网络上的用户
键入名称，然后单击"添加"，或者单击箭头查找用户。
添加(A)
名称
权限级别
Administrator
读取/写入
Administrators
所有者
王乔治
读取
读取
读取/写入
删除
共享时有问题
共享(H)
取消

图 7-7

附注

当设置共享权限时，系统会将共享权限设置为**Everyone为完全控制**，同时也将NTFS（ReFS）权限设置为你所指定的共享权限。

STEP 4 如果此计算机的网络位置为**公用网络**，则会出现如图7-8所示供你选择是否要在所有的公用网络启用网络发现和文件共享的对话框。如果选择**否**，此计算机的网络位置会被更改为**专用网络**。

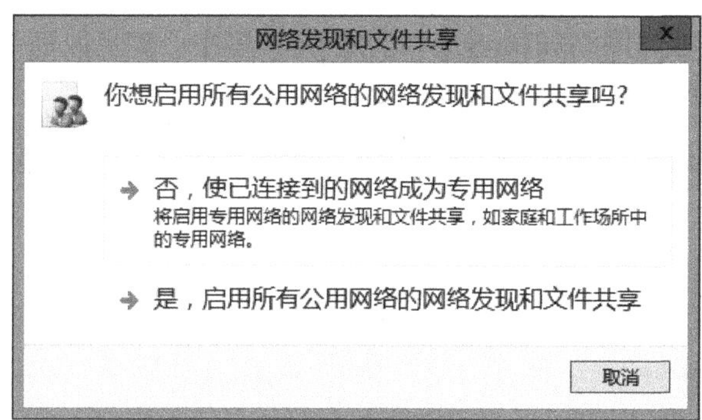

图 7-8

STEP 5 出现**你的文件夹已共享**界面时单击完成按钮。

如果**用户账户控制**的通知时机不是**从不通知**，而你又不是系统管理员，则在图7-7中单击共享按钮后，系统就会要求你输入系统管理员账户与密码后才可以将文件夹共享，如图7-9所示。

用户帐户控制
你要允许以下程序对此计算机进行更改吗？
程序名称: Windows 文件共享
已验证的发布者: Microsoft Windows
文件源: 此计算机上的硬盘驱动器
若要继续，请键入管理员密码，然后单击"是"。
Administrator
连接智能卡
连接智能卡
显示详细信息(D)
是(Y)
否(N)

图 7-9

如果**用户账户控制**的通知时机为**从不通知**，而你又不是系统管理员，则系统会直接拒绝你将文件夹共享。

> **附注**
>
> 更改**用户账户控制**通知时机的方法为：【按⊞键切换到**开始**屏幕➲**控制面板**➲**用户账户**➲**用户账户**➲**更改用户账户控制设置**】，完成后需要重新启动计算机。

在第一次将文件夹共享后，系统就会启用**文件和打印机共享**，而你可以通过【按⊞键切换到**开始**屏幕➲**控制面板**➲**网络和Internet**➲**网络和共享中心**➲更改**高级共享设置**】来查看此设置，如图7-10所示（图中假设网络位置是**域**网络）。

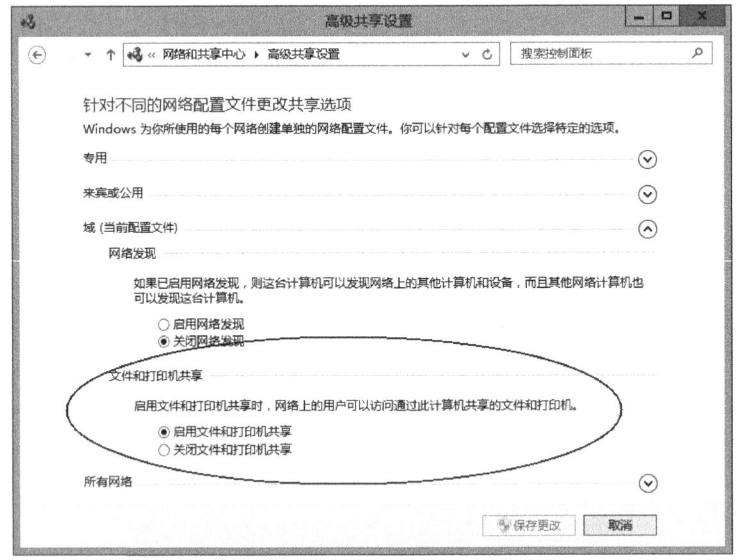

图 7-10

7.3.2 停止共享与更改使用权限

如果要停止将文件夹共享：【如图7-11所示选中共享文件夹并单击鼠标右键➲**共享**➲**停止共享**➲单击**停止共享**】。

如果要更改共享权限或添加用户，可以选择图7-11中所示前景图中的**更改共享权限**，或者直接选择背景图中的**特定用户…**，或者【选中共享文件夹并单击鼠标右键➲**属性**➲如图7-12所示单击**共享**标签➲单击**共享**按钮】。

图 7-11

图 7-12

还可以单击如图7-12所示的下方的高级共享按钮，然后通过如图7-13所示对话框设置共享权限。

图 7-13

7.3.3 添加共享名

每个共享文件夹都有**共享名**，网络上的用户通过共享名来访问共享文件夹内的文件，共享名默认就是文件夹名称，例如文件夹名为Database，则共享名就是Database。如果要添加多个共享名，请单击图7-12中所示的高级共享按钮，然后通过图7-14中所示的添加按钮来添加共享名。

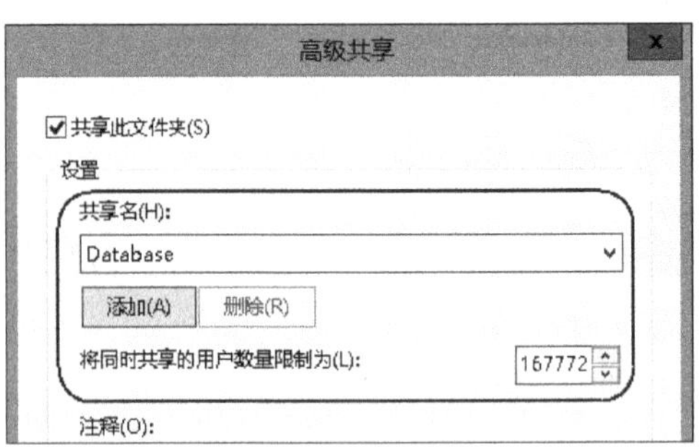

图 7-14

7.3.4 隐藏共享文件夹

如果共享文件夹有特殊使用目的，不想让用户在网络上浏览到它，只要在共享名最后加上一个符号**$**，就可以将其隐藏起来。例如，将前面的共享名Database改为Database$。更改此共享名的方法是在如图7-13所示对话框中单击添加按钮来添加共享名Database$，然后通过单击删除按钮来删除旧的共享名Database。

系统已经自动创建了多个隐藏共享文件夹，它们是供系统内部使用或系统管理用的，例如C$（代表C磁盘）、ADMIN$（代表Windows Server 2012的安装文件夹，例如C:\Windows）等。

7.3.5 利用计算机管理管理共享文件夹

可以通过【按Windows键⊞切换到**开始**屏幕➲**系统管理工具**➲**计算机管理**➲如图7-15所示单击**系统工具**下的**共享文件夹**➲**共享**】的方法来管理共享文件夹，图中列出了现有共享文件夹的名称（包含C$、ADMIN$等隐藏共享文件夹）、文件夹路径、适用于哪一种客户端来访问（例如Windows）、目前已经连接到此共享文件夹的用户数等。

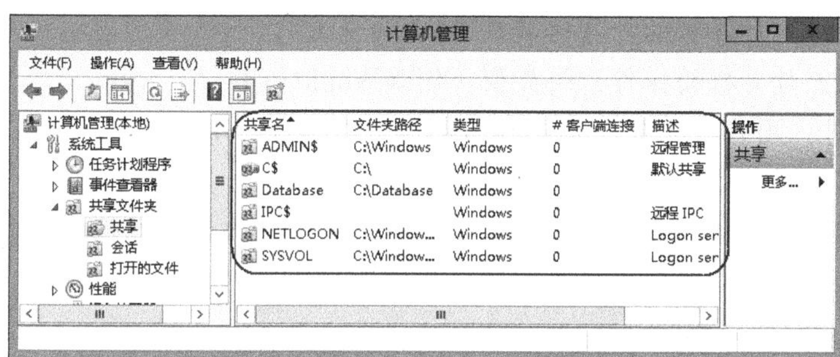

图 7-15

附注

如果你有权限，还可以通过【选中图7-15中的计算机管理（本地）并单击鼠标右键➲**连接到另一台计算机**】的方法来管理另外一台计算机。

修改与添加共享文件夹

如果要停止将文件夹共享给网络用户：【对着如图7-15所示右侧的共享文件夹单击鼠标右键➲**停止共享**】；如果要修改共享文件夹（例如更改共享文件夹权限）：【对着右侧的共享文件夹单击鼠标右键➲**属性**】；如果要添加共享文件夹：【对着左侧的**共享**单击鼠标右键➲**新建共享**】。

注意

请不要将系统自动创建的隐藏共享文件夹停止共享，否则可能会影响系统的正常运行。即使将其停用，下次启动计算机时，系统还会自动将它们共享。

监控与管理已连接的用户

单击图7-16中所示的**会话**后，就可以查看与管理已经连接到此计算机的用户了。

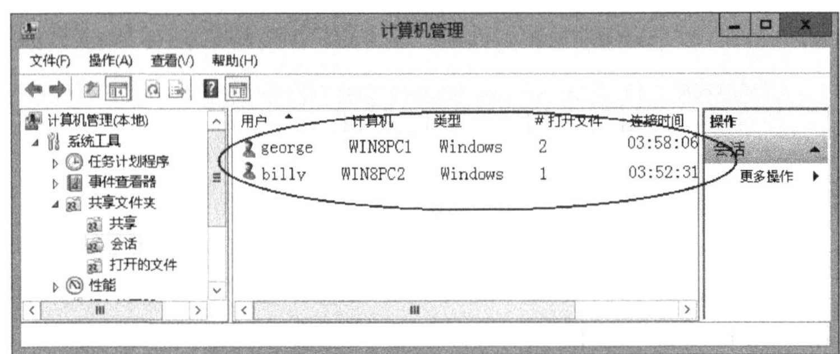

图 7-16

- **用户**：连接到这台计算机的用户名。
- **计算机**：用户计算机的计算机名或IP地址。
- **类型**：用户计算机的操作系统类型（例如Windows）。
- **#打开文件**：用户在此台计算机内已经打开文件的数目。
- **连接时间**：用户已持续连接的时间。
- **空闲时间**：用户仍然在连接中，但是自从上次访问此台计算机内的资源（例如文件）后，已经闲置一段时间没有再访问资源了。

如果要中断某个用户连接：【选中该用户并单击鼠标右键➲**关闭会话**】。如果要中断所有用户的连接：【选中界面左侧的**会话**并单击鼠标右键➲**中断全部的会话连接**】。

监控与管理被启用的文件

可以单击如图7-17中所示的**打开的文件**来查看与管理被打开的文件。

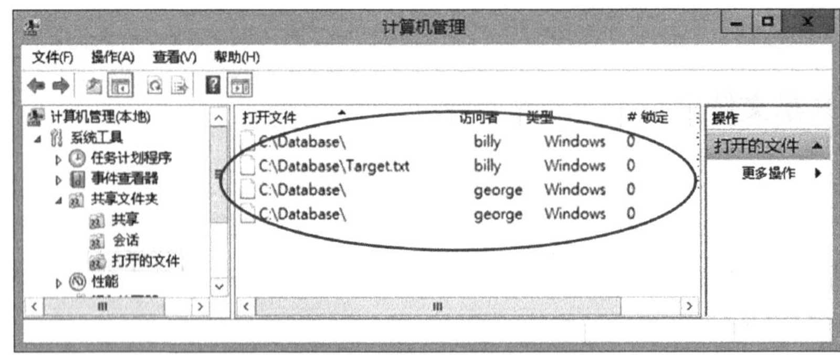

图 7-17

- **打开文件**：这台计算机内已被打开的文件名（或其他资源的名称）。
- **访问者**：打开此文件的用户账户名。
- **类型**：用户计算机的操作系统类型（例如Windows）。
- **#锁定**：有的程序会锁住所打开的文件，此处表示该文件被锁定的次数。
- **打开模式**：应用程序打开此文件的访问模式，例如读取、写入等。

如果要中断被用户打开的某个文件：【选中该文件并单击鼠标右键➲**将打开的文件关闭**】。

如果要中断被用户打开的所有文件：【选中界面左方的**打开的文件**并单击鼠标右键➲**中断全部打开的文件**】。

7.4 用户如何访问网络公用与共享文件夹

网络用户可以利用以下几种方式连接网络计算机并访问其中共享出来的公用与共享文件夹。

7.4.1 利用网络发现连接网络计算机

如果客户端计算机的网络发现尚未启用（以下通过Windows 8客户端进行说明），可以通过【在桌面窗口中单击左下方的**文件资源管理器**图标➲在如图7-18所示界面中单击**网络**➲单击上方的提示来启用**网络发现**功能】。

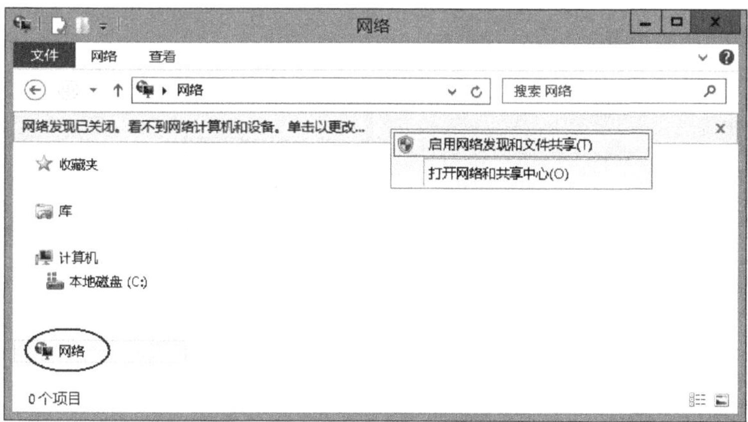

图 7-18

附注

1. 还可以通过【按⊞+Q键➲控制面板➲网络和Internet➲网络和共享中心➲更改高级共享设置】的方法来启用网络发现。
2. Windows 7客户端用户可以选择【开始➲计算机➲网络】的方法。

如果此计算机的网络位置为**公用网络**（参考3.4节的说明），会出现如图7-19所示的界面供你选择是否启用所有公用网络的网络发现和文件共享。如果选择**否**，此计算机的网络位置会被更改为**专用网络**，也会启用网络发现和文件共享。

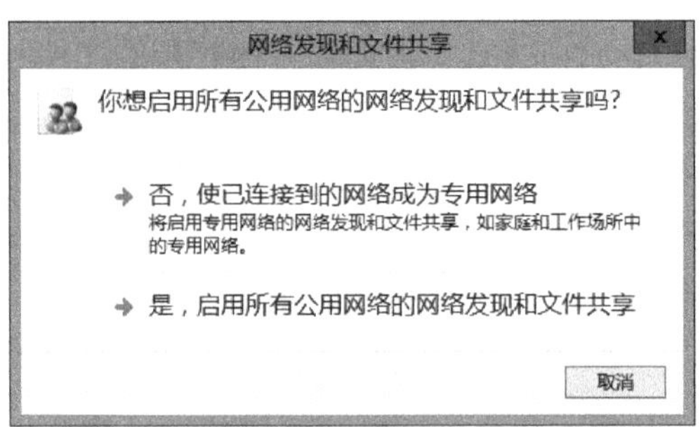

图 7-19

之后就可以看到网络上的计算机（如图7-20所示），单击计算机，可能需要输入用户账户与密码（见后面的说明），之后就可以访问此计算机内共享出来的共享文件夹Database。同时，单击Users文件夹后，还可以访问公用文件夹Public。

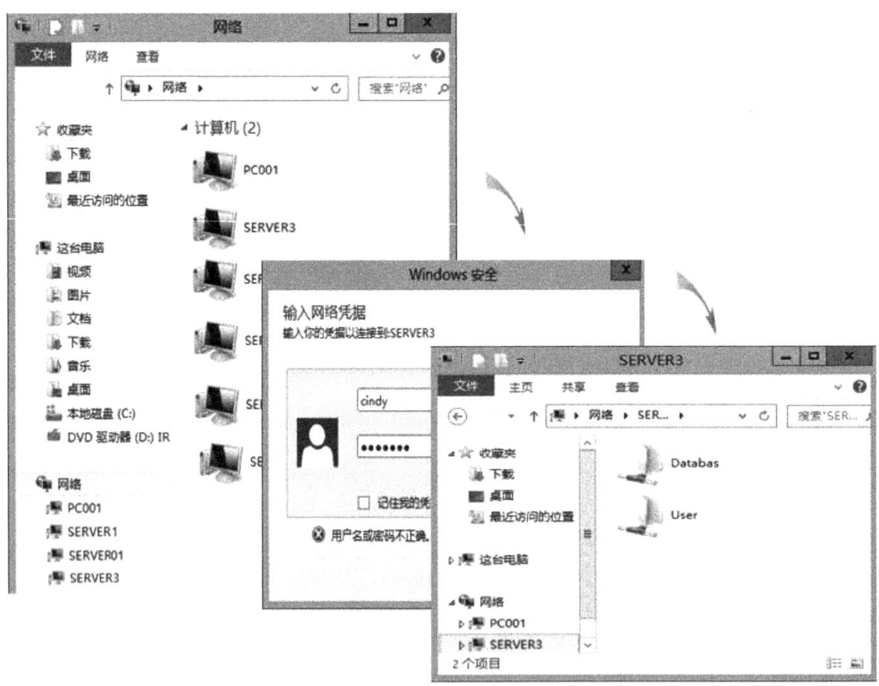

图 7-20

注意

如果看不到网络上其他Windows Server 2012、Windows Server 2008（R2）、Windows 7、Windows Vista等计算机，请检查这些计算机是否已启用**网络发现**，并检查其Function Discovery Resource Publication服务是否启用（可以通过【**开始➲系统管理工具➲服务**】来查看与启用此服务）。

连接网络计算机的身份验证机制

当你在连接网络上的其他计算机时，必须提供有效的用户账户与密码，不过你的计算机会自动以当前正在使用的账户与密码来连接该网络计算机，也就是会以当初按Ctrl + Alt + Del键登录时所输入的账户与密码来连接网络计算机（见图7-21），此时是否会连接成功呢？请看以下分析。

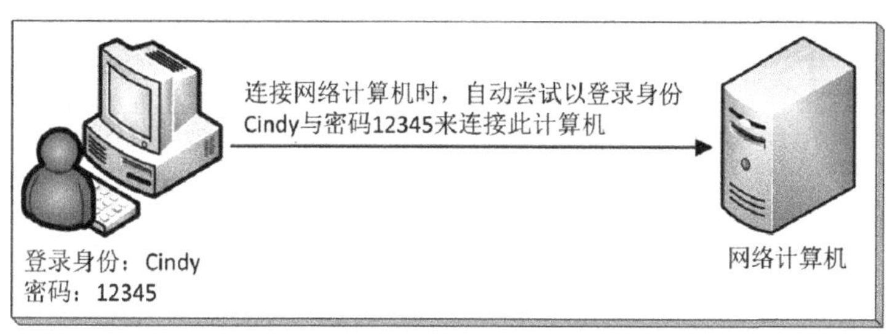

图 7-21

如果你的计算机与网络计算机都已加入域（同一个域或者有信任关系的不同域），而且当初是利用域用户账户登录，则当你在连接该网络计算机时，系统会自动利用此账户来连接网络计算机。此网络计算机再通过域控制器来确认你的身份后，就会被允许连接该网络计算机，不需要再自行手动输入账户与密码，如图7-22所示（假设两台计算机隶属于同一个域）。

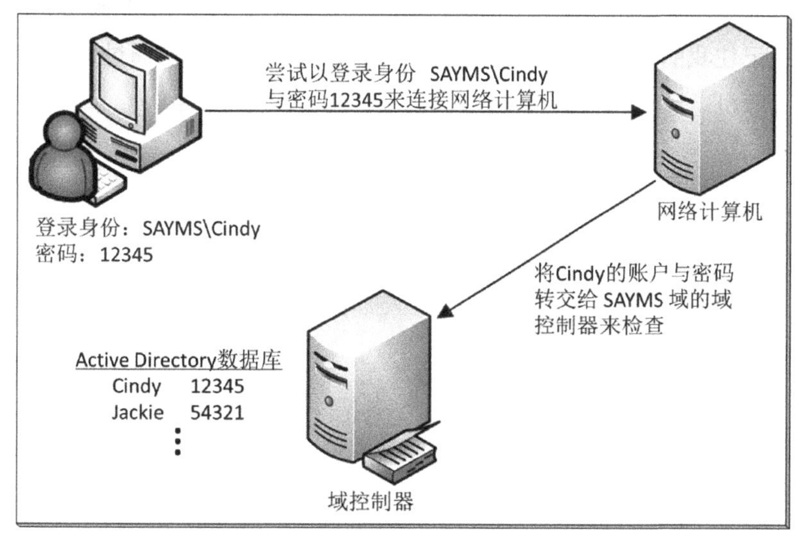

图 7-22

如果你的计算机与网络计算机并未加入域，或者一台计算机已经加入域，但是另一台计算机没有加入域，或者分别隶属于两个不具备信任关系的域，此时无论当初是利用本地或域用户账户登录，当你在连接该网络计算机时，系统仍然会自动利用此账户来连接网络计算机。

- 如果该网络计算机内已经为你创建了一个名称相同的用户账户：

- 如果密码也相同，则将自动利用此用户账户成功连接，如图7-23所示（以本地用户账户为例）。
- 如果密码不相同，则系统会要求你重新输入用户名与密码。

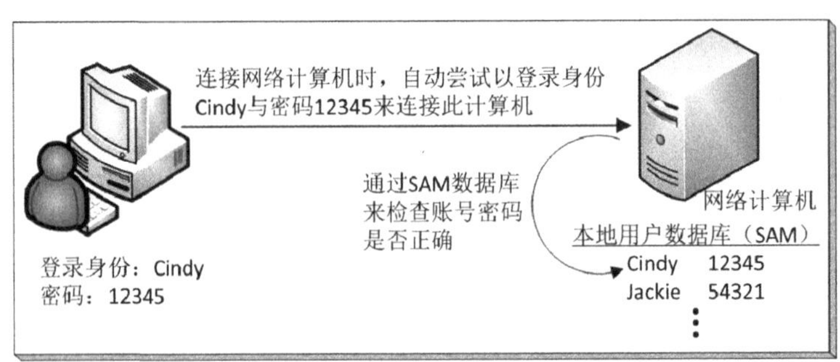

图 7-23

如果该网络计算机内并没有为你创建一个名称相同的用户账户：

- 如果该网络计算机已经启用guest账户，则系统会自动让你利用guest身份连接。
- 如果该网络计算机禁用guest账户（默认值），则系统会要求你重新输入用户名与密码。

管理网络密码

如果每次连接网络计算机都必须手动输入账户与密码，让你觉得麻烦，此时可以在连接网络计算机时勾选**记住我的凭据**复选框，如图7-24所示，让系统以后都通过这个用户账户与密码来连接该网络计算机。

图 7-24

如果要进一步来管理网络密码：【打开**控制面板**➲**用户账户和家庭安全**➲单击**凭据管理器**下的**管理Windows凭据**➲通过如图7-25所示的对话框来管理网络密码】，例如通过**编辑**来更改账户与密码，通过**删除**来删除账户与密码，通过右侧的**添加Windows凭据**来添加连接其他网络计算机的账户与密码等。

图 7-25

7.4.2 利用网络驱动器连接网络计算机

可以利用一个驱动器号来固定连接网络计算机的共享文件夹:【如图7-26所示在网络上选中共享文件夹并单击鼠标右键➲**映射网络驱动器**】。

图 7-26

- **驱动器**：此处请选择用来连接共享文件夹的驱动器号，可以使用任何一个尚未被使用的驱动器号，例如图中选择驱动器号**Z:**。
- **文件夹**：可以直接输入共享文件夹的UNC（Universal Naming Convention）路径（或者单击浏览按钮来选择），也就是**计算机名****共享名**，例如图中的\\Server3\Database，其中Server3为计算机名，而Database为文件夹的共享名。如果Server3已加入域，则也可以输入包含域名的完整计算机名，例如\\server3.sayms.local\Database，其中的sayms.local为域名。

- **登录时重新连接**：表示以后每次登录时，系统都会自动利用指定的驱动器号来连接此共享文件夹。

完成连接网络驱动器的操作后，就可以通过该驱动器号来访问共享文件夹内的文件，如图7-27所示的Z：驱动器。

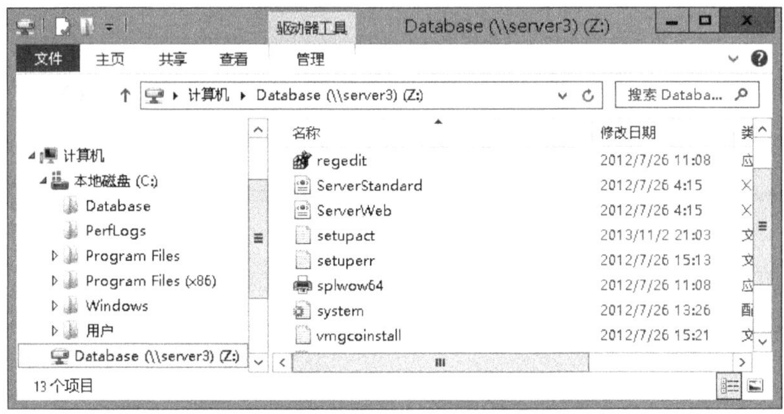

图 7-27

其余如图7-26所示界面下半部分的设置如下。

- **使用其他凭据连接**：如果当前的用户账户没有权限连接此共享文件夹，则可以通过此处来改用其他账户与密码。当出现如图7-28所示的界面时，请输入新的账号与密码，图中的sayms为域名，george为用户账号。

图 7-28

- **连接到可用于存储文档和图片的网站**：利用它来创建网络快捷方式，以便通过此快捷方式来访问共享文件夹内的文件（你的计算机需要连接到Internet）。出现如图7-29所示的界面后，请在背景图中的**Internet地址或网络地址**处输入UNC路径（例如图中的

\\server3\database）或者利用**浏览**按钮进行选择；而在前景图中为其设置一个名称，图中采用默认值。完成后，就可通过**文件资源管理器**（见图7-30）来访问该共享文件夹内的文件。

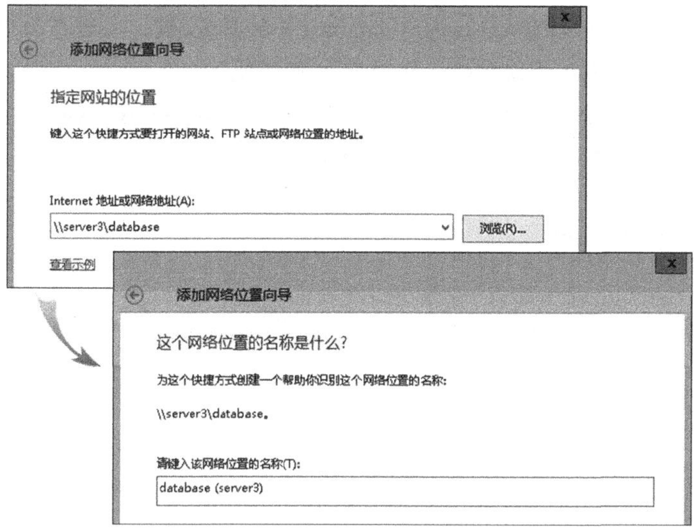

图 7-29

附注

图7-29中的**Internet地址或网络地址**处也可以利用URL路径来连接到网站内的文件夹，例如http://www.sayms.local/data，或者连接到FTP服务器内的文件夹，例如ftp://server1.sayms.local/pictures。

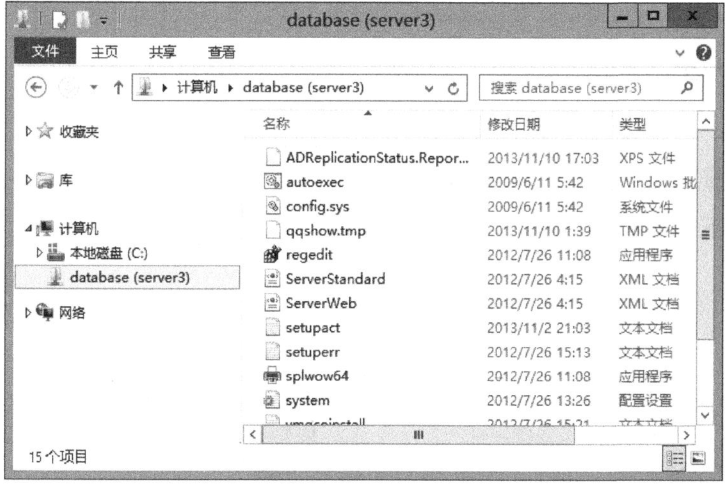

图 7-30

7.4.3 其他连接网络共享文件夹的方法

可以通过【按⊞+R键➲输入命令来连接共享文件夹】，例如：

- **输入UNC路径**：例如输入\\server3\database并按Enter键，之后界面中就会显示该共享文件夹内的文件（可能需要输入用户账户与密码）。
- **运行NET USE命令**：例如运行**NET USE Z: \\server3\database** 命令后，它就会以驱动器号Z:来连接共享文件夹\\server3\database。

7.4.4 中断网络驱动器

如果要中断网络驱动器连接：如图7-31所示选中网络驱动器并单击鼠标右键➲**断开**。

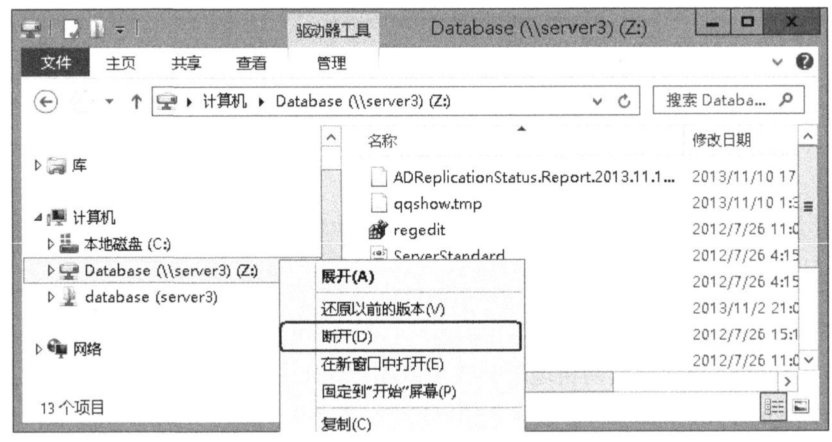

图 7-31

7.5 脱机文件

如果你的计算机位于公司内部，它应该可以正常连接公司网络、访问网络计算机共享文件夹内的文件（以下简称**网络文件**），如图7-32所示。

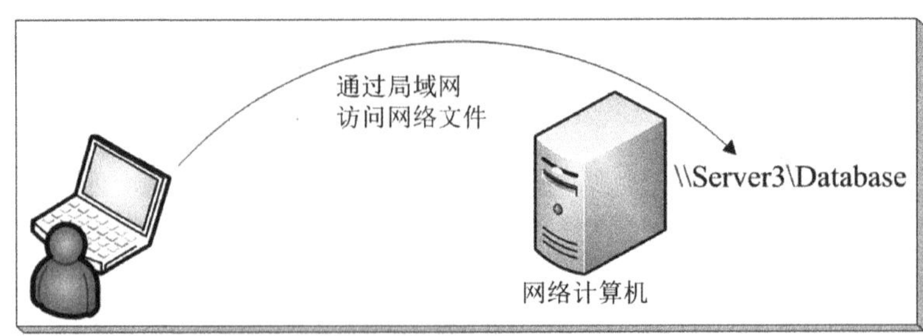

图 7-32

然而，当你将计算机（例如笔记本电脑）带离公司后，此时因为该计算机并没有连接到公司网络，因而无法访问网络文件。可是你却仍然想要访问网络文件，应该如何是好呢？脱机文件（offline files）可以解决此问题，它让你的计算机在与公司网络未连接的情况下（脱机），仍然可以访问原本位于网络计算机内的文件，如图7-33所示。图中用户在脱机的情况下，其所访问的文件并不是真正位于网络计算机内的文件，而是存储在本地计算机硬盘内的缓存版本（cache version）。

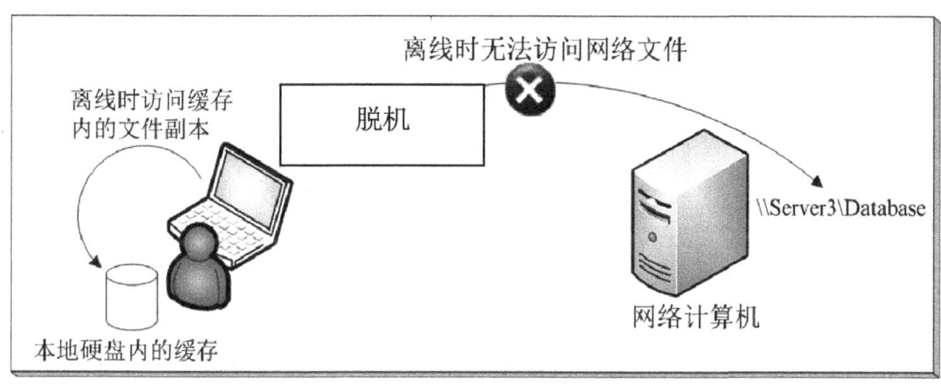

图 7-33

现在说明脱机文件的原理。当你在正常连接的情况下连接到网络计算机，并将所选文件设置为**始终脱机可用**后，这个文件将被复制到计算机的硬盘内。在正常连接的情况下，所访问的文件是位于网络计算机内的文件，而在你的计算机与网络计算机之间中断连接时，你仍然可以正常访问这个文件，就好像网络未断开一样。不过，此时所访问的文件是位于本地计算机硬盘内的缓存版本。你对此缓存文件的权限和位于网络计算机内的文件是相同的。

当你的计算机恢复与网络计算机连接后，网络文件与缓存文件之间必须同步，以确保两处的文件是一致的：

- 如果你更改过缓存文件的内容，但是网络文件的内容并没有被更改过，则系统会将缓存文件复制到网络计算机，并覆盖网络文件。
- 如果你并未更改缓存文件的内容，但是网络文件的内容被更改过，则系统会将网络文件复制到本地计算机，并覆盖缓存文件。
- 如果网络文件与缓存文件都被更改过，则系统会让你选择保留哪一个文件，或将两个文件都保留。

7.5.1 网络计算机端的脱机文件设置

网络计算机的文件夹必须是共享文件夹才具备被脱机使用的功能：【按Windows键⊞切换到**开始**屏幕➲**计算机**➲选中共享文件夹并单击鼠标右键➲**属性**➲如图7-34所示单击**共享**标签下的高级共享按钮➲单击缓存按钮➲通过前景图进行设置】。

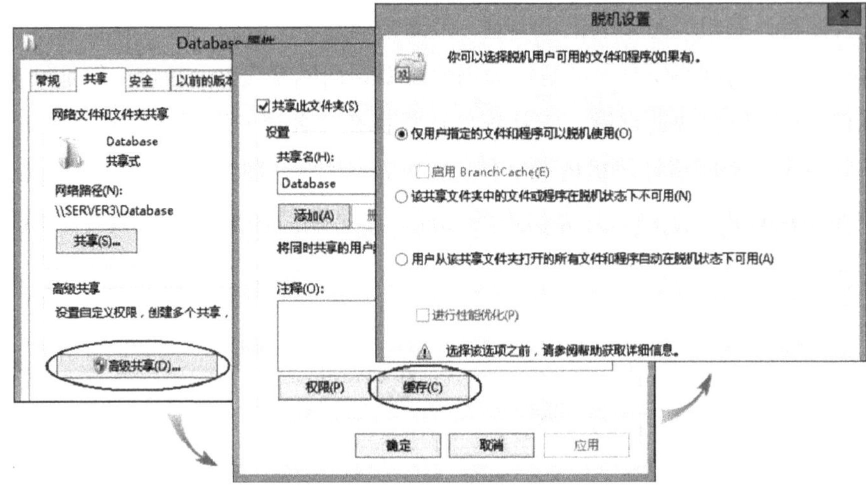

图 7-34

- **仅用户指定的文件和程序可以脱机使用**：用户必须自行从共享文件夹内选择希望被缓存到其硬盘的文件，只有被选择的文件才可以脱机使用。
- **该共享文件夹中的文件或程序在脱机状态下不可用**：表示此共享文件夹不提供脱机使用的功能。
- **用户从该共享文件夹打开的所有文件和程序自动在脱机状态下可用**：只要是用户在共享文件夹内访问过的文件，就会自动被缓存到用户的硬盘内供脱机使用。

选择**进行性能优化**后会自动将程序（.exe或.dll）缓存到用户的硬盘内，以便用户要运行网络计算机内的程序时，可以直接读取缓存版本，它可以减少网络负荷、加快程序的运行。此选项特别适合于存放应用程序的服务器使用。

> **注意**
>
> 如果用户端修改了缓存内的应用程序（例如中毒），则同步后将造成网络计算机端的应用程序也跟着被修改，因此建议应用程序文件不要开放**修改**权限。

7.5.2 网络用户如何脱机使用文件

一旦网络计算机内的共享文件夹被设置为可以脱机使用，客户端的网络用户就可以将其缓存到硬盘内供脱机访问。

启用脱机文件

不同客户端的脱机文件分别有着不同的默认值，启用的方法也有所不同。

- Windows 8、Windows 7、Window Vista：默认已经启用了脱机文件。

- Windows Server 2012、Windows Server 2008 R2：需要先通过服务器管理器来添加桌面体验功能，如图7-35所示为Windows Server 2012的界面，安装完成后需要重新启动计算机。

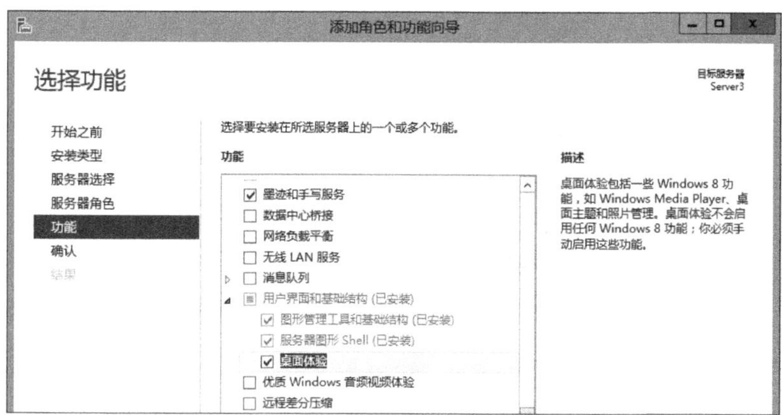

图 7-35

接着，通过以下方法来启用Windows Server 2012脱机文件：【按⊞键切换到**开始**屏幕➲**控制面板**➲将右上方的**查看方式**改为**大图标**或**小图标**➲单击**同步中心**➲单击图7-36中所示的**管理脱机文件**，单击启用脱机文件按钮➲完成后按照提示重新启动计算机】（Windows 8、Windows 7脱机文件的禁用和启用方法与此处类似）。

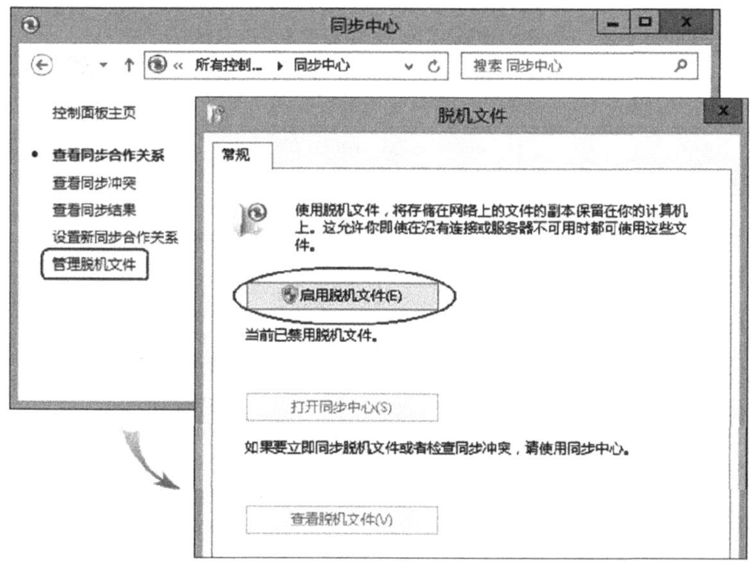

图 7-36

- **Windows Server 2008**：必须另外启用，【**开始**➲**控制面板**➲**脱机文件**➲单击如图7-37所示中的启用脱机文件按钮➲按照提示重新启动计算机】（Windows Vista中的步骤类似）。

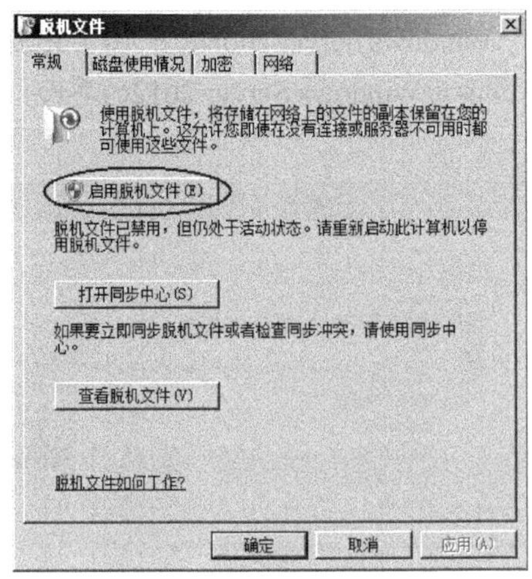

图 7-37

选择可脱机使用的文件

以下假设网络计算机的共享文件夹为\\Server3\Database，其脱机设置为**仅用户指定的文件和程序可以脱机使用**，此时必须自行选择要脱机使用的文件（假设为setupact）。假设客户端为Windows 8，具体操作步骤如下。

STEP 1　先利用网络驱动器来连接网络计算机的共享文件夹，假设利用驱动器Z: 来连接\\Server3\Database（或者创建连接到此共享文件夹的快捷方式）。

STEP 2　如图7-38所示，选中网络文件setupact并单击鼠标右键，选择**始终脱机可用**。

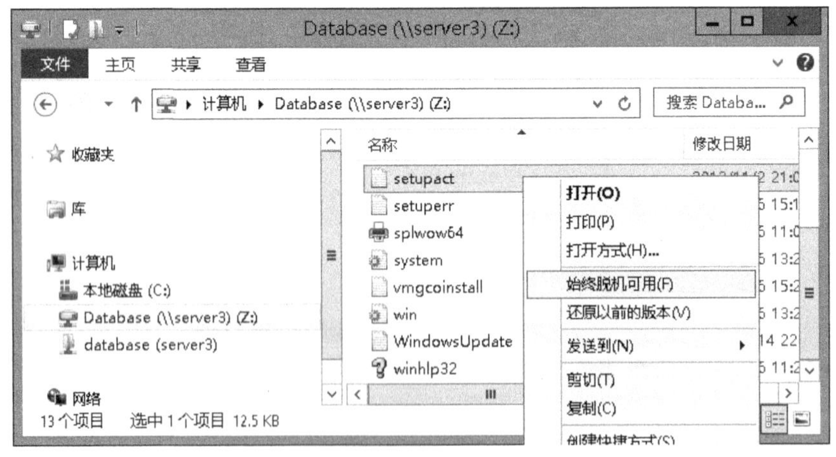

图 7-38

STEP 3　完成后，此文件前面就会出现如7-39所示的绿色双箭头。

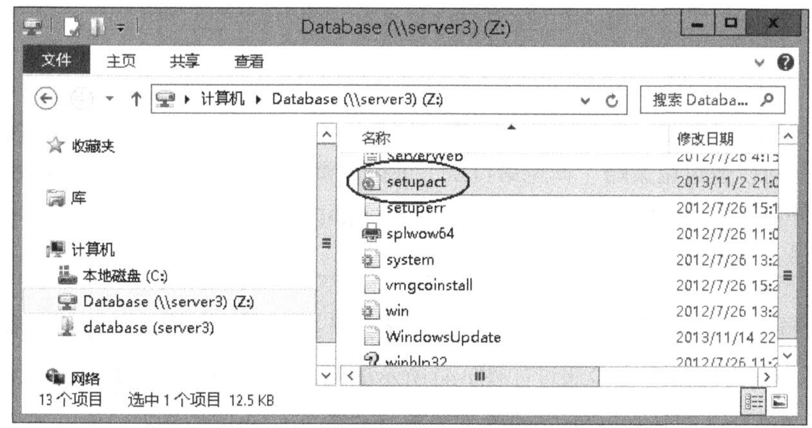

图 7-39

同步处理

在网络连接正常的情况下，你所访问的文件仍然是网络计算机内的文件。系统会自动同步用户的脱机文件，当网络文件内容发生更改时，它会被复制到用户计算机的缓存区，反之也是如此。系统并不是随时自动同步的，如果需要立刻手动同步：【如图7-40所示选中文件并单击鼠标右键选择**同步➲同步所选脱机文件**】，或者【选中文件并单击鼠标右键选择**属性➲脱机文件标签➲立即同步**】

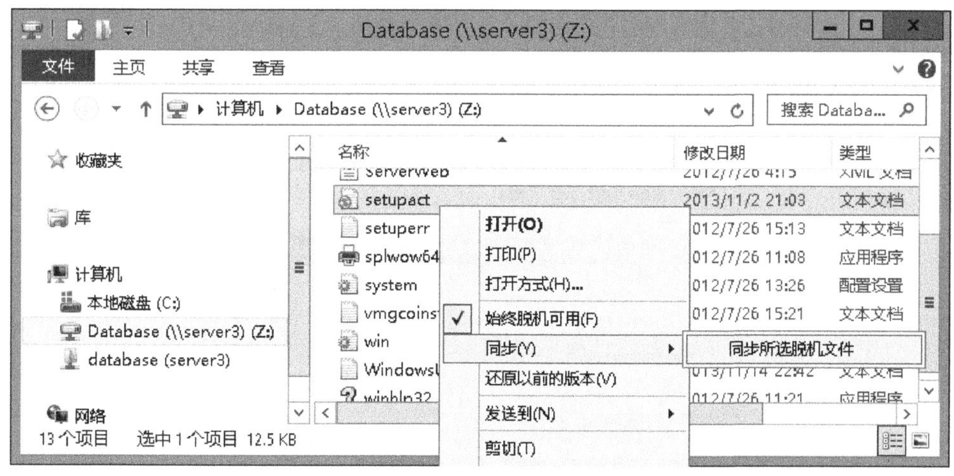

图 7-40

如果你的计算机与网络计算机正常连接，但是连接速度很慢，此时Windows 8、Windows 7、Windows Server 2012与Windows Server 2008 R2客户端会自动切换到脱机模式，以便快速地直接编辑本地缓存区内的文件副本，而且客户端也会定期自动与网络计算机同步。客户端计算机会定期检查其与网络计算机的连接速度是否恢复正常，如果正常，它会自动切换为连接模式。

附注

Windows Vista与Windows Server 2008客户端默认并不会自动根据慢速链接切换到脱机模式，但是可以通过组策略（详见第11章）进行设置：【**计算机配置➲管理模板➲网络➲脱机文件➲配置慢速链接模式**】，并通过**Throughput**（吞吐量）与**latency**（延迟）来设置什么是“慢速”。

也可通过**同步中心**来进一步管理同步工作：【打开**控制面板**➲将右上方的**查看方式**改为**大图标**或**小图标**➲单击**同步中心**➲通过如图7-41所示的界面管理同步工作】。

还可以【单击图7-41所示左下方的**管理脱机文件**➲然后通过如图7-42所示的界面来打开**同步中心**】，并可以通过此界面来查看脱机文件。

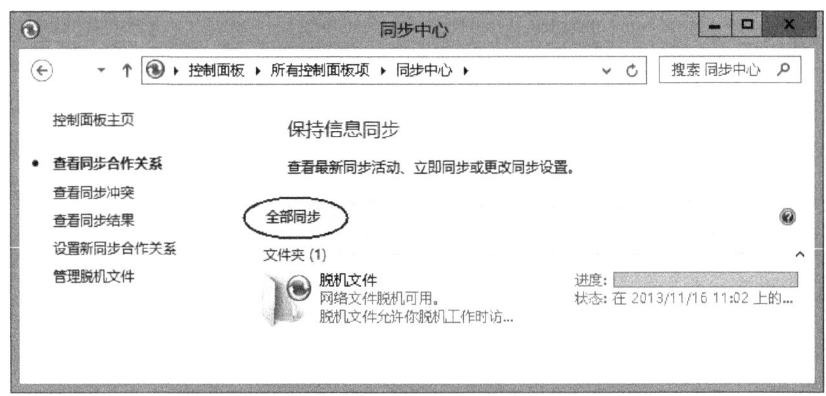

图 7-41

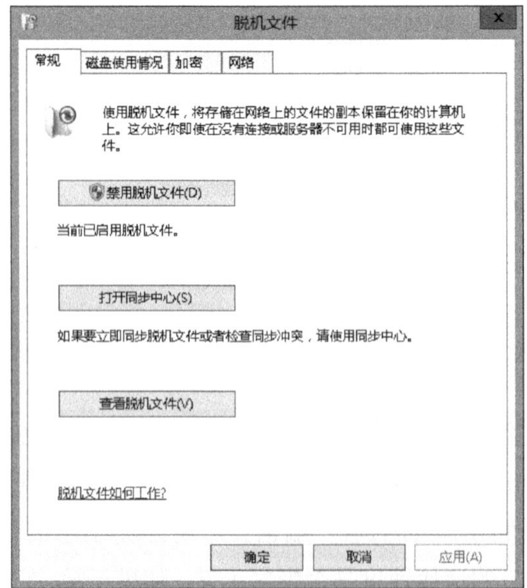

图 7-42

> **附注**
>
> 还可以通过如图7-42所示中的**磁盘使用情况**标签来设置脱机文件缓存区的容量，通过**加密**标签将缓存区内的脱机文件加密，通过**网络**标签来更改检查是否慢速连接的间隔时间（默认为5分钟），以便自动进入脱机模式。

测试脱机文件是否正常工作

当你的计算机脱机时，例如将笔记本电脑带离办公室（你可以通过将网卡禁用的方式来模拟脱机），在网络上看到的网络文件会出现类似如图7-43所示的界面，你仍然可以访问脱机文件setupact（前面图标有双箭头），它是位于本地计算机内的缓存版本。你无法访问其他不可以脱机使用的文件（前面图标中有×符号）。

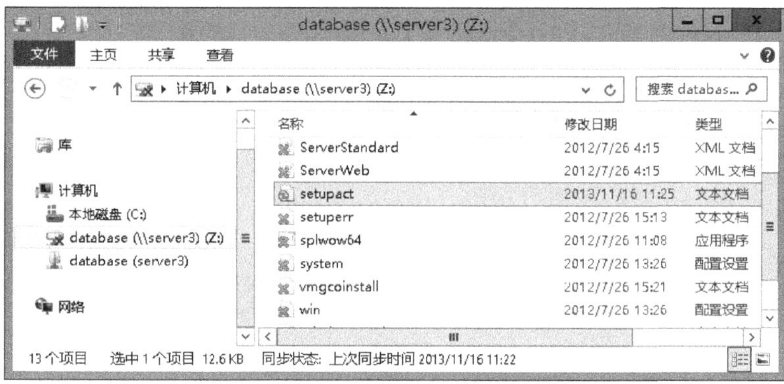

图 7-43

如果更改过脱机文件的内容，则当你将计算机重新连接后，通过同步操作就可以将这个新文件复制到网络计算机，并覆盖网络文件。

如果网络文件与缓存文件都被更改过，则系统会通过屏幕右下角的**同步中心**图标来提醒你有冲突发生（可能需要单击向上箭头才看得到此图标），此时【请单击此图标➲单击如图7-44中所示的**查看同步冲突**➲从图中查看所有冲突的文件➲单击该文件➲单击**解决**➲通过如图7-45所示对话框选择要保留哪一个文件或将两个都保留（其中一个会被更改文件名）】（也可以在**文件资源管理器**内选中该文件并单击鼠标右键选择**同步**➲同步所选的脱机文件的方法来直接显示如图7-45所示的界面）。

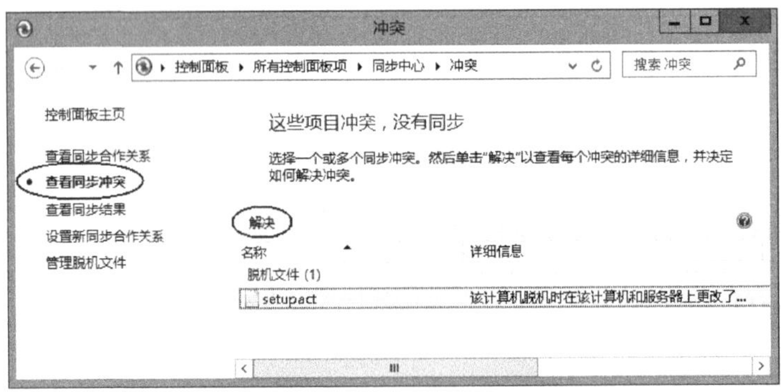

图 7-44

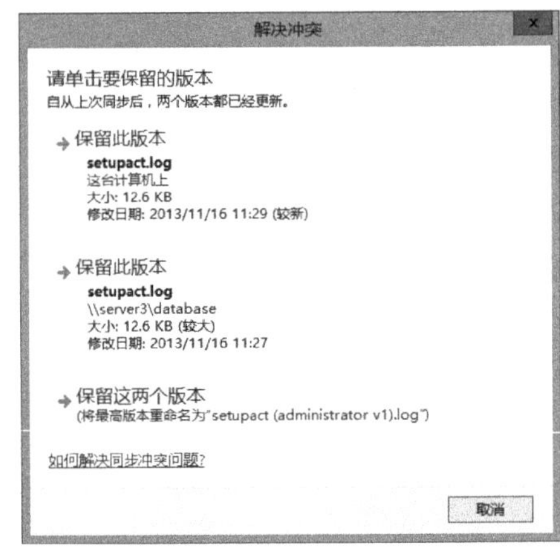

图 7-45

7.6 卷影副本

可以通过**共享文件夹的卷影副本**（Shadow Copies of Shared Folders）功能，让系统自动在指定时间将所有共享文件夹内的文件复制到另一个存储区内备用，这个存储区被称为**卷影副本存储区**。如果用户将共享文件夹内的文件误删或误改文件内容后，想要救回文件或还原文件内容，可以通过**卷影副本存储区**内的备份文件来达到目的，如图7-46所示。

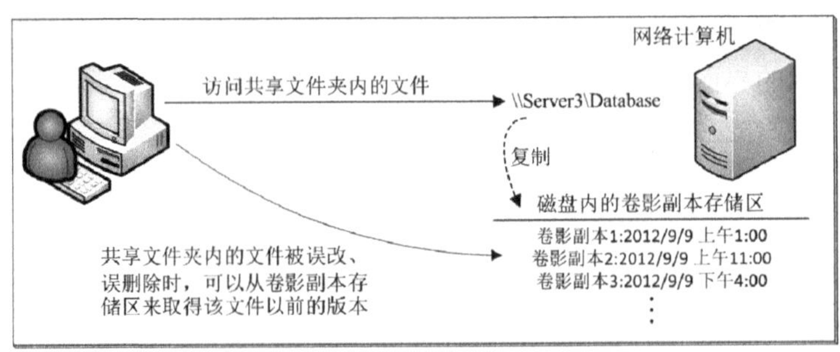

图 7-46

附注

Windows 8客户端计算机已不支持通过**卷影副本存储区**访问文件的功能，它改用**文件历史记录**（File History）。

7.6.1 网络计算机如何启用“共享文件夹的卷影副本”功能

共享文件夹所在的网络计算机，其启用**共享文件夹的卷影副本**功能的方法为：【按Windows键⊞切换到**开始**屏幕➲单击**计算机**➲选中任意磁盘并单击鼠标右键➲**属性**➲如图7-47所示单击要启用**卷影副本**的磁盘➲单击启用按钮➲单击是按钮】。

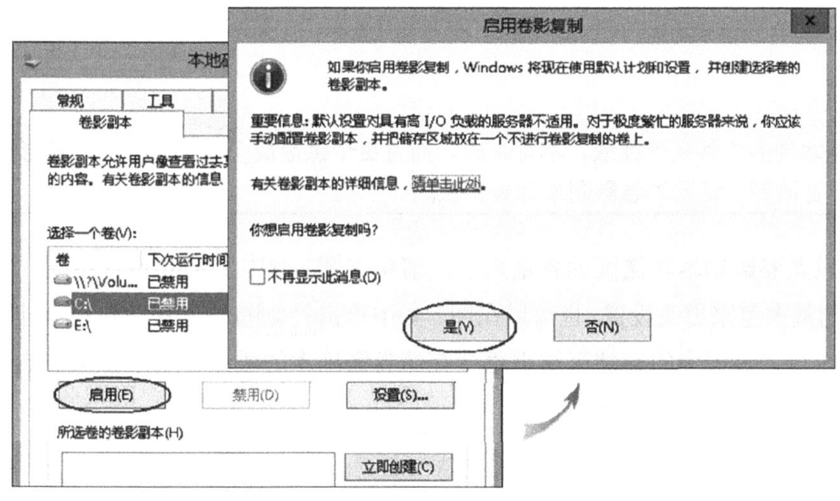

图 7-47

附注

系统默认将**卷影副本存储区**创建在启用**卷影副本**的磁盘内，但这不是最佳作法，因为会增加该磁盘的负担、降低系统效率，最好是将**卷影副本存储区**创建到另一个未启用**卷影副本**的磁盘内（通过背景图中的设置按钮）。背景图中另一个以“\\?”开头的磁盘是存储启动文件的系统磁盘。

启用时会自动为该磁盘创建第一个**卷影副本**，也就是将该磁盘内所有共享文件夹内的文件都复制到**卷影副本存储区**内，而且默认以后会在星期一到星期五的上午7:00与下午12:00两个时间点，分别自动添加一个**卷影副本**。

图7-48中所示的C盘已经有两个**卷影副本**，还可以随时单击立即创建按钮来手动创建新的**卷影副本**。用户在还原文件时，可以选择在不同时间点用所创建的**卷影副本**内的旧文件来还原文件。

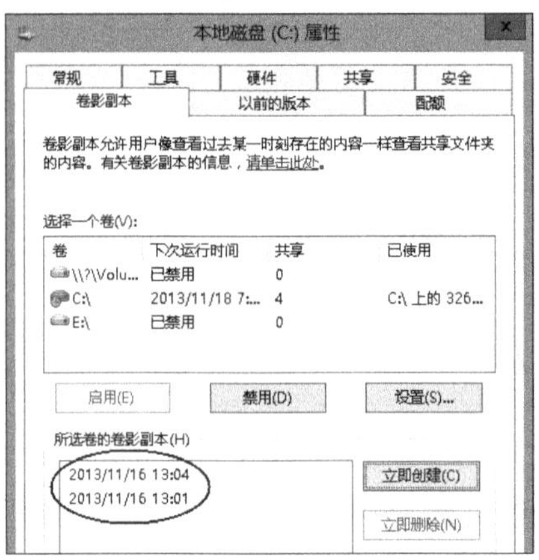

图 7-48

附注

卷影副本内的文件只可读取，不可修改，而且每个磁盘最多只可以有64个**卷影副本**。如果超出此限制，最旧的**卷影副本**会被删除。

如果要设置**卷影副本存储区**的容量大小，请单击图7-48中所示的设置按钮，然后通过如图7-48所示的**最大值**来更改设置，也可以在图7-49中单击计划按钮来更改自动创建**卷影副本**的时间点。还可以通过图中的**存储区域**来更改存储**卷影副本**的磁盘，不过必须在启用**卷影副本**前更改，启用后就无法进行更改。

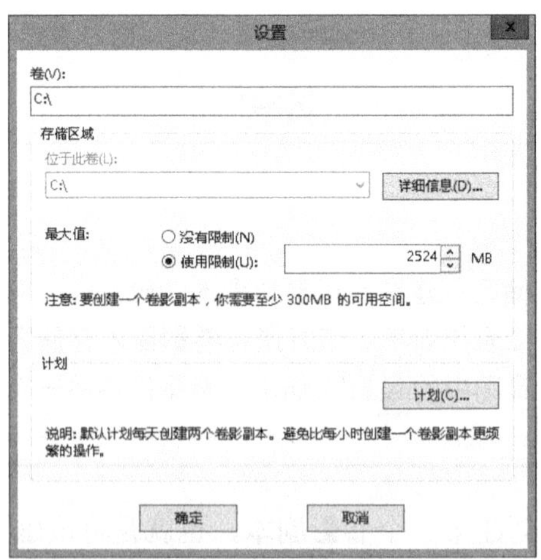

图 7-49

7.6.2 客户端如何访问“卷影副本”内的文件

由于Windows 8客户端无法访问**卷影副本存储区**，因此以下利用Windows 7进行说明。客

户端用户通过网络连接共享文件夹后，如果误改了某个网络文件的内容，此时他可以通过以下步骤来恢复原文件内容：【选中此文件（以Confidential为例）并单击鼠标右键➲**还原以前的版本**➲如图7-50所示在**以前的版本**标签下，从**文件版本**处选择旧版本的文件➲单击还原按钮】。图中**文件版本**处显示了位于两个**卷影副本**内的旧文件，用户可以自行决定要利用哪一个**卷影副本**内的旧文件来还原文件，也可以通过图中的打开按钮来查看旧文件的内容或利用复制按钮来复制文件。

如果要还原被删除的文件，请在连接到共享文件夹后【在文件列表界面的空白区域中单击鼠标右键➲**属性**➲如图7-51所示单击**以前的版本**标签➲选择旧版本所在的文件夹➲单击打开按钮➲复制需要还原的文件】。

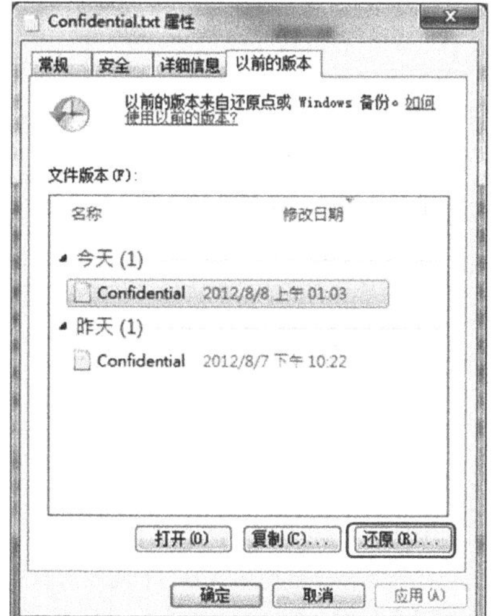

图 7-50

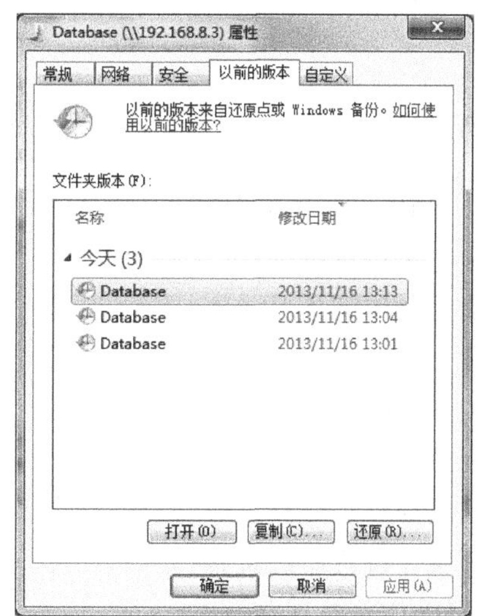

图 7-51

第 8 章 打印服务器的设置与管理

通过Windows Server 2012打印服务器的打印管理功能，不但可以让用户轻易地打印文档，还可以减轻系统管理员的负担。

- 打印服务器概况
- 设置打印服务器
- 用户如何连接网络共享打印机
- 共享打印机的高级设置
- 打印机使用权限与所有权
- 利用分隔页分隔打印文档
- 管理等待打印的文档
- 与UNIX系统通信

8.1 打印服务器概况

当你在计算机内安装打印机，并将其共享给网络上的其他用户后，这台计算机就扮演着打印服务器的角色。Windows Server 2012打印服务器具有以下特色：

- 支持USB、IEEE 1394（firewire）、无线、蓝牙打印机、内置网卡的网络接口打印机与传统IEEE 1284并行端口打印机。
- 支持利用网页浏览器来连接与管理打印服务器。
- Windows 客户端的用户连接到打印服务器时，其所需打印机驱动程序会自动由打印服务器下载并安装到用户的计算机，不需要手动安装。

我们先通过图8-1介绍一些打印术语。

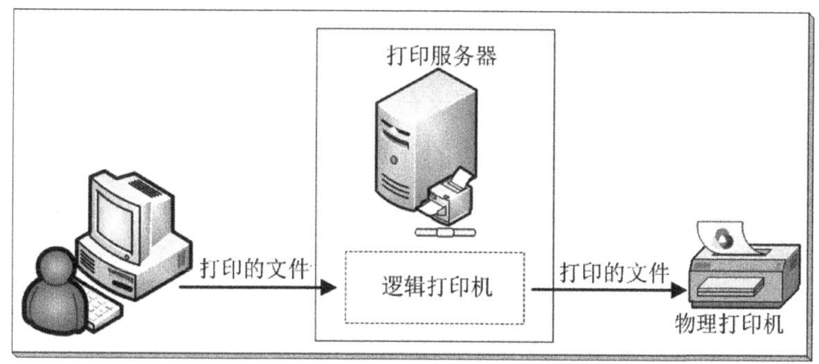

图 8-1

- **物理打印机**：可以放置打印纸的物理打印机，也就是打印设备。
- **逻辑打印机**：介于客户端应用程序与物理打印机之间的软件接口，用户的打印文档通过它来发送给物理打印机。

  无论是物理或逻辑打印机，都可以被简称为**打印机**。不过，为了避免混淆，本章有些地方我们会以**打印机**来代表逻辑打印机，以**打印设备**来代表物理打印机。
- **打印服务器**：此处代表一台计算机，它连接着物理打印设备，并将此打印设备共享给网络用户。打印服务器负责接收用户发送来的文档，然后将它送往打印设备进行打印。

> **附注**
>
> 图8-1介绍的打印服务器由计算机扮演，市面上也有许多打印服务器产品，例如D-Link、LevelOne等公司都有类似产品，它的体积较小（像ADSL调制解调器一样大小）。

- **打印机驱动程序**：打印服务器接收到用户送来的打印文档后，打印机驱动程序就负责将文档转换为打印设备能够识别的格式，然后送往打印设备打印。不同型号的打印设备各有其不同的打印机驱动程序。

8.2 设置打印服务器

可以选择以下两种方式架设打印服务器：

- 直接在要扮演打印服务器角色的计算机上安装打印机，并将其共享给网络用户，也就是将它设置为**共享打印机**。
- 在一台Windows Server 2012计算机上添加**打印和文件服务**角色，会顺便安装**打印管理控制台**，我们可以通过此控制台来集中管理网络上的打印服务器，例如通过它来安装、管理本地计算机与网络计算机上的共享打印机。

8.2.1 直接在本地计算机上创建打印机服务器

直接在本地计算机安装打印机，并将其设置为共享打印机来共享给网络用户，它就是一台可以对用户提供服务的打印服务器。

如果希望能够通过浏览器来连接或管理这台打印服务器，则还需要增加安装**Internet打印**角色服务。在这台即将扮演打印服务器角色的计算机内执行以下步骤：【单击左下角的**服务器管理器**图标➲单击**仪表板**处的**添加角色和功能**➲……➲在如图8-2所示的背景图中勾选**打印和文件服务**复选框➲……➲在前景图中勾选**Internet打印**➲……】，会顺便安装**Web服务器**（**IIS**）**角色**与其他所需的功能。

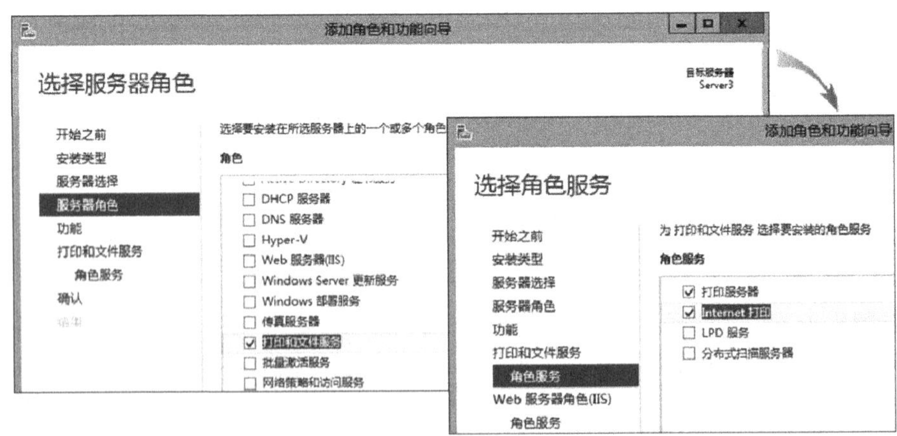

图 8-2

安装 USB、IEE1394 等即插即用（Plug-and-Play）打印机

将打印机连接到计算机的USB、IEEE 1394连接端口，然后打开打印机电源，如果系统支持此打印机的驱动程序，就会自动检测与安装此打印机。如果安装打印机时找不到所需驱动程序，请自行准备好驱动程序（一般是在打印机厂商提供的光盘内或上网下载），然后按照界面

提示来完成安装工作。

还可以运行厂商提供的光盘内的安装程序，此类型的安装程序通常会提供比较多的功能，不过可能会等安装程序要求时，再将打印机连接到计算机的USB、IEEE 1394连接端口。

安装传统 IEEE 1284 并行端口打印机

将打印机连接到计算机后侧面板的并行端口，然后按照以下步骤安装（你也可以直接运行厂商提供的光盘内的安装程序）。

STEP 1 按Windows键切换到**开始屏幕**➲**控制面板**➲单击**硬件**下的**查看设备和打印机**➲单击上方的**添加打印机**。

STEP 2 单击如图8-3中所示的**我需要的打印机不在列表中**。

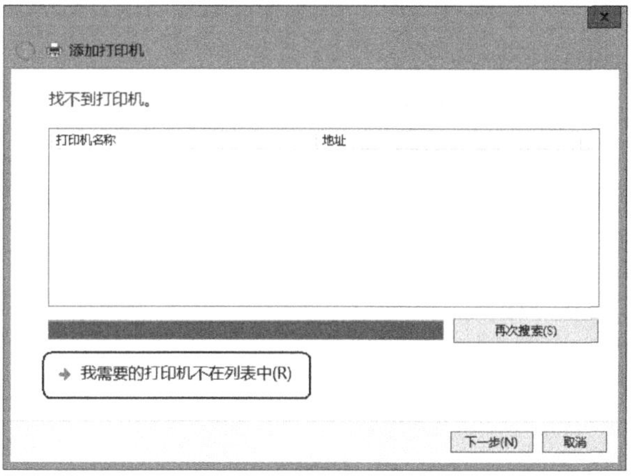

图 8-3

STEP 3 按如图8-4所示选择后单击下一步按钮。

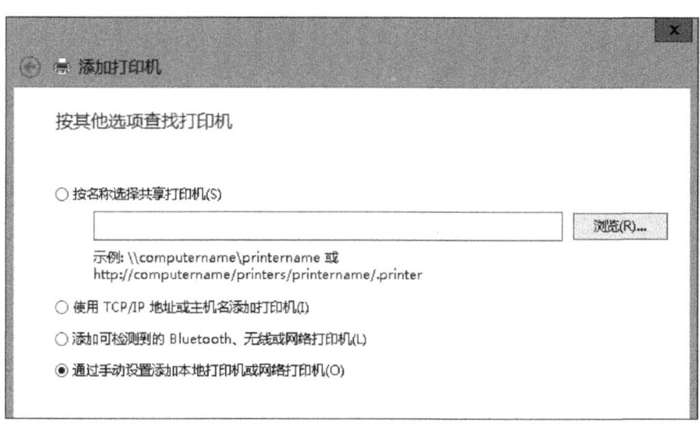

图 8-4

STEP 4 在如图8-5所示对话框中选择打印机连接端口（一般是LPT1：）后单击下一步按钮。

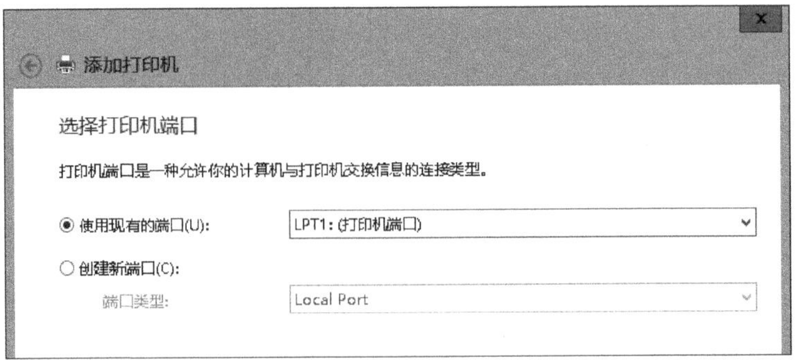

图 8-5

STEP 5 在如图8-6所示对话框中选择打印机制造商与打印机型号后单击下一步按钮。

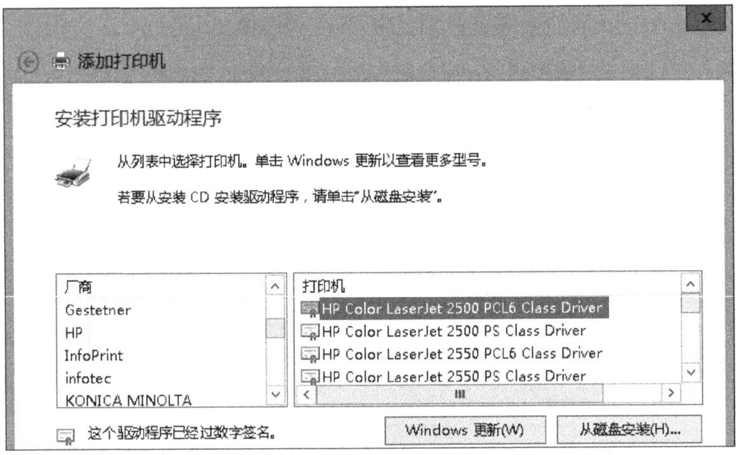

图 8-6

STEP 6 在键入打印机名称界面中直接单击下一步按钮或另外指定名称。

STEP 7 在如图8-7所示对话框中设置打印机共享名。

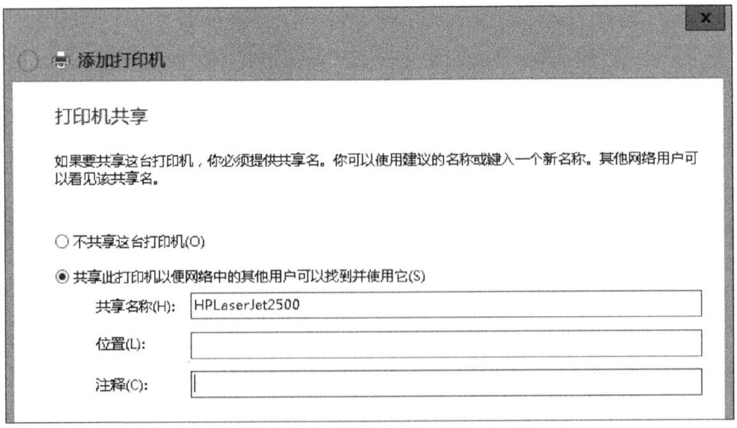

图 8-7

STEP 8 最后，单击完成按钮或先单击打印测试页按钮来测试是否可以正常打印。

安装网络接口打印机

内置网卡的**网络接口打印机**可以通过网线直接连接到网络。有的网络接口打印机需要通过厂商所附光盘进行安装，而有的可以通过以下步骤进行安装：【按Windows键⊞切换到**开始屏幕**➲**控制面板**➲单击**硬件**下的**查看设备和打印机**➲单击上方的**添加打印机**➲单击**我需要的打印机不在列表中**➲单击如图8-8所示背景图的**通过手动设置添加本地打印机或网络打印机**➲单击**创建新端口**➲在**设备类型**处选择**TCP/IP设备**后单击 下一步 按钮➲如前景图所示输入打印机主机名或IP地址、设置端口名称】，接下来的步骤与添加普通并行端口打印机类似，例如安装打印机驱动程序、设置为共享打印机等。

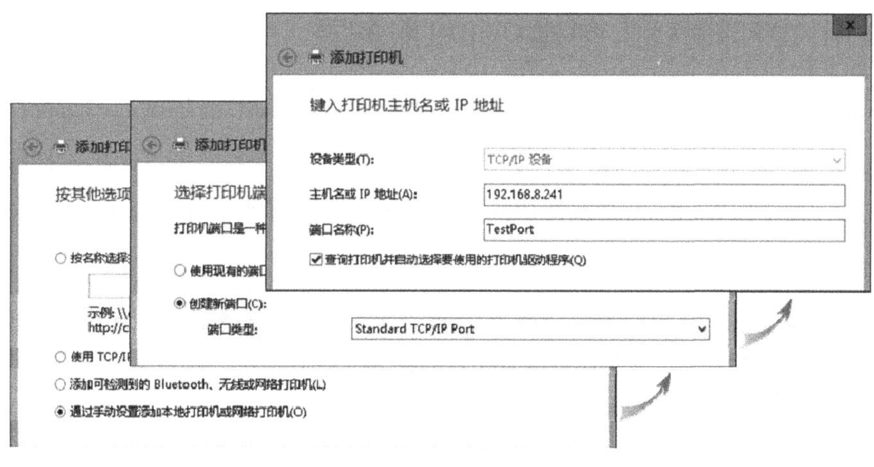

图 8-8

附注

由于网络接口打印机是连接到网络上的，因此网络用户也可以直接连接网络接口打印机，不需要通过这台打印服务器。

将现有的打印机设置为共享打印机

可以通过以下方法将尚未被共享的打印机设置为共享打印机：【按Windows键⊞切换到**开始屏幕**➲**控制面板**➲单击**硬件**下的**查看设备和打印机**➲选中打印机并单击鼠标右键➲**打印机属性**➲单击**共享**标签➲如图8-9所示勾选**共享这台打印机**，并设置共享名】。

在Active Directory域环境下，建议勾选图中**列入目录**复选框，以便将该打印机公布到Active Directory，让域用户可以通过Active Directory来找到这台打印机。

图 8-9

8.2.2 利用"打印管理"创建打印机服务器

当在Windows Server 2012计算机上安装**打印和文件服务**时，它会顺便安装**打印管理**控制台，我们可以通过它来安装、管理本地计算机与网络计算机上的共享打印机。**打印管理**控制台的选择方法为:【按Windows键⊞切换到**开始**屏幕➲单击**打印管理**动态磁贴】，如图8-10所示，图中共有两台打印服务器Server3与Server1。

- **自定义筛选器**：让你自行筛选要显示的打印机，例如图中内置的4个筛选器分别用来显示所有的打印机、包含打印任务（打印文档）的打印机、尚未准备妥当的打印机（例如暂停打印）与所有驱动程序。

> **注意**
>
> 1. 也可以在Windows Server 2012计算机上仅安装**打印管理**控制台：【单击左下角的**服务器管理器**图标➲**添加角色和功能**➲……➲在**功能**界面下展开**远程服务器管理工具**➲展开**角色管理工具**➲勾选**打印和文件服务工具**】。
>
> 2. 你必须具备系统管理员权限，才可以管理图中的打印服务器，否则服务器前面的图标会有一个向下的红色箭头。

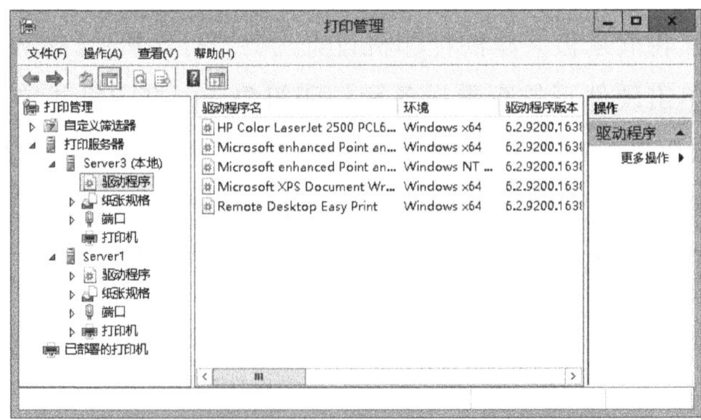

图 8-10

- **打印服务器**：通过此处来管理打印服务器（图中共有两台打印服务器），例如添加打印机、打印端口、纸张类型、驱动程序、部署打印机等。
- **已部署的打印机**：可以通过Active Directory域的组策略来将打印机部署给计算机或用户（见下一节），这些计算机或用户应用策略后，就会自动安装被部署的打印机。已部署的打印机会显示在此处。

8.3 用户如何连接网络共享打印机

在将打印机设置为共享打印机后，网络用户就可以连接此打印机、将文档送到此打印机进行打印。

8.3.1 利用组策略将共享打印机部署给用户或计算机

通过Active Directory域的组策略将打印机部署给计算机或用户后，只要计算机或用户应用这个策略，就会自动为该计算机或用户安装被部署的打印机。部署的方法为：【如图8-11所示选中要被部署的打印机并单击鼠标右键➲使用组策略进行部署】，然后如图8-12所示【单击浏览按钮选择要用来部署此打印机的GPO（以Default Domain Policy为例）➲勾选要部署给用户或计算机后依次单击添加、确定按钮】。

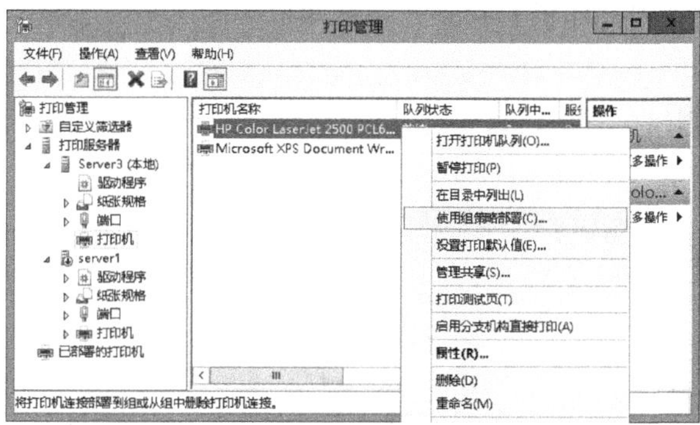

图 8-11

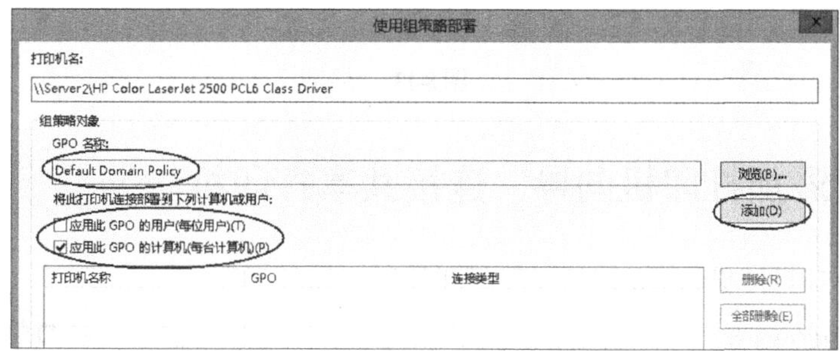

图 8-12

此范例通过Default Domain Policy部署，而且是部署给计算机，因此域内所有计算机只要应用此策略后，就会自动安装此打印机。如果每台计算机要应用此策略，可以将该计算机重新启动，或者在该计算机上手动运行**gpupdate /force**命令，或者等一段时间后让其自动应用（一般客户端计算机需要等90～120分钟）。

完成后，Windows Server 2012的用户可以通过【按Windows键⊞切换到**开始**屏幕➲**控制面板**➲单击**硬件**下的**查看设备和打印机**】，Windows 8的用户可以通过【按⊞+Q键➲**控制面板**➲单击**硬件**下的**查看设备和打印机**】，Windows Server 2008 R2与Windows 7的用户可以通过【**开始**➲**设备和打印机**】，Windows Server 2008与Windows Vista等用户可以通过【**开始**➲**控制面板**➲**打印机**】来看到此台打印机。

8.3.2 利用网络发现连接共享打印机

如果用户的计算机尚未启用网络发现功能，请先启用，网络发现的相关说明、身份验证机制与网络密码的管理等都已经在7.3节介绍过了，可以自行前往参考。以下假设用户计算机的网络发现功能已经启用。

客户端可以通过**文件资源管理器**来连接网络共享打印机，以Windows 8为例，在打开**文件资源管理器**后【如图8-13所示单击左侧共享打印机所在的服务器➲双击共享打印机即可】，之后系统就会自动在用户计算机内安装此打印机。完成后，用户可以通过【打开**控制面板**➲单击**硬件和声音**下的**查看设备和打印机**】看到此台打印机。

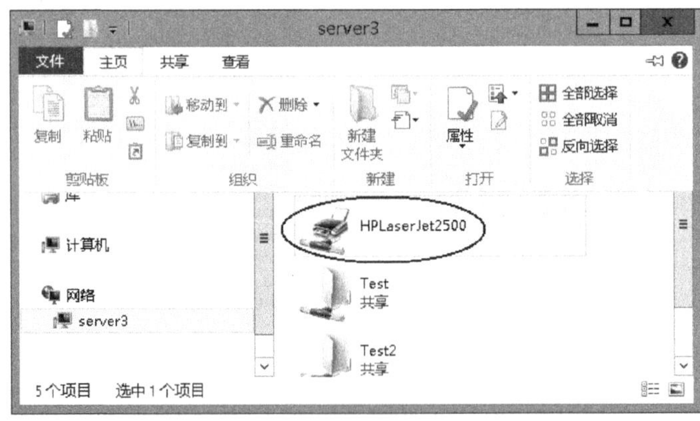

图 8-13

8.3.3 利用“添加打印机向导”连接共享打印机

STEP 1 启用添加打印机向导。

- Windows 8、Windows Server 2012客户端：【打开**控制面板**➲单击**硬件和声音**下的**查看设备和打印机**➲单击上方的**添加打印机**（以下利用Windows 8说明）。

- Windows 7、Windows Server 2008 R2客户端：【开始➲设备和打印机➲添加打印机】。
- Windows Vista、Windows Server 2008等其他客户端：【开始➲控制面板➲打印机➲添加打印机】。

STEP 2　在图8-14中显示已经公布到Active Directory的打印机，请单击要连接的打印机，然后单击下一步按钮并跳到STEP 4。如果打印机未出现在此界面，请单击我需要的打印机不在列表中，然后继续下一个步骤。

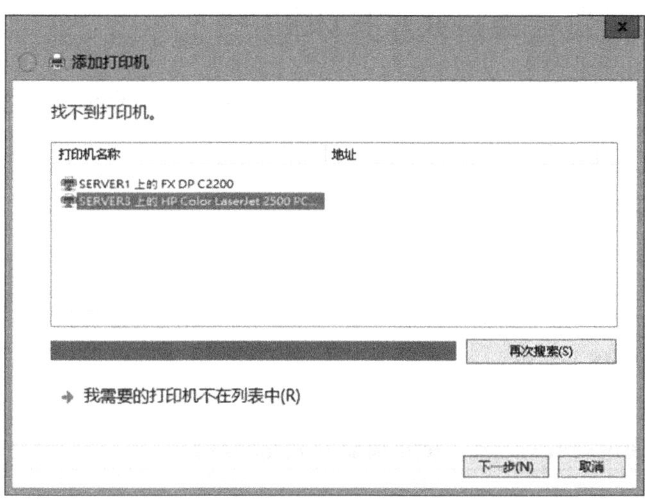

图 8-14

STEP 3　在图8-15中可以通过以下4种方式之一来连接共享打印机，完成后请单击下一步按钮（此处利用第2种方式）：

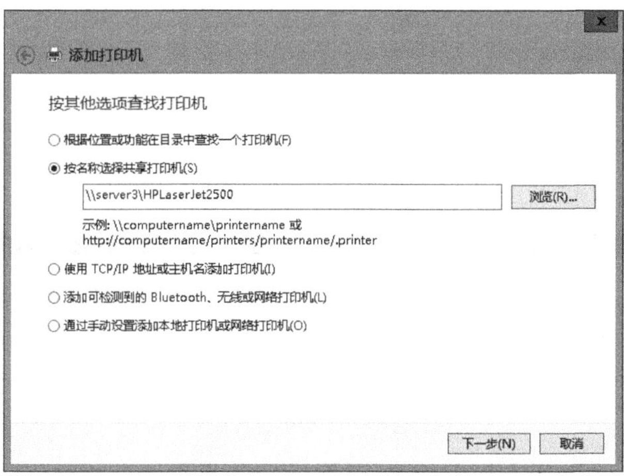

图 8-15

- 查找公布到Active Directory的打印机（也就是如图8-14所示中的打印机）。未加入域的计算机，并不会出现此选项。

- 利用UNC路径，例如图中的\\server3\HPLaserJet2500，其中的server3为打印服务器的计算机名、HPLaserJet2500为打印机的共享名，此处也可以输入\\server3.sayms.local\HPLaserJet2500（但是需要解析到server3.sayms.local的IP地址）。
- 利用TCP/IP地址或主机名查找打印机。它让用户能够连接**网络接口打印机**。
- 通过蓝牙、无线或网络发现来查找打印机。

STEP 4　在接下来的两个界面中分别单击**下一步**、**完成**按钮。

8.3.4 利用网页浏览器连接共享打印机

如果共享打印机所在的打印服务器本身也是IIS网站，则用户可以通过网址来连接打印服务器与共享打印机。

> **附注**
>
> 1. 如果打印服务器尚未安装IIS网站，可通过单击左下角**服务器管理器**图标的方法来安装**Web服务器（IIS）**角色。
> 2. 如果客户端通过Internet来连接打印服务器，则客户端需要安装或启用**Internet打印客户端**功能；如果通过局域网连接，就不需要安装此功能。

用户可以在网页浏览器内输入URL网址来连接打印服务器，例如http://server3/printers/（见图8-16）或**http://server3.sayms.local/ printers/**，其中的server3为打印服务器的计算机名，server3.sayms.local为其DNS主机名。如果用户无权限连接打印服务器，则还需要先输入有权限的用户账户与密码。

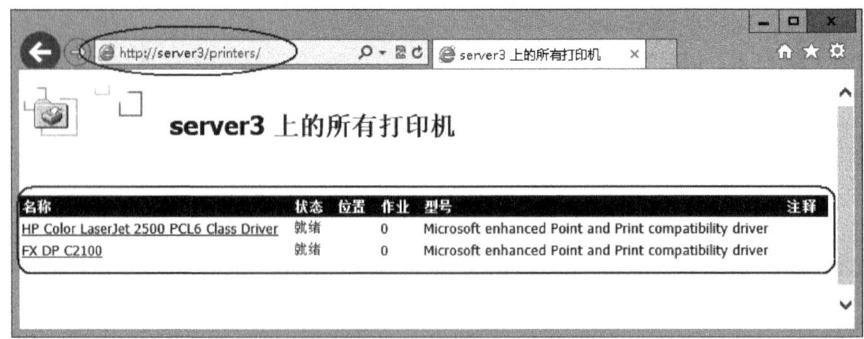

图8-16

它会将打印服务器内所有的共享打印机显示在界面上，当用户单击图中的HP Color LaserJet 2500 PCL6 Class Driver打印机后，就可以通过如图8-17所示对话框来查看、管理此打印机与待打印的文档。

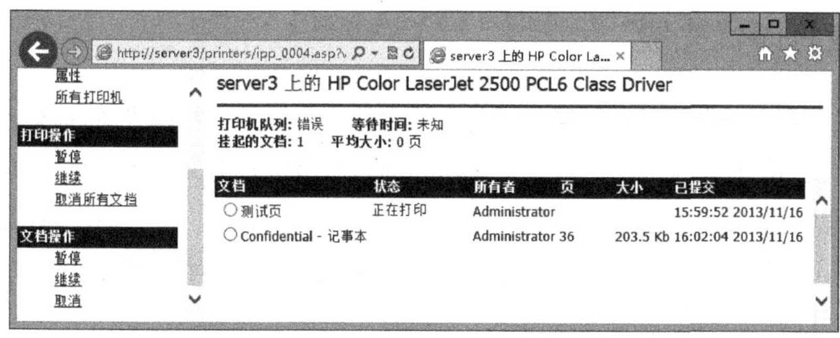

图 8-17

8.3.5 其他连接共享打印机的方法

用户可以通过【按⊞+R键➲输入UNC路径来连接共享打印机，例如输入\\server3\HPLaserJet2500，按Enter键（可能需要输入用户账户与密码）】，之后系统就会自动在用户的计算机内安装此打印机。

8.3.6 中断与共享打印机的连接

如果用户不想再连接共享打印机：【选中打印机并单击鼠标右键➲选择**删除设备**（或**删除**）即可】，如图8-18所示为Windows 8的范例。

图 8-18

8.4 共享打印机的高级设置

可以根据用户或公司需求进一步设置打印机，例如打印优先级、打印时间与打印机池等。

8.4.1 设置打印优先级

如果公司内部有一台同时对基层员工与高级主管提供服务的打印设备，而你希望高级主管的文档拥有比较高的打印优先级，换句话说，如何让高级主管的文档可以优先打印呢？

此时，可以利用**打印优先级**来达到上述目标，如图8-19所示，你可以在打印服务器内创建两个分别拥有不同打印优先级的逻辑打印机，而这两个打印机都对应到同一台物理打印设备，这个方式可以让同一台打印设备处理由多个逻辑打印机送来的文档。

图8-19中安装在打印服务器内的打印机HPLaserJet-1拥有较低的打印优先级（1），而打印机HPLaserJet-2的打印优先级较高（99），因此通过HPLaserJet-2打印的文档，可以优先打印（如果打印设备正在打印其他文档，需要等此文档打印完成后，才会开始打印这份优先级比较高的文档）。可以通过权限设置来指定只有高级主管才有权使用HPLaserJet-2，而基层员工只能够使用HPLaserJet-1。

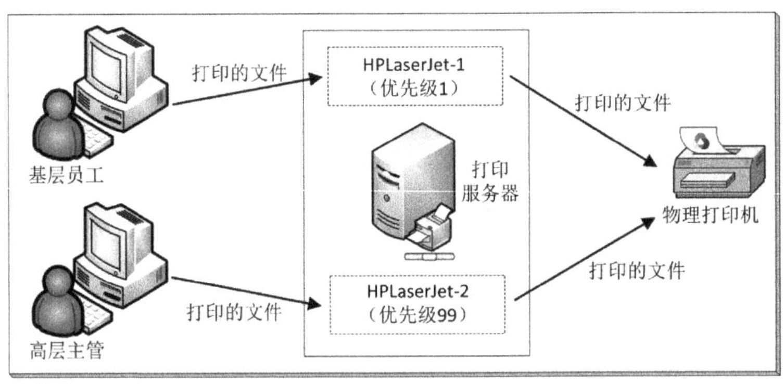

图 8-19

这种架构的设置方式为：以图8-19为例，请先创建一台打印机（假设为LPT1端口），然后创建第2台相同的打印机，并选择相同的打印端口（LPT1端口，如图8-20所示）。

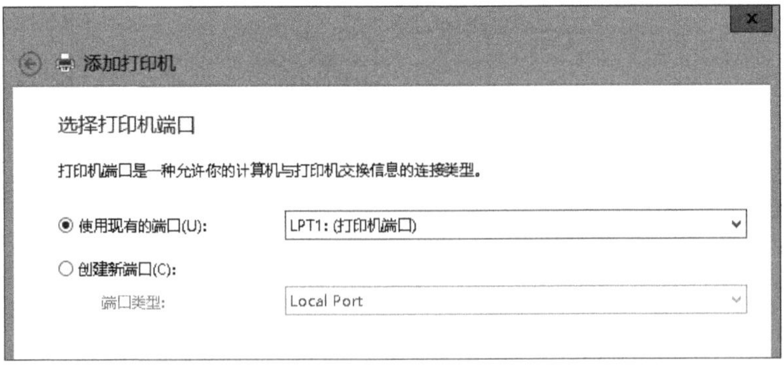

添加打印机

选择打印机端口

打印机端口是一种允许你的计算机与打印机交换信息的连接类型。

◉ 使用现有的端口(U): LPT1: (打印机端口)

○ 创建新端口(C):

端口类型: Local Port

图 8-20

完成打印机创建工作后：【如图8-21所示选中打印机并单击鼠标右键（两台打印机被合并在一个图标内）➲**打印机属性**➲单击要更改优先级的打印机➲如图8-22所示通过**高级**标签来设

置其优先级】，1代表最低优先级，99代表最高优先级。

图 8-21

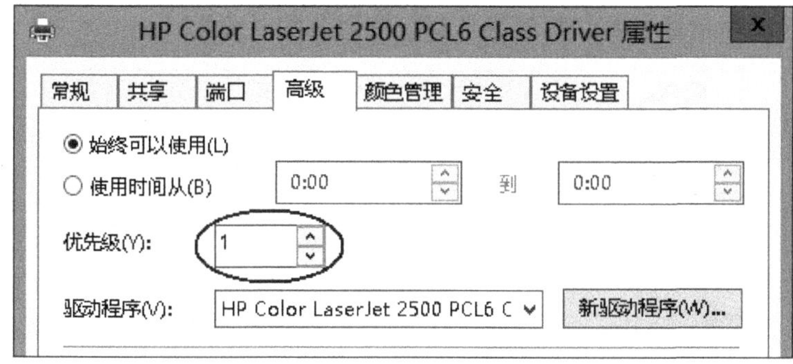

图 8-22

以上工作也可以通过**打印管理**控制台来完成：【按Windows键⊞切换到**开始**屏幕➲**系统管理工具**➲**打印管理**➲在如图8-23所示界面中选中要设置的打印机并单击鼠标右键➲**属性**】。

图 8-23

8.4.2 设置打印机的打印时间

如果打印设备在白天上班时过于忙碌，因而你希望某些已经送到打印服务器的非紧急文档不要立刻打印，等到打印设备比较闲的特定时段再打印。另外，某份文档过于庞大，会占用太多打印时间，影响到其他文档的打印，也可以让此份文档等到打印设备比较闲的特定时段再打印。

如果要达到以上目标，可以如图8-24所示在打印服务器内创建两个打印时段不同的打印机，这两个打印机都使用同一台物理打印设备。图中安装在打印服务器中的打印机HPLaserJet-1一天24小时都提供打印服务，而打印机HPLaserJet-2只有在18:00～22:00才提供打印服务。因此，通过HPLaserJet-1打印的文档，只要轮到它就会开始打印；而发送到HPLaserJet-2的文档，会被暂时搁置在打印服务器，一直等到18:00才会将其送到打印设备去打印。

这种架构的设置方式为：以如图8-24为例，先创建一台打印机，然后创建第2台相同的打印机，并选择相同的打印端口，接着【选中打印机并单击鼠标右键➲**打印机属性**➲分别单击两台打印机➲如图8-25所示通过**高级**标签来选择打印服务的时段】。

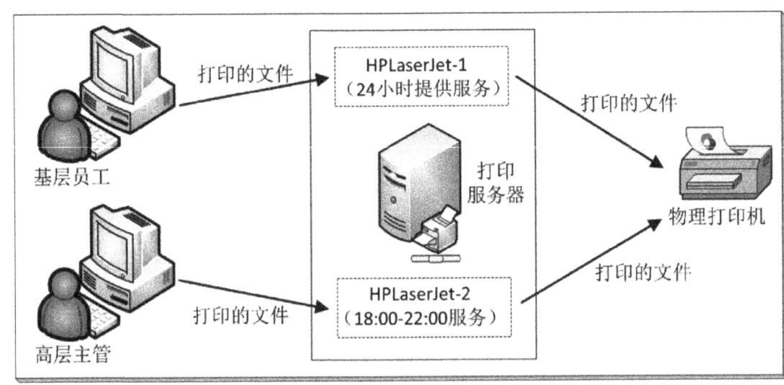

图 8-24

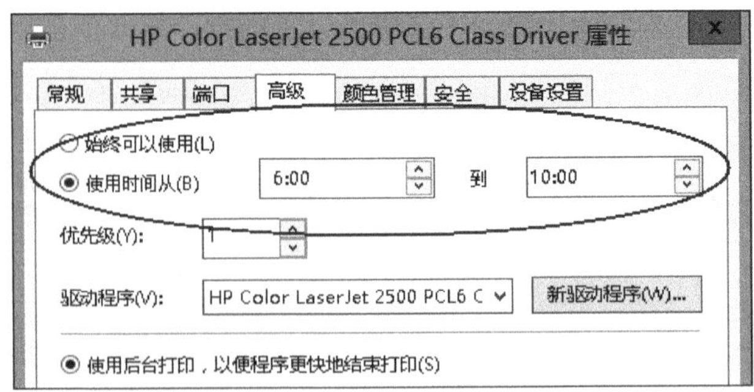

图 8-25

8.4.3 设置打印机池

所谓**打印机池**（printer pool）就是将多台相同的（或特性相同的）打印设备集合起来，然后仅创建一个逻辑打印机来对应到这些打印设备，也就是让一个打印机可以同时使用多台打印

设备来打印文档，如图8-26所示。

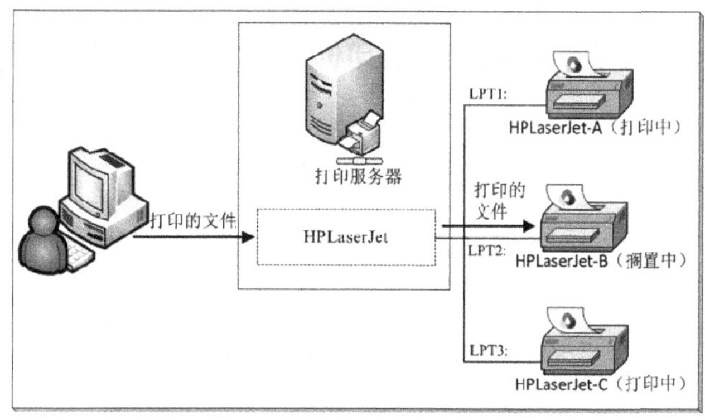

图 8-26

当用户将文档发送到此打印机时，打印机会根据打印设备的忙碌状态来决定要将此文档发送到**打印机池**中的哪一台打印设备进行打印。例如，图8-27中打印服务器内的HPLaserJet为**打印机池**，当其收到用户的打印文档时，由于打印设备HPLaserJet-A与HPLaserJet-C都正在打印中，而打印设备HPLaserJet-B处理闲置中，因此打印机HPLaserJet会将此文档送往打印设备HPLaserJet-B打印。

用户通过**打印机池**进行打印，从而节省自行查找打印设备的时间。建议这几台打印设备最好放置在邻近的地方，以便让用户比较容易拿到打印出来的文档。

如果**打印机池**中有一台打印设备因故停止打印（例如缺纸），则只有当前正在打印的文档会被搁置在此台打印设备上，其他文档仍然可以由其他打印设备继续正常打印。

打印机池的创建方法为：【以图8-26为例，先创建一台打印机➲选中打印机并单击鼠标右键➲**打印机属性**➲通过如图8-27所示的**端口**标签进行设置】，图中需要先勾选最下方的**启用打印机池**复选框，再勾选上方所有连接着打印设备的连接端口（假设是LPT:端口）。

图 8-27

8.4.4 打印机的其他设置

可通过【选中打印机并单击鼠标右键➲**打印机属性**➲**高级**标签】的方法进行其他设置，如图8-28所示。

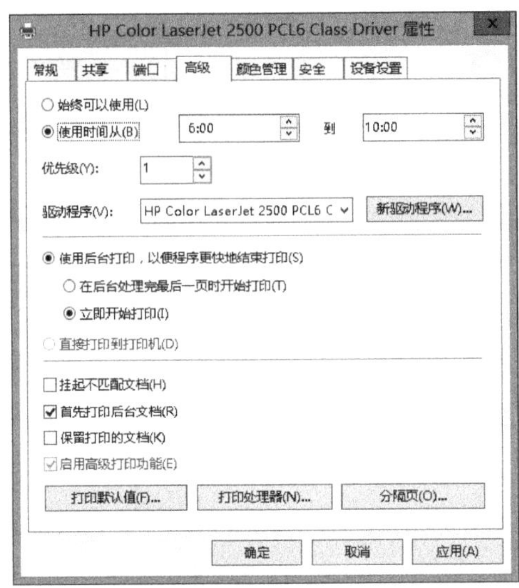

图 8-28

- **使用后台打印，以便程序更快地结束打印**：后台打印的作用是先将收到的文档存储在磁盘内，然后将其送到打印设备打印。将文档送往打印设备的工作是由**缓冲器**（spooler）负责，并且是在后台运行。
  - **在后台处理完最后一页时开始打印**：需要收到文档的所有页数后，才会将其送到打印设备打印。
  - **立即开始打印**：收到文档第一页就开始打印，不需要等到收齐所有页数。
- **直接打印到打印机**：文档直接发送到打印设备，而不会先送到后台。
- **挂起不匹配文档**：如果文档的格式设置与打印机不符合，此文档会被搁置不印，例如，将打印设备设置为使用Letter Size纸张，但是文档格式却不是设置成Letter Size，则打印机收到此文档后，并不会将其送往打印设备。
- **首先打印后台文档**：先打印已经完整送到后台的文档，而尚未完整收齐的文档会晚一点打印，即使这份不完整文档的优先级较高或先收到也同样如此。如果未选择此复选框，则打印顺序取决于优先级与送到打印机的先后顺序。
- **保留打印的文档**：当打印文档被送往打印服务器时，它会先被暂时存储到服务器的磁盘内排队等待打印，这个操作被称为后台打印（而此暂存文档就称为后台文档），等到轮到时再将其送到打印设备打印。此选项让你决定是否在文档发送到打印设备后，就将后台文档从磁盘中删除。

Q 文件被发送到打印服务器后，它被暂时存储在打印服务器的什么位置?

A 可以通过【在**设备和打印机**界面下单击任何一台打印机➲单击上方的**打印服务器属性**➲**高级**标签➲】的方法来得知它是被存储在%*Systemroot*%\System32\spool\PRINTERS文件夹内的。

- **启用高级打印功能**：此时文档会采用EMF（Enhanced metafile）的格式来转换打印的文档，并且支持其他高级打印功能（根据打印设备而定）。

8.5 打印机使用权限与所有权

你所添加的每一台打印机，默认所有用户都有权限将文档发送到此台打印机打印，而且这台打印机的所有者为SYSTEM。

8.5.1 打印机使用权限的分配

某些情况下，你并不希望所有用户都可以使用网络共享打印机，例如某台具有特殊用途的高价位打印机，其打印成本很高，因此可能需要通过权限设置，来限制只有某些人才可以使用此打印机。

可以通过【选中打印机并单击鼠标右键➲**打印机属性**➲选中图8-29中**安全**标签】的方法来查看与更改用户的打印权限，从图中可看出默认Everyone都有**打印**的权限。由于打印机权限的设置方法与文档权限是相同的，因此此处不再重复，请自行参考第6章的说明，此处列出了打印机的权限种类与其所具备的能力，如表8-1所示。

图 8-29

表8-1

具备的能力 \ 打印机的权限	打印	管理文档	管理这台打印机
连接打印机与打印文档	√		√
暂停、继续、重新开始与取消打印用户自己的文档	√		√
暂停、继续、重新开始与取消打印所有的文档		√（见提示）	√
更改所有文档的打印顺序、时间等设置		√（见提示）	√
将打印机设置为共享打印机			√
更改打印机属性（properties）			√
删除打印机			√
更改打印机的权限			√

注意

用户被赋予**管理文档**权限后，他并不能管理已经在等待打印的文档，只能管理在被赋予**管理文档**权限之后才送到打印机的文档。

如果要将**共享打印机**隐藏起来让用户无法通过网络来浏览到它，只要将共享名的最后一个字符设置为符号$即可。被隐藏起来的打印机，用户还可以通过自行输入UNC网络路径的方式来连接，例如通过【按⊞+R键➲输入打印机的UNC路径，例如\\Server3\HPLaserJet$】。

8.5.2 打印机的所有权

每一台打印机都有**所有者**，所有者具备更改此打印机权限的能力。打印机的默认所有者是SYSTEM。

由于打印机所有权的相关原理与设置都与文档相同，因此此处不再重复，请自行参考6.4节**文件与文件夹的所有权**中的说明。

8.6 利用分隔页分隔打印文档

由于共享打印机可供多人同时使用，因此在打印设备上可能有多份已经打印完成的文档，但是却不容易分辨出属于何人所有，此时可以利用**分隔页**（separator page）来分区每一份文档，也就是在打印每一份文档之前，先打印分隔页，这个分隔页中可以包含拥有该文档的用户名、

打印日期、打印时间等数据。

分隔页上需要包含哪些数据是通过**分隔页文档**进行设置的。分隔页文档除了可供打印分隔页之外，它还具备控制打印机工作的功能。

8.6.1 创建分隔页文档

系统已内置了几个标准分隔页文档，它们位于%Windir%\System32文件夹内（%Windir%一般是指C:\Windows）。

- **sysprint.sep**：适用于与PostScript兼容的打印设备。
- **pcl.sep**：适用于与PCL兼容的打印设备。它先会将打印设备切换到PCL模式（利用\H命令，后述），然后打印分隔页。
- **pscript.sep**：适用于与PostScript兼容的打印设备，用来将打印设备切换到PostScript模式（利用\H命令），但是不会打印分隔页。
- **sysprtj.sep**：日文版的sysprt.sep。

如果以上标准分隔页文档并不符合所需，请自行在%Windir%\System32文件夹内，利用**记事本**来设计分隔页文档。分隔页文档中的第一行用来代表转义符（escape character），你可以自行决定此转义符，例如要将\符号当作转义符，则请在第一行输入 \ 后按Enter键。我们通过上述pcl.sep文档为例进行说明，其内容如图8-30所示。

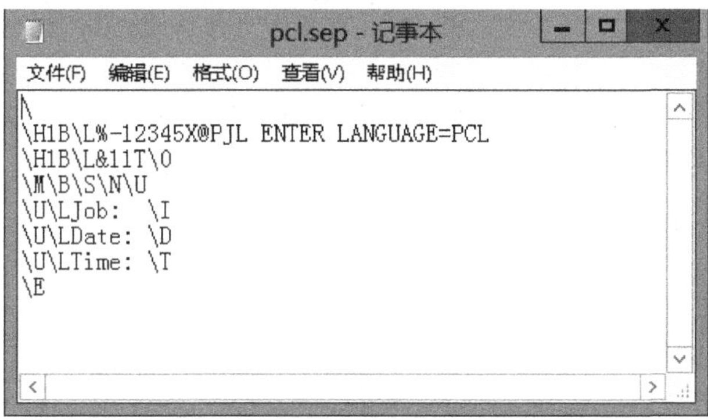

图 8-30

其中第一行为\（其后跟着按Enter键），表示此文档以\代表转义符。表8-2中列出了分页文档内可以使用的命令，此表假设转义符为\。

表8-2

命令	功能
\J	打印发送此文档的用户的域名（仅Windows Server 2012与Windows 8内的打印队列支持）
\N	打印发送此文档的用户名
\I	打印工作号码（每个文档都会被赋予一个工作号码）

（续表）

命令	功能
\D	打印文档被打印出来时的日期，此日期格式与【**控制面板➲时钟、语言和区域**】内的日期格式相同
\T	打印文档被打印出来时的时间，此时间格式与【**控制面板➲时钟、语言和区域**】内的时间格式相同
\L	打印所有跟在\L后的文字，直到另一个转义符为止
\Fpathname	由一个空白行的开头，将pathname所指的文件属性打印出来，此文档不会经过任何处理，而是直接打印
\Hnn	发送打印机句柄nn，此句柄随打印机而有不同的定义与功能，请参阅打印机手册
\Wnn	设置分隔页的打印宽度，默认为80，最大为256，超过设置值的字符会被截掉
\U	关闭块字符（block character）打印，它兼具跳到下一行的功能
\B\S	以单宽度块字符打印文字，直到遇到\U为止（见以下范例）
\B\M	以双宽度块字符打印文字，直到遇到\U为止
\E	跳页
\n	跳n行（可由0～9），n为0表示跳到下一行

\Fpathname中指定的文档请放置到以下文件夹之一，否则无法打印此文档：

- %Windir%\System32。
- %Windir%\System32\SepFiles，或者此文件夹下的任何一个子文件夹内。
- 自选文件夹下的SepFiles文件夹内，例如C:\Test\SepFiles，或者此文件夹下的任何一个子文件夹内。

假设分隔页文档如图8-31所示，并且文件的打印人为Tom，则打印出来的分隔页会类似图8-32所示，其中tom的字样会被利用#符号拼出来是因为\B\S命令的关系，如果用\B\M命令，则字会更大（#符号会重复）。

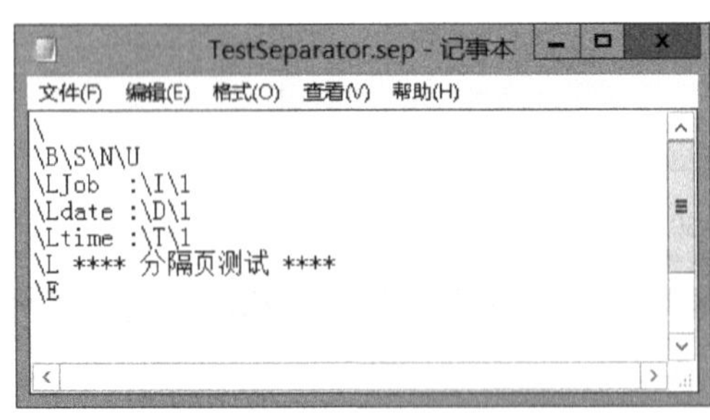

图 8-31

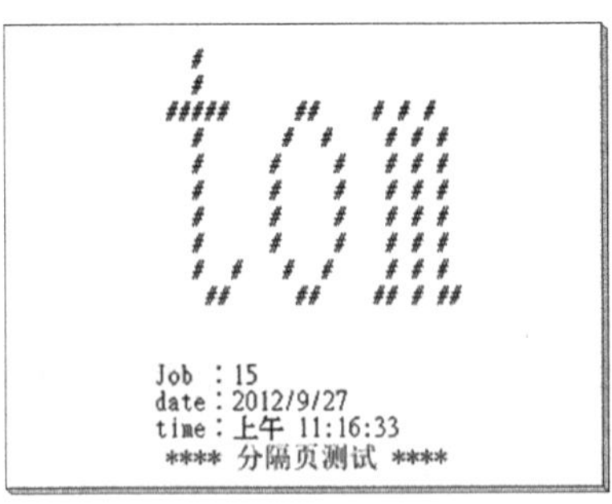

图 8-32

8.6.2 选择分隔页文档

选择分隔页文档的方法为：【选中打印机并单击鼠标右键➲**打印机属性**➲单击如图8-33所

示**高级**标签下的分隔页按钮➲输入或选择分隔页文档➲单击确定按钮】。

图 8-33

8.7 管理等待打印的文档

当打印服务器收到打印文档后，这些文档会在打印机内排队等待打印，如果你具有管理文档的权限，就可以针对这些文档执行管理的任务，例如暂停打印、继续打印、重新开始打印与取消打印等。

8.7.1 暂停、继续、重新开始、取消打印某份文档

如果某份文档在打印时出现问题，可以暂停打印，待解决问题后再重新打印或取消打印，这些文档管理工作可以通过【在**设备和打印机**界面下双击打印机➲单击**查看正在打印的内容**➲如图8-34所示选中文档并单击鼠标右键➲选择图中的选项来管理文档】的方法，例如暂停（或继续）打印该文档、重新从第1页开始打印（重新启动）或取消打印该份文档。

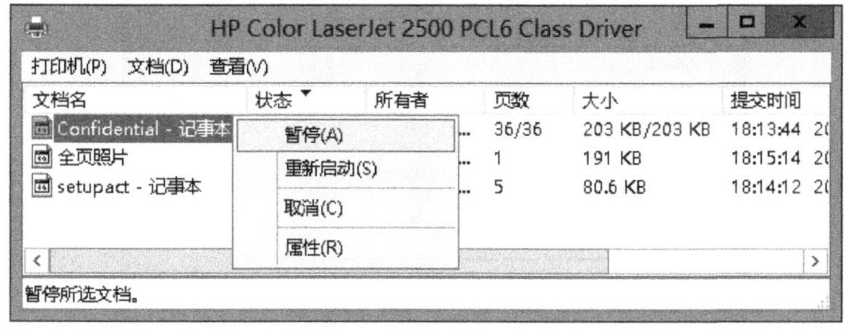

图 8-34

8.7.2 暂停、继续、取消打印所有的文档

如果打印设备出现问题，可以暂停打印正在等待的所有文档，待解决问题后再重新打印或取消打印，这些文档管理工作可以通过如图8-35所示的打印机界面中选择上方的**打印机**菜单，然后从弹出的菜单中选择**暂停打印**（或**继续**）、**取消所有文档**。

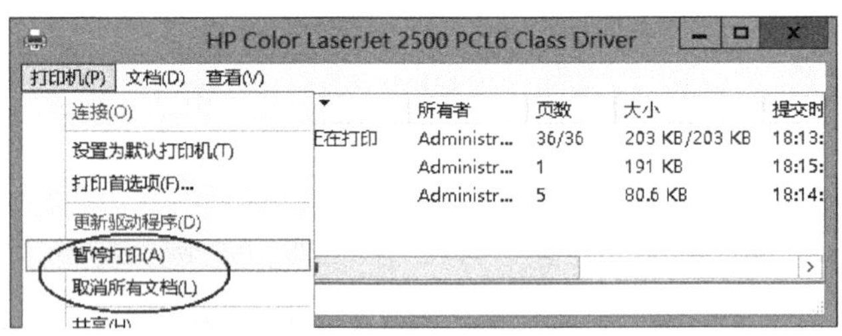

图 8-35

8.7.3 更改文档的打印优先级与打印时间

一个打印机内所有文档的默认优先级都相同，此时先发送到打印服务器的文档会先打印，不过可以更改文档的打印优先级，以便让急件可以优先打印：【选中该份文档并单击鼠标右键➲**属性**➲通过如图8-36所示的界面进行设置】，图中文档的优先级号码是默认的1（最低），只要将优先级的号码调整到比1大即可。

打印机默认24小时提供服务，因此发送到打印服务器的文档，只要轮到它就会开始打印。不过，也可针对所选文档来更改其打印时间，在时间未到之前，即使轮到该份文档也不会打印它。可以通过如图8-36中所示最下方的**日程安排**来更改打印时间。

图 8-36

8.7.4 将打印文档转移

如果因为打印设备发生故障，造成正在打印机内排队等待打印的文档无法打印，此时可以将这些文档转移到其他打印机打印，以避免用户必须自行将文档重新发送到其他打印机的困扰。不过，必须将其转移到安装了相同打印机驱动程序的打印机（也就是其打印设备是相同或兼容的）。将文件转移的方法：【在**设备和打印机**界面下选中要被转移的打印机并单击鼠标右键➲**打印机属性**➲**端口**标签】，此时：

- **如果要转到同一台计算机内的其他打印机**：请直接选择该打印机即可，例如如图8-37所示，原本连接在LPT1的HP Color LaserJet 2500 PCL6发生故障，但连接在LPT2的也是相同的打印设备，此时可以直接将原本要发送到LPT1的文档转到LPT2，也就是只要改为勾选LPT2即可。

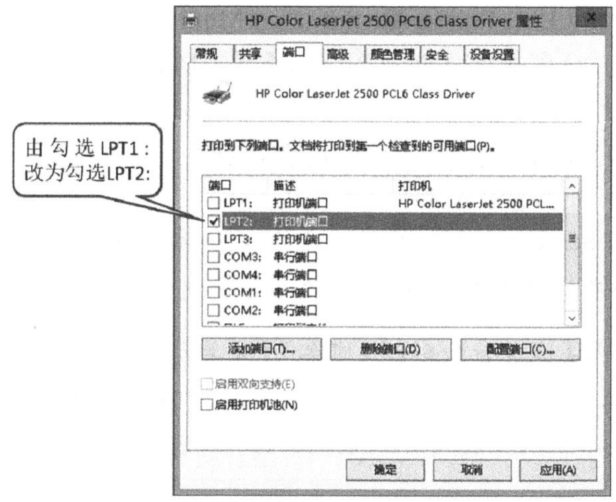

图 8-37

- **如果要将其转到网络上另一台计算机的共享打印机**：单击如图8-37所示左下角的添加端口按钮，然后【在如图8-38所示对话框中选择**Local Port**➲单击新端口按钮➲输入目的地打印机的网络路径，例如图中的\\Server2\HPLaserJet】。

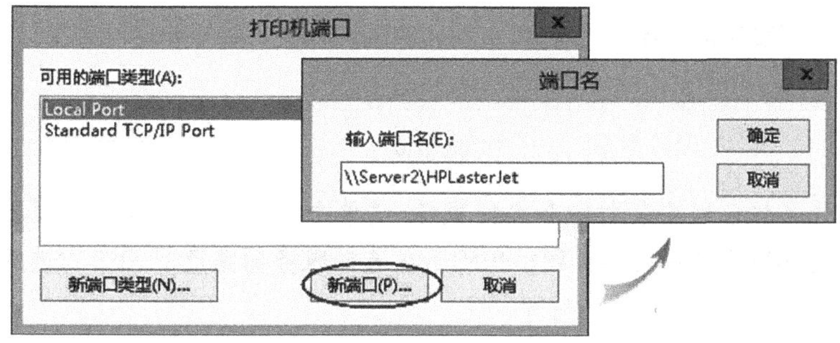

图 8-38

> **附注**
>
> 除正在打印中的文档之外，其他所有尚在等待打印的文档都会被转移，你无法单独仅将某份文档转移。

8.8 与UNIX系统通信

可以通过以下两个组件让Windows Server 2012与UNIX计算机通信。

- **LPD（Line Printer Daemon）服务**：它让Windows Server 2012计算机能够提供TCP/IP打印服务器的服务，因此可接收由UNIX客户端发送过来的打印文档。
- **LPR端口监视器（Line Printer Remote Port Monitor）**：它让Windows Server 2012计算机可以将文件发送到执行LPD的UNIX服务器（TCP/IP打印服务器）打印。

8.8.1 接收由UNIX客户端发送的打印文档

你需要让Windows Server 2012变成TCP/IP打印服务器，也就是在此计算机内安装**LPD服务**，而此服务是内置在**打印和文件服务**内的，其安装方法如下。

- 如果此计算机尚未安装**打印和文件服务**：【单击左下角的**服务器管理器**图标➲单击**添加角色和服务**➲……➲在角色界面下勾选**打印和文件服务**➲单击下一步按钮➲……➲如图8-39所示在**选择角色服务**界面下勾选**LPD服务**复选框➲……】。

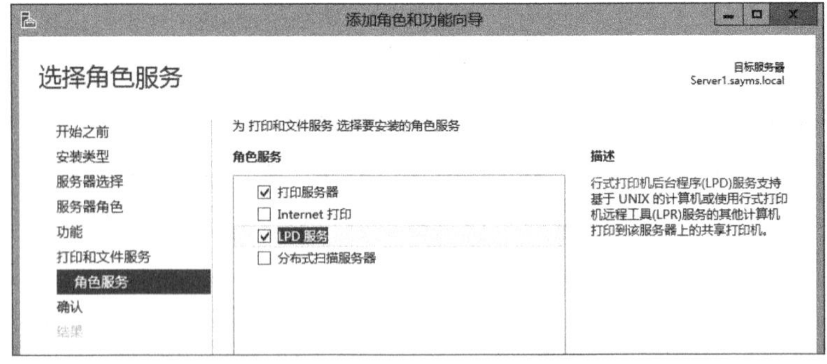

图 8-39

- 如果此计算机已经安装**打印和文件服务**：【单击左下角的**服务器管理器**图标➲单击**添加角色和服务**➲……➲如图8-40所示在**选择服务器角色**界面下勾选**服务器角色**之下**LPD服务**复选框➲……】。

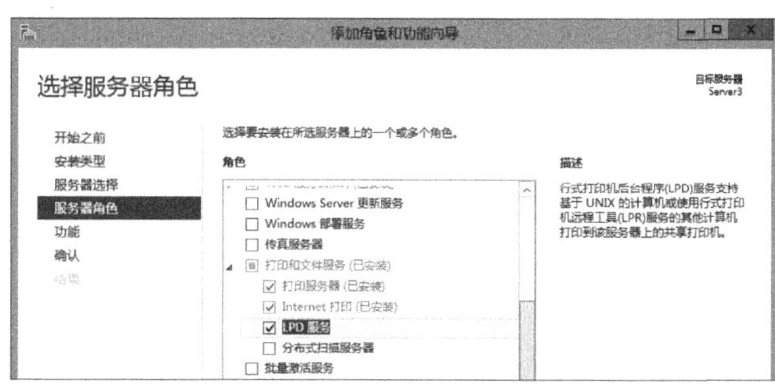

图 8-40

8.8.2 将文件发送到UNIX的打印服务器打印

你需要在计算机内添加**LPR连接端口监视器**功能：【单击左下角的**服务器管理器**图标➲……➲如图8-41所示在**选择功能**界面下勾选**LPR端口监视器**复选框➲……】。

> **附注**
>
> Windows 8启用**LPR端口监视器**的方法：【按⊞+Q键➲**控制面板**➲**程序**➲**打**开或关闭Windows功能➲展开打印和文件服务➲勾选**LPR端口监视器**复选框】。

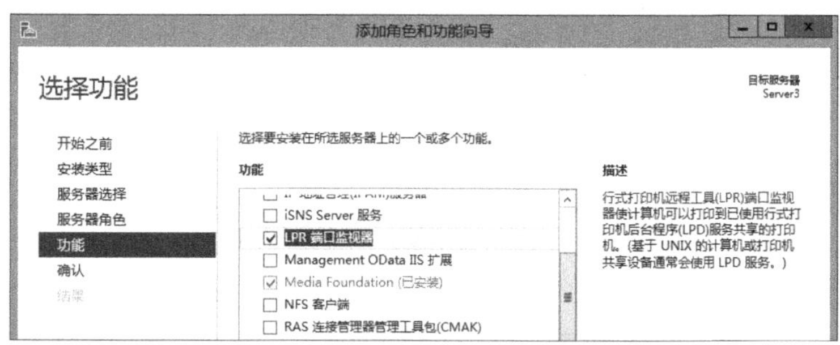

图 8-41

接下来，在计算机内添加可以连接到UNIX打印服务器（支持 LPD的TCP/IP打印服务器）的打印机，其步骤如下所示。

STEP **1**　按Windows键⊞切换到**开始屏幕**➲**控制面板**➲单击**硬件**下的**查看设备和打印机**➲单击上方的**添加打印机**。

STEP **2**　单击图8-42中所示的**我需要的打印机不在列表中**。

STEP **3**　如图8-43所示进行选择后单击下一步按钮。

STEP **4**　如图8-44所示选择**LPR Port**。

图 8-42

图 8-43

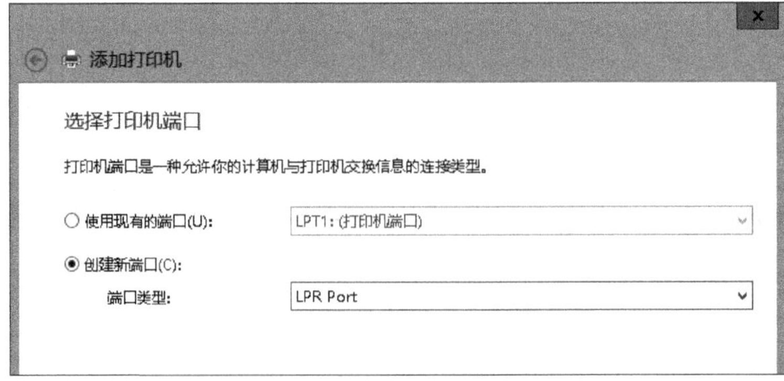

图 8-44

STEP 5　在如图8-45所示对话框中输入UNIX打印服务器的名称或IP地址、输入打印机名称或打印队列（如果打印服务器是支持LPD的Windows Server 2012，则此处输入打印机共享名）。

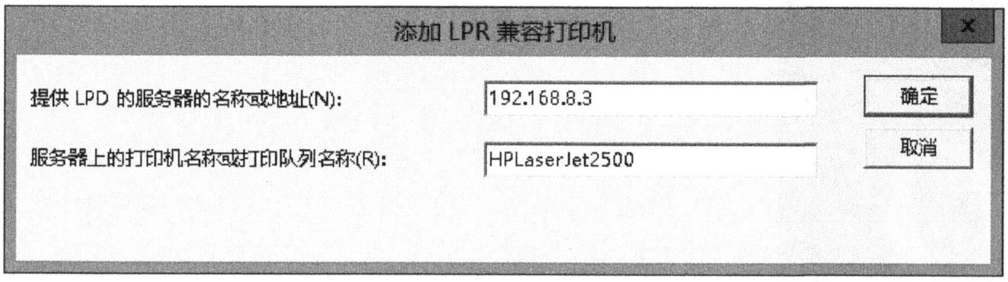

添加 LPR 兼容打印机

提供 LPD 的服务器的名称或地址(N): 192.168.8.3

服务器上的打印机名称或打印队列名称(R): HPLaserJet2500

确定

取消

图 8-45

STEP 6 接下来的步骤与添加一台本地IEEE 1284并行端口打印机相同，请直接参考前面的说明。

第 9 章 利用配置文件管理用户工作环境

我们可以通过**用户配置文件**（user profile）来存储用户的桌面工作环境，也可以通过登录脚本与主文件夹等设置用户的桌面工作环境。

- 本地用户配置文件
- 漫游与强制用户配置文件
- 自定义Default配置文件
- 登录脚本
- 利用**主文件夹**存储私人文件

9.1 本地用户配置文件

本地用户可以通过**本地用户配置文件**让他每次登录时都有统一的桌面工作环境，例如相同的桌面、相同的网络驱动器、相同的鼠标指针等。

当用户第一次登录计算机时，系统会自动在磁盘内为用户创建一个**本地用户配置文件**文件夹，用户的桌面工作环境设置会被存储在此文件夹内。用户下次登录时，系统会使用此文件夹中的内容来设置用户的桌面工作环境。

用户配置文件文件夹

用户配置文件的文件夹位于**%SystemDrive%\用户**文件夹下，如图9-1所示是Windows 8计算机的范例，背景图中共有3个用户配置文件的文件夹（administrator、george和jackie），其中前景图为george用户配置文件的文件夹的内容。

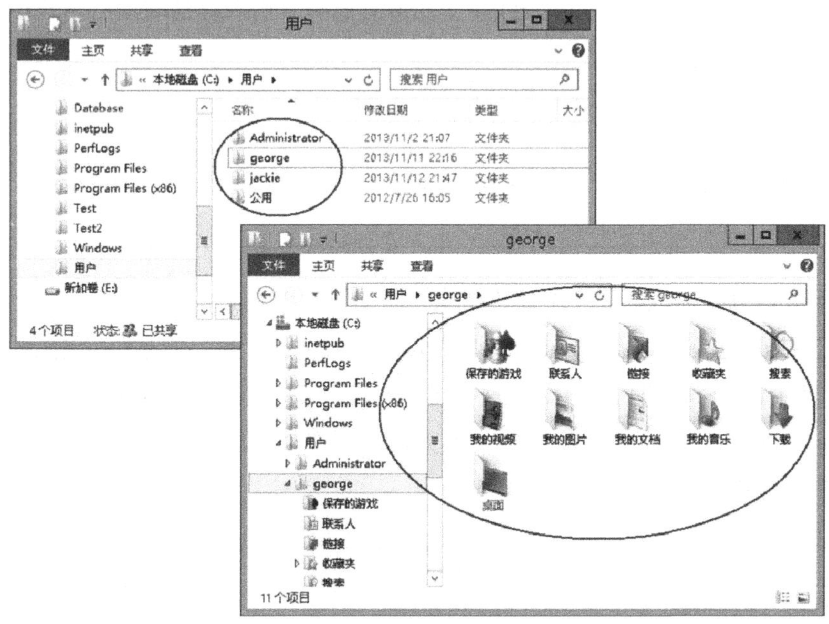

图 9-1

从图中可以看出，系统利用用户账户名来当作用户配置文件文件夹的文件夹名，例如用户账户名为george，则文件夹名就是george。即使以后更改用户账户名，此文件夹名也不会改变。

系统会在用户第一次登录时为其创建专用的用户配置文件的文件夹，此文件夹的默认内容是从Default文件夹复制过来的。由于Default文件夹是隐藏文件夹，因此需要通过【在桌面中单击左下方的**文件资源管理器**图标➲单击上方的**查看**菜单➲勾选**隐藏的项目**】的方法进行显示，如图9-2所示。

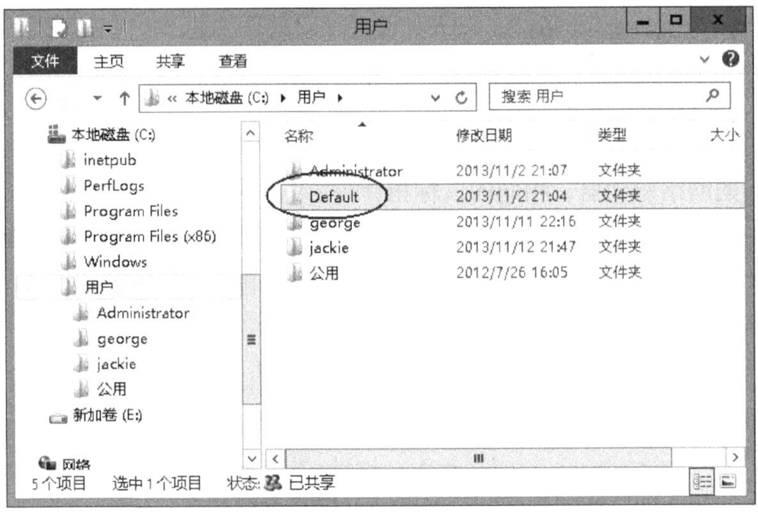

图 9-2

事实上，用户第一次登录时的桌面工作环境，并不是单纯由Default文件夹决定的，而是同时由Default与%SystemDrive%\ProgramData文件夹决定的，后者存储着所有用户的共同设置。

附注

此处的Default与%SystemDrive%\ProgramData文件夹，在旧版Windows系统内并不使用此名称，而是Default User与All Users。

当用户第一次登录完成、系统也替其创建专用的用户配置文件文件夹后，该用户所做的任何桌面设置上的更改（不含%SystemDrive%\ProgramData的内容）都会被存储到此文件夹内。该用户再次登录此计算机时，就会以这个专门属于他个人的配置文件文件夹内容（搭配%SystemDrive%\ProgramData文件夹内容）作为他的桌面工作环境。在整个过程中，Default文件夹的内容并不受影响，保持不变。

附注

在**公用**文件夹内的**公用文件**与**公用桌面**文件夹（后者为隐藏文件夹）也是分别对应%SystemDrive%\ProgramData内的Documents与Desktop文件夹。

可以试着练习本地用户配置文件的功能，例如利用用户账户george登录Windows 8计算机，通过**【按⊞+Q键➲控制面板➲更改桌面背景】**来修改桌面背景，通过**【控制面板➲硬件和声音➲鼠标➲指针】**来修改鼠标的指针图案，利用**文件资源管理器**来连接网络驱动器、然后

注销，这些修改过的设置都会被存储到george的本地用户配置文件文件夹内。当再次利用george账户登录此Windows 8计算机时，其桌面工作环境就会是刚才注销前修改过的环境。

系统管理员也可以通过以下方法来查看当前这台计算机内有哪些用户配置文件：【按⊞+Q键➲**控制面板**➲**系统和安全**➲**系统**➲**高级系统设置**➲如图9-3所示单击**用户配置文件**右边的设置按钮】，然后从图9-4所示可以看到共有3个域用户配置文件、一个本地用户配置文件与一个**默认配置文件**（也就是Default）。

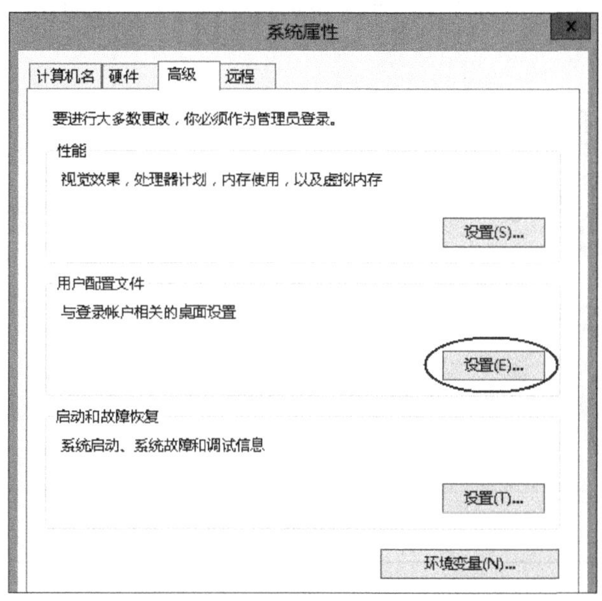

图 9-3

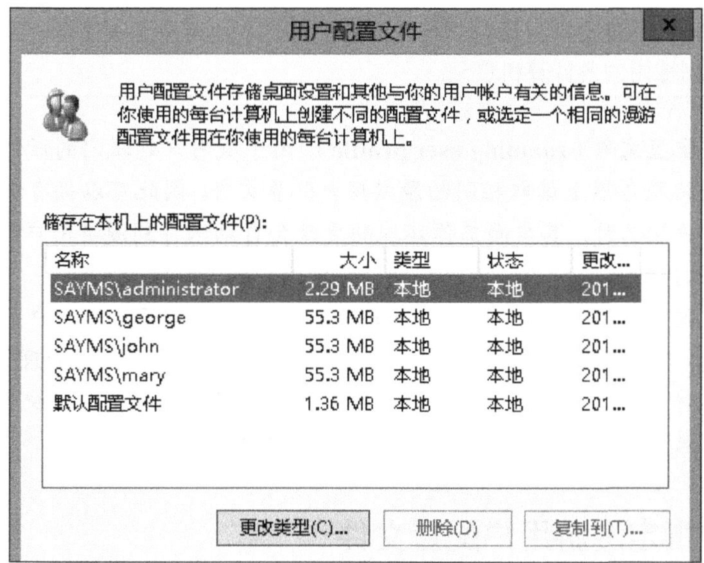

图 9-4

9.2 漫游与强制用户配置文件

本地用户配置文件随计算机而有所区别，也就是用户在每台计算机上的本地用户配置文件都不相同，因此用户在不同计算机登录的桌面工作环境也不相同。如果你希望用户无论到域内任何一台计算机登录时，都能够使用相同的用户配置文件（也就是桌面工作环境都相同），请指定用户采用存储在网络服务器上（不是本地计算机上）的**漫游用户配置文件**或**强制用户配置文件**，如图9-5所示。

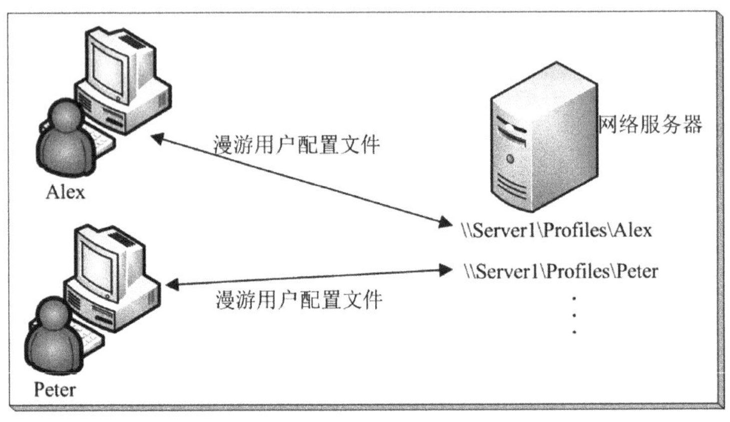

图 9-5

> **附注**
>
> 漫游与强制用户配置文件只适合于给域用户使用，本地用户无法使用，因为只有域用户账户才可以到域内的各计算机登录。

- **漫游用户配置文件（roaming user profile）**：由于域用户到域内的任何一台计算机登录时会到网络服务器上读取相同的漫游用户配置文件，因此可以拥有统一的桌面工作环境。当用户注销时，其桌面工作环境的更改会自动保存到漫游用户配置文件内，供下一次登录时使用。
- **强制用户配置文件（mandatory user profile）**：它也属于漫游用户配置文件，不过它是只读的、不可以更改。一般来说，此配置文件的内容是由系统管理员事先设置好的。当用户注销时，其桌面工作环境的更改并不会被保存到强制用户配置文件内，因此用户每次登录时，都使用固定不变的桌面工作环境。

9.2.1 给用户指定漫游用户配置文件

以下假设要指定域用户Alex来使用漫游用户配置文件，并且将这个漫游用户配置文件存储

到网络服务器Server1的共享文件夹Profiles内。

STEP 1 先在服务器Server1中创建一个共享文件夹，共享名设置为本例中的Profiles，并赋予用户至少**读取/写入**的共享权限（系统会根据此权限来设置其NTFS/ReFS权限，同时也将**完全控制**的共享权限赋予Everyone）。

STEP 2 在域控制器上利用Domain Admins或Enterprise Admins成员的身份登录，然后【按⊞键切换到**开始屏幕**➲**Active Directory管理中心**】。

STEP 3 请【展开用户账户Alex所在的组织单位➲双击用户Alex➲如图9-6所示在**配置文件**分类中输入Alex的漫游用户配置文件的网络路径】，图中的Server1为计算机名，Profiles为共享文件夹的共享名，Alex为用户配置文件文件夹名称（建议尽量与用户账户名同名，此文件夹不需要事先自行创建）。单击确定按钮。

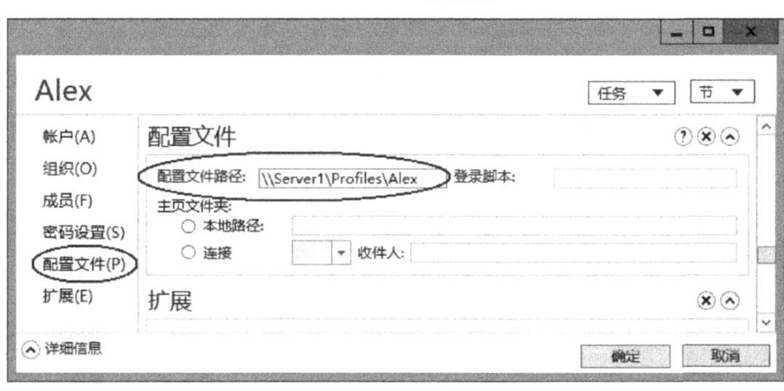

图 9-6

上述步骤完成后，用户Alex到域内的任何一台计算机登录时，系统就会自动在上述共享路径\\Server1\Profiles内创建漫游用户配置文件文件夹Alex.V2。不过，这时该文件夹内尚未包含任何数据。用户的工作环境设置可能是：

- 如果用户第一次利用此计算机登录，则其桌面工作环境通过Default进行设置。
- 如果用户之前曾经利用此计算机登录过，则其桌面工作环境是通过他的本地用户配置文件进行设置的。

当用户注销时，其桌面工作环境的任何更改，会被存储到漫游用户配置文件（同时也会存储到本地用户配置文件）。可以利用以下方式进行测试：利用Sayms\Alex账户登录后，试着查找C:\Windows\ System32\Notepad文件，然后【选中Notepad并单击鼠标右键➲选择**固定到开始屏幕**➲之后Notepad就会出现在**开始**屏幕上（见图9-7）➲**注销**】。以后该域用户到域内任何一台计算机登录时，都会读取此漫游用户配置文件，并以此配置文件内的设置决定其桌面工作环境，也就是Notepad会出现在**开始**屏幕上。

当用户Alex到不具备**开始**屏幕的计算机上（例如Windows 7）登录时，此Notepad会出现在【**开始**➲**所有程序**】处。

图 9-7

还可以试着利用更改背景主题的方式来测试漫游用户配置文件，也就是在如图9-8所示对话框中更改背景主题、注销，然后到另一台Windows 8计算机登录，此时应该会有相同的背景主题。

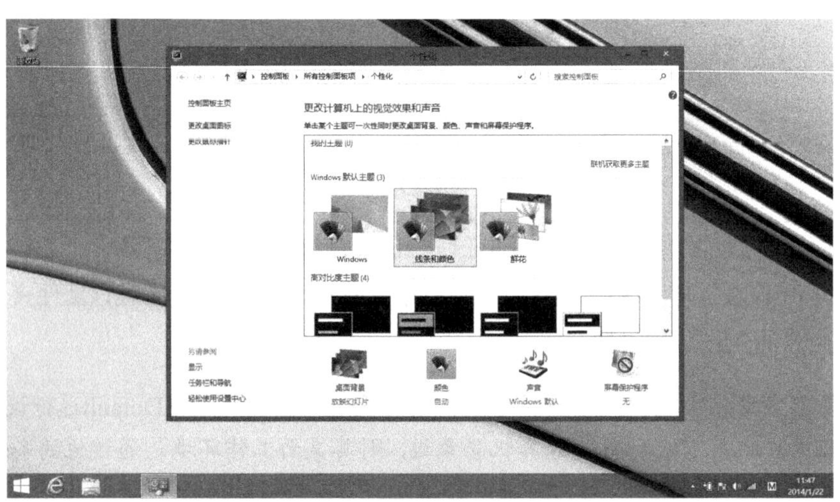

图 9-8

注意

Windows 8等客户端已经包含桌面背景主题功能，但是Windows Server 2012等服务器需要安装**桌面体验**功能后，才有背景主题。用户选用的背景主题必须在其他计算机中也有相同的背景主题，否则用户到其他计算机登录时，会找不到此背景主题可供显示。因此，除非选择内置的背景主题，否则建议选用位于网络服务器的漫游用户配置文件文件夹内的背景主题，以便让用户无论到哪一台计算机登录时都可以访问到这个背景主题。

9.2.2 漫游用户配置文件的运行程序

域用户登录时，其计算机会读取存储在网络服务器的漫游用户配置文件，而当用户注销时，其工作环境会被同时存储到漫游用户配置文件与本地用户配置文件内。如果域用户登录时，因故无法访问位于网络服务器内的漫游用户配置文件，例如网络中断、权限不够等，此时：

- **如果该域用户是第一次利用此台计算机登录**：因为这台计算机内目前还没有该用户的本地用户配置文件，因此系统会以Default配置文件的内容来设置用户的工作环境。当用户注销时，其工作环境既不会被存储到网络服务器上的漫游用户配置文件内，也不会被存储到本地用户配置文件内。
- **如果该域用户之前曾经利用此台计算机登录过**：则将使用他在此计算机内的本地用户配置文件。当用户注销时，其工作环境并不会被存储到网络服务器上的漫游用户配置文件内，但是会被存储到本地用户配置文件内。用户下一次登录域时，即使此时网络中断、权限不够等问题已经解决，也就是已经可以正常访问网络服务器上的漫游用户配置文件，但是因为本地用户配置文件的数据较新，仍然会使用本地用户配置文件。不过，注销时，就可以正常地将工作环境存储到漫游用户配置文件内。

Q 用户在登录时，如果网络服务器的漫游用户配置文件与本地用户配置文件都因故无法访问，则用户的工作环境如何决定?

A 利用Default配置文件设置用户的工作环境，但是登录后所做的任何工作环境更改都不会被存储起来。

用户在登录时，系统会比较网络服务器上的漫游用户配置文件与本地的本地用户配置文件两者之间哪一个是比较新的版本，以便决定采用哪一个用户配置文件：

- 如果本地的比较新，则读取本地用户配置文件。
- 如果网络服务器上的比较新，则读取网络服务器上的漫游用户配置文件。
- 如果两者是相同的，则直接使用本地用户配置文件，以提高读取效率。

无论使用哪一个用户配置文件，当用户注销时，其环境的更改都会保存到这两个用户配置文件内。

系统管理员可以让域用户以后登录都直接读取本地用户配置文件：在客户端计算机上【按田+Q键➲**控制面板**➲**系统和安全**➲**系统**➲**高级系统设置**➲单击**用户配置文件**右侧的设置按钮➲如图9-9所示选择用户配置文件➲单击更改类型按钮➲选择**本地配置文件**】，之后用户所做的环境更改只会被存储到本地用户配置文件内，不会被存储到服务器上的漫游用户配置文件内。

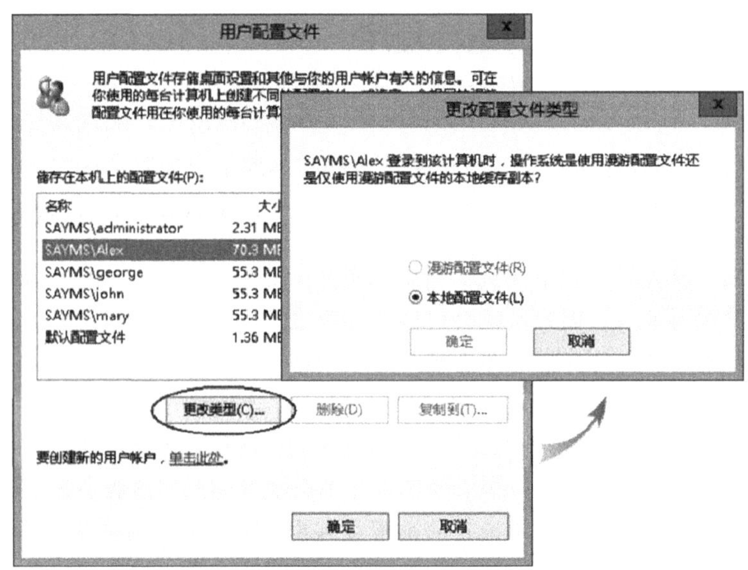

图 9-9

> **注意**
>
> 由于**用户账户控制**默认值，如果用户不具备系统管理员权限，就必须输入系统管理员账户与密码后，才可以执行上述更改配置文件类型的工作。

9.2.3 给用户指定强制用户配置文件

强制用户配置文件也属于漫游用户配置文件，不过它是只读的，不可以更改。一般来说，此配置文件的内容是由系统管理员事先设置好的。当用户注销时，其桌面工作环境的更改并不会被保存到强制用户配置文件内。因此，用户每次登录时，都使用固定不变的工作环境。

以下假设要指定域用户Billy来使用指定内容的强制用户配置文件，并将这个配置文件存储到共享文件夹\\Server1\Profiles内。

创建一个指定内容的用户配置文件

要指定Billy来使用指定内容的强制用户配置文件，可以先利用一个临时用户账户登录，然后将工作环境设置成Billy需要的（例如更改桌面背景、设置网络驱动器等），接着注销以便让这些设置存储到临时账户的本地用户配置文件内，最后再将此配置文件复制给Billy使用。

STEP 1　在服务器Server1上创建一个共享文件夹，共享名为本例中的Profiles，并赋予用户至少**读取/写入**的共享权限（系统会根据此权限来设置其NTFS/ReFS权限，同时也将**完全控制**共享权限赋予Everyone）。如果此文件夹已经在前一个练习中创建，则此步骤可以省

略。

STEP 2 在域内的任何一台计算机上（以下假设是Windows 8）利用临时的用户账户（例如ManTemplate，请事先在Active Directory中创建好此账户）登录。

STEP 3 更改其工作环境，例如更改鼠标指针、背景主题、网络驱动器、网络打印机、安装应用程序等。

STEP 4 注销，以便让这些设置存储到临时账户的本地用户配置文件内。

STEP 5 利用Domain Admins或Enterprise Admins组成员的身份登录。

STEP 6 按⊞+Q键➲**控制面板**➲**系统和安全**➲**系统**➲**高级系统设置**➲单击**用户配置文件**右侧的设置按钮➲如图9-10所示选择临时账户ManTemplate的本地用户配置文件➲单击复制到按钮（参见后面**注意**处的说明）。

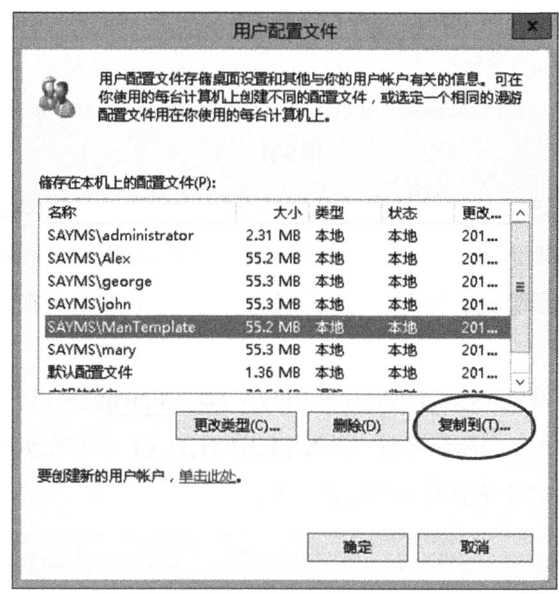

图 9-10

注意

在旧版Windows系统中，上述复制到按钮可以单击，不过Windows Server 2012和Windows Server 2008 R2中的复制到按钮却变成灰色、无法使用，Internet上有人写了一个名称为**Windows Enabler**的程序可以轻易解决这个问题，请上网搜索、下载并运行此程序，然后通过单击任务栏上的**Windows Enabler**图标来启用它，再如图9-10所示单击复制到按钮，它就会变成黑色并可以使用了。

STEP 7 完成如图9-11中所示的设置后按顺序单击三次确定按钮。

- **将配置文件复制到**：输入要存储强制用户配置文件的网络路径，其中Server1为计算机名、Profiles为共享文件夹名、Billy.V2为自行选定的文件夹名（名称最后附加 **.V2**，不过此文件夹不需要事先创建）。

- **允许使用**：单击**更改**按钮来选择SAYMS\Billy，以便让用户Billy有权限访问这个强制用户配置文件文件夹（系统会开放让Billy对此文件夹拥有**完全控制**的权限）。

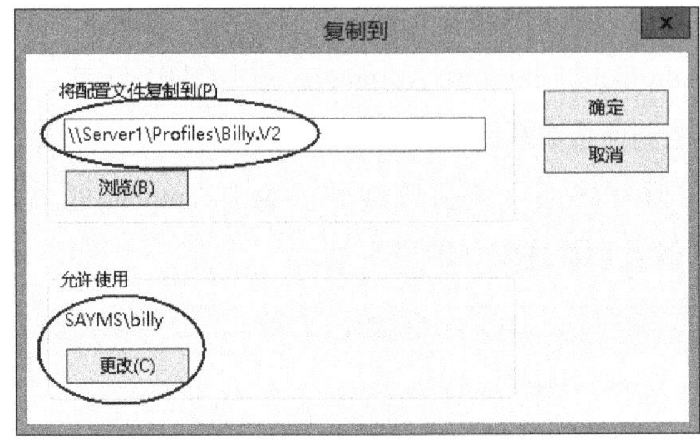

图 9-11

STEP 8 在桌面上单击左下方的**文件资源管理器**图标➲单击**查看**标签➲单击右侧的**选项**➲单击**查看**标签➲取消勾选**隐藏已知文件类型的扩展名**与**隐藏受保护的操作系统文件（推荐）**并单击**显示隐藏的文件、文件夹和驱动器**（假设当前正在使用的计算机为Windows 8）。

STEP 9 按⊞+R键➲输入\\Server1\Profiles\Billy.V2➲按Enter键来打开Billy的漫游用户配置文件文件夹➲如图9-12所示将其中的**NTUSER.DAT**文件名改为**NTUSER.MAN**，这样此配置文件就变成强制用户配置文件。

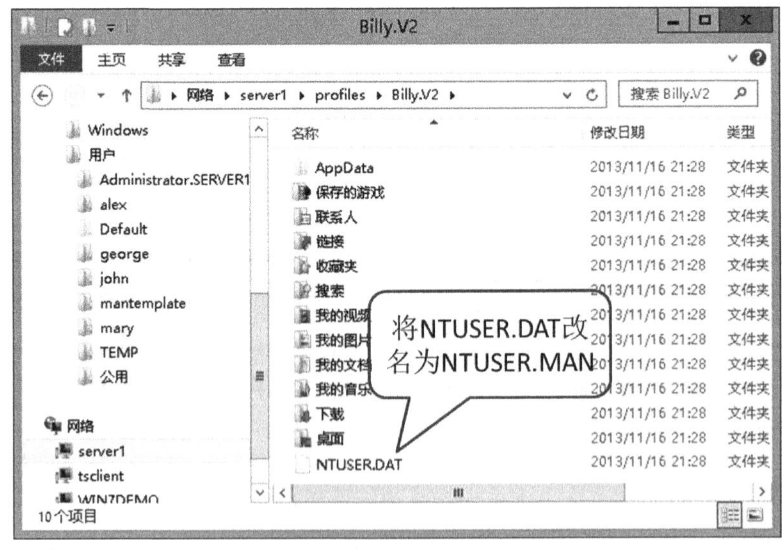

图 9-12

STEP 10　在域控制器上按⊞键切换到**开始屏幕**➲**Active Directory**管理中心。

STEP 11　展开用户账户Billy所在的组织单位➲双击用户Billy➲如图9-13所示在**配置文件**分类中输入Billy的强制用户配置文件的网络路径（最后不需要加.V2）。完成后，单击确定按钮。

图 9-13

完成上述设置后，以后用户Billy登录时，无论其对桌面工作环境进行任何更改，只要这些更改隶属于用户配置文件的内容（例如更改背景主题），则当他注销时，这些设置都不会被存储到强制用户配置文件内，因此Billy下次登录时，他的工作环境仍然维持之前的状态。

9.3 自定义Default配置文件

可以自定义Default配置文件的内容 以便让所有本地用户或所有域用户第一次登录时能够拥有制定的统一工作环境。

9.3.1 本地用户何时会使用Default配置文件

本地用户在以下情况登录时，系统会利用本地磁盘内的**%SystemDrive%\用户\Default**配置文件的内容来设置用户的工作环境：

- 用户第一次利用其本地用户账户在此计算机登录。
- 用户不是第一次在此计算机登录，但是却因故无法读取他的本地用户配置文件，例如没有权限读取本地用户配置文件文件夹或文件夹丢失。

9.3.2 域用户何时会使用Default配置文件

域用户在以下情况登录时，系统会以Default配置文件的内容来设置用户的工作环境：

- 域用户未被指定使用网络服务器内的漫游或强制用户配置文件，并且是第一次利用其域用户账户在此台计算机登录。
- 域用户已经被指定使用网络服务器内的漫游或强制用户配置文件，但是在登录时，却因故无法读取漫游或强制用户配置文件，同时也无法读取其本地用户配置文件。
- 还有域用户读取的Default配置文件与本地用户有所不同：
- 如果在域控制器的NETLOGON共享文件夹内有一个文件夹名称为**Default User.V2**的配置文件，则域用户登录时，系统会利用此配置文件的内容来设置用户的工作环境。

> **附注**
>
> NETLOGON共享文件夹对应域控制器的%Systemroot%\SYSVOL\ sysvol\域名\scripts 文件夹。

- 如果在NETLOGON内没有**Default User.V2**文件夹，或者用户因故无法读取此文件夹时，则会利用本地的**%*SystemDrive*%\用户\Default**配置文件的内容来设置用户的工作环境。

9.3.3 自定义本地与域的Default配置文件

自定义Default配置文件的方法与前面介绍的**创建一个指定内容的用户配置文件**类似，也就是先利用一个临时用户账户登录，然后设置其所需要的工作环境（例如更改背景主题），接着注销以便让这些设置存储到临时账户的本地用户配置文件中，最后将此配置文件复制到**Default**或**Default User.V2**配置文件文件夹。详细步骤不再重复，不过在复制配置文件时，注意本地与域Default配置文件的复制路径有所不同：

- **如果要自定义本地Default配置文件**：请将临时账户的本地用户配置文件复制到本地的**%SystemDrive%\用户\Default**文件夹内（也就是%SystemDrive%\Users\ Default文件夹），并设置让Everyone有权限访问，如图9-14所示。

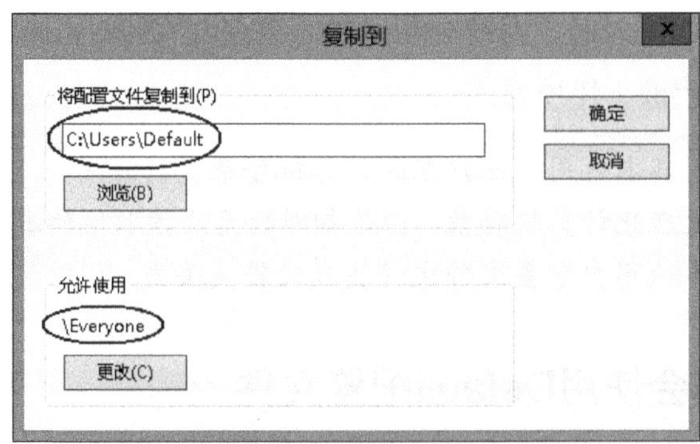

图9-14

- **如果要自定义域Default配置文件**：请将临时账户的本地用户配置文件复制到任意一台域控制器的**NTELOGON\Default User.V2**文件夹内，并设置让Everyone或Domain Users有权限访问，如图9-15所示。

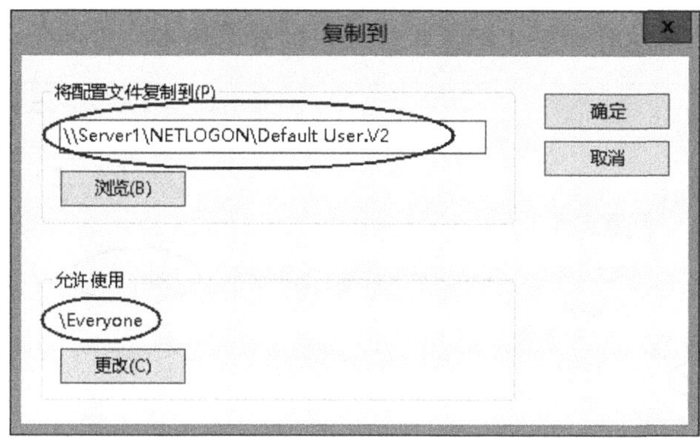

图 9-15

9.4 登录脚本

登录脚本（logon script）是用户登录时会自动运行的程序，例如扩展名为.BAT或.CMD的批处理文件、为.EXE的可执行文件、为.vbs的VbScript脚本、为.ps1的Windows Powershell脚本等。系统管理员可以善用脚本来执行计算机或网络的管理工作。

图9-16是一个简单的VbScript脚本范例（logon.vbs），它仅在屏幕上显示一串文字而已，我们将利用它来练习登录脚本。让用户使用登录脚本的步骤如下。

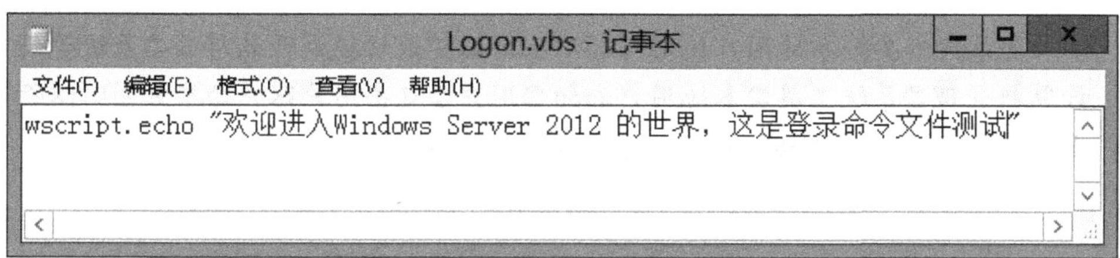

图 9-16

STEP 1 将登录脚本（logon.vbs）复制到NETLOGON共享文件夹内。

- 如果登录脚本要给域用户使用，请将其复制到任何一台域控制器的NETLOGON共享文件夹内，此共享文件夹对应域控制器的**%Systemroot%\SYSVOL\sysvol\域名\scripts**文件夹。
- 如果登录脚本要给本地用户使用，请将其复制到本地的NETLOGON共享文件夹内。由于默认在本地内没有此文件夹，因此请自行创建一个共享文件夹，并将其共享名设置为NETLOGON。

STEP 2　指定用户来使用登录脚本。

- 如果登录脚本要给域用户使用：【按Windows键⊞切换到**开始屏幕**➲**Active Directory管理中心**➲单击用户账户所在的组织单位或容器➲双击用户账户➲在如图9-17所示对话框中**配置文件**分类的**登录脚本**处输入登录脚本的文件名】。

图 9-17

> **注意**
>
> 输入文件名即可（例如图中的logon.vbs），不可输入完整的路径（例如\\Server1\NETLOGON\logon.vbs），因为系统自动到域控制器或本地的NETLOGON 共享文件夹来读取登录脚本。
>
> 如果将登录脚本放在NETLOGON下的子文件夹，例如放在Sales子文件夹内，则此处输入Sales\logon.vbs。

- 如果登录脚本要给本地用户使用:【按Windows键⊞切换到**开始屏幕**➲**系统管理工具**➲**计算机管理**➲**系统工具**➲**本地用户和组**➲**用户**➲双击用户账户➲在如图9-18所示的**配置文件**标签下的**登录脚本**处输入登录脚本的文件名】。

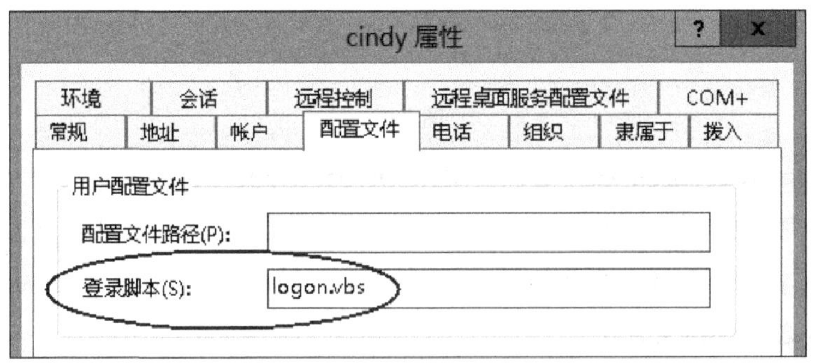

图 9-18

STEP 3　完成后，该用户再次登录时，就会从负责审核用户登录身份的域控制器或本地计算机

中来读取与执行上述登录脚本，图9-19是在Windows 8客户端上看到的界面（必须切换到桌面）。

图 9-19

Q 将供域用户使用的登录脚本放到%Systemroot%\SYSVOL\sysvol\域名\scripts文件夹内有什么好处呢?

A 如果域内有多台域控制器，用户登录时会由其中一台域控制器（任何一台都有可能）来负责审核用户的账户与密码，而用户的计算机也就会由该台域控制器来读取登录脚本，因此必须每台域控制器内都有此登录脚本。由于域控制器会自动将SYSVOL文件夹内的文件复制到其他域控制器，因此将登录脚本放到此处，可以让系统自动将其复制到其他域控制器内。

附注

在《Windows Server 2012 Active Directory配置指南》这本书中还会介绍另一种利用组策略来设置登录/注销脚本的方法，它的功能更强大。

9.5 利用主文件夹存储私人文件

用户配置文件内有很多内置的文件夹（见图9-1），其中有一个名为**我的文档**的文件夹可供用户来存储其私人文件，而用户可以很容易地通过【**文件资源管理器➲文档**】的方法来打开**我的文档**文件夹。然而，采用漫游用户配置文件的用户在登录时可能会花费时间下载这个文件夹内的文件，同时注销时也需要花费时间将文件保存到服务器。

Windows Server 20012提供一个可以让用户存储私人文件的文件夹，那就是**主文件夹**（home folder）。主文件夹并不包含在用户配置文件内，因此用户登录/注销时并不需要下载或回存文件。

域与本地用户都可以被指定主文件夹，以下针对域用户Robert进行说明，并且将其主文件夹设置到服务器Server1的共享文件夹Home内的子文件夹Robert。

STEP **1** 事先在Server1内创建一个共享文件夹，共享名设置为本例中的Home，赋予Everyone或Domain Users**读取/写入**的共享权限（系统会根据此权限来设置其NTFS/ReFS权限，同时也将**完全控制**的共享权限赋予Everyone），最后将NTFS/ReFS权限更改为仅开放给域组Administrators完全控制的权限。

STEP **2** 在此共享文件夹下，为Robert创建一个专用的子文件夹，假设文件夹名为Robert，并且将完全控制的NTFS/ReFS权限赋予用户Robert，此文件夹就是Robert的主目录。

STEP **3** 在域控制器上利用域系统管理员身份登录。

STEP **4** 按Windows键⊞切换到**开始屏幕**➲**Active Directory管理中心**➲单击用户账户Robert所在的组织单位或容器➲双击用户账户Robert。

STEP **5** 在如图9-20所示的**配置文件**分类中，通过**连接**来将其主文件夹设置到UNC网络路径\\Server1\Home\Robert或\\Server1\Home\%Username%，并以一个驱动器号（例如Z）来连接到此文件夹后单击**确定**按钮。

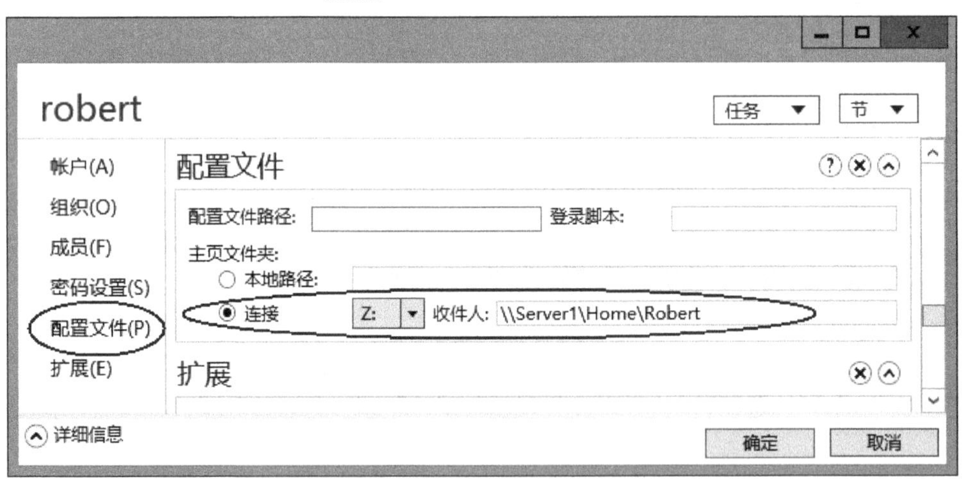

图 9-20

设置完成，域用户Robert登录后，其驱动器号Z:会自动连接到他的主文件夹\\Server1\Home\Robert（见图9-21），他就可以通过Z:将其私人文件存储到主文件夹内。

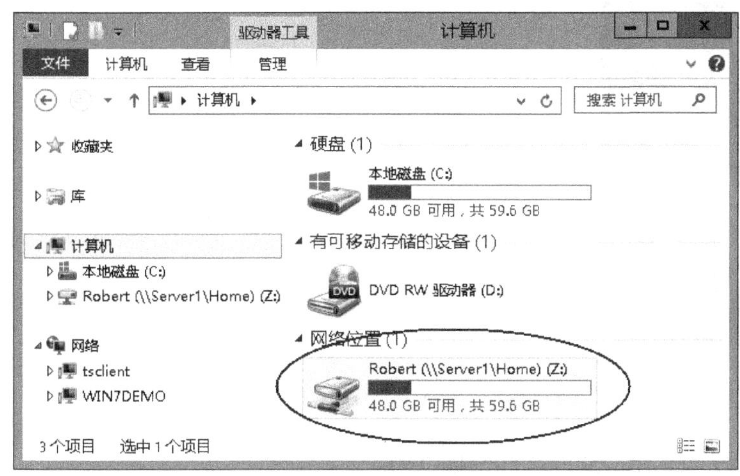

图 9-21

建议不要将域用户的主文件夹指定到本地计算机内（通过如图9-20中所示的**本地路径**），因为用户登录的每一台计算机内都必须有此文件夹存在。

如果要指定成员服务器的本地用户的主文件夹：【按Windows键⊞切换到**开始**屏幕➲**系统管理工具**➲**计算机管理**➲**系统工具**➲**本地用户和组**➲**用户**➲双击用户账户➲**配置文件**➲如图9-22所示的**本地路径**】，图中需要将其指定到本地计算机的磁盘内，例如C:\Home\Cindy，不能够使用UNC网络路径。

图 9-22

建议不要将本地用户的主文件夹指定到网络服务器的共享文件夹（通过如图9-22中所示的**连接**），因为虽然系统会自动为用户在共享文件夹下创建其专用子文件夹，但是却无法设置本地用户账户对此文件夹的权限。

第 10 章 文件服务器的管理

Windows Server 2012提供了易于使用的管理工具，让系统管理员更有效率地管理服务器内的资源，例如磁盘配额管理、文件屏蔽、存储报告管理与文件分类管理等。

- 安装文件服务器管理工具
- 存储报告管理
- 磁盘配额管理
- 文件屏蔽管理
- 文件分类管理
- 拒绝访问帮助

10.1 安装文件服务器管理工具

Windows Server 2012 通过**文件和存储服务**来提供文件服务器的基本功能，并且默认已经安装此服务，还需要再安装**文件服务器资源管理器**角色服务：【单击左下角的**服务器管理器**图标⊃单击**添加角色和功能**⊃……⊃如图 10-1 所示在**选择服务器角色**界面下，勾选**文件和存储服务**下的**文件服务器资源管理器**⊃……】。

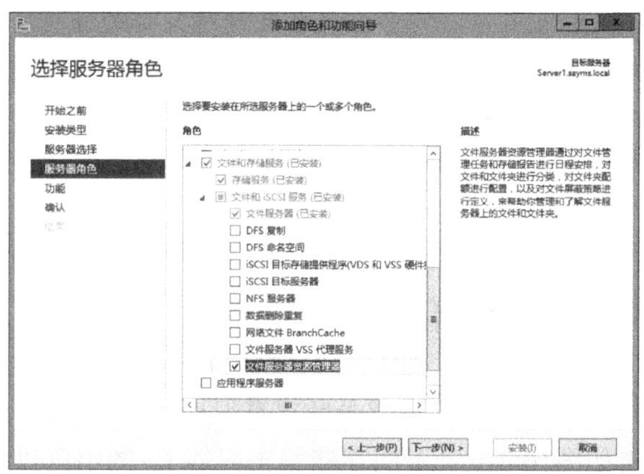

图 10-1

完成后，就可以通过【按Windows键⊞切换到**开始**屏幕⊃**文件服务器资源管理器**】来管理服务器。建议设置当发生磁盘配额超出事件、制作磁盘使用报告或发生文件屏蔽事件时，就自动发送电子邮件来通知指定的系统管理员或造成事件发生的用户，不过需要事先设置与邮件有关的设置值：【如图10-2所示对着**文件服务器资源管理器**单击鼠标右键⊃**配置选项**⊃**电子邮件通知**】，然后指定可以发送电子邮件通知的SMTP服务器、默认的系统管理员收件人和默认发件人的电子邮件地址等（界面中是随意设置的）。

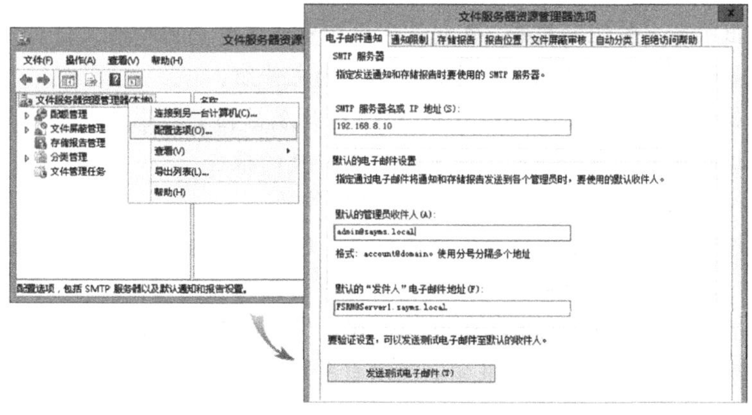

图 10-2

10.2 存储报告管理

存储报告管理功能让你可以追踪磁盘的使用情况，以便了解磁盘的使用趋势，进而作为管理的参考，例如：

- 可以计划每个星期五晚上8点针对一周内用户最常访问的文件生成报告。如果你要将服务器关机进行维护，有了这些报告提供的信息，就可以帮助你了解关机后对用户的影响程度。
- 可以立即要求系统生成报告，例如要求系统针对某个文件夹（含其子文件夹）来制作一份包含重复文件的报告，以便了解是否有不必要的重复文件。
- 可以针对指定的文件组生成报告，例如针对某个文件夹内属于**音频与视频**的文件生成报告，以便了解这个文件夹内哪些文件隶属于这一类型的文件、它们占用了多少磁盘空间等。

10.2.1 更改存储报告的默认值

要启用**存储报告**功能之前可能需要修改某些设置值：【对着**文件服务器资源管理器**单击鼠标右键➲**配置选项**➲单击如图10-3中所示的**存储报告**标签】。图中可以用来制作报告的项目如下。

- **大文件**：可以针对磁盘或文件夹来生成大文件报告，以便了解磁盘或文件夹内哪些文件是大文件。系统默认将大于5 MB的文件视为大文件，而通过右侧的编辑参数按钮可以来更改大文件的定义。
- **按所有者分类的文件**：默认根据所有者来分类他们在磁盘或文件夹内拥有的文件。也可以自行选择指定的用户，列出该用户拥有的文件。
- **按文件组分类的文件**：系统已内置一些文件组，例如Office文档、音频与视频文件、电子邮件文件、可执行文件、压缩文件等，而通过编辑参数按钮可以自定义文件组。默认列出所有文件组的报告，也就是列出磁盘或文件夹内所有文件分别隶属于哪一类文件组等相关信息。可以自行选择要列出的文件组。
- **文件夹属性**：可以自定义属性（后述）、将此属性指定给磁盘或文件夹内的文件夹，然后通过此处来生成一份包含此属性的文件夹的报告。
- **文件（按属性）**：同上，不过此处是针对文件的。
- **重复文件**：例如要求系统针对某个文件夹（包含子文件夹）来生成一份包含重复文件的报告，以便了解是否有不必要的重复文件占用磁盘空间。
- **配额使用情况**：如果已启用磁盘配额管理功能，可以针对配额使用量已经达到某个百分比的磁盘或文件夹来生成报告。可以自行决定这个百分比值。
- **最近访问次数最少的文件**：例如生成一份包含5天内（可以自行设置天数）没有被访

问过的文件的报告。

- **最近访问次数最多的文件**：例如生成一份包含5天内（可以自行设置天数）曾经被访问过的文件的报告。
- **文件屏蔽审核**：如果启用**文件屏蔽**功能，则可以针对曾经发生过的文件屏蔽事件生成报告，不过必须事先在如图10-3所示对话框中【单击**文件屏蔽审核**标签➲勾选**在审核数据库中记录文件屏蔽活动**】。

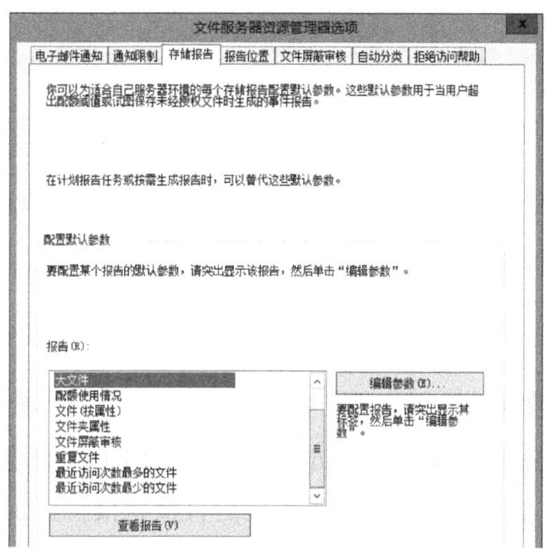

图 10-3

10.2.2 生成存储报告

可以通过如图10-4所示对话框右侧的**操作**窗口来计划生成新报告、编辑现有的报告任务或立即生成报告。

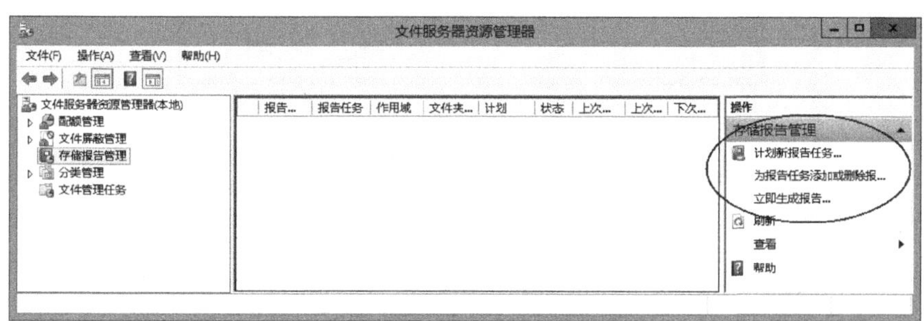

图 10-4

此处利用**立即生成报告**进行说明。在单击**立即生成报告**后，就可以通过如图10-5所示对话框选择要生成报告的项目（**设置**标签）、报告的格式、磁盘或文件夹（**范围**标签）等，例如图中选择针对文件夹C:\RdSchedule来生成最近7天内被访问过的文件的报告，其中天数的设置值采用默认的7天（如果要修改天数，请单击**编辑参数**按钮）。

图 10-5

还可以通过图中的**发送**标签选择将报告发送给指定的系统管理员（SMTP服务器需要事先设置好，如图10-2所示）。完成设置后，单击确定按钮。由于我们选择**立即生成报告**，因此会出现如图10-6所示的界面，在此选择等待报告生成后直接将报告显示在屏幕上，如图10-7所示。

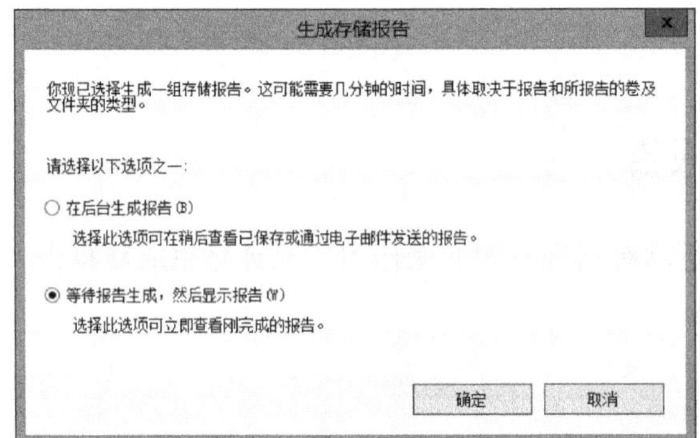

图 10-6

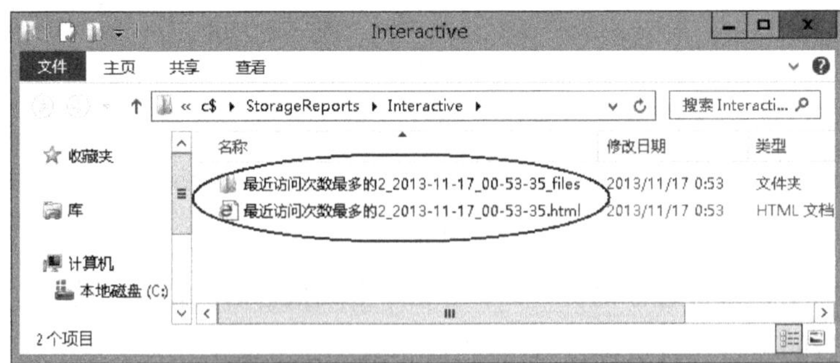

图 10-7

在单击如图 10-7 中所示的报告文件后，就可以从图 10-8 中查看报告的内容。

图 10-8

这些报告被存储到C:\StorageReports文件夹下，可以通过如图10-9所示的对话框来更改不同报告的文件夹存储位置。

- **事件报告文件夹**：用来存储发生配额限制事件或文件屏蔽事件的报告。
- **计划报告文件夹**：通过如图10-4所示右侧的**计划新报告任务**所生成的报告就是存储在此处。
- **按需求的报告文件夹**：通过如图10-4所示右侧的**立即生成报告**所生成的报告就是存储在此处。

文件服务器资源管理器选项

电子邮件通知 | 通知限制 | 存储报告 | 报告位置 | 文件屏蔽审核 | 自动分类 | 拒绝访问帮助

指定保存每类存储报告的位置:

事件报告 - 当用户超出配额阈值或试图保存未经授权的文件时自动生成。
计划报告 - 基于计划的报告任务定期生成。
按需求的报告 - 根据请求手动生成。

报告位置

事件报告文件夹(I):
C:\StorageReports\Incident　浏览(B)...

计划报告文件夹(S):
C:\StorageReports\Scheduled　浏览(R)...

按需求的报告文件夹(O):
C:\StorageReports\Interactive　浏览(W)...

图 10-9

10.3 磁盘配额管理

前面6.10节介绍的磁盘配额用来追踪、控制每个用户在每个磁盘内的配额。然而，此处的**文件服务器资源管理器**以磁盘或文件夹为单位，而且无论用户是谁，例如，可以限制C:\Tools文件夹内最多存储10MB的数据，而在张三将6MB的数据存储到此文件夹后，如果另一个用户李四要存储一个5MB的文件到此文件夹时会被拒绝，因为此文件夹总容量不允许超过10MB。

可以通过如图10-10所示【左侧的**配额管理➲配额➲创建配额**】的方法来创建配额，另外图中左侧的**配额模板**内提供了一些内置模板供创建配额时应用。

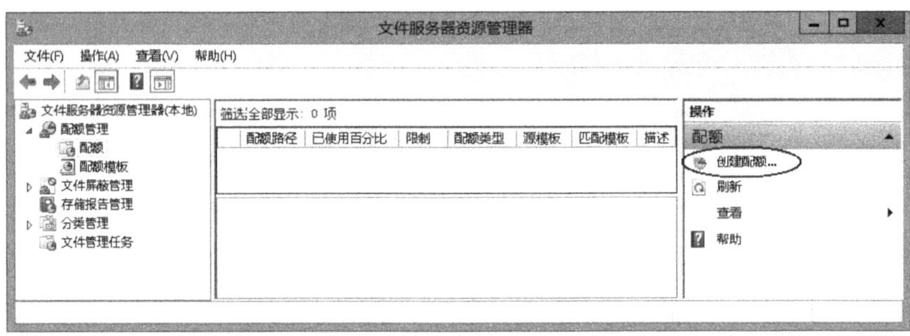

图 10-10

在单击如图10-10所示右侧的**创建配额**后会出现如图10-11所示的界面，此时可以通过图上方的**配额路径**设置要创建配额的文件夹或磁盘，接着有以下两个选择。

- **在路径上创建配额**：此时可以自定义配额内容。
- **在现有子文件夹和新的子文件夹中自动应用模板并创建配额**：此时只能够选择额配模板进行应用，而且无法自定义、修改配额内容。

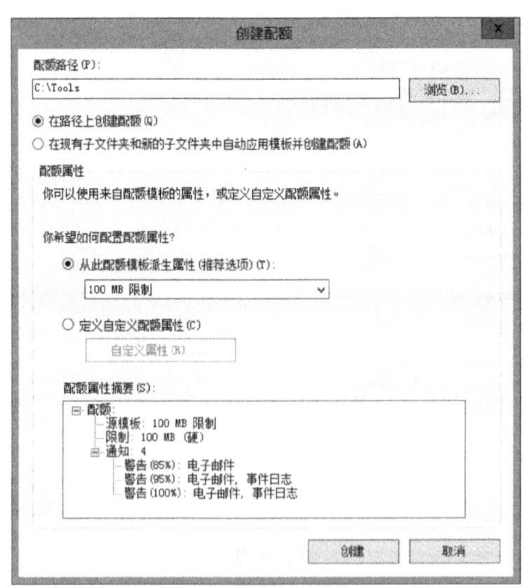

图 10-11

如果选择**在路径上创建配额**，此时可以从**配额属性**处选择：

- **从此配额模板派生属性（推荐选项）**：也就是选择内置的配额模板进行应用，它会根据模板的内容来配置配额大小等。还可以事后修改这些配额配置。

> **附注**
>
> 可以通过如图10-10所示左侧的**配额模板**来查看、添加、修改配额模板。

- **定义自定义配额属性**：此时可以自行设置配额的相关属性，例如配额大小等。在单击如图10-11中所示的自定义属性按钮后会出现如图10-12所示的界面，在图中可以自定义配额（如果要图省事，可以在图中先选择一个配额模板后单击复制按钮，然后修改配额设置）。如果不允许用户超过配额，请选择**硬配额**，否则请选择**软配额**（此时配额功能只用来监视磁盘空间的使用情况）。

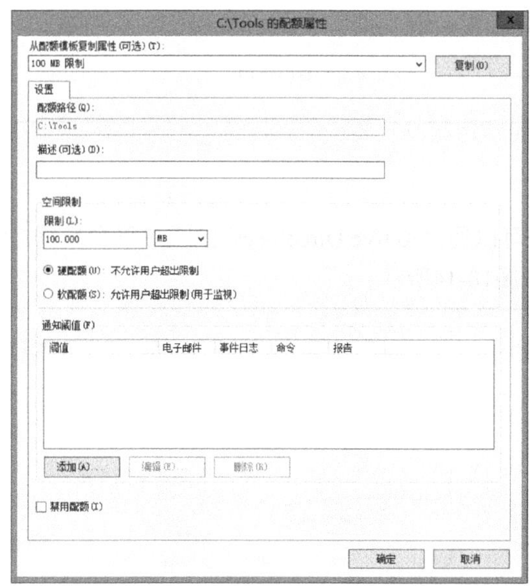

图 10-12

通过如图10-12所示下方**通知阈值**处的添加按钮可以设置是否要在发生配额使用量超过某个百分比的情况时，就自动发送邮件来通知所选人员，如图10-13所示。图中可以选择将通知邮件发送给指定的系统管理员（例如admin@sayms.local）与超过配额的用户，还可以自定义通知邮件的主题与正文。

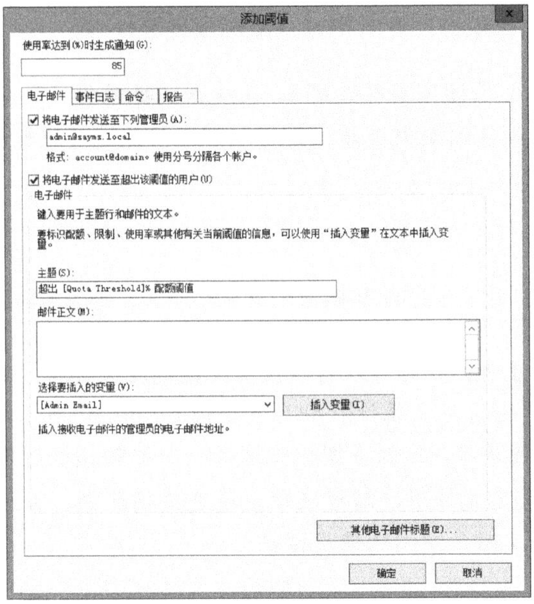

图 10-13

附注

在域环境之下，系统可以通过Active Directory内的用户账户数据，来得知超过配额的用户的电子邮件地址，如图10-14所示。

图 10-14

另外，还可以利用如图10-13中所示的**事件日志**标签将事件记录到**应用程序日志文件**内（可以通过【按Windows键⊞切换到**开始屏幕**➲**系统管理工具**➲**事件查看器**➲**Windows日志**➲**应用程序**】进行查看），或者通过图中的**命令**标签来自动运行指定的命令，也可以通过**报告**标签让系统自动生成报告。

在完成自定义配额设置并返回如图10-11所示的界面单击**创建**按钮时，出现如图10-15所示的界面，此时可以选择是否要将自定义配额的内容保存为新的配额模板，图中我们选择不创建模板。

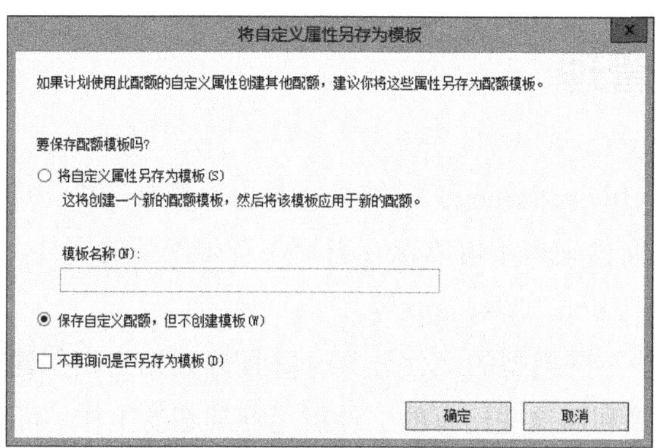

图 10-15

附注

可以同时启用6.10节介绍的磁盘配额与本章介绍的配额管理功能，两者的设置都有效，不过仅支持NTFS磁盘分区。

如图10-16所示是完成创建配额后的界面（单击该配额设置后，才看得到下半段的界面），之后用户将文件保存到有配额限制的文件夹时，如果超过配额限制，就会出现如图10-17所示的警告界面。

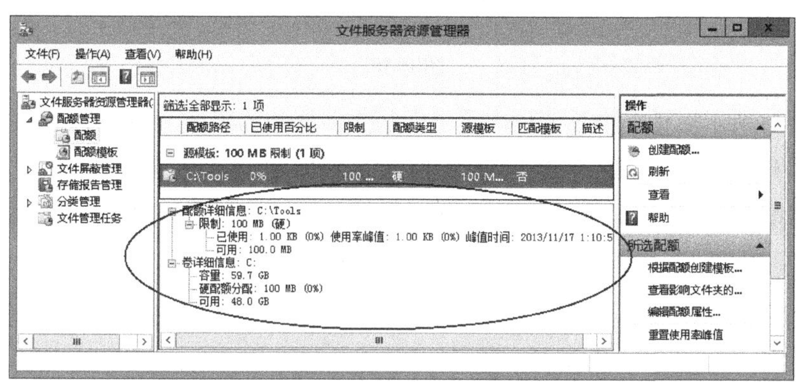

图 10-16

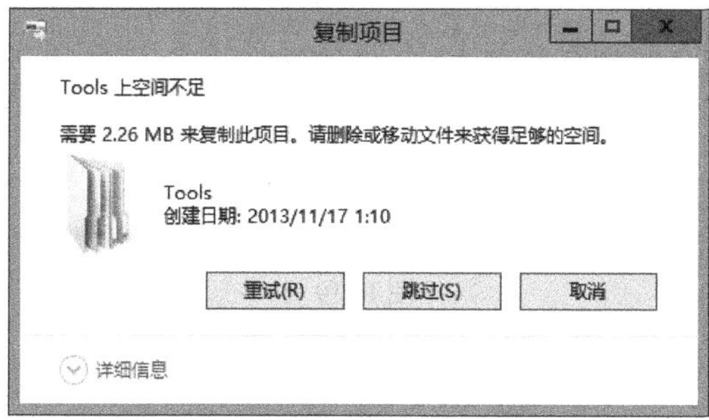

图 10-17

10.4 文件屏蔽管理

可以通过**文件屏蔽**（file screening）功能来限制用户将某些类型的文件保存到指定的文件夹内，例如限制C:\Tools文件夹内不可以保存影片与音乐类型的文件、限制C:\Database文件夹内不可以保存Office文档（.doc、.xls、.ppt等）。

系统默认已经将一些不同类型的文件分类，并且分别为它们创建了不同的文件组，如图10-18所示。我们可以直接利用这些已有的文件组运行屏蔽的工作。可以双击如图10-18中所示已有的文件组来修改这些文件组的属性，也可以单击界面右侧的**创建文件组**来添加文件组。

图 10-18

在如图10-19所示对话框中系统也内置了一些文件屏蔽的模板，例如**阻止可执行文件**模板内设置要阻止所有的执行文件、发送电子邮件通知给被阻止的用户等。我们可以直接将这些已有模板应用到指定的文件夹，也可以修改这些模板或通过右侧的**创建文件屏蔽模板**来自行添加模板。

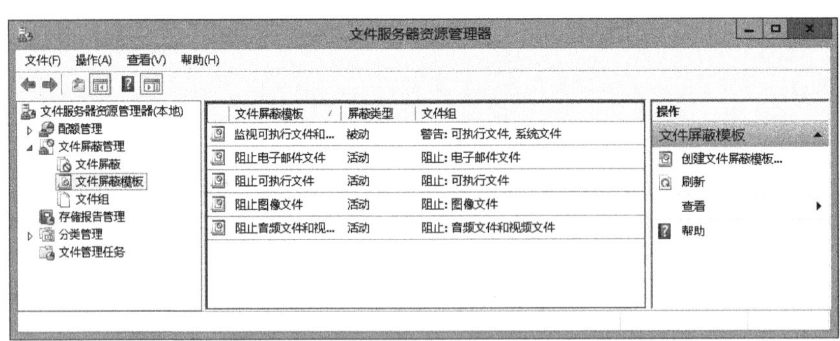

图 10-19

要屏蔽文件时，请单击如图10-20所示右侧**文件屏蔽**中的**创建文件屏蔽**。

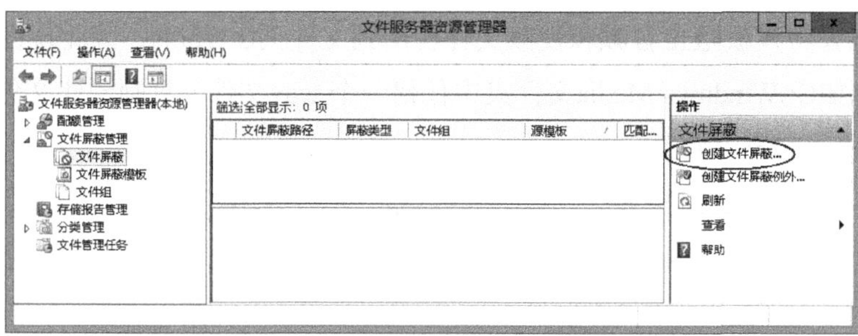

图 10-20

在如图10-21中所示的**文件屏蔽路径**处选择要屏蔽的文件夹，接下来可以选择：

- **从此文件屏蔽模板派生属性（推荐选项）**：也就是选择内置的文件屏蔽模板进行应用，它会根据模板的属性设置要屏蔽的文件组、邮件通知等。还可以事后修改这些文件屏蔽设置。
- **定义自定义的文件屏蔽属性**：自行设置屏蔽属性，例如文件组、邮件通知等。

在如图10-21所示对话框中选择将模板**阻止音频和视频文件**应用到文件夹C:\Tools后单击**创建**按钮，如图10-22所示为完成后的界面（单击创建的文件屏蔽后，才看得到下半部分界面）。

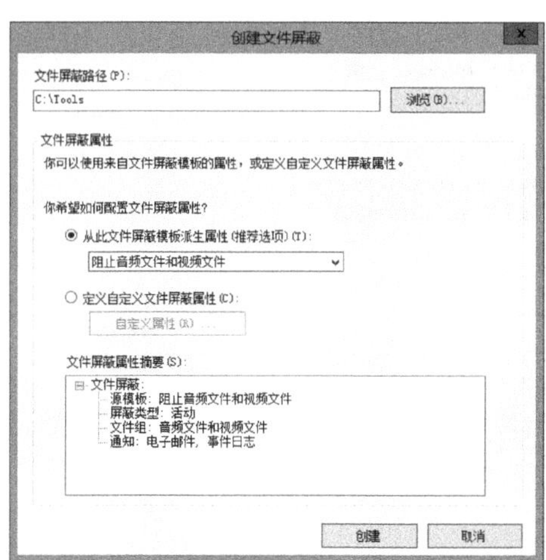

图 10-21

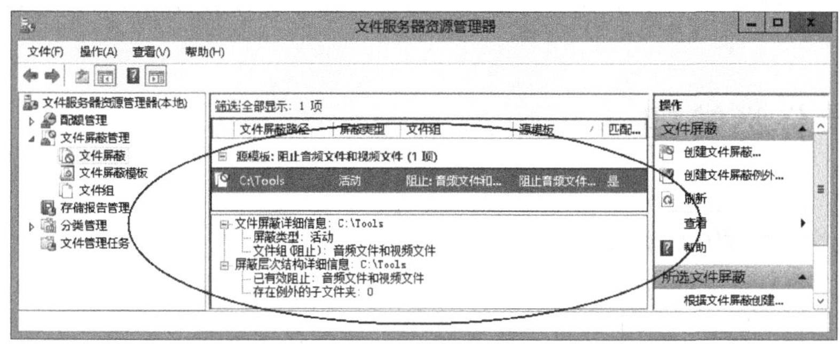

图 10-22

由于我们选择将模板**阻止音频和视频文件**应用到文件夹C:\Tools，因此现在可以测试将一个音频文件（例如C:\Windows\Media文件夹中任何一个.wav文件）复制到此文件夹内，此时将看到如图10-23所示的警告界面。

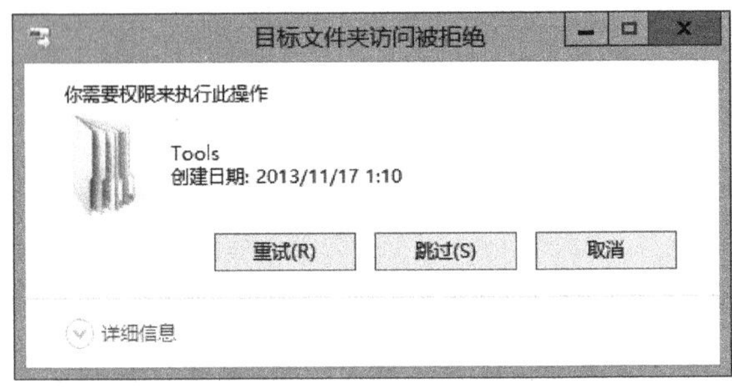

图 10-23

可以双击该文件屏蔽来更改其设置，之后将出现如图10-24所示的界面，在图中可以修改要阻止的文件组，也可以更改屏蔽类型，例如**主动屏蔽**会阻止被屏蔽的文件组，而**被动屏蔽**仅是用来监视的，并不会阻止文件的保存。

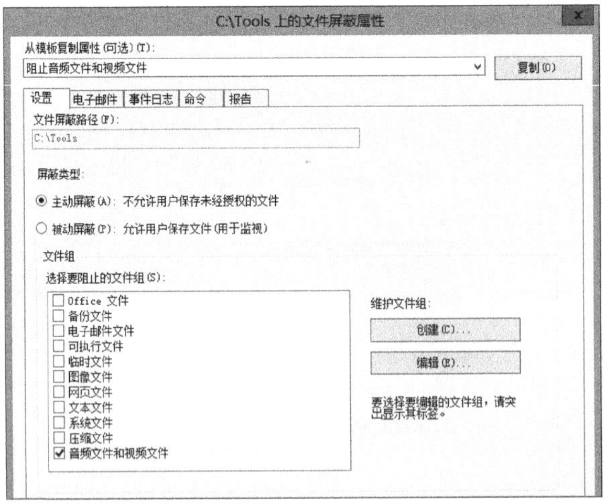

图 10-24

可以通过图中的**电子邮件**等标签来更改其他的设置（与前面的配额管理类似）。

10.5 文件分类管理

Windows Server 2012的文件服务器通过**文件分类基础结构**（File Classification Infrastructure，FCI）将文件分类管理。FCI根据文件的**分类属性**将文件分类，但是必须自定义分类属性，然后将此属性指定给文件，接着就可以通过**存储报告**来生成一份包含指定分类属性的文件列表报告，或者通过接下来要介绍的**文件管理工作**来管理分类文件，或编写支持FCI

的程序来管理分类文件。

10.5.1 创建分类属性

可以通过单击如图10-25所示右侧的**创建属性**来创建新的属性。

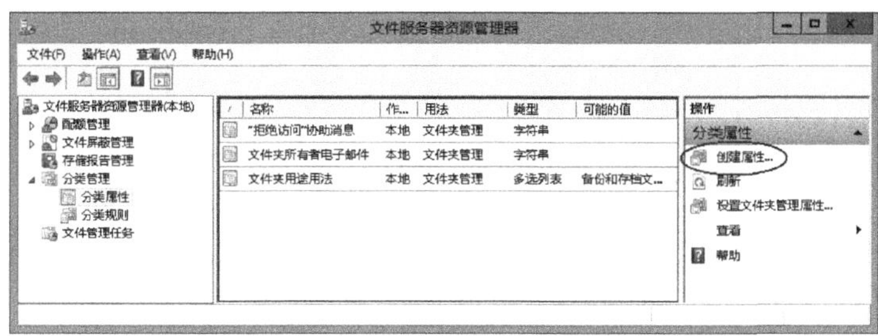

图 10-25

创建分类属性时，系统提供以下几种不同的属性类型让用户选择。

- **是/否**（Yes/No）：可以指定是或否值给此属性。
- **日期-时间**（Date-time）：可以指定日期与时间值给此属性。
- **编号**（Number）：可以指定一个编号给此属性。
- **多选列表**（Multiple Choice List）：可以指定一个多重列表给此属性。
- **排序的列表**（Ordered List）：可以指定一个顺序列表给此属性。
- **单一选择**（Single Choice）：可以指定一个单选的列表给此属性。
- **字符串**（String）：可以指定单一字符串给此属性。
- **多个字符串**（Multiple String）：可以指定多重字符串给此属性。

假设要创建一个属性类型为**是/否**的属性，则接下来在如图10-26中所示的**属性类型**列表中选择**是/否**，并且假设**名称**为**机密文件**，完成后单击**确定**按钮。

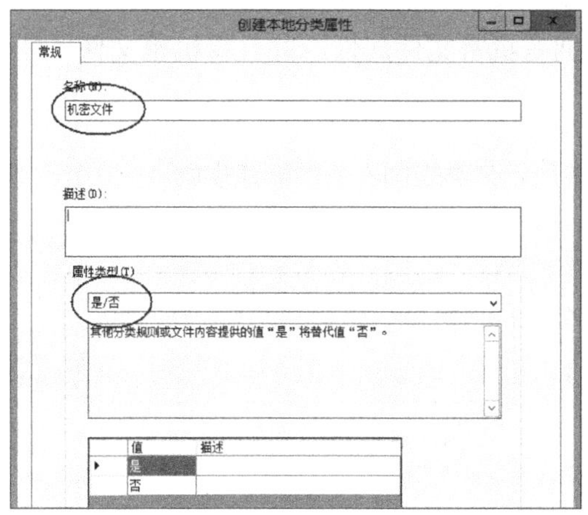

图 10-26

假设要另外创建一个如图10-27所示**名称**为**机密等级**、**属性类型**为**排序的列表**的属性并且按照先后顺序分别输入**高/中/低**3个属性值（这仅是用来展示的范例值）。图10-28为创建完成这两个属性后的界面。

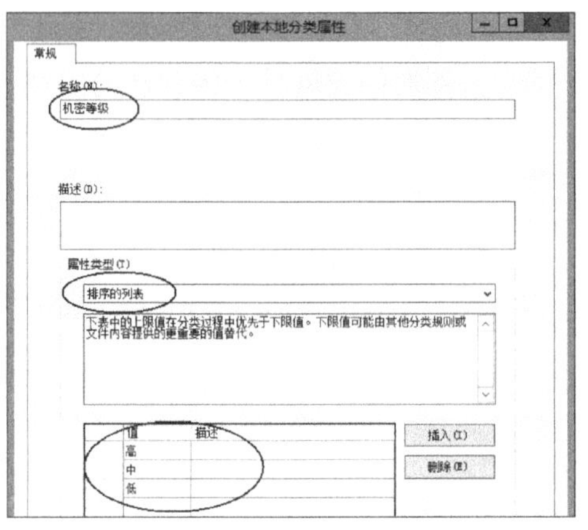

图 10-27

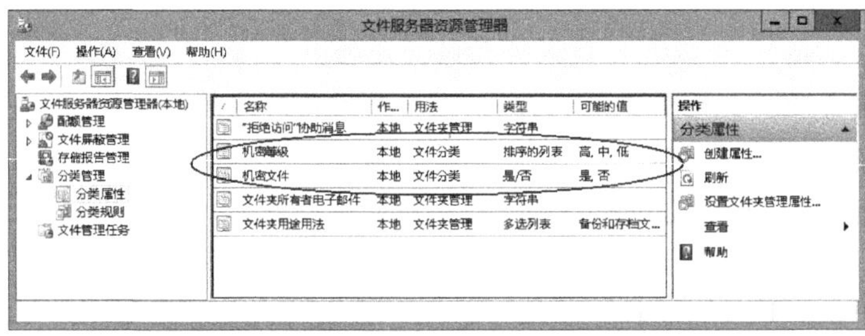

图 10-28

10.5.2 通过分类规则将文件分类

接下来，要通过创建**分类规则**将上述**机密文件**属性指定给文件夹C:\Resources中的所有文件，也就是让这些文件都拥有**机密文件**属性，并且将**机密文件**属性值设置为**是**，然后利用**存储报告管理**生成报告。

STEP **1** 单击如图10-29中所示**分类规则**右侧的**新建规则**。

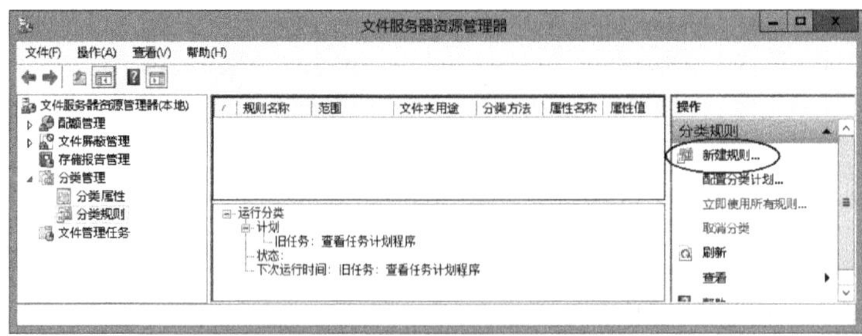

图 10-29

STEP 2 在如图10-30所示对话框中自定义规则名称（例如，**机密文件规则**）。

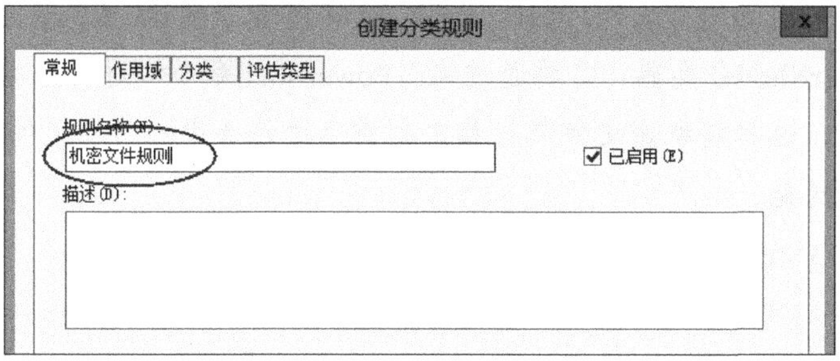

图 10-30

STEP 3 单击如图10-31中所示**作用域**标签下方的添加按钮选择文件夹C:\RdSchedule（图中为选择完成后的界面）。

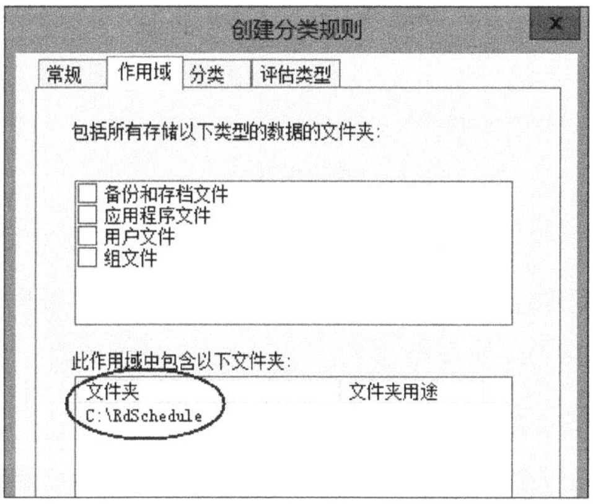

图 10-31

STEP 4 单击如图10-32中所示的**分类**标签，按照下面的说明选择后单击确定按钮。

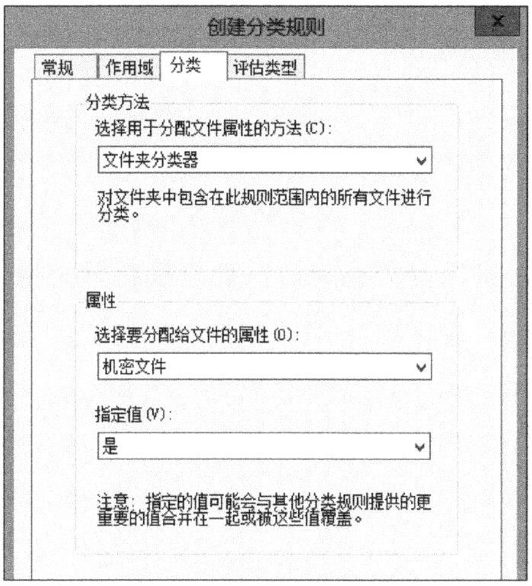

图 10-32

- **分类方法**：图中选择**文件夹分类器**，也就是要将分类属性指定到图10-31中选择文件夹内的所有文件。此处，还可以选择**内容分类器**（留到最后介绍）与**Windows PowerShell分类器**（需要通过编写PowerShell命令码进行分类）。
- **属性**：选择将**机密文件**属性指定到前述文件夹中的所有文件，并且将其**指定值**设置为**是**。

STEP 5 如图10-33所示为完成后的界面。

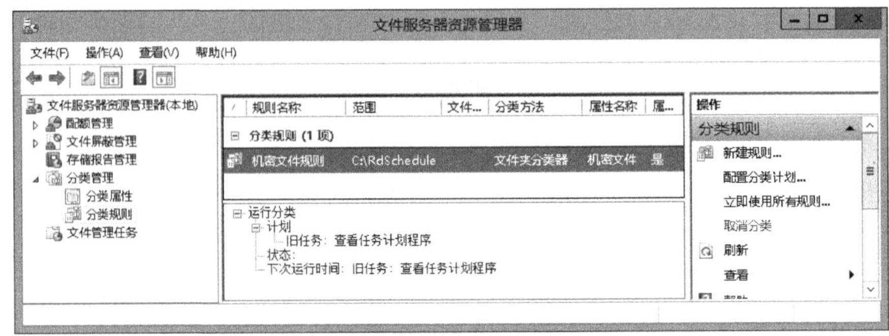

图 10-33

STEP 6 单击如图10-33所示右侧的**立即使用所有规则**，以便立即将分类属性应用到文件夹C:\RdSchedule，之后会出现如图10-34所示的对话框，此时可以选择在后台运行或等待其运行完成。如果选择在后台运行，在未运行完成之前，如图10-33所示右侧的**立即使用所有规则**文字会是灰色的，暂时无法单击。

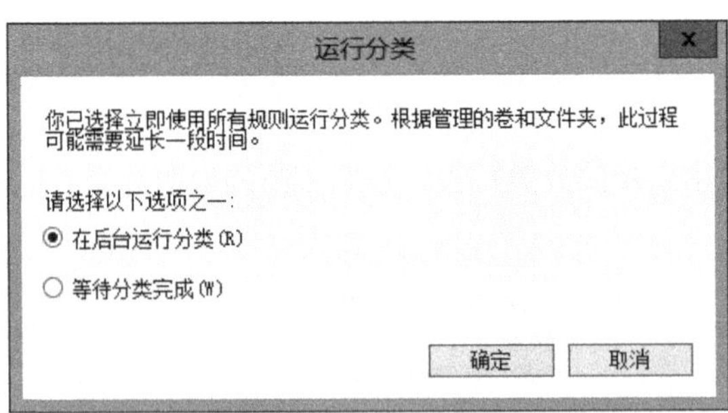

图 10-34

如果选择**等待分类完成**，则在分类完成后，会直接将分类报告显示在屏幕上，如图10-35所示。

图 10-35

文件被分类后，可以通过【选中文件并单击鼠标右键➲**属性**➲通过如图10-36中所示的**分类**标签来查看其分类属性】，即使这个文件被移动到另一个NTFS磁盘分区内，其分类属性仍然存在。

图 10-36

10.5.3 分类文件的管理

可以通过**存储报告管理**功能来生成一份包含指定分类属性的文件列表报告或通过**文件管理工作**来管理文件（也可以另外编写支持FCI的程序来管理分类文件）。

STEP **1** 单击如图10-37中所示的**存储报告管理**右侧的**立即生成报告**。

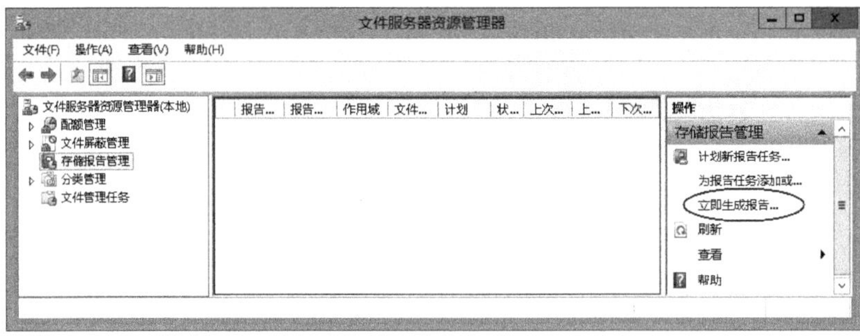

图 10-37

STEP 2　在如图10-38所示对话框中勾选**文件（按属性）**复选框，单击编辑参数按钮。

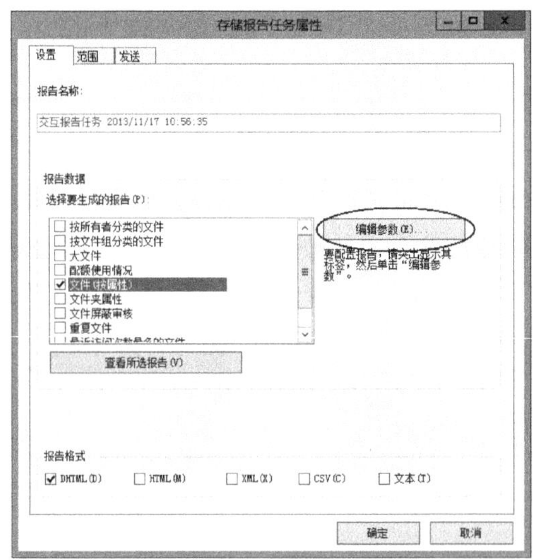

图 10-38

STEP 3　在如图10-39所示对话框中选择针对包含**机密文件**属性的文件生成报告；在**仅包含与下列文件名样式匹配的文件**处可以选择要生成报告的文件类型，例如，如果只针对扩展名为.docx的文档生成报告，则此处输入*.docx，要选择所有文件，则请如图所示保留空白即可。完成后单击确定按钮。

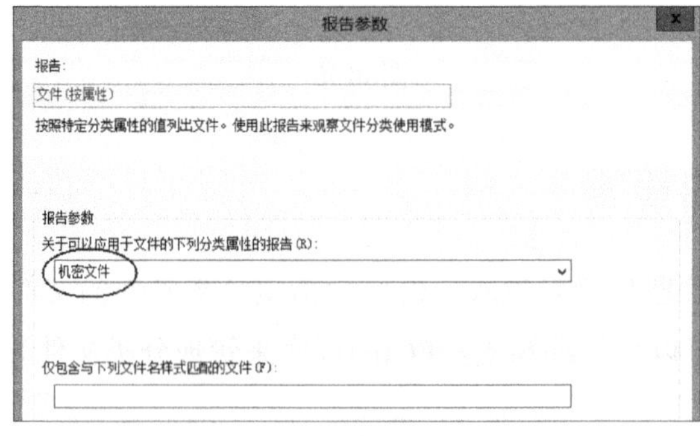

图 10-39

STEP 4　在如图10-40所示**范围**标签中通过单击**添加**按钮选择要生成报告的文件夹C:\RdSchedule后，单击**确定**按钮。

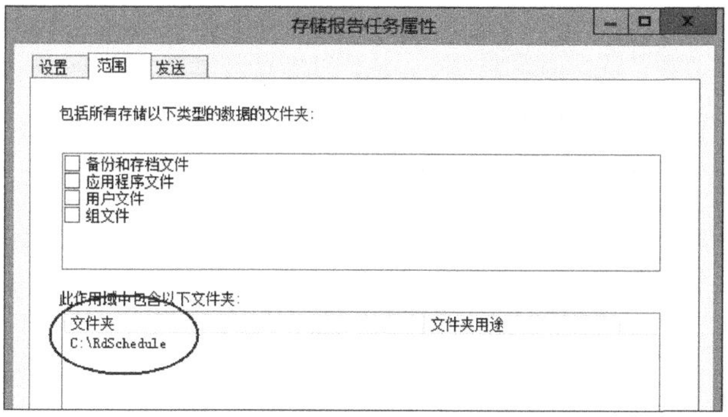

存储报告任务属性

设置　范围　发送

包括所有存储以下类型的数据的文件夹:

☐ 备份和存档文件
☐ 应用程序文件
☐ 用户文件
☐ 组文件

此作用域中包含以下文件夹:

文件夹	文件夹用途
C:\RdSchedule	

图 10-40

STEP 5　在图10-41中选择等待报告生成后，将报告显示在屏幕上，结果如图10-42所示。

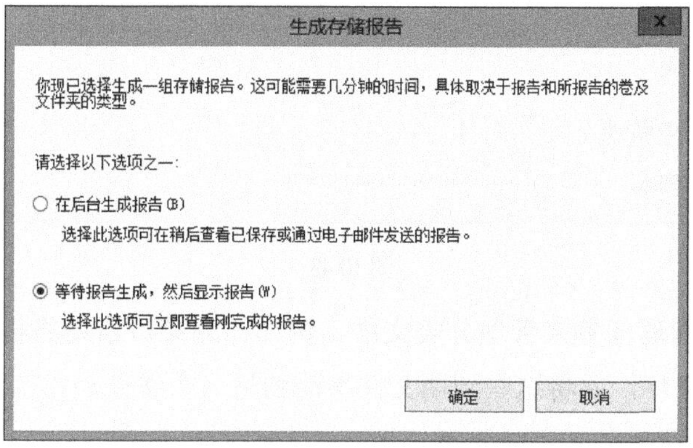

生成存储报告

你现已选择生成一组存储报告。这可能需要几分钟的时间，具体取决于报告和所报告的卷及文件夹的类型。

请选择以下选项之一:

○ 在后台生成报告(B)
选择此选项可在稍后查看已保存或通过电子邮件发送的报告。

◉ 等待报告生成，然后显示报告(W)
选择此选项可立即查看刚完成的报告。

确定　取消

图 10-41

图 10-42

STEP 6　双击如图10-42中所示的报告文件后，就可以从图10-43中查看报告的内容，可以向下滚动界面来查看详细信息。

图 10-43

还可以利用**文件管理任务**来管理分类文件，例如计划某日自动将**机密文件**属性值为否的所有文件设置为到期文件，并将这些到期文件移动到另一个文件夹。

STEP 1　单击如图10-44中所示**文件管理任务**右侧的**创建文件管理任务**。

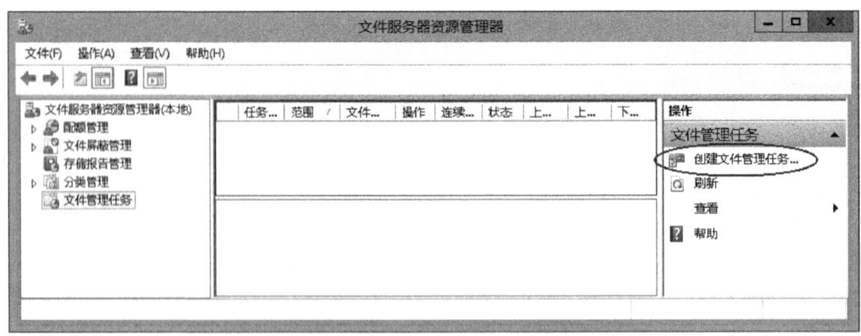

图 10-44

STEP 2　在如图10-45所示对话框中设置任务名称。

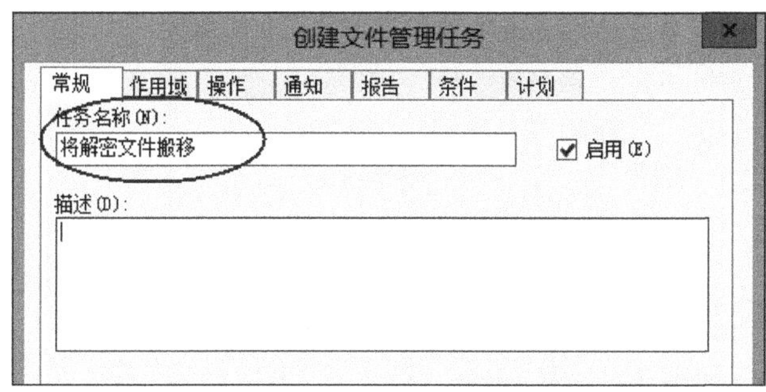

图 10-45

STEP 3　在如图10-46所示的作用域标签中通过单击添加按钮选择要被管理的文件夹C:\RdSchedule。

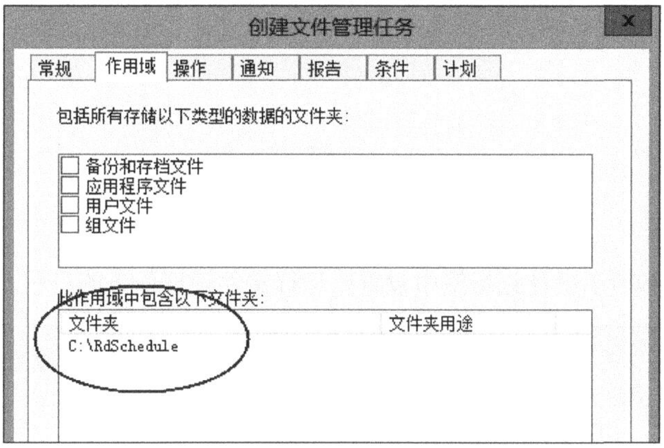

图 10-46

STEP 4　在如图10-47中所示的**操作**标签的**类型**处选择**文件过期**，并且设置将过期的文件移动到**C:\解密文件**文件夹。

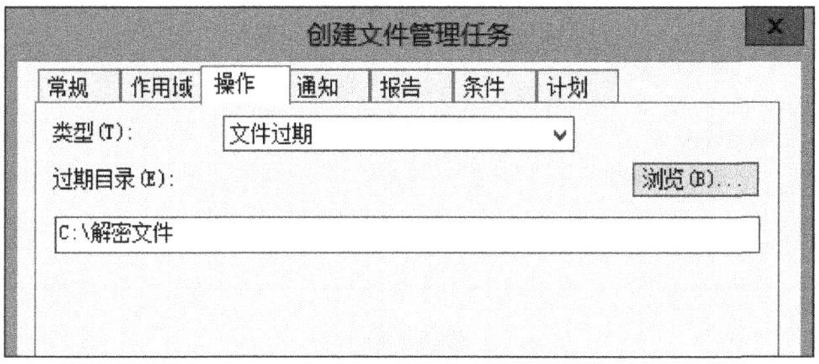

图 10-47

STEP 5　在如图10-48所示的**条件**标签中选择要管理**机密文件**属性值为否的文件。

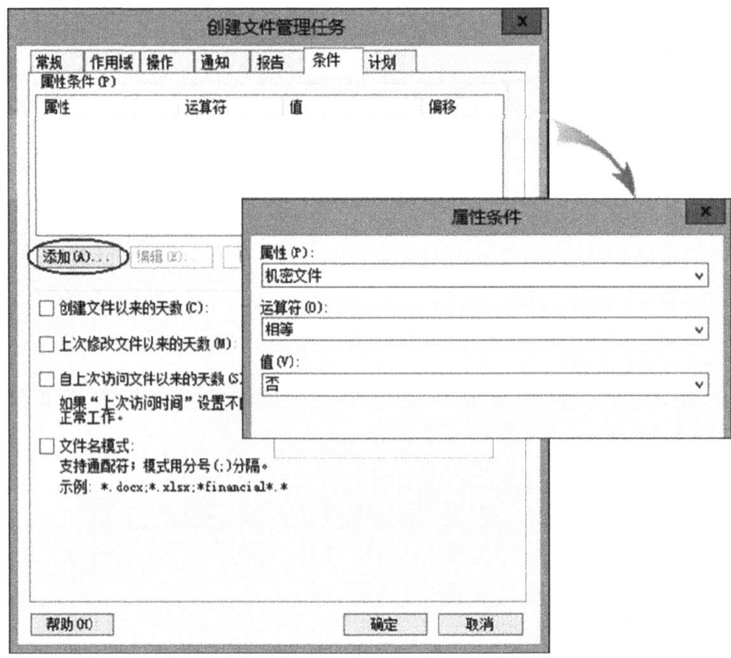

图 10-48

STEP 6　在如图10-49所示的**计划**标签中设置要运行文件管理任务的日程。

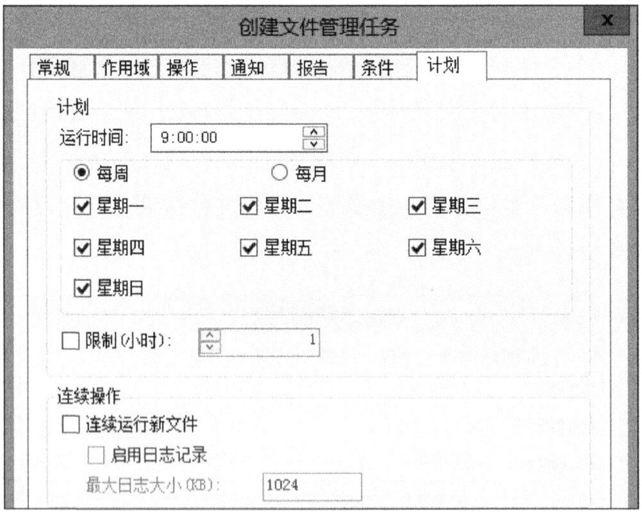

图 10-49

STEP 7　如图10-50所示为完成设置后的界面。只要指定的时间到达，系统就会将C:\RdSchedule文件夹内拥有**机密文件**属性并且属性值为**否**的文件移动到**C:\解密文件**文件夹。

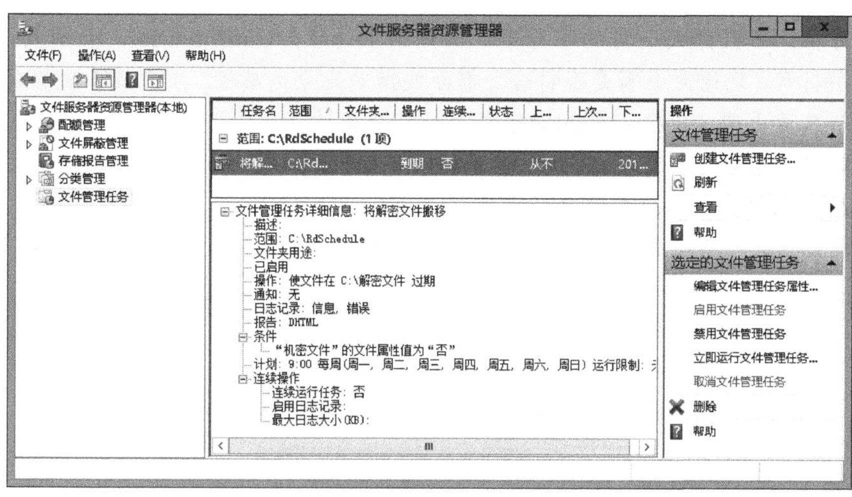

图 10-50

10.5.4 分类文件的其他注意事项

创建分类规则时，如果如图10-51所示选择**内容分类器**，则可以根据文件内是否包含特定内容，来决定是否要将此分类属性值指定到此文件。

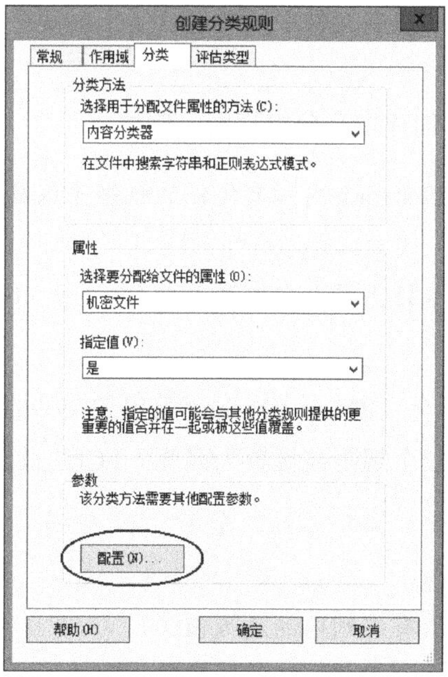

图 10-51

例如，如果文件内包含**Confidential**字符串，就将此分类属性指定给此文件，而这个设置可通过单击如图10-51所示的配置按钮，然后通过如图10-52所示的界面进行设置。图10-52中的参数名可以是：

- **字符串**：不区分大小写的字符串，例如图中的值为**Confidential**，表示文件内只要有此字符串，无论大小写是否符合，都会被指定此分类属性。图中**最小次数**的数值为1，表示只要出现一次Confidential字符串就符合条件。
- **字符串（区分大小写）**：区分大小写的字符串，例如图中的值为**Top Secret**，表示将分类属性指定到包含此字符串的文件。
- **正则表达式**：它采用.NET语法来对比此正则表达式。

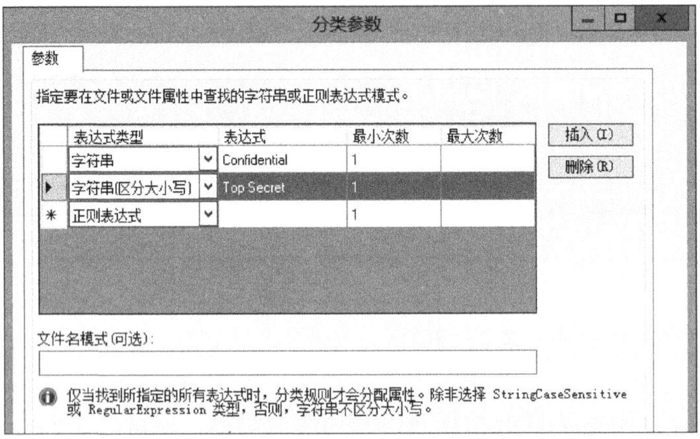

分类参数

参数

指定要在文件或文件属性中查找的字符串或正则表达式模式。

	表达式类型	表达式	最小次数	最大次数
	字符串	Confidential	1	
▶	字符串(区分大小写)	Top Secret	1	
*	正则表达式		1	

插入(I)　删除(R)

文件名模式(可选)：

仅当找到所指定的所有表达式时，分类规则才会分配属性。除非选择 StringCaseSensitive 或 RegularExpression 类型，否则，字符串不区分大小写。

图 10-52

图中设置了两个参数，因此只要文件中同时包含了上述两个字符串，就将上述分类属性指定给这个文件。

如果针对同一个分类属性创建多个分类规则，例如：

- 一个规则用来将C:\RdSchedule内所有文件的**机密等级**属性（它是**排序的列表**）设置为中。
- 另一个规则用来将C:\RdSchedule内所有包含**Top Secret**字符串的文件的**机密等级**属性设置为高。

此时，C:\RdSchedule内所有包含**Top Secret**字符串的文件的**机密等级**属性是依据第1个规则被设置为中呢？还是依据第2个规则被设置为高呢？FCI通过以下的汇总准则来决定如何将属性值指定给文件。

- **是/否**属性：**是**优先于**否**。
- **多选列表**属性：合并所有规则内的属性值。
- **排序的列表**属性：列于列表最上方的优先。
- **多个字符串**属性：将所有字符串合并成一个唯一的字符串。

由于如图10-27所示的属性列表中，**高**位于**中**的上方，所以根据此准则可知上述范例中第2个规则的优先级比较高，因此C:\RdSchedule内所有包含**Top Secret**字符串的文件的**机密等级**属性将是**高**。

还有分类规则默认仅会针对尚未通过此分类属性分类的文件来分类 也就是已经分类过的文件，不会再被重复分类。如果要更改此设置，请单击如图10-53中所示的**评估类型**标签，然后勾选**重新评估现有的属性值**，之后在执行分类规则时，如果文件或分类规则有变化，FCI会尝试将文件重新分类（包含之前已经分类过的文件）。图中还需要选择当发生冲突时，是要利用新值来覆盖现有值，还是两者聚合，聚合准则如前所述。

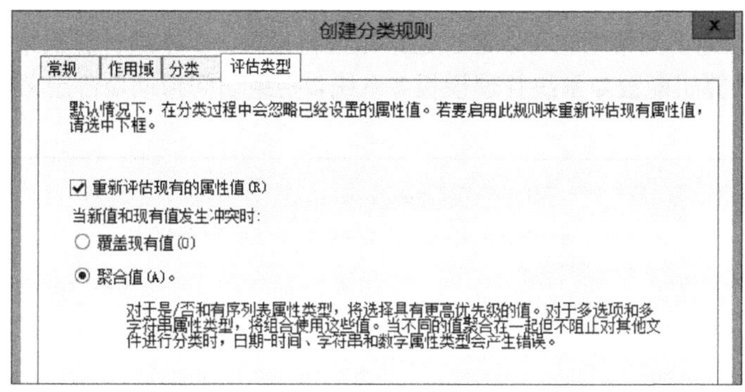

图 10-53

10.6 拒绝访问帮助

如果用户没有权限访问位于文件服务器中的共享文件夹，则当用户访问此文件夹时，屏幕上会显示访问被拒的信息。不过，这个标准信息可能描述得不够明确，无法让用户充分了解被拒绝的原因或无法帮助其解决问题。

通过Windows Server 2012的**拒绝访问帮助**功能，可以让系统管理员来自定义显示信息、允许用户发出帮助要求、发送电子邮件通知系统管理员、发送电子邮件通知共享文件夹的所有者等。其设置步骤为:【在如图10-54所示对话框中单击**文件服务器资源管理器**➲单击右侧的**配置选项**】。

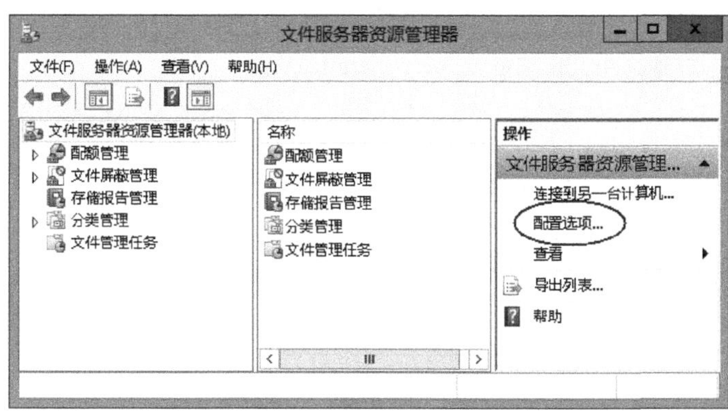

图 10-54

接着【在如图10-55所示对话框中单击**拒绝访问帮助**标签➲勾选**启用拒绝访问帮助**复选框➲接着在下方输入自定义的信息】，之后Windows 8、Windows Server 2012客户端在访问文件服务器的共享文件夹时，如果无权访问被拒绝，客户端的屏幕上就会显示此处的自定义信息。

附注

图10-55中的**拒绝访问帮助**也可以通过组策略进行设置，以**本地计算机策略**来说，其设置方法为：【**计算机配置**➲**系统管理模板**➲**系统**➲**拒绝访问帮助**➲自定义拒绝访问错误信息】。

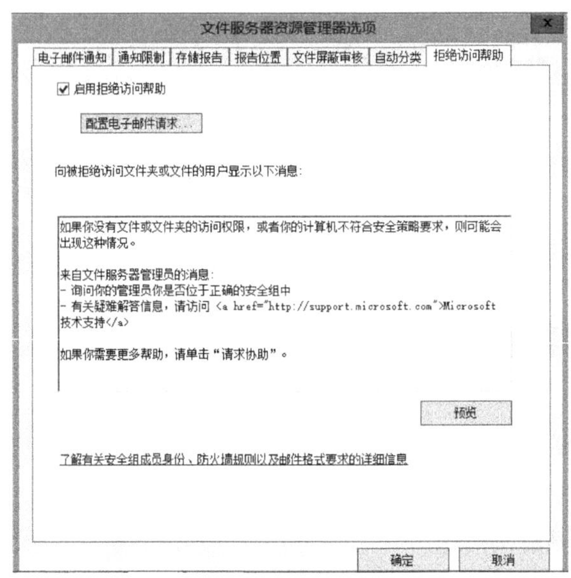

图 10-55

可以单击如图10-55所示对话框右下方的预览按钮来查看以后客户端会看到的界面，如图10-56所示。

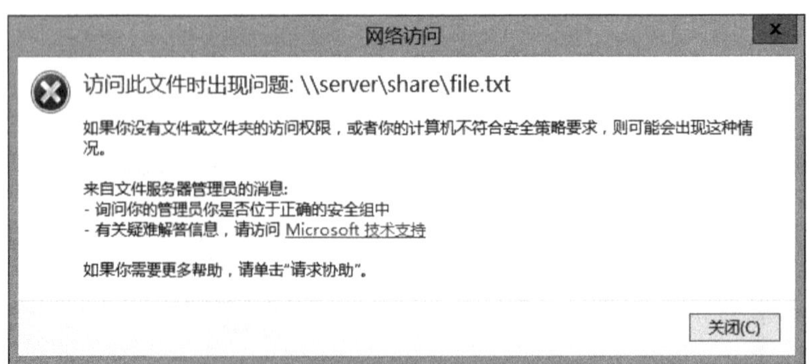

图 10-56

单击如图10-55中所示配置电子邮件请求…按钮后，将出现如图10-57所示的界面，在勾选

使用户能够请求帮助复选框后，即可在访问被拒绝对话框中添加一个**请求协助**选项（结果如图10-58所示，只需单击如图10-55所示对话框中的预览按钮可以看到此界面），用户可以通过此选项来发送请求帮助的邮件给如图10-57中所示**收件人列表**中的用户、文件夹的所有者、管理员（管理员的信箱与负责发送邮件的SMTP服务器等设置，请参考如图10-2所示的说明）。

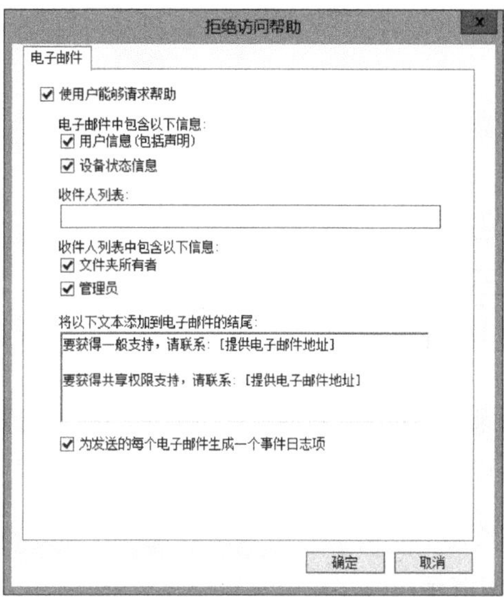

图 10-57

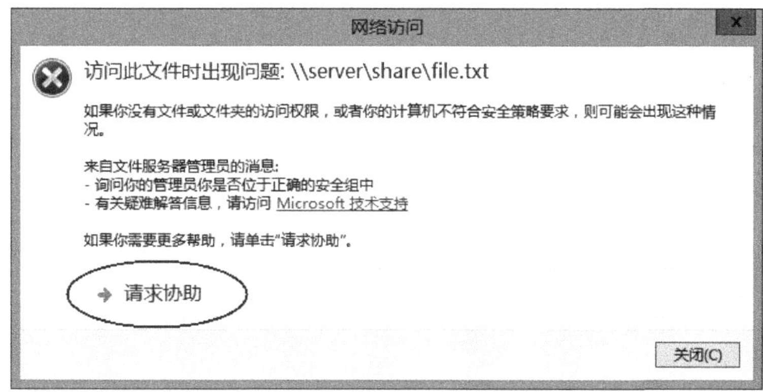

图 10-58

第 11 章 组策略与安全设置

系统管理员可以通过**组策略**（group policy）的强大功能，来充分管理网络用户与计算机的工作环境，从而减轻网络管理的负担。

- 组策略概述
- 本地计算机策略实例演示
- 域组策略实例演示
- 本地安全策略
- 域与域控制器安全策略
- 组策略首选项
- 审核资源的使用

11.1 组策略概述

组策略是一个能够让系统管理员充分管理用户工作环境的功能，通过它来确保用户拥有应有的工作环境，也通过它来限制用户。因此，不但可以让用户拥有适当的环境，也可以减轻系统管理员的管理负担。

组策略包含**计算机配置**与**用户配置**两部分。计算机配置仅对计算机环境产生影响，而用户设置只对用户环境有影响。可以通过以下两个方法来设置组策略。

- **本地计算机策略**：可以用来设置单一计算机的策略，这个策略内的计算机配置只会被应用到这台计算机，而用户设置会被应用到在此计算机登录的所有用户。
- **域的组策略**：在域内可以针对站点、域或组织单位来设置组策略，其中，域组策略内的设置会被应用到域内的所有计算机与用户，而组织单位的组策略会被应用到该组织单位内的所有计算机与用户。

对添加域的计算机来说，如果其本地计算机策略的设置与**域或组织单位**的组策略设置发生冲突，则以域或组织单位组策略的设置优先，也就是此时本地计算机策略的设置值无效。

11.2 本地计算机策略实例演示

以下利用未加入域的计算机来练习本地计算机策略，以免受到域组策略的干扰，造成本地计算机策略的设置无效，因而影响到验证实验结果。

11.2.1 计算机配置实例演示

当我们要将Windows Server 2012计算机关机时，系统会要求我们提供关机的理由，如图11-1所示。以下实例演示完成后，系统就不会再要求你说明关机的理由了。

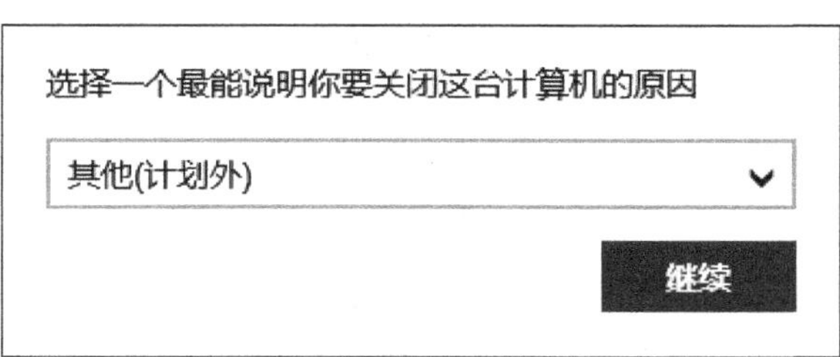

图 11-1

请【按⊞+R键➲输入gpedit.msc后按Enter键➲在如图11-2所示对话框中单击**计算机配置**➲

管理模板➲系统➲双击右边的**显示"关闭事件跟踪程序"➲**单击**已禁用➲**单击 确定 按钮】，以后要关机或重新启动计算机时，系统都不会再询问理由了。

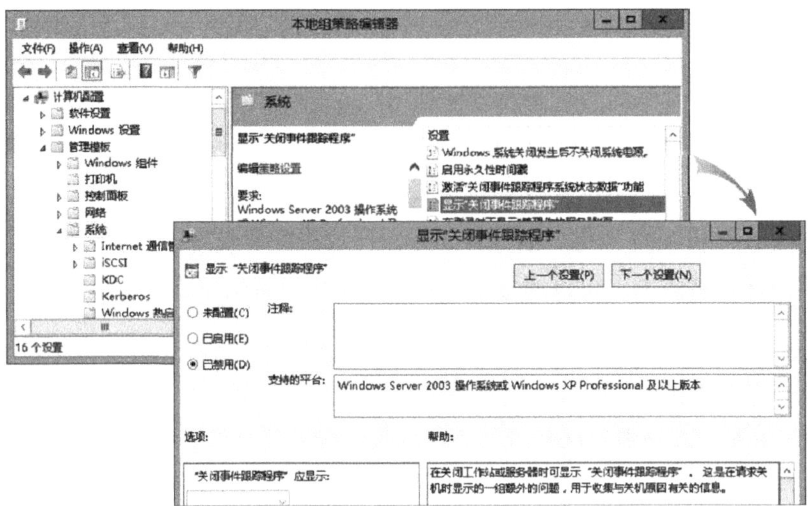

图 11-2

附注

请不要随意更改计算机配置，以免更改可能影响系统正常运行的设置值。

11.2.2 用户配置实例演示

以下通过本地计算机策略来限制用户工作环境：删除客户端浏览器Internet Explorer内**Internet选项**的**安全**和**连接**标签。也就是经过以下的设置后，图11-3中浏览器Internet Explorer的**安全**与**连接**标签就会消失。

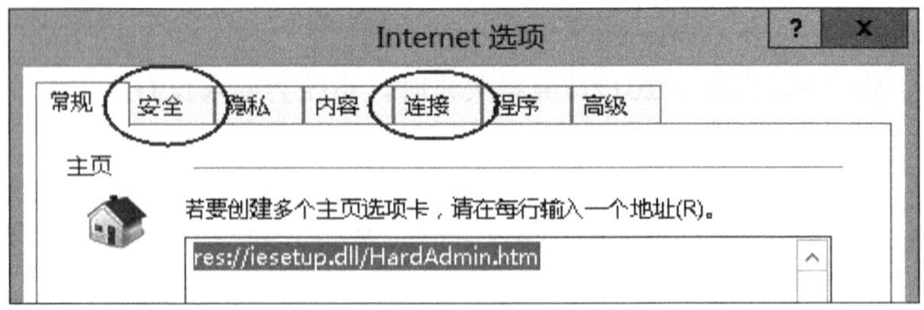

图 11-3

如图11-4所示【单击**用户配置➲管理模板➲Windows组件➲Internet Explorer➲Internet控制面板➲**将**禁用连接页**与**禁用安全页**设置为**已启用**】，此设置会立即应用到所有用户：打开**Internet Explorer➲**按 Alt 键➲**工具**菜单➲**Internet选项➲**如图11-5所示可以看到**安全**与**连接**标签消失了。

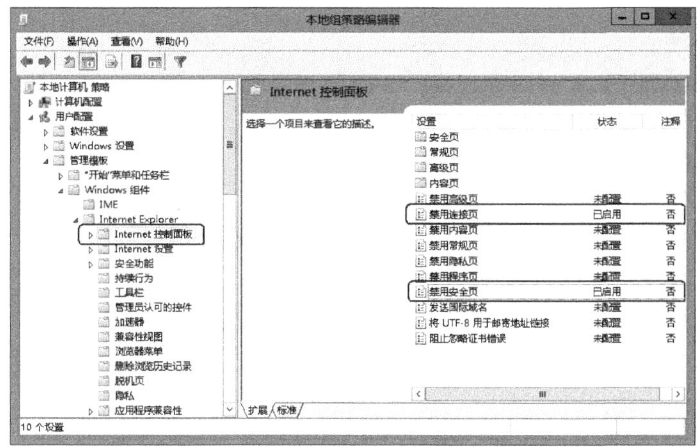

图 11-4

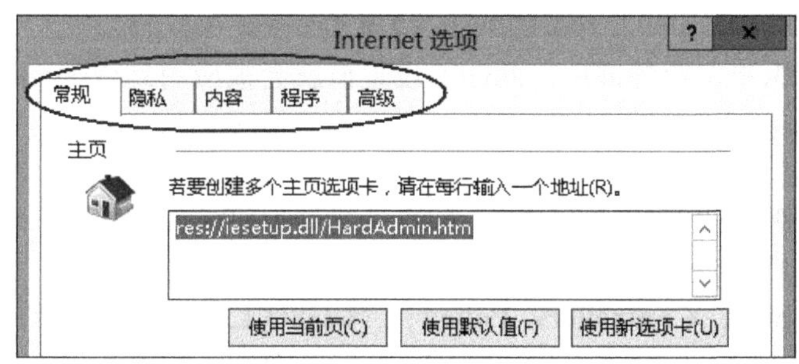

图 11-5

11.3 域组策略实例演示

虽然在域内可以针对站点、域或组织单位来设置组策略，但是以下内容将仅针对常用的域与组织单位进行说明。

11.3.1 组策略基本概念

如图11-6所示，可以针对域sayms.local（图中显示为sayms）来设置组策略，此策略设置会被应用到域内所有计算机与用户，包含图中组织单位**业务部**内所有计算机与用户（换句话说，**业务部**会继承域sayms.local的策略设置）。

还可以针对组织单位**业务部**设置组策略，此策略会应用到该组织单位内的所有计算机与用户。由于**业务部**会继承域sayms.local的策略设置，因此**业务部**最后的有效设置是域sayms.local的策略设置加上**业务部**的策略设置。

如果**业务部**的策略设置与域sayms.local的策略设置发生冲突，默认以**业务部**的策略设置优先。

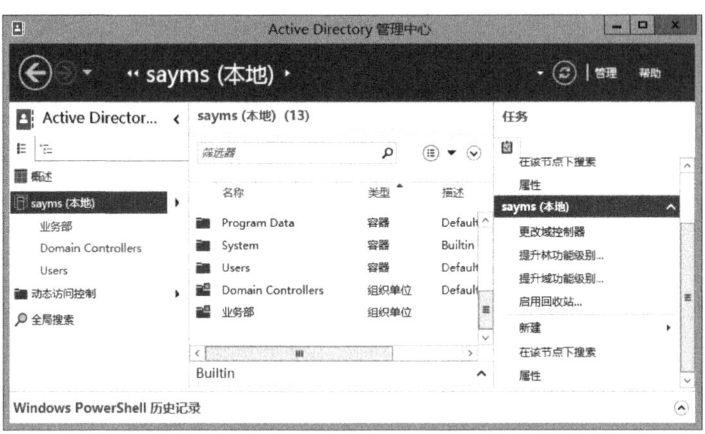

图 11-6

组策略是通过GPO（Group Policy Object，组策略对象）进行设置的，当将GPO链接（link）到域sayms.local或组织单位**业务部**后，此GPO设置值就会被应用到域sayms.local或组织单位**业务部**内所有用户与计算机。系统已经内置两个GPO，它们分别如下所示。

- **Default Domain Policy**：此GPO已经被连接到域sayms.local，因此这个GPO内的设置值会被应用到域sayms.local内的所有用户与计算机。
- **Default Domain Controllers Policy**：此GPO已经被连接到组织单位Domain Controllers，因此这个GPO的设置值会被应用到Domain Controllers内的所有用户与计算机。Domain Controllers内默认只有扮演域控制器角色的计算机。

也可以针对**业务部**（或域sayms.local）创建多个GPO，此时这些GPO中的设置会合并起来应用到**业务部**内的所有用户与计算机。如果这些GPO内的设置发生冲突，则以排列在前面的优先。

11.3.2 域组策略实例演示1——隐藏Windows防火墙

以下假设要针对如图11-7中所示组织单位**业务部**内的所有用户进行设置，并设置让这些用户登录后，其**控制面板**内的**Windows防火墙**自动被删除。我们要创建一个链接到组织单位**业务部**的GPO，并且通过此GPO内的**用户设置**进行设置。

STEP 1　在域控制器上利用域系统管理员账户登录。

STEP 2　按Windows键⊞切换到**开始屏幕**➲**组策略管理**。

STEP 3　如图11-8所示展开到组织单位**业务部**➲选中**业务部**并单击鼠标右键➲**在这个域中创建GPO并在此处链接**。

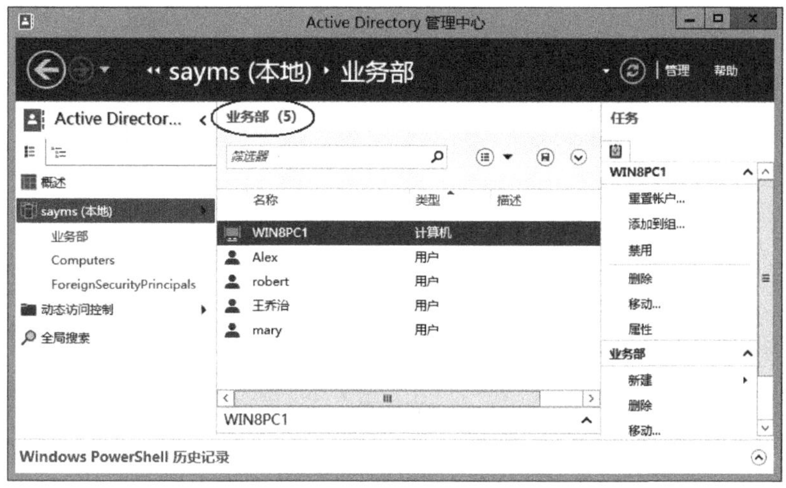

图 11-7

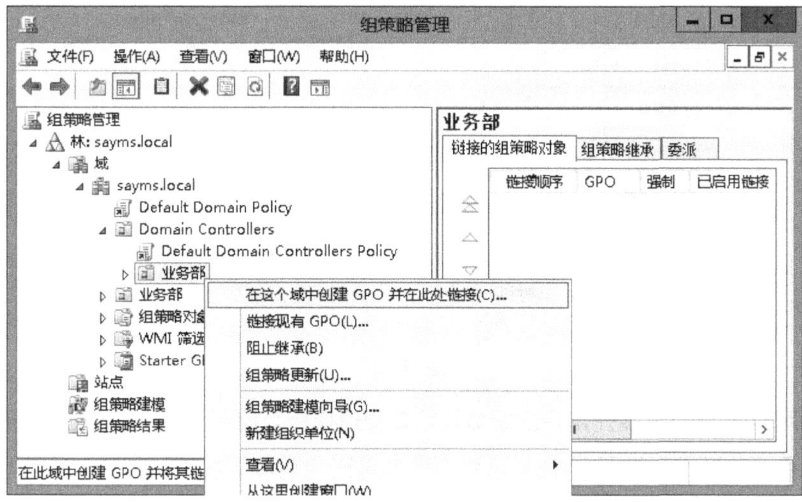

图 11-8

注意

1. 在图11-8中也可以看到内置的GPO：Default Domain Policy与位于组织单位Domain Controllers下的Default Domain Controllers Policy。请不要随意更改这两个GPO的内容，以免影响系统的正常运行。

2. 可以对着组织单位单击鼠标右键后选择**阻止继承**，表示不要继承域sayms.local策略设置。也可以对着域GPO（例如Default Domain Policy）单击鼠标右键后选择**强制**，表示域sayms.local下的组织单位必须继承此GPO设置，无论组织单位是否选择**阻止继承**。

STEP **4** 在图11-9中为此GPO命名（假设是**测试用的GPO**）后单击**确定**按钮。

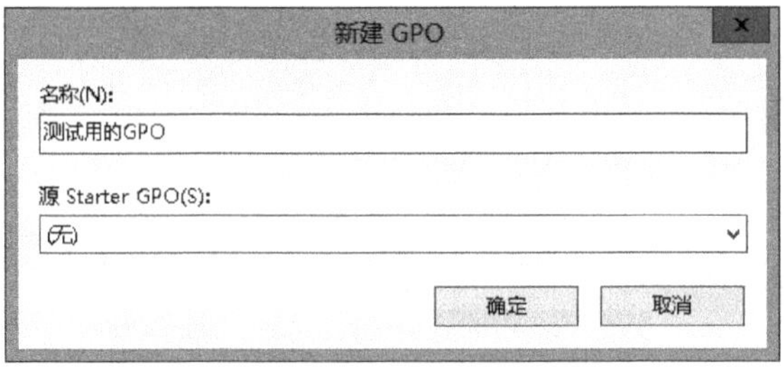

新建 GPO

名称(N):

测试用的GPO

源 Starter GPO(S):

(无)

确定　取消

图 11-9

STEP 5　【选中添加的GPO并单击鼠标右键➲**编辑**】，如图11-10所示。

图 11-10

STEP 6　如图11-11所示【展开**用户配置**➲**策略**➲**管理模板**➲**控制面板**➲双击右侧**隐藏指定的**"**控制面板**"**项**➲在如图11-12所示界面中勾选**已启用**➲单击**显示**按钮➲输入**Windows 防火墙**（**Windows**与**防火墙**之间有一个空格）➲……】。

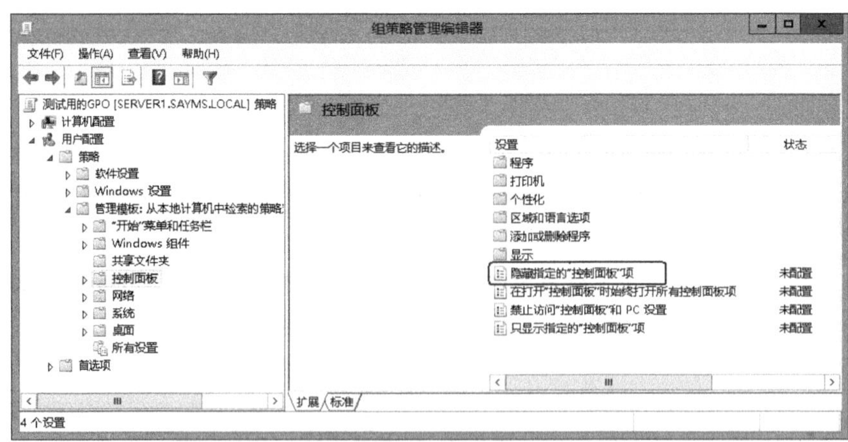

图 11-11

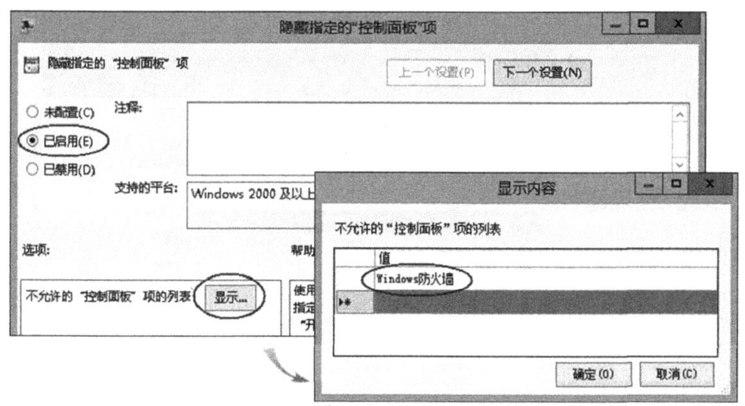

图 11-12

STEP 7　到客户端计算机（假设是Windows 8）上利用**业务部**内的任意用户账户登录（如果已经登录，请先注销再重新登录，以便应用上述策略），之后【按Windows键⊞+X键➲控制面板➲系统和安全】，即可看到**Windows 防火墙**没有出现在如图11-13所示的界面上。

图 11-13

11.3.3 域组策略实例演示2——限制可执行文件的运行

以下假设要针对如图11-14中所示组织单位**业务部**内的所有计算机（图中只有一台计算机WIN8PC1）进行设置，并且禁止所有用户在这些计算机上运行浏览器Internet Explorer。我们将利用前一个实例演示创建的**测试用的GPO**进行练习，并且通过此GPO内的**计算机配置**来阻止Internet Explorer。

我们要通过图中组织单位**业务部**内的计算机WIN8PC1进行练习，如果要练习的计算机在Computers容器，将其移动到组织单位**业务部**（请不要移动位于Domain Controllers内的域控制器）。

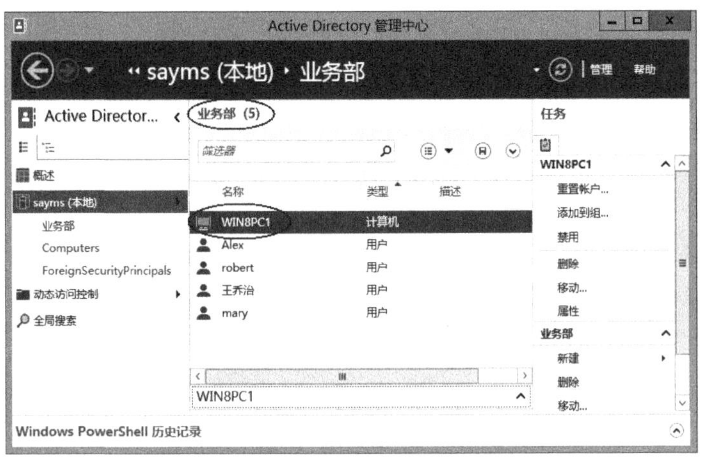

图 11-14

AppLocker 基本概念

我们将利用AppLocker功能来阻止Internet Explorer。AppLocker可以让你针对不同类别的程序来设置不同的规则，它共分为以下5大类别。

- **可执行文件规则**：适用于.exe与 .com程序。
- **Windows安装程序规则**：适用于.msi、.msp与 .mst程序。
- **脚本规则**：适用于.ps1、.bat、.cmd、.vbs与 .js程序。
- **已封装的应用程序规则**：适用于.appx程序（例如**天气**、**应用商店**等动态磁贴程序）。
- **DLL规则**：适用于.dll与 .ocx程序。

由于Internet Explorer的可执行文件为iexplore.exe，因此需要通过上述的**可执行文件规则**来阻止它。

> **附注**
>
> 支持AppLocker的域成员：Windows 8（Standard）/Enterprise/Pro、Windows 7 Ultimate/Enterprise、Windows Server 2012 Datacenter/Standard、Windows Server 2008 R2 Datacenter/Enterprise/Standard。
>
> 如果要针对Windows XP等旧客户端来封锁，请利用**软件限制策略**，此部分请参考《**Windows Server 2012 Active Directory**配置实务》这本书。

域组策略与 AppLocker 实例演示

在Windows 8中可以通过如图11-15所示的两处来执行Internet Explorer，其中背景图为开始屏幕、前景图为传统桌面，其文件名为iexplore.exe，并且位于C:\Program Files\Internet Explorer文件夹内。以下范例要来阻止此可执行文件iexplore.exe，但是没有要阻止背景图中的其他动态

磁贴程序（例如天气）。

图 11-15

STEP 1 在域控制器上利用域系统管理员账户登录。

STEP 2 按Windows键切换到**开始**屏幕➲**组策略管理**。

STEP 3 如图11-16所示展开到组织单位**业务部**➲选中**测试用的GPO**并单击鼠标右键➲**编辑**。

图 11-16

STEP 4 在如图11-17所示对话框中展开**计算机配置**➲**策略**➲**Windows设置**➲**安全设置**➲**应用程序控制策略**➲**AppLocker**➲选中**可执行规则**并单击鼠标右键➲**创建默认规则**。

注意

由于一旦创建规则后，凡是未列在规则内的执行文件都会被阻止，因此我们需要先通过此步骤来创建默认规则，这些默认规则允许普通用户执行ProgramFiles与Windows文件夹内的所有程序、允许系统管理员执行所有程序。

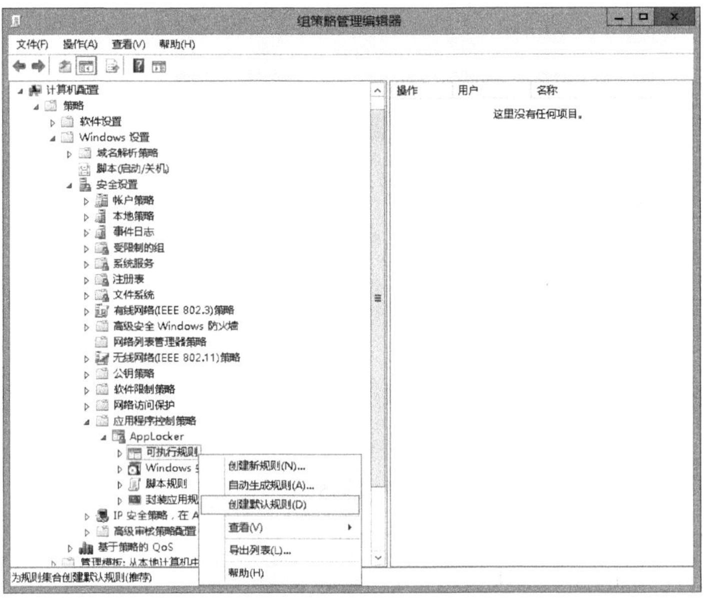

图 11-17

STEP 5　如图11-18所示右侧的3个允许规则是前一个步骤所创建的默认规则，接着如图11-18左侧所示【选中**可执行规则**并单击鼠标右键➲**创建新规则**】。

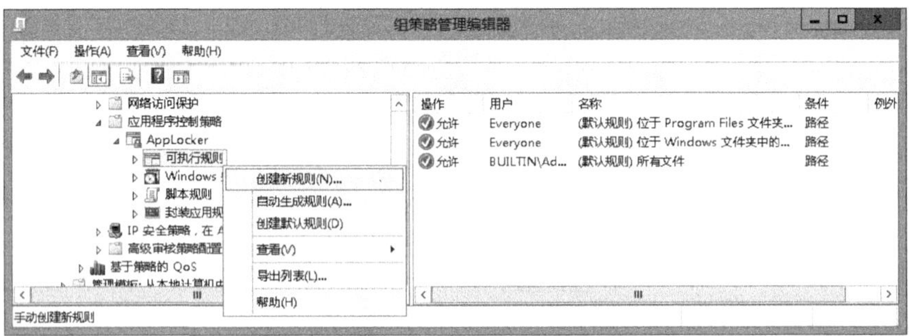

图 11-18

> **附注**
>
> 因为**DLL规则**会影响系统性能，并且如果没在正确设置，还可能造成意外事件，因此默认并没有显示**DLL规则**供你设置，除非通过【选中AppLocker并单击鼠标右键➲**属性**➲**高级**】的方法进行选择。

STEP 6　出现**开始之前**界面时单击下一步按钮。

STEP 7　如图11-19所示选择**拒绝**后单击下一步按钮。

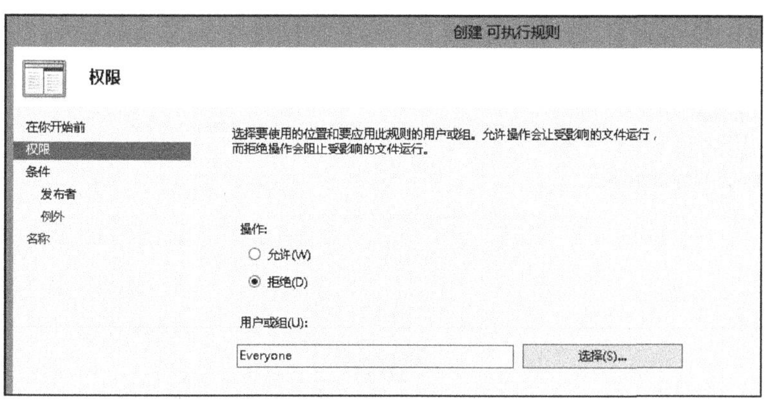

图 11-19

STEP 8　如图11-20所示选择**路径**后单击下一步按钮。

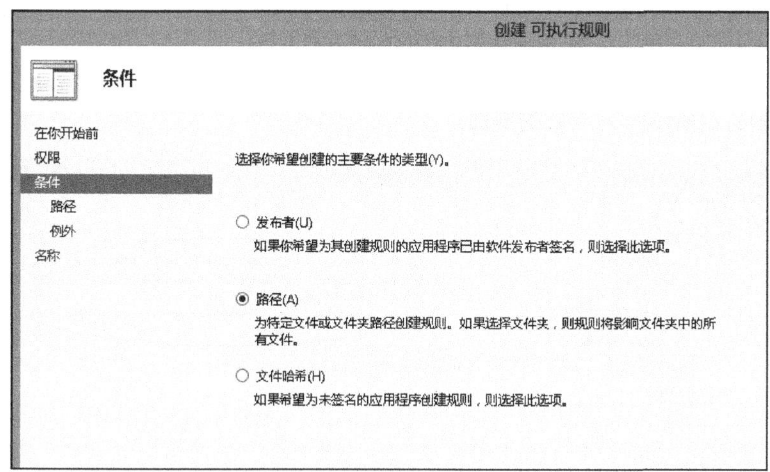

图 11-20

附注

如果程序已经签署，则图中还可以根据程序**发布者**进行设置，也就是拒绝（或允许）指定**发布者**签署、发行的程序；未经过签署的程序，也可以通过图11-20中的**文件哈希**进行设置，此时系统会计算程序文件的哈希值，客户端用户执行程序时，客户端计算机也会计算其哈希值，只要哈希值与规则内的程序相同，就会被拒绝执行。

STEP 9　在如图11-21所示对话框中通过浏览文件按钮来选择Internet Explorer的执行文件，它的路径为C:\Program Files\Internet Explorer\iexplore.exe，图中为完成后的界面。完成后可以直接单击创建按钮或一直单击下一步按钮，最后再单击创建按钮。

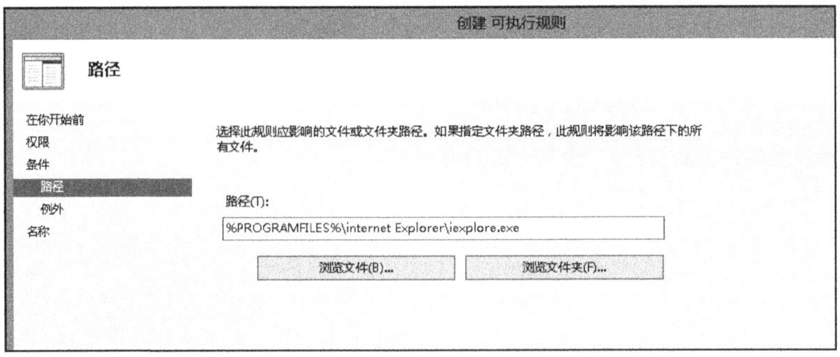

创建 可执行规则

路径

在你开始前
权限
条件
路径
例外
名称

选择此规则应影响的文件或文件夹路径。如果指定文件夹路径，此规则将影响该路径下的所有文件。

路径(T):

%PROGRAMFILES%\internet Explorer\iexplore.exe

浏览文件(B)... 浏览文件夹(F)...

图 11-21

附注

因为每台客户端计算机的Internet Explorer安装文件夹可能都不相同，因此图中系统自动将C:\Program Files改为变量表示法%PROGRAMFILES%。

STEP **10** 如图11-22所示为完成后的界面。

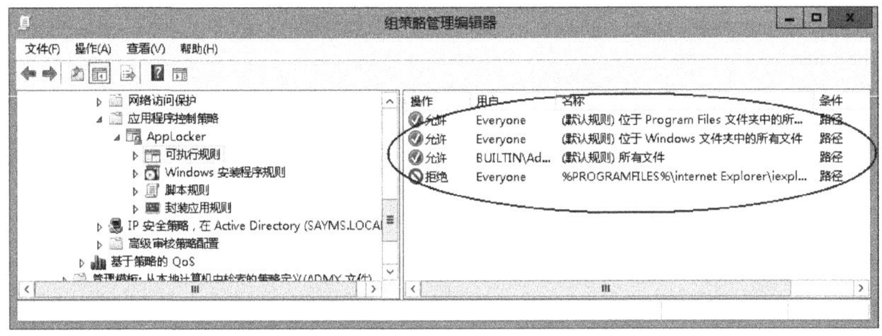

图 11-22

STEP **11** 一旦创建规则后，凡是未列在规则内的执行文件都会被阻止，虽然我们是在**可执行规则**处创建规则，但是**已封装的应用程序**也会被阻止（例如气象、应用商店.appx动态磁贴程序），因此我们还需要在**封装应用规则**处来开放**已封装的应用程序**，只需要通过创建默认规则来开放即可：【如图11-23所示选中**封装应用规则**并单击鼠标右键➲**创建默认规则**】，此默认规则会开放所有已签署的**已封装的应用程序**。

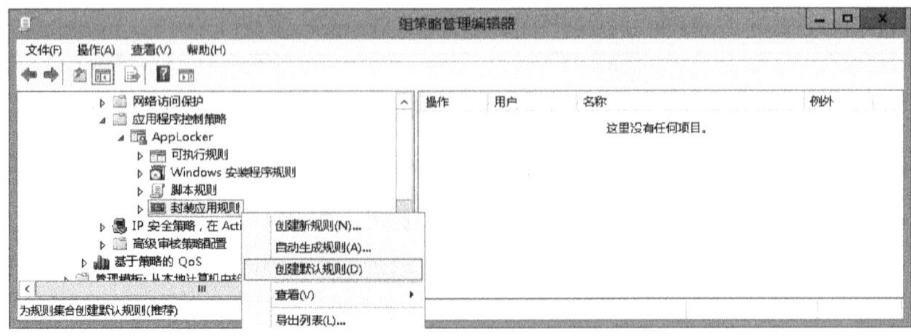

图 11-23

> **附注**
>
> 不需要在**Windows安装程序规则**与**脚本规则**类别中创建默认规则，因为它们没有受到影响。

STEP 12 客户端需要启动Application Identity服务才享有Applocker功能。可以到客户端计算机来启动此服务，或者通过GPO为客户端进行设置。本范例通过此处的GPO进行设置：如图11-24所示，将此服务设置为**自动**启动。

图 11-24

STEP 13 重新启动位于组织单位**业务部**内的客户端计算机（WIN8PC1），然后利用普通用户账户登录，当执行Internet Explorer时，就会显示如图11-25中间所示被阻止的界面（不要用Administrator登录，因Administrator本来就不允许执行Internet Explorer）。由于我们并没有封锁背景图中其他的动态磁贴程序，因此应该可以正常执行天气、照片、新闻等动态磁贴程序。

图 11-25

附注

如果要到传统桌面进行测试（参考如图11-15所示的前景图），可以先按Windows键⊞或Windows⊞+D键来切换到传统桌面。

AppLocker 的补充说明

如果在规则类别内创建了多个规则，其中有的是允许规则，有的是拒绝规则，则AppLocker在处理这些规则时以拒绝规则优先，至于没有列在规则内的应用程序一律拒绝其执行。

另外，当我们在组织单位**业务部**内的GPO通过AppLocker规则来限制计算机执行程序后，一般而言，等这个规则应用到客户端计算机后就生效，但也有一些特殊情况，因为它还与**规则强制**设置有关。

规则强制设置分为**未配置**、**强制规则**与**仅审核**3种，默认是**未配置**，例如，如图11-26中所示4类规则的状态都显示为**未配置强制：强制规则**，冒号前面的**未配置强制**表示它们的**规则强制**设置都是**未配置**，而未配置的规则类别默认会被设置为强制规则（显示在冒号后面的**强制规则**）。

图 11-26

如果要更改**规则强制**设置，请单击如图11-26所示右侧上方的**配置规则强制**，然后在如图11-27所示对话框中针对不同的规则类别进行勾选，图中勾选了**可执行规则**类别，并且可选择**强制规则**与**仅审核**。其中**仅审核**会审核用户执行程序的行为，但是不会强制，也就是用户不会受到规则的限制，但是系统会在AppLocker事件日志文件中记录与此规则相关的信息，以供系统管理员参考。只可以对整个类别设置**规则强制**，无法单独对单一规则进行设置。

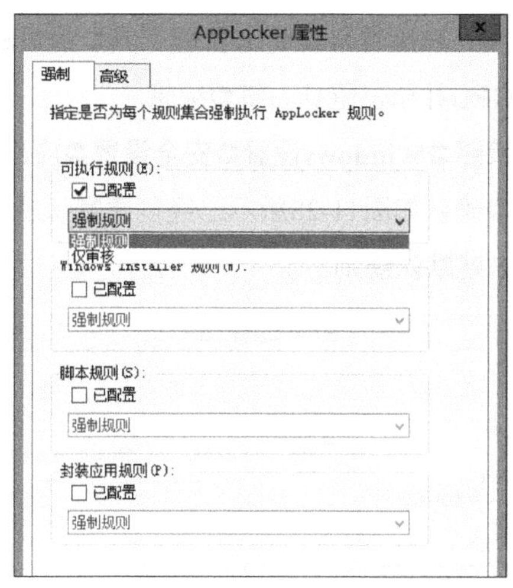

图 11-27

如果组织单位**业务部**有多个GPO，这些GPO的AppLocker规则会合并应用到**业务部**内的计算机。如果组织单位**业务部**上层的域sayms.local处也设置AppLocker规则，则这些规则也会合并应用到**业务部**内的计算机。

如果**业务部**的AppLocker**规则强制**的设置为**未配置**，但是上层域sayms.local处的**规则强制**已设置，则**业务部**会继承上层域sayms.local的设置，例如上层域sayms.local的AppLocker**规则强制**设置为**仅审核**，**业务部**的**规则强制**设置为**未配置**，则**业务部**的最后有效设置为**仅审核**。

不过，如果**业务部**的AppLocker**规则强制**已设置，则无论上层域sayms.local处的**规则强制**设置为何，**业务部**的**规则强制**设置就是其本身的设置。例如上层域sayms.local的AppLocker**规则强制**设置为**仅审核**，**业务部**的**规则强制**设置为**强制执行规则**，则**业务部**的最后有效设置为**强制执行规则**。

11.3.4 域组策略实例演示3——限制.appx程序的执行

以下假设要针对如图11-14中所示组织单位**业务部**内的所有计算机进行设置，并设置禁止所有用户在这些计算机上执行开始屏幕的动态磁贴程序**天气**（它是.appx应用程序）。以下实例演示延续前一个实例演示的环境，也就是假设已经针对组织单位**业务部**创建了**测试用的GPO**，我们将利用此GPO进行演示。

由于Windows Server 2012计算机上默认并没有动态磁贴程序可作为参考（后述），因此以下步骤将借助于Windows 8计算机。

STEP **1** 先到已经加入域的Windows 8计算机上利用域系统管理员账户登录。

STEP **2** 到微软网站下载与安装Remote Server Administration Tools for Windows 8（Windows 8的远程服务器管理工具），完成后在开始屏幕上会多一个**管理工具**动态磁贴。

STEP 3　按Windows键⊞切换到**开始屏幕**➲单击**管理工具**➲**组策略管理**➲展开到组织单位**业务部**➲选中**测试用的GPO**并单击鼠标右键➲**编辑**。

STEP 4　展开**计算机配置**➲**策略**➲**Windows设置**➲**安全设置**➲**应用程序控制策略**➲**AppLocker**➲展开**封装应用规则**➲确认如图11-28所示已经创建默认规则（否则请选中**封装应用规则**并单击鼠标右键➲**创建默认规则**）。

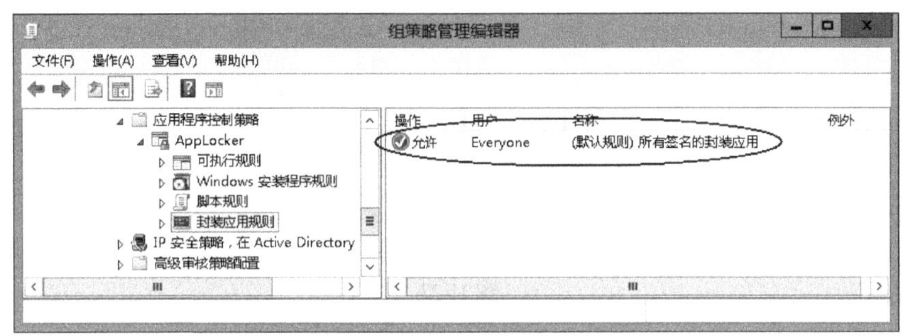

图 11-28

STEP 5　如图11-29所示选中**封装应用规则**并单击鼠标右键➲**创建新规则**。

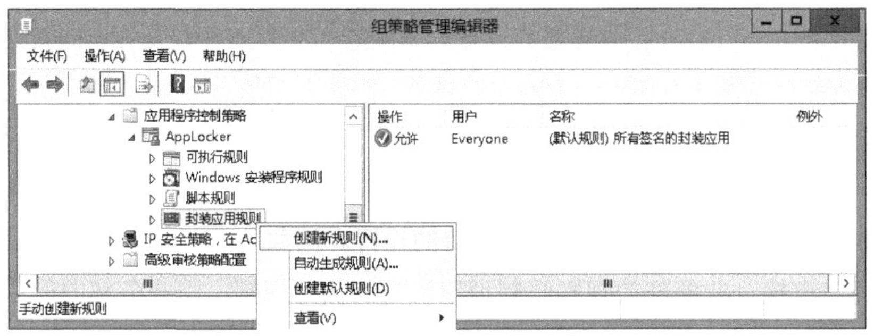

图 11-29

STEP 6　出现**开始之前**界面时单击下一步按钮。

STEP 7　如图11-30所示，选择**拒绝**后单击下一步按钮。

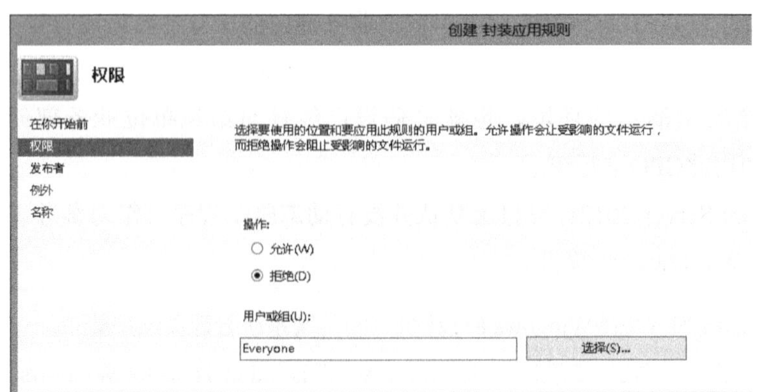

图 11-30

STEP 8 如图11-31所示，选择**使用安装的封装应用作为参考**后单击选择按钮。

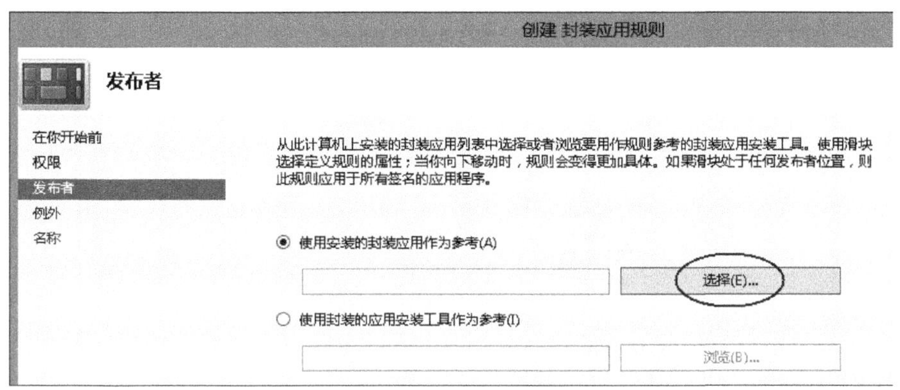

图 11-31

STEP 9 在如图11-32所示中勾选**天气**复选框后单击确定按钮。我们之所以要到Windows 8的计算机上执行这些步骤，是因为Windows 8计算机上才安装这些**已封装的应用程序**，也因此在如图11-32所示的对话框中才有**天气**等可供勾选。

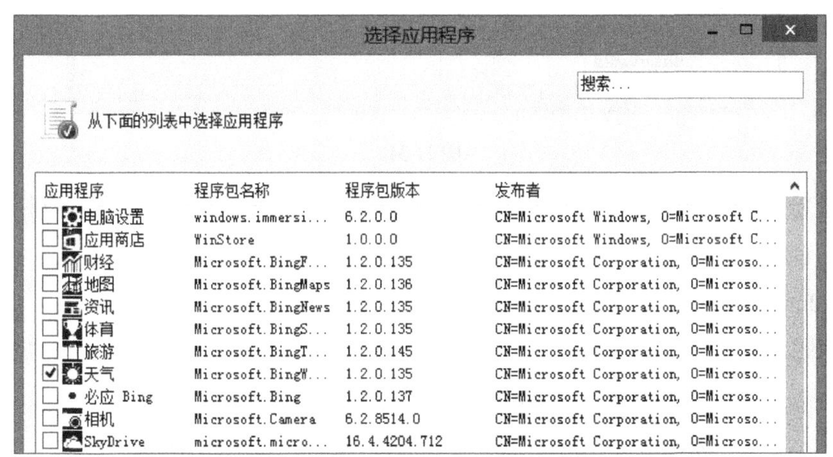

图 11-32

STEP 10 在图11-33中还可以通过发布者、应用程序包名称与程序包版本进一步筛选。图中我们忽略了版本，也就是将滑动杆从**程序包版本**向上移动到**程序包名称**，表示无论任何版本的**天气**应用程序都阻止。完成后可以直接单击创建按钮或者一直单击下一步按钮，最后单击创建按钮。

STEP 11 如图11-34所示为完成后的界面。

STEP 12 客户端需要启动Application Identity服务才享有Applocker功能，请确认客户端计算机该服务已经被设置为自动启动（参考前一个演示的说明）。

图 11-33

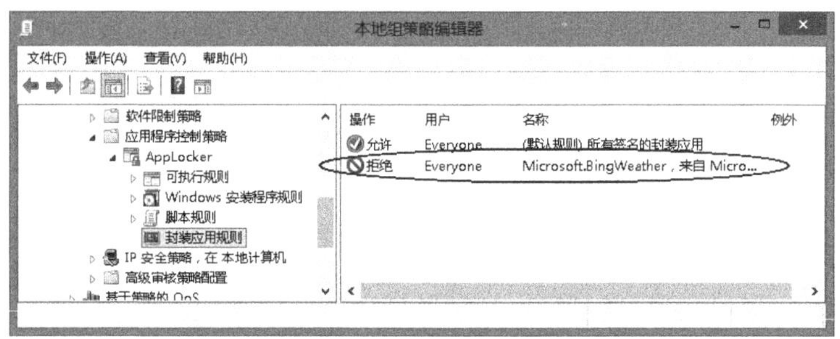

图 11-34

STEP 13 重新启动位于组织单位**业务部**内的客户端计算机（WIN8PC1），然后利用一般用户账户登录，当单击**天气**动态磁贴时，就会显示如图11-35中间所示被阻止的界面（不要用Administrator登录，因为Administrator本来就不允许执行**天气**动态磁贴）。由于我们并没有阻止其他动态磁贴程序，因此应该可以正常执行照片、日历、新闻等动态磁贴程序。

图 11-35

11.3.5 组策略例外排除

前面曾经通过**测试用的GPO**的**用户设置**来删除组织单位**业务部**内所有用户的**Windows**防

火墙，但是也可以让此GPO不要应用到特定用户，例如业务部经理Paul，这样他就仍然可以拥有**Windows**防火墙。这个操作被称为**组策略筛选**。

组织单位**业务部**内的用户，默认都会应用该组织单位的所有GPO设置，因为他们对这些GPO都具备有**读取**与**应用组策略**权限，以**测试用的GPO**为例，可以通过【如图11-36所示单击**测试用的GPO**右侧的**委派**标签➲单击高级按钮】的方法得知Authenticated Users（见第4章的说明）具有这两个权限。

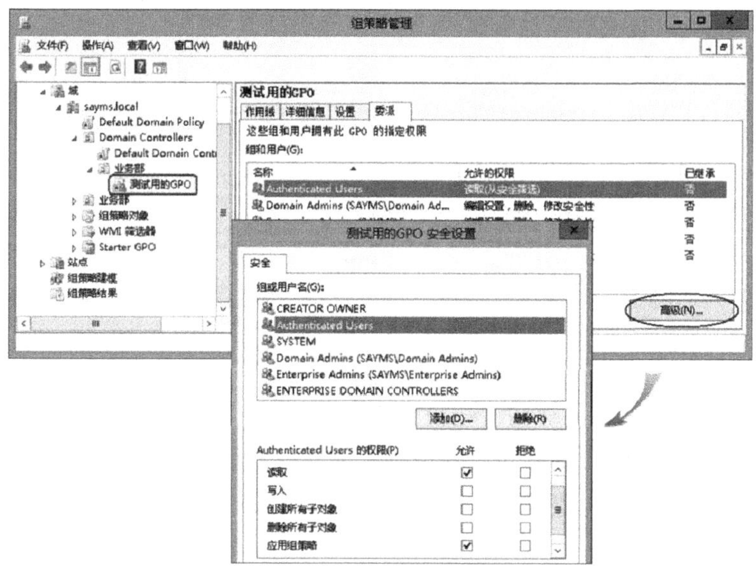

图 11-36

如果不想将此GPO设置应用到用户Paul，只要单击添加按钮，选择用户Paul，然后将Paul的这两个权限设置为**拒绝**即可，如图11-37所示。

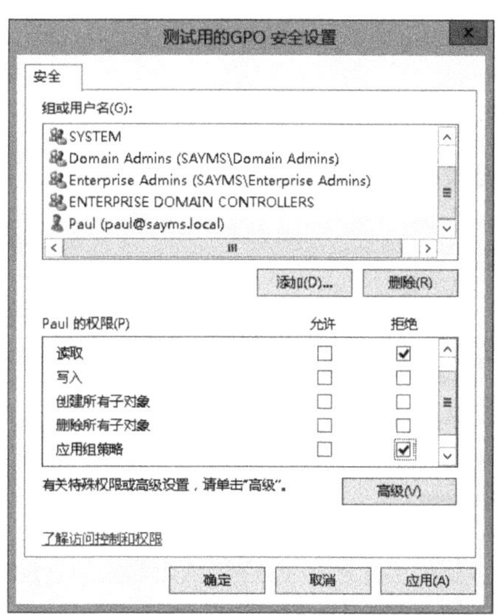

图 11-37

11.4 本地安全策略

我们可以利用如图11-38中所示背景图**本地计算机策略**中的**安全设置**或【按Windows键⊞切换到**开始**屏幕➲**管理工具**➲**本地安全策略**（如图11-38中所示前景图）】的方法来确保计算机的安全，这些设置包含密码策略、账户锁定策略与本地策略等。

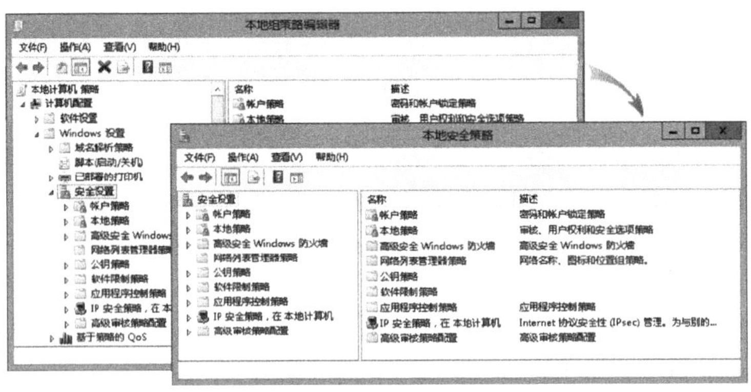

图 11-38

以下利用**本地安全策略**进行练习，并请到未加入域的计算机上练习，以免受到域组策略的干扰，因为域组策略的优先级较高，可能会造成**本地安全策略**的设置无效，因而影响验证实验结果。

11.4.1 账户策略的设置

此处将介绍密码的使用策略与账户锁定的方式。

密码策略

请如图11-39所示单击**密码策略**。

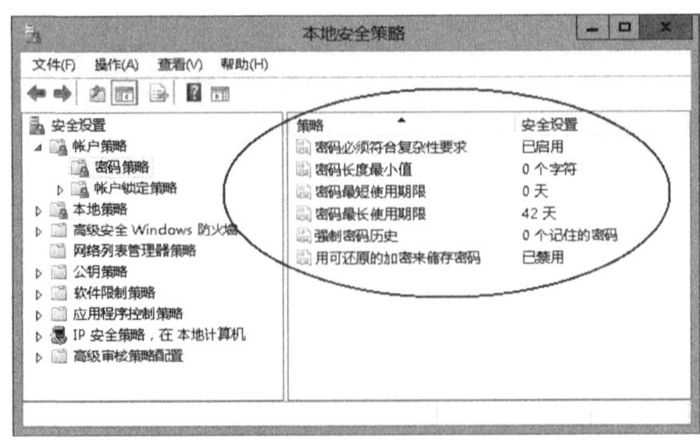

图 11-39

> **附注**
>
> 在单击图11-39中右侧的策略后，如果系统不让你修改设置值，表示这台计算机已经加入域，并且该策略在域内已经设置了，此时会以域设置为其最后有效设置（未加入域之前，已经在本地设置的相对策略自动无效）。

- **用可还原的加密来储存密码**：如果应用程序需要读取用户的密码，以便验证用户身份，就可以启用此功能。不过，由于它相当于用户密码没有加密，因此不安全，所以建议如非必要，请不要启用此功能。
- **密码必须符合复杂性要求**：此时用户的密码必须满足以下要求（这是默认值）。
  - 不可包含用户账户名中超过两个以上的连续字符。
  - 长度至少需要6个字符。
  - 至少包含A~Z、a~z、0~9、非字母数字（例如!、$、#、%）等4组字符中的3组。

  因此，如果密码设置为123ABCdef是有效的，然而87654321是无效的，因为它仅使用数字这一组字符。
- **密码最长使用期限**：用来设置密码最长的使用期限（可为0 ~ 999天）。用户在登录时，如果密码使用期限已到，系统会要求用户更改密码。0表示密码没有使用期限。默认值是42天。
- **密码最短使用期限**：用来设置用户密码最短的使用期限（可为0 ~ 998天），期限未到前，用户不得更改密码。0（默认值）表示用户可以随时更改密码。
- **强制密码历史**：用来设置是否要保存用户曾经用过的旧密码，以便用来决定用户在更改其密码时，是否可以重复使用旧密码。
  - 1 ~ 24：表示要保存密码历史记录。例如，如果设置为5，则用户的新密码不可与前5次使用过的旧密码相同。
  - 0（默认值）：表示不保存密码历史记录，因此密码可以重复使用，也就是用户更改密码时，可以将其设置为以前曾经用过的任何一个旧密码。
- **密码长度最小值**：用来设置用户的密码最少需要几个字符。此处可为0 ~ 14，0（默认值）表示用户可以没有密码。

账户锁定策略

可以单击如图11-40中所示的**账户锁定策略**来设置账户锁定的方式。

- **账户锁定阈值**：用来设置用户登录多次失败（密码输入错误）后，就将该账户锁定。在未被解除锁定之前，用户无法再利用此账户登录。此处可为0 ~ 999，0（默认值）表示账户永远不会被锁定。
- **账户锁定时间**：用来设置锁定账户的期限，期限过后自动解除锁定。此处可为0~99999分钟，0分钟表示永久锁定，不会自动被解除锁定，此时必须由系统管理员手动来解除锁定，也就是取消选择如图11-41中所示**账户已锁定**的复选框。

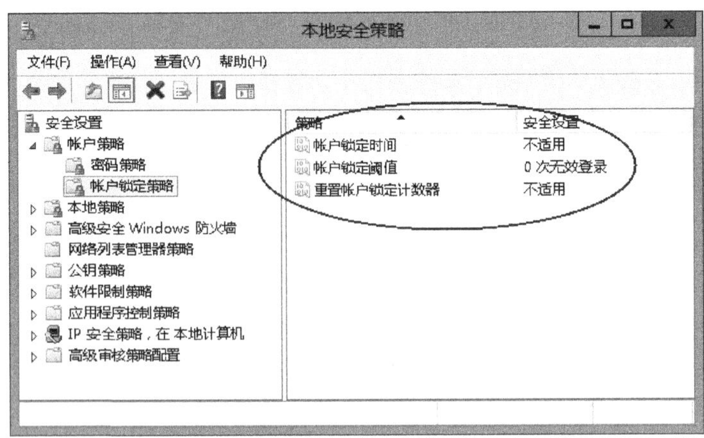

图 11-40

图 11-41

- **重置账户锁定计数器**：**锁定计数器**用来记录用户登录失败的次数，其初始值为0，如果用户登录失败，则锁定计数的值就会加1；如果登录成功，则锁定计数器的值就会归零。如果锁定计数器的值等于**账户锁定阈值**，该账户就会被锁定。

  如果用户连续两次登录失败的间隔时间超过此处设置值，锁定计数器值就会自动归零。以图11-42来说，如果用户连续3次登录失败，其账户就会被锁定。不过，在尚未连续3次登录失败之前，如果前一次登录失败后到此次失败之间的间隔时间已超过30分钟，则锁定计数器值就会从0开始计算，因此这次登录失败，仍然算第1次。

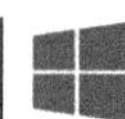

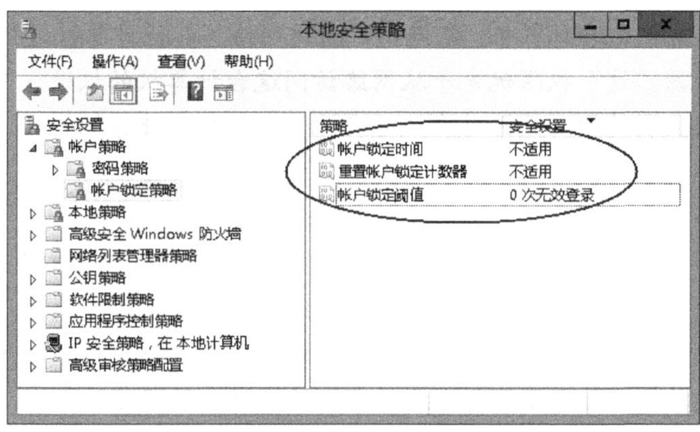

图 11-42

11.4.2 本地策略

此处要介绍的本地策略包括**用户权限分配**与**安全选项**策略。

用户权限分配

可以通过如图11-43所示的**用户权限分配**将权限分配给用户或组。要分配图中右方任何一个权限给用户或组时，只要双击该权限，然后将用户或组加入即可。以下列举几个比较常用的权限加以说明。

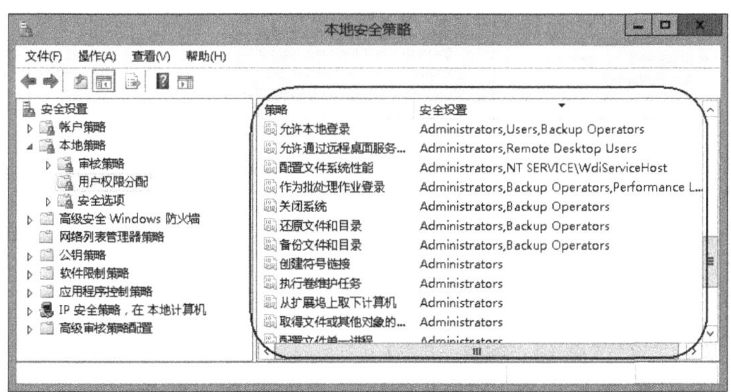

图 11-43

- **允许本地登录**：允许用户直接在本台计算机上按Ctrl+Alt+Del键登录。
- **拒绝本地登录**：拒绝用户直接在本台计算机上按Ctrl+Alt+Del键登录。这个权限优先于**允许本地登录**的权限。
- **将工作站添加到域**：允许用户将计算机加入域。
- **关闭系统**：允许用户将此计算机关机。
- **从网络访问这台计算机**：允许用户通过网络与其他计算机进行连接，并访问此计算机内的资源。

- **拒绝从网络访问这台计算机**：拒绝用户通过网络与其他计算机进行连接，并访问此计算机内的资源。这个权限优先于**从网络访问这台计算机**的权限。
- **从远程系统强制关闭**：允许用户从远程计算机将此台计算机关机。
- **备份文件和目录**：允许用户备份硬盘内的文件与文件夹。
- **还原文件和目录**：允许用户还原备份的文件与文件夹。
- **管理审核和安全日志**：允许用户指定要审核的事件，也允许用户查询与清除安全日志。
- **更改系统时间**：允许用户更改计算机的系统日期与时间。
- **加载和卸载设备驱动器**：允许用户加载与卸载设备的驱动程序。
- **取得文件或其他对象的所有权**：允许夺取其他用户所拥有的文件、文件夹或其他对象的所有权。

安全选项

可以利用如图11-44所示的**安全选项**来启用一些安全设置，下面列举几个比较常用的选项进行说明。

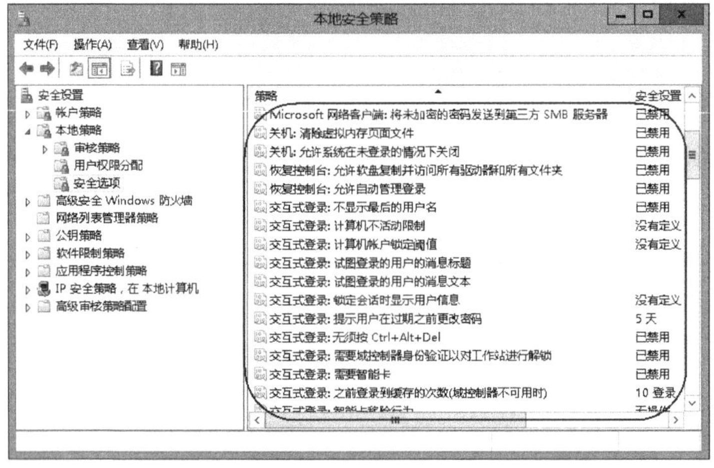

图 11-44

- **交互式登录：无须按Ctrl + Alt + Del**

  让登录界面不要再显示类似**按下Ctrl + Alt + Del**登录的信息（这是Windows 8、Windows 7等客户端的默认值）。

- **交互式登录：不显示最后的用户名**

  登录界面上会自动显示上一次登录者的用户名，然而通过此选项可以让其不显示。

- **交互式登录：提示用户在过期之前更改密码**

  用来设置在用户的密码过期前几天，提示用户更改密码。

- **交互式登录：之前登录到缓存的次数（域控制器不可用时）**

  域用户登录成功后，其账户信息会被保存到用户计算机的缓存区，如果以后此计算机因故无法与域控制器连接，该用户还可以通过缓冲区的账户数据来验证身份与登

录。可以通过此策略设置缓冲区内账户数据的数量，默认为记录10个登录用户的账户数据（Windows Server 2008为25个）。

- **交互式登录：试图登录的用户消息文本、试图登录的用户消息标题**
  如果用户在登录时按Ctrl+Alt+Del键后，界面上能够显示你希望用户看到的消息，请通过这两个选项进行设置，其中一个用来设置消息标题文字，一个用来设置消息文本。
- **关机：允许系统在未登录的情况下关闭**
  让登录界面的右下角能够显示关机图标，以便在不需要登录的情况下就可以直接通过此图标关闭计算机（这是Windows 8、Windows 7等客户端的默认值）。

11.5 域与域控制器安全策略

用户可以针对如图11-45中所示的域sayms.local（sayms）来设置安全策略，此策略设置会被应用到域内的所有计算机与用户。还可以针对域内的组织单位设置安全策略，例如图中的Domain Controllers与**业务部**，此策略会应用到该组织单位内的所有计算机与用户。以下针对域sayms.local与组织单位Domain Controllers来说明安全策略。

图 11-45

11.5.1 域安全策略的设置

可以在域控制器上利用系统管理身份登录，然后【按Windows键⊞切换到**开始**屏幕➲**组策略管理**➲如图11-46所示选中**Default Domain Controller Policy**并单击鼠标右键➲**编辑**】来设置域安全策略。由于它的设置方式与本地安全策略相同，因此此处不再赘述，仅列出注意事项。

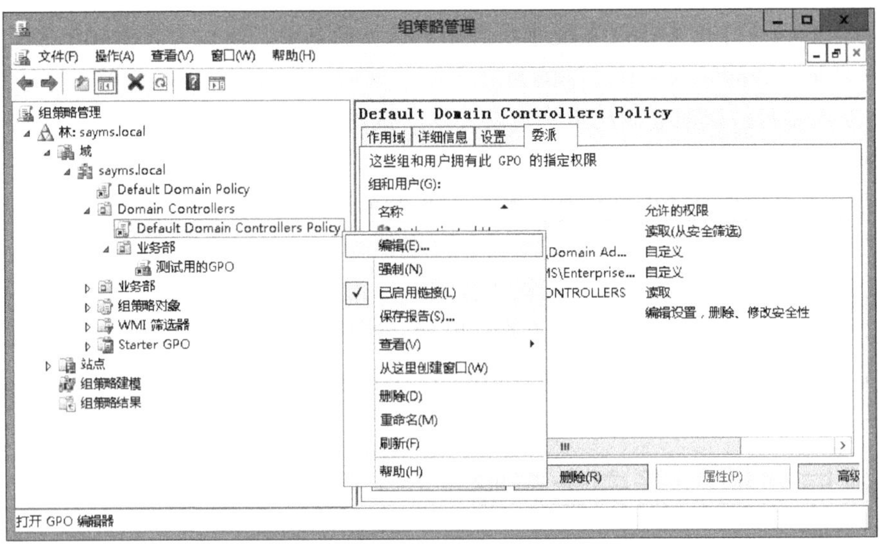

图 11-46

- 隶属于域的任何一台计算机，都会受到域安全策略的影响。
- 隶属于域的计算机，如果其**本地安全策略**设置与**域安全策略**设置发生冲突，则以**域安全策略**设置优先，也就是本地设置自动无效。

  例如计算机Server3隶属于域sayms.local，并且Server3本地安全策略内已启用**交互式登录：不显示最后的用户名**，此时将域安全策略**交互式登录：不显示最后的用户名**禁用，则用户在计算机Server3上登录时，还是会看到上一次登录者的账户名，因为**域安全策略**优先于**本地安全策略**，同时本地安全策略的**交互式登录：不显示最后的用户名**也会自动改为禁用，而且不允许更改。

  只有在域安全策略内的设置被设置成如图11-47所示的**没有定义**时，本地安全策略的设置才有效，也就是如果域安全策略内的设置被设置成**已启用**或**已禁用**，则本地安全策略的设置无效。

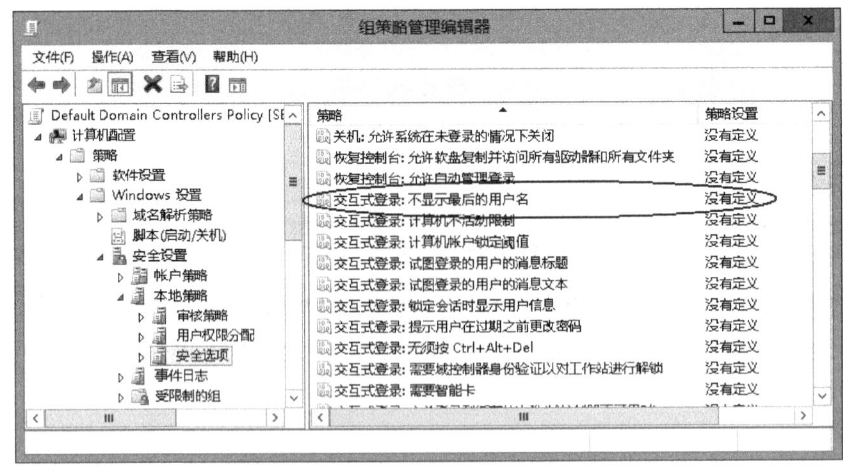

图 11-47

- 当域安全策略的设置发生了变化，这些策略必须应用到本地计算机后，才能对本地计算机有效。应用时，系统会比较域安全策略与本地安全策略，并以域安全策略的设置优先。本地计算机何时才会应用在域策略内有变化的设置呢？
  - 本地安全策略有变化时
  - 本地计算机重新启动时
  - 如果此计算机是域控制器，则默认它每隔5分钟会自动应用；如果此计算机不是域控制器，则默认它每隔90～120分钟会自动应用。应用时会自动读取有变化的设置。即使策略设置没有发生变化，所有计算机每隔16小时也会自动强制应用域安全策略内的所有设置。
  - 运行**gpupdate**命令来手动应用；如果要强制应用（即使策略设置没有变化），请执行**gpupdate /force**命令。

注意

如果域内有多台域控制器，则域成员计算机在应用**域安全策略**时，是从其所连接的域控制器读取与应用策略。不过，因为这些策略设置，默认都固定保存在域内的第一台域控制器，也就是**PDC操作主机**内，而系统默认是在15秒钟后会将这些策略设置复制到其他域控制器（也可以自行手动复制）。必须等到这些策略设置被复制到其他域控制器后，才能够保证域内所有计算机都可以成功地应用这些策略。详情可参考前面5.4节的说明。

11.5.2 域控制器安全策略的设置

域控制器安全策略设置会影响到组织单位Domain Controllers内的域控制器（见图11-48），但是对位于其他组织单位或容器内的计算机（与用户）并没有影响。

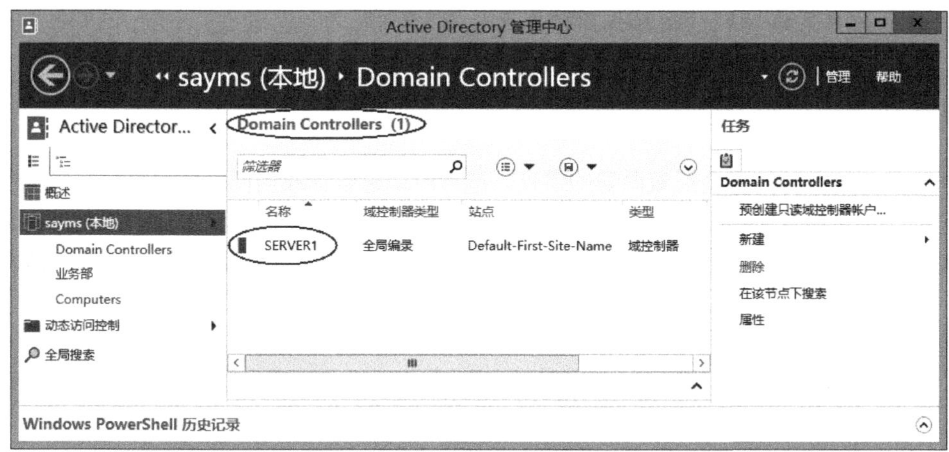

图 11-48

可以在域控制器上利用系统管理员身份登录，然后选择【按Windows键⊞切换到**开始**屏幕➲**组策略管理**➲如图11-49所示选中**Default Domain Controllers Policy**并单击鼠标右键➲**编辑**】的方法来设置域控制器安全策略。由于它的设置方式与**域安全策略**、**本地安全策略**相同，因此此处不再赘述，仅列出一些注意事项。

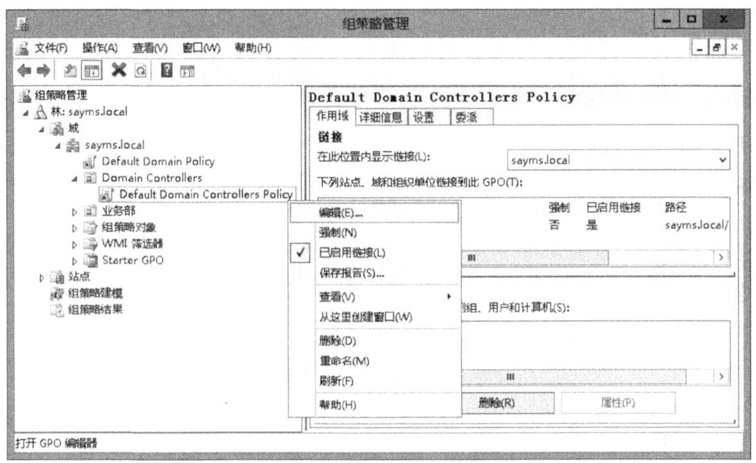

图 11-49

- 任何一台位于组织单位Domain Controllers内的域控制器，都会受到**域控制器安全策略**的影响。
- **域控制器安全策略**的设置必须要应用到域控制器后，这些设置对域控制器才起作用。有关应用时机与其他相关说明在11.5.1小节已经介绍过。
- **域控制器安全策略**与**域安全策略**的设置发生冲突时，对位于Domain Controllers容器内的计算机来说，默认以**域控制器安全策略**的设置优先，也就是**域安全策略**自动无效。不过，**账户策略**属于例外：**域安全策略**中的**账户策略**设置对域内所有的用户都有效，就算用户账户位于组织单位Domain Controllers内也有效，也就是说，**域控制器安全策略的账户策略**对域控制器并不起作用。

附注

系统提供一个称为**安全配置向导**的工具，运行时，它会读取当前这台服务器所扮演的角色、功能、服务、网络安全、登录设置、审核设置等，并将这些设置保存到文件内，你就可以将这个文件拿到其他服务器上应用。**安全配置向导**位于**开始**屏幕的**管理工具**内。

11.6 组策略首选项

还可以通过**组策略首选项**（group policy preferences）来设置用户或计算机的工作环境。由图11-50可以看出组策略设置被分类为**策略**与**首选项**两部分，其中**策略**设置已经在前面几节介

绍过，而**首选项**与**策略**的主要区别如下。

- 只有域组策略才有**首选项**功能，本地计算机策略并无此功能。
- **首选项**为非强制性，客户端可以自行更改设置值，因此**首选项**适合于用来当作默认值；然而**策略**是强制性设置，客户端应用这些设置后，就无法更改。
- 如果要筛选**策略**设置，必须针对整个GPO来筛选，例如前面练习过不要将**测试用的GPO**应用到业务部经理Paul，这样整个GPO的所有设置项目都不会被应用到Paul；然而**首选项**可以针对单一设置项目进行筛选。

如果**策略**与**首选项**内有相同的设置项目，而且都已做了设置，但是其设置值却不相同，则以**策略**优先。换句话说，最后有效设置值是**策略**内的设置。

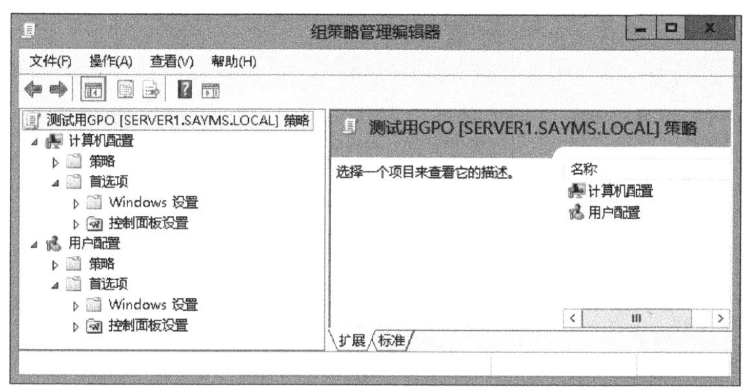

图 11-50

要应用**首选项**的客户端计算机必须安装支持**首选项**的客户端扩展（Client-side Extension，CSE），Windows Server 2012/Windows Server 2008（R2）、Windows 8/Windows 7计算机已经包含此CSE，但是其他系统必须到微软网站上下载。Windows Vista SP1&SP2也可以通过安装**Windows Vista 的Microsoft远程服务器管理工具**（Microsoft Remote Server Administration Tools for Windows Vista，RSAT）来安装此CSE。

另外，由图11-50还可以看出**首选项**分为以下两部分。

- **Windows设置**：以前可能需要通过编写脚本（scripts）才做得到的事情，现在可以通过此处进行设置，不需要再编写脚本了，例如磁盘驱动器映射、环境变量设置、注册表设置、创建文件夹与文件等。
- **控制面板设置**：用来设置客户端**控制面板**内的项目，例如区域选项、电源选项等。

11.6.1 首选项实例演示一

下面仍然使用前面几节的演示环境。我们要让位于组织单位**业务部**内的用户Paul登录时，其驱动器号Z会自动连接到\\Server1\Database共享文件夹。下面利用前面创建的**测试用的GPO**进行练习。

STEP 1　先到服务器Server1上创建文件夹Database，并将其设置为共享文件夹，然后开放**读取/写入**的共享权限给Everyone。

> **附注**
>
> 可以直接将域控制器同时当作Server1与客户端计算机进行练习，不过需要另外给用户开放**允许本地登录**的权限。

STEP 2　在域控制器上利用域系统管理员账户登录。

STEP 3　按Windows键⊞切换到**开始屏幕**➲**组策略管理**。

STEP 4　如图11-51所示，选中组织单位**业务部**下的**测试用的GPO**并单击鼠标右键➲**编辑**。

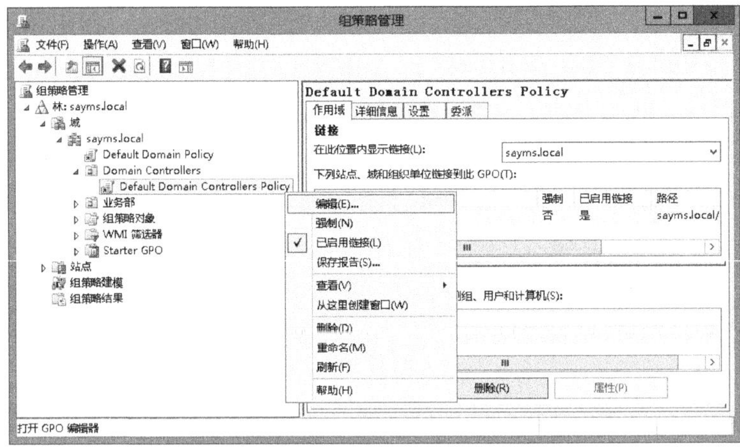

图 11-51

STEP 5　如图11-52所示，展开**用户配置**➲**首选项**➲**Windows设置**➲选中**驱动器映射**并单击鼠标右键➲**新建**➲**映射驱动器**。

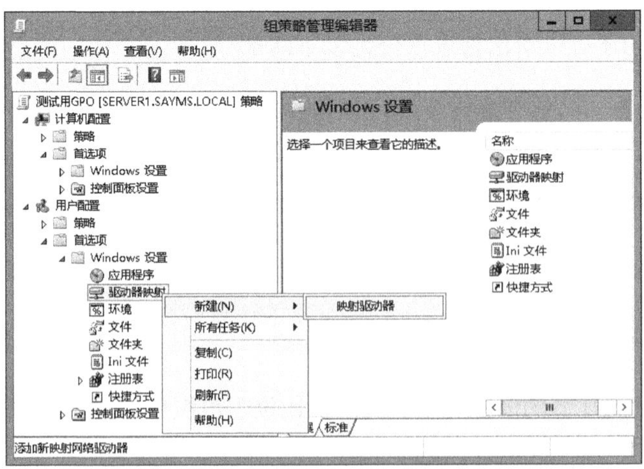

图 11-52

附注

在Windows设置下的应用程序、驱动器映射、环境等被称为扩展（extension）。

STEP 6 在如图11-53中所示的**操作**处选择**更新**，**位置**处输入共享文件夹路径\\Server1\Database，使用Z盘来连接此共享文件夹，并勾选**重新连接**以便客户端每次登录时都会自动利用Z盘连接。其中**操作**可以有以下选项：

- **创建**：会在客户端计算机创建用来连接此共享文件夹的Z盘。
- **替换**：如果客户端已存在网络驱动器Z，则将其删除后改为此处的设置来替换它。如果客户端不存在Z盘，则添加Z盘。
- **更新**：修改客户端的Z盘设置，例如修改客户端连接共享文件夹时使用的用户账户与密码。如果客户端不存在Z盘，则添加Z盘。此处我们选择默认的**更新**。
- **删除**：删除客户端的Z盘。

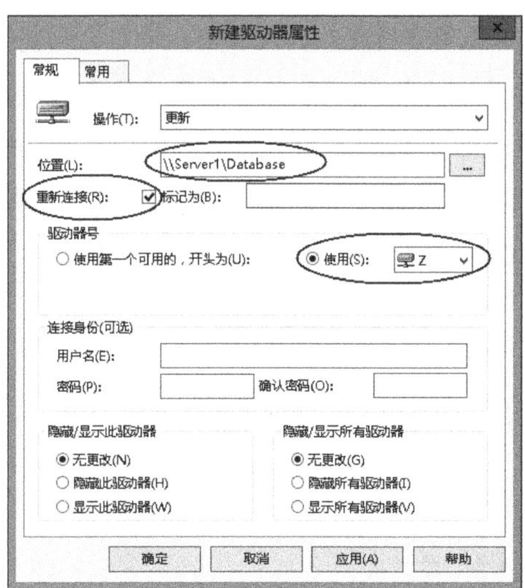

图 11-53

STEP 7 单击如图11-54中所示的**常用**标签，并进行如下设置。

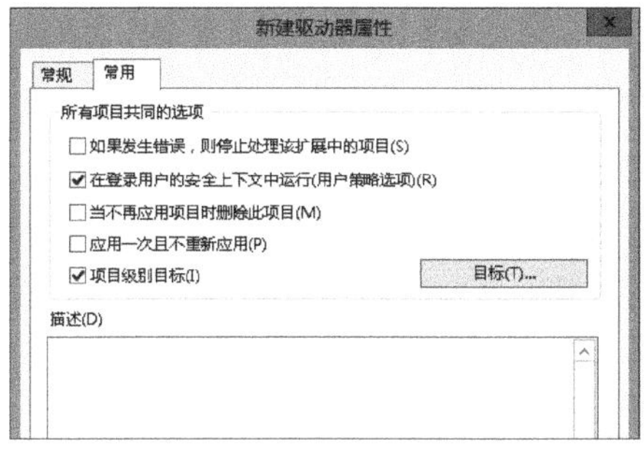

图 11-54

- **如果发生错误，则停止处理该扩展中的项目**：如果在**驱动器映射**扩展中有多个设置项目，则默认当系统在处理本项目时，一旦发生错误，它仍然会继续处理下一个项目。如果勾选此复选框，它就会停止，不再继续处理下一个项目。
- **在登录用户的安全上下文中运行（用户策略选项）**：客户端CSE默认利用本地系统账户身份来处理**首选项**的项目，这使得CSE只能访问可供本地计算机访问的环境变量与系统资源，而此选项可以让CSE改用用户的登录身份来处理**首选项**的项目。这样，CSE就可以访问本地计算机无权访问的资源或用户环境变量，例如此处利用网络驱动器Z连接网络共享文件夹\\Server1\Database，就需要勾选此复选框。
- **当不再应用项目时删除此项目**：当GPO被删除后，客户端计算机内与该GPO内**策略**有关的设置都会被删除，然而与**首选项**有关的设置仍然会被保留，例如此处的网络驱动器Z仍然会被保留。如果勾选此复选框，则与**首选项**有关的设置会被删除。
- **应用一次且不重新应用**：客户端计算机默认会每隔90分钟重新应用GPO内的**首选项**，因此如果用户自行更改设置，则重新应用后又会恢复为**首选项**内的设置值。如果希望用户能够保留自行更改的设置值，请勾选此复选框，此时它只会应用一次。
- **项目级别目标**：它让你针对每个**首选项**项目来决定此项目的应用目标，例如，可以选择将其仅应用到特定用户或Windows系统（客户端计算机必须是该系统才可应用）。本演示只是要将设置应用到组织单位**业务部**内的单一用户Paul，因此必须勾选此复选框。

STEP **8** 单击如图11-54所示**常用**标签下的**目标**按钮，以便将此项目的应用对象指定到用户Paul，换句话说，此项目的**目标**为用户Paul。

STEP **9** 如图11-55所示【单击左上角的**新建项目**➲**选择用户**】。

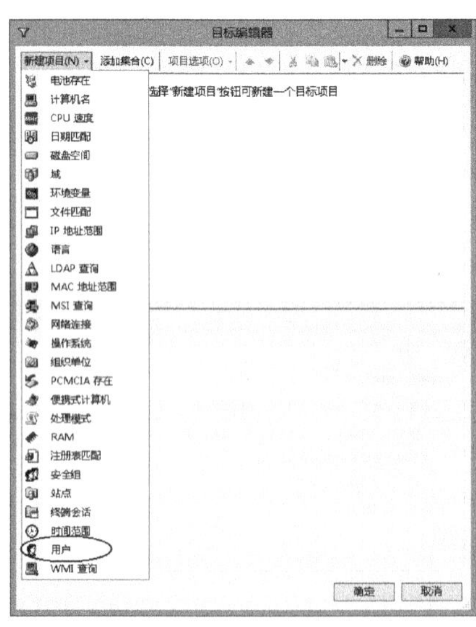

图11-55

STEP **10** 在如图11-56所示的用户处浏览或选择将此项目应用到域SAYMS的用户Paul后单击确定按钮。

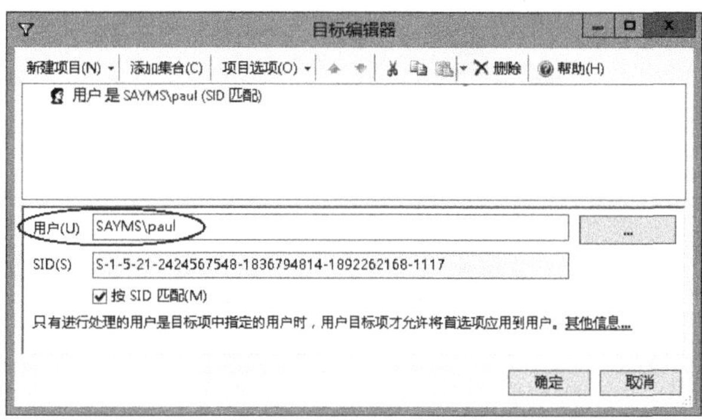

图 11-56

STEP **11** 返回**新建驱动器属性**界面时单击确定按钮。

STEP **12** 如图11-57所示，右侧为刚才创建并利用Z盘来连接\\Server1\Database共享文件夹的设置，这样的设置被称为一个**项目**（item）。

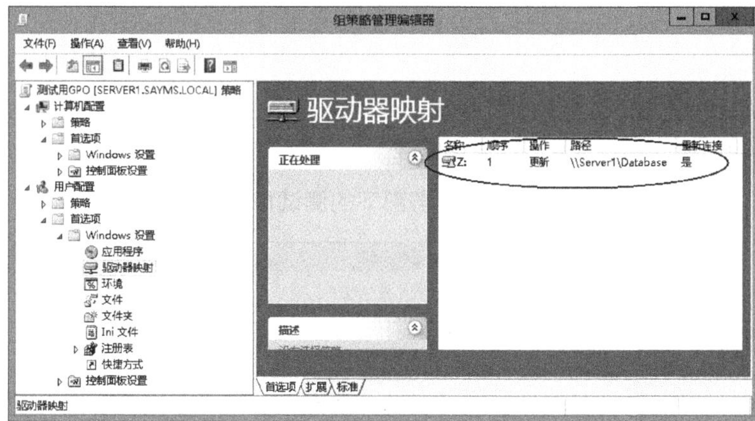

图 11-57

STEP **13** 在任何一台域成员计算机上利用组织单位**业务部**内的用户账户Paul登录并打开**文件资源管理器**（在Windows 8中请按⊞+X键➲**文件资源管理器**），之后将如图11-58所示看到Z盘已经自动连接到指定的共享文件夹。不过，如果利用组织单位**业务部**内的其他用户账户登录，就不会有Z盘。

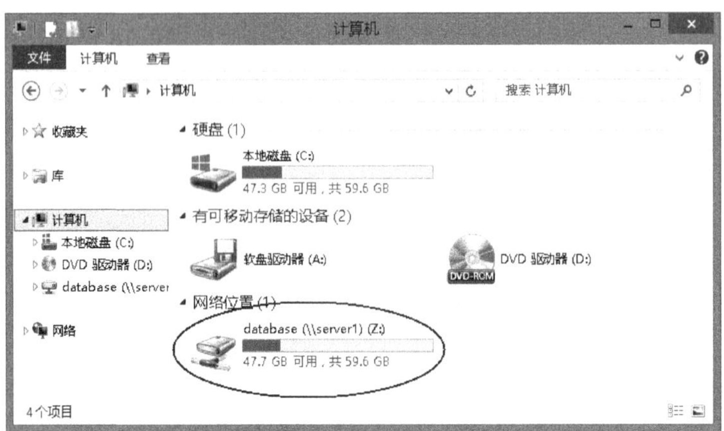

图 11-58

11.6.2 首选项实例演示二

下面仍然要通过组织单位**业务部**内的**测试用的GPO**进行练习，而且要让**业务部**内的所有用户登录时，都自动连接网络共享打印机\\Server1\HPLaserJet2500（先自行在Server1上创建好此共享打印机）。

STEP 1　在域控制器上利用域系统管理员账户登录。

STEP 2　按⊞键切换到**开始屏幕➲组策略管理**。

STEP 3　如图11-59所示，选中组织单位**业务部**下的**测试用的GPO**并单击鼠标右键➲**编辑**。

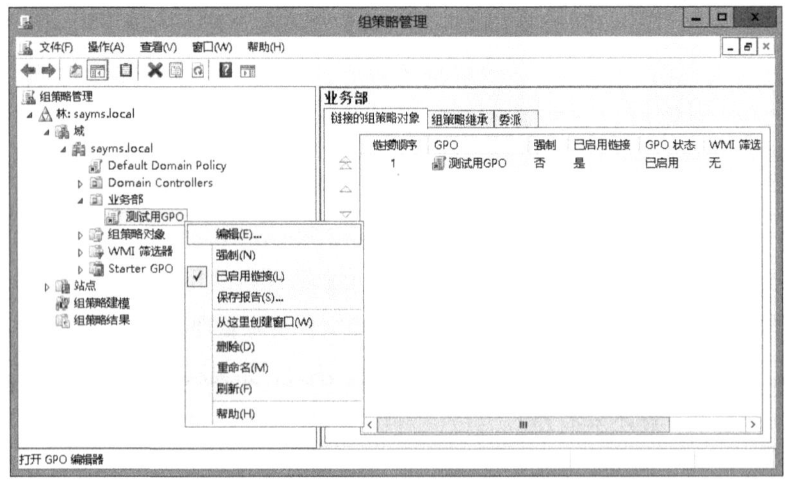

图 11-59

STEP 4　如图11-60所示【展开**用户配置➲首选项➲控制面板设置➲**选中**打印机**并单击鼠标右键➲**新建➲共享打印机**】。

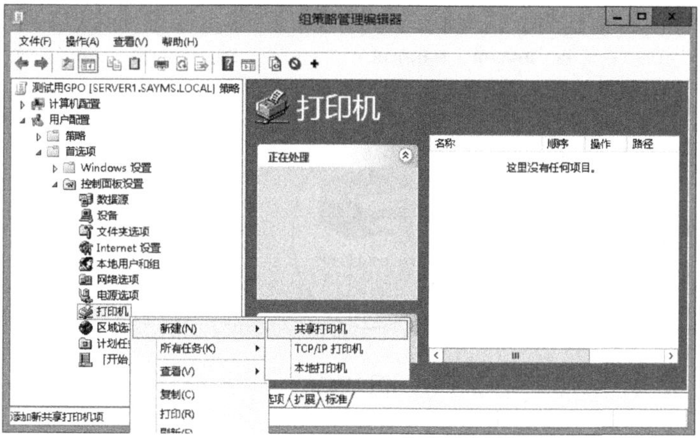

图 11-60

STEP 5　在如图11-61中所示的**共享路径**处输入\\Server1\HPLasetJet2500后单击**确定**按钮。

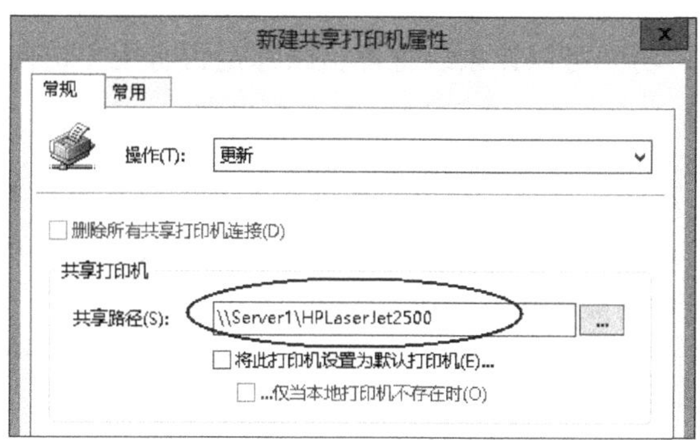

图 11-61

STEP 6　如图11-62所示为完成后的界面。

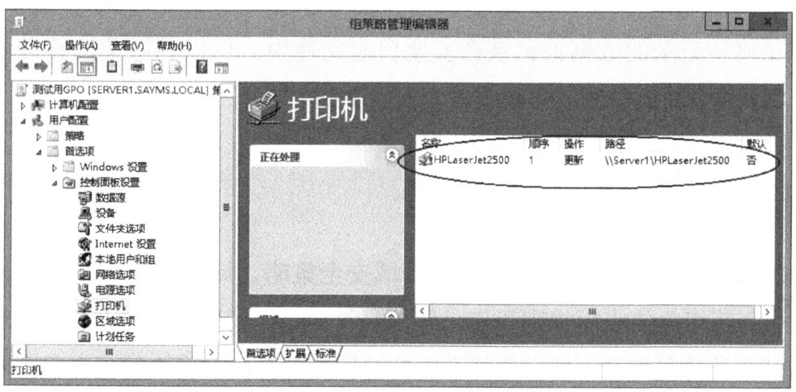

图 11-62

STEP 7　利用组织单位**业务部**内的任何一位用户账户登录，打开控制面板（在Windows Server 8计算机中可按⊞+X键➲控制面板），然后选择【**硬件和声音➲设备和打印机**】就可以看到如图11-63所示自动安装的打印机了。

图 11-63

11.7 审核资源的使用

通过审核（auditing）功能可以让系统管理员跟踪是否有用户访问计算机内的资源、跟踪计算机运行情况等。审核工作通常需要经过以下两个步骤。

- **启用审核策略**：Administrators组内的成员才有权限启用审核策略。
- **设置要审核的资源**：必须具有**管理审核和安全日志**权限的用户才可以审核资源，默认Administrators组内的成员才有此权限。

> **附注**
>
> 可以利用**本地安全策略**、**域安全策略**或**域控制器安全策略**内的**用户权限分配**策略（参见前面有关用户权限分配的说明）来赋予其他用户**管理审核和安全日志**权限。

通过审核策略所记录的数据被记录在**安全日志文件**内，可以利用【按⊞键切换到**开始**屏幕➲**管理工具**➲**事件查看器**➲**Windows日志**➲**安全**】进行查看。

11.7.1 审核策略的设置

审核策略的设置可以通过**本地安全策略**、**域安全策略**、**域控制器安全策略**或组织单位的组策略进行设置，其相关的应用规则我们已经解释过。此处利用本地安全策略来举例说明，因此请到未加入域的计算机登录，然后选择【按⊞键切换到**开始**屏幕➲**管理工具**➲**本地安全策略**➲如图11-64所示展开**安全设置**➲**本地策略**➲**审核策略**】。

注意

本地安全策略的设置仅对本地计算机有效，如果要利用域控制器或域成员计算机做实验，则可设置域控制器安全策略、域安全策略或组织单位的组策略。

图 11-64

由图11-64中得知审核策略内提供了以下审核事件。

- **审核目录服务访问**：审核是否有用户访问Active Directory中的对象。必须再选择要审核的对象与用户。此设置仅对域控制器起作用。
- **审核系统事件**：审核是否有用户重新启动、关机或系统发生了任何会影响到系统安全或影响安全日志文件正常运行的事件。
- **审核对象访问**：审核是否有用户访问文件、文件夹或打印机等资源。必须另外再选择要审核的文件、文件夹或打印机。
- **审核策略更改**：审核**用户权限分配策略**、**审核策略**或**信任策略**等是否发生改动。
- **审核特权使用**：审核用户是否使用了**用户权限分配**策略内赋予的权限，例如更改系统时间。

附注

即使选择**审核特权使用**，系统默认也不会审核**备份文件的目录**、**还原文件和目录**、**跳过过程检查**、**调试程序**、**创建令牌对象**、**替换处理程序级别令牌**、**生成安全审核**等事件，因为这样做会产生大量的日志，会影响到计算机性能。

- **审核账户登录事件**：审核发生登录事件时，是否利用本地用户账户进行登录。例如，我们在本地计算机启用此策略，如果用户在这台计算机上利用本地用户账户登录，则安全日志文件内会产生日志。然而，如果用户是利用域用户账户登录，就不会产生日志。

- **审核账户管理**：审核是否有账户添加、修改、删除、启用、禁用、更改账户名称、更改密码等与账户数据有关的事件发生。
- **审核登录事件**：审核是否发生用户登录与注销的行为，无论用户是直接在本地登录或通过网络登录，也无论是利用本地或域用户账户进行登录。
- **审核进程跟踪**：审核程序的运行与结束，例如是否有某个程序被启动或结束。

每个被审核事件都可以分为**成功**与**失败**两种，也就是可以审核该事件是否成功发生，例如可以审核用户登录成功的操作，也可以审核其登录失败的操作。

11.7.2 审核登录事件

我们将练习如何审核是否有用户登录本地计算机，而且同时要审核登录成功与失败的事件。首先检查**审核登录事件**策略是否如图11-65所示已经被启用。如果尚未被启用，请双击该策略，以便进入该策略进行设置。

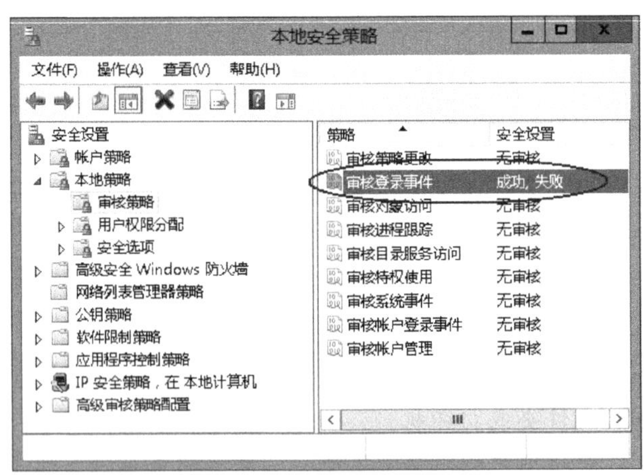

图 11-65

请注销，然后改用任何一个本地用户账户（此处假设是Mary）登录，但是故意输入错误密码，然后改用Administrator账户登录（请输入正确的密码）。Mary登录失败与Administrator登录成功的操作，都会被记录到安全日志文件内。我们可以利用【按⊞键切换到**开始**屏幕➲**管理工具**➲**事件查看器**➲如图11-66所示展开**Window日志**➲**安全**】的方法来查看Mary登录失败的事件，图中的失败审核事件（图形为一把锁，任务类别为**登录**）为Mary登录失败的事件，请上下滚动或双击该事件，就可以看到包含登录日期/时间、失败的原因、用户名、计算机名等。我们还可以看到登录类型为2，表示为本地登录；如果登录类型为3，则表示为网络登录（通过网络来连接）。

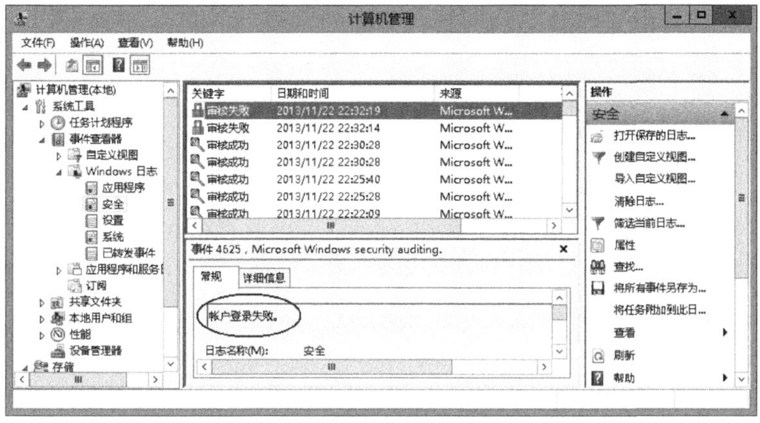

图 11-66

11.7.3 审核文件的访问行为

下面将审核用户Mary是否打开指定的文件（假设是本地计算机内的文件report.xls）。首先如图11-67所示启用**审核对象访问**策略。接下来需要选择要审核的文件与用户，其步骤如下所示。

图 11-67

STEP 1　打开**文件资源管理器**➲选中要审核的文件（reports.xls）并单击鼠标右键➲**属性**➲**安全**➲**高级**➲如图11-68所示单击**审核**标签下的添加按钮。

注意

如果你不具备**管理审核和安全日志权限**，并且**用户账户控制**的**何时通知**不是**从不通知**，则系统会要求输入系统管理员账户与密码才能执行审核设置。如果**何时通知**为**从不通知**，将无法通过编辑按钮来做任何审核设置。

图 11-68

STEP 2　如图11-69所示，通过上方的**选择主体**来选择要审核的用户Mary（图中为完成后的结果）、在**类型**处选择审核**全部**事件（成功与失败）、在下方的**基本权限**处选择要审核的操作后，按顺序单击**确定**按钮来结束设置。

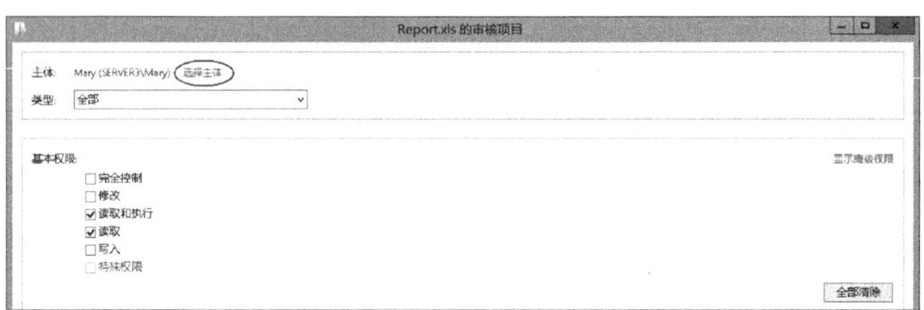

图 11-69

接下来，通过以下步骤来测试与查看审核的结果。

STEP 1　注销Administrator，改用上述被审核的用户账户（Mary）登录。

STEP 2　打开**文件资源管理器**，然后尝试打开上述被审核的文件。

STEP 3　注销，重新利用Administrator账户登录，以便查看审核日志。

> **注意**
>
> 不具备**管理审核和安全日志**权限的用户，无法查看**安全日志文件**的内容。

STEP 4　按⊞键切换到开始屏幕➲**管理工具**➲**事件查看器**➲**Windows**日志➲**安全**➲双击如图11-70中所示审核到的事件日志（工作类别为**文件系统**），之后就可以看到刚才打开文件的操作已经被详细记录在此。

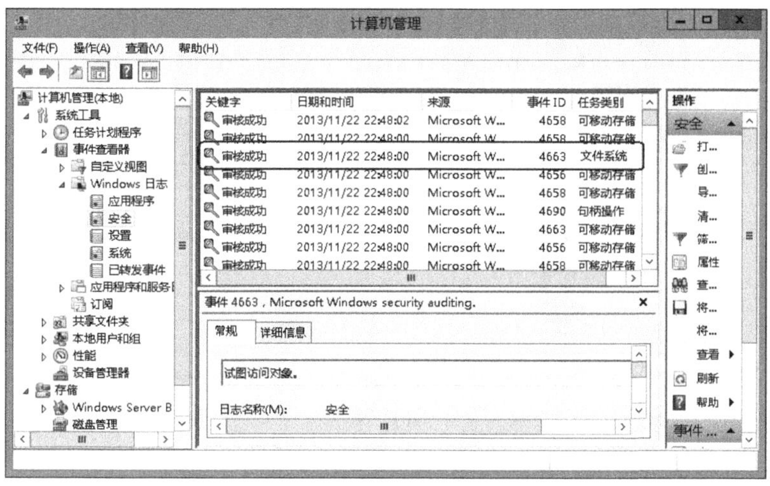

图 11-70

附注

系统需要执行多个相关步骤来完成用户打开文件的操作，而这些步骤可能都会被记录在安全日志文件中，因此可能会有多个工作类别是**文件系统**的日志，请浏览这些日志来查找所需数据。

11.7.4 审核打印机的访问行为

审核用户是否访问打印机（例如通过打印机打印文件）的设置步骤与审核文件相同，例如也需要启用**审核对象访问**策略，然后通过【按⊞键切换到**开始**屏幕➲**控制面板**➲**硬件**➲**设备和打印机**➲选中打印机并单击鼠标右键➲**打印机属性**➲**安全**标签➲**高级**➲**审核**标签➲**添加**】的方法进行设置，此处不再重复说明其操作步骤。

11.7.5 审核Active Directory对象的访问行为

我们可以审核是否有用户在Active Directory数据库内执行了添加、删除或修改等访问对象的行为。下面练习审核是否有用户在组织单位**业务部**内创建了新用户账户。

先在域控制器利用Administrator账户登录，然后通过【按⊞键切换到**开始**屏幕➲**组策略管理**➲展开到组织单位Default Domain Controllers➲选中Default Domain Controllers Policy并单击鼠标右键➲**编辑**】的方法来启用**审核目录服务访问**策略，并选择同时审核成功与失败事件，如图11-71所示。

图 11-71

接下来，要审核是否有用户在组织单位**业务部**内添加用户账户。

STEP 1　按⊞键切换到开始屏幕➲**Active Directory管理中心**➲如图11-72所示单击组织单位**业务部**➲单击**属性**。

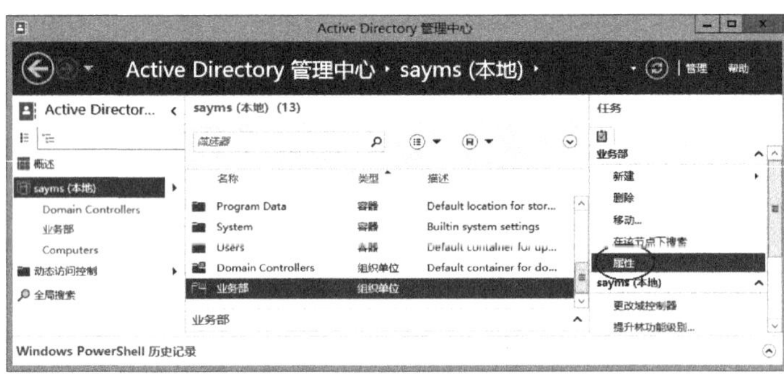

图 11-72

STEP 2　如图11-73所示单击**扩展**分类，单击**安全**标签下的**高级**按钮。

图 11-73

STEP 3　如图11-74所示单击**审核**标签下的添加按钮。

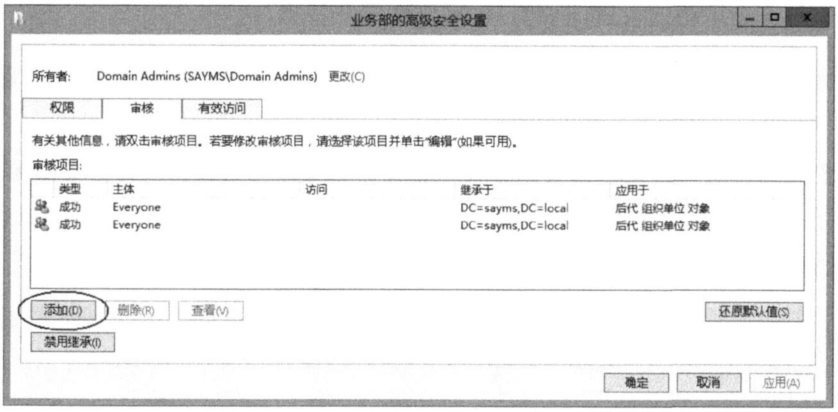

图 11-74

STEP 4　如图11-75所示，通过上方的**选择主体**来选择要审核的用户（图中已选择Everyone），在**类型**处选择审核**全部**事件（成功与失败），通过下方来选择审核**创建所有子对象**后单击确定按钮来结束设置。

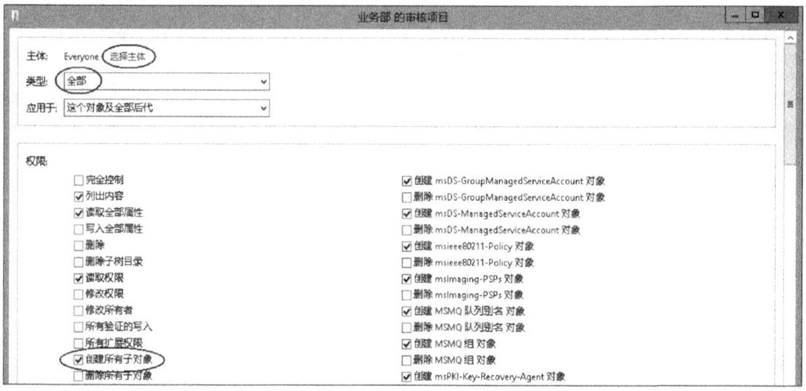

图 11-75

STEP 5　如图11-76所示为完成后的界面。

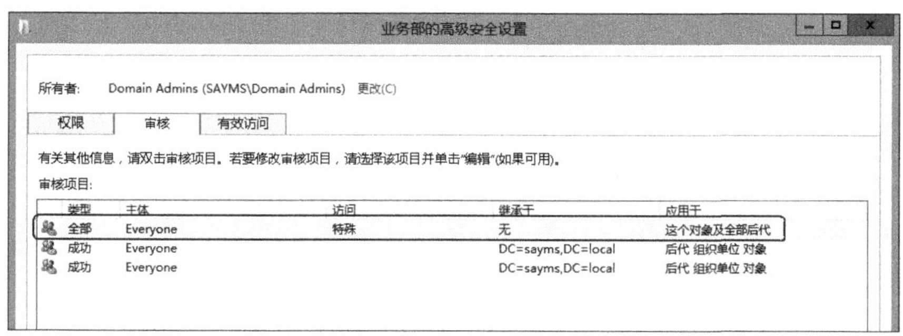

图 11-76

等审核策略成功应用到域控制器后（等5分钟或重新启动域控制器或手动应用，详情可以参考前面有关**域安全策略的设置**的说明），再执行以下步骤。

STEP 1　通过【打开**Active Directory**管理中心➲选中组织单位**业务部**并单击鼠标右键➲**添加**➲**用户**】的方法来创建一个用户账户，例如jackie。

STEP 2　按⊞键切换到**开始屏幕**➲**管理工具**➲**事件查看器**➲**Windows**日志➲**安全**➲双击如图11-77中所示审核到的事件日志（工作类别为**用户账户管理**），之后就可以看到刚才添加用户账户（jackie）的操作已被详细记录在此。

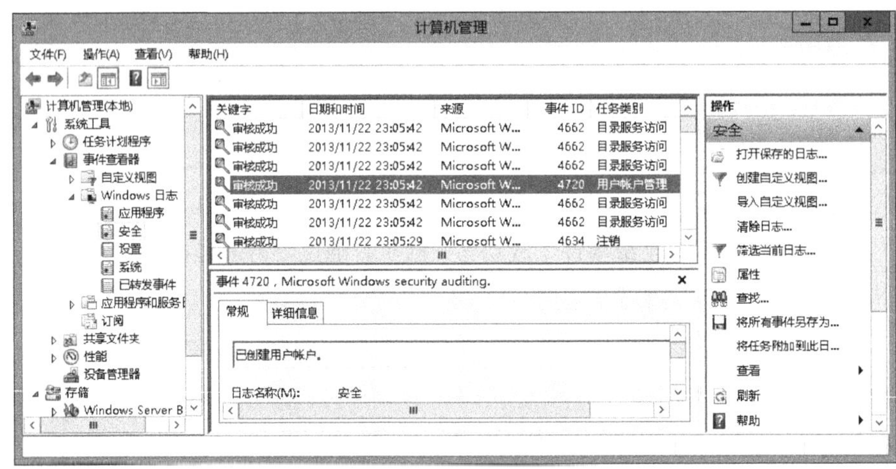

图 11-77

第 12 章 注册表与注册表编辑器

注册表（registry）是保存计算机软硬件设置值的重要数据库，而**注册表编辑器** REGEDIT.EXE是一个高级工具程序，可以利用它来查看与更改系统的注册表值，以便改变系统或应用程序的运行方式。

- 注册表概述
- 修改注册表的实例演示
- 其他的注册表设置

12.1 注册表概述

注册表是一个非常重要的数据库，它保存着这台计算机的软硬件设置值，例如：

- 系统核心设置
- 硬件设备的相关设置，如硬件中断、DMA信道、I/O地址等
- 通信协议的设置
- 服务设置
- 应用程序的设置

平常我们并不需要使用**注册表编辑器**来修改注册表值，但是有的应用程序可能会要求你修改或添加注册表值，以便启用该程序的一些特殊功能，或者你的计算机发生了异常状况，需要通过修改注册表值来解决问题。

> **注意**
>
> 除非有绝对的必要性，否则不要随意更改注册表设置值，因为错误地更改设置值，可能会造成系统无法正常运行的后果。

12.1.1 注册表数据库的架构

注册表的架构如图12-1所示，现在将图中的名词解释如下。

- **子树目录**：这个结构就好像是磁盘内的根文件夹（root folder）。Windows Server 2012内目前有5个子树目录，分别是HKEY_LOCAL_MACHINE、HKEY_USERS、HKEY_CURRENT_USER、HKEY_CLASSES_ROOT与HKEY_CURRENT_CONFIG。
- **键与子键**：键与子键的结构好像是文件夹与子文件夹之间的关系。在键下可以包含数值与其他子键。
- **数值**：每一条数值内包含3部分，即数值名称、数值的数据类型和数值数据。Windows Server 2012目前支持的数据类型如表12-1所示。

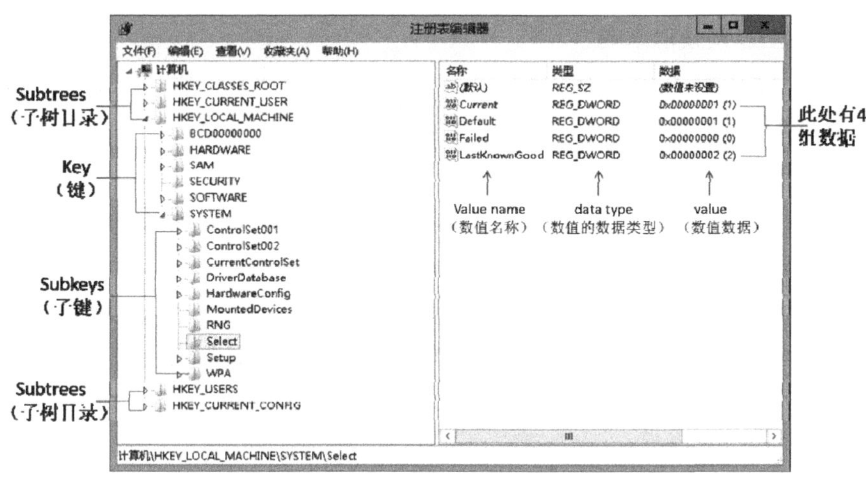

图 12-1

表12-1

数据类型	说明
REG_SZ	单一字符串
REG_MULTI_SZ	多重字符串
REG_BINARY	二进制值。大部分与硬件组件有关的数据都是以二进制的形式进行保存的
REG_DWORD	32位的数值
REG_QWORD	64位的数值
REG_EXPAND_SZ	包含变量（例如%systemroot%）的字符串

12.1.2 子树目录

系统注册表实际上仅分为HKEY_LOCAL_ MACHINE 与HKEY_USERS 两大类，但是为了让你更方便地在注册表内查找数据，因此在注册表编辑器的窗口上，特别将其显示为5个子树目录，如图12-1所示。

- **HKEY_LOCAL_MACHINE**：保存着本地计算机的设置数据，例如硬件设置、设备驱动程序设置、应用程序设置、安全数据库、系统设置等信息。系统利用这些设置值来决定如何启动与设置计算机环境。
- **HKEY_CLASSES_ROOT**：程序的文件类型关联（file type association）信息会被保存在此处，它同时还保存着COM对象的设置数据。此处显示的数据是从HKEY_LOCAL_MACHINE\SOFTWARE\Classes或HKEY_CURRENT_USER\SOFTWARE\Classes读取的，如果这两处都有数据，则显示从HKEY_ CURRENT_USER读取的数据。
- **HKEY_CURRENT_USER**：当前登录者的用户配置文件会被保存在此处，例如用户的桌面设置、网络驱动器、网络打印机等。此处显示的数据是从HKEY_USERS***当前***

登录者的SID 处读取来的。

- **HKEY_USERS**：包含多个子键，其中以下两个子键是我们需要注意的。
  - **.DEFAULT**：系统启动时显示的按Ctrl + Alt + Del登录窗口，其显示颜色、桌面图案等设置就是保存在此处。
  - **当前登录者的SID**：当前登录者的用户配置文件会被保存在此处。HKEY_CURRENT_USER内的数据就是从此处读取的。
- **HKEY_CURRENT_CONFIG**：此处显示的数据是从HKEY_LOCAL _MACHINE\SYSTEM\CurrentControlSet\Hardware Profiles\Current中读取的，它保存着当前的硬件配置文件数据。

12.1.3 注册表配置单元与注册表文件

注册表配置单元（hive）是部分键、子键与数值数据的集合，每个**注册表配置单元**都有多个支持文件来保存**注册表配置单元**内的数据，这些文件也被称为**注册表配置单元文件**。Windows Server 2012 启动时会读取这些文件内的设置值。

例如，如图12-2中所示的SAM、SECURITY、SOFTWARE与SYSTEM都是**注册表配置单元**，它们的设置值分别被保存到不同文件内（文件名参见表12-2），而这些文件位于%Systemroot%\System32\config 文件夹内。另外，属于用户配置文件的部分（HKEY_CURRENT_USER）被保存在%Systemdrive%\用户\用户名 文件夹内，文件名是NTUSER.DAT，不过它是受保护的隐藏文件，默认无法在**文件资源管理器**中看到此文件。

表12-2

注册表配置单元（Hive）	相关注册表文件
HKEY_LOCAL_MACHINE\SAM	SAM、SAM.SAV
HKEY_LOCAL_MACHINE\SECURITY	SECURITY、SECURITY.SAV
HKEY_LOCAL_MACHINE\SOFTWARE	SOFTWARE、SOFTWARE.SAV
HKEY_LOCAL_MACHINE\SYSTEM	SYSTEM、SYSTEM.SAV
HKEY_CURRENT_CONFIG	SYSTEM、SYSTEM.SAV
HKEY_USERS\DEFAULT	DEFAULT、DEFAULT.SAV
HKEY_CURRENT_USER	NTUSER.DAT

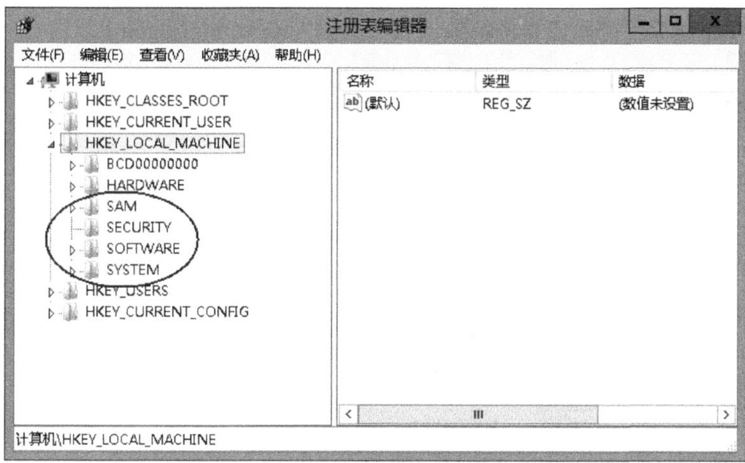

图 12-2

12.2 修改注册表的实例演示

网域用户一般必须同时按Ctrl + Alt + Del 键，然后输入正确用户名与密码后，才可以登录系统，但是在此我们要介绍如何让计算机启动后，自动以事先指定的用户名与密码来登录，也就是不需要手动按Ctrl + Alt + Del 键，也不需要手动输入用户名与密码。

STEP 1 按⊞+R键➲输入注册表编辑器的文件名称**regedit**后按Enter键。

STEP 2 如图12-3所示展开到以下的键：

HKEY_LOCAL_MACHINE\SOFTWARE\Microsoft\WindowsNT\CurrentVersion\Winlogon

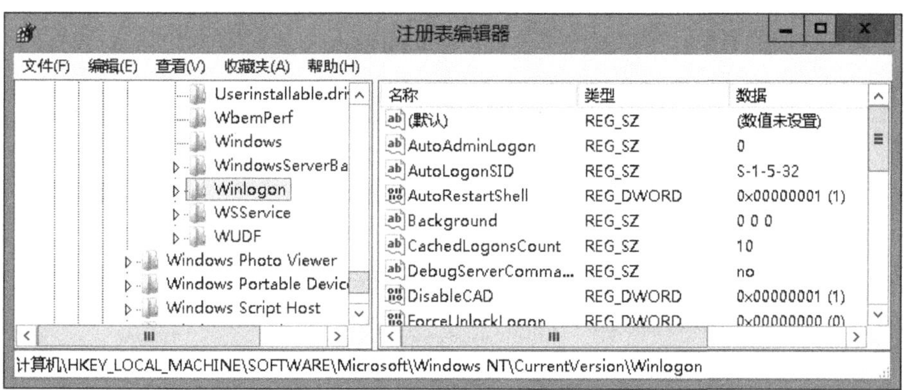

图 12-3

STEP 3 添加数值名称AutoAdminLogon（如果此名称已存在，直接跳到下一个步骤），它可以让系统不显示按Ctrl + Alt + Del登录窗口：如图12-4所示【选中键Winlogon并单击鼠标右键➲**新建**➲**字符串值**➲将新数值名称改为AutoAdminLogon】。

图 12-4

STEP 4　双击刚才创建的**AutoAdminLogon**数值名称，然后在如图12-5所示的**数值数据**处输入1（表示启用）。完成后单击确定按钮。

图 12-5

STEP 5　按顺序分别新建DefaultUserName与DefaultPassword两个数值名称，类型为**字符串值**（REG_SZ），数值数据分别设置为要用来自动登录的用户账户名与密码，图12-6所示为完成后的界面，图中假设账户名为Administrator，其密码为111aaaAAA。

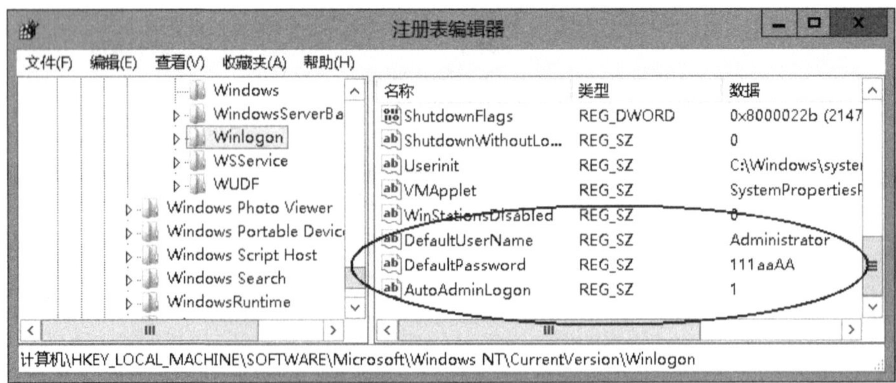

图 12-6

> **注意**
>
> 1. 没有密码的用户账户不可以用来自动登录。
> 2. 如果要利用域用户账户来自动登录，则还需要新建一个DefaultDomainName数值名称，类型为**字符串值**（REG_SZ），数值数据请输入域名（例如sayms）。如果以后要改用本地用户账户，只要将其数值数据改为本地计算机名称即可。

STEP 6　重新启动计算机，系统会自动以你设置的用户账户与密码登录。

如果想在启动系统时，临时改用其他账户登录，请在屏幕上Windows文字消失后且还未自动登录前按着Shift键不放，系统就会显示**按 Ctrl+Alt+Delete登录**的窗口。

如果要解除自动登录功能，只要将AutoAdminLogon的数值改为0即可。

> **附注**
>
> 没有加入域的计算机还可以通过以下方法来启用自动登录功能：按⊞+R键，执行**Control Userpasswords2**，取消勾选**要使用本计算机，必须输入用户名和密码**后单击确定按钮，输入用户名和密码。

12.3 其他的注册表设置

以下列出注册表编辑器其他几个比较重要的设置或功能。

- 可以利用注册表编辑器来修改其他远程计算机的注册表设置值：【如图12-7所示单击**文件**菜单➲**连接网络注册表**➲选择要连接的计算机➲前景图为完成后的界面（假设计算机为Server1）】。连接此计算机时，系统可能会要求你输入用户名与密码。由图可知只能够看到远程计算机的两个子树目录：HKEY_LOCAL_MACHINE与HKEY_USERS。

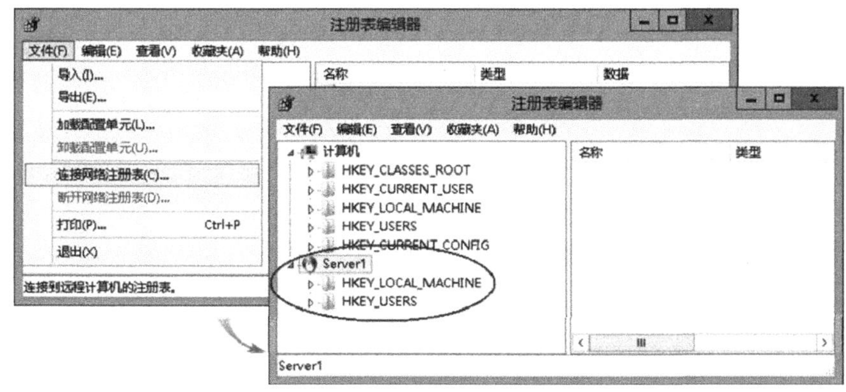

图 12-7

- 可以将注册表设置值导出保存，文件的格式可为**注册文件（.reg）**、**文本文件（.txt）**、**注册表配置单元文件**或**Win9x/NT注册文件**:【选中计算机、子树目录或键并单击鼠标右键➲**导出**➲输入文件名➲选择保存类型➲在**导出范围**处选择导出全部或仅导出所选分支➲单击保存按钮】。
- 可以针对子树目录或键来设置用户权限:【选中子树目录或键并单击鼠标右键➲**权限**】。没有权限的用户无法查看或更改注册表的内容。
- 可以针对子树目录或键来审核用户访问键的行为：首先启用**审核对象访问**策略（参见第11章），然后【选中子树目录或键并单击鼠标右键➲**权限**➲**高级**➲**审核**】，最后通过【按⊞键切换到**开始屏幕**➲**管理工具**➲**事件查看器**➲**Windows日志**➲**安全**】来查看这些日志的内容。

第 13 章 远程桌面连接

系统管理员可以通过**远程桌面连接**来管理远程计算机与网络，而一般用户也可以通过它来使用远程计算机。

- **远程桌面连接**概述
- **远程桌面连接**实例演示
- **远程桌面连接**的高级设置
- 远程桌面Web连接

13.1 远程桌面连接概述

Windows Server 2012通过对**远程桌面协议**（Remote Desktop Protocol）的支持与**远程桌面连接**（Remote Desktop Connection）的技术，让用户坐在一台计算机前，就可以连接到位于不同地点的其他远程计算机。举例来说（见图13-1），当你要离开公司时，可以让你的办公室计算机中的程序继续运行（不要关机），回家后利用家中计算机通过Internet连接办公室计算机，此时你将接管办公室计算机的工作环境，也就是办公室计算机的桌面会显示在你的屏幕上，然后就可以继续办公室计算机上的工作，例如运行办公室计算机内的应用程序、使用网络资源等，就好像坐在这台办公室计算机前一样。

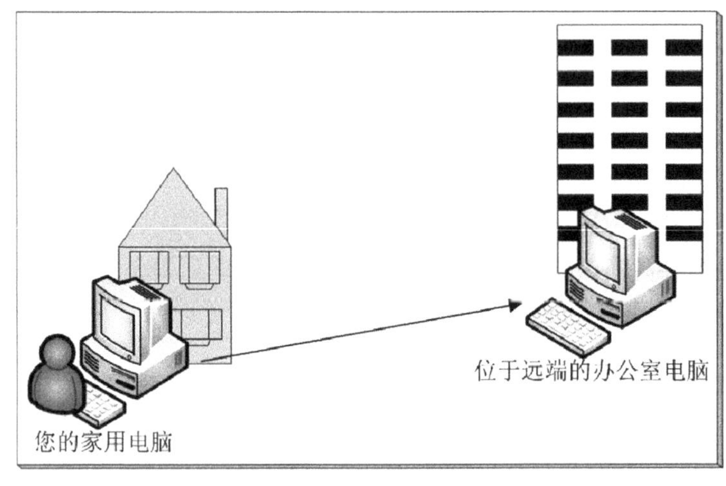

图 13-1

对系统管理员来说，可以利用**远程桌面连接**来连接远程计算机，然后通过此计算机来管理远程网络。除此之外，Windows Server 2012还支持**远程桌面Web访问**（Remote Desktop Web Access），它让用户可以通过浏览器与**远程桌面Web连接**（Remote Desktop Web Connection）连接远程计算机。

13.2 远程桌面连接实例演示

我们通过如图13-2所示的环境练习**远程桌面连接**，先将这两台计算机准备好，并设置好TCP/IPv4的值（本范例采用TCP/IPv4）。

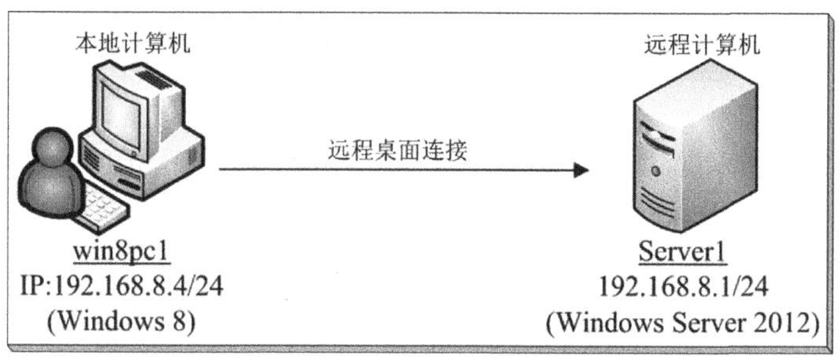

图 13-2

13.2.1 远程计算机的设置

必须在远程计算机上启用**远程桌面**，并且赋予用户**远程桌面连接**的权限，用户才可以利用**远程桌面**进行连接。

启用远程桌面

到远程计算机Server1上【按⊞键切换到**开始**屏幕➲**控制面板**➲**系统和安全**➲**系统**➲单击左侧的**高级系统设置**➲通过如图13-3中所示**远程**标签下的**远程桌面**进行设置】。

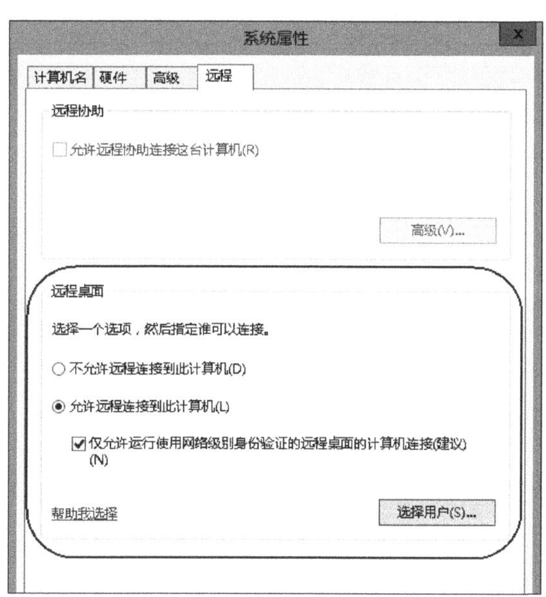

图 13-3

- **不允许远程连接到此计算机**：禁止通过**远程桌面**进行连接，这是默认值。
- **允许远程连接到此计算机**：如果同时勾选**仅允许运行使用网络级别身份验证的远程桌面的计算机连接（建议）**，则用户的**远程桌面连接**必须支持**网络级别验证**（Network Level Authentication，NLA），才可以连接。**网络级别验证**比较安全，可以避免黑客或恶意软件的攻击。Windows Vista（含）以后版本的**远程桌面连接**都是使用**网络级别验证**。

在单击如图13-3中所示第二个选项后，系统会显示如图13-4所示的对话框来提醒你系统会自动在**Windows防火墙**内例外开放远程桌面协议，请直接单击确定按钮。

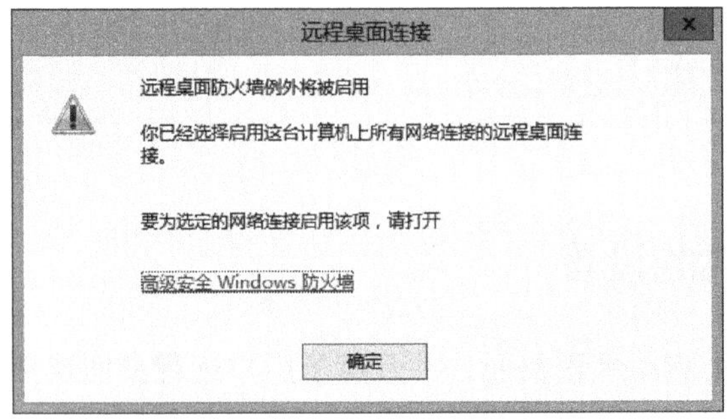

图 13-4

附注

可以通过【按⊞+X键➲**控制面板**➲**系统和安全**➲**Windows防火墙**➲允许应用或功能通过Windows防火墙➲……】来查看**远程桌面**已例外开放，如图13-5所示。

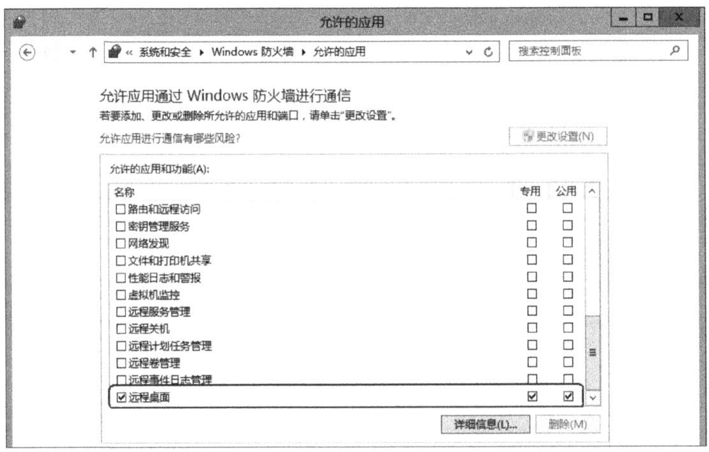

图 13-5

赋予用户通过远程桌面连接的权限

要让用户可以利用**远程桌面连接**连接远程计算机，该用户必须在远程计算机上拥有**允许通过远程桌面服务登录**的权限，而**非域控制器**的计算机默认已经开放此权限给Administrators与Remote Desktop Users组，可以通过以下方法来查看此设置：【按⊞键切换到**开始屏幕**➲**管理工具**➲**本地安全策略**➲**本地策略**➲**用户权限分配**➲如图13-6所示】。

图 13-6

注意

如果是域控制器，此权限默认仅开放给Administrators组。

如果要增加其他用户也能利用**远程桌面连接**连接此远程计算机，只要在此远程计算机上通过上述界面赋予该用户**允许通过远程桌面服务登录**权限即可。

还可以利用将用户加入到远程计算机的Remote Desktop Users组的方式，让用户拥有此权限，其方法有以下两种。

- 直接利用**本地用户和组**将用户加入Remote Desktop Users组。
- 单击如图13-3所示右下方的选择用户按钮，通过如图13-7所示的添加按钮来选择用户，该用户账户会被加入到Remote Desktop Users组。

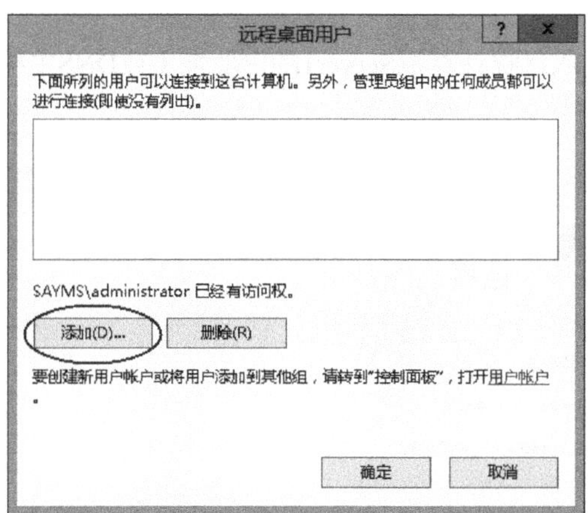

图 13-7

由于域控制器默认并没有赋予Remote Desktop Users组**允许通过远程桌面服务登录**权限，因此如果将用户加入域Remote Desktop Users组，则还需要再将权限赋予此组，用户才可以远程连接域控制器。如果要将此权限赋予Remote Desktop Users（与Administrators组），请到域控制器上通过：【按⊞键切换到**开始**屏幕➲**组策略管理**➲展开到组织单位**Domain Controllers**➲选中Default Domain Controllers Policy并单击鼠标右键➲**编辑**➲**计算机配置**➲**策略**➲**Windows设置**➲**安全设置**➲**本地策略**➲**用户权限分配**➲将右侧**允许通过远程桌面服务登录**权限赋予Remote Desktop Users与Administrators组】。注意，虽然在本地安全策略内已经将此权限赋予Administrators组，但是一旦通过域组策略设置后，原来在本地安全策略内的设置就无效了，因此此处仍然需要将权限赋予Administrators组。

13.2.2 在本地计算机利用远程桌面连接连接远程计算机

Windows XP（含）以上的操作系统都包含**远程桌面连接**，其执行的方法如下。

- Windows Server 2012、Windows 8：【按⊞键切换到**开始**屏幕➲在空白处单击鼠标右键➲**所有应用**➲单击Windows附件下的**远程桌面连接**】。
- Windows Server 2008（R2）、Windows 7、Windows Vista：【**开始**➲**所有程序**➲**附件**➲**远程桌面连接**】。
- Windows Server 2003（R2）、Windows XP：【**开始**➲**所有程序**➲**附件**➲**通信**➲**远程桌面连接**】。

连接远程计算机

本范例的本地计算机是Windows 8，其连接远程计算机的步骤如下所示。

STEP 1　按⊞键切换到**开始**屏幕➲在空白处单击鼠标右键➲**所有应用**➲单击**Windows**附件下的**远程桌面连接**。

STEP 2　如图13-8所示输入远程计算机Server1的IP地址（或DNS主机名、计算机名）后单击**连接**按钮。

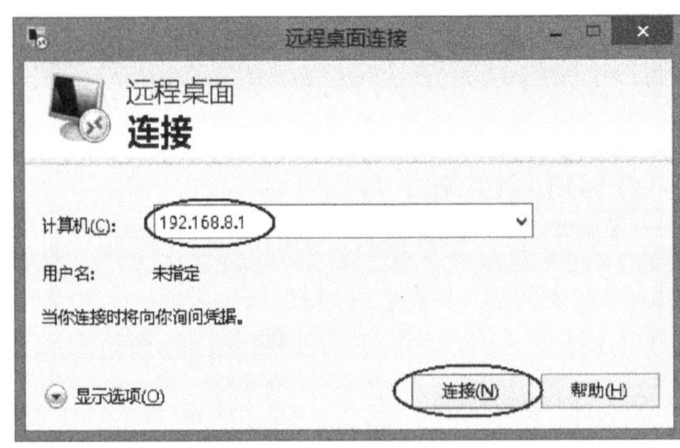

图 13-8

STEP 3　如图13-9所示，输入远程计算机内具备**远程桌面连接**权限的用户账户（例如Administrator）与密码。

图 13-9

STEP 4 如果出现如图13-10所示的界面，请暂时不必理会，直接单击**是(Y)**按钮。

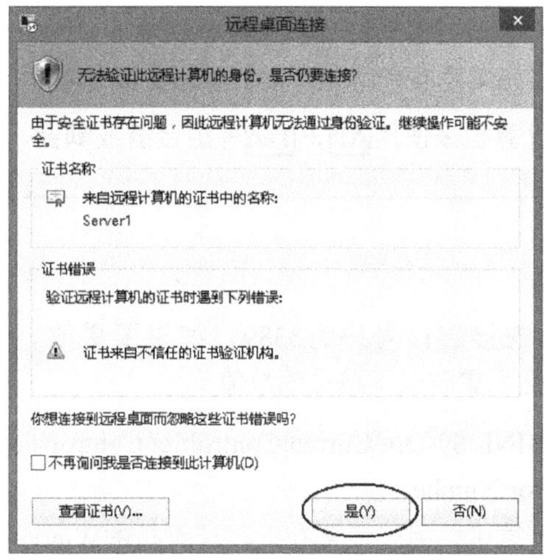

图 13-10

STEP 5 图13-11为完成连接后的界面，此全屏界面显示的是远程Windows Server 2012计算机的桌面，由图中最上方中间的小区块可知你所连接的远程计算机的IP地址为192.168.8.1。

> **注意**
>
> 如果此用户账户（本范例是Administrator）已经通过其他的**远程桌面连接**连上这台远程计算机（包含在远程计算机上本地登录），则这个用户的工作环境会被本次的连接接管，同时他也会被退出到**按Ctrl+Alt+Delete登录**的窗口。

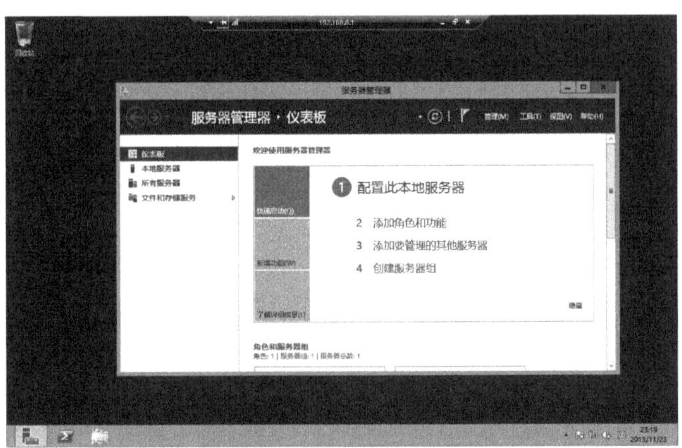

图 13-11

STEP 6 如果单击如图13-11所示最上方中间小区块的缩小窗口符号，就会看到如图13-12所示的窗口界面，图中背景为本地计算机的Windows 8桌面，中间窗口为远程计算机的Windows Server 2012桌面。如果要在全屏幕与窗口界面之间切换，可以按Ctrl + Alt + Pause 键。如果要针对远程计算机来使用Alt + Tab等组合键或⊞键，默认必须在全屏模式下。

附注

远程桌面连接使用的连接端口号码为3389，如果要更改，请到远程计算机上执行REGEDIT.EXE程序，然后更改以下路径的数值：

HKEY_LOCAL_MACHINE\System\CurrentControlSet\Control\Terminal Server\WinStations\RDP-Tcp\PortNumber

完成后重新启动远程计算机，另外还要在远程计算机的Windows防火墙内开放此新的连接端口。客户端计算机在连接远程计算机时，必须添加新的连接端口号（假设为3340），例如192.168.8.1:3340。

图 13-12

> **注意**
>
> 如果远程计算机位于NAT（Network Address Translation，例如IP共享器、宽带路由器）设备之后，则需要在NAT上设置将连接转送到远程计算机，也就是需要通过连接端口转送或虚拟服务器设置来达到目的。如果NAT之后有多台远程计算机要被连接，则可以通过更改这些计算机的远程桌面连接端口的方式来区分这些计算机。

注销或中断连接

如果要结束与远程计算机的连接，可以采用以下两种方法。

- **注销**：注销后，在远程计算机上执行的程序会被结束。注销方法为按Ctrl + Alt + End键（不是Del键），然后单击**注销**。
- **中断**：中断连接并不会结束你正在远程计算机内运行的程序，它们仍然会在远程计算机内继续运行，而且桌面环境也会被保留，下一次即使是从另一台计算机重新连接远程计算机，还是能够继续拥有之前的环境。只要单击**远程桌面**窗口上方的X符号，就可以中断与远程计算机之间的连接。

13.2.3 最大连接数

一台Windows Server 2012计算机最多仅允许两个用户连接（包含在本地登录者），而Windows 8等客户端计算机则仅支持一个用户连接。

一个用户账户仅能够有一个连接（包含在本地登录者），如果此用户（本范例是Administrator）已经通过其他**远程桌面连接**连上远程计算机（包含在远程计算机上本地登录），则这个用户的工作环境会被本次的连接来接管，同时他也会被退出到**按Ctrl+Alt+Delete登录**的界面。

> **附注**
>
> 1. 如果要Windows Server 2012支持更多连接数，请安装**远程桌面服务**角色并取得合法授权数量。
> 2. Windows 8、Windows 7的低级版本仅支持连出，不支持连入。

当要连接远程计算机时，如果该计算机的连入连接数量已经被其他用户账户占用，则系统会如图13-13所示显示已经连接的用户名，你必须从中选择一个账户将其中断后才可以连接，不过需要经过该用户的同意后才可以将其中断，也就是该用户的屏幕上会显示如图13-14所示的界面，该用户单击确定按钮后就可以连接了。

图 13-13

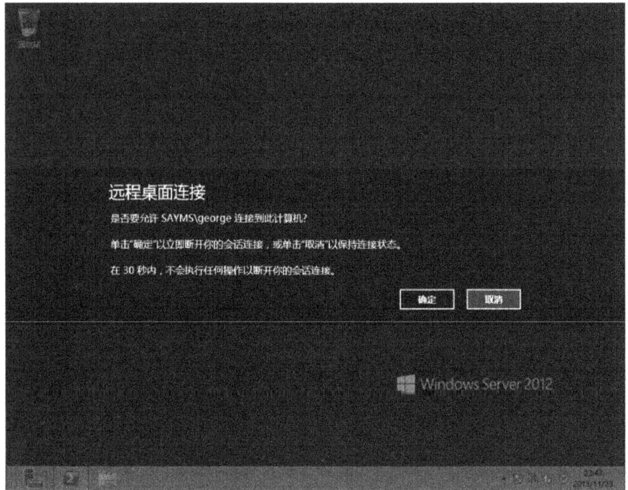

图 13-14

13.3 远程桌面连接的高级设置

远程桌面连接的用户在单击如图13-15中所示的显示选项按钮后，就可以通过如图13-16所示进一步设置远程桌面连接（以下利用Windows 8的界面进行说明）。

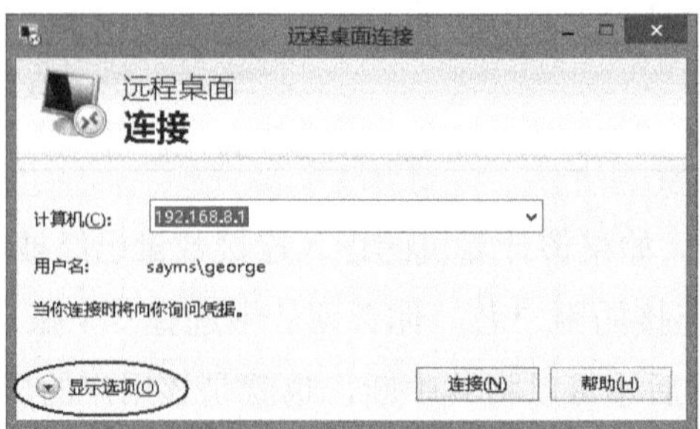

图 13-15

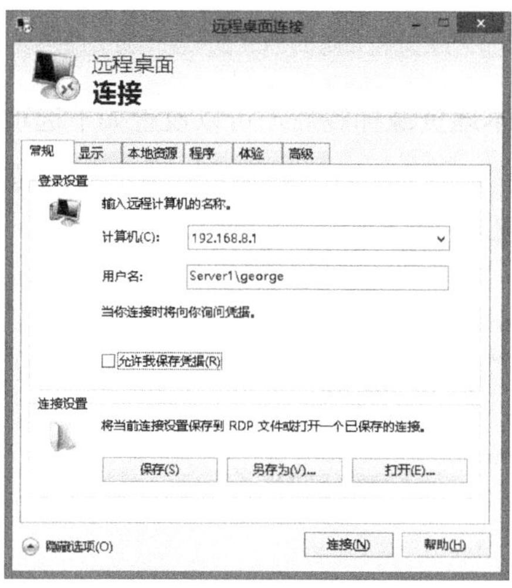

图 13-16

常规设置

在如图13-16所示的对话框中，可以事先设置好要连接的远程计算机、用户名等数据，也可以将这些连接设置存盘（扩展名为.RDP），以后只要单击此RDP文件，就可以自动利用此账户来连接远程计算机。

显示设置

单击如图13-17中所示的**显示**标签后，即可调整远程桌面窗口的显示分辨率、颜色质量等。图中最下方的**全屏显示时显示连接栏**中的**连接栏**就是**远程桌面**窗口最上方中间的小区块（见图13-11）。

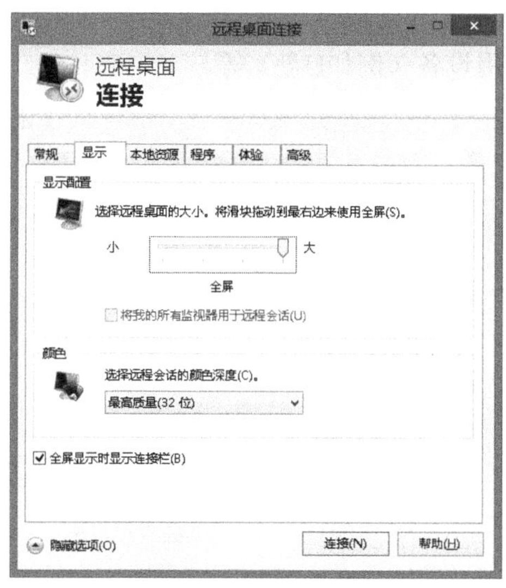

图 13-17

本地资源

单击如图13-18中所示的**本地资源**标签后，可以设置如下选项。

图 13-18

- **远程音频**：是否要将远程计算机播放的音频送到本地计算机来播放或者留在远程计算机播放，还是都不要播放。还可以设置是否要录制远程音频。
- **键盘**：当用户按Windows组合键时，例如Alt + Tab键，是要用来操控本地计算机还是远程计算机，或者仅在全屏显示时才用来操控远程计算机。
- **本地设备和资源**：可以将本地设备显示在**远程桌面**的窗口内，以便在此窗口内访问本地设备与资源，例如将远程计算机内的文件通过本地打印机进行打印。

如果单击如图13-18中所示的详细信息按钮，还可以通过如图13-19所示的对话框来访问本地计算机的驱动器、即插即用设备（例如U盘）等。

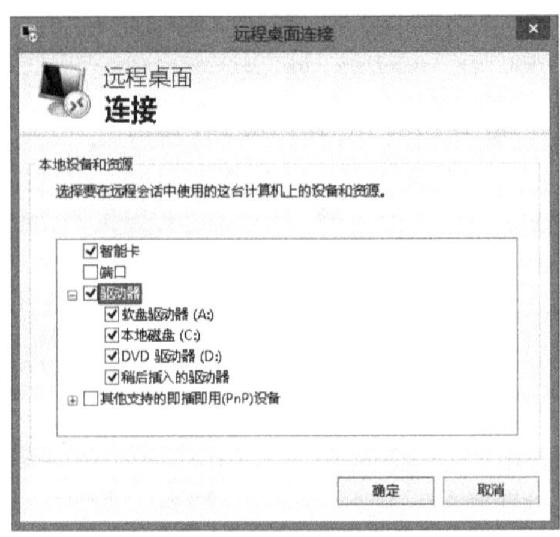

图 13-19

例如，图13-20中的本地计算机为WIN8PC1，其磁盘A、C、D都出现在**远程桌面**的窗口内，因此可以在此窗口内同时访问远程计算机与本地计算机内的文件资源，例如相互复制文件。

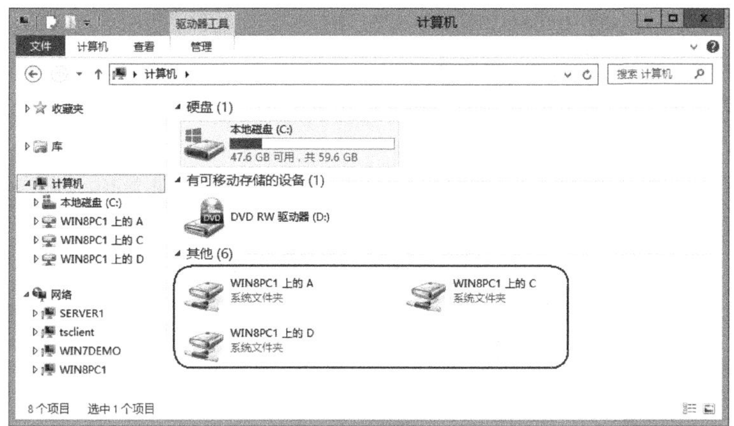

图 13-20

程序

通过如图13-21中所示的**程序**标签来设置用户登录完成后，自动运行指定的程序。需要设置程序所在的路径与程序名，还可以通过**在以下文件夹中启动**指定要在哪个文件夹内来运行此程序，也就是指定工作目录。

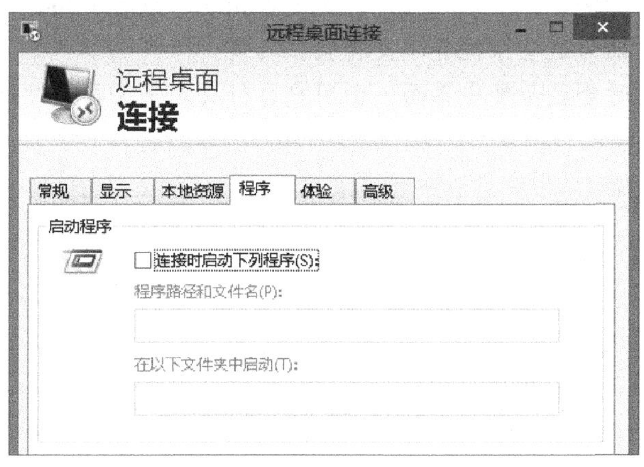

图 13-21

体验

单击如图13-22中所示的**体验**标签后，即可根据本地计算机与远程计算机之间连接的速度来调整其显示效率，例如连接速度如果比较慢，可以设置不显示桌面背景、不要显示字体平滑等任务，以便节省显示处理时间、提高显示效率。

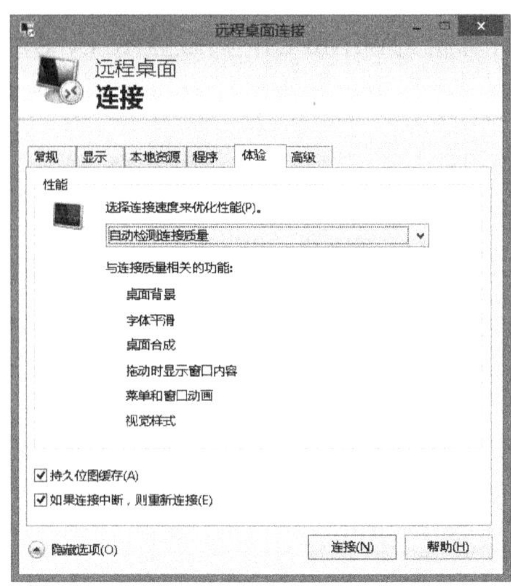

图 13-22

高级

系统可以帮助用户验证是否连接到正确的远程计算机（服务器），以增强连接的安全性。在单击如图13-23中所示的**高级**标签后，即可通过其中的**如果服务器身份验证失败**来选择服务器验证失败的处理方式。

- **连接并且不显示警告**：如果远程计算机是Windows Server 2003 SP1或更旧版本，可以选择此选项，因为这些系统并不支持验证功能。
- **显示警告**：此时会显示警告界面，由用户自行决定是否要继续连接。
- **不连接**。

图 13-23

13.4 远程桌面Web连接

也可以利用Web浏览器搭配远程桌面技术来连接远程计算机，这个功能被称为**远程桌面Web连接**（Remote Desktop Web Connection），要享有此功能，请如图13-24所示先在网络上的一台Windows Server 2012计算机内安装**远程桌面Web访问**角色服务与Web服务器IIS（IIS网站），客户端计算机利用网页浏览器连接到**远程桌面Web访问**网站后，再通过此网站来连接远程计算机。

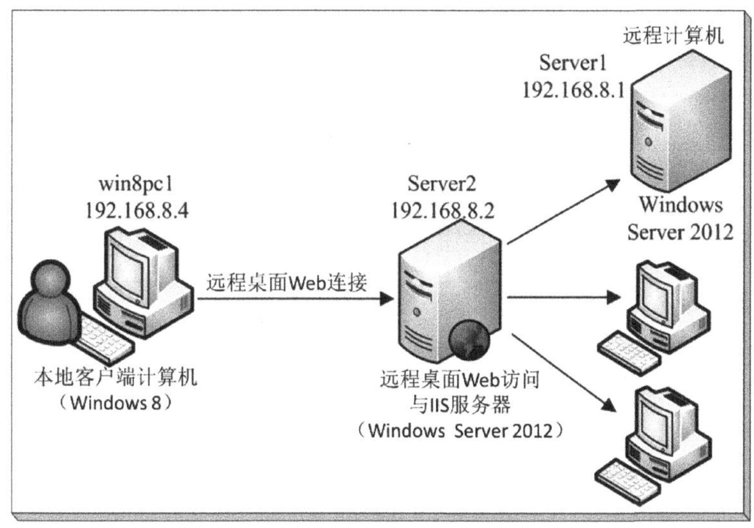

图 13-24

附注

可以直接同时将**远程桌面Web**访问与IIS网站安装在要被连接的远程计算机上。

13.4.1 远程桌面Web访问网站的设置

请如图13-24所示在Windows Server 2012服务器上（假设为Server2，IP地址为192.168.8.2）安装**远程桌面Web访问**与**Web服务器IIS**。

STEP 1 在这台Windows Server 2012计算机上单击左下角的**服务器管理器**图标➲单击**添加角色和功能**➲持续单击下一步按钮，直到出现如图13-25所示的界面时勾选**远程桌面服务**复选框后单击下一步按钮】。

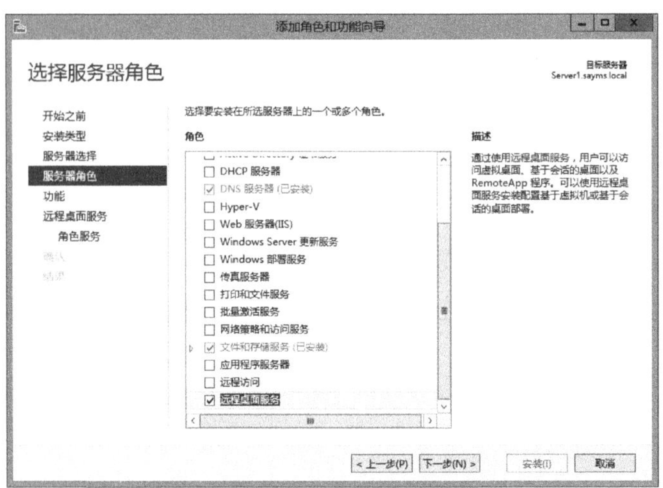

图 13-25

STEP 2 持续单击下一步按钮，直到出现如图13-26所示背景图时勾选**远程桌面Web访问**复选框➲在前景图中单击添加功能按钮来安装所需的其他功能（如Web服务器IIS）。

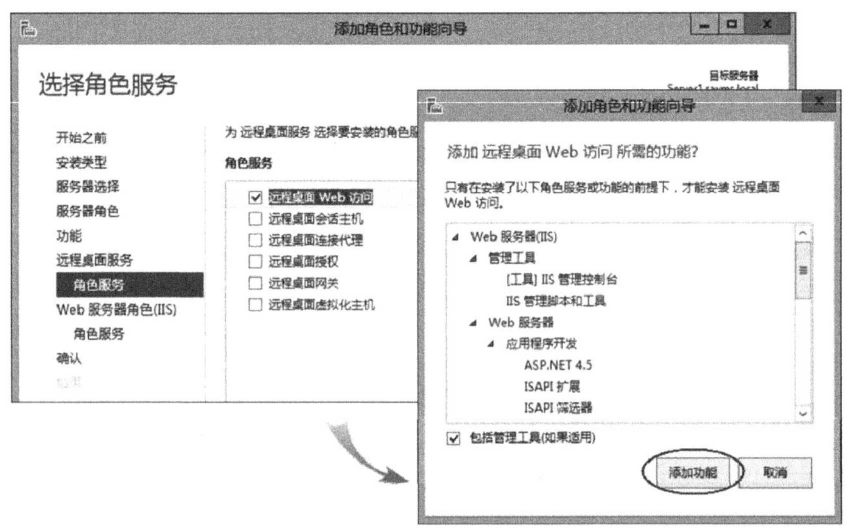

图 13-26

STEP 3 持续单击下一步按钮，最后单击安装按钮。

13.4.2 客户端通过浏览器连接远程计算机

客户端计算机利用Internet Explorer来连接**远程桌面Web访问**网站，然后通过此网站来连接远程计算机。不过，客户端计算机的**远程桌面连接**必须支持Remote Desktop Protocol 6.1（含）以上，Windows XP SP3/Windows Vista SP1/Windows 7/Windows 8、Windows Server 2008（R2）/Windows Server 2012计算机都符合此条件。

下面假设**远程桌面Web访问**网站的IP地址为192.168.8.2，所要连接的远程计算机的IP地址为192.168.8.1，客户端计算机为Windows 8。

STEP 1　到扮演客户端角色的Windows 8计算机登录。

STEP 2　打开浏览器Internet Explorer（此处以传统桌面的Internet Explorer为例），然后如图13-27所示输入URL网址**https://192.168.8.2/RDweb/**（必须采用https）。出现网站的安全证书有问题的警告时，可以不必理会，直接单击**继续浏览此网站（不推荐）**。

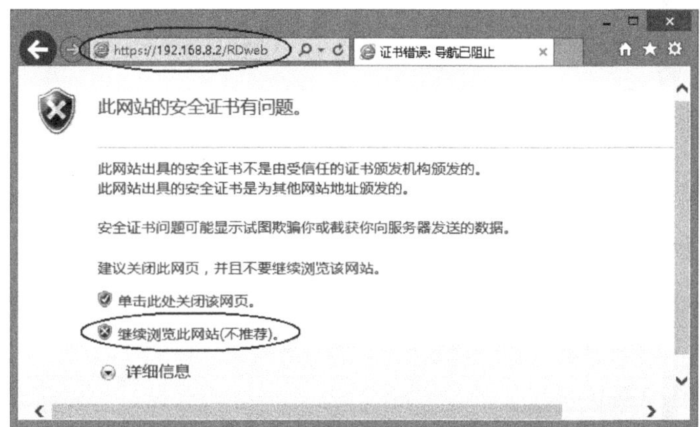

图 13-27

STEP 3　如果出现如图13-28所示的界面，请单击允许按钮，它会运行Microsoft Remote Desktop Services Web Access Control附加组件。

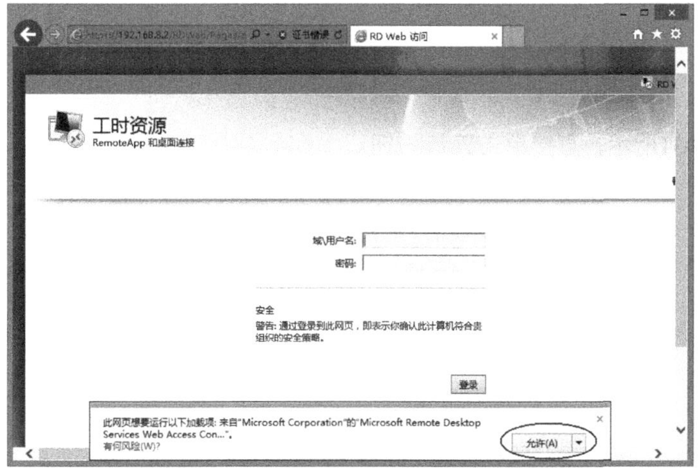

图 13-28

STEP 4　如图13-29所示，输入有权限连接此IIS网站的账户与密码后单击登录按钮。图中账户为server2\administrator，其中server2为IIS网站的计算机名；如果要利用域用户账户来连接此网站，请将计算机名改为域名，例如sayms\administrator。

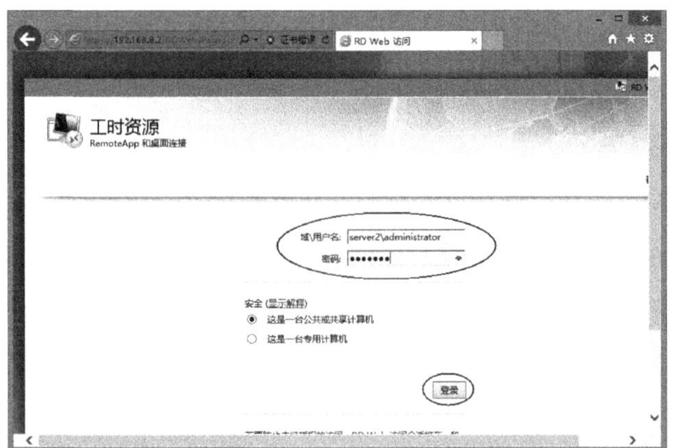

图 13-29

STEP 5 单击如图13-30中所示的**连接到远程电脑**标签，输入远程计算机的IP地址（或计算机名，或DNS主机名），单击连接按钮。

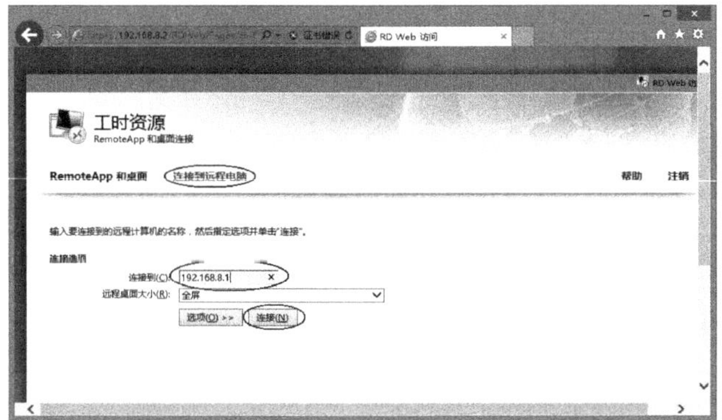

图 13-30

STEP 6 如图13-31所示，直接单击连接按钮。

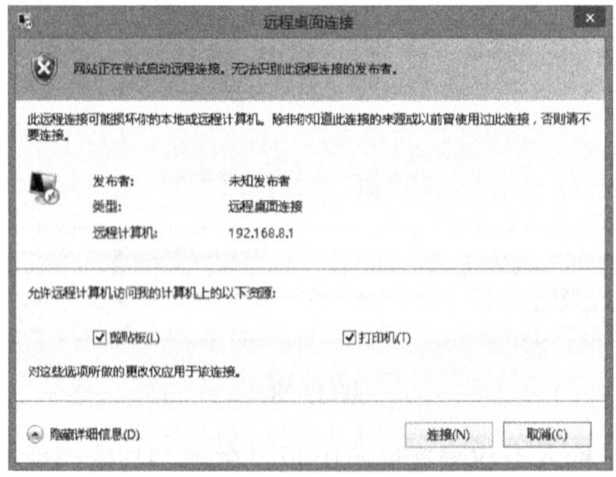

图 13-31

STEP 7 如图13-32所示，输入有权限连接远程计算机的用户账户与密码。

图 13-32

STEP 8 可以不理会如图13-33中所示的警告，直接单击是按钮。

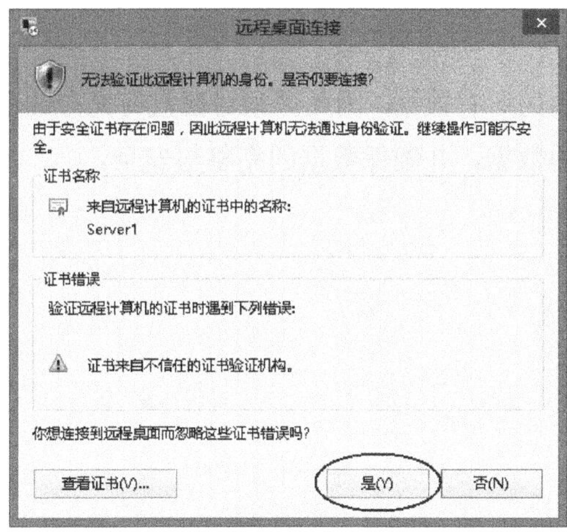

图 13-33

STEP 9 图13-34为完成连接后的界面。

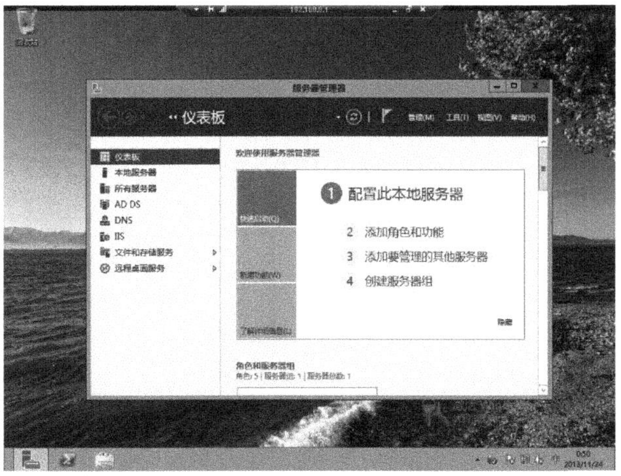

图 13-34

第 14 章 磁盘系统的管理

磁盘内保存着计算机内的所有数据，因此必须对磁盘有充分的了解，并妥善地管理磁盘，以便使用磁盘来保存宝贵的数据，并确保数据的完整与安全。

- 磁盘概述
- 基本卷的管理
- 动态磁盘的管理
- 移动磁盘
- 存储空间

14.1 磁盘概述

在数据能够被保存到磁盘之前，该磁盘必须被划分成一或数个磁盘分区（partition），如图14-1所示，一个磁盘（一块硬盘）被划分为3个磁盘分区。

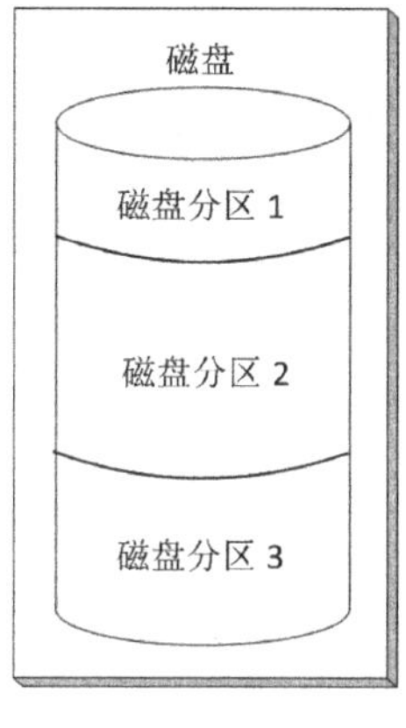

图 14-1

磁盘内有一个被称为**磁盘分区表**（partition table）的区域，它用来保存这些磁盘分区的相关数据，例如每个磁盘分区的起始地址、结束地址、是否为**活动**（active）的磁盘分区等信息。

14.1.1 MBR磁盘与GPT磁盘

磁盘分为**MBR磁盘**与**GPT磁盘**两种磁盘分区样式（style）。

- **MBR磁盘**：它是旧的传统样式，其**磁盘分区表**保存在MBR内（master boot record，见图14-2左半部）。MBR位于磁盘最前端，计算机启动时，使用传统BIOS（基本输出/输入系统，它是计算机主板上的固件）的计算机，其BIOS会先读取MBR，并将控制权交给MBR内的程序代码，然后由此程序代码来继续后续的启动工作。**MBR磁盘**支持的硬盘最大为2.2 TB（1TB=1024GB）。
- **GPT磁盘**：它是新样式，其**磁盘分区表**保存在GPT（GUID partition table，见图14-2右半部）内，它也位于磁盘的前端，而且它有**主要磁盘分区表与备份磁盘分区表**，可以提供排错功能。使用新式UEFI BIOS的计算机，其BIOS会先读取GPT，并将控制权交给GPT内的程序代码，然后由此程序代码来继续后续的启动工作。GPT磁盘支持的硬盘可以超过2.2TB。

可以利用图形界面的**磁盘管理**工具或**Diskpart**命令将空的MBR磁盘转换成GPT磁盘或将空的GPT磁盘转换成MBR磁盘。

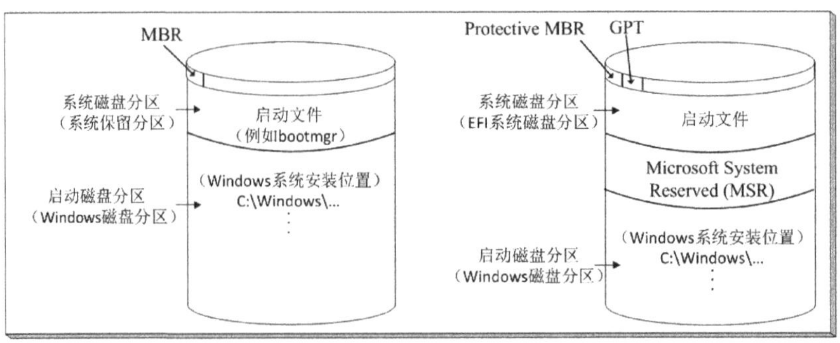

图 14-2

附注

为了兼容起见，GPT磁盘内提供了Protective MBR，它让仅支持MBR的程序仍然可以正常运行。

14.1.2 基本磁盘与动态磁盘

Windows系统又将磁盘分为**基本磁盘**与**动态磁盘**两种类型。

- **基本磁盘**：旧的传统磁盘系统，新安装的硬盘默认是基本磁盘。
- **动态磁盘**：它支持多种特殊的卷，其中有的可以提高系统访问效率，有的可以提供除错功能，有的可以扩大磁盘的使用空间。

下面先针对基本磁盘进行说明，至于动态磁盘部分则留待后面的章节进行介绍。

主分区与扩展分区

在数据能够被保存到基本磁盘之前，该磁盘必须被划分成一或多个磁盘分区，而磁盘分区分为以下两种。

- **主分区**：它可以用来启动操作系统。计算机启动时，MBR或GPT内的程序代码会到活动（active）的主要磁盘分区内读取与运行启动程序代码，然后将控制权交给此启动程序代码来启动相关的操作系统。
- **扩展分区**：它只可以用来保存文件，无法被用来启动操作系统，也就是说，MBR或GPT内的程序代码不会到扩展分区内读取与运行启动程序代码。

一个**MBR磁盘**内最多可创建4个主要分区，或最多3个主要分区加上1个扩展分区（见图14-3左半部）。每个主要分区都可以被赋予一个驱动器号，例如C、D等。扩展分区内可以创建多个逻辑驱动器。基本磁盘内的每个主分区或逻辑驱动器又被称为**基本卷**（basic volume）。

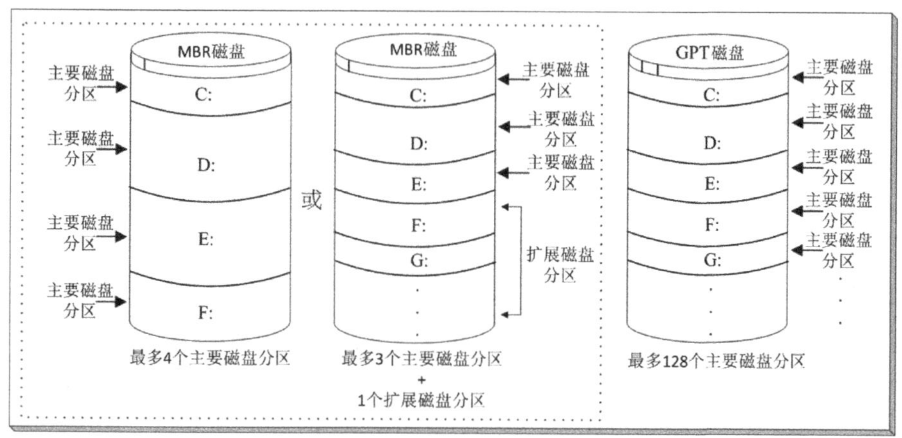

图 14-3

Q 卷（volume）与分区（partition）有什么不同?

A 卷是由一或多个分区组成的，我们在后面介绍动态磁盘时会介绍包含多个磁盘分区的卷。

Windows系统的一个GPT磁盘内最多可以创建128个主要分区（见图14-3右半部），而每个主要分区都可以被赋予一个驱动器号（但是最多只有A~Z 26个代号可用）。由于可以有多达128个主要分区，因此GPT磁盘不需要扩展分区。大于2.2 TB的磁盘分区必须使用GPT磁盘。注意，旧版的Windows系统（例如Windows 2000、32位Windows XP等）无法识别GPT磁盘。

启动卷与系统卷

Windows系统又将卷分为启动卷（boot volume）与系统卷（system volume）两种。

- **启动卷**：它用来保存Windows操作系统文件的分区。操作系统文件一般放在Windows文件夹内，此文件夹所在的磁盘分区就是**启动卷**，以图14-4所示的MBR磁盘来说，其左半部分与右半部分的C驱动器都是保存系统文件（Windows文件夹）的磁盘分区，因此它们都是**启动卷**。**启动卷**可以是主分区或扩展分区内的逻辑驱动器。
- **系统卷**：如果将系统启动的程序分为两个阶段来看，**系统卷**内就是保存第一阶段需要的启动文件（例如**Windows启动管理器**bootmgr）。系统利用其中的启动信息，就可以到**启动卷**的Windows文件夹内读取启动Windows系统所需的其他文件，然后进入第二阶段的启动程序。如果计算机内安装了多套Windows操作系统，**系统卷**内的程序也会负责显示操作系统列表供用户选择。

  例如，图14-4左半部分的**系统保留区**与右半部分的C都是**系统卷**，其中右半部因为只有一个磁盘分区，启动文件与Windows文件夹都保存在此处，因此它既是**系统卷**，也是**启动卷**。

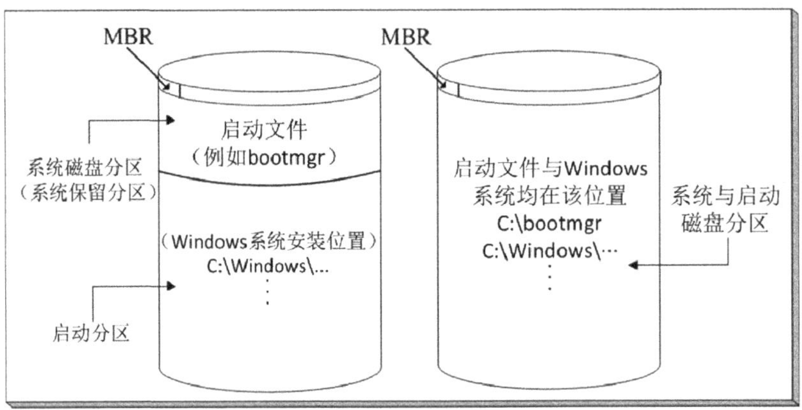

图 14-4

附注

在安装Windows Server 2012时，安装程序就会自动创建扮演**系统卷**角色的**系统保留区**，并且无驱动器号（参考图14-4的左上半部分），其容量约350MB，包含**Windows修复环境**（Windows Recovery Environment，Windows RE）。也可以自行删除此默认分区，如图14-4右半部分所示只有一个磁盘分区。

使用UEFI BIOS的计算机可以选择**UEFI模式**或传统模式（以下将其称为**BIOS模式**）方式来启动Windows Server 2012。如果是**UEFI模式**，则启动磁盘必须为GPT磁盘，并且此磁盘最少需要3个GPT磁盘分区（见图14-5）。

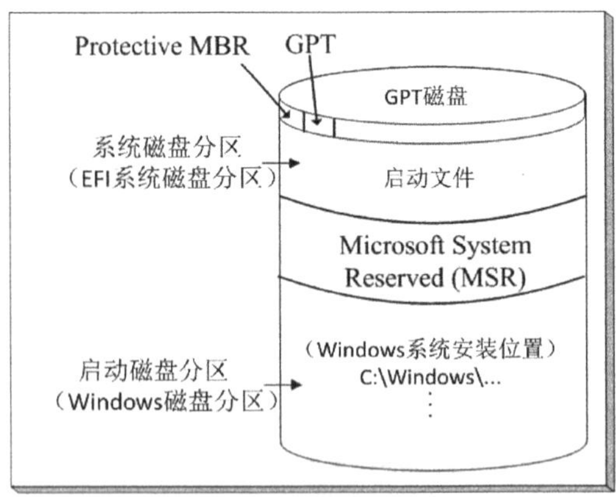

图 14-5

- **EFI系统磁盘分区（ESP）**：其文件系统为FAT32，可以用来保存BIOS/OEM厂商所需要的文件、启动操作系统需要的文件等（UEFI的前版被称为EFI）。这个区域占用约350MB，包含**Windows修复环境**（Windows RE）。
- **Microsoft System Reserved磁盘分区（MSR）**：保留供操作系统使用的区域。如果磁盘的容量少于16GB，此区域占用约32MB；如果磁盘的容量大于或等于16GB，此区

域占用约128MB。

- **Windows磁盘分区**：其文件系统为NTFS，它用来保存Windows操作系统文件的磁盘分区。操作系统文件一般放在Windows文件夹内。

在**UEFI模式**之下，如果将Windows Server 2012安装到一个空硬盘，则除以上3个磁盘分区之外，安装程序还会自动多创建一个**恢复磁盘分区**，如图14-6所示，它将**Windows RE**与**EFI系统磁盘分区**分开成两个磁盘分区，保存**Windows RE**的**恢复磁盘分区**的容量约300MB，此时的**EFI系统磁盘分区**容量约100MB。

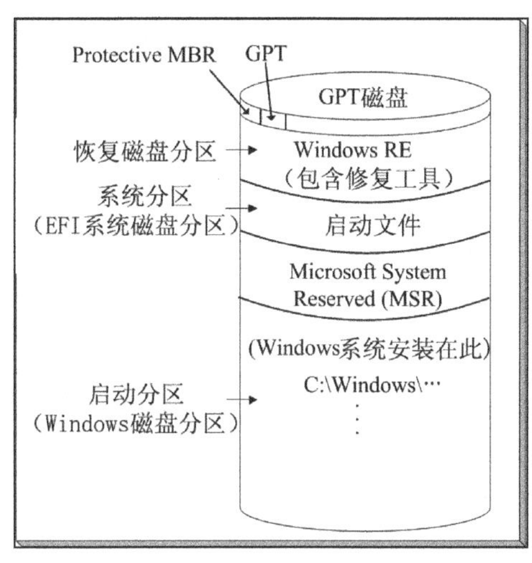

图 14-6

如果是数据盘，则至少需要一个**MSR**与一个用来保存数据的磁盘分区。虽然**UEFI模式**的系统也可以有MBR磁盘，但是MBR磁盘只能够当作数据盘，无法作为启动盘。

在安装Windows Server 2012前，可能必须先进入BIOS内指定以**UEFI模式**运行，例如将通过DVD来启动计算机的方式改为UEFI，否则会以传统**BIOS模式**运行，而不是**UEFI模式**。

附注

在**UEFI模式**下安装Windows Server 2012完成后，系统会自动修改BIOS设置，并将其改为优先通过**Windows Boot Manager**来启动计算机。

如果硬盘内已经有操作系统，并且此硬盘是MBR磁盘，则必须先删除其中的所有磁盘分区，然后将其转换为GPT磁盘，其方法为：在安装过程中通过单击**修复计算机**进入**命令提示符**，然后运行**diskpart**程序，接着按顺序运行**select disk 0**、**clean**、**convert gpt**命令。

在**文件资源管理器**内看不到**系统保留区**、**恢复磁盘分区**、**EFI系统磁盘分区**与**MSR**等磁盘分区。在Windows系统内置的磁盘管理工具“**磁盘管理**”中看不到MBR、GPT、Protective MBR等特殊信息，虽然可以看到**系统保留区**（MBR磁盘）、**恢复磁盘分区**与**EFI系统磁盘分区**等磁盘分区，但还是看不到MSR，例如，图14-7中的磁盘为GPT磁盘，图中可以看到**恢复磁盘分区**与**EFI系统磁盘分区**（当然还有Windows磁盘分区），但是看不到MSR。

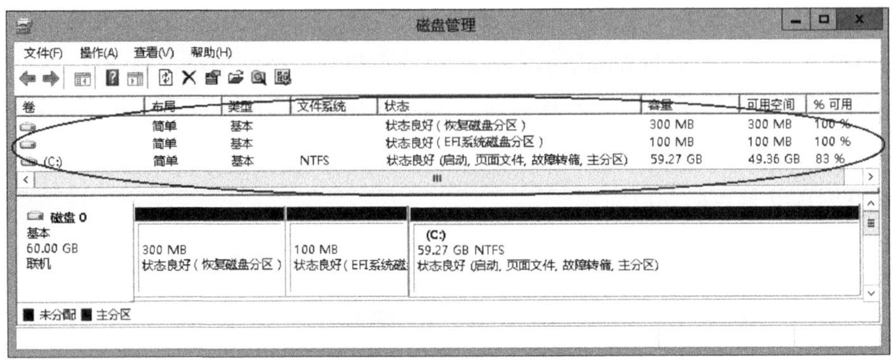

图 14-7

不过，我们可以通过**diskpart.exe**程序查看MSR：打开**命令提示符**或Windows PowerShell，如图14-8所示运行**diskpart**程序，按顺序运行**select disk 0**、**list partition**命令，图中所有4个分区都看得到。

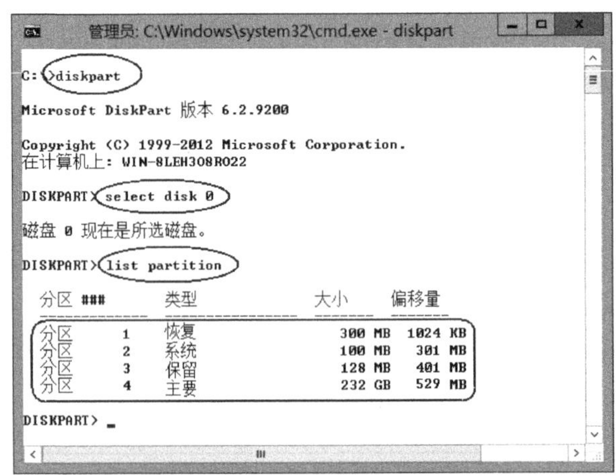

图 14-8

建议利用Windows Server 2012 Hyper-V（见附录B）的虚拟机与虚拟硬盘来演示本章的内容。

14.2 基本卷的管理

可以通过【**按⊞键切换到开始屏幕➲管理工具➲计算机管理➲存储➲磁盘管理**】的方法来管理基本卷，如图14-9所示。图中的磁盘 0为基本磁盘、MBR磁盘，此磁盘在安装Windows Server

2012时就被划分为图中的两个主分区，其中第一个为**系统保留**区，容量约350MB（包含**Windows修复环境**（即Windows RE），它是**系统卷**、**活动**的卷，没有驱动器号；另一个磁盘分区的驱动器号为C，容量为59.66GB，它是安装Windows Server 2012的**启动卷**。

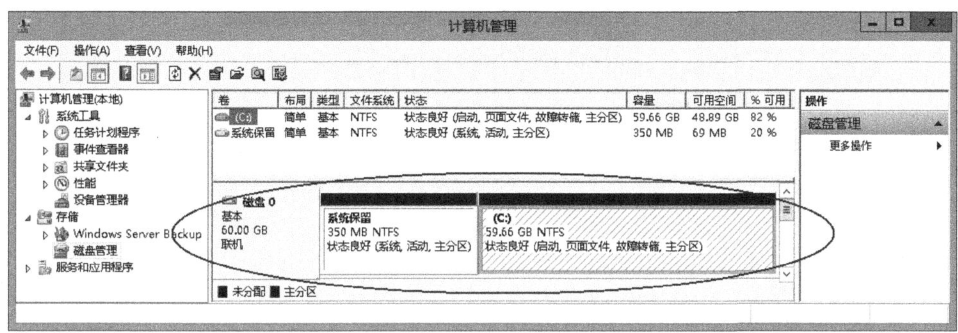

图 14-9

14.2.1 压缩卷

可以将NTFS卷压缩（shrink），以如图14-9所示磁盘0来说，其中第二个磁盘分区的驱动器号为C，虽然C的容量约为59.66GB，可是实际使用量约只有10GB。如果想从尚未使用的剩余空间中腾出约20GB，并将其变成另一个未划分的可用空间，此时可以利用系统提供的**压缩**功能来达到目的，也就是缩小原磁盘分区的容量，以便将腾出的空间划分为另一个磁盘分区：【如图14-10所示选中C:磁盘并单击鼠标右键➲**压缩卷**➲输入要腾出空间的大小（20,480MB，也就是20GB）➲单击压缩按钮】。图14-11为完成后的界面，图中右边多出一个约20GB的可用空间，而原来拥有59.66GB容量的C:磁盘只剩下39.66GB。

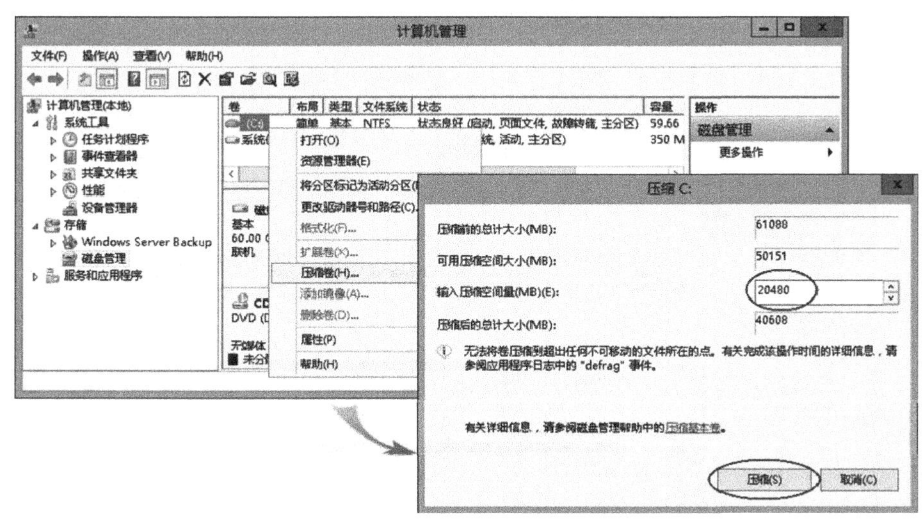

图 14-10

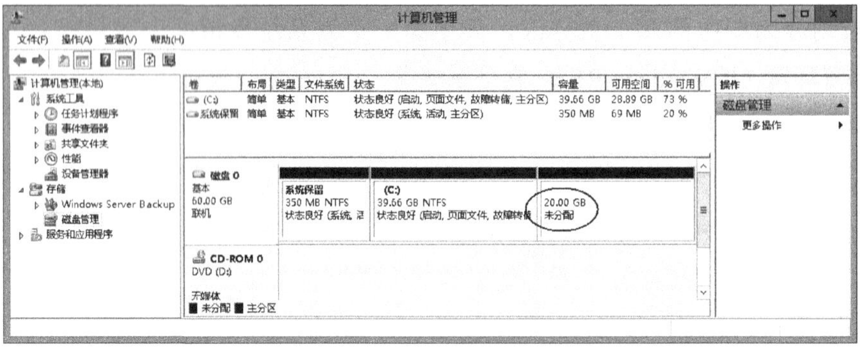

图 14-11

14.2.2 安装新磁盘

在计算机内安装新磁盘（硬盘）后，必须经过初始化后才可以使用：【按⊞键切换到**开始**屏幕➲**管理工具**➲**计算机管理**➲**存储**➲**磁盘管理**➲在自动跳出的如图14-12所示对话框中勾选要初始化的新磁盘（如果没有自动跳出此界面，请如图14-13所示先选中新磁盘并单击鼠标右键➲**联机**➲再选中此新磁盘并单击鼠标右键➲**初始化磁盘**）➲选择**MBR**或**GPT**样式➲单击确定按钮】，接着就可以在新磁盘内创建磁盘分区了。

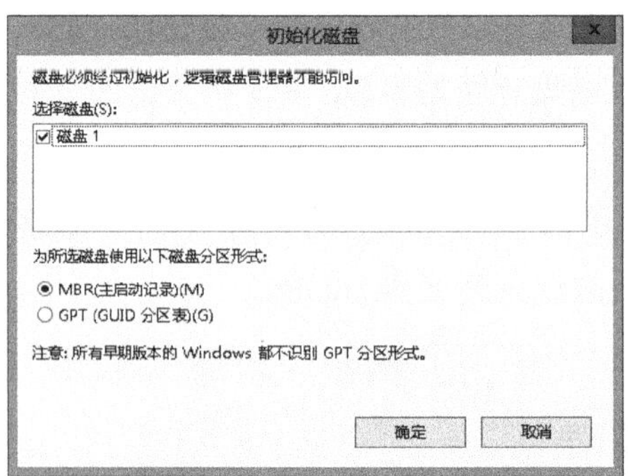

图 14-12

图 14-13

如果界面中看不到新磁盘，请先【选择**操作**菜单➲**重新扫描磁盘**】。

14.2.3 创建主分区

对MBR磁盘来说，一个基本磁盘内最多可有4个主分区，而对GTP磁盘来说，一个基本磁盘内最多可有128个主分区。

STEP 1 如图14-14所示【选中未分配空间并单击鼠标右键➲**新建简单卷**】（所新建的简单卷会自动被设置为主分区，但是新建第4个简单卷，它将自动被设置为扩展分区）。

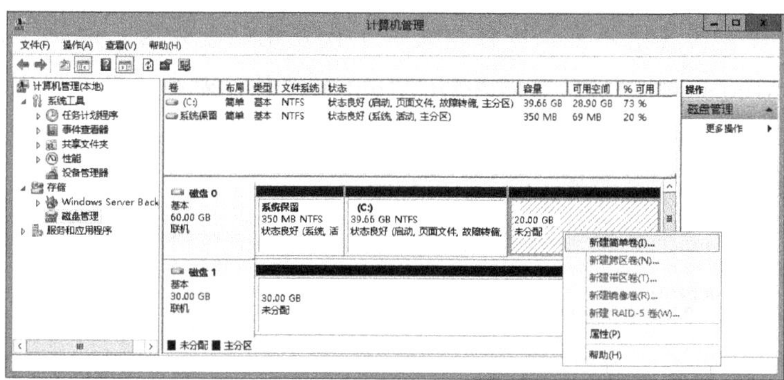

图 14-14

STEP 2 出现**欢迎使用新建简单卷向导**界面时单击下一步按钮。

STEP 3 如图14-15所示，设置此主分区的大小（假设是6GB）后单击下一步按钮。

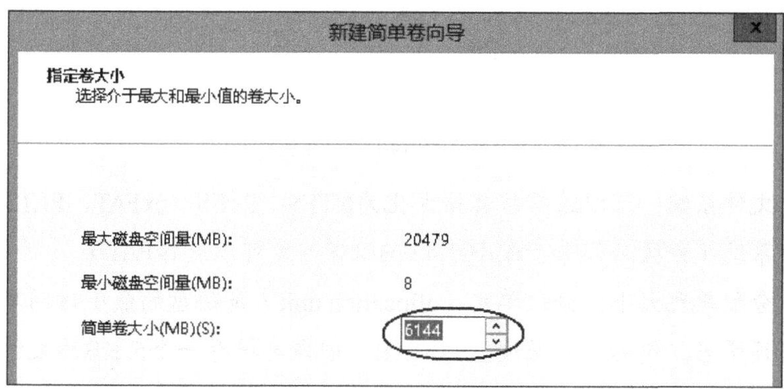

图 14-15

STEP 4 完成如图14-16中所示的选择后单击下一步按钮（图中选择第一个选项）。

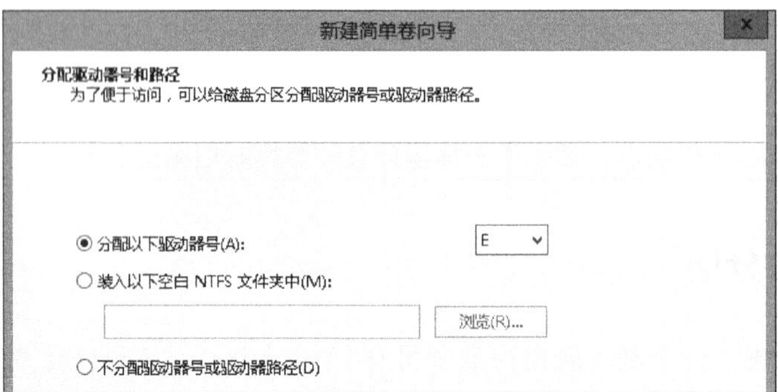

图 14-16

- 分配一个驱动器号来代表此磁盘分区，例如E。
- 将此磁盘分区装入(mount)一个空的NTFS文件夹上，也就是指定一个空的NTFS文件夹（其中不可以有任何文件）代表此磁盘分区，例如，如果此文件夹为C:\Tools，则以后所有保存到C:\Tools的文件，都会被保存到此磁盘分区内。
- 不分配任何的驱动器号或驱动器路径（可以事后再指定）。

STEP 5　在如图14-17中默认要将此磁盘分区格式化。

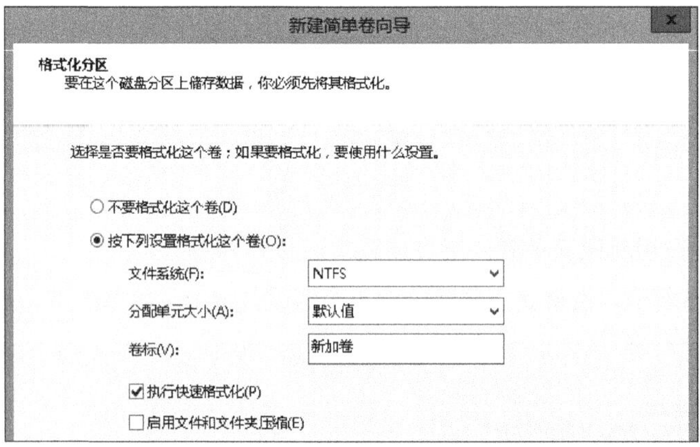

图 14-17

- **文件系统**：可以选择将其格式化为NTFS、ReFS、exFAT、FAT32或FAT的文件系统（分区必须等于或小于4 GB以下，才可以选择FAT）。
- **分配单元大小**：分配单元（allocation unit）是磁盘的最小访问单元，其大小必须适当。例如，如果设置为8 KB，则当要保存一个5 KB的文件时，系统会一次就分配8 KB的磁盘空间，然而此文件只会用到5 KB，多余的3 KB将被闲置不用，因此会浪费磁盘空间。如果将分配单元缩小到1KB，则因为系统一次只分配1 KB，因此必须连续分配5次才够用，这将影响到系统效率。除非有特殊需求，否则建议用默认值，让系统根据分区大小来自动选择最适当的分配单元大小。

- **卷标**：为此磁盘分区设置一个易于识别的名称。
- **执行快速格式化**：只会重新创建NTFS、Refs、exFAT、FAT32或FAT表格，但是不会花费时间去检查是否有坏扇区（bad sector），也不会将扇区内的数据删除。请确定磁盘内没有坏扇区，才选择快速格式化。
- **启用文件和文件夹压缩**：会将此分区设为**压缩磁盘**，以后新建到此分区的文件和文件夹都会自动压缩。

STEP 6　出现**完成新建简单卷向导**界面时单击完成按钮。

STEP 7　之后系统会开始将此磁盘分区格式化，图14-18为完成后的界面，其容量大小为6GB。

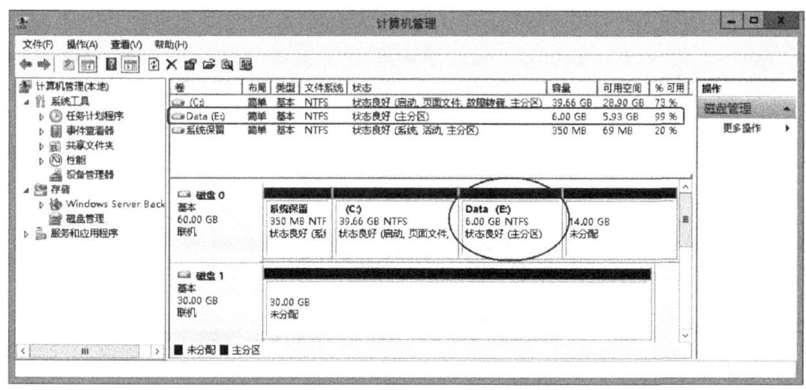

图 14-18

如果在如图14-16所示对话框中选择**不分配驱动器号或驱动器路径**，则可以在完成磁盘分区的创建后，通过【如图14-19所示选中该磁盘分区并单击鼠标右键➲**更改驱动器号和路径**】的方法进行指定。

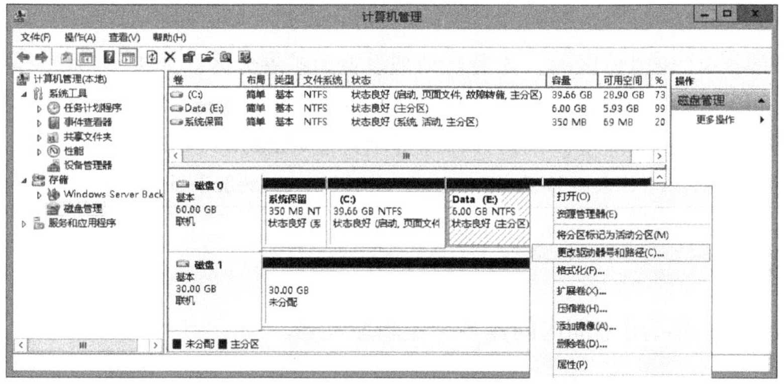

图 14-19

14.2.4 创建扩展分区

可以在基本磁盘中尚未使用（未分配）的空间内，创建扩展分区（extended partition）。一台基本磁盘内仅可以创建一个扩展分区，但是在这个扩展分区内可以创建多个逻辑驱动器。

我们将在如图14-18所示14GB的未分配空间内，创建一个10GB（10,240MB）的简单卷。在已经有3个主分区的情况下，新建第4个简单卷时，它会自动被设置为扩展分区，因此，在如图14-18所示14GB的未分配空间创建一个10GB的简单卷时，它会先将此未分配空间设置为扩展分区，然后在其中创建一个10GB的简单卷，并赋予一个逻辑驱动器号，剩余的可用空间可以再创建多个简单卷。

创建扩展分区的步骤与前面创建主分区类似，此处不再赘述，图14-20为完成后的界面，圈起来的部分就是扩展分区，其中10GB的F盘就是所创建的简单卷，另外还剩余大约4GB的可用空间。

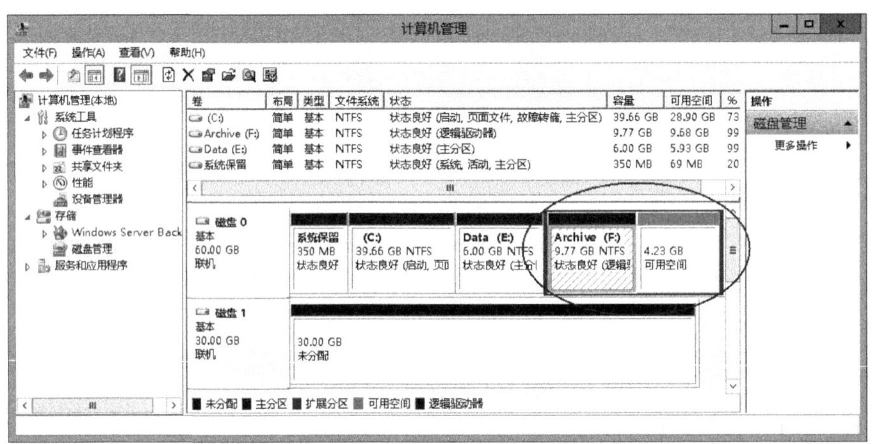

图 14-20

附注

只有在创建第4个磁盘分区时，才会自动被设置为扩展分区。如果不希望受限于第4个磁盘分区，请改用Diskpart.exe程序。要利用Diskpart.exe在如图14-18所示14GB的未分配空间内创建一个10 GB简单卷，请打开命令提示符或Windows PowerShell，然后按顺序执行以下命令：diskpart、Select Disk 0、create partition extended size=10240、exit、exit。

创建逻辑驱动器

可以在扩展分区的可用空间内创建多个逻辑驱动器。

STEP **1** 选中如图14-21所示的扩展分区（绿色区域）并单击鼠标右键➲**新建简单卷**。

STEP **2** 出现**欢迎使用新建简单卷向导**界面时单击下一步按钮。

STEP **3** 如图14-22所示，设置此卷的大小后单击下一步按钮。

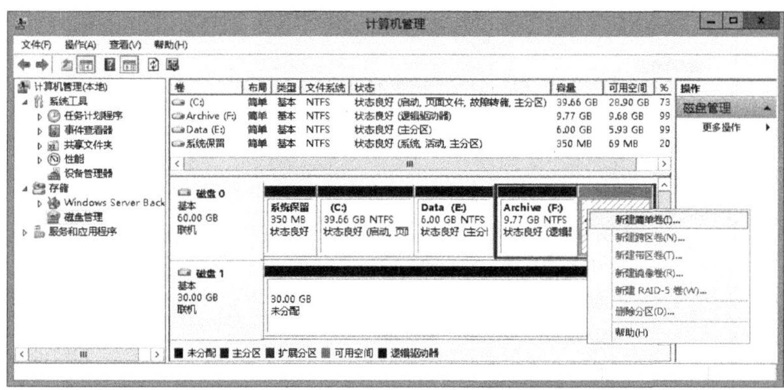

图 14-21

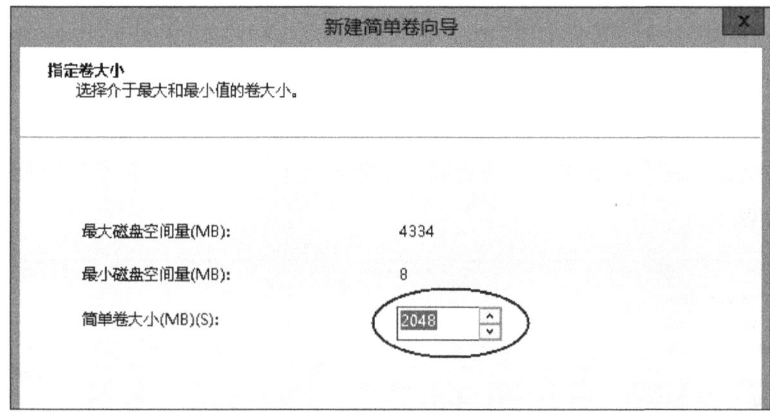

图 14-22

STEP 4　如图14-23所示，指定一个驱动器号来代表此卷后单击**下一步**按钮（此界面的详细说明可以参阅图14-16处的内容）。

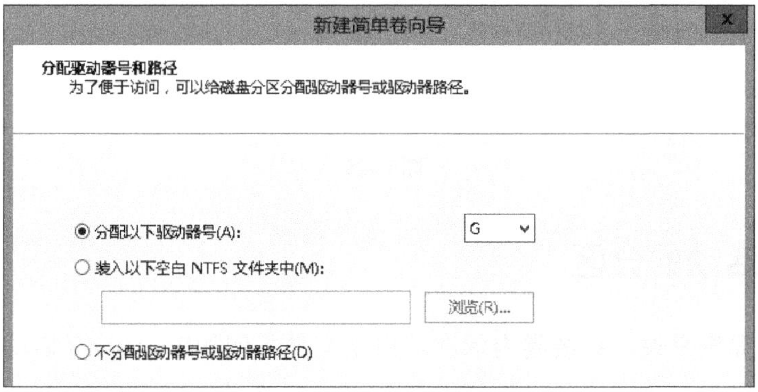

新建简单卷向导

分配驱动器号和路径

为了便于访问，可以给磁盘分区分配驱动器号或驱动器路径。

◉ 分配以下驱动器号(A): G

○ 装入以下空白 NTFS 文件夹中(M):

浏览(R)...

○ 不分配驱动器号或驱动器路径(D)

图 14-23

STEP 5　如图14-24所示，选择适当的设置值后单击**下一步**按钮（此界面的详细说明可参阅图14-17处的内容）。

图 14-24

STEP 6　出现完成新建简单卷向导界面时单击完成按钮。

STEP 7　之后系统会开始将此卷格式化，图14-25为完成后的界面（驱动器G）。由图中可知此扩展分区内还有约2GB的可用空间（绿色区域），可以在此空间内再新建简单卷（逻辑驱动器）。

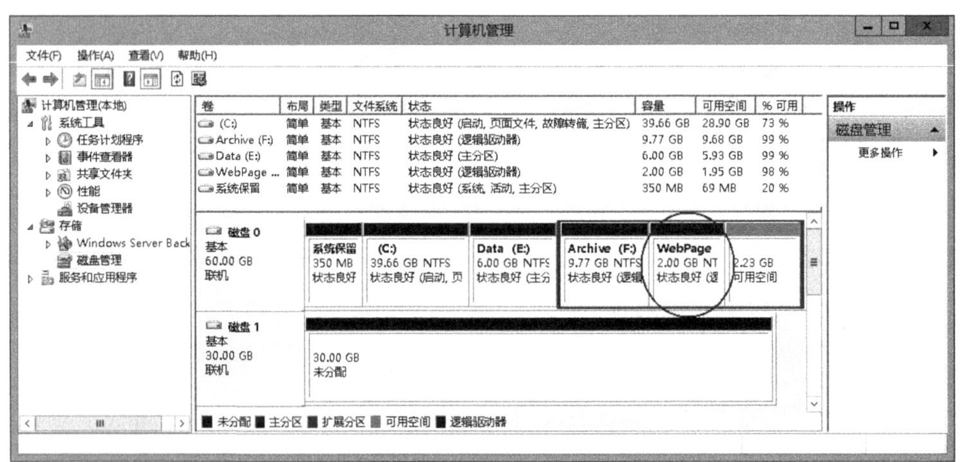

图 14-25

14.2.5 指定活动的分区

以x86/x64计算机来说，**系统卷**内保存着启动文件，例如Bootmgr（启动管理器）等。以**BIOS模式**运行的计算机启动时，计算机主板上的BIOS会读取磁盘内的MBR，然后由MBR去读取**系统卷**内的启动程序代码（位于**系统卷**最前端的Partition Boot Sector内），再由此程序代码去读取**系统卷**内的启动文件，启动文件再到**启动卷**内将操作系统文件加载并启动操作系统。然而因为MBR是到**活动**（active）的磁盘分区去读取启动程序代码，因此必须将**系统卷**设置为**活动**。

以图14-26为例，磁盘0中第二个分区内安装了Windows Server 2012，它是**启动卷**；第一个磁盘分区为**系统保留**区，它保存启动文件，例如Bootmgr（启动管理器），由于它是**系统卷**，因此它必须是**活动**的磁盘分区。

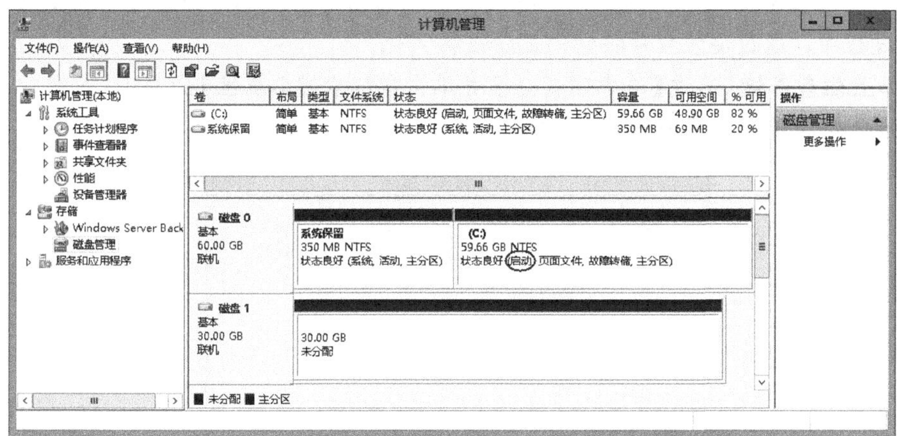

图 14-26

注意

如果将第二个磁盘分区设置为**活动**，则重新启动计算机时，因为第二个磁盘分区内没有启动文件，因此MBR无法读取到启动文件，界面也会显示**BOOTMGR is missing** 信息，也无法启动Windows Server 2012，此时必须利用其他方法来重新将第一个磁盘分区设置为**活动**，例如利用MS-DOS磁盘或U盘来启动计算机，然后通过FDISK.EXE进行设置。还可以利用Windows Server 2012 DVD光盘启动计算机，然后通过**修复计算机**选项进行修复。

在安装Windows Server 2012时，安装程序会自动创建两个磁盘分区，其中一个为**系统保留**区，另一个用来安装Windows Server 2012（见图14-26）。安装程序会将启动文件放置到**系统保留**区内，并将它设置为**活动**，此磁盘分区扮演**系统卷**的角色。如果因为特殊原因需要将**活动**磁盘分区更改为另一个主分区：【选中该主分区并单击鼠标右键➲**将分区标记为活动分区**】。

附注

只有主分区可以被设置为**活动**，扩展分区内的逻辑驱动器无法被设置为活动。

14.2.6 磁盘分区的格式化、加卷标、转换文件系统与删除

下面说明如何将磁盘分区格式化（format）、如何设置或更改卷标（label）以及如何将FAT/FAT32转换为NTFS文件系统等。

- **格式化**：如果在创建磁盘分区时，并未顺便将其格式化，此时可以利用【选中磁盘分区并单击鼠标右键➲**格式化**】的方法将其格式化。注意，如果磁盘分区内已经有数据存在，则格式化后这些数据都将丢失。
  不可以在系统已启动的情况下将**系统卷**或**启动卷**格式化，但是可以在安装操作系统过程中，通过安装程序将它们删除或格式化。
- **加上磁盘卷标**：通过【选中磁盘分区并单击鼠标右键➲**属性**】的方法，如图14-27所示，为此磁盘分区设置一个易于识别的标签。

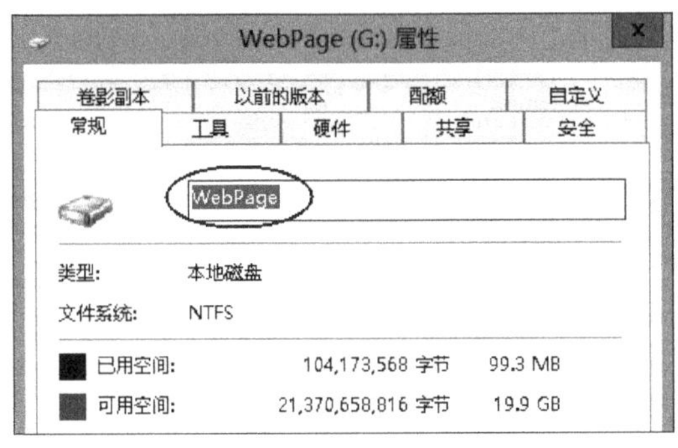

图14-27

- **将FAT/FAT32转换为NTFS文件系统**：可以利用CONVERT.EXE程序将文件系统为FAT/FAT32的卷转换为NTFS（无法转换为ReFS）：【按⊞+R键➲**命令提示符**】或者在桌面上单击下方的Windows PowerShell图标，然后运行命令（假设要将磁盘H转换为NTFS）**CONVERT H: /FS:NTFS**。
- **删除分区或逻辑驱动器**：可以【选中该磁盘分区（或卷）并单击鼠标右键➲**删除磁盘分区（或删除卷）**】。

14.2.7 更改驱动器号和路径

如果要更改驱动器号或磁盘路径：【选中卷并单击鼠标右键➲**更改驱动器号和路径**➲按如图14-28所示进行操作】。

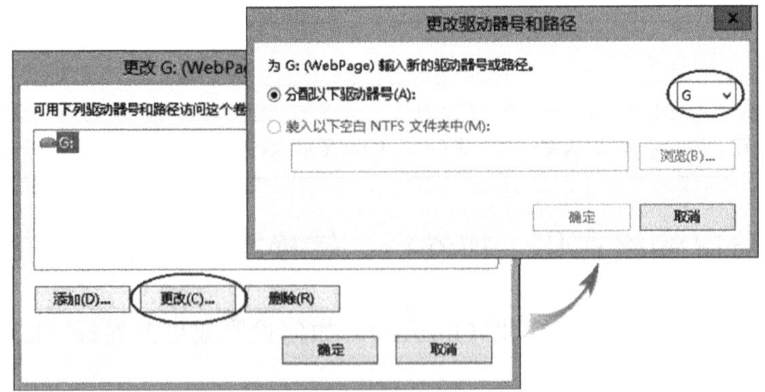

图14-28

注意

1. 不要任意更改驱动器号，因为有不少应用程序会直接参照磁盘代号来访问数据，如果更改了驱动器号，这些应用程序可能会读不到需要的数据。
2. 当前正在活动的**启动卷**的驱动器号是无法更改的。

还可以通过如图14-29所示界面的**装入以下空白NTFS文件夹中**将一个空文件夹映射到此磁盘分区，例如利用C:\WebPage来代表此磁盘分区，则以后所有要保存到C:\WebPage的文件，都会被保存到此磁盘分区内。

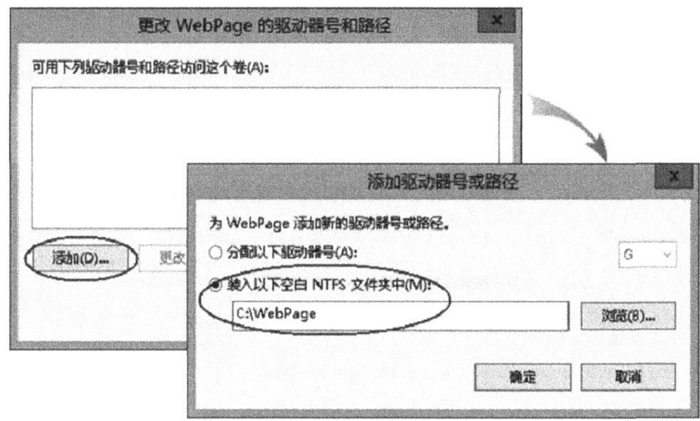

图 14-29

14.2.8 扩展基本卷

基本卷可以被扩展，也就是可以将未分配的空间合并到基本卷内，以便扩大其容量，不过需要注意以下事项。

- 只有尚未格式化或已被格式化为NTFS、ReFS的卷才可以被扩展，exFAT、FAT32与FAT的卷无法被扩展。
- 新增加的空间，必须紧跟着此基本卷之后的未分配空间。

假设要扩展如图14-30所示磁盘C的容量（当前容量约为39.66GB），也就是要将后面20GB的可用空间合并到C盘内，合并后的C盘容量为59.66GB。

请如图14-31所示【选中磁盘C并单击鼠标右键➲**扩展卷**➲如图14-32所示设置要扩展的容量（20,480MB）与此容量的来源磁盘（磁盘0）】，图14-33为完成后的界面，由图中可看出C磁盘的容量已被扩大为59.66GB。

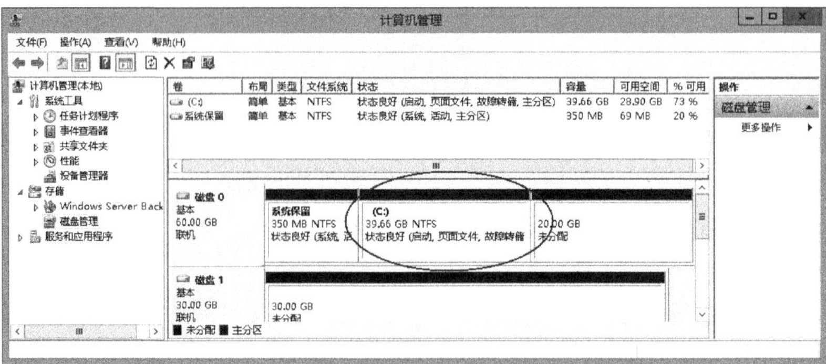

图 14-30

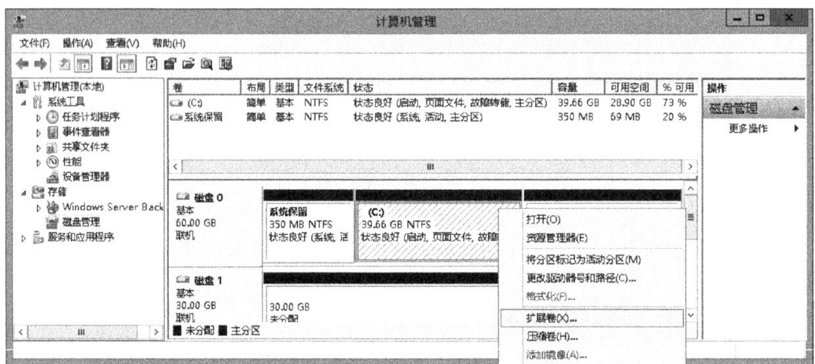

图 14-31

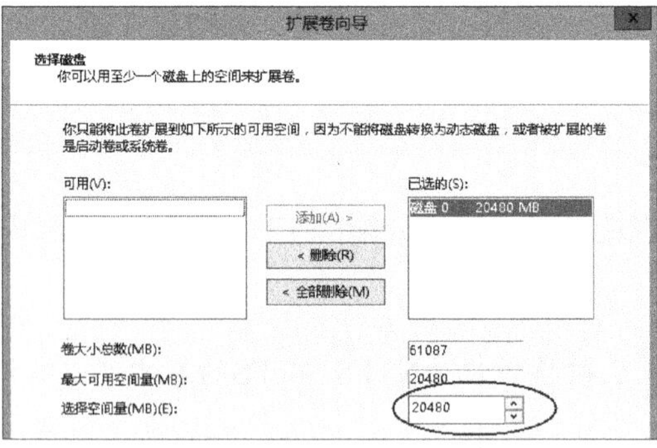

图 14-32

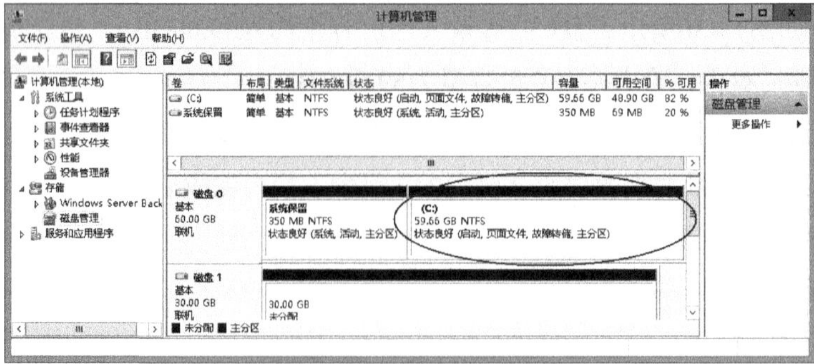

图 14-33

14.3 动态磁盘的管理

动态磁盘支持多种类型的动态卷，它们之中有的可以提高访问效率、有的可以提供除错功能、有的可以扩大磁盘的使用空间，这些卷包含**简单卷**（simple volume）、**跨区卷**（spanned volume）、**带区卷**（striped volume）、**镜像卷**（mirrored volume）和**RAID-5卷**（RAID-5 volume）。其中，简单卷为动态磁盘的基本单位，而其他4种分别具备不同的特色，如表14-1所示。

表14-1

卷类型	磁盘数	可用来保存数据的容量	性能（与单一磁盘比较）	排错
跨区	2～32个	全部	不变	无
带区（RAID-0）	2～32个	全部	读、写都提高许多	无
镜像（RAID-1）	2个	一半	读提高、写稍微下降	有
RAID-5	3~32个	磁盘数 - 1	读提高多、写下降稍多	有

14.3.1 将基本磁盘转换为动态磁盘

必须将基本磁盘转换成动态磁盘后，才可以在磁盘内创建上述特殊的卷。不过，在转换之前，先注意以下事项。

- Administrators或Backup Operators组的成员才有权执行转换工作。
- 在转换之前，先关闭所有正在运行的程序。
- 一旦转换为动态磁盘后，原有的主分区与逻辑驱动器都会自动被转换成**简单卷**。
- 一旦转换为动态磁盘后，整个磁盘内就不会再有任何的基本卷（主盘分区或逻辑驱动器）。Windows系统从Windows 2000开始支持动态磁盘，但是家用版本（例如，Window 7与Windows Vista的家用版本）并不支持动态磁盘。
- 一旦转换为动态磁盘后，就无法直接将它转换回基本磁盘，除非先删除磁盘内的所有卷，也就是空磁盘才可以被转换回基本磁盘。
- 如果一个基本磁盘内同时安装了多套Windows操作系统，也请不要将此基本磁盘转换成动态磁盘，因为一旦转换为动态磁盘后，则除当前的操作系统外，可能无法再启动其他操作系统。

将基本磁盘转换为动态磁盘的步骤为:【如图14-34所示选中任何一个基本磁盘并单击鼠标右键➲**转换到动态磁盘**➲勾选所有要转换的基本磁盘➲单击确定按钮➲单击转换按钮】。

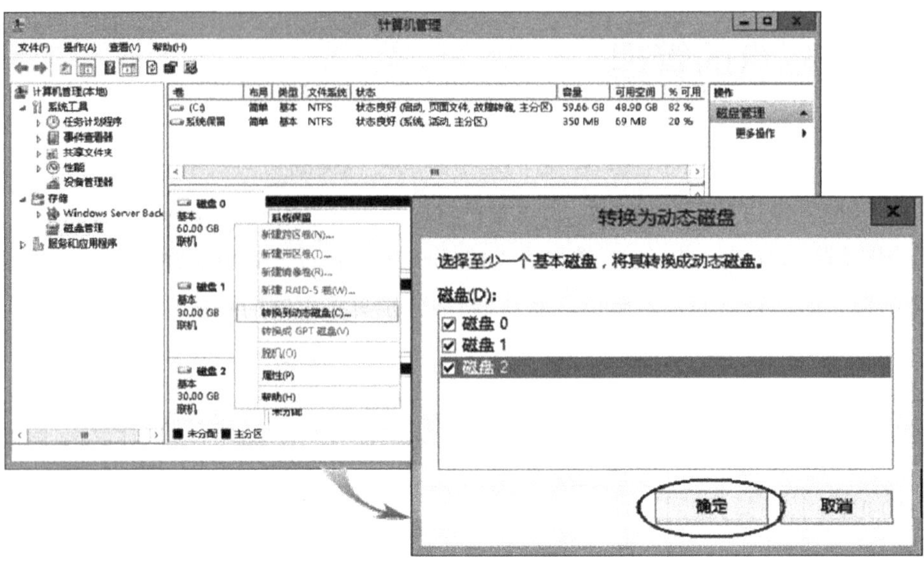

图 14-34

14.3.2 简单卷

简单卷是动态卷中的基本单位，它的地位与基本磁盘中的主要磁盘分区相当。可以从一个动态磁盘内选择未分配空间来创建简单卷，并且在必要时还可以将此简单卷扩大。

简单卷可以被格式化为NTFS、ReFS、exFAT、FAT32或FAT文件系统，但是如果要扩展简单卷（扩大简单卷的容量），就必须是NTFS或ReFS格式。创建简单卷的步骤如下所示。

STEP **1**　如图14-35所示【选中一块未分配的空间（假设是磁盘1）并单击鼠标右键➲**新建简单卷**】。

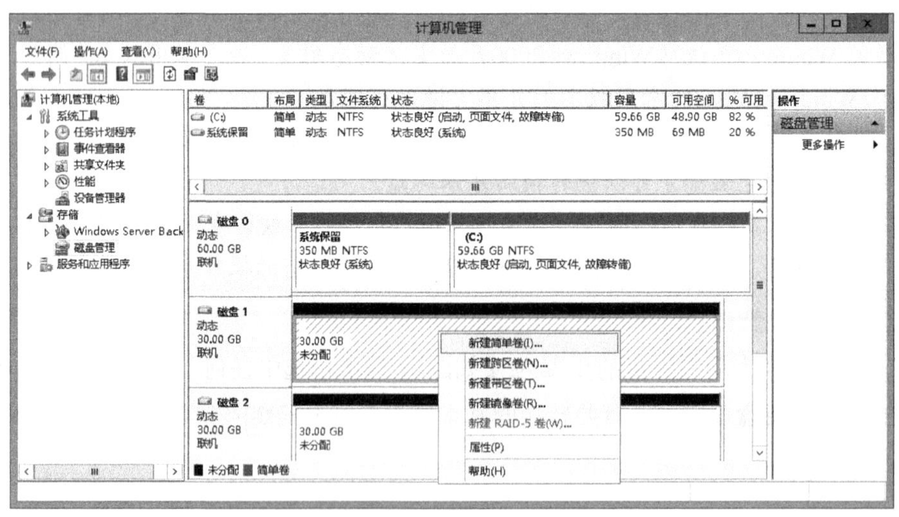

图 14-35

STEP **2**　出现**欢迎使用新建简单卷向导**界面时单击下一步按钮。

STEP 3　如图14-36所示，设置此简单卷的大小后单击下一步按钮。

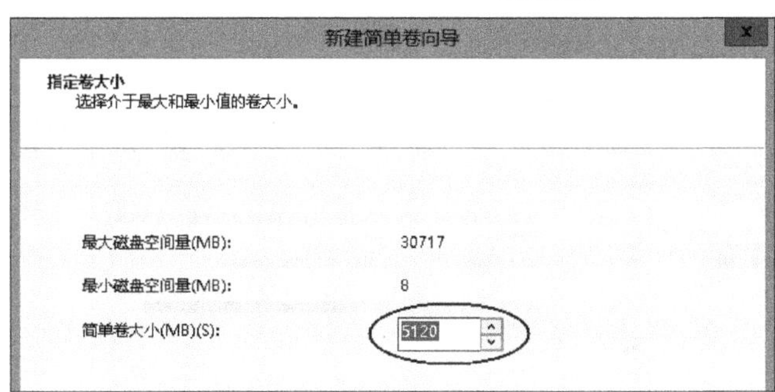

图 14-36

STEP 4　在图14-37中指定一个驱动器号来代表此简单卷后单击下一步按钮（此界面的详细说明，可以参阅图14-16处的内容)。

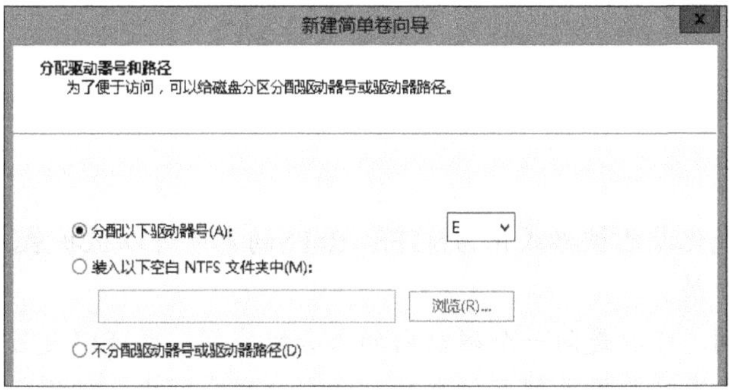

图 14-37

STEP 5　如图14-38所示，请输入并选择适当的设置值后单击下一步按钮（此界面的详细说明，请参阅图14-17处的内容）。

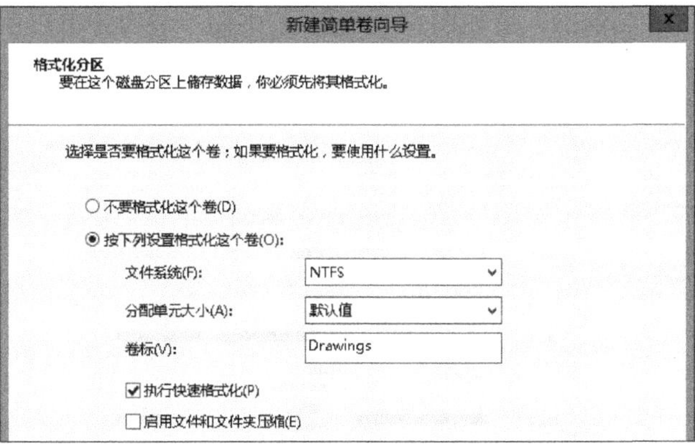

图 14-38

STEP 6　出现**完成新建简单卷向导**界面时单击完成按钮。

STEP 7　系统开始格式化此卷，图14-39为完成后的界面，图中的E:就是创建的简单卷，其右边为剩余的未分配空间。

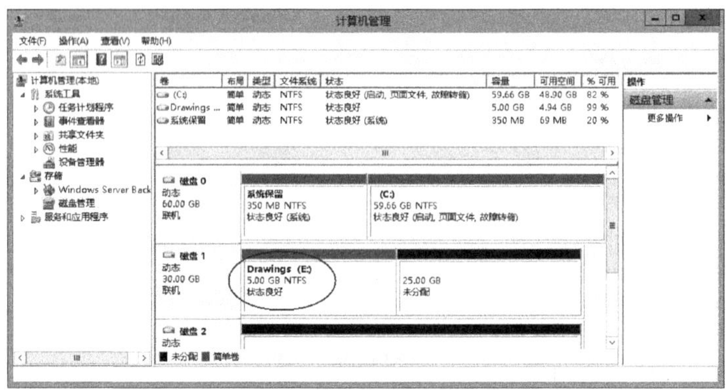

图 14-39

14.3.3 扩展简单卷

简单卷可以被扩展，也就是可以将未分配的空间合并到简单卷内，以便扩大其容量，不过请注意以下事项：

- 只有尚未格式化或已被格式化为NTFS、ReFS的卷才可以被扩展，exFAT、FAT32与FAT的卷无法被扩展。
- 新添加的空间，可以是同一个磁盘内的未分配空间，也可以是另一个磁盘内的未分配空间。如果将简单卷扩展到另一个磁盘的未分配空间内，它就变成了**跨区卷**（spanned volume）。简单卷可以成为**镜像卷**、**带区卷**或**RAID-5卷**的成员之一，但是在它变成**跨区卷**后，就不具备此功能了。

假设要从图14-40的磁盘1未分配的25GB中取用3 GB，并将其加入简单卷E:，也就是将容量为5GB的简单卷E:扩大到8GB，请如图14-40所示选中简单卷E:并单击鼠标右键➲**扩展卷**。

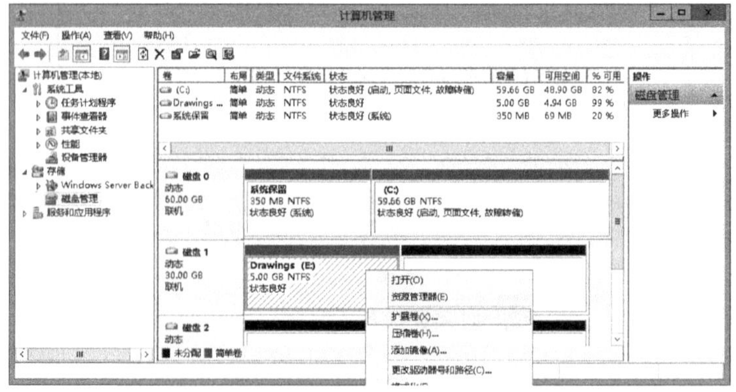

图 14-40

然后，如图14-41所示，输入要扩展的容量（3072MB）与此容量的来源磁盘（磁盘1）。图

14-42为完成后的界面，其中E:磁盘的容量已被扩大。

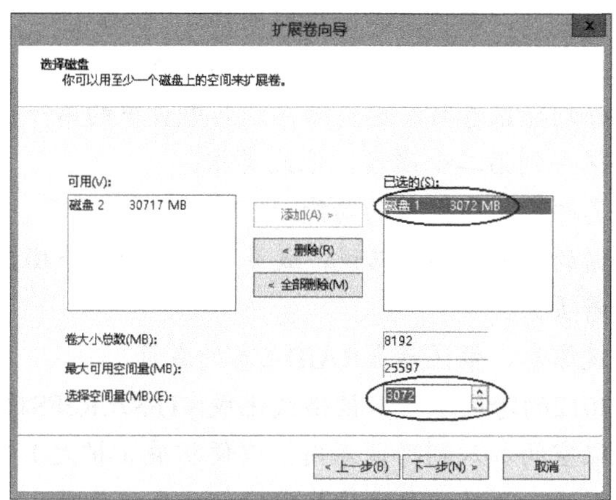

图 14-41

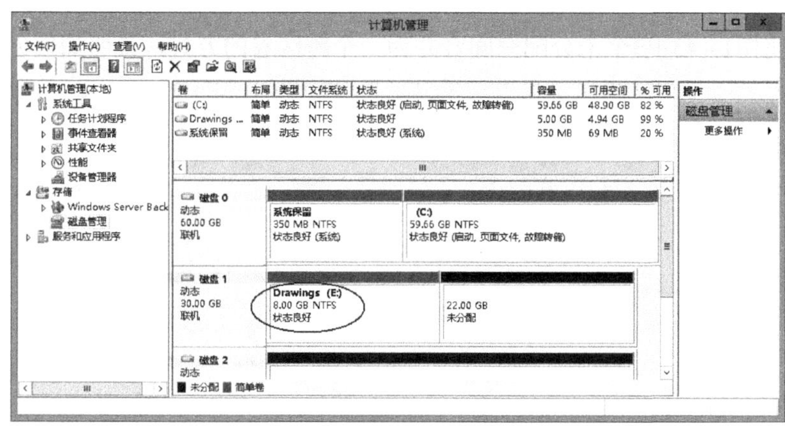

图 14-42

14.3.4 跨区卷

跨区卷（spanned volume）是由多个位于不同磁盘的未分配空间组成的一个逻辑卷，也就是说，可以将多个磁盘内的未分配空间合并成一个跨区卷，并赋予一个共同的驱动器号。跨区卷具备以下特性：

- 可以将动态磁盘内多个剩余的、容量较小的未分配空间合并为一个容量较大的跨区卷，以便有效地利用磁盘空间。

附注

跨区卷与现在很多计算机主板提供的JBOD（Just a Bunch of Disks）功能类似，通过JBOD可以将多个磁盘组成一个磁盘使用。

- 可以选择从2～32磁盘内的未分配空间来组成跨区卷。
- 组成跨区卷的每个成员，其容量大小可以不同。
- 组成跨区卷的成员中，不可以包含**系统卷与启动卷**。
- 系统在将数据保存到跨区卷时，是先保存到其成员中的第一个磁盘内，待其空间用尽时，才会将数据保存到第二个磁盘，依此类推。
- 跨区卷不具备提高磁盘访问效率的功能。
- 跨区卷不具备排错的功能，换句话说，成员当中任何一个磁盘出现故障时，整个跨区卷内的数据将跟着丢失。
- 跨区卷无法成为镜像卷、带区卷或RAID-5卷的成员。
- Windows Server 2012的跨区卷可以被格式化成NTFS或ReFS格式。
- 可以将其他未分配空间加入到跨区卷内，以便扩展（扩大）其容量。
- 整个跨区卷是被视为一体的，无法将其中任何一个成员独立出来使用，除非先将整个跨区卷删除。

以下利用将图14-43中3个未分配空间合并为一个跨区卷的方式，说明如何创建跨区卷。

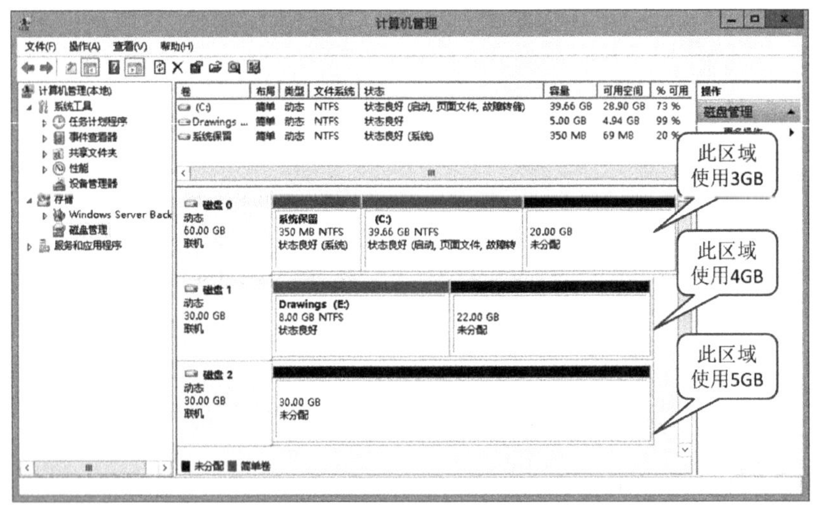

图 14-43

STEP 1　选中图14-43中3个未分配空间的任何一个（例如磁盘1）并单击鼠标右键➲**新建跨区卷**。

STEP 2　出现**欢迎使用新建跨区卷向导**界面时单击下一步按钮。

STEP 3　如图14-44所示，从磁盘0、1、2中分别选用3 GB、4 GB、5 GB的容量（根据如图14-42所示的要求）后单击下一步按钮。

STEP 4　如图14-45所示，指定一个驱动器号来代表此跨区卷。完成后单击下一步按钮（此界面的详细说明，请参阅图14-16处的内容）。

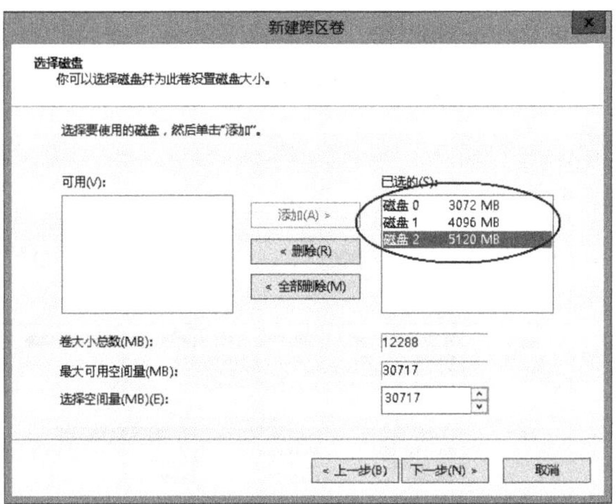

图 14-44

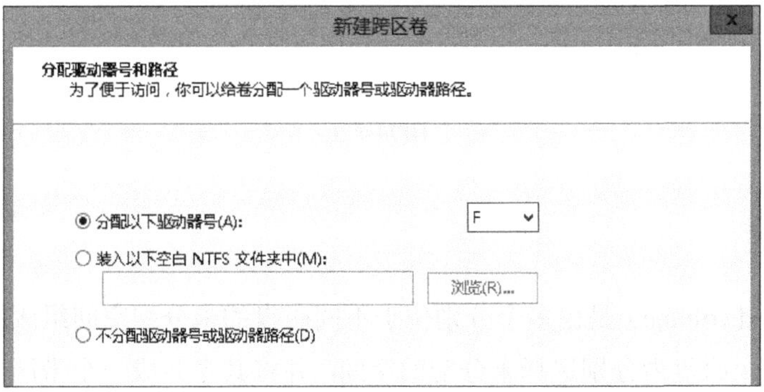

图 14-45

STEP 5　如图14-46所示，输入并选择适当的设置值后单击**下一步**按钮（此界面的详细说明，可参阅图14-17处的内容）。

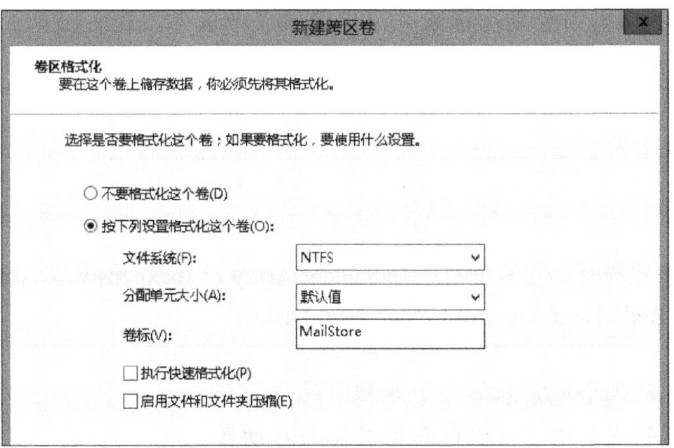

图 14-46

STEP 6　出现正在完成新建跨区卷向导界面时单击**完成**按钮。

STEP 7　系统开始创建与格式化此跨区卷，图14-47所示为完成后的界面，图中的F: 磁盘就是跨区卷，它分布在3个磁盘内，总容量为12GB。

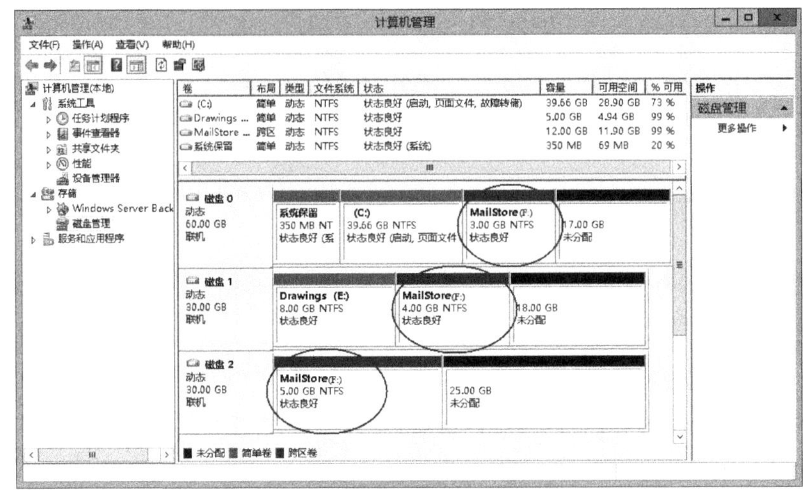

图 14-47

14.3.5 带区卷

带区卷（striped volume）是由多个分别位于不同磁盘的未分配空间组成的一个逻辑卷，也就是说，可以从多个磁盘内分别选择未分配的空间，并将其合并成一个带区卷，然后赋予一个共同的驱动器号。

与跨区卷不同的是：带区卷的每个成员容量大小是相同的，并且数据写入时是平均写到每个磁盘内（以64KB为单位）。带区卷是所有卷中运行效率最好的卷。带区卷具备以下的特性：

- 可以从2～32磁盘内分别选择未分配空间组成带区卷，这些磁盘最好都是相同的制造商、相同的型号。
- 带区卷使用RAID-0技术。

> **附注**
>
> 当初RAID技术发表时，它的全名是Redundant Array of Inexpensive Disks，不过现在比较常用的全名是Redundant Array of Independent Disks。

- 组成带区卷的每个成员容量大小是相同的。
- 组成带区卷的成员中不可以包含**系统卷**与**启动卷**。
- 系统在将数据保存到带区卷时，会将数据分成等量的64KB，例如，如果是由4个磁盘组成的带区卷，则系统会将数据拆成每4个64KB为一组，每次将一组4个64KB的数据分别写入4 个磁盘内，直到所有数据都写入到磁盘为止。这种方式是所有磁盘同时在

工作，因此可以提高磁盘的访问效率。

- 带区卷不具备排错功能，换句话说，成员当中任何一个磁盘发生故障时，整个带区卷内的数据将跟着丢失。
- 带区卷一旦被创建好后，就无法再被扩大（扩展，extend），除非将其删除后再重建。
- Windows Server 2012的带区卷可以被格式化成NTFS或ReFS格式。
- 整个带区卷被视为一体的，无法将其中任何一个成员独立出来使用，除非先将整个带区卷删除。

下面利用将图14-48中3个磁盘内的3个未分配空间合并为一个带区卷的方式，说明如何创建带区卷。图中虽然3个磁盘的未分配空间的容量不同，不过我们会在创建带区卷的过程中，从各个磁盘内选择相同容量（以7 GB为例）。

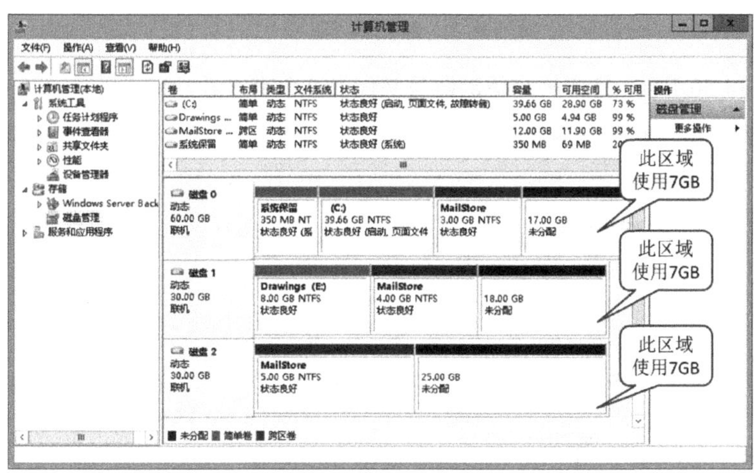

图 14-48

STEP 1 选中如图14-48所示3个未分配空间中的任何一个（例如磁盘1）并单击鼠标右键➲**新建带区卷**。

STEP 2 出现**欢迎使用新建带区卷向导**界面时单击下一步按钮。

STEP 3 分别从如图14-49所示的各个磁盘中选择7168MB（7GB），因此这个带区卷的总容量为21,504MB（21GB）。完成后单击下一步按钮。

附注

如果某个磁盘内没有一个超过7 GB的连续可用空间，但是却有多个不连续的未分配空间，其总容量足够7 GB，则此磁盘也可以成为带区卷的成员。

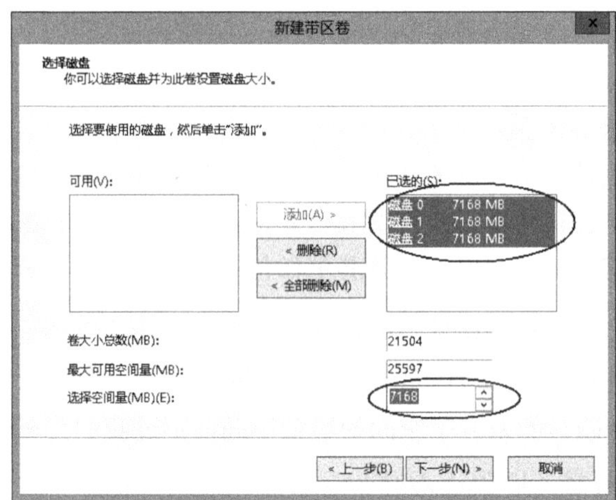

图 14-49

STEP 4　如图14-50所示，指定一个驱动器号来代表这个带区卷。完成后单击**下一步**按钮（此界面的详细说明，可参阅图14-16处的内容）。

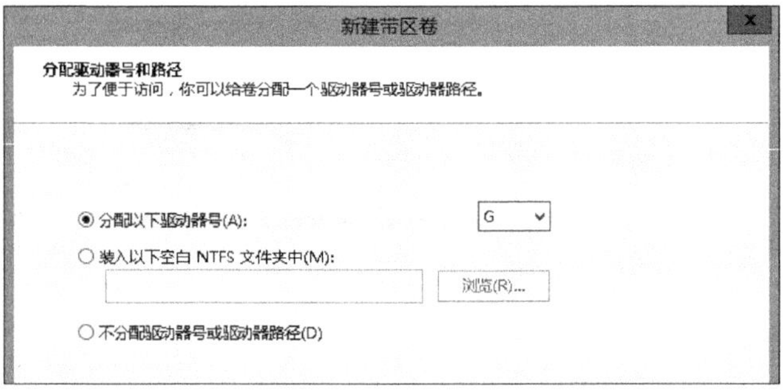

图 14-50

STEP 5　如图14-51所示，输入并选择适当的设置值后单击**下一步**按钮（此界面的详细说明，可参阅图14-17的内容）。

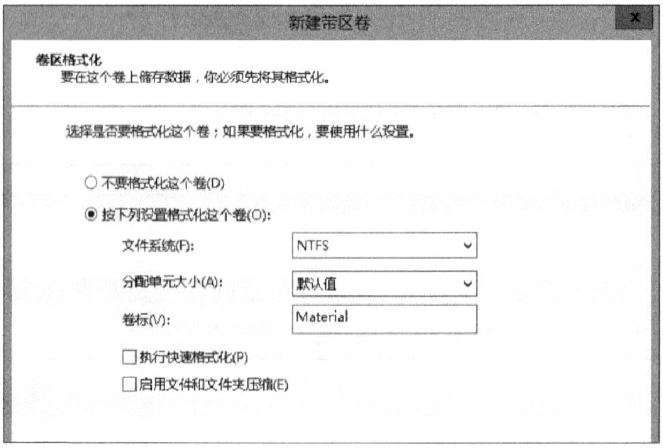

图 14-51

STEP 6　出现正在完成新建带区卷向导界面时单击完成按钮。

STEP 7　之后系统会开始创建与格式化此带区卷，图14-52为完成后的界面，图中G:磁盘就是带区卷，它分布在3个磁盘内，并且在每个磁盘内所占用的容量都相同（7GB）。

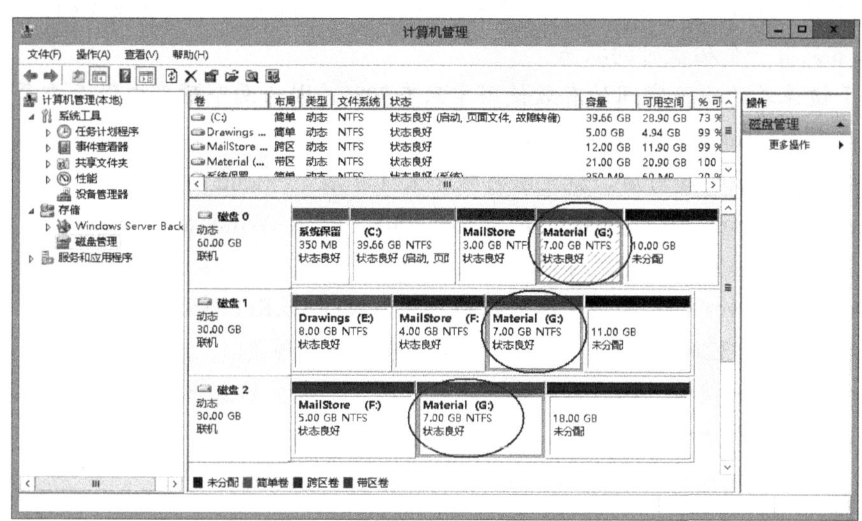

图 14-52

14.3.6 镜像卷

镜像卷（mirrored volume）具备排错的功能。可以将一个简单卷与另一个未分配空间组成一个镜像卷，或者将两个未分配的空间组成一个镜像卷，然后给予一个逻辑驱动器号。这两个区域内将保存完全相同的数据，当有一个磁盘出现故障时，系统仍然可以使用另一个正常磁盘内的数据，因此它具备排错的能力。镜像卷具备以下的特性：

- 镜像卷的成员只有两个，并且它们必须位于不同的动态磁盘内。你可以选择一个简单卷与一个未分配的空间，或两个未分配的空间来组成镜像卷。
- 如果选择将一个简单卷与一个未分配空间来组成镜像卷，则系统在创建镜像卷的过程中，会将简单卷内的现有数据复制到另一个成员中。
- 镜像卷是使用RAID-1的技术。
- 组成镜像卷的两个卷的容量大小是相同的。
- 组成镜像卷的成员中可以包含**系统卷**与**启动卷**。
- 镜像卷的成员中不可以包含**GPT磁盘的EFI系统磁盘分区（ESP）**。
- 系统将数据保存到镜像卷时，会将一份相同的数据同时保存到两个成员中。当有一个磁盘发生故障时，系统仍然可以使用另一个磁盘内的数据，因此具备排错的能力。
- 系统在将数据写入镜像卷时，必须稍微多花费一点时间将一份数据同时写到两个磁盘内，镜像卷的写入效率稍微差一点。因此，为了提高镜像卷的写入效率，建议将两个磁盘分别连接到不同的磁盘控制器（controller），也就是采用**Disk Duplexing**架构，此架构也可以增强排错功能，因为即使一个控制器发生故障，系统仍然可以利用另一个控制器来读取另一台磁盘内的数据。

在读取镜像卷的数据时，系统可以同时从两个磁盘来读取不同部分的数据，因此可减少读取的时间，提高读取的效率。若其中一个成员故障，镜像卷的效率将恢复为平常只有一个磁盘时的状态。

- 由于镜像卷的磁盘空间的有效使用率只有50%（因为两个磁盘内保存重复的数据），因此每个MB的单元存储成本较高。
- 镜像卷一旦被创建好后，就无法再被扩大（扩展，extend）。
- Windows Server 2012、Windows Server 2008（R2）、Windows Server 2003（R2）等服务器等级的系统都支持镜像卷。
- Windows Server 2012的镜像卷可被格式化成NTFS或ReFS格式。不过，也可选择将一个现有的FAT32简单卷与一个未分配空间来组成镜像卷。
- 整个镜像卷被视为一体，如果想将其中任何一个成员独立出来使用，先中断镜像关系或删除镜像或删除此镜像卷。

创建镜像卷

下面利用将图14-53中磁盘1的简单卷F:与磁盘2的未分配空间组成一个镜像卷的方式，说明如何创建镜像卷（也可以利用两个未分配的空间来创建镜像卷）。

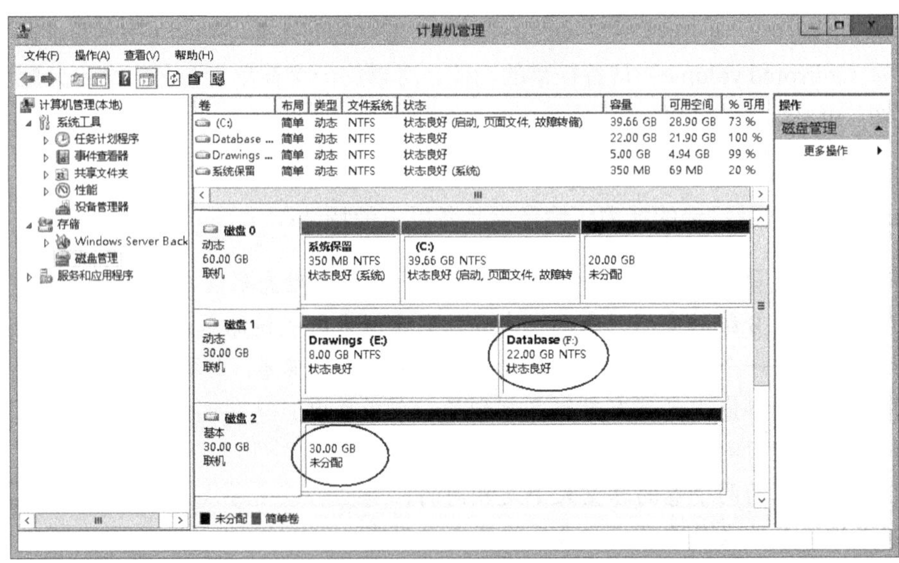

图 14-53

STEP 1　选中如图14-53中所示的简单卷F:并单击鼠标右键➲**添加镜像**（如果选中未分配的空间并单击鼠标右键，则**添加镜像**改为**添加镜像卷**）。

STEP 2　如图14-54所示，选择**磁盘2**后单击添加镜像按钮。

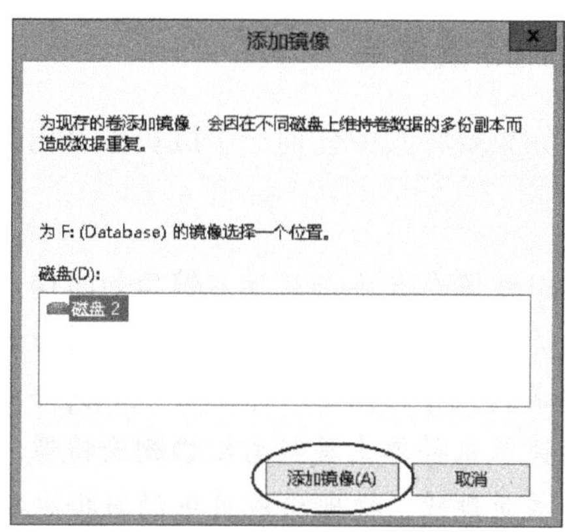

图 14-54

Q 为什么在图 14-54 中无法选择磁盘 0 呢？

A 因为在图14-53中是针对简单卷F:来创建镜像卷的，其容量为22GB，并且已经包含数据，而创建镜像卷时必须将F:的数据复制到另一个未分配空间，然而磁盘0的未分配空间的容量不足（仅20GB），因此无法选择磁盘0（如果系统找不到容量足够的未分配空间，则选中简单卷并单击鼠标右键后无法选择**添加镜像**）。

STEP 3 之后如图14-55所示，系统会在磁盘2的未分配空间内创建一个与磁盘1的F:磁盘相同容量的简单卷，并且开始将磁盘1的F: 磁盘内的数据复制到磁盘2内的F:内（同步），完成后的镜像卷F:分布在两个磁盘内，并且两个磁盘内的数据是相同的。

附注

如果磁盘2尚未被转换为动态磁盘，则在创建**镜像卷**时，系统会自动转换。

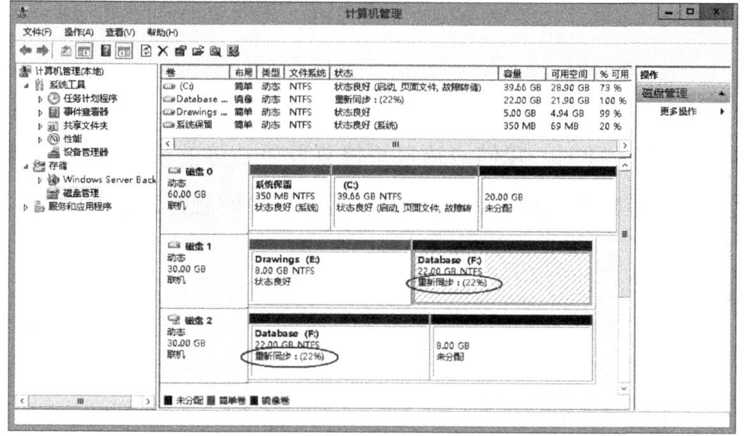

图 14-55

中断镜像卷、删除镜像与删除镜像卷

整个镜像卷被视为一体，如果要将其中任何一个成员独立出来使用，可以通过以下方法之一来完成。

- **中断镜像卷**：请【选中镜像卷并单击鼠标右键➲如图14-56所示选择**中断镜像卷**】，划分后，原来的两个成员都会被独立成简单卷，并且里面的数据都会保留。其中一个卷的驱动器号会沿用原来的代号，而另一个卷会被改为下一个可用的驱动器号。
- **删除镜像**：请【选中镜像卷并单击鼠标右键➲**删除镜像**（见图14-56中的选项）】来选择将镜像卷中的一个成员删除。被删除成员中的数据也将被删除，并且其所占用的空间会改为未分配空间。另一个成员内的数据会被保留。
- **删除镜像卷**：请【选中镜像卷并单击鼠标右键➲**删除卷**（见图14-56中的选项）】删除镜像卷，它会将两个成员内的数据都删除，并且两个成员都会变成未分配空间。

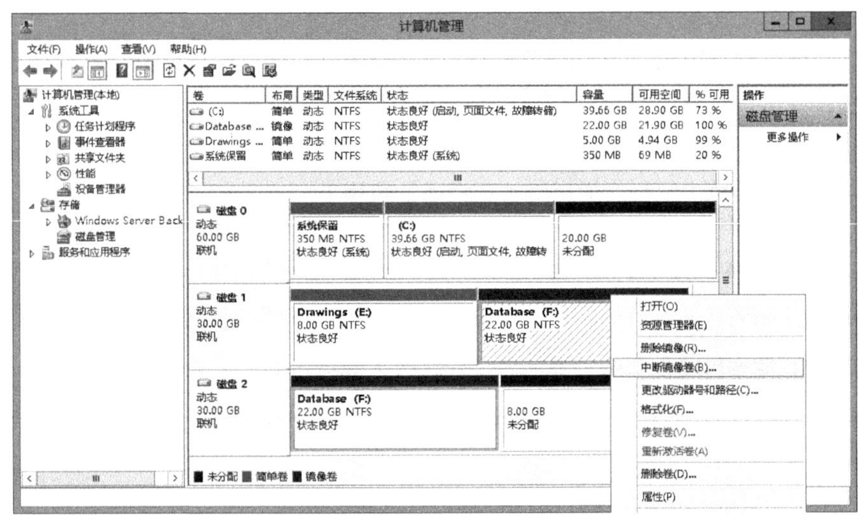

图 14-56

修复镜像卷

如果镜像卷的成员中有一个磁盘发生故障，系统还是能够从另一个正常的磁盘来读取数据，但是却丧失排错功能。此时，我们应该尽快修复发生故障的镜像卷，以便继续提供排错功能。如图14-57所示的F:磁盘为镜像卷，我们假设其成员中的磁盘2发生了故障，然后利用此范例说明如何修复镜像卷。

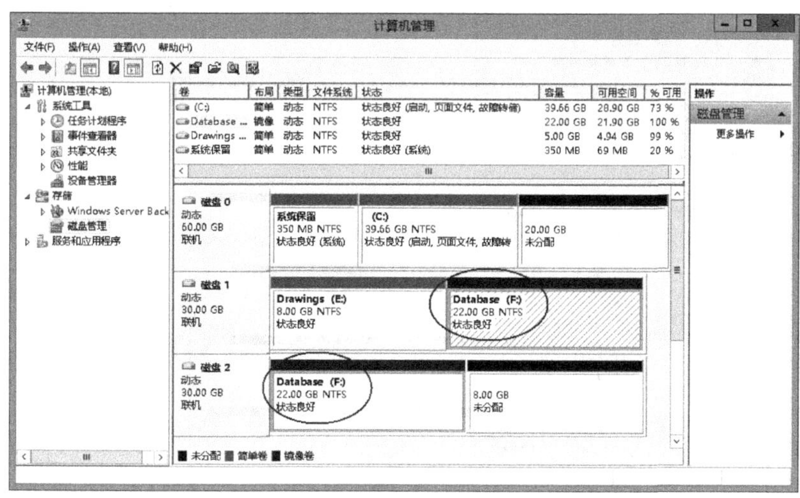

图 14-57

STEP 1　关机后从计算机内取出发生故障的磁盘2。

STEP 2　将新的磁盘（假设容量与发生故障的磁盘相同）安装到计算机内、重新启动计算机。

STEP 3　切换到**开始屏幕**➲**管理工具**➲**计算机管理**➲**存储**➲**磁盘管理**。

STEP 4　在自动弹出的如图14-58所示对话框中选择将新安装的磁盘2初始化、选择磁盘分区样式后单击确定按钮（如果没有自动弹出此界面：【选中新磁盘并单击鼠标右键➲**联机**➲选中新磁盘并单击鼠标右键➲**初始化磁盘**】）。

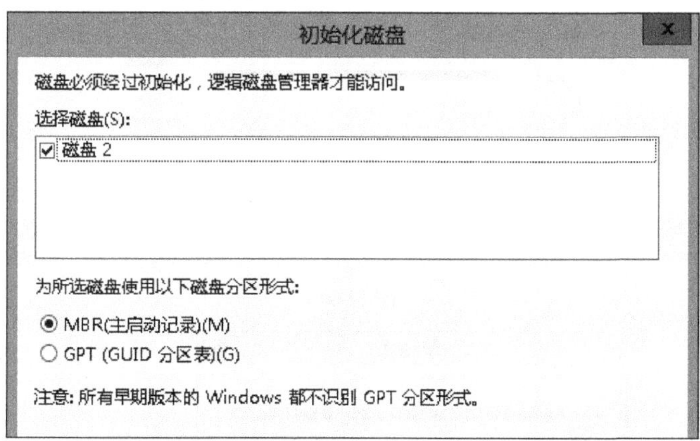

图 14-58

STEP 5　之后将出现如图14-59所示的界面，其中的磁盘2为新安装的磁盘，而原故障磁盘2显示在界面的最下方（上面有**丢失**两个字）。

STEP 6　如图14-60所示【对着有**失败的重复**字样的任何一个F:磁盘单击鼠标右键➲**删除镜像**】。

STEP 7　如图14-61所示，选择丢失磁盘后依次单击删除镜像、是按钮。

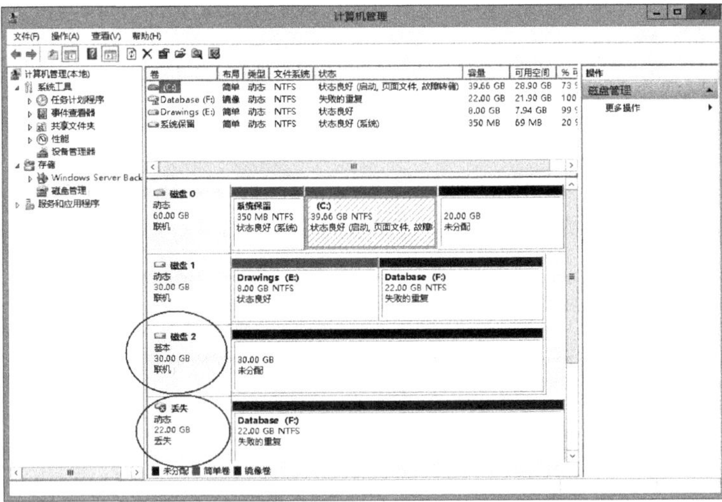

图 14-59

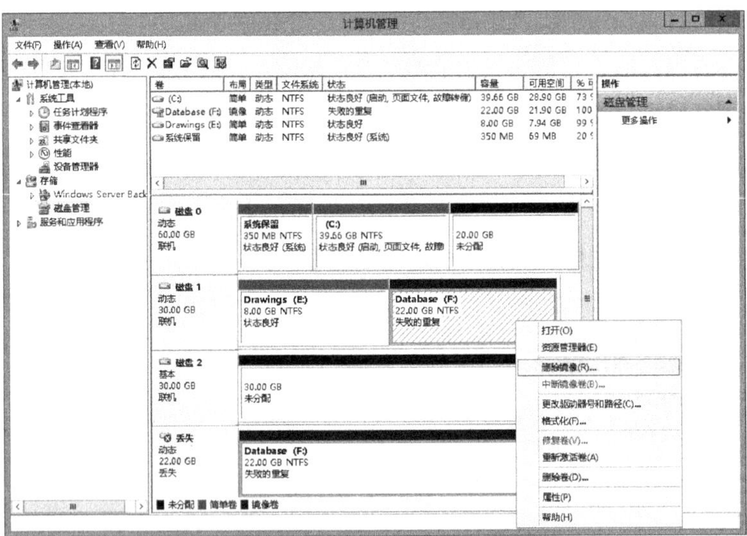

图 14-60

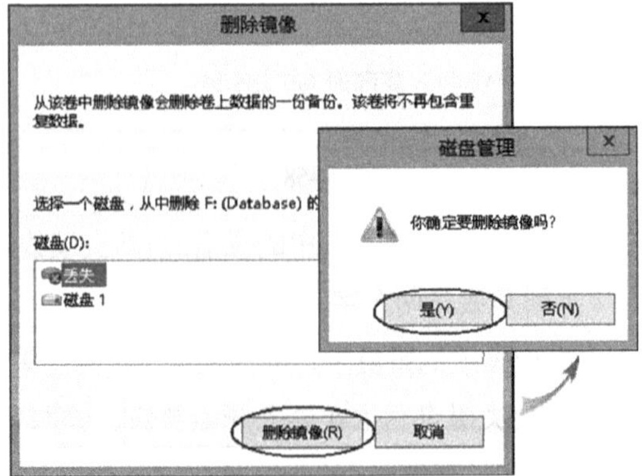

图 14-61

STEP 8 图14-62为完成删除后的界面，请重新将F:与新的磁盘2的未分配空间组成镜像卷（参考前面介绍的步骤）。

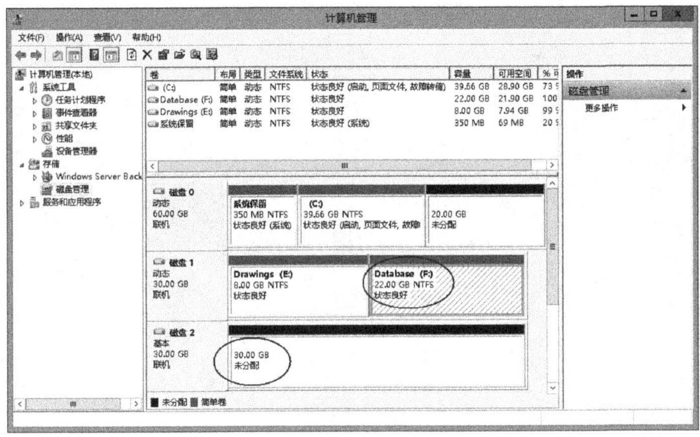

图 14-62

注意

如果磁盘并未发生故障，但却出现**脱机**、**丢失**或**联机（错误）**字样时，可以尝试【选中该磁盘并单击鼠标右键➲重新激活磁盘】将其恢复正常。不过，如果该磁盘经常出现**联机（错误）**字样，可能此磁盘快要坏了，请尽快备份磁盘内的数据，然后更换一个新磁盘。

修复包含系统卷与启动卷的镜像卷

如图14-63所示的C:磁盘为镜像卷，它也是**启动卷**（安装Windows Server 2012的磁盘分区），因此以后每次启动计算机时，系统都会显示如图14-64所示的操作系统选项列表，其中第一个选项是磁盘0内的Windows Server 2012，而第二个选项是磁盘1内的Windows Server 2012，系统默认会通过第一选项（磁盘0）来启动Windows Server 2012，并由它来启动镜像功能。

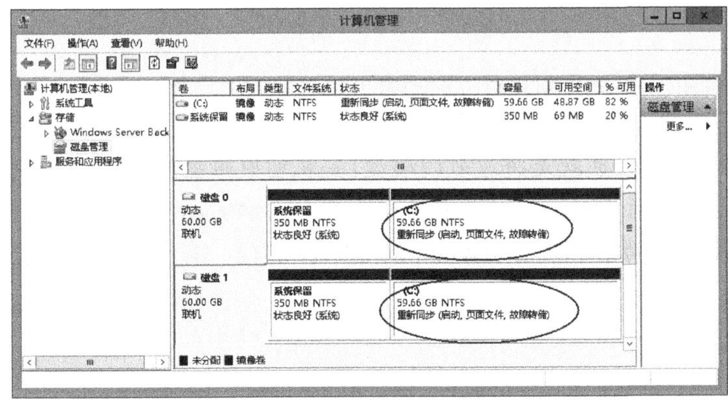

图 14-63

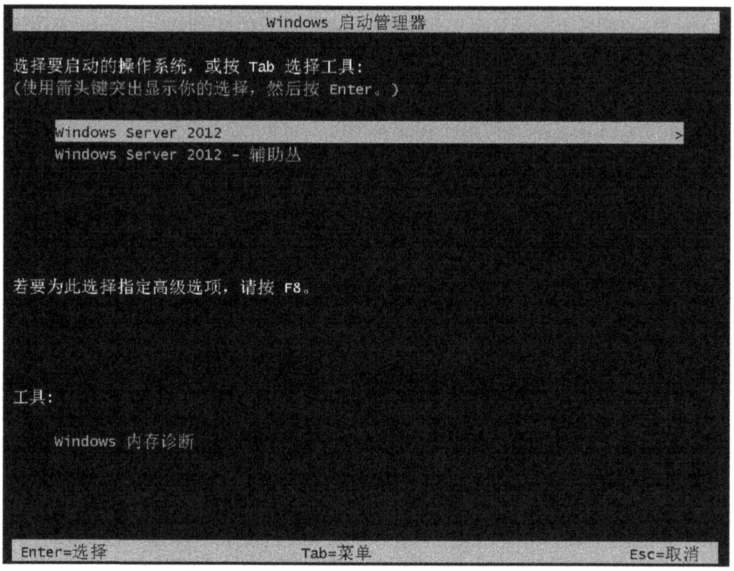

Windows 启动管理器

选择要启动的操作系统，或按 Tab 选择工具：
(使用箭头键突出显示你的选择，然后按 Enter。)

Windows Server 2012
Windows Server 2012 - 辅助丛

若要为此选择指定高级选项，请按 F8。

工具：

Windows 内存诊断

Enter=选择 Tab=菜单 Esc=取消

图 14-64

图中两个磁盘的第一个磁盘分区（扮演**系统卷**角色的**系统保留**区）也是镜像卷。

如果图中磁盘0发生故障，虽然系统仍然可以正常运行，但是却丧失排错功能。而且如果没有将发生故障的磁盘0从计算机内取出，则重新启动计算机时，将无法启动Windows Server 2012，因为一般计算机在启动时，其BIOS会通过磁盘0来启动系统，然而磁盘0已经发生故障了。即使更换一个新磁盘，可是如果BIOS仍然尝试从新磁盘0来启动系统，则必然启动失败，因为新磁盘0内没有任何数据。此时，可以采用以下方法之一来解决问题并重新创建镜像卷，以便继续提供排错功能：

- 更改BIOS设置让计算机从磁盘1来启动，当出现如图14-64所示的界面时，请选择列表中的第二个选项（辅助丛）来启动Windows Server 2012，启动完成后再重新创建镜像卷。完成后，可以自行决定是否要将BIOS改回从磁盘0启动。

> **附注**
>
> 少数计算机的BIOS不允许用户更改启动磁盘。

- 将两个磁盘对调，也就是将原来的磁盘1安装到原磁盘0的位置，将新磁盘安装到原磁盘1的位置，然后重新启动计算机，当出现如图14-64所示的界面时，请选择列表中的第2个选项（辅助丛）来启动Windows Server 2012，启动完成后再重新创建镜像卷。

14.3.7 RAID-5卷

RAID-5卷与带区卷有些类似，它也是将多个分别位于不同磁盘的未分配空间组成的一个

逻辑卷。也就是说，可以从多台磁盘内分别选择未分配的空间，并将其合并成为一个RAID-5卷，然后赋予一个共同的驱动器号。

与带区卷不同的是：RAID-5在保存数据时，会另外根据数据内容计算出其**奇偶校验**（parity），并将奇偶校验一起写入RAID-5卷内。当某个磁盘发生故障时，系统可以利用奇偶校验，推算出该故障磁盘内的数据，让系统能够继续运行。也就是说，RAID-5卷具备排错能力。RAID-5卷具有以下特性：

- 可以从3～32磁盘内分别选择未分配空间来组成RAID-5卷，这些磁盘最好都有相同的制造商、相同的型号。
- 组成RAID-5卷的每个成员的容量大小是相同的。
- 组成RAID-5卷的成员中不可以包含**系统卷与启动卷**。
- 系统在将数据保存到RAID-5卷时，会将数据分成等量的64KB，例如若是由5个磁盘组成的RAID-5卷，则系统会将数据拆成每4个64KB为一组，每一次将一组4个64KB的数据与其奇偶校验分别写入5 个磁盘内，直到所有的数据都写入到磁盘为止。

  奇偶校验并不保存在固定磁盘内，而是按顺序分布在每台磁盘内，例如第一次写入时是保存在磁盘0、第二次是保存在磁盘 1……、依此类推，保存到最后一个磁盘后，再从磁盘0开始保存。
- 当某个磁盘发生故障时，系统可以利用奇偶校验，推算出故障磁盘内的数据，让系统能够继续读取RAID-5卷内的数据，也就是说，RAID-5卷具备排错功能。不过，只有在一个磁盘发生故障的情况下，RAID-5卷才提供排错功能，如果同时有多个磁盘发生故障，系统将无法读取RAID-5卷内的数据。

附注

RAID-6具备在两个磁盘发生故障的情况下，仍然可以正常工作的能力。

- 在写入数据时必须多花费时间计算奇偶校验，一般来说，其写入效率会比镜像卷差（根据RAID-5磁盘成员的数量多少而异）。不过，读取效率比镜像卷好，因为它会同时从多个磁盘读取数据（读取时不需要计算奇偶校验）。如果其中一个磁盘发生故障，此时虽然系统仍然可以继续读取RAID-5卷内的数据，但是因为必须消耗不少系统资源（CPU时间与内存）来算出故障磁盘的内容，因此效率会降低。
- RAID-5卷的磁盘空间有效使用率为(n-1)/n，n为磁盘的数目。例如，如果利用5个磁盘来创建RAID-5卷，则因为必须利用1/5的磁盘空间来保存奇偶校验，磁盘空间有效使用率仅为4/5，因此每个MB的单元存储成本比镜像卷低（其磁盘空间有效使用率为1/2）。
- RAID-5卷一旦被创建好，就无法再被扩大（扩展，extend）。
- Windows Server 2012、Windows Server 2008（R2）、Windows Server 2003（R2）等服务器级别的系统都支持RAID-5卷。

- Windows Server 2012的RAID-5卷可以被格式化成NTFS或ReFS格式。
- 整个RAID-5卷被视为一体，无法将其中任何一个成员独立出来使用，除非先删除整个RAID-5卷。

创建 RAID-5 卷

下面利用将图14-65中3个未分配空间组成一个RAID-5卷的方式，说明如何创建RAID-5卷。虽然目前这3个空间的大小不同，不过我们会在创建卷的过程中，从各磁盘内选择相同的容量（以8GB为例）。

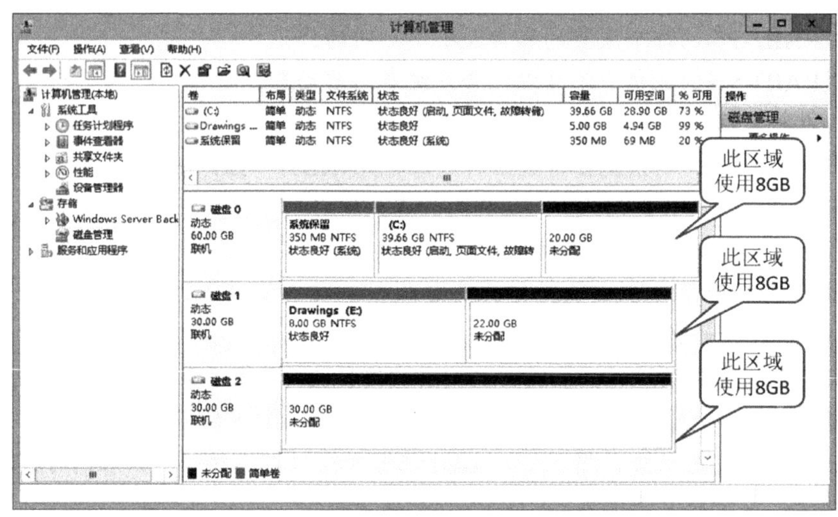

图 14-65

STEP 1　对着如图14-65所示中的未分配空间（例如磁盘1的未分配空间）单击鼠标右键➲**新建RAID-5卷**。

STEP 2　出现**欢迎使用新建RAID-5卷**向导界面时单击下一步按钮。

STEP 3　如图14-66所示，分别从磁盘0、1、2选择8192MB（8GB）的空间，也就是这个RAID-5卷的总容量应该是24,576MB（24GB），不过因为需要1/3的容量（8GB）来保存奇偶校验，因此实际可以保存数据的有效容量为16384MB（16GB）。完成后单击下一步按钮。

> **附注**
>
> 如果某个磁盘内没有一个超过8 GB的连续可用空间，但是有多个不连续的未分配空间，其总容量足够8 GB，则此磁盘也可以成为RAID-5卷的成员。

图 14-66

STEP 4　如图14-67所示，指定一个驱动器号来代表此RAID-5卷后单击**下一步**按钮（此界面的详细说明，可以参阅图14-16处的内容）。

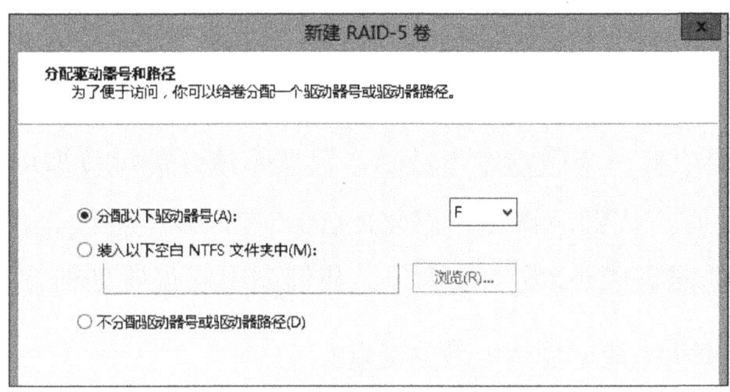

图 14-67

STEP 5　如图14-68所示，输入并选择适当的设置值后单击**下一步**按钮（此界面的详细说明，可参阅图14-17处的内容）。

图 14-68

STEP 6　出现正在完成新建RAID-5卷向导界面时单击**完成**按钮。

STEP 7　之后系统会开始创建此RAID-5卷，图14-69所示为完成后的界面，图中的F:磁盘就是RAID-5卷，它分布在3个磁盘内，并且每个磁盘的容量都相同（8GB）。

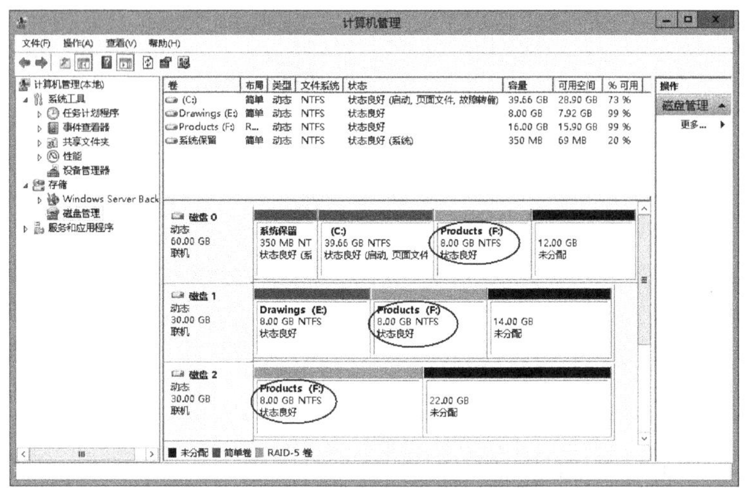

图 14-69

修复 RAID-5 卷

如果RAID-5卷成员中有一个磁盘发生故障，虽然系统还能够读取RAID-5卷内的数据，但是却丧失容错功能。此时，我们应该尽快修复RAID-5卷，以便继续提供排错功能。假设如图14-69所示RAID-5卷F:的磁盘成员2发生故障了，我们利用它说明如何修复RAID-5卷。

STEP 1　关机后从计算机内取出发生故障的磁盘2。

STEP 2　将新的磁盘安装到计算机内并重新启动计算机。

STEP 3　切换到**开始屏幕➲管理工具➲计算机管理➲存储➲磁盘管理**。

STEP 4　在自动弹出的如图14-70所示对话框中选择将新安装的磁盘2初始化，选择磁盘分区样式后单击确定按钮（如果没有自动弹出此界面：【选中新磁盘单击鼠标右键➲**联机**➲对着新磁盘单击鼠标右键➲**初始化磁盘**】）。

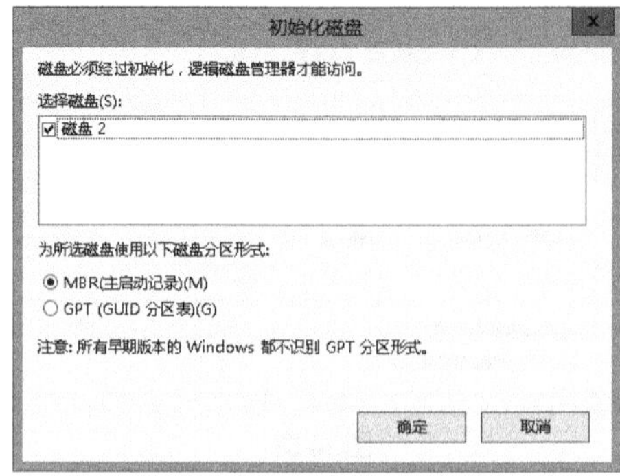

图 14-70

STEP 5 之后将出现如图14-71所示的窗口，其中的磁盘2为新安装的磁盘，而原先RAID-5卷内的故障磁盘2被显示在界面的最下方（上面有**丢失**两个字）。

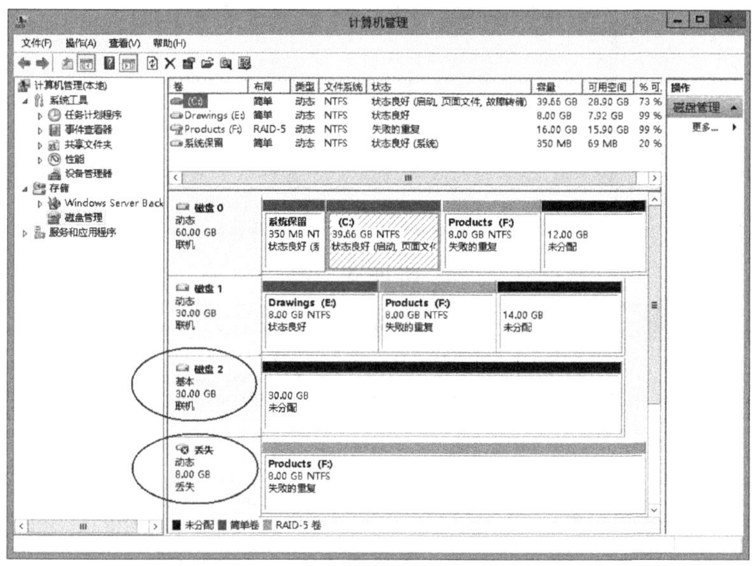

图 14-71

STEP 6 如图14-72所示【对着有**失败的重复**字样的任何一个F:磁盘单击鼠标右键➲**修复卷**】。

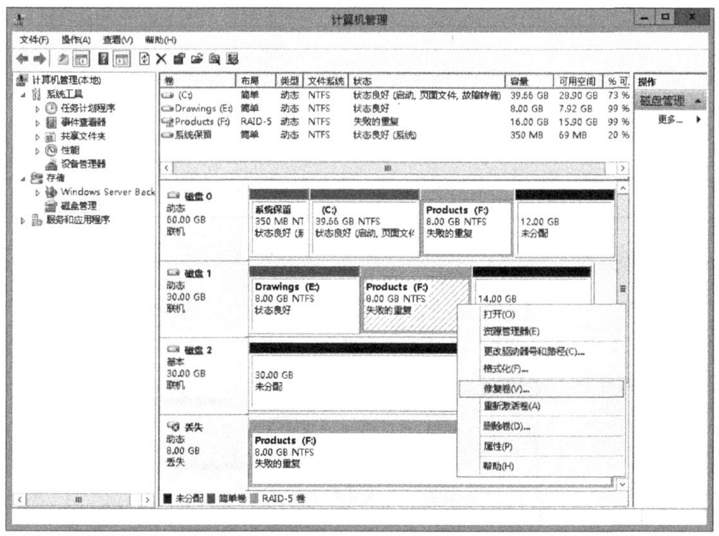

图 14-72

STEP 7 如图14-73所示，选择新安装的磁盘2，它会取代原先已损毁的磁盘，以便重新创建RAID-5卷。完成后单击确定按钮。

STEP 8 如果该磁盘尚未被转换成动态磁盘，会出现如图14-74所示的界面，此时单击是按钮将其转换成动态磁盘。

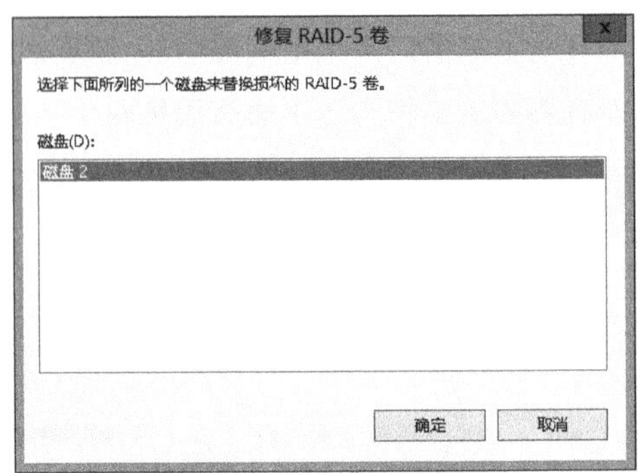

图 14-73

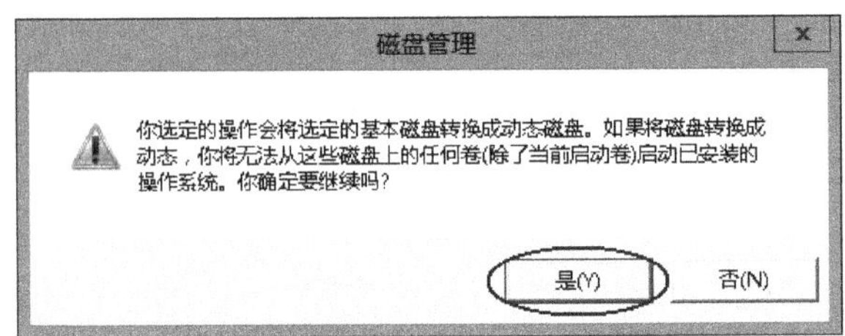

图 14-74

STEP 9　之后系统会利用原RAID-5卷中其他正常磁盘的内容，将数据重构到新磁盘内（同步），这个操作需要花费不少时间。完成后，如图14-75所示F:又恢复为正常的RAID-5卷。

附注

若重建时出问题，可尝试利用【重新开机➲对着该磁盘单击鼠标右键➲**重新启动磁盘**】的方式来解决。

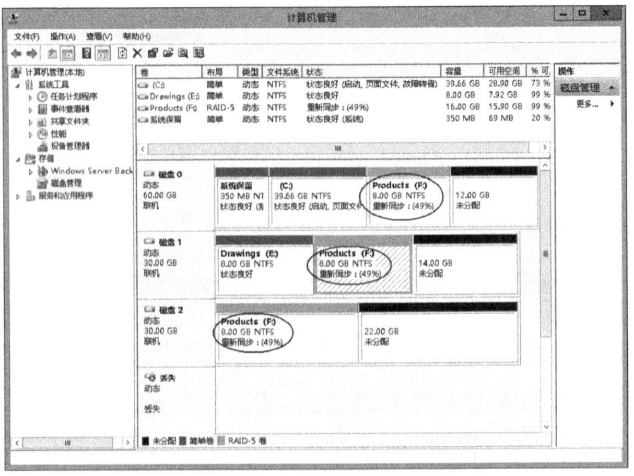

图 14-75

STEP 10　如图14-76所示【对着标记为**丢失**的磁盘单击鼠标右键➲**删除磁盘**】将这个磁盘删除。

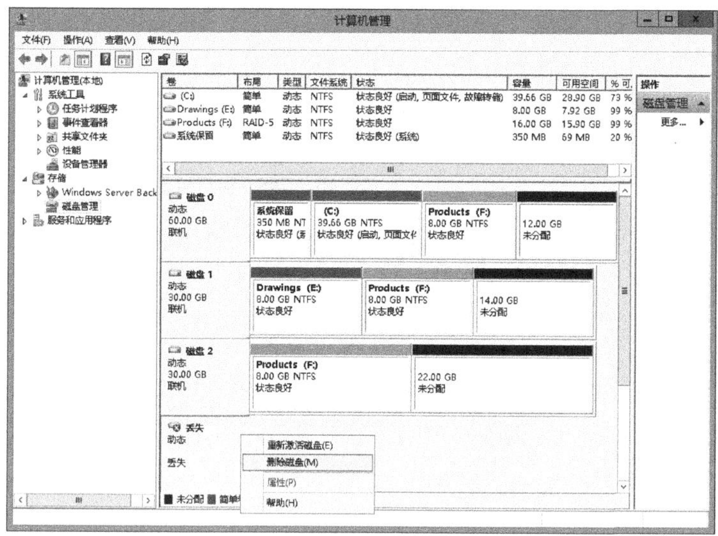

图 14-76

14.4 移动磁盘

14.4.1 将基本磁盘移动到另一台计算机内

当将基本磁盘移动到另一台Windows Server 2012计算机后，正常情况下系统会自动检测到这个磁盘、自动赋予驱动器号，就可以使用此磁盘了。如果因故还无法使用此磁盘，则可能还需要执行**联机**操作：【按⊞键切换到**开始**屏幕➲**管理工具**➲**计算机管理**➲**存储**➲**磁盘管理**➲对着这个磁盘单击鼠标右键➲**联机**】。

> **附注**
>
> 如果在**磁盘管理**界面中看不到这个磁盘，请试着【选择**操作**菜单➲**重新扫描磁盘**】。如果还是没有出现这个磁盘，请试着【打开**设备管理器**➲对着**磁盘驱动器**单击鼠标右键➲**扫描检测硬件改动**】。

14.4.2 将动态磁盘移动到另一台计算机内

当将计算机内的动态磁盘移动到另一台Windows Server 2012计算机后，由于这个动态磁盘会被视为**外部磁盘**（foreign disk），因此需要【如图14-77所示对着这个外部磁盘单击鼠标右键➲**导入外部磁盘**➲单击**确定**按钮】。

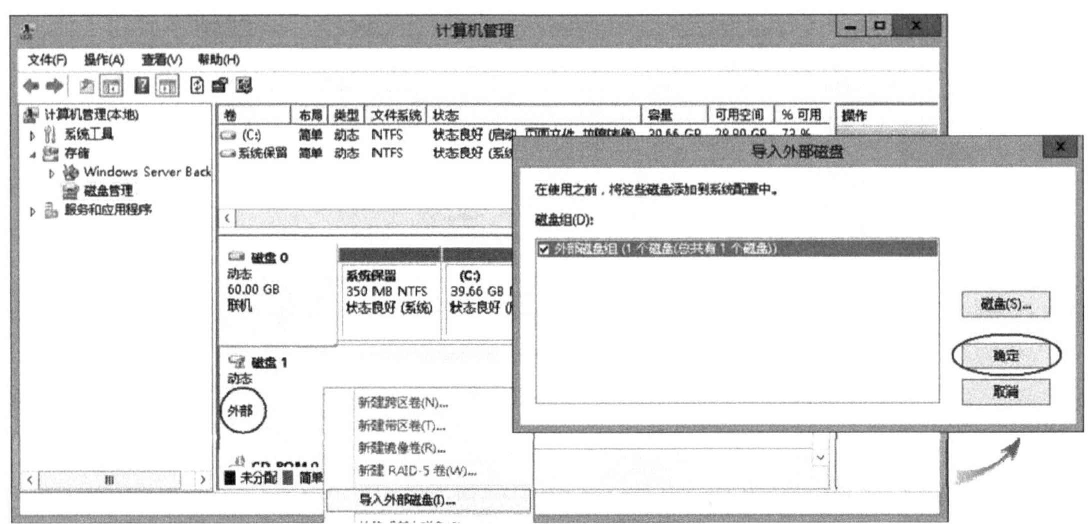

图 14-77

附注

图中**外部磁盘组**内只有一个磁盘，如果同时将多个动态磁盘移动到另一台计算机，则界面中的**外部磁盘组**内会有多个磁盘，此时可以通过单击图中的磁盘按钮来查看有哪些磁盘。

移动到另一台计算机后，动态卷将保留使用原驱动器号。如果驱动器号已经在另一台计算机内被用掉了，则将被分配到下一个可用的驱动器号。如果此卷原来并没有驱动器号，则移动到另外一台计算机后，仍然不会有驱动器号。

如果要移动跨区卷、带区卷、镜像卷、RAID-5卷，请将其所有成员都一起移动，否则移动后，在另一台计算机内无法访问这些卷中的数据。

14.5 存储空间

存储空间（Storage Spaces）是Windows Server 2012的新功能，它让我们能够将连接在Windows Server 2012服务器的多个物理硬盘组合在一起使用，类似于JBOD（Just a Bunch of Disks）的硬盘空间使用最优化功能。不过，**存储空间**又具备排错与自我复原能力，类似于RAID，但是又与RAID不同。

在**存储空间**的架构下，**存储池**是多个物理硬盘的组合，如图14-78中所示的存储池内总共有5个物理硬盘，其容量分别为1TB、750GB、750GB、1TB、750GB，也就是说此存储池的容量为4.25TB（各硬盘容量的总和）。以下将针对此图进行详细的说明。

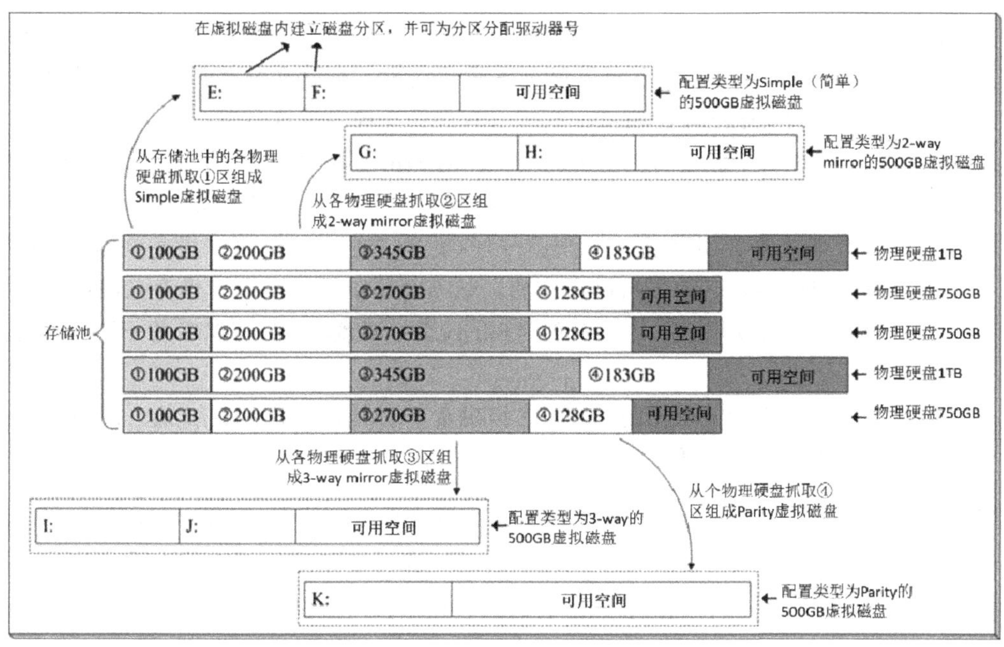

图 14-78

14.5.1 虚拟磁盘与卷

我们需要在存储池内创建**虚拟磁盘**（virtual disk），接着在虚拟磁盘内创建**卷**（volume），然后赋予卷一个驱动器号，最后通过驱动器号来访问其中的数据。

虚拟磁盘分为以下几种分配类型。

- **Simple（简单）**：其数据跨越各块硬盘，主要功能是用来扩大磁盘容量，但是会降低数据访问可靠性（因为只要其中一块硬盘出现故障，就无法访问此虚拟磁盘内的所有数据）。存储池内至少需要一块硬盘，才可以创建**Simple虚拟磁盘**。

  例如，当我们在如图14-78中所示的存储池内创建一个容量为500GB的**Simple虚拟磁盘**时，系统会自动从每个硬盘各抓取适当容量（标记①的区域，本范例中各硬盘虽然各取相同容量100GB，但并不一定都会选择相同的容量）来组成此虚拟磁盘。
- **2-Way Mirror（双向镜像）**：同一份数据会保存两份，并且是跨越各硬盘（并不是仅保存在两个硬盘内）。两份相同的数据可以提高数据访问的可靠性，但是也会占用两倍硬盘空间、降低磁盘实际可保存数据的容量。存储池内至少需要两块硬盘，才可以创建**2-Way Mirror 虚拟磁盘**，它仅可以容忍一块硬盘发生故障，也就是在一块硬盘发生故障的情况下，仍然可以正常读取磁盘内的数据。

  例如，当我们在如图14-78所示的存储池内创建一个容量为500GB的**2-Way Mirror虚拟磁盘**时，系统会自动从每块硬盘各抓取适当容量（本范例为标记②的200GB区域）来组成此虚拟磁盘。虽然我们创建容量为500GB的**2-Way Mirror虚拟磁盘**，但是因为同一份数据会保存两份，因此实际占用硬盘的空间为两倍，即1000GB。

- **3-Way Mirror（三向镜像）**：它与**2-Way Mirror**类似，但是同一份数据会保存3份，因此数据访问可靠性更高，也会占用更多硬盘空间。存储池内至少需要5块硬盘，才可以创建**3-Way Mirror 虚拟磁盘**，它可以容忍两个硬盘发生故障。
  在如图14-76中所示容量为500GB的**3-Way Mirror虚拟磁盘**由标记③的区域组成。因为同一份数据会保存3份，因此实际占用硬盘的空间为3倍，即1500GB。
- **Parity（奇偶校验）**：其**数据+Parity**跨越各硬盘，通过Parity可以提高数据访问的可靠性，但是也因为Parity会占用硬盘空间，从而会降低磁盘实际可保存数据的容量。存储池内至少需要3块硬盘，才可以创建**Parity虚拟磁盘**，它仅可以容忍一块硬盘发生故障。
  在图14-78中容量为500GB的**Parity虚拟磁盘**，由标记④的区域组成，因为需要保存Parity，因此实际占用硬盘的容量比500GB多。

如果要将数据保存到虚拟磁盘，则还需要在虚拟磁盘内创建卷（volume），然后赋予卷一个驱动器号或将其挂到一个空文件夹下，接着就可以通过驱动器号或文件夹来访问其中的数据。例如，在如图14-78所示的**Simple虚拟磁盘**内创建了两个驱动器号分别是E: 与F: 的卷。

14.5.2 存储空间实例演示

假设Windows Server 2012服务器内安装了3个容量各为500GB的物理硬盘（不包含安装操作系统的硬盘），而我们要如图14-79所示创建包含此3个物理硬盘的存储池，在此池内创建一个**2-Way Mirror虚拟磁盘**（假设容量为200GB，但是硬盘实际占用量为400GB），在此虚拟磁盘内创建两个驱动器号分别是E: 与F:的卷（假设容量分别是120GB与80GB）。

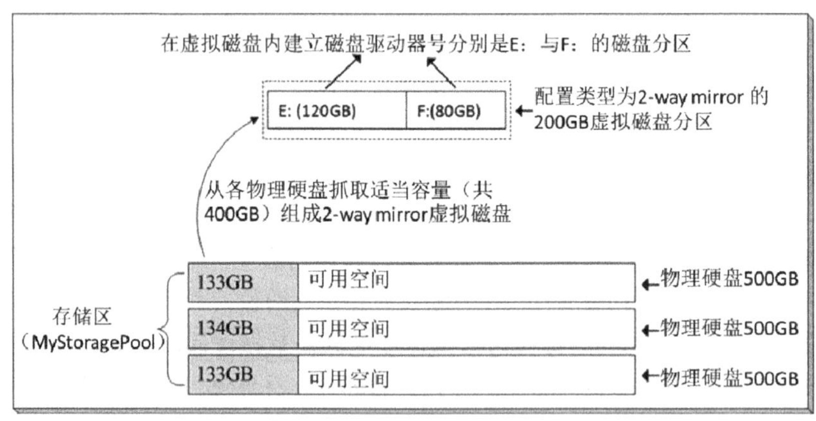

图14-79

STEP 1 以系统管理员身份登录、出现**服务器管理器**界面后单击如图14-80所示的**文件和存储服务**。

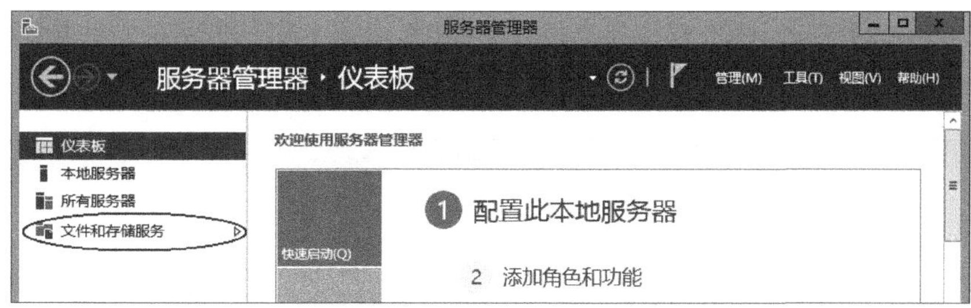

图 14-80

STEP 2　如图14-81所示【单击左侧的**存储池**➲单击右侧存储池上方的**任务**➲**新建存储池**】。

图 14-81

附注

默认已内置一个名称为Primordial的原始池，并且安装的3块硬盘（位于图14-79右下角）自动位于此池内。

STEP 3　出现**开始之前**界面时单击 下一步 按钮。

STEP 4　如图14-82所示，设置存储池名称（例如MyStoragePool）后单击 下一步 按钮。

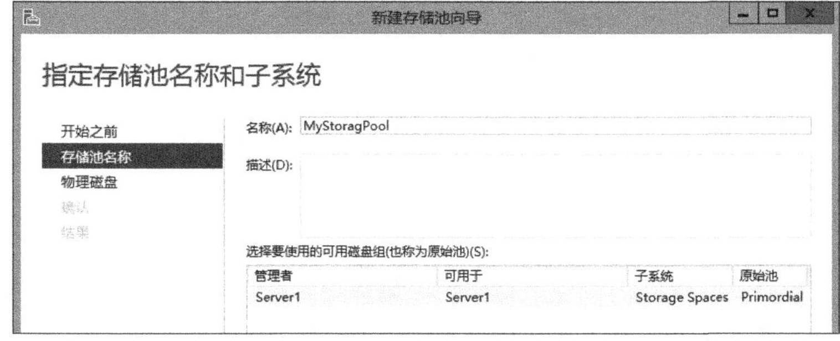

图 14-82

STEP 5 如图14-83所示，勾选要加入此存储池的硬盘后单击下一步按钮（图中勾选所有的3个硬盘）。

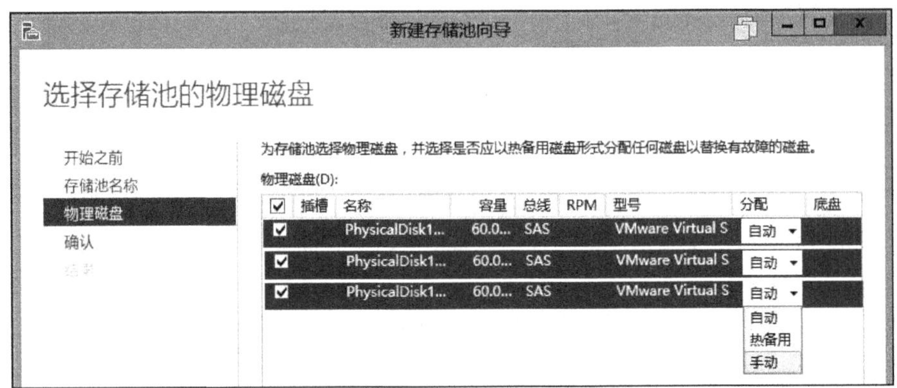

图 14-83

附注

如果图14-83中某个物理硬盘右边的**分配**区改为选择热备用，则该硬盘平常处于备份状态，一旦存储池中有其他硬盘发生故障，此备份硬盘就会立即联机取代故障的硬盘，继续提供服务。

STEP 6 出现**确认选择项目**界面时单击创建按钮。

STEP 7 如图14-84所示，MyStoragePool是我们所创建的存储池，界面右下角是池内的3块硬盘。

图 14-84

STEP 8 接下来要在此存储池内创建虚拟磁盘，请单击如图14-84所示左下方**虚拟磁盘**区下的标示区域（或单击该区右上角的**任务➲新建虚拟磁盘**）。

STEP 9 出现**开始之前**界面时单击下一步按钮。

STEP 10　如图14-85所示，选择存储池MyStoragePool后单击下一步按钮。

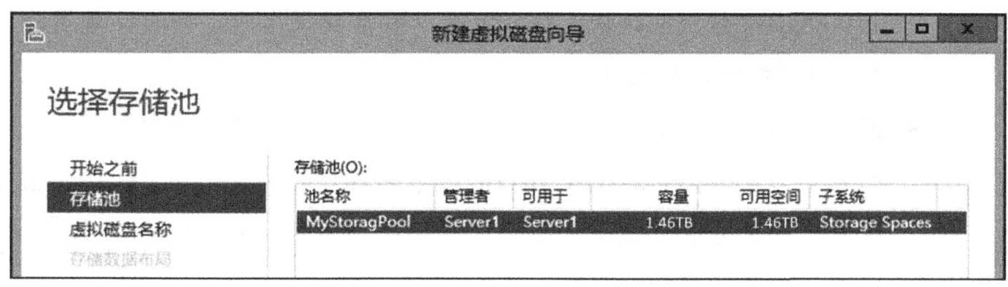

图 14-85

STEP 11　如图14-86所示，为此虚拟磁盘设置名称后单击下一步按钮。

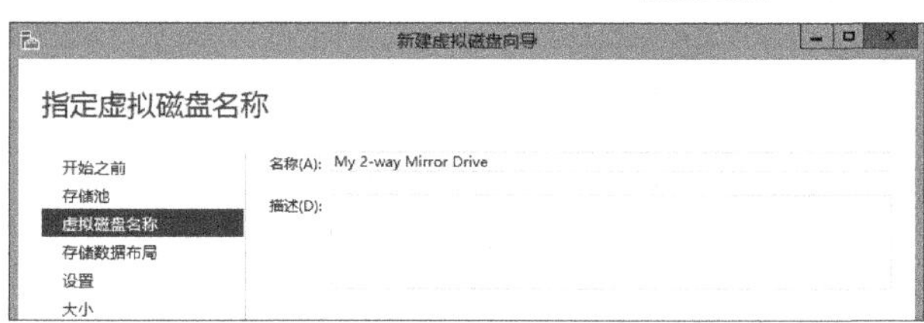

图 14-86

STEP 12　如图14-87所示，选择Mirror后单击下一步按钮。

新建虚拟磁盘向导

选择存储数据布局

开始之前
存储池
虚拟磁盘名称
存储数据布局
设置

布局(L):
Simple
Mirror
Parity

描述(D):
Data is duplicated on two or three physical disks, increasing reliability, but reducing capacity. This storage layout requires at least two disks to protect you from a single disk failure, or at least five disks to protect you from two simultaneous disk failures.

图 14-87

附注

如果服务器内有5块（含）以上物理硬盘，则接下来会出现选择**双向镜像**或**三向镜像**的界面。本范例中只有3块硬盘，因此系统自动将其设置为**双向镜像**（2-Way Mirror）。

STEP 13　如图14-88所示，选择适当的选项后单击下一步按钮。

- **精简（thin）**：虚拟磁盘需要使用磁盘空间时，才会实际分配空间给虚拟磁盘。例如，创建的200GB的**2-Way Mirror虚拟磁盘**，它会占用400GB空间，但是系统并不是现在就一次分配400GB的磁盘空间给此虚拟磁盘，而是需要保存数据到此虚拟磁盘时，再分配所需空间。

  精简方式创建的虚拟磁盘使用容量可以大于实际硬盘的容量，例如硬盘总容量为1500GB，但是却可以创建容量为1000GB的**2-Way Mirror虚拟磁盘**，它需要使用2000GB硬盘空间，缺少的500GB以后需要使用时，再通过新建物理硬盘到存储池的方式进行补足即可。

- **固定（fixed）**：它会一次分配足够的磁盘空间给虚拟磁盘。例如，我们创建的容量为200GB的**2-Way Mirror虚拟磁盘**，它需要使用400GB硬盘空间，系统就会一次分配400GB的磁盘空间给虚拟磁盘，因此此时必须有足够的硬盘空间。本范例采用此选项。

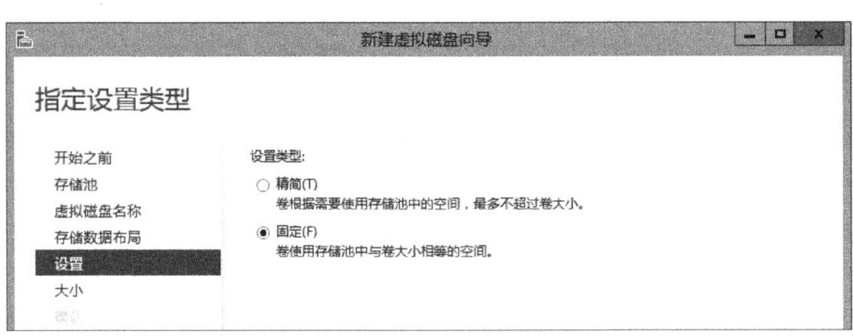

图 14-88

STEP 14　如图14-89所示，输入虚拟磁盘的大小后单击下一步按钮。注意，此处是数据保存容量，而不是硬盘使用量，例如200GB表示可以保存200GB的数据，但是硬盘空间实际使用量为400GB（因所创建的是**2-Way Mirror虚拟磁盘**）。注意不要选错容量的单位。

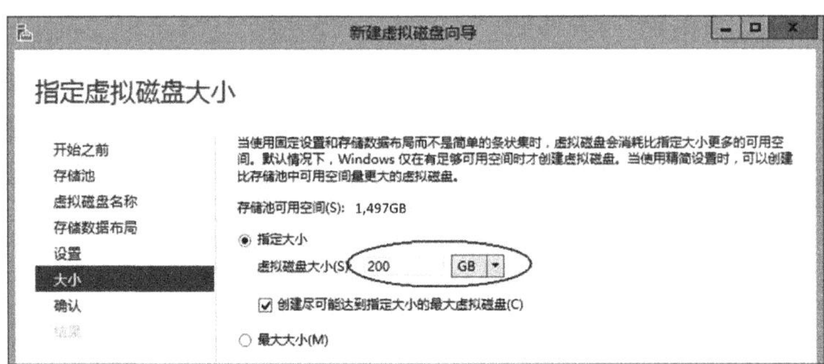

图 14-89

附注

如果要将硬盘内的所有可用空间都拿来使用，请选择**最大大小**（Maximum size），以本范例来说，如果选择此选项，则它会创建750GB的虚拟磁盘（总使用量为3块硬盘的总和1500GB）。

STEP 15　出现**确认选择项目**界面时单击创建按钮。

STEP 16　出现**查看结果**界面时单击关闭按钮，它会自动启动**新建卷向导**。

STEP 17　出现**开始之前**界面时单击下一步按钮。

STEP 18 在如图14-90所示的对话框中直接单击下一步按钮。

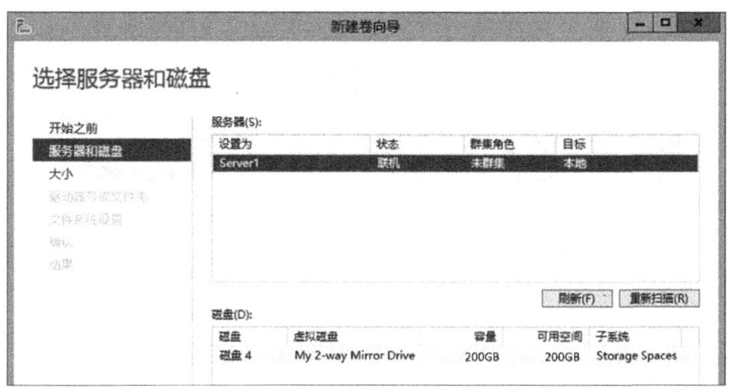

图 14-90

STEP 19 如图14-91所示，输入卷的大小（假设是120GB）后单击下一步按钮。

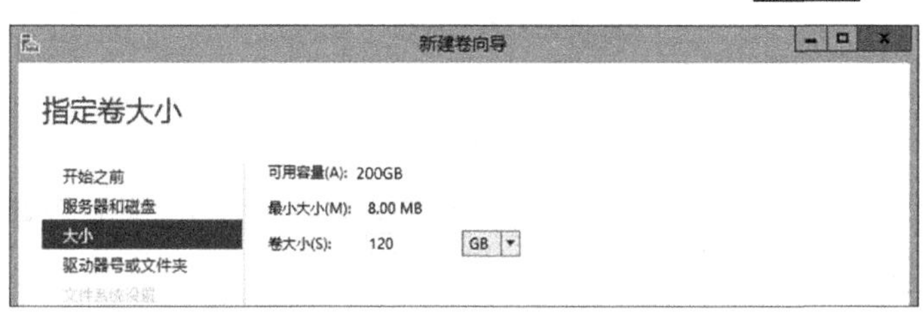

图 14-91

STEP 20 如图14-92所示，指定驱动器号E给此卷后单击下一步按钮。

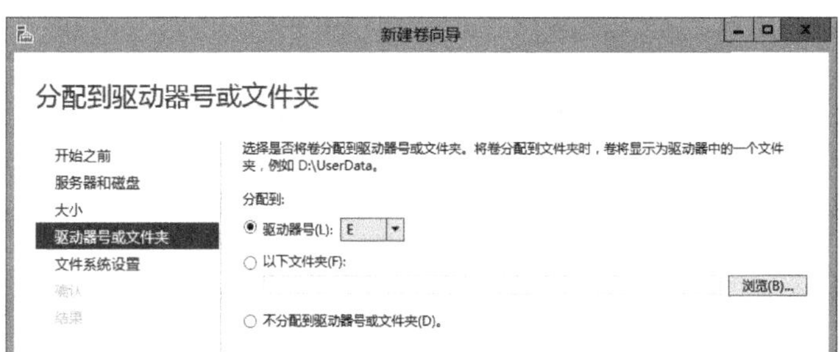

图 14-92

STEP 21 按照如图14-93所示设置后单击下一步按钮。

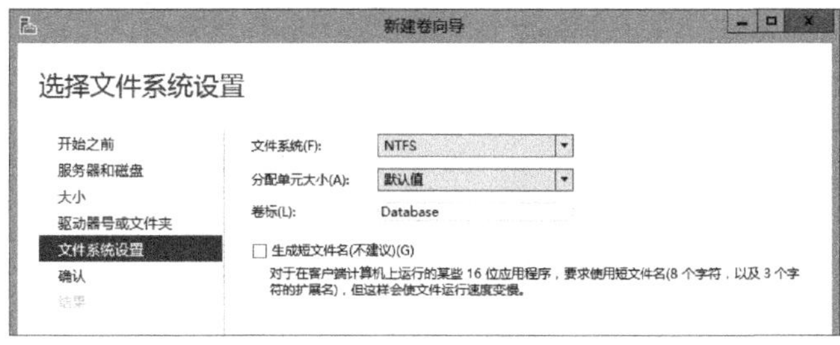

图 14-93

STEP 22 出现**确认选择项目**界面时单击创建按钮。

STEP 23 如图14-94所示，继续新建第二个卷、指定驱动器号F:给此磁盘，接下来的步骤与前面相同，不再赘述（由图中可看到刚才创建的E:）。

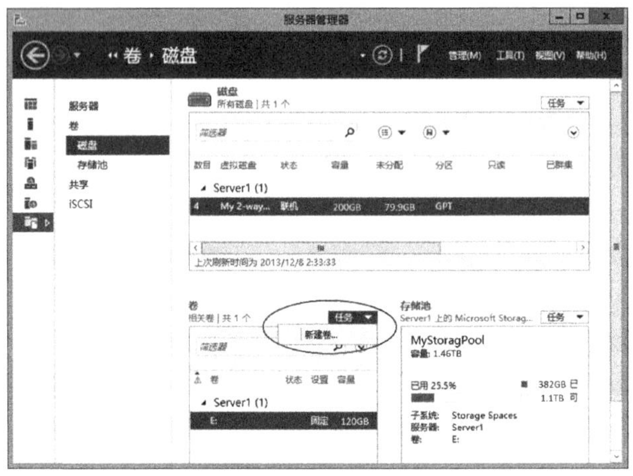

图 14-94

STEP 24 图14-95中是完成后的两个卷E:与F:。如图14-96所示，在**文件资源管理器**内也可以看到E:与F:这两个磁盘。

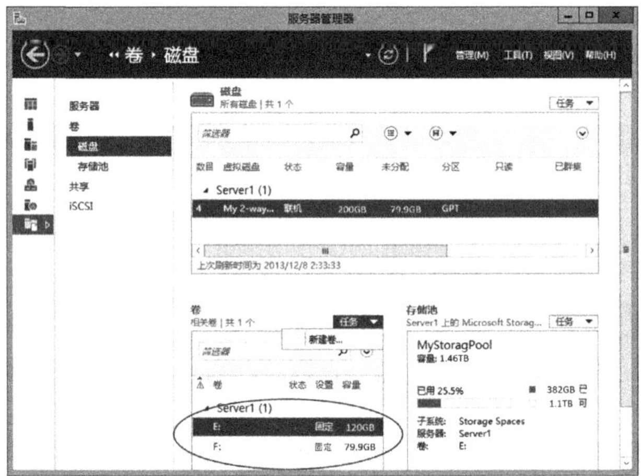

图 14-95

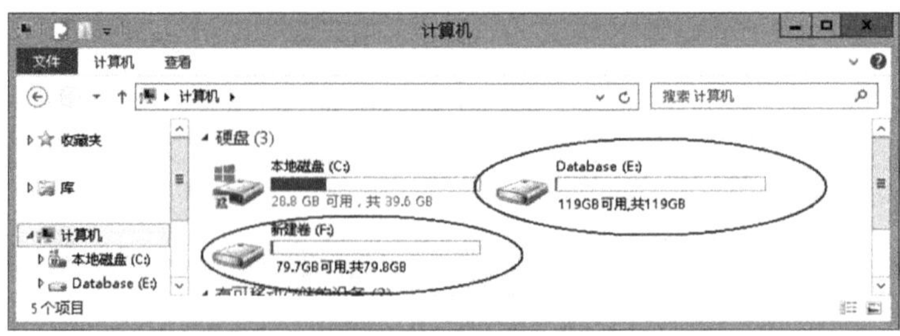

图 14-96

STEP 25 接下来，做个简单实验来验证**2-Way Mirror**的功能是否正常发挥作用。请在E:内创建一个文件，其中随意输入一些数据。

STEP 26 将服务器关机、卸载一个物理硬盘并重新开机。

STEP 27 登录后，在**服务器管理器**内可以看到如图14-97所示的警告信息，表示存储池内的硬盘有误。但是在如图14-98中所示的虚拟磁盘与其中的卷E: 与F:都没有错误，而且通过**文件资源管理器**仍然可以正常访问其中的文件。

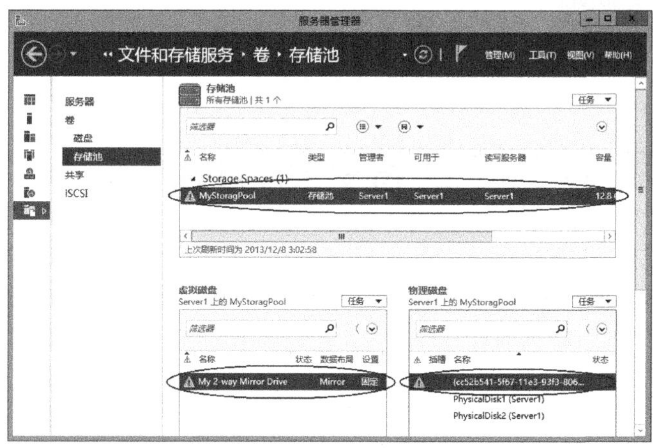

图 14-97

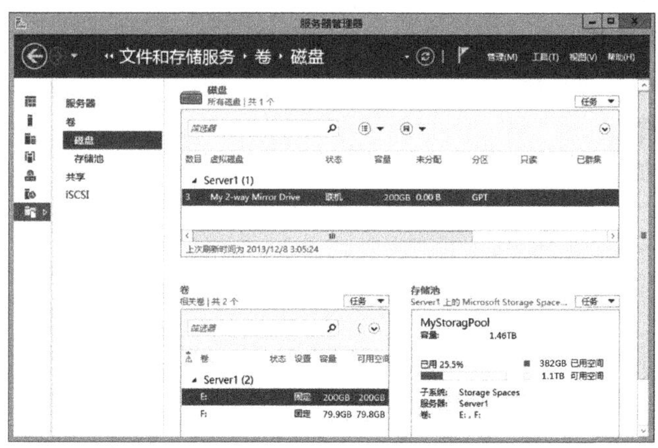

图 14-98

附注

如果指定备份硬盘，此时该硬盘就会立即联机取代故障硬盘，以便继续提供**2-Way Mirror**虚拟磁盘功能。

第 15 章 利用 WSUS 部署更新程序

WSUS(Windows Server Update Services)可让你将Microsoft产品的最新更新程序部署到企业内部计算机上。

- WSUS概述
- WSUS的系统需求
- WSUS的特性与工作方式
- 安装WSUS服务器
- 设置客户端的自动更新
- 审批更新程序
- 自动更新的组策略设置

15.1 WSUS概述

为了让用户的Windows系统与其他Microsoft产品能够更安全、更稳定、功能更强大，因此Microsoft会不定期在网站上推出最新的**更新程序**（例如Update、Service Pack等）供用户下载与安装，而用户可以通过以下方式来取得这些更新程序：

- 手动连接Microsoft Update网站
- 通过Windows系统的自动更新功能

然而以上两种方式对企业内部来说，都可能会有以下缺点。

- **影响网络效率**：如果企业内部每台计算机都自行上网更新，将会增加对外网络的负担、影响对外连接的网络效率。
- **与现有软件相互干扰**：如果企业内部使用的软件与更新程序发生冲突，则用户自行下载与安装更新程序可能会影响该软件或更新程序的正常运行。

WSUS（Windows Server Update Services）是一个可以解决上述问题的产品，例如图15-1中企业内部可以通过WSUS服务器集中从Microsoft Update网站下载更新程序，并且在完成这些更新程序的测试工作、确定对企业内部计算机没有不良影响后，再通过网管人员的审批程序（approve）将这些更新程序部署到客户端的计算机上。

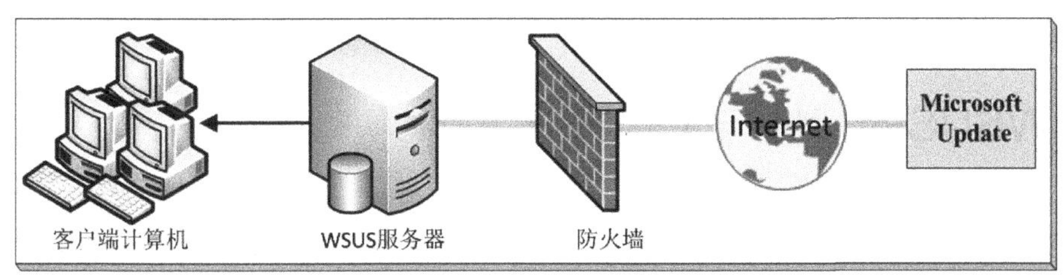

图 15-1

15.2 WSUS的系统需求

以图15-1的基本WSUS架构来说，WSUS服务器与客户端计算机都必须满足适当的条件后，才能享受WSUS的好处。

可以在Windows Server 2012内通过新增角色的方式来安装WSUS。安装WSUS之前，需要安装以下组件。

- **Microsoft Report Viewer Redistributable 2008**：WSUS服务器需要通过它制作各种不同的报告，例如更新程序状态报告、客户端计算机状态报告与同步处理结果报告等。

请连接Microsoft网站下载Microsoft Report Viewer Redistributable 2008或Microsoft Report Viewer 2008 SP1 Redistributable。

- **Windows Server 2012 DVD**：由于Microsoft Report Viewer Redistributable 2008需要.Net Framework 2.0，而.Net Framework 2.0在Windows Server 2012 DVD内，因此先准备好此DVD。如果使用Windows Server 2012 ISO文件，请用虚拟光盘程序（例如DVDFab Virtual Drive、WinCDEmu）来挂载此ISO文件。

> **附注**
>
> WSUS服务器的系统分区（system partition）与安装WSUS的磁盘分区的文件系统都必须是NTFS。

WSUS客户端计算机必须支持自动更新功能（automatic update），而Windows 2000 SP4（含）以后的客户端都支持。

可以利用WSUS服务器内置的**WSUS管理控制台**执行WSUS服务器的管理工作，还可以在其他计算机上管理WSUS服务器。不过，需要在这些计算机上安装**WSUS管理控制台**，但是这些计算机必须已经安装以下组件：

- Microsoft .NET Framework 2.0或更新版本
- Microsoft Management Console 3.0或更新版本
- Microsoft Report Viewer Redistributable 2008或更新版本

15.3 WSUS的特性与工作方式

为了让你更容易地配置WSUS环境，本节将详细说明WSUS的基本特性与工作方式。

15.3.1 利用计算机组部署更新程序

如果能够将企业内部客户端计算机适当分组，就可以更容易与明确地将更新程序部署到指定的计算机上。系统默认内置两个计算机组，即**所有计算机**与**未分配的计算机**，客户端计算机在第一次与WSUS服务器接触时，系统默认会将该计算机同时加入到这两个组内。可以再添加更多的计算机组，例如，图15-2中的**业务部计算机**组，然后将计算机从**未分配的计算机**组内移动到新组内。另外，因为WSUS服务器从Microsoft Update网站下载的更新程序，最好经过测试后，再将其部署到客户端计算机，因此图中还创建了一个**测试计算机**组，我们应该先将更新程序部署到**测试计算机**组内的计算机，待测试无误、确定对企业内部计算机没有不良影响后，再将其部署到其他组内的计算机。

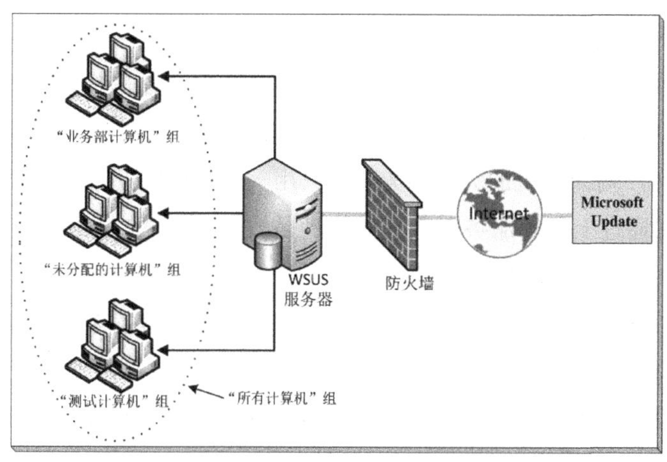

图 15-2

15.3.2 WSUS服务器的架构

也可以创建更复杂的WSUS服务器架构，也就是创建多台WSUS服务器，并设置让其中一台WSUS服务器（称为**主服务器**）从Microsoft Update网站获取更新程序，但是其他服务器并不直接连接Microsoft Update网站，而是从上游的**主服务器**来获取更新程序，例如，图15-3中的上游WSUS服务器就是**主服务器**，而下游服务器会从上游的**主服务器**获取更新程序。

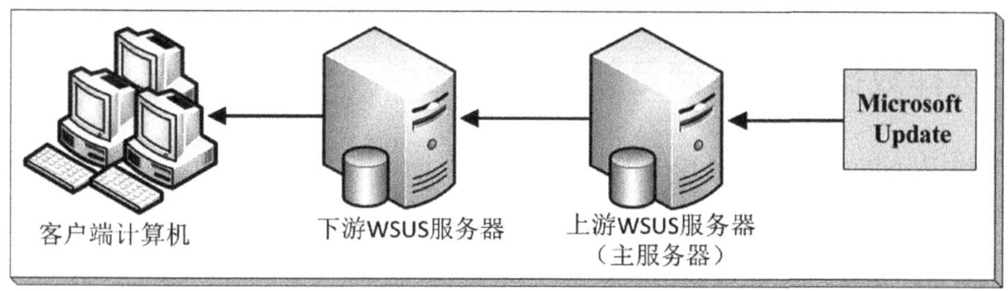

图 15-3

这种将WSUS服务器通过上下游方式串接在一起的模式有以下两种。

- **自治模式**：上游WSUS服务器会与下游服务器共享更新程序，也就是下游服务器会从上游服务器获取更新程序，但是并不包含更新程序的审批状态、计算机组信息，因此下游服务器必须自行决定是否要审批这些更新程序与自行创建所需的计算机组。
- **副本模式**：上游WSUS服务器会与下游服务器共享更新程序、更新程序的审批状态与计算机组信息，换句话说，下游服务器是从上游服务器获取上述数据的，所有可以在上游服务器管理的项目都无法在下游服务器自行管理，例如不能够自行更改新程序的审批状态等。

注意，上述计算机组信息只有计算机组本身而已，并且不包含计算机组的成员，必须自行在下游服务器来管理组成员，而客户端计算机在第一次与下游WSUS服务器接触时，这些计算机默认会被同时加入到**所有计算机**与**未分配的计算机**组内。

可以根据公司网络环境的需要采用这种上下游WSUS服务器串接的方式，例如只需从上游服务器下载一次更新程序，然后将它分配给其他下游服务器，以便降低Internet连接的负担；又如，对拥有大量客户端计算机的大公司来说，只用一台WSUS服务器来管理这些客户端计算机，负担太重，此时通过上下游服务器来分散管理是较好的方式。再例如，如果能够将更新程序放到比较接近客户端计算机的下游服务器，可以让客户端计算机更快取得所需的更新程序。

采用上下游WSUS服务器串接架构，还需要考虑到不同语言的更新程序，举例来说，如果上游WSUS服务器架设在总公司，总公司需要的语言是简体中文，而下游服务器架设在分公司，分公司需要的语言是英文，虽然总公司仅需要简体中文的更新程序，但必须在总公司的上游服务器选择从Microsoft Update网站同时下载简体中文与英文版的更新程序。换句话说，连接Microsoft Update网站的上游WSUS服务器（主服务器），必须下载所有下游服务器需要的所有语言的更新程序，否则下游服务器将无法获取所需语言的更新程序。

附注

这种上下游WSUS服务器串接的方式，建议最好不要超过3层（虽然理论上并没有层数限制），因为每增加一层，就会增加延迟时间，因而拉长将更新程序传递到每台计算机的时间。

15.3.3 选择数据库与存储更新程序的地点

可以利用Windows Server 2012的内置数据库或Microsoft SQL Server 2005 SP2（或新版本）来构建数据库。每台WSUS服务器都有自己独立的数据库，这个数据库用来存储以下信息：

- WSUS服务器的设置信息。
- 描述每一个更新程序的metadata。Metadata内包含以下数据。
    - **更新程序的属性**：例如更新程序的名称、描述、相关的Knowledge Base文章编号等。
    - **适用规则**：用来判断更新程序是否适用于某台计算机。
    - **安装信息**：例如安装时所需的命令行参数（command-line options）。
- 客户端计算机与更新程序之间的关系。

然而上述数据库并不会存储更新程序文件本身，必须另外选择更新程序文件的存储地点，有以下两种选择。

- **存储在WSUS服务器的本地硬盘内**：此时WSUS服务器会从Microsoft Update网站（或上游服务器）下载更新程序，并将其存储到本地硬盘内。此种方式让客户端可以直接从WSUS服务器获取更新程序，不用到Microsoft Update网站下载，这样可以节省

Internet连接的带宽。

WSUS服务器的硬盘必须有足够空间来存储更新程序文件，最少要有20GB的可用空间，建议保留30GB以上。不过，实际需求要看Microsoft释放出的更新程序数量、下载的语言数量、产品的种类数量等因素而可能需要再预留更多的可用空间。

- **存储在Microsoft Update网站上**：此时WSUS服务器并不会从Microsoft Update网站下载更新程序，换句话说，当执行WSUS服务器与Microsoft Update之间的同步工作时，WSUS服务器只会从Microsoft Update网站下载更新程序的Metadata数据，并不会下载更新程序本身。

  因此，当你审批客户端可以安装某个更新程序后，客户端是直接连接Microsoft Update网站下载更新程序。如果客户端计算机的数量不多，或客户端与WSUS服务器之间的连接速度比较慢，但是客户端却与Internet之间的连接速度比较快时，就可以选择此选项。

15.3.4 延期下载更新程序

WSUS允许你延期（defer）下载更新程序文件，也就是WSUS服务器会先下载更新程序的metadata，之后再下载更新程序文件。更新程序文件只有在你审批该更新程序后才会被下载，这种方式可以节省网络带宽与WSUS服务器的硬盘空间使用量。Microsoft建议你采用延缓下载更新程序的方式，也是WSUS的默认值，如图15-4所示。

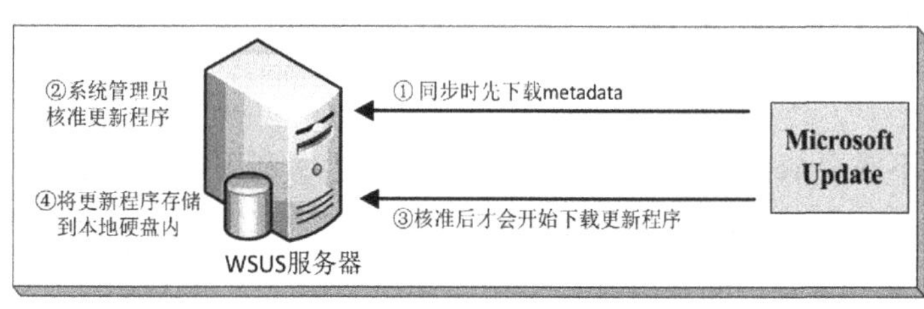

图 15-4

15.3.5 使用快速安装文件

客户端计算机要安装更新程序时，此计算机内可能已经有该更新程序的旧版文件，这个旧文件与新更新程序之间的差异可能不大。如果客户端能够只下载新版与旧版之间的差异，然后利用将差异合并到旧文件的方式来更新，可以减少从WSUS服务器下载的数据量、降低企业内部网络的负担。

不过采用这种方式，WSUS服务器从Microsoft Update网站下载的文件（称为**快速安装文件**）会比较大，因为此文件内必须包含新更新程序和各旧版文件之间的差异，因此WSUS服务器在下载文件时会占用对外的网络带宽。

例如，假设更新程序文件的原始大小为100 MB，图15-5上半部分是未使用**快速安装文件**

的情况，此时WSUS服务器会从Microsoft Update网站下载这个大小为100 MB的文件，客户端从WSUS服务器也是下载100 MB的数据量。图中下半部分是使用**快速安装文件**的情况，此文件变为比较大的200 MB（这是为了解释方便的假设值）。虽然WSUS服务器必须从Microsoft Update下载的文件大小为200MB，但是客户端从WSUS服务器仅需下载30 MB的数据量。系统默认未使用**快速安装文件**。

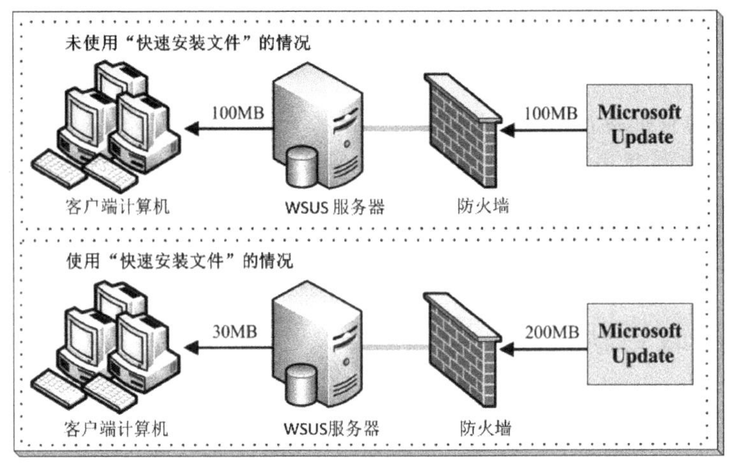

图 15-5

15.4 安装WSUS服务器

构建WSUS并不需要Active Directory域环境，然而为了利用组策略来充分管理客户端的自动更新设置，建议采用Active Directory域环境。

我们将利用如图15-6所示的环境进行说明。图中安装了一台Windows Server 2012域控制器，计算机名称为DC，域名为sayms.local，它同时也是用来支持Active Directory的DNS服务器；WSUS服务器为Windows Server 2012成员服务器，计算机名为WSUS；另外，图中多台客户端计算机可为Windows 7、Windows 8等，我们假设它们也都加入域。先准备好图中的计算机并设置其TCP/IPv4值（图中采用TCP/IPv4）、构建好Active Directory域、将其他计算机加入域。

另外，为了能够从Microsoft Update网站下载更新程序，要确认此网络可以连上Internet，图中假设此网络通过NAT（Network Address Translation，例如IP共享器、宽带路由器等）连上Internet，并且假设NAT的IP地址为192.168.8.254。

请在图15-6中即将扮演WSUS服务器的计算机（计算机名为WSUS）上利用Administrator身份登录，然后通过以下步骤来安装WSUS。

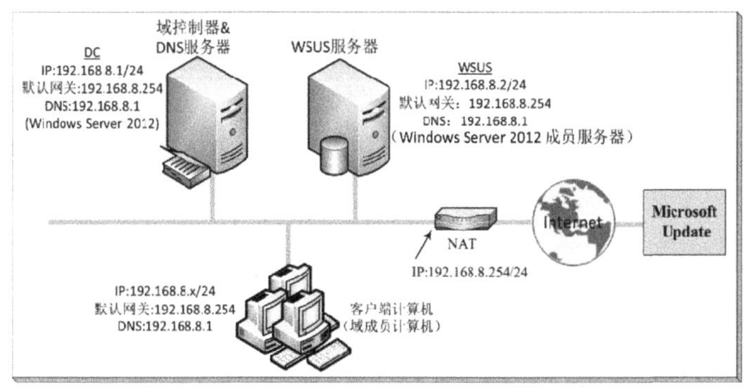

图 15-6

STEP 1 在微软网站下载Microsoft Report Viewer 2008 SP1 Redistributable并准备好Windows Server 2012 DVD。

STEP 2 单击左下角的**服务器管理器**图标，如图15-7所示单击**仪表板**处的**添加角色和功能**。

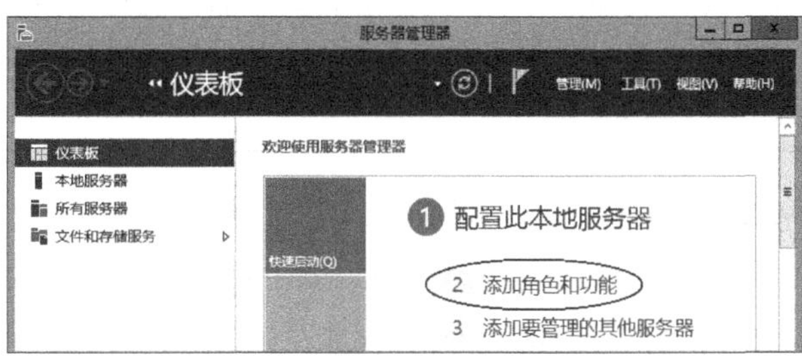

图 15-7

STEP 3 出现**开始之前**界面时单击下一步按钮。

STEP 4 在**选择安装类型**界面中采用默认的**角色或功能安装**后单击下一步按钮。

STEP 5 在**选择目标服务器**界面中直接单击下一步按钮。

STEP 6 如图15-8所示，勾选**Windows Server更新服务**，单击添加功能按钮来安装所需的功能，单击下一步按钮。

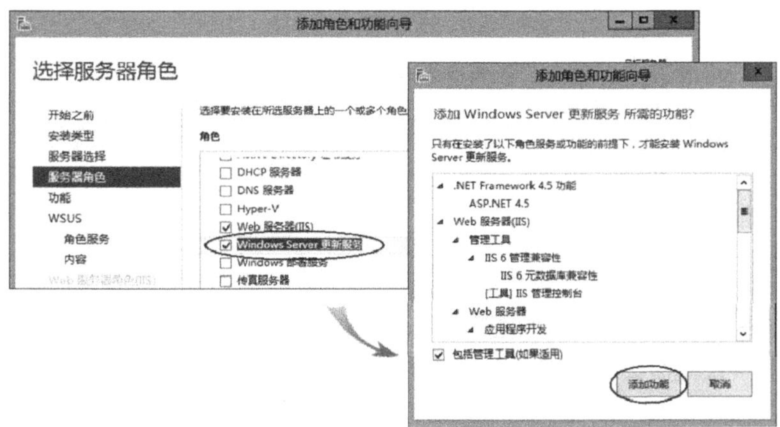

图 15-8

STEP 7　如图15-9所示，勾选**.NET Framework 3.5**功能后单击下一步按钮。

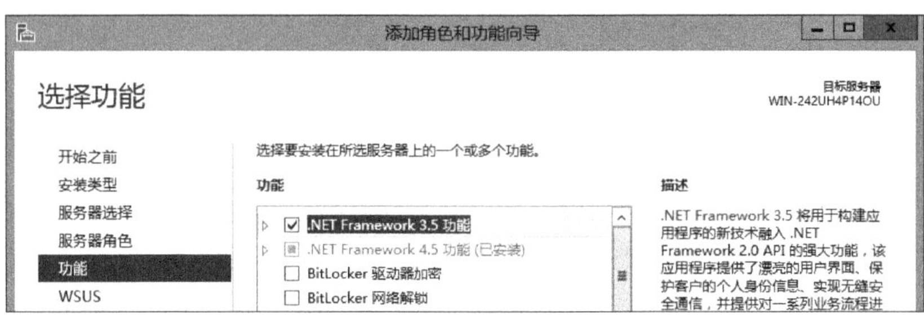

图 15-9

注意

Microsoft Report Viewer 2008 SP1 Redistributable需要.NET Framework 2.0，而.NET Framework 2.0包含在.NET Framework 3.5内，并且需要通过**添加角色和功能**的方式来安装包含在.NET Framework 3.5内的.NET Framework 2.0（它目前不让你采用上网下载、安装.NET Framework的方式）。

STEP 8　出现Windows Server更新服务界面时单击下一步按钮。

STEP 9　按如图15-10所示选择后单击下一步按钮。图中我们选择内置数据库（Windows Internal Database，WID），如果要使用 SQL数据库，请改勾选**数据库**复选框。

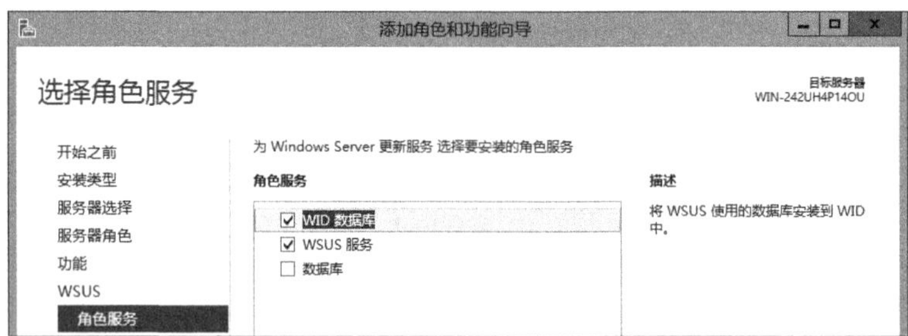

图 15-10

STEP 10　如图15-11所示，选择将下载的更新程序存储到本地的C:\WSUS。

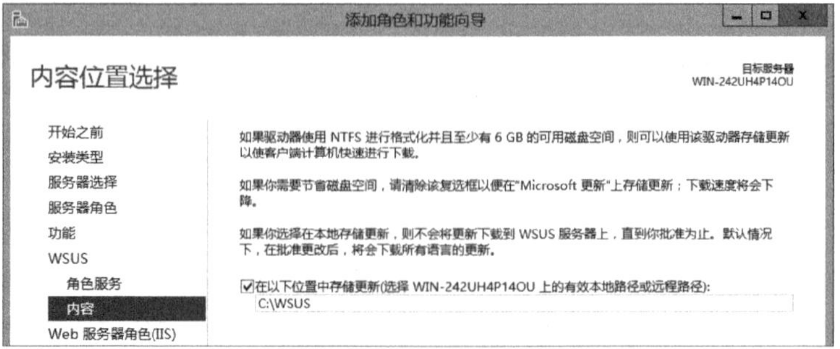

图 15-11

STEP 11　出现**Web服务器（IIS）**界面时单击下一步按钮。

STEP 12　出现**选择角色服务**界面时单击下一步按钮。

STEP 13　.NET Framework 2.0（.NET Framework 3.5）的安装文件位于Windows Server 2012 DVD内，需要通过单击如图15-12中所示**指定备用源路径**的方式到DVD内选择安装文件。

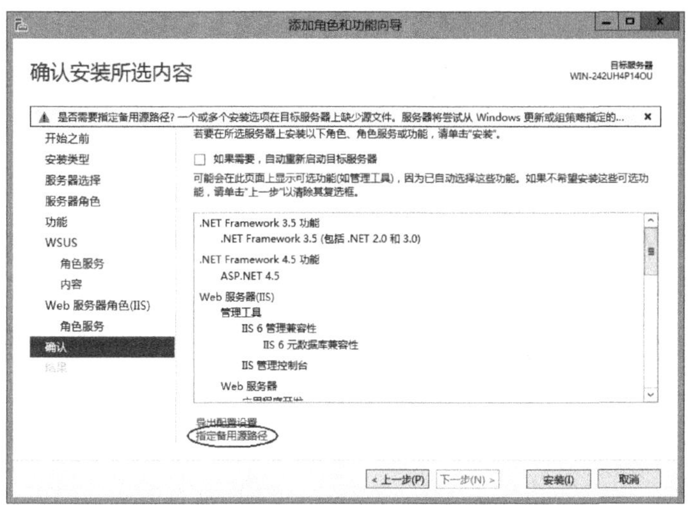

图 15-12

STEP 14　假设Windows Server2012 DVD位于D:，则请在如图15-13所示的路径中输入**D:\sources\sxs**后单击确定按钮。

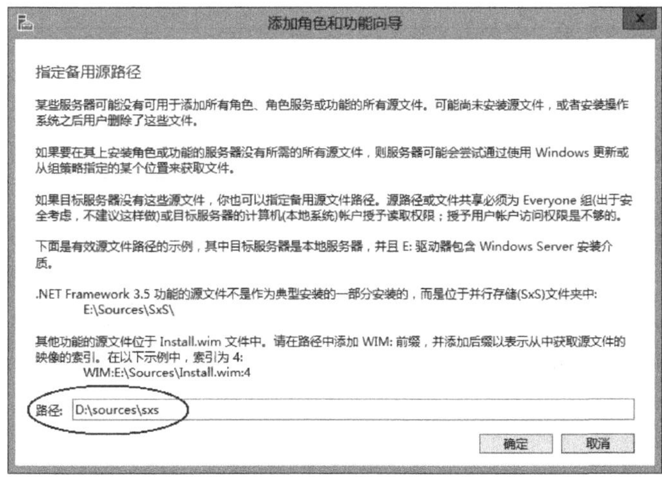

图 15-13

STEP 15　返回**确认安装选项**界面时单击安装按钮，接着可以等到安装完成后再单击关闭按钮。

STEP 16　如图15-14所示启动后续的安装工作。接下来，就等待其完成后续的安装工作，还可以单击图上的惊叹号查看安装的进度。

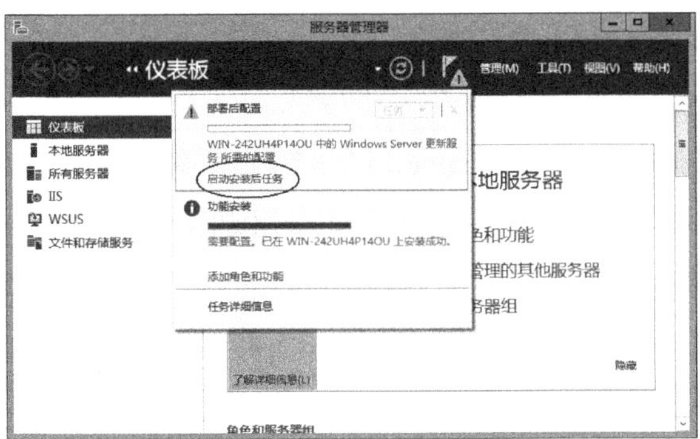

图 15-14

STEP 17　接着安装从微软网站下载的Microsoft Report Viewer 2008 SP1 Redistributable。

STEP 18　按Windows键⊞切换到开始屏幕➲**Windows Server Update Services**。

STEP 19　接下来会启动如图15-15所示的**Windows Server Update Services**配置向导，单击下一步按钮。

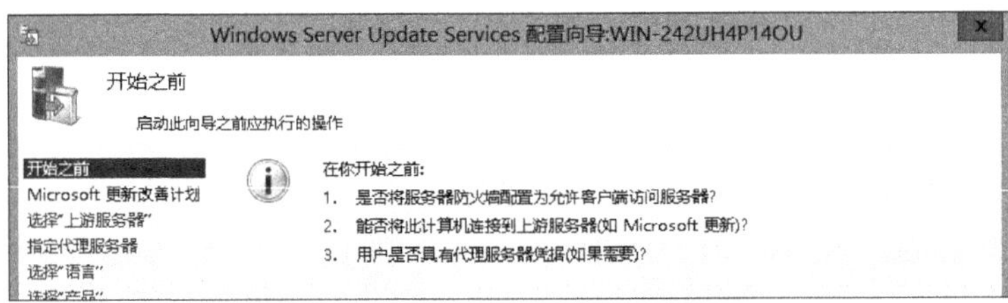

图 15-15

也可以稍候再通过 **WSUS 管理控制台**内的**选项**界面来运行配置向导。

STEP 20　出现**参加Microsoft Update改进方案**界面时，请自行决定是否要参与此方案后单击下一步按钮。

STEP 21　如图15-16所示，我们选择让WSUS服务器与Microsoft Update同步，也就是让服务器直接从Microsoft Update网站下载更新程序与Metabase等。

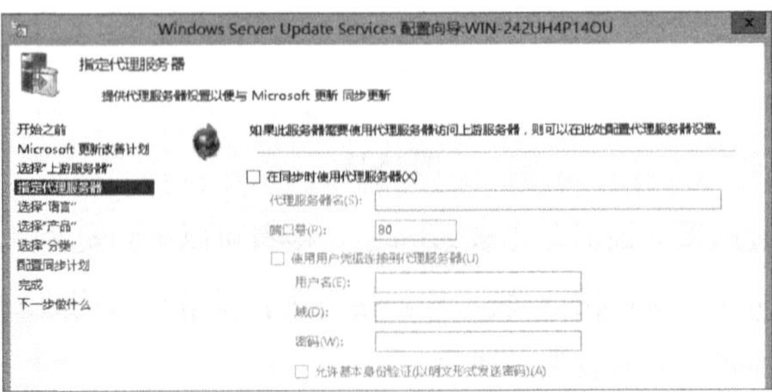

图 15-16

STEP 22 如果WSUS服务器需要通过企业内部的Proxy服务器（代理服务器）连接Internet，请在如图15-17所示对话框中输入Proxy服务器的相关信息，包括服务器名称、端口号。如果需要验证身份，请再输入用户名与密码等数据。完成后单击下一步按钮。

图 15-17

STEP 23 单击如图15-18所示的开始连接按钮，以便从Windows Update网站（或上游服务器）取得更新程序的相关信息（必须花费一段时间）。完成下载后单击下一步按钮。

图 15-18

STEP 24 如图15-19所示，选择下载所需语言的更新程序后单击下一步按钮。

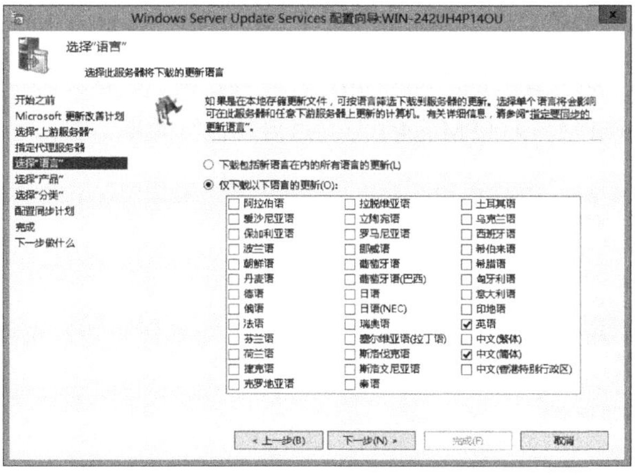

图 15-19

STEP 25　如图15-20所示，选择需要下载更新程序的产品后单击 下一步 按钮。系统默认会选择Office与Windows系统的更新程序。

Windows Server Update Services 配置向导:WIN-242UH4P14OU
选择"产品"
选择要更新的 Microsoft 产品
开始之前
Microsoft 更新改善计划
选择"上游服务器"
指定代理服务器
选择"语言"
选择"产品"
选择"分类"
配置同步计划
完成
下一步做什么
可以指定需要更新的产品。
产品(P):
Office Live
Office Live Add-in
Office
Office 2002/XP
Office 2003
Office 2007
Office 2010
Office 2013
微软输入法的词典更新
用于微软输入法的新词典
SDK Components
CAPICOM
Silverlight
所有产品，包括将来添加的产品。
< 上一步(B)
下一步(N) >
完成(F)
取消

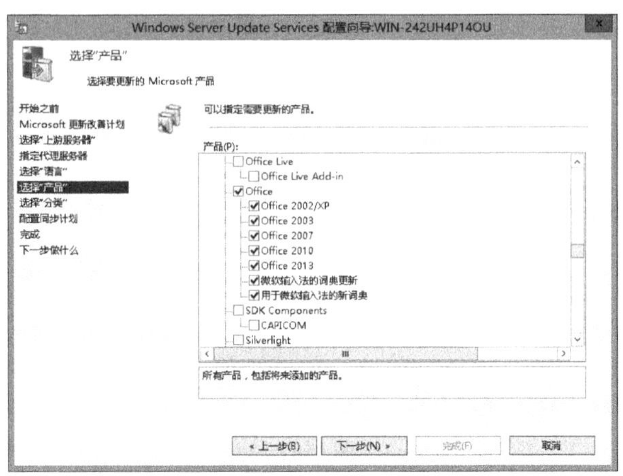

图 15-20

STEP 26　如图15-21所示，选择下载所需类型的更新程序后单击 下一步 按钮。

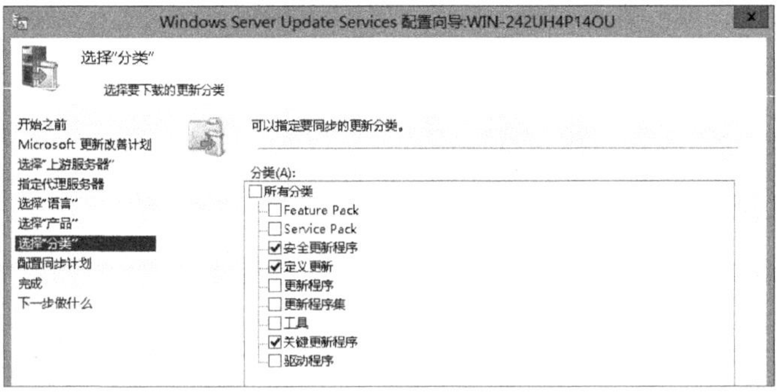

Windows Server Update Services 配置向导:WIN-242UH4P14OU
选择"分类"
选择要下载的更新分类
开始之前
Microsoft 更新改善计划
选择"上游服务器"
指定代理服务器
选择"语言"
选择"产品"
选择"分类"
配置同步计划
完成
下一步做什么
可以指定要同步的更新分类。
分类(A):
所有分类
Feature Pack
Service Pack
安全更新程序
定义更新
更新程序
更新程序集
工具
关键更新程序
驱动程序

图 15-21

STEP 27　如图15-22所示，选择手动或自动同步后单击 下一步 按钮。如果选择自动同步，请设置第一次同步的时间与每天同步的次数（系统会自动设置同步间隔时间），举例来说，如果设置第一次同步时间为3:00AM，并且每天同步次数为4次，则系统会在3:00AM、9:00AM、3:00PM与9:00PM这4个时间点自动执行同步工作。

Windows Server Update Services 配置向导:WIN-242UH4P14OU
设置同步计划
配置此服务器与 Microsoft 更新 进行同步的时间
开始之前
Microsoft 更新改善计划
选择"上游服务器"
指定代理服务器
选择"语言"
选择"产品"
选择"分类"
配置同步计划
完成
下一步做什么
可以手动同步更新或设置每天的自动同步计划。
手动同步(M)
自动同步(A)
第一次同步(S):
16:32:48
每天同步一次(D):
1

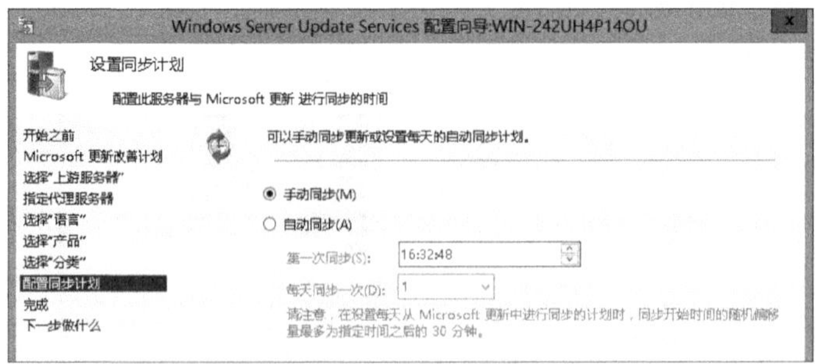

图 15-22

STEP 28 勾选如图15-23所示的选项来执行第一次同步工作，单击**下一步**按钮。

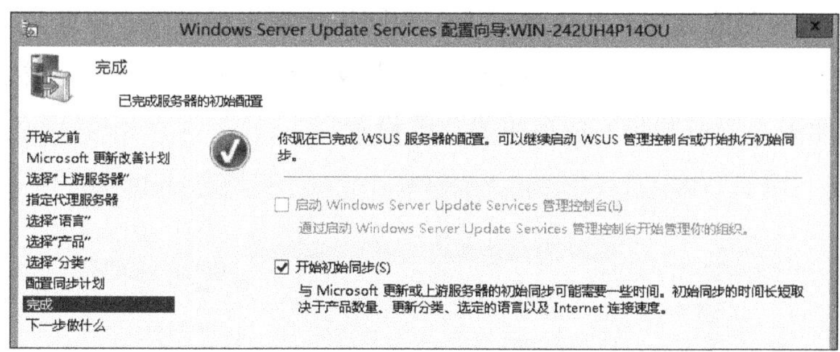

图 15-23

STEP 29 出现**接下来要做什么**界面时直接单击**完成**按钮。

STEP 30 由图15-24可以看出当前的同步进度。

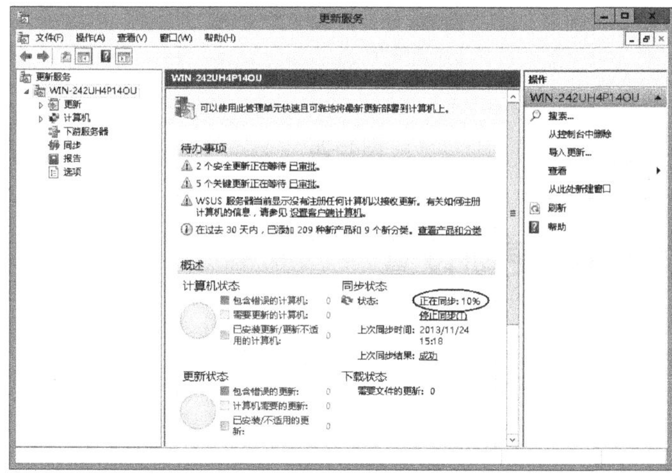

图 15-24

以后如果要再次执行手动同步操作，可以通过如图15-25所示的**同步**界面右侧的**立即同步**来完成。

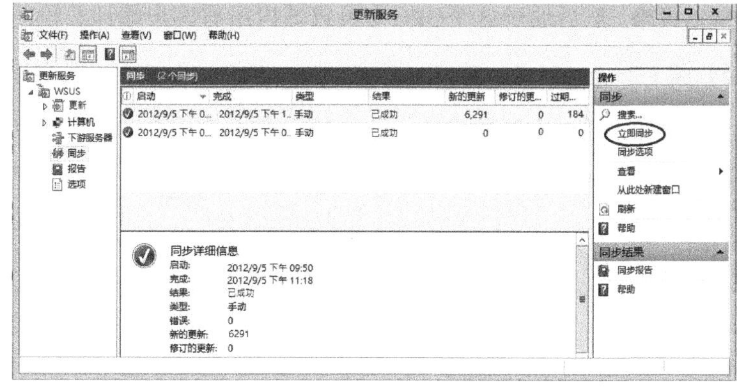

图 15-25

如果要将手动同步改成计划自动同步，请选择如图15-25所示右侧的**同步**选项，或者直接单击如图15-26所示左侧的**选项**，然后通过图中的**同步计划**进行设置。除此之外，在前面安装过程中的所有设置也都可以通过此**选项**界面进行更改。在同步操作尚未完成之前，无法存储更改的设置，因此耐心等待同步完成后再来更改设置。

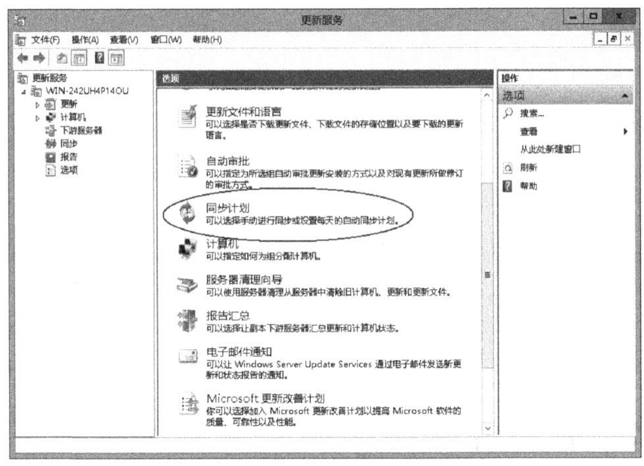

图 15-26

15.5 客户端的自动更新设置

我们要让客户端计算机能够通过WSUS服务器下载更新程序，而这个设置可以通过以下两种方法来完成。

- **组策略**：在Active Directory域环境下，就可以通过组策略进行设置。
- **本地计算机策略**：如果没有Active Directory域环境，或客户端计算机未加入域，则可以通过本地计算机策略进行设置。

以下我们利用域组策略说明。假设要在域sayms.local中创建一个域级别的GPO（组策略对象），其名称为**WSUS策略**，然后通过这个GPO来设置域内所有客户端计算机的自动更新配置。

STEP 1　在域控制器上按⊞键切换到**开始屏幕**➲**组策略管理**。

STEP 2　如图15-27所示，通过【对着域sayms.local单击鼠标右键➲**在这个域中创建GPO并在此处链接**➲设置GPO的名称（例如**WSUS策略**）后单击**确定**按钮】的方法来创建GPO。

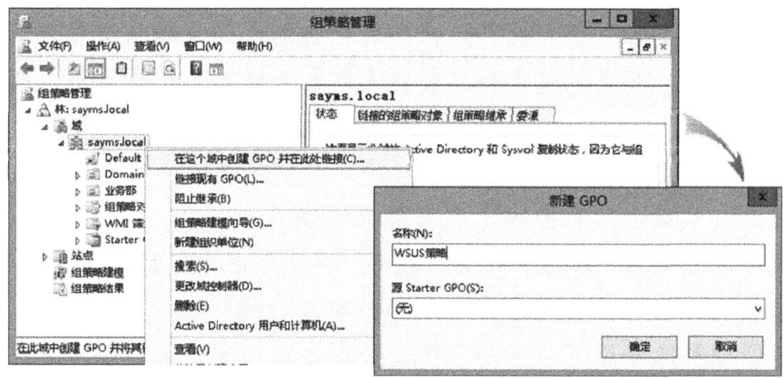

图 15-27

STEP 3　如图15-28所示【对着刚才创建的**WSUS策略**单击鼠标右键➲**编辑**】。

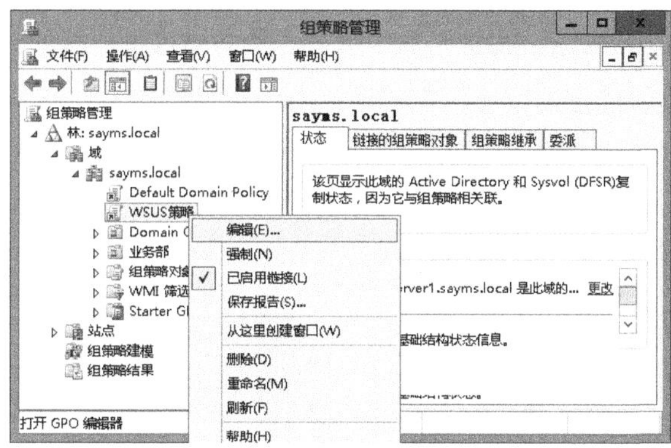

图 15-28

STEP 4　展开**计算机配置**➲**策略**➲**管理模板**➲**Windows组件**➲如图15-29所示双击**Windows更新**右侧的**配置自动更新**➲在前景图中选择客户端计算机的自动更新方式。

图 15-29

- **通知下载并通知安装**：在下载更新程序前会通知已登录的系统管理员，由他自行决定是否要现在下载；下载完成后和准备安装前也会通知系统管理员，然后由他自行决定是否现在安装。
- **自动下载并通知安装**：自动下载更新程序，下载完成后和准备安装前会通知已登录的系统管理员，然后由他自行决定是否现在安装。
- **自动下载并计划安装**：自动下载更新程序，并且会在指定时间自动安装。选择此选项，还必须在界面下半部分指定自动安装的日期与时间。
- **允许本地管理员选择设置**：前面几项设置完成后，就无法在客户端进行更改，但是此选项让在客户端登录的系统管理员可以通过**控制面板**自行选择自动更新方式。

STEP 5　双击如图15-30中所示的**指定Intranet Microsoft更新服务位置**，然后指定让客户端从WSUS服务器获取更新程序，同时也设置让客户端将更新结果报告给WSUS服务器，这两处请输入**http://wsus:8530/**，其中的wsus为WSUS服务器的计算机名，8530为WSUS网站的默认接听连接端口号，完成后单击确定按钮。

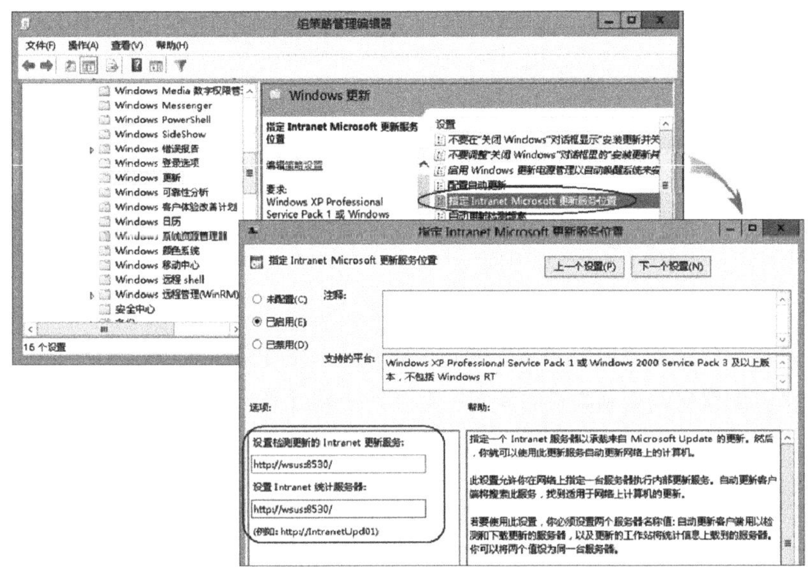

图 15-30

设置完成后，必须等域内的客户端计算机应用这个策略之后才有效，而客户端计算机默认每隔90～120 分钟应用一次（参考第11章）。如果希望客户端能够快一点应用，请到客户端计算机上执行**gpupdate/force**命令（或将客户端计算机重新启动）。

附注

1. 客户端计算机应用策略后，就无法在客户端更改自动更新设置。
2. 未加入域的计算机可执行GPEDIT.MSC，以便通过**本地计算机策略**来完成上述设置，而且设置完成后会立即应用。

应用完成后，还必须等待客户端计算机主动开始与WSUS服务器接触后，在**WSUS管理控制台**内才看到这些客户端计算机，然后就可以开始将更新程序部署到这些计算机。不过，客户端计算机在组策略应用完成后约20分钟才会主动与WSUS服务器接触。如果不想等待，可以利用手动方式与WSUS服务器接触，其方法是到客户端上执行**wuauclt/detectnow**命令。

15.6 审批更新程序

在WSUS服务器上【按⊞键切换到**开始**屏幕➲**Windows Server Update Services**➲展开到**计算机**下的**所有计算机**➲在中间窗口的**状态**列表框中选择**任何**】，之后将看到如图15-31所示的客户端计算机列表，如果有客户端计算机仍未显示在此界面中，可以先到这些计算机上通过**gpupdate/force**立即应用GPO内的组策略设置，然后执行**wuauclt /detectnow**命令，以便快速让这些计算机出现在如图15-31所示的界面中。

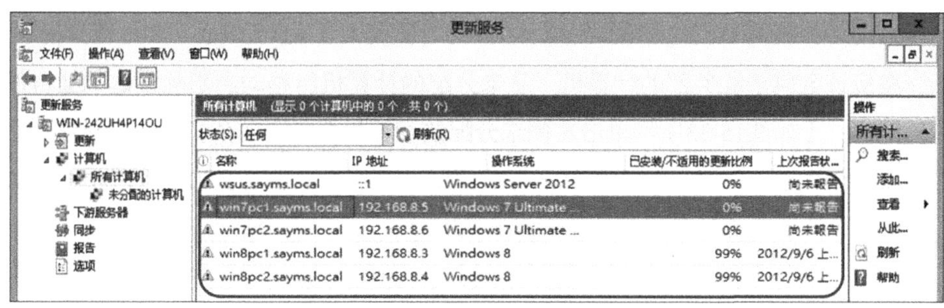

图 15-31

图15-31中会显示每台客户端计算机的计算机名、IP地址、操作系统的种类、**已安装/不适用的更新比例**的更新程序数量占所有更新程序总数的百分比、客户端计算机上次向WSUS服务器报告更新状态的时间。可以在最上方中间的**状态**处选择根据不同的状态显示计算机信息，例如，选择仅显示需要安装更新程序的客户端计算机，然后单击**重新整理**。图中我们选择显示所有状态（也就是**任何**）的计算机。

附注

如果客户端有新的更新状态可报告，而你希望立即报告，请到客户端计算机上执行**wuauclt/reportnow**命令。

15.6.1 创建新计算机组

为了便于利用**WSUS管理控制台**来部署客户端计算机所需的更新程序（尤其是计算机数量

较多时），建议为客户端计算机进行组分类，因此请创建计算机组，例如要创建一个名为**业务部计算机**的组，并将隶属于业务部的计算机移动到此组内。

STEP 1　如图15-32所示【单击**所有计算机**界面右边的**添加计算机组**➲输入组名称后单击添加按钮】。

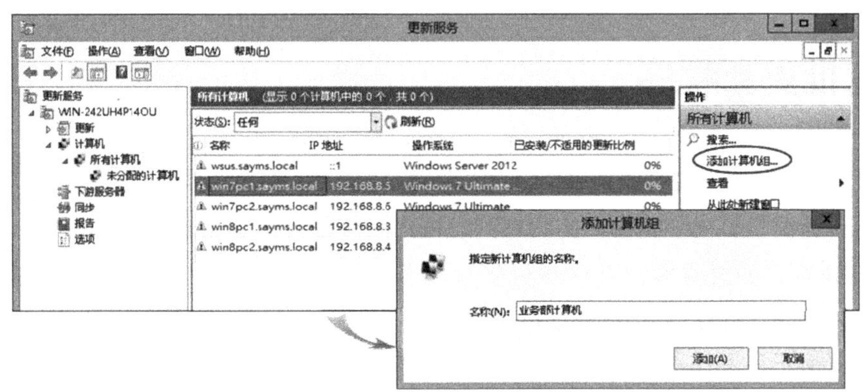

图 15-32

STEP 2　将应该隶属于业务部的计算机，从**未分配的计算机**组移动到刚刚创建的**业务部计算机**组中：【如图15-33所示单击左侧**未分配的计算机**➲在状态列表框中选择**任何**后单击**重新整理**➲选择要移动到**业务部计算机**组的计算机➲单击右侧的**更改成员身份**➲在前景图中勾选**业务部计算机**组后单击确定按钮】。

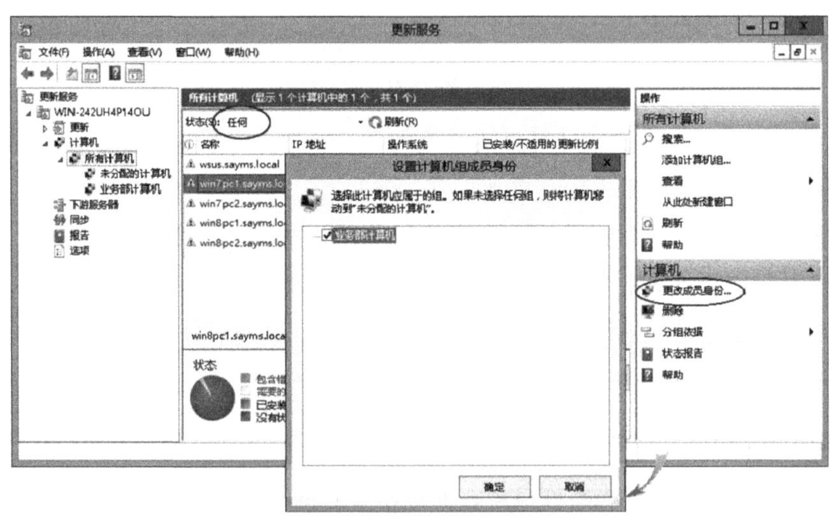

图 15-33

15.6.2 审批更新程序的安装

WSUS下载的所有更新程序都需要经过审批后，客户端计算机才可以安装此更新程序，此

处假设要审批某个安全更新，以便让**业务部计算机**组内的计算机安装此更新程序：【如图15-34所示单击**安全更新**界面中的一个更新程序➲单击右侧的**审批**➲单击**业务部计算机**组➲**已审批进行安装**➲单击确定按钮】。之后如果要解除审批，请执行相同的步骤，但是在如图15-34所示中选择**未审批**。

附注

如图15-34所示，更新程序右侧**已安装/不适用的更新比例**列的数值（图中为60%），表示**已经安装此更新程序与不适用此更新程序**的计算机数量，占所有计算机数量总数的百分比，例如总共有100台计算机，其中有40台计算机已经安装了此更新程序、20台计算机不适用此更新程序，则此处的数值就是(40+20)/100=60%。

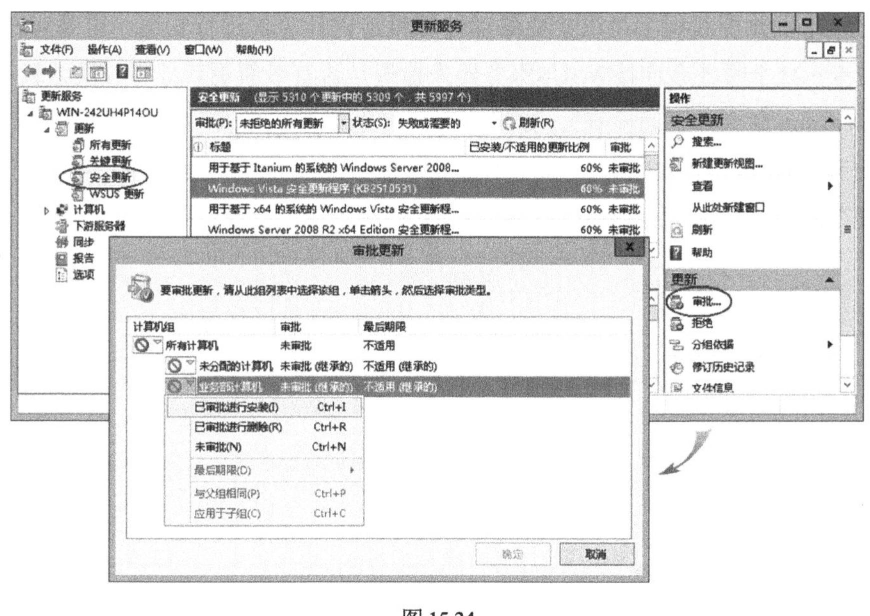

图 15-34

由于WSUS默认会延缓下载更新程序，也就是WSUS服务器与Microsoft Update同步时仅会下载更新程序的metadata。当我们审批更新程序后，更新程序才会被下载。由于我们刚审批上述更新程序，WSUS服务器正要开始下载此更新程序，在未下载完成之前，你都会看到如图15-35所示的提示信息，必须等下载完成后，客户端计算机才可以开始安装此更新程序。

附注

在如图15-35所示更新程序右侧**审批**栏出现了**安装（1/3）**字样，表示当前有3个计算机组，其中有一个组已经被审批安装此更新程序，例如当前有**所有计算机**、**未分配的计算机**与**业务部计算机**3个组，但仅**业务部计算机**组被审批安装此更新程序。

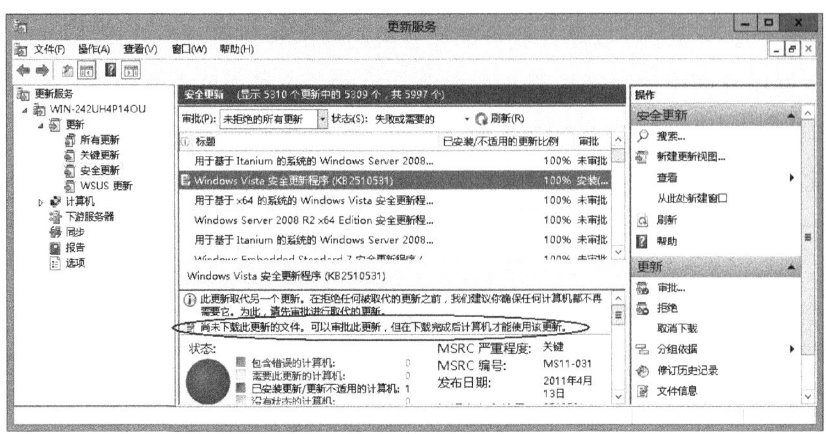

图 15-35

虽然已经审批此更新程序可以让**业务部计算机**组内计算机进行安装，可是客户端计算机默认每隔17.6～22 小时才会连接WSUS服务器来检查是否有最新更新程序可供下载（可以利用**wuauclt/detectnow**命令来手动检查）。如果检查到有更新程序可供下载后，客户端计算机何时会下载此更新程序呢？下载完成后何时才会安装呢？这些都要根据如图15-36所示的设置而定，此设置在图15-29中已经解释过。

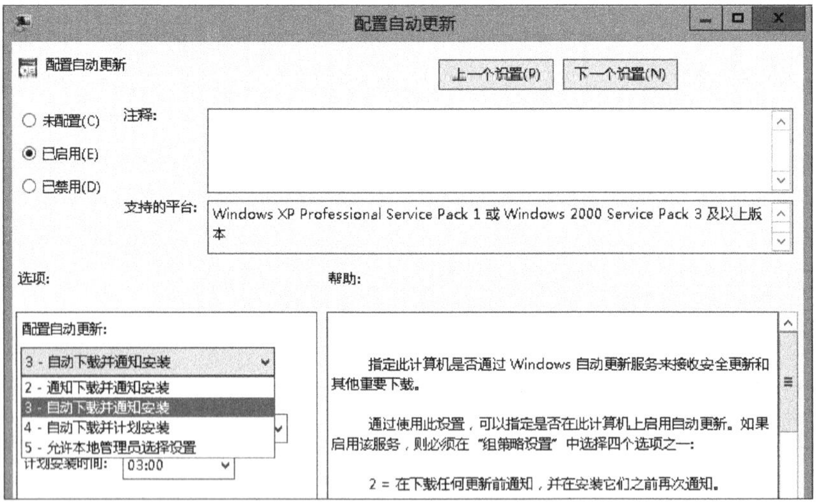

图 15-36

客户端默认每隔17.6～22 小时才会连接WSUS服务器来检查是否有最新更新程序可供下载，此时间值可以通过如图15-37所示的**自动更新检测频率**进行更改，实际时间是此处设置值减掉一个随机值，这个随机值是设置值的0%～20%，例如默认值为22小时，则客户端会每隔17.6～22小时检查是否有最新更新程序。如果此策略被设置为**已禁用**或**未配置**，则系统默认每隔17.6～ 22小时检查更新。

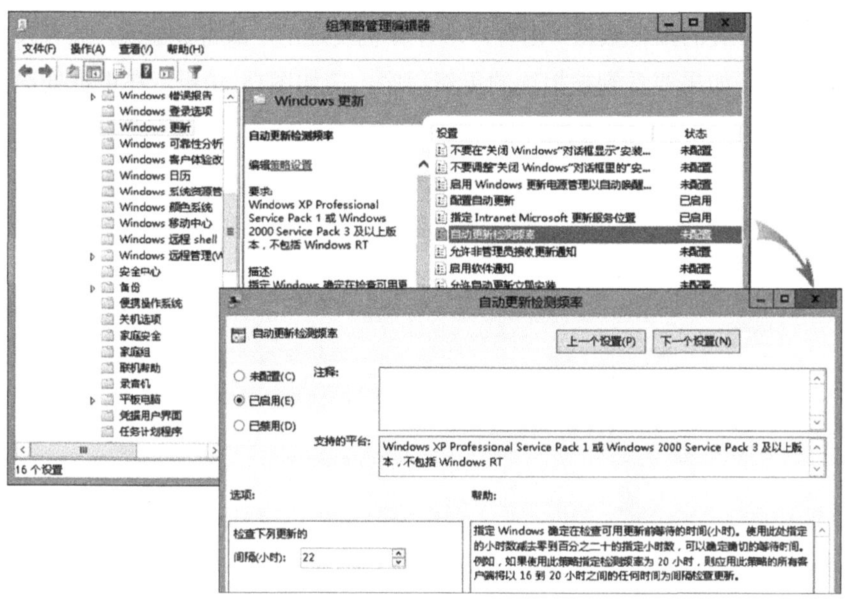

图 15-37

如果希望客户端计算机能够早一点自动检查、下载与安装，以便来验证WSUS功能是否正常、客户端是否会通过WSUS服务器来安装更新程序，请将如图15-37所示的时间缩短，然后到客户端执行**gpupdate/force**立即应用此策略。或是直接到客户端计算机执行**wuauclt/detectow**命令。

只要客户端检测到可供下载与安装的更新程序，客户端计算机右下角的任务栏可能会有提示，并且通过【**控制面板➲系统和安全➲Windows Update**】就可以看到如图15-38所示的提示界面。

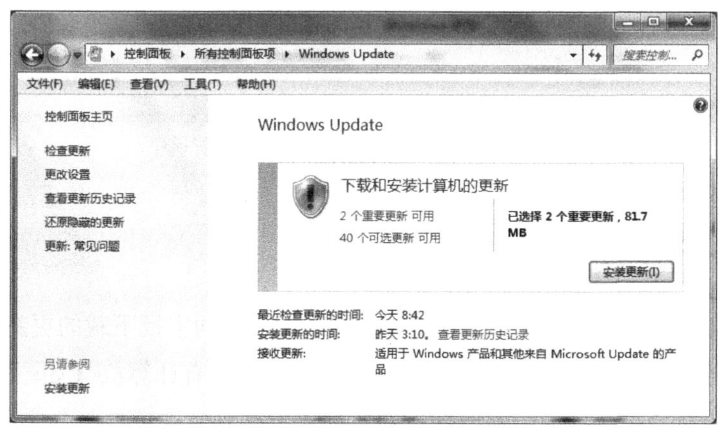

图 15-38

15.6.3 拒绝更新程序

如果单击如图15-39所示某个更新程序右侧的**拒绝**，则系统将解除其审批，同时在WSUS

数据库内与此更新有关的报告数据（由客户端计算机发送的）都将被删除，还有在此界面上也看不到此更新程序。如果要看到被拒绝的更新程序，请如图15-40所示在**审批**处选择**已拒绝**后单击**重新整理**。

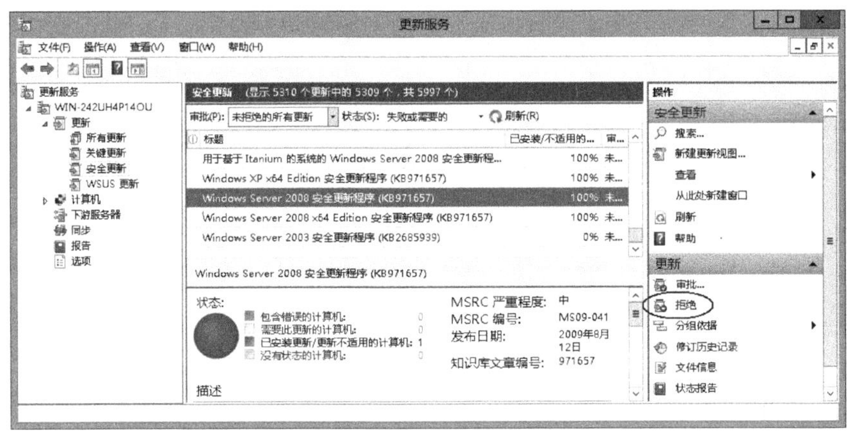

图 15-39

图 15-40

15.6.4 自动审批更新程序

可以设置当WSUS服务器与Windows Update同步时，自动审批下载的更新程序。例如，如果希望所有下载的**安全更新**与**重要更新**都能够自动审批给所有计算机:【如图15-41所示单击**选项**界面中的**自动审批**➲在前景图中勾选**默认的自动审批规则**复选框➲单击**应用**按钮】。如果还要将此规则应用到已经同步的更新程序，请单击界面中的**运行规则**。由图中可知，还可以自行创建自动审批规则，或编辑、删除现有规则。

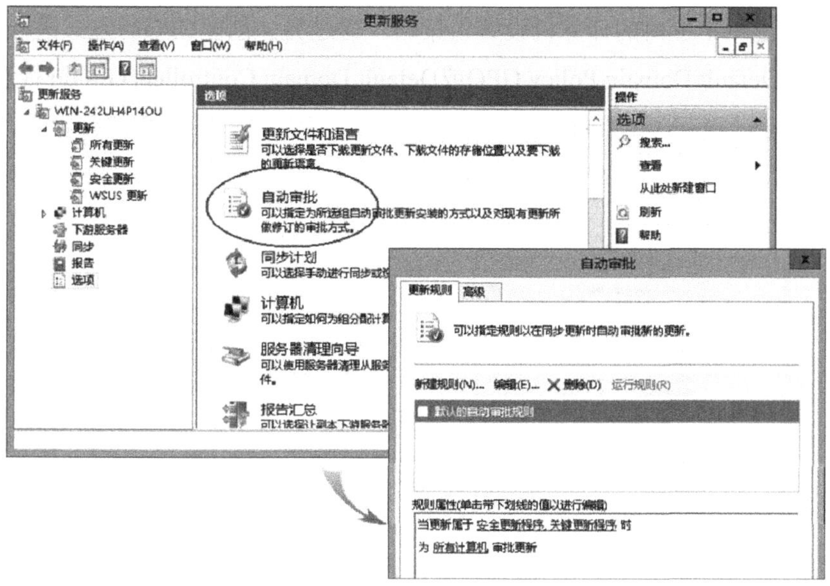

图 15-41

在单击如图15-42中所示的**高级**标签后，还可以更改以下设置。

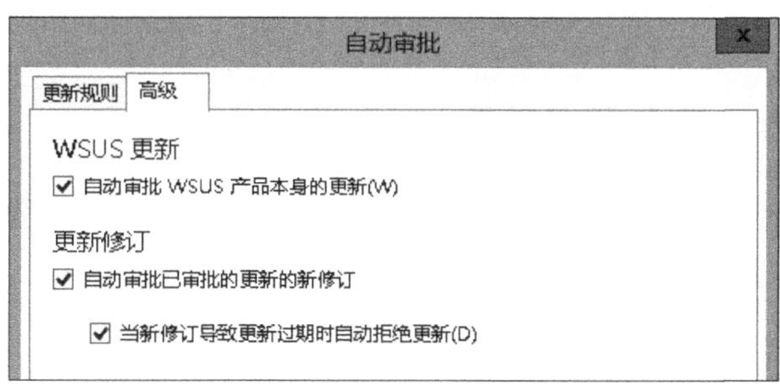

图 15-42

- **WSUS更新**：可以用来设置是否要让WSUS产品本身的更新程序自动被审批。
- **更新修订**
  - **自动审批已审批的更新的新修订**：如果已审批的更新程序未来有修订版，则自动审批此修订版本的更新程序。
  - **当新修订导致更新过期时自动拒绝更新**：当未来有新修订的版本出现，而使得旧版本过期时，则自动拒绝这个过期的旧更新程序。

15.7 自动更新的组策略设置

前面曾经介绍过几个与自动更新有关的组策略设置，本节将介绍更多的设置（参考图15-43），以便于进一步管理客户端计算机与WSUS服务器之间的通信方式。可以针对整个域内的计算机或某个组织单位内的计算机设置组策略。通过另外创建GPO的方式进行设置，尽量不要通过内置的Default Domain Policy GPO或Default Domain Controllers GPO进行设置。

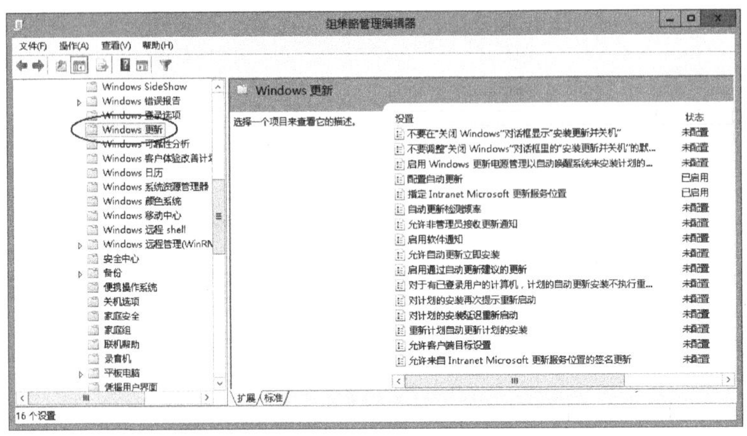

图 15-43

配置自动更新

此策略用来配置客户端下载与安装更新程序的方式，已在图15-29处解释过。

指定 Intranet Microsoft 更新服务位置

用来指定让客户端计算机从WSUS服务器获取更新程序，同时还设置让客户端将更新结果报告给WSUS服务器，此策略已经在图15-30处解释过。

自动更新检测频率

用来设置客户端计算机每隔多久时间连接WSUS服务器，以便检查是否有最新的更新程序可供下载与安装，此策略已经在图15-37处解释过。

允许非管理员接收更新通知

如果在**设置自动更新**策略中被设置为在下载前或安装前通知用户，则默认只有系统管理员才会收到此通知信息（右下角状态栏会显示通知图标），然而启用此策略后，就可以让非系统管理员也收到通知信息。如果此策略被设置为**已禁用或未配置**，则只有系统管理员才会收到通知信息。

允许立即安装自动更新

当更新程序下载完成并且准备好可以安装时，默认根据在**配置自动更新**策略内的设置来决定何时安装此更新程序。然而启用此**允许立即安装自动更新**策略后，某些更新程序会被立

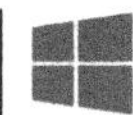

即安装。这些更新程序是指那些既不会中断Windows服务，也不会重新启动Windows 系统的更新程序。

对于有已登录用户的计算机，计划的自动更新安装不执行重新启动

如果在**配置自动更新**策略中选择计划安装更新程序，有的更新程序安装完成后需要重新启动计算机，而此**对于有已登录用户的计算机，计划的自动更新安装不执行重新启动**策略用来设置有用户登录客户端计算机时是否要自动重新启动计算机。

如果启用此策略，则系统仅会通知已经登录的用户，要求用户重新启动系统以便完成安装程序。

如果此策略被设置为**已禁用**或**未配置**，则系统会通知已经登录的用户此计算机将在5分钟后（此时间可通过下一个策略进行更改）自动重新启动。

对计划的安装延迟重新启动

用来设置计划安装完成后，系统自动重新启动前需要等待的时间（默认为5分钟），请参考前一个策略的说明。

对计划的安装再次提示重新启动

如果通过计划安装更新程序后需要重新启动计算机，并且系统也通知已经登录的用户此计算机将在5分钟后（默认值）自动重新启动。此时，如果用户在通知界面选择不要重新启动，则系统等待一段时间后还是会再次通知用户计算机将在5分钟后重新启动，此等待时间的长短可以通过本策略进行设置。

如果启用此策略，请指定重新通知用户的等待时间。如果此策略被设置为**已禁用**或**未配置**，则默认会等10分钟后再通知用户。

重新计划自动更新计划的安装

如果通过计划指定某个时间点来执行安装更新程序的工作，但是时间到达时，客户端计算机却没有开机，因此也没有安装已经下载的更新程序。此策略用来设置客户端计算机重新开机完成后，需要等多少时间后就开始安装之前错过安装的更新程序。

如果如图15-44所示启用此策略并指定等待时间，则客户端计算机重新启动后，就会等指定时间过后在开始安装之前错过安装的更新程序。如果禁用此策略，则客户端计算机必须等下一次计划时间到达时才会安装错过安装的更新程序。如果此策略被设置为**未配置**，则默认客户端计算机重新启动后1分钟再开始安装之前错过安装的更新程序。

重新计划自动更新计划的安装
重新计划自动更新计划的安装
上一个设置(P) 下一个设置(N)
○ 未配置(C) 注释:
◉ 已启用(E)
○ 已禁用(D)
支持的平台: Windows 7、Windows Server 2008 R2、Windows Vista、Windows Server 2003、Windows XP SP2、Windows XP SP1、Windows 2000 SP4、Windows 2000 SP3
选项: 帮助:
等待系统
启动(分钟): 1
指定自动更新在系统启动后开始处理以前丢失的计划的安装之前等待的时间。
如果状态设置为"启用"，则以前未执行的计划安装将在下次启动计算机后的指定分钟数内执行。

图 15-44

允许客户端目标设置

应用此设置的所有客户端计算机会自动加入到指定的计算机组内，这样系统管理员就不需要利用**WSUS管理控制台**来执行手动加入的工作，例如在图15-45中我们通过此策略让客户端自动加入到**业务部计算机**组内。

允许客户端目标设置
允许客户端目标设置
上一个设置(P) 下一个设置(N)
○ 未配置(C) 注释:
◉ 已启用(E)
○ 已禁用(D)
支持的平台: Windows XP Professional Service Pack 1 或 Windows 2000 Service Pack 3 及以上版本，不包括 Windows RT
选项: 帮助:
此计算机的目标组名称
业务部计算机
指定从 Intranet Microsoft 更新服务接收更新时应使用的目标组名称。
如果状态设置为"启用"，则将指定的目标组信息发送到 Intranet Microsoft 更新服务。

图 15-45

允许来自 Intranet Microsoft 更新服务位置的签名更新

如果此策略启用，客户端计算机就可以从WSUS服务器下载由第三方开发和签名的更新程序；如果未启用或禁用此策略，则客户端计算机仅能够下载由Microsoft签名的更新程序。

删除到"Windows 更新"的链接和访问

虽然WSUS客户端通过WSUS服务器只能够取得经过审批的更新程序，但是本地系统管理员仍然有可能通过**开始**菜单的**Windows更新链接**，私自直接连接Microsoft Update网站、下载与安装未经过审批的更新程序。为了减少这种状况的发生，建议通过此策略将客户端计算机的

开始菜单的**Window Update**链接删除：【展开**用户配置**➲**策略**➲**管理模板**➲**"开始"菜单和任务栏**➲如图15-46所示启用**删除到"Windows更新"的链接和访问**策略】，完成后，客户端计算机的**开始**菜单与Internet Explorer的工具菜单内就不会再显示**Windows更新**链接，同时**控制面板**的Windows更新内的**检查更新**也会失效。

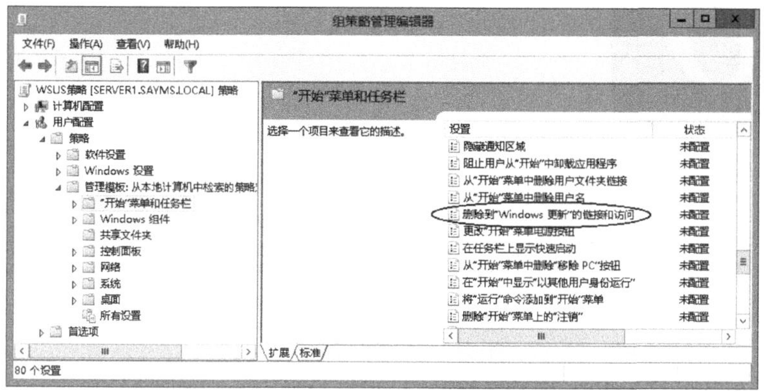

图 15-46

关闭对所有 Windows 更新功能的访问

如果启用此策略，则会禁止客户端访问Microsoft更新网站，例如客户端通过**开始**菜单的**Windows更新**链接去连接http://windowsupdate.microsoft.com/网站会被拒绝，直接在浏览器内输入上述网址连接Windows更新网站也会被拒绝，换句话说，客户端计算机将无法直接从Microsoft更新网站获取更新程序，不过还是可以从WSUS服务器获取。启用此策略的方法为【展开**计算机配置**➲**策略**➲**管理模板**➲**系统**➲**Internet通信管理**➲**Internet通信设置**➲如图15-47所示启用**关闭对所有Windows更新功能的访问**策略】。

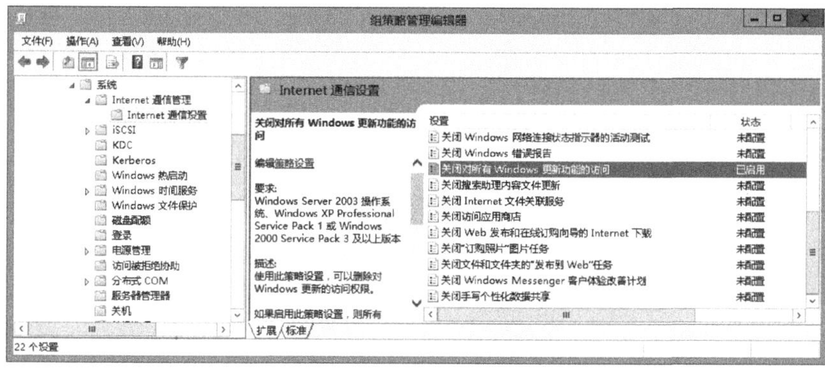

图 15-47

第 16 章　AD RMS 企业文件版权管理

AD RMS（Active Directory Rights Management Services，Active Directory权限管理服务）能够确保企业内部数字文件的机密性，例如，用户即使有权限读取受保护的文件，但是如果未被许可，就无法复制与打印该文件。

- AD RMS概述
- AD RMS实例演示
- AD RMS其他高级说明与设置

16.1 AD RMS概述

虽然可以通过NTFS（与ReFS）权限来设置用户的访问权限，然而NTFS权限还有不足之处，例如你开放用户可以读取某个包含机密数据的文件，此时用户就可以复制文件内容或将文件存储到其他位置，这样可能让这份机密文件泄漏出去，尤其现在便携式存储媒体盛行（例如U盘），用户可以轻易地将机密文件带离公司。

Active Directory Rights Management Services（AD RMS）是一种信息保护技术，在搭配支持AD RMS的应用程序（以下简称为**AD RMS-enabled应用程序**）后，文件的所有者可以将其设置为版权保护文件，并授予其他用户读取、复制或打印文件等权限。如果用户仅被授予读取权限，则他无法复制文件内容，也无法打印文件。发件人也可以限制收件人转发此邮件。

每个版权保护文件内都存储着保护信息，不论这个文件被移动、复制到何处，这些保护信息都仍然存在文件内，因此可以确保文件不会被未经许可证的用户访问。AD RMS可以保护企业内部的机密文件，如财务报表、技术文件、客户数据、法律文件与电子邮件内容等。

16.1.1 AD RMS的需求

一个基本AD RMS环境包含如图16-1所示的组件。

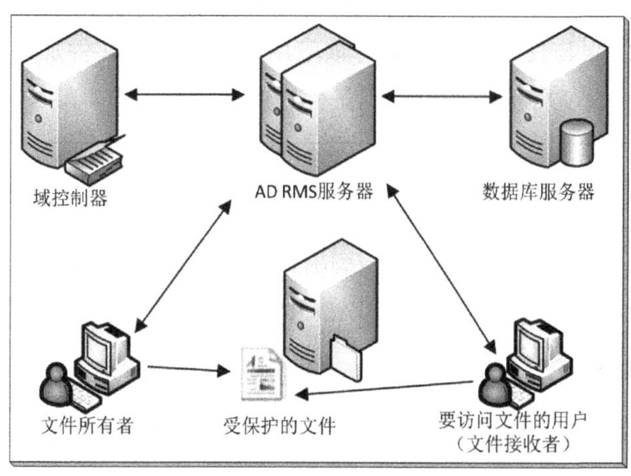

图 16-1

- **域控制器**：AD RMS需要一个Active Directory域环境，因此需要域控制器。
- **AD RMS服务器**：客户端需要证书（certificate）与许可证（license）才可以进行文件版权保护的工作、访问版权保护文件，而AD RMS服务器就负责证书与许可证的发放。可以架设多台AD RMS服务器来提供排错与负载平衡功能，其中第一台服务器被称为**AD RMS根群集服务器**。

由于客户端通过HTTP或HTTPS与AD RMS服务器通信，因此AD RMS服务器必须架设IIS（Internet Information Services）网站。

- **数据库服务器**：用来存储AD RMS设置与策略等信息，可以使用Microsoft SQL Server来架设数据库服务器。还可以直接使用AD RMS服务器的内置数据库，不过此时只能够架设一台AD RMS服务器。
- **运行AD RMS-enabled应用程序的客户端用户**：用户运行AD RMS-enabled应用程序（例如Microsoft Office Word 2010），并利用它来创建、编辑文件并将文件设置为受保护的文件，然后将此文件存储到其他用户可以访问得到的地方，如网络共享文件夹、U盘等。

16.1.2 AD RMS如何运行

以图16-1为例，文件所有者创建受保护文件、文件接受者访问此文件的流程大约如下所示。

> **附注**
>
> 以下为简易流程，但是比较容易了解，如果需要详细流程，可以参考前面16.3节内容。

1. 当文件所有者第一次运行保护文件工作时，他会从AD RMS服务器获取证书，拥有证书后就可以运行保护文件的工作。

2. 文件所有者利用AD RMS-enabled应用程序创建文件，并且运行保护文件的步骤，也就是设置此文件的使用权限与使用条件，同时该应用程序会将此文件加密。接着会创建**发布许可证**，发布许可证内包含文件的权限、使用条件与解密密钥。

> **附注**
>
> 权限包含读取、更改、打印、发送与复制内容等，权限可以搭配使用条件，例如可访问此文件的期限。系统管理员还可以通过AD RMS服务器的设置来限制某些应用程序或用户不可打开受保护的文件。

3. 文件所有者将受保护的文件（包含发布许可证）存储到可供文件接收者访问的地方，或将它直接发送给文件接收者。

4. 文件接收者利用AD RMS-enabled应用程序来打开文件时，会向AD RMS服务器发送索取**使用许可证**的要求（此要求内包含文件的发布许可证）。

5. AD RMS服务器通过发布许可证的信息确认文件接收者有权访问此文件后，会创建用户要求的使用许可证（包含使用权限、使用条件与解密密钥），然后将使用许可证传给文件接收者。

6. 文件接收者的AD RMS-enabled应用程序收到使用许可证后，会利用使用许可证内的解

密密钥将受保护的文件解密并访问该文件。

16.2 AD RMS实例演示

我们将通过图16-2来练习架设AD RMS企业版权管理的环境。图中为了简化环境复杂程度，撤除了数据库服务器，改用AD RMS服务器的内置数据库，同时将版权保护文件直接放置到域控制器DC的共享文件夹内，还有客户端方面只用一台Windows 8计算机，文件所有者与文件接收者都使用这台计算机。

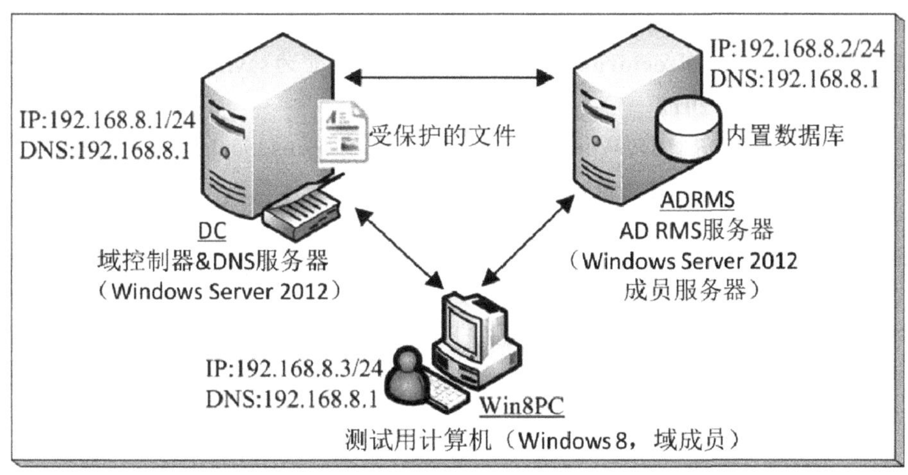

图 16-2

准备好计算机

准备好图16-2中3台计算机，图中需要一个Active Directory域环境，假设我们创建的域为sayms.local：

- 安装好图中每台计算机所需的操作系统，图中域控制器DC与AD RMS服务器都是Windows Server 2012 Datacenter，客户端计算机为Windows 8。
- 如果使用Windows Server 2012 Hyper-V创建上述3台虚拟机器，请分别在这3个系统内运行Sysprep.exe更改SID等相关信息。
- 按照如图16-2所示设置每台计算机的网卡IP地址、子网掩码、首选DNS服务器（默认网关可不用设置）：【按⊞+X键➲控制面板➲网络和Internet➲网络和共享中心➲单击本地连接➲属性➲Internet协议版本4（TCP/IPv4）】。
- 将3台计算机的计算机名分别更改为DC、ADRMS与Win8PC：【按⊞+X键➲控制面板➲系统和安全➲系统➲更改设置】，完成后重新启动计算机。
- 暂时将每台计算机的Windows防火墙关闭（可以参考前面的3.4节），以免下一个步骤

（运行ping命令）受到**Windows防火墙**的阻挡。

- 运行以下步骤测试各计算机之间是否可以正常通信：
  - 在域控制器DC上分别利用ping 192.168.8.2与ping 192.168.8.3来测试是否可以与AD RMS服务器、客户端计算机Win8PC通信。
  - 在AD RMS服务器上分别利用ping 192.168.8.1与ping 192.168.8.3来测试是否可以与域控制器DC、客户端计算机Win8PC通信。
  - 在客户端计算机Win8PC上分别利用ping 192.168.8.1与ping 192.168.8.2来测试是否可以与域控制器DC、AD RMS服务器通信。
- 需要，可以重新打开每台计算机的**Windows防火墙**。
- 利用将图左上角服务器升级为域控制器的方式创建域：在该服务器上打开**服务器管理**、添加**Active Directory域服务**角色，域名设置为sayms.local，林功能级别选择**Windows Server 2012**，完成后重新启动计算机。
- 分别到计算机ADRMS与Win8PC上将它们加入域sayms.local：【按⊞+X键➲控制面板➲系统和安全➲系统➲更改设置】，完成后重新启动计算机。

创建用户账户

我们要在Active Directory数据库内创建文件所有者账户George与文件接收者账户Mary，还要创建一个用来启动AD RMS服务的账户ADRMSSRVC，这3个账户都是一般账户（名称是我们随意命名的），不需要给予特殊权限。

在域控制器DC上利用域Administrator登录：【按⊞键切换到**开始**屏幕➲**Active Directory管理中心**】，然后分别创建George、Mary与ADRMSSRVC这3个账户（假设是创建在Users容器内），在创建账户过程中选择**其他密码选项**后勾选**密码永不过期**并为George与Mary设置电子邮件地址，假设分别是george@sayms.local和mary@sayms.local（图16-3为George的设置界面）。

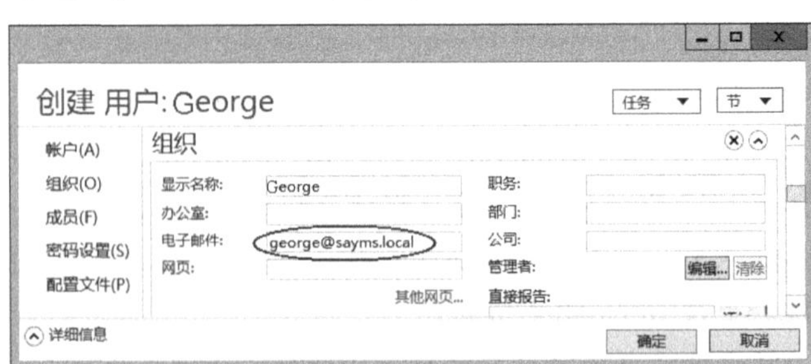

图 16-3

安装 Active Directory Rights Management Services

请到服务器ADRMS上利用域Administrator身份登录，然后通过添加服务器角色的方式来安装Active Directory Rights Management Services。

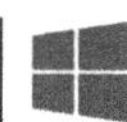

> **注意**
>
> 安装Active Directory Rights Management Services的用户必须隶属于本地组Administrators与域组Enterprise Admins，而我们当前使用的域Administrator默认就隶属于这两个组。如果要利用其他域用户账户来登录并安装Active Directory Rights Management Services，先将此账户加入到这两个组内。

STEP 1　打开**服务器管理器**➲单击**仪表板**处的**添加角色和功能**。

STEP 2　在接下来几个界面中单击下一步按钮，直到出现如图16-4所示的界面时勾选Active Directory Rights Management Services后单击添加功能按钮。

图 16-4

STEP 3　在接下来的步骤中单击下一步按钮，直到**确认安装选项**界面时单击安装按钮，安装完成后单击关闭按钮。

STEP 4　如图16-5所示单击**执行其他配置**。

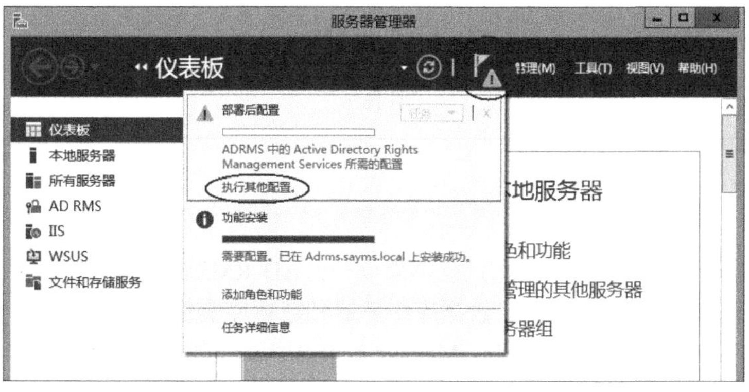

图 16-5

STEP 5　出现**AD RMS**界面时单击下一步按钮。

STEP 6　如图16-6所示，单击下一步按钮。由图中得知可以架设两种群集：会发放证书与许可证的**根群集**与仅发放许可证的**仅许可证群集**。安装的第一台服务器会成为**根群集**。

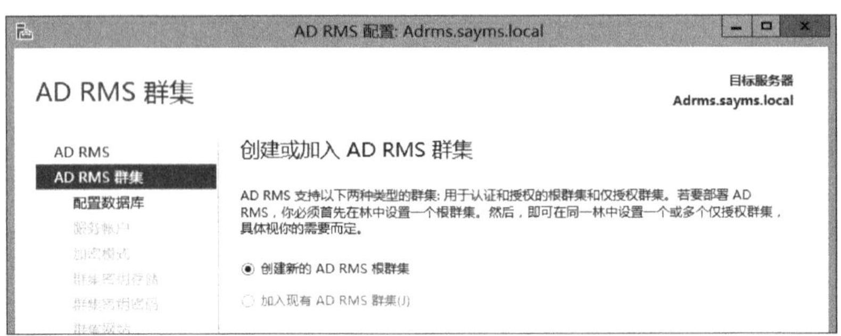

图 16-6

附注

如果环境比较复杂，可以在架设**根群集**后，另外架设**仅许可证群集**，不过建议都使用**根群集**，然后将其他AD RMS服务器加入到此**根群集**，因为**根群集**与**仅许可证群集**无法用于同一个负载平衡池内（load-balancing pool）。

STEP 7　如图16-7所示，选择**在此服务器上使用Windows内部数据库**后单击下一步按钮。

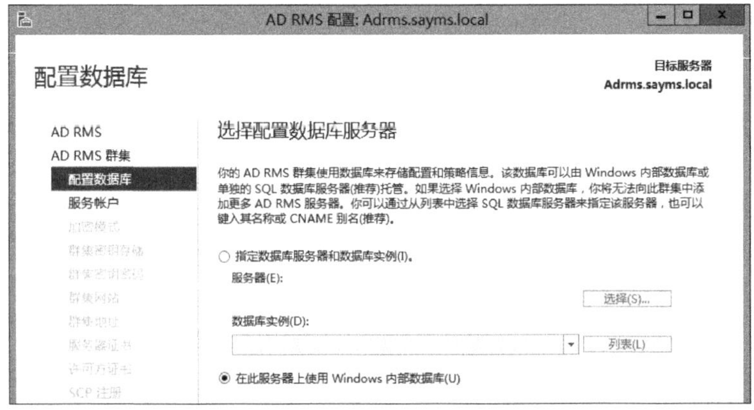

图 16-7

注意

因为我们选择内置数据库，因此只能够架设一台AD RMS服务器。如果要使用Microsoft SQL Server数据库，请选择**指定数据库服务器和数据库实例**，该服务器必须加入域，同时用来安装Active Directory Rights Management Services的域用户账户也需要隶属于该数据库服务器的本地Administrators组，这样才有权限在该数据库服务器内创建AD RMS所需的数据库。

STEP 8　如图16-8所示，通过单击指定按钮选择用来启动AD RMS服务的域用户账户SAYMS\adrmssrvc。完成后单击下一步按钮。

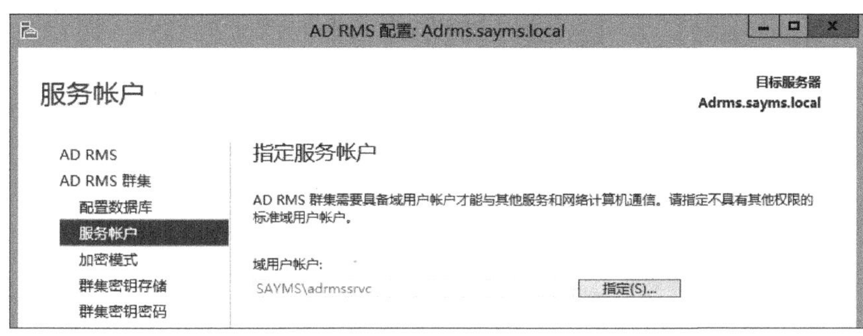

图 16-8

STEP 9　如图16-9所示，直接单击下一步按钮。

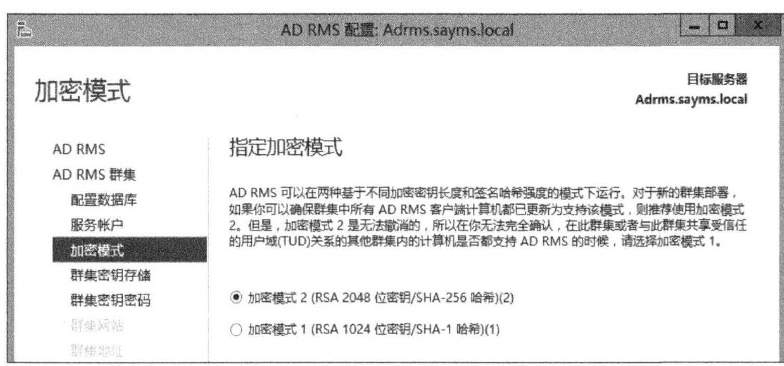

图 16-9

STEP 10　如图16-10所示，直接单击下一步按钮。

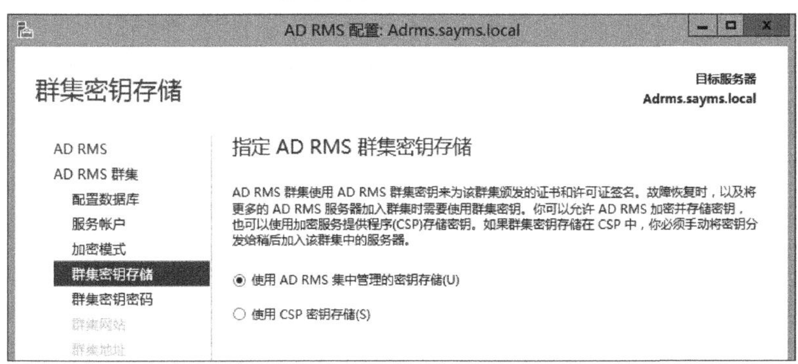

图 16-10

STEP 11　如图16-11所示，为群集密钥（cluster key）设置一个密码。当要将其他AD RMS服务器加入此群集时，必须提供此处设置的密码。AD RMS利用群集密钥来签署发放的证书与许可证。

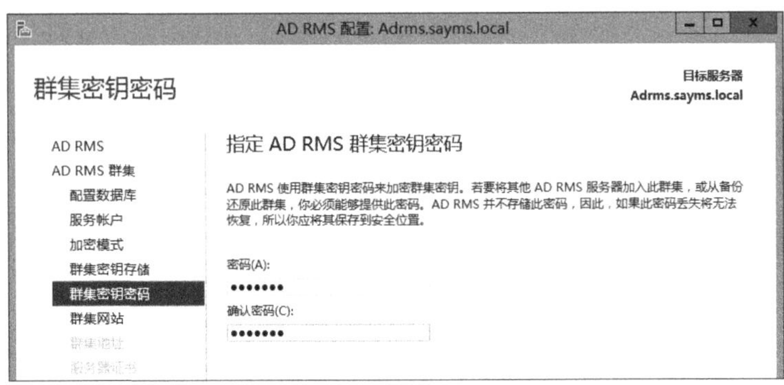

图 16-11

STEP **12** 如图16-12所示，选择将IIS的Default Web Site当作群集网站。

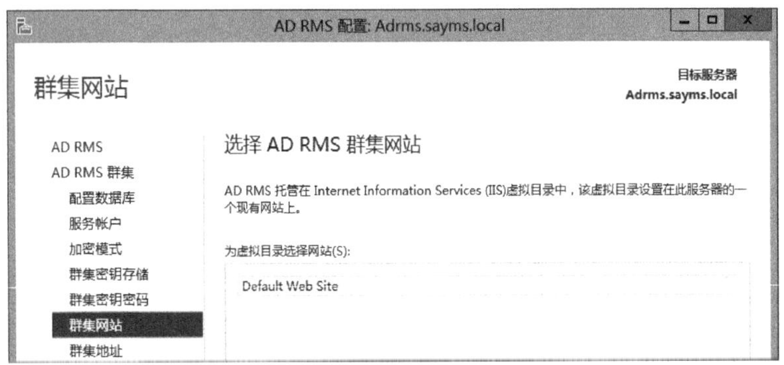

图 16-12

STEP **13** 如图16-13所示，选择要求客户端必须利用安全的https连接群集网站，并设置其网址，例如https://adrms.sayms.local，其中adrms为AD RMS服务器的计算机名。还可以选择其他名称，但是必须在DNS服务器内创建其主机与IP地址的记录。完成后单击下一步按钮。

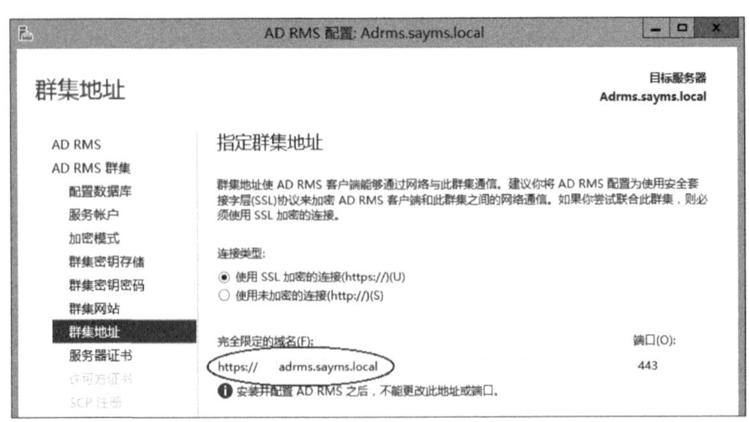

图 16-13

STEP **14** 如图16-14所示，选择为SSL加密创建自签名证书后单击下一步按钮，建议仅在测试或

小规模环境下才选用此选项，否则请选择第一个选项来选用向**证书颁发机构**（CA）所申请的证书。

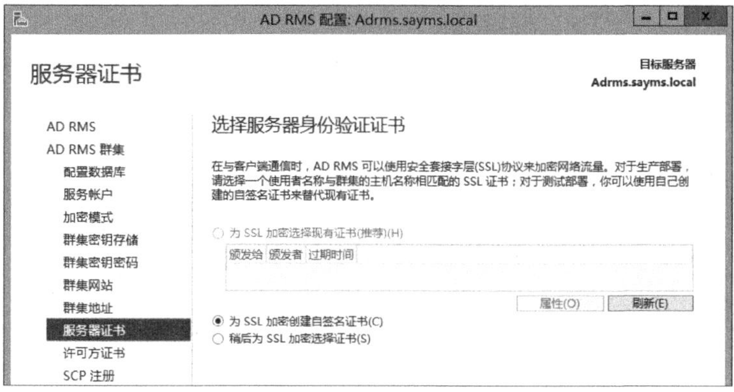

图 16-14

附注

向**证书颁发机构**申请证书的步骤包含为网站创建证书申请文件、将此文件内容传给**证书颁发机构**、下载与安装证书。还可以使用**Active Directory证书服务**来自行架设**证书颁发机构**。以上步骤的详细说明可参考《**Windows Server 2012网络管理与架站**》一书。

STEP 15 群集中的第一台AD RMS服务器会自行创建一个被称为**服务器许可方证书**的证书（Server Licensor Certificate，SLC），拥有此证书就可以对客户端发放证书与许可证。请在如图16-15所示对话框中为这个SLC命名，以便让客户端通过此名称来识别这个AD RMS群集（加入此群集的其他AD RMS服务器会共享这个SLC证书）。

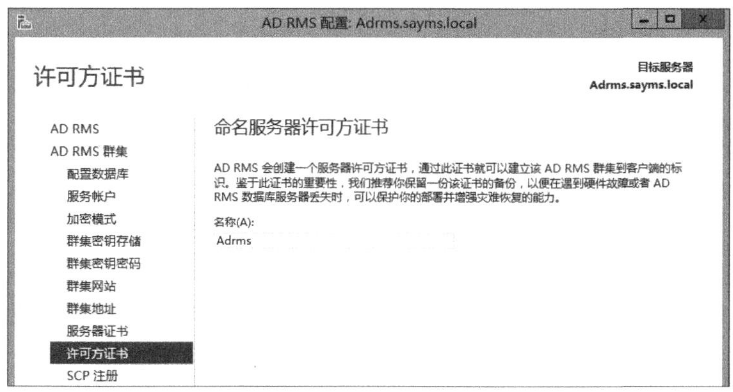

图 16-15

STEP 16 如图16-16所示，单击**下一步**按钮，它会将AD RMS服务连接点（Service Connection Point，SCP）登录到Active Directory数据库内，以便让客户端通过Active Directory找到这台AD RMS服务器。

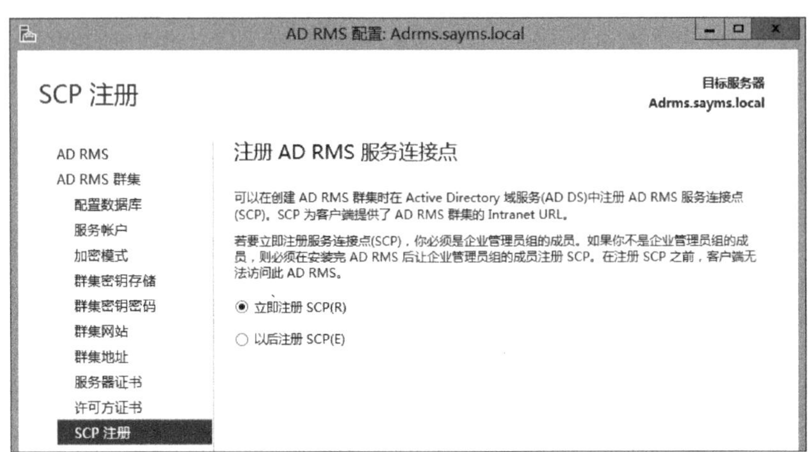

图 16-16

> **附注**
>
> 用来将AD RMS SCP登录到Active Directory的用户账户必须隶属于域组Enterprise Admins，如果利用其他用户登录与安装Active Directory Rights Management Services，则该用户必须先被加入到Enterprise Admins组内，安装完成后，就可以将其从此组内删除。

STEP **17** 出现**确认安装选项**界面时单击安装按钮，安装完成后单击关闭按钮。

STEP **18** 完成安装后，当前登录的用户账户（域Administrator）会被加入到本地**AD RMS Enterprise系统管理员**组内，此用户就有权限来管理AD RMS，不过此用户必须先注销再重新登录后才有效。

> **附注**
>
> 注销后再重新登录，才会更新用户的**访问令牌**（Access Token），这样用户才具备本地 **AD RMS Enterprise 系统管理员**组的权限。

创建存储版权保护文件的共享文件夹

我们要创建一个共享文件夹，然后将文件所有者的版权保护文件放到此文件夹内，以便文件接收者可以到此共享文件夹来访问此文件。此范例要将共享文件夹创建在域控制器DC内（还可以创建在其他计算机内。如果你要通过将文件存储到U盘的方式练习，则以下步骤可省略）。

STEP **1** 请到域控制器DC上利用域Administrator身份登录：【打开**文件资源管理器**➲单击**计算机**➲双击C:磁盘➲在右方空白处单击鼠标右键➲**新建**➲**文件夹**➲输入文件夹名，假设为public】。

STEP **2** 选中文件夹public并单击鼠标右键➲**共享对象**➲**特定用户**➲如图16-17所示赋予Everyone

读取/写入权限➲单击共享按钮。

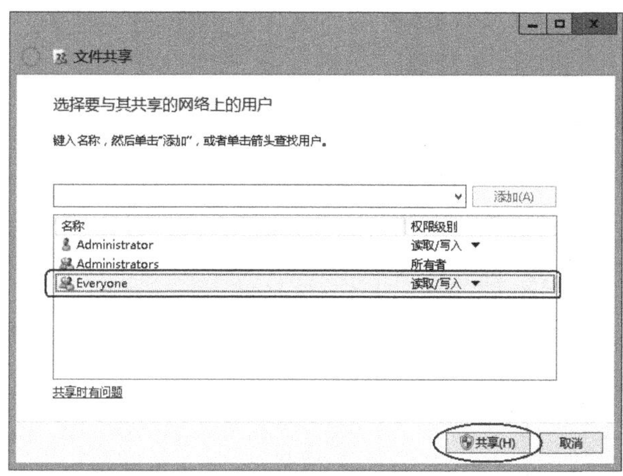

图 16-17

STEP 3　出现你的文件夹已共享界面时单击完成按钮。

测试 AD RMS 的功能

我们先在客户端计算机Win8PC上安装Microsoft Word 2010，然后利用George身份登录与创建版权保护文件，最后利用Mary身份登录来访问此文件。

限制只能够读取文件，不可打印、复制文件

STEP 1　到客户端计算机Win8PC上利用george@sayms.local身份登录，安装Microsoft Word 2010（可能必须输入具备系统管理员权限的账户与密码）。

STEP 2　通过【切换到桌面➲运行浏览器Internet Explorer➲按一下Alt键➲工具菜单➲**Internet**选项➲安全标签➲单击本地**Intranet**➲单击站点按钮➲单击高级按钮➲输入https://adrms.sayms.local➲单击添加按钮➲……】的方法将AD RMS群集网站加入到本地Intranet的安全区域内。

STEP 3　按⊞键切换到开始屏幕➲运行Word 2010创建一个文档，然后如图16-18所示单击左上角的文件➲信息➲保护文档➲按人员限制权限➲限制访问。

STEP 4　接下来可能会出现如图16-19所示的对话框，这是因为此时 Word 2010会连接群集网站，然而群集网站的证书是AD RMS自我发放的，而客户端计算机尚未信任由AD RMS自我发放的证书。可以直接单击是按钮，不过以后每次客户端连接AD RMS服务器时都会出现此对话框。

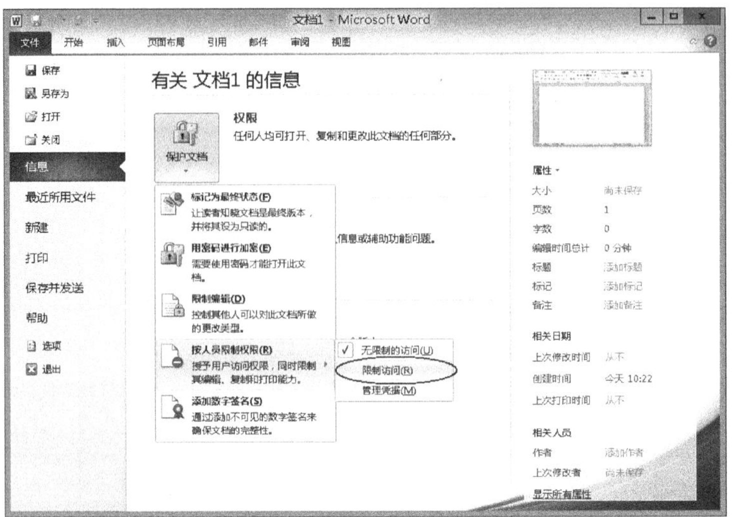

图 16-18

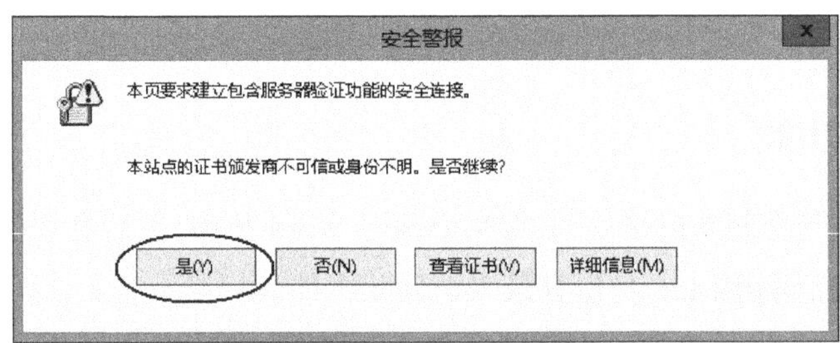

图 16-19

注意

如果不想每次都出现此对话框，请通过以下步骤来信任由AD RMS所发放的证书：【单击如图16-19所示中的查看证书按钮➲单击安装证书按钮➲**单击**下一步按钮➲选择**将所有证书放入下列存储**➲单击浏览按钮➲选择**受信任的根证书颁发机构**后单击确定按钮➲**单击**下一步按钮➲**单击**完成按钮➲**单击**是按钮➲……】。

STEP 5　如图16-20所示，勾选**限制对此文档的权限**，然后单击读取或更改按钮来开放权限，完成后单击确定按钮。图中我们选择开放读取权限给用户mary@sayms.local。如果要进一步开放权限，请单击其他选项按钮，然后通过如图16-21所示对话框进行设置，由此图可知还可以设置文档到期日、是否可打印文档内容、是否可复制内容等。

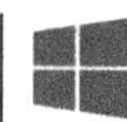

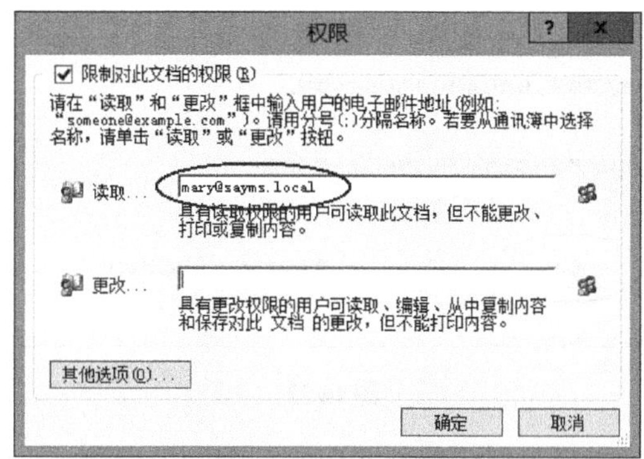

图 16-20

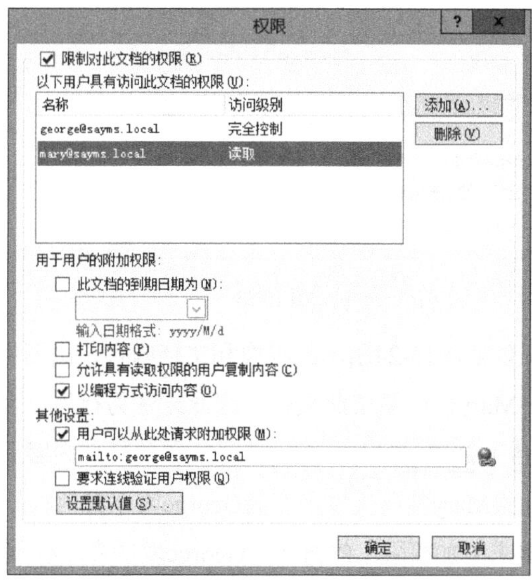

图 16-21

STEP 6　请【单击左上角的**文件➲另存为**】将文件存储到共享文件夹\DC\Public内，假设我们要将文件名设置为**ADRMS测试文件.docx**，此时可以直接输入\\DC\Public**ADRMS测试文件**。

STEP 7　注销，改用用户账户mary@sayms.local登录。

STEP 8　通过【切换到桌面➲运行浏览器Internet Explorer➲按下Alt键➲工具菜单➲**Internet**选项➲安全标签➲单击**本地Intranet**➲单击站点按钮➲单击高级按钮➲输入https://adrms.sayms.local➲单击添加按钮➲……】的方法将AD RMS群集网站加入到本地Intranet的安全区域内。

STEP 9　打开**文件资源管理器**➲运行位于C:\Program Files\Microsoft Office\Office14下的WINWORD.exe➲打开位于下列路径的文件\\DC\public**ADRMS测试文件.docx**。

STEP 10　出现如图16-22所示界面时单击是按钮（或者通过查看证书按钮来执行信任的步骤，请参考STEP 4的说明）。

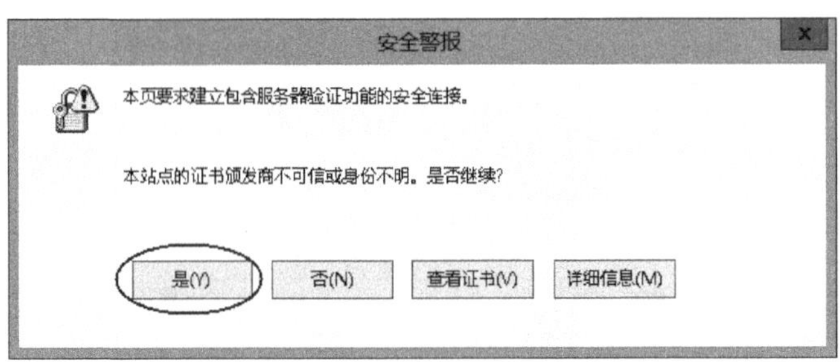

图 16-22

STEP 11　如图16-23所示的对话框显示这是权限受到限制的文档，必须通过https的方式连接AD RMS服务器以便验证用户的信息。请单击确定按钮。

图 16-23

STEP 12　验证成功后会出现如图16-24所示的界面和文档内容，由图中可知这份文档的权限受到限制，当前用户Mary仅能阅读此文档，因此无法另存为，也无法打印文件（包含通过按PrtScr键或Alt + PrtScr键），而且选择文档的任何内容后单击鼠标右键并无法选择**复制**与**剪切**。如果Mary要向文件所有者George索取其他权限，可以通过【单击图中查看权限按钮➲要求附加权限】的方法给George发送索取权限的邮件。

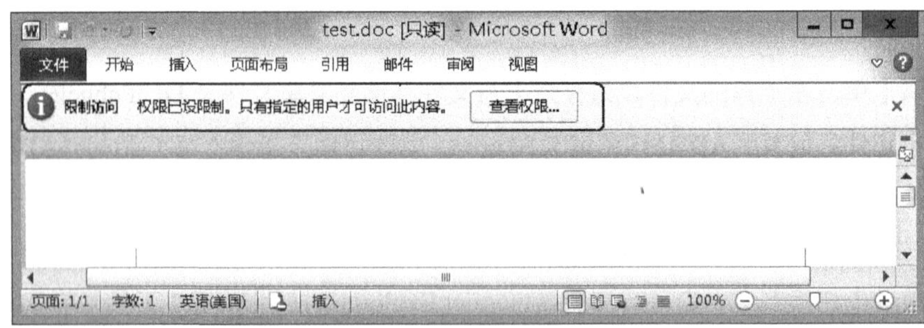

图 16-24

限制邮件转发

如果通过Microsoft Outlook收发邮件，还可以限制收件人不可以转发邮件，如图16-25所示，在Microsoft Outlook 2010内【单击左上角的**文件**➲**信息**➲**设置权限**➲**不可转发**】，收件人收到邮件后，如图16-26所示，只可以阅读此邮件，无法转发此邮件，也无法打印或复制邮件内容。

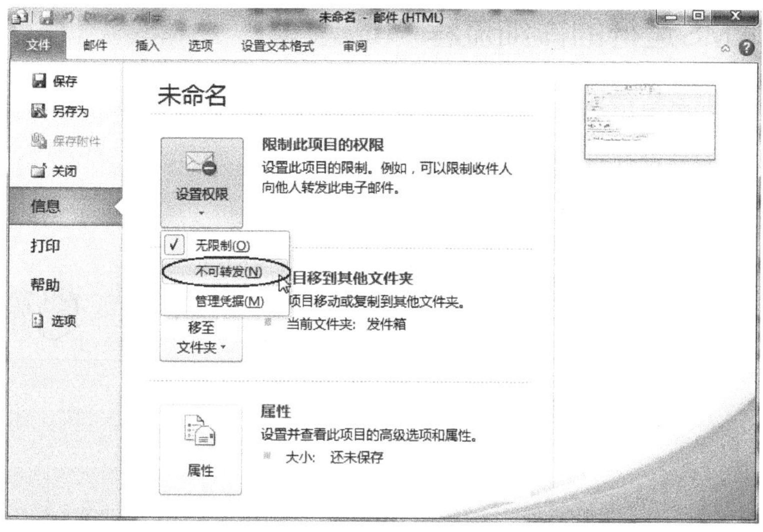

图 16-25

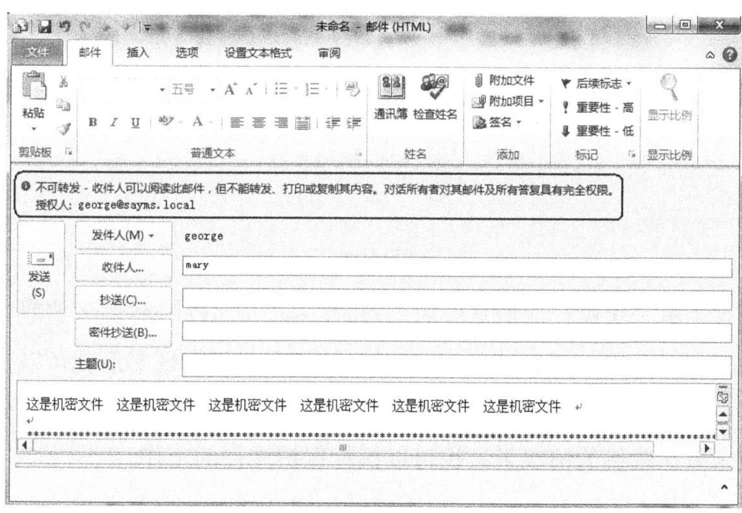

图 16-26

附注

如果要练习此邮件转发限制，可以直接利用前面所构建的测试环境，不过还需要架设一台Microsoft Exchange Server，并为发件人与收件人在Exchange服务器内创建电子邮件信箱，还需要在客户端计算机上安装Microsoft Outlook。

16.3 其他高级说明与设置

以下内容属于AD RMS的高级说明，有这方面需要时可阅读本节内容。

16.3.1 AD RMS运行的详细流程

文件所有者创建受保护文件、文件接受者访问此文件的流程大概如图16-27所示（以下流程的编号与图中的编号没有相对关系）。

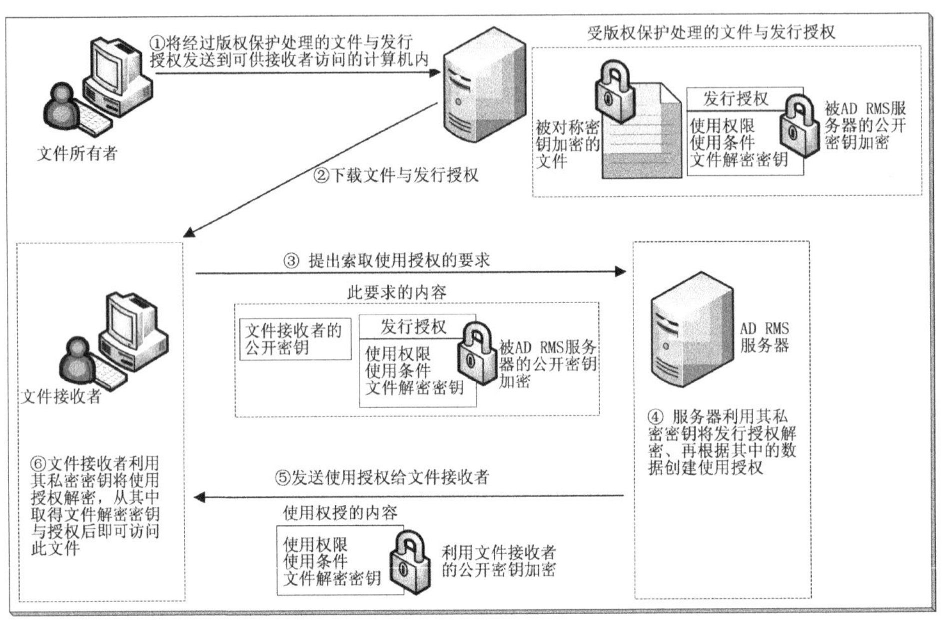

图16-27

1. 当文件所有者第一次执行保护文件的工作时，他会从AD RMS服务器取得一个被称为客户端许可证书（Client Licensor Certificate，CLC）的证书，拥有证书后就可以执行保护文件的工作。只有在第一次执行保护文件工作时，才需要从AD RMS服务器取得CLC证书，拥有CLC证书的用户即使未来在脱机的情况下，也可以执行保护文件的工作。

2. 文件所有者利用AD RMS-enabled应用程序创建文件，并执行保护文件的步骤，也就是设置此文件的使用策略（使用权限与使用条件），而发布许可证（Publishing License）也会在这个时候被创建，其中包含此文件的使用策略。

权限包含读取、更改、打印、发送与复制内容等，权限可搭配使用条件，例如可以访问此文件的期限。系统管理员还可以通过AD RMS服务器的设置来限制某些应用程序或用户不可打开受保护的文件。

3. AD RMS-enabled应用程序利用一个对称密钥（Symmetric Key）将此文件加密，此密钥会被置入到发布许可证内，接着将发布许可证连接到此文件。

对称密钥表示加密与解密都使用同一个密钥。系统会利用AD RMS服务器的公开密钥将对称密钥与权限信息（含电子邮件地址）加密，因此这个时候只有AD RMS服务器可以利用它的私密密钥将其解密。

4. 文件所有者将受保护文件存储到可供文件接收者访问的位置，或直接将它发送给文件接

收者。

5. 文件接收者利用AD RMS-enabled应用程序打开文件。

如果此时文件接收者在此计算机内尚未有**权限账户证书**（Rights Account Certificate，RAC），他会从AD RMS服务器接收到一个 RAC。

6. AD RMS-enabled应用程序会向AD RMS服务器发送索取使用许可证（Use License）的要求。

索取**使用许可证**的要求内包含**RAC**（其中包含文件接收者的公开密钥）与**发布许可证**（其中包含用来将文件解密的对称密钥，此密钥当前被AD RMS服务器的公开密钥加密）。

7. AD RMS服务器接收到客户端发送的**索取使用许可证要求**后，将此要求内的权限与对称密钥解密，然后将使用许可证传给文件接收者，此使用许可证内包含着文件接收者的权限与对称密钥，并且会利用文件接收者的公开密钥将这些信息加密。

8. 文件接收者的AD RMS-enabled应用程序收到使用许可证后，便利用文件接收者的私密密钥将使用许可证内对称密钥解密，之后就可以利用对称密钥将受保护的文件解密。

16.3.2 AD RMS服务器的其他高级设置

到AD RMS服务器上利用本地**AD RMS Enterprise系统管理员**组内的用户登录，他们才有权限管理AD RMS，而默认安装Active Directory Rights Management Services的用户会被自动加入到此组内。以我们的范例来说，请利用域Administrator的身份登录（如果安装完AD RMS后尚未注销过，请先注销再重新登录），然后选择【按⊞键切换到**开始**屏幕➲**Active Directory Rights Management Services**】来管理AD RMS。

接下来可能会出现如图16-28所示的安全警报对话框，这是因为群集网站的证书是AD RMS自我发放的，而AD RMS服务器尚未信任由AD RMS自我发放的证书，此时单击是按钮即可。

> **附注**
>
> 如果不想每次都出现此界面，可以通过以下步骤来信任由AD RMS所发放的证书：【单击图中的查看证书按钮➲单击安装证书按钮➲**单击**下一步按钮➲选择**将所有证书放入下列存储**➲单击浏览按钮➲选择**受信任的根证书许可证**后单击确定按钮➲**单击**下一步按钮➲**单击**完成按钮➲**单击**是按钮➲……】。

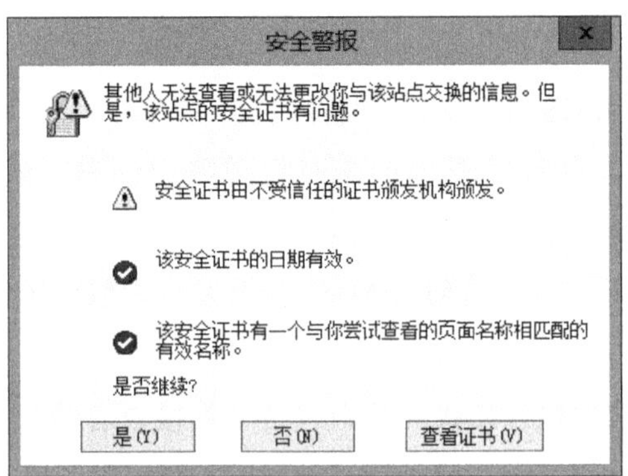

图 16-28

接下来会出现如图16-29所示的窗口，下面针对此窗口中的选项进行概念性的说明。

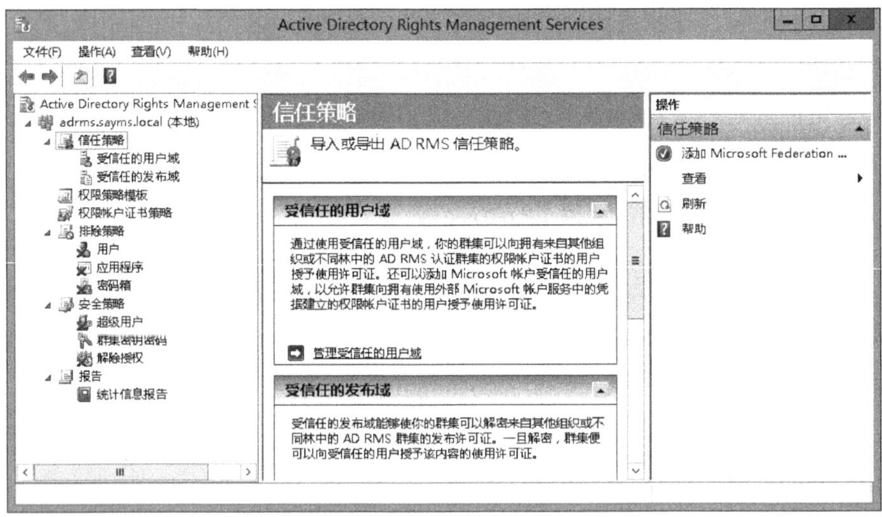

图 16-29

信任策略

信任策略用来设置**受信任的用户域**与**受信任的发布域**。

- **受信任的用户域（Trusted Users Domains）**：如果群集用户将文件保护后，另一个组织或林内的群集用户是否可以向你的群集要求读取此文件呢？可以，但是首先你必须通过此处将另一个群集的**服务器许可方证书**（SLC）导入，之后从该群集取得**权限账户证书**（RAC）的用户向你的群集要求**使用许可证**时，你的群集就可以发放**使用许可证**给此用户。你还可以信任向Windows Live ID Service索取**权限账户证书**的用户。
- **受信任的发布域（Trusted Publishing Domains）**：如果另一个组织或林内的群集用户将文件保护后，你的群集用户是否可以向你的群集要求读取此文件呢？可以，但是首先你必须通过此处将另一个群集的**服务器许可方证书**与群集密钥（Cluster Key）导入，之后你的群集用户将该文件的**发布许可证**传给你的群集后，你的群集就可以将发

布许可证解密，取得解密的数据后，再发放**使用许可证**给此用户。

权限策略模板

可以事先创建一个权限策略模板，其中包含用户的权限、到期日等设置，用户在发行版权保护文件时可以应用这个模板。

权限账户证书策略

在此处可以设置**权限账户证书**（RAC）的有效期限，它分为以下两种。

- **标准RAC**：标准RAC一般用在用户的主要计算机，也就是当用户在其平常使用的计算机上访问版权保护文件时会使用标准RAC，这个RAC的有效期限默认为365天。
- **暂时RAC**：当用户到其他地点（例如其他用户的计算机或公用计算机）来访问版权保护文件时，他使用暂时的RAC，其有效期限为15分钟。

排除策略

可以通过此处来针对以下项目设置排除策略。

- **用户**：被排除的用户将无法从AD RMS群集取得**使用许可证**。可以通过用户的电子邮件地址或公开密钥来排除用户，一般是通过电子邮件地址。不过，如果用户的**权限账户证书**（RAC）被窃取，则通过RAC内的公开密钥来排除，以后用户必须取得一个新的RAC（包含新的密钥）后才可以向AD RMS群集索取**使用许可证**。
- **应用程序**：可以限制某个应用程序不可以访问版权保护文件，设置时必须输入应用程序的执行文件名称，例如App1.exe，同时指定要排除的版本范围（必须输入最小版本与最大版本），版本号码的格式为x.x.x.x，例如12.3.44.123，值不足补0，例如版本号码为12.3，请输入12.3.0.0。

  被排除的应用程序要向AD RMS群集索取新的**使用许可证**时会被拒绝，不过仍然可以访问之前已经取得**使用许可证**的版权保护文件。
- **密码箱**：密码箱是用户私密密钥的存储地点，如果Microsoft发现密码箱有可能被入侵、破坏，Microsoft会发行新版的密码箱。可以在此处设置最小的密码箱版本，如果客户端**AD RMS-enabled应用程序**的密码箱版本低于此处设置的版本，就无法从AD RMS群集取得**权限账户证书**（RAC）或**使用许可证**。

安全策略

可以通过此处进行如下设置。

- **超级用户（Super Users）**：高级用户向群集申请**使用许可证**时，所获得的是**所有者使用许可证**（Owner Use License），它让超级用户可以访问通过此群集保护的所有文件。

- **群集密钥密码**：AD RMS利用群集密钥来签署其所发放的证书与许可证，而群集密钥密码用来将群集密钥加密，以确保群集密钥的安全性。
- **解除授权（Decommissioning）**：一旦解除授权后，所有用户都可以访问版权保护文件。应该只有在要将AD RMS撤除时才运行解除授权的工作。

报告

可以利用此处来创建统计数据报告、运行状况报告、疑难解答报告等。

第 17 章 分布式文件系统

分布式文件系统（Distributed File System，DFS）可以提高文件的访问效率、提高文件的可用性并减轻服务器的负担。

- 分布式文件系统概述
- 分布式文件系统实例演示
- 客户端的引用设置

17.1 分布式文件系统概述

通过**分布式文件系统**（DFS）将相同的文件同时存储到网络上多台服务器后，即可拥有以下功能。

- **提高文件的访问效率**：当客户端通过DFS访问文件时，DFS会引导客户端从最接近客户端的服务器来访问文件，让客户端快速访问到所需的文件。

  实际上，DFS是提供客户端一份服务器列表，这些服务器内都有客户端所需要的文件，但是DFS会将最接近客户端的服务器，例如跟客户端同一个AD DS站点（Active Directory Domain Services Site），放在列表最前面，以便让客户端优先从这台服务器访问文件。
- **提高文件的可用性**：即使位于服务器列表中最前面的服务器意外发生故障了，客户端仍然可以从列表中的下一台服务器获取所需的文件，也就是说DFS提供排错功能。
- **服务器负载平衡功能**：每个客户端获得列表中的服务器排列顺序可能都不相同，因此它们访问的服务器也可能不相同，也就是说不同客户端可能会从不同服务器来访问所需文件，从而减轻服务器的负担。

17.1.1 DFS的架构

Windows Server 2012是通过**文件和访问服务**角色内的**DFS命名空间**与**DFS复制**这两个服务来配置DFS。下面根据图17-1来说明DFS中的各个组件。

- **DFS命名空间**：可以通过**DFS命名空间**将位于不同服务器内的共享文件夹集合在一起，并以一个虚拟文件夹的树状结构呈现给客户端。DFS命名空间分为以下两种。
  - **域命名空间**：它将命名空间的设置数据存储到AD DS与命名空间服务器的内存缓冲区。如果创建多台命名空间服务器，则它还具备命名空间的排错功能。

    从Windows Server 2008开始添加一种称为**Windows Server 2008 模式**的域命名空间，并将以前旧版的域命名空间称为**Windows 2000 Server模式**。**Windows Server 2008模式**域命名空间支持**基于访问的枚举**（Access-Based Enumeration，ABE，或翻译为**访问型枚举**），它根据用户的权限来决定用户是否看到共享文件夹内的文件与文件夹，也就是说当用户浏览共享文件夹时，他只能够看到有权访问的文件与文件夹。
  - **独立命名空间**：它将命名空间的设置数据存储到命名空间服务器的注册表（Registry）与内存缓冲区。由于独立命名空间只能够有一台命名空间服务器，因此不具备命名空间的排错功能，除非采用服务器群集（Server Cluster）。

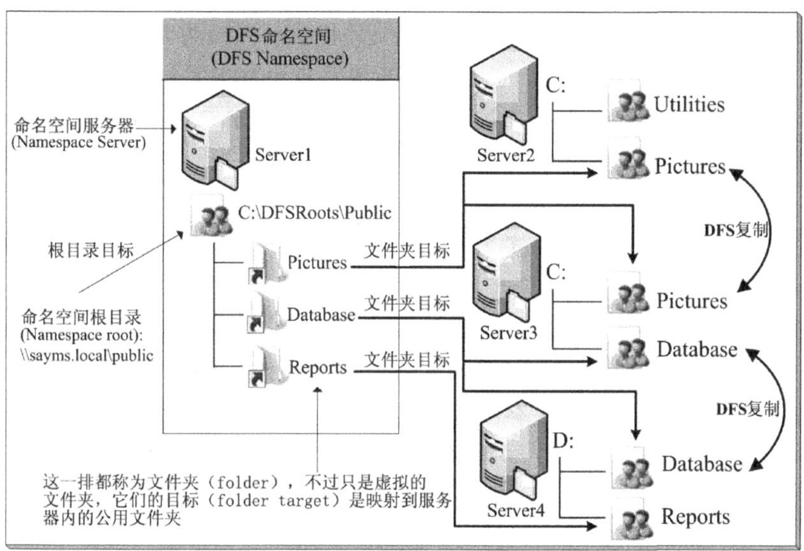

图 17-1

- **命名空间服务器**：用来掌控命名空间（Host Namespace）的服务器。如果是域命名空间，则这台服务器可以是成员服务器或域控制器，而且你可以设置多台命名空间服务器；如果是独立命名空间，则这台服务器可以是成员服务器、域控制器或独立服务器，不过只能够有一台命名空间服务器。
- **命名空间根目录**：它是命名空间的起始点。以图17-1来说，此根目录的名称为public、命名空间的名称为\\sayms.local\public，而且它是一个域命名空间，其名称以域名开头（sayms.local）。如果这是一个独立命名空间，则命名空间的名称会以计算机名开头，例如\\Server1\public。

  由图可知，此命名空间根目录是被映射到命名空间服务器内的一个共享文件夹，默认是%SystemDrive%\DFSRoots\Public，它必须位于NTFS磁盘分区。
- **文件夹与文件夹目标**：这些虚拟文件夹的目标分别映射到其他服务器内的共享文件夹。当客户端来浏览文件夹时，DFS会将客户端重定向到文件夹目标所映射的共享文件夹。如图17-1所示共有3个文件夹，分别说明如下。
  - **Pictures**：此文件夹有两个目标，分别映射到服务器Server2的C:\Pictures与Server3的C:\Pictures共享文件夹，它具备文件夹的排错功能，例如客户端在读取文件夹Pictures内的文件时，即使Server2发生故障，它仍然可以从Server3的C:\Pictures读取文件。当然Server2的C:\Pictures与Server3的C:\Pictures内存储的文件应该要相同（同步）。
  - **Database**：此文件夹有两个目标，分别映射到服务器Server3的C:\Database与Server4的D:\Database共享文件夹，它也具备文件夹的排错功能。
  - **Reports**：此文件夹只有一个目标，映射到服务器Server4的D:\Reports共享文件夹，由于目标只有一个，因此不具备排错功能。

- **DFS复制**：图17-1中文件夹Pictures的两个目标映射到的共享文件夹，其中提供给客户端的文件必须同步（相同），而这个同步操作可由**DFS复制服务**自动运行。**DFS复制服务**使用一个称为**远程差异压缩**（Remote Differential Compression，RDC）的压缩演算技术，它能够检测文件改动的地方，因此复制文件时仅会复制有改动的区域，而不是整个文件，这样可以降低网络的负担。

  如果**独立命名空间**的目标服务器未加入域，则其目标映射到的共享文件夹内的文件必须手动同步。

  旧版Windows系统通过**文件复制服务**（File Replication Service，FRS）来负责DFS文件夹的复制与域控制器SYSVOL文件夹的复制。不过，现在只要域功能级别是Windows Server 2008（含）以上，就会改由**DFS复制服务**来负责。

17.1.2 复制拓扑

拓扑（Topology）一般用来描述网络上多个组件之间的关系，而此处的**复制拓扑**用来描述DFS内各服务器之间的逻辑连接关系，并让**DFS复制服务**利用这些关系在服务器之间复制文件。针对每个文件夹，可以选择以下几种拓扑之一来复制文件（见图17-2）。

- **集散（Hub and Spoke）**：它将一台服务器当作中枢，并创建与其他所有服务器（支点）之间的连接。文件是从中枢复制到所有的支点，并且也会从支点复制到中枢。支点之间并不会直接相互复制文件。
- **全交错（Full Mesh）**：它会创建所有服务器之间的相互连接，文件会从每台服务器直接复制到其他所有的服务器。
- **自定义拓扑**：可以自行创建各服务器之间的逻辑连接关系，也就是自行指定服务器，只有被指定的服务器之间才会复制文件。

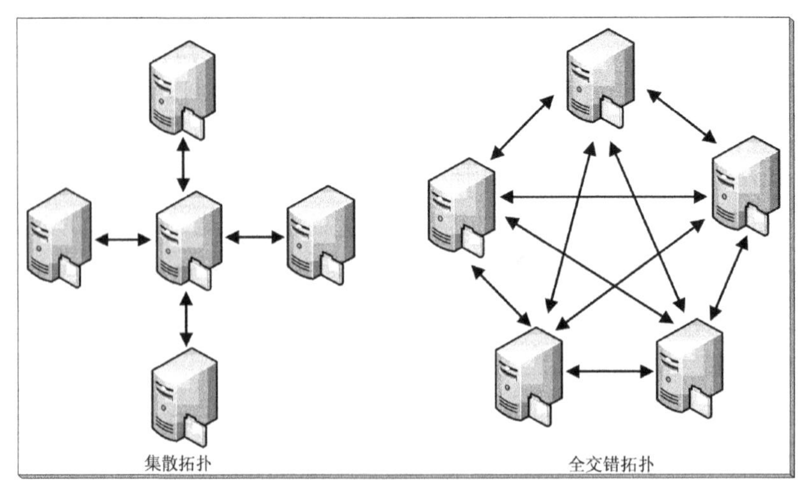

图17-2

可以根据公司网络的带宽、网络的地理位置与公司的组织结构等，决定采用哪种拓扑。不

过，无论你选择了哪种拓扑，都可以自行启用或禁用两台服务器之间的连接关系，例如不想让Server2将文件复制到Server3，则可以将Server2到Server3的单向连接关系禁用。

> **附注**
>
> 图17-2的各种拓扑中各计算机之间的连接关系，并不是在硬件上真正以此形状连接，而是指在复制文件时，利用这些形状描述的逻辑连接关系来复制文件。

17.1.3 DFS的系统需求

独立命名空间服务器可以由域控制器、成员服务器或独立服务器来扮演，而域命名空间服务器可以由域控制器或成员服务器来扮演。

参与DFS复制的服务器必须位于同一个AD DS林，被复制的文件夹必须位于NTFS磁盘分区内（ReFS、FAT32与FAT都不支持）。防毒软件必须与DFS兼容，必要时请联系防毒软件厂商以便确认是否兼容。

如果要将域命名空间的模式设置为**Windows Server 2008模式**，则域功能等级必须至少是**Windows Server 2008**，另外，所有的域命名空间服务器都必须至少是Windows Server 2008。

17.2 分布式文件系统实例演示

我们将练习如何来创建一个如图17-3所示的域命名空间，图中假设3台服务器都是Windows Server 2012 Datacenter，而且Server1是域控制器、Server2与Server3 都是成员服务器，请先自行创建好此域环境。

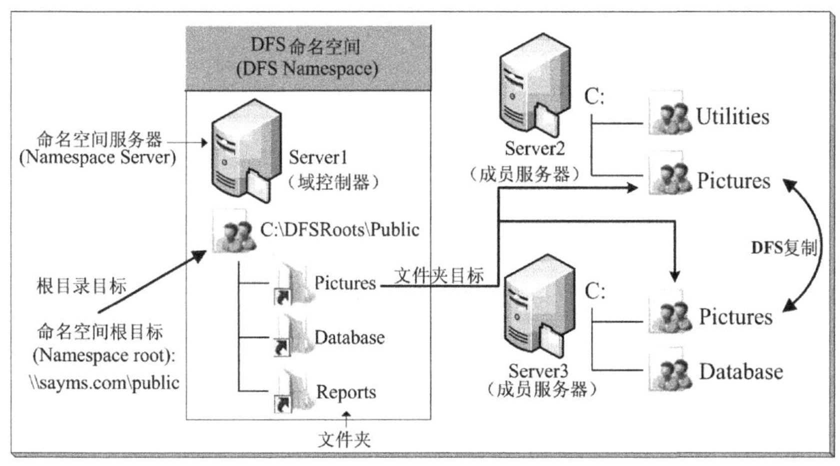

图 17-3

图中命名空间的名称（命名空间根目录的名称）为public，由于是域命名空间，因此完整的名称将是\\sayms.local\public （sayms.local为域名），它映射到命名空间服务器Server1的C:\DFSRoots\Public文件夹。命名空间的设置数据会被存储到AD DS与命名空间服务器Server1的内存缓冲区。另外，图中还创建了文件夹Pictures，它有两个目标，分别指向Server2与Server3的共享文件夹。

17.2.1 安装DFS的相关组件

由于图17-3中各个服务器扮演的角色并不完全相同，因此所需安装的服务与功能也有所不同。

- **Server1**：图中Server1是命名空间服务器，它需要安装**DFS命名空间服务**（DNS Namespace service），不过因为这台计算机同时也是域控制器，而域控制器默认会自动安装与启动这个服务，因此不需要再手动安装。我们要利用这台服务器来管理DFS，因此需要自行安装DFS管理工具。
- **Server2与Server3**：这两台目标服务器需要相互复制Pictures共享文件夹内的文件，因此它们都需要安装**DFS复制**服务。安装**DFS复制**服务时，系统会顺便自动安装DFS管理工具，让你可以在Server2与Server3上管理DFS。

在 Server1 上安装 DFS 管理工具

安装DFS管理工具的方法为【单击左下角的**服务器管理器**图标➲单击**仪表板**处的**添加角色和功能**➲持续单击下一步按钮，直到**选择功能**界面时展开**远程服务器管理工具**➲展开**角色管理工具**➲展开**文件服务工具**➲如图17-4所示勾选**DFS管理工具**➲……】。

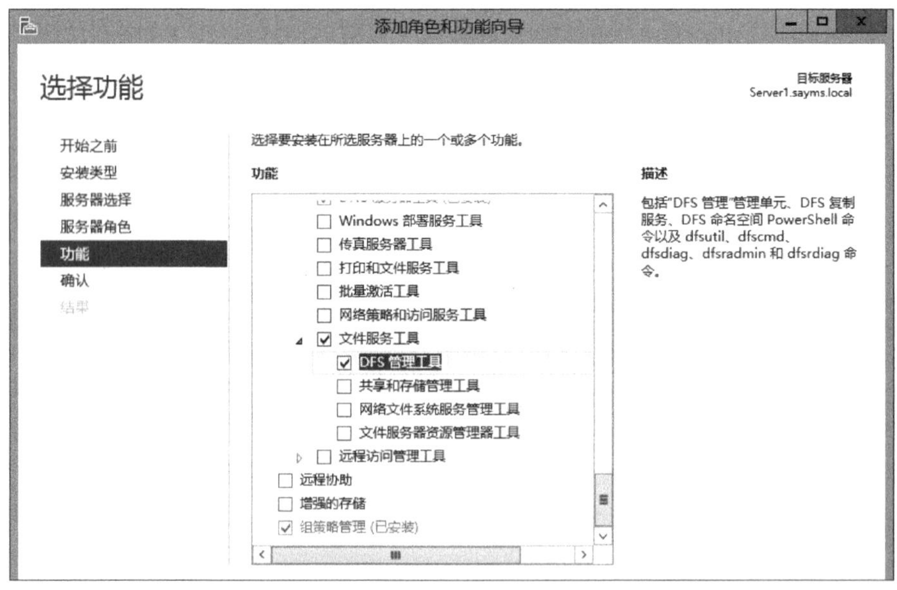

图 17-4

在 Server2 与 Server3 上安装所需的 DFS 组件

请分别到Server2与Server3安装**DFS复制**服务:【单击左下角的**服务器管理器**图标➲单击**仪表板**处的**添加角色和功能**➲持续单击下一步按钮,直到出现如图17-5所示的**选择服务器角色**界面时展开**文件和存储服务**➲展开**文件和iSCSI服务**➲勾选**DFS复制**➲单击添加功能按钮➲……】。

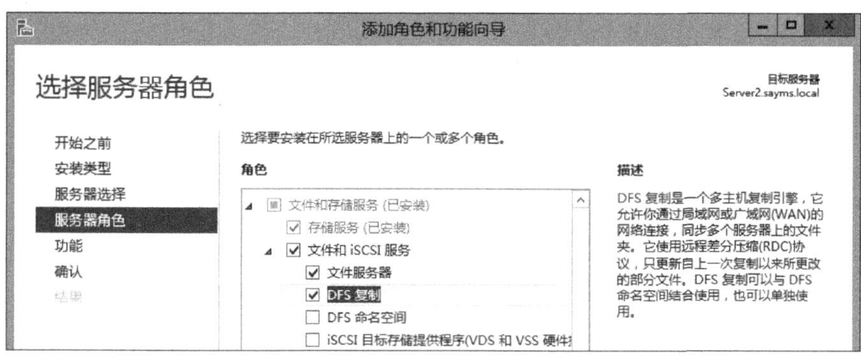

图 17-5

在 Server2 与 Server3 上创建共享文件夹

请创建如图17-3中所示文件夹Pictures映射到的两个目标文件夹,也就是Server2与Server3中的文件夹C:\Pictures,并将其设置为共享文件夹,假设共享名都是Pictures,将**读取/写入**的共享权限赋予Everyone。同时复制一些文件到Server2的C:\Pictures内(见图17-6),以便于验证这些文件是否确实可以通过DFS机制被自动复制到Server3。

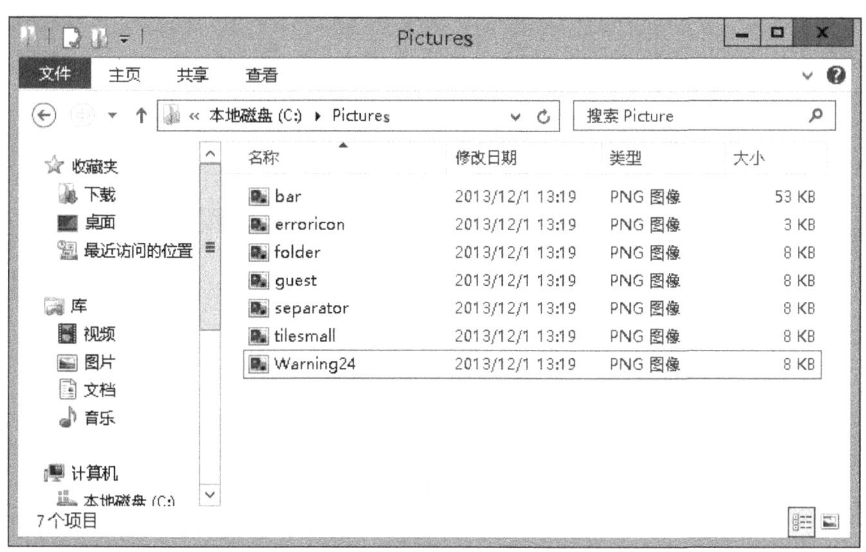

图 17-6

> **注意**
>
> 各目标映射到的共享文件夹，应该通过适当的权限设置来确保其中文件的安全性，此处假设将**读取/写入**的共享权限赋予Everyone。

17.2.2 创建新的命名空间

STEP 1　在Server1上按⊞键切换到**开始**屏幕➲**DFS管理**➲如图17-7所示单击**命名空间**右侧的**新建命名空间**。

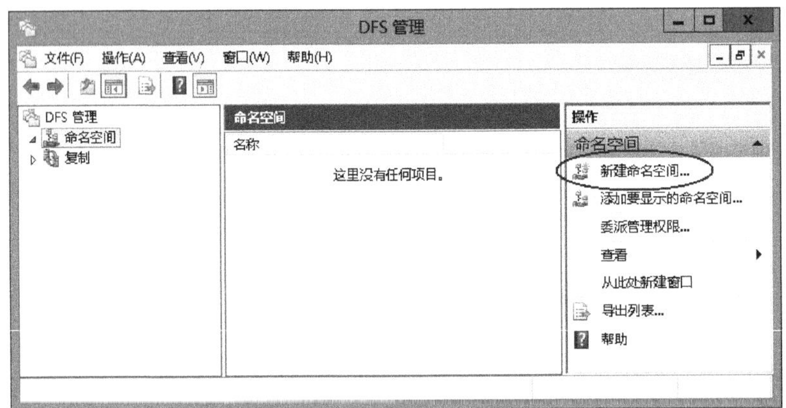

图 17-7

STEP 2　如图17-8所示，选择server1当作命名空间服务器后单击下一步按钮。

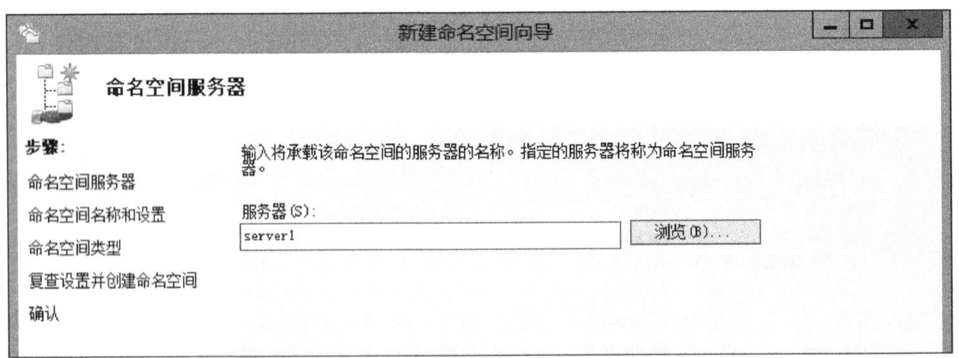

图 17-8

STEP 3　如图17-9所示，设置命名空间名称（例如Public）后单击下一步按钮。

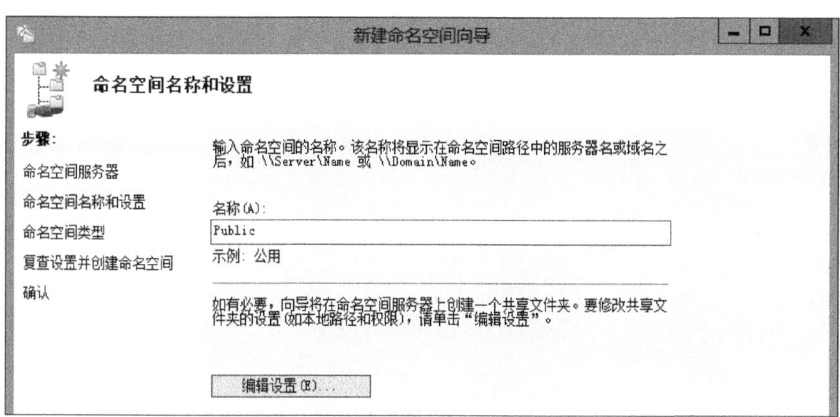

图 17-9

附注

系统默认会在命名空间服务器的%SystemDrive%磁盘内创建DFSRoots\Public共享文件夹，共享名为Public，所有用户都有只读权限，如果要更改设置，可以单击图中的编辑设置按钮。

STEP 4　如图17-10所示，选择**域命名空间**，默认会选择**Windows Server 2008模式**。由于域名为sayms.local，因此完整的命名空间名将是\\sayms.local\Public。

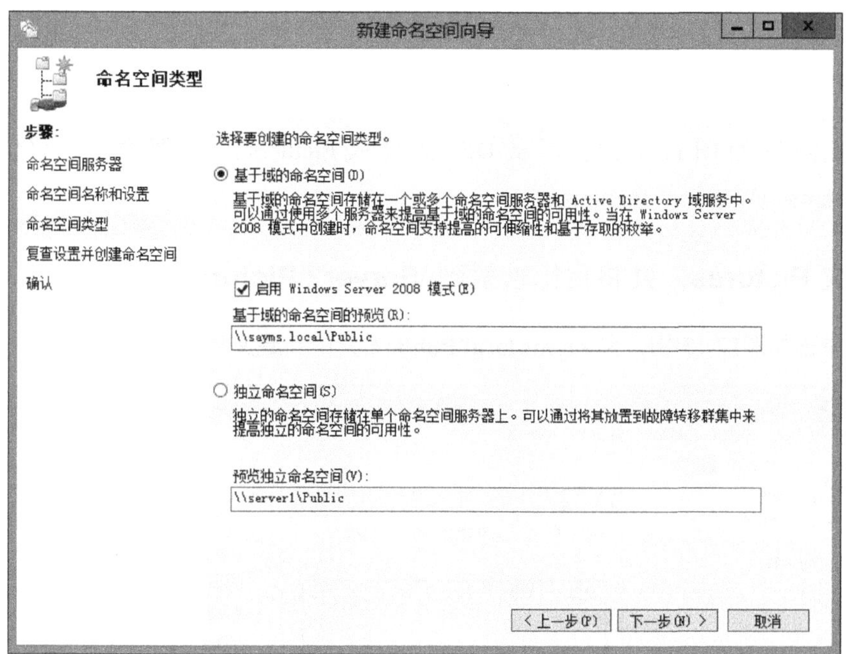

图 17-10

STEP 5　检查如图17-11中所示的设置无误后依次单击创建、关闭按钮。

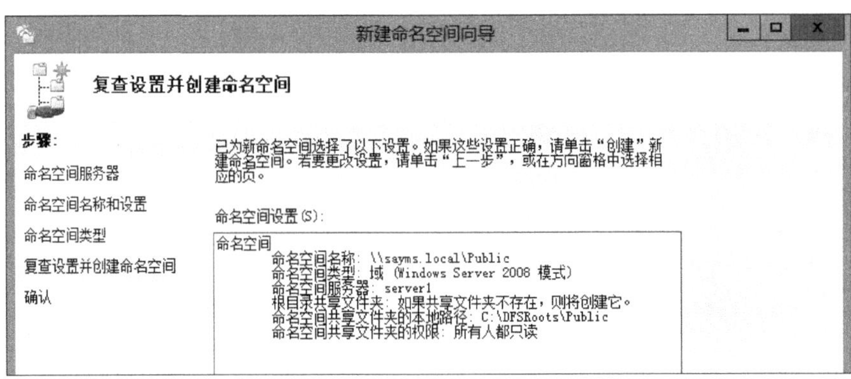

图 17-11

STEP 6　如图17-12所示为完成后的界面。

图 17-12

17.2.3 创建文件夹

下面将创建如图17-3中所示的DFS文件夹Pictures，其两个目标分别映射到\\Server2\Pictures与\\Server3\Pictures。

创建文件夹 Pictures，并将目标映射到\\Server2\Pictures

STEP 1　单击如图17-13中所示**sayms.local\Public**右方的**新建文件夹**。

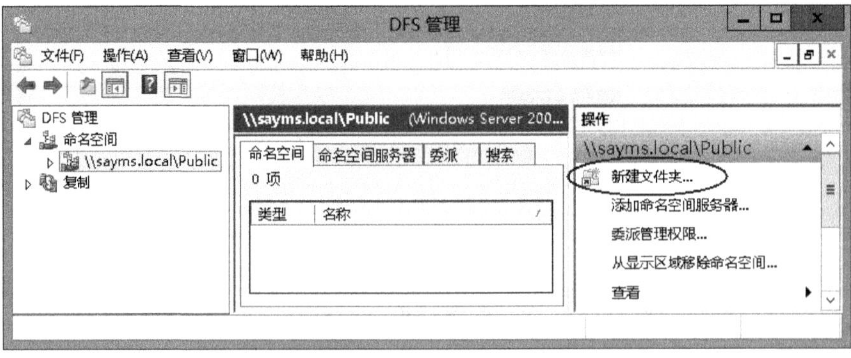

图 17-13

STEP 2 如图17-14所示，【设置文件夹**名称**（Pictures）➲单击添加按钮➲输入或浏览**文件夹目标的路径**，例如\\Server2\Pictures➲单击确定按钮】。客户端可以通过背景图中**预览命名空间**的路径来访问映射共享文件夹内的文件，例如\\sayms.local\Public\Pictures。

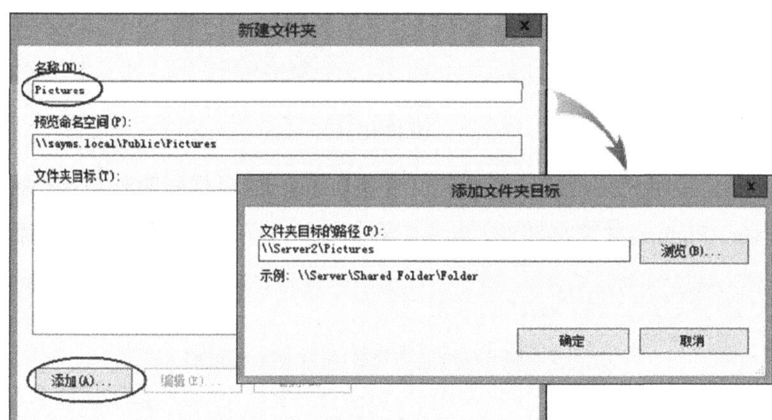

图 17-14

添加另一个目标，并将其映射到\\Server3\Pictures

STEP 1 继续单击如图17-15中所示的添加按钮来设置文件夹的新目标路径，如图中的\\Server3\Pictures。完成后连续单击两次确定按钮。

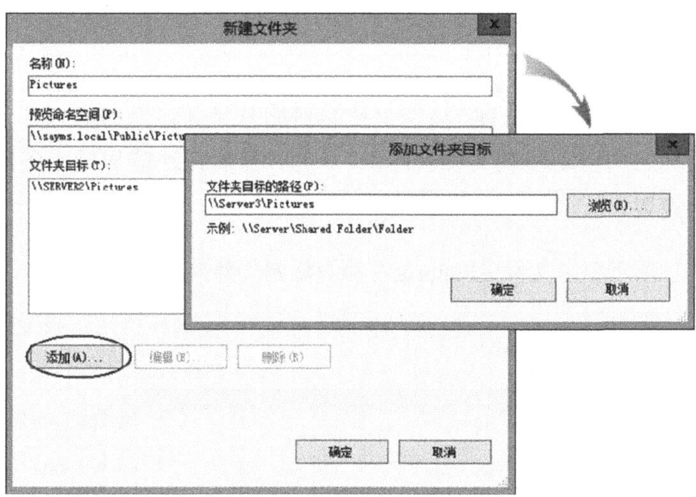

图 17-15

STEP 2 如图17-16所示，单击否按钮，在17.2.4小节**复制组与复制设置**部分再说明两个目标之间的复制设置。

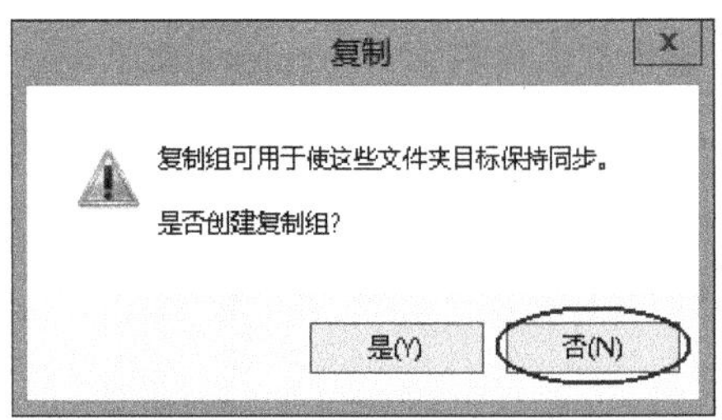

图 17-16

STEP 3 如图17-17所示为完成后的界面，文件夹Pictures的目标同时映射到\\Server2\Pictures与\\Server3\Pictures共享文件夹。以后如果要增加目标，可以单击右侧的**添加文件夹目标**。

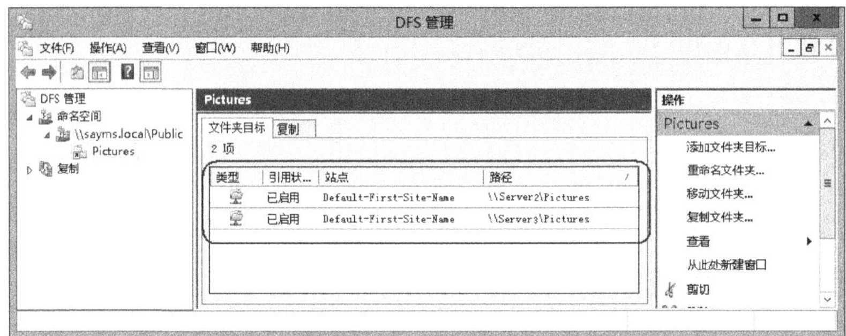

图 17-17

17.2.4 复制组与复制设置

如果一个DFS文件夹有多个目标，这些目标映射的共享文件夹内的文件必须同步（相同）。我们可以让这些目标之间自动复制文件来同步。不过，需要将这些目标服务器设置为同一个复制组，并做适当的设置。

STEP 1 如图17-18所示单击文件夹Pictures右侧的**复制文件夹**。

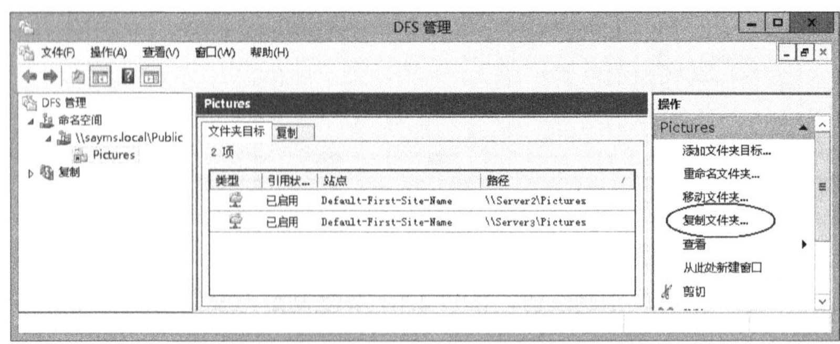

图 17-18

STEP 2 如图17-19所示，单击下一步按钮来采用默认的复制组名称与文件夹名称（或自行设置名称）。

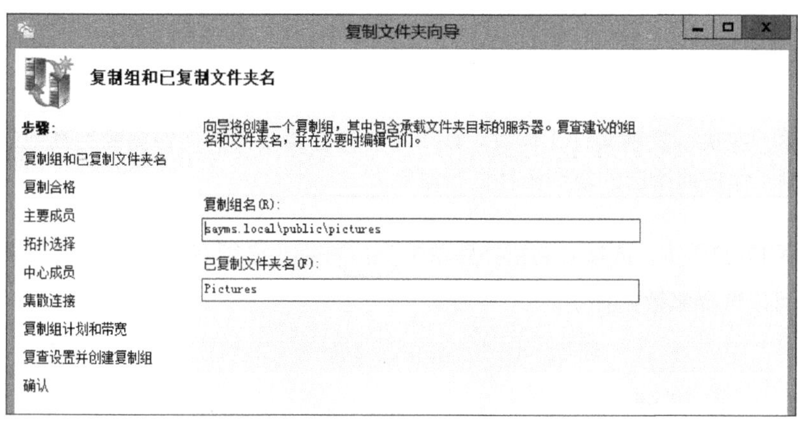

图 17-19

STEP 3　如图17-20所示对话框中会列出有资格参与复制的服务器，请单击下一步按钮。

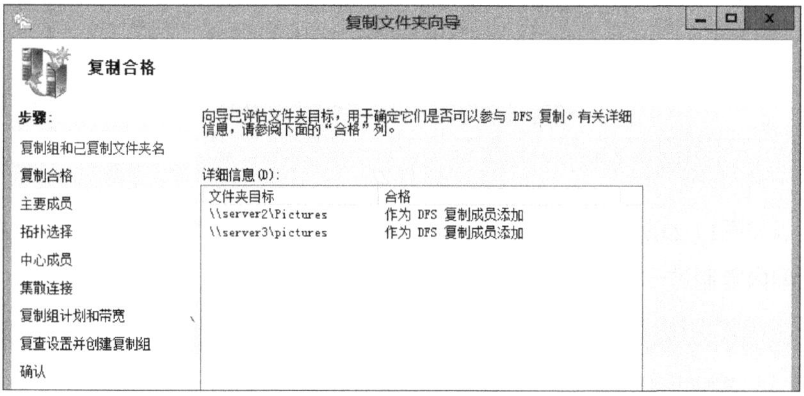

复制文件夹向导

复制合格

步骤:

复制组和已复制文件夹名

复制合格

主要成员

拓扑选择

中心成员

集散连接

复制组计划和带宽

复查设置并创建复制组

确认

向导已评估文件夹目标，用于确定它们是否可以参与 DFS 复制。有关详细信息，请参阅下面的“合格”列。

详细信息(D):

文件夹目标	合格
\\server2\Pictures	作为 DFS 复制成员添加
\\server3\pictures	作为 DFS 复制成员添加

图 17-20

STEP 4　请如图17-21所示选择**主要成员**（例如Server2），当DFS第一次开始执行复制文件的操作时，会将这台主要成员内的文件复制到其他所有目标。完成后单击下一步按钮。

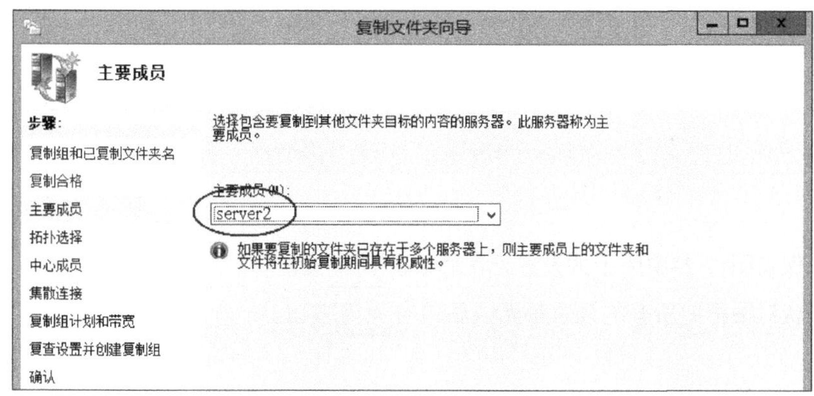

图 17-21

附注

只有在第一次执行复制文件工作时，DFS才会将主要成员的文件复制到其他的目标，之后的复制工作按照所选的复制拓扑进行复制。

STEP 5　如图17-22所示，选择复制拓扑后单击完成按钮（必须有3台及以上的服务器参与复制，才可以选择**集散**拓扑）。

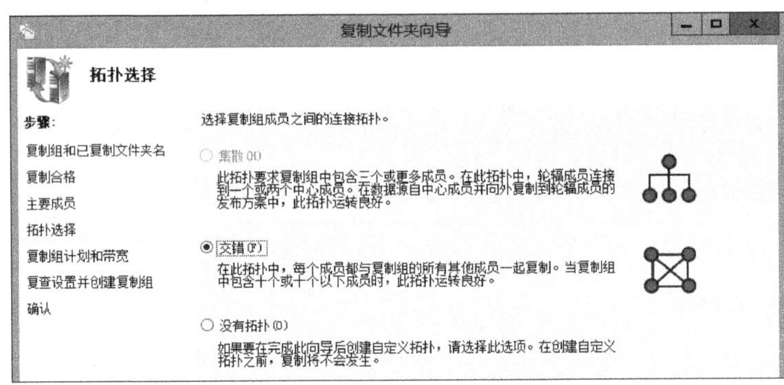

图 17-22

STEP 6　可以如图17-23所示选择全天候、使用完整的带宽进行复制。也可以通过**在指定日期和时间内复制**进一步设置。

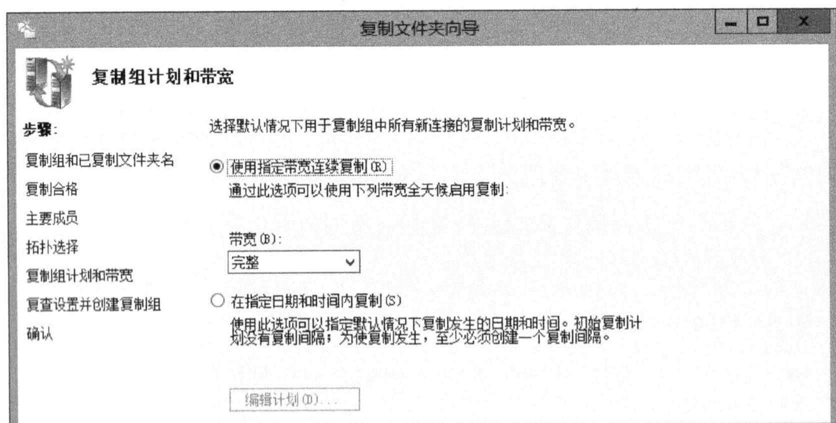

图 17-23

STEP 7　确保如图17-24中所示的设置无误后单击创建按钮。

STEP 8　**确认**对话框中所有的设置都无误后单击关闭按钮。

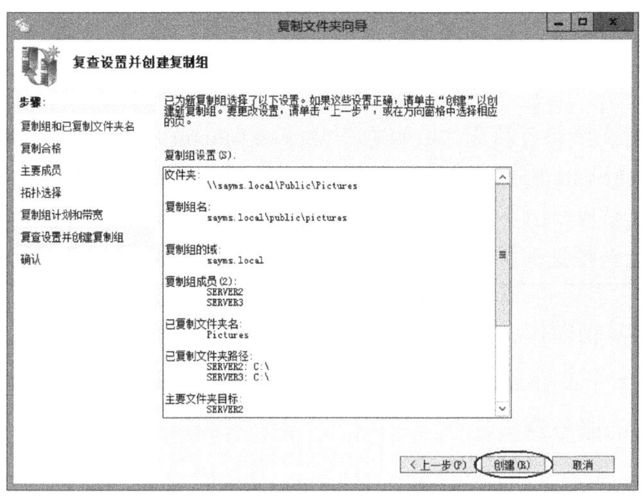

图 17-24

STEP **9**　如图17-25所示，直接单击确定按钮。此对话框在提醒你：如果域内有多台域控制器，则以上设置需要等一段时间才会被复制到其他域控制器，而其他参与复制的服务器，也需要一段时间才会向域控制器索取这些设置值。总而言之，参与复制的服务器，可能需要一段时间后才会开始执行复制的工作。

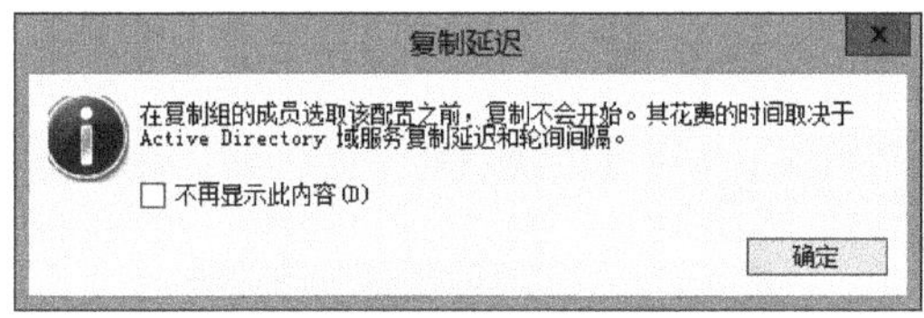

图 17-25

STEP **10**　由于我们在图17-21中将Server2设置为主要成员，因此稍后当DFS第一次执行复制操作时，会将\\Server2\Pictures内的文件复制到\\Server3\Pictures。如图17-26所示为复制完成后在\\Server3\Pictures内的文件。

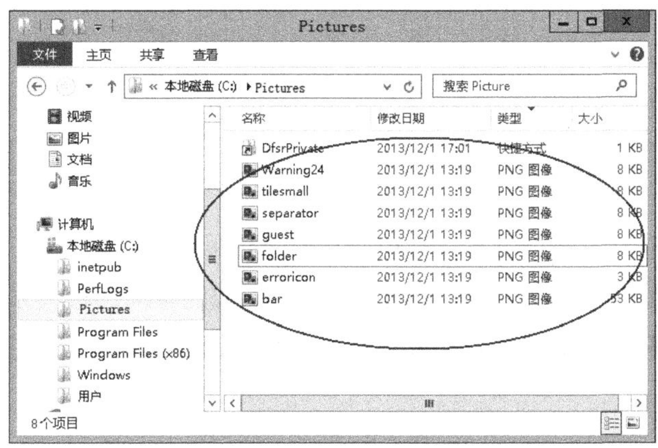

图 17-26

附注

在第一次复制时，系统会将原本就存在于\\Server3\Pictures内的文件（若有），移动到图中的文件夹DfsrPrivate\PreExisting内，不过因为DfsrPrivate是隐藏文件夹，因此如果要看到此文件夹，必须执行以下操作：【打开**文件资源管理器**➲单击**查看**➲单击右方的**选项**➲**查看**➲取消勾选**隐藏受保护的操作系统文件（推荐）**并选择显示**隐藏的文件和文件夹**】。

从第二次开始的复制操作，将按照复制拓扑来决定复制的方式，例如，如果复制拓扑被设置为**交错**，则当你将一个文件复制到任何一台服务器的共享文件夹后，**DFS复制服务**会将这个文件复制到其他所有的服务器。

17.2.5 复制拓扑与计划设置

如果要修改复制设置，请单击如图17-27所示左侧的复制组sayms.local\public\pictures，然后通过右侧的**操作**窗格来更改复制设置，例如增加参与复制的服务器（新建成员）、添加复制文件夹（新建已复制文件夹）、创建服务器之间的复制连接（新建连接）、更改复制拓扑（新建拓扑）、创建诊断报告、将复制的管理工作委派给其他用户（委派管理权限）、计划复制日程（编辑复制组计划）等。

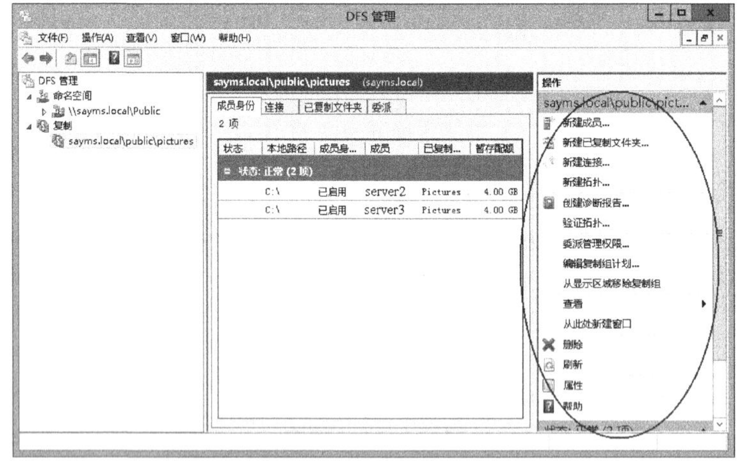

图 17-27

无论复制拓扑是什么，都可以自行启用或禁用两台服务器之间的连接关系，例如，如果不想让Server3将文件复制到Server2，请将Server3到Server2的单向连接关系禁用：【如图17-28所示单击背景图中的**连接**标签➲双击发送成员Server3➲取消勾选**在此连接上启用复制**】。

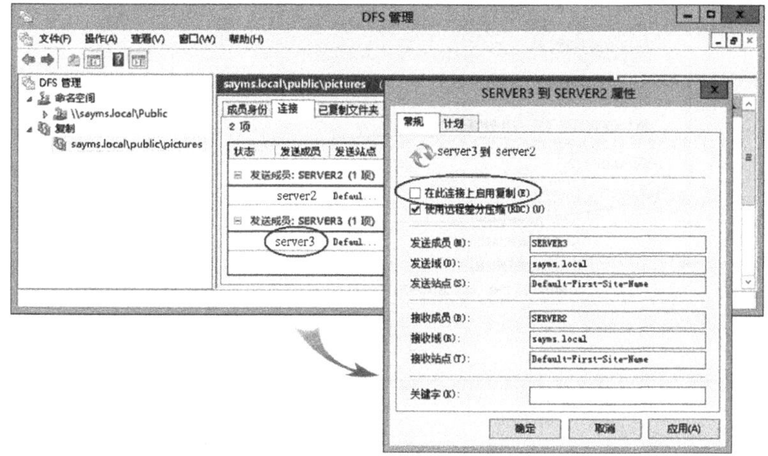

图 17-28

还可以通过双击如图17-29中所示**已复制文件夹**标签下文件夹Pictures的方式来筛选文件或子文件夹，被筛选的文件或子文件夹将不会被复制。筛选时可以使用通配符“?”或“*”，例如*.tmp表示排除所有扩展名为.tmp的文件。

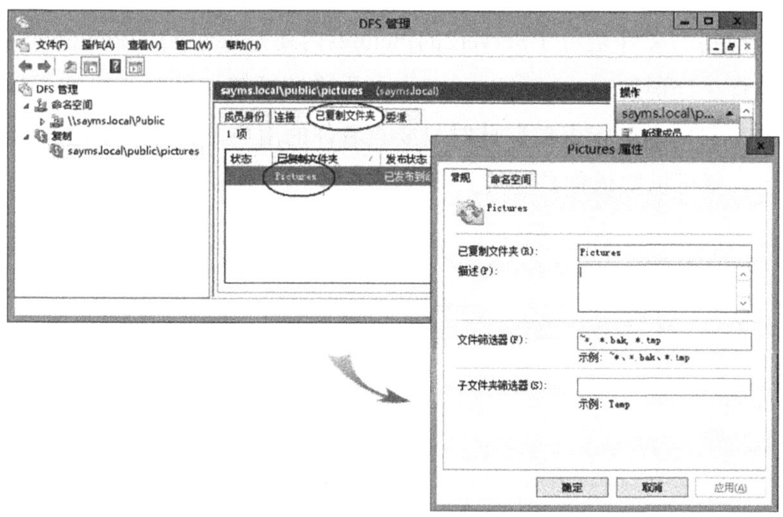

图 17-29

17.2.6 从客户端测试DFS功能是否正常

我们利用Windows 8客户端来说明如何访问DFS文件。请【切换到桌面➲单击左下方的**文件资源管理器**图标➲对着**计算机**单击鼠标右键➲**映射网络驱动器**➲如图17-30所示】图中利用Z:磁盘来连接\\sayms.local\public\pictures，其中sayms.local为域名、public为DFS命名空间根目录的名称、pictures为DFS文件夹名称。可能还必须输入用户名与密码。设置完成后，就可以通过Z:磁盘来访问pictures文件夹中的文件了。

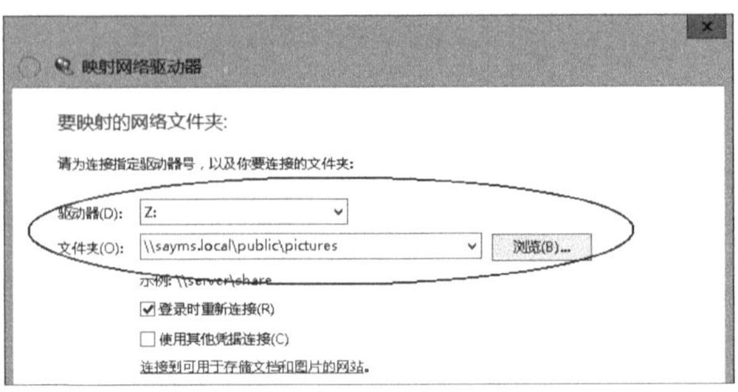

图 17-30

附注

1. 还可以【按⊞+R键➲输入\\sayms.local\public或\\sayms.local\public\ pictures】来访问DFS内的文件。

2. 如果要访问独立DFS，请将域名改为计算机名，例如\\Server5\public\ pictures，其中Server5为命名空间服务器的计算机名、public为命名空间根目录名、pictures为DFS文件夹名。

如何知道访问到的文件是位于Server2的Pictures内还是Server3的Pictures内呢？可以利用以下方法进行检查：分别到Server2与Server3上利用【按⊞键切换到**开始**屏幕➲**管理工具**➲**计算机管理**➲如图17-31所示进行查看】此时只要查看你的用户与计算机名是显示在Server2还是Server3的界面上，就可以知道你是连接到哪台服务器。

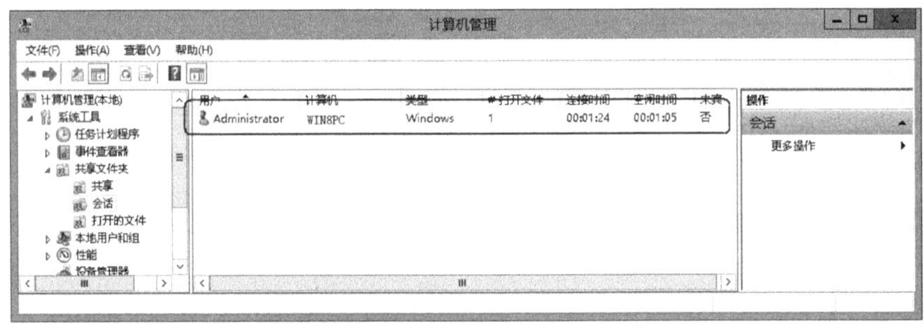

图 17-31

得知所连接的服务器后，请将这台服务器关机，然后到Windows 8计算机上来访问Pictures内的文件，会发现还可以访问到Pictures内的文件，因为DFS已经重定向到另一台服务器（会稍有延迟）。

17.2.7 添加多台命名空间服务器

域命名空间的DFS架构内可以安装多台命名空间服务器，以便提供更高的可用性。所有的命名空间服务器都必须隶属于相同的域。

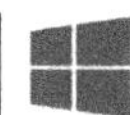

首先这台新的命名空间服务器必须安装**DFS命名空间**服务，具体安装方法是在**服务器管理器**内**添加角色和功能**，然后如图17-32所示在**选择服务器角色**界面中勾选**DFS命名空间**复选框。

> **附注**
>
> 安装**DFS**命名空间服务时，系统会顺便自动安装DFS管理工具，让你可以通过这台服务器来管理DFS。

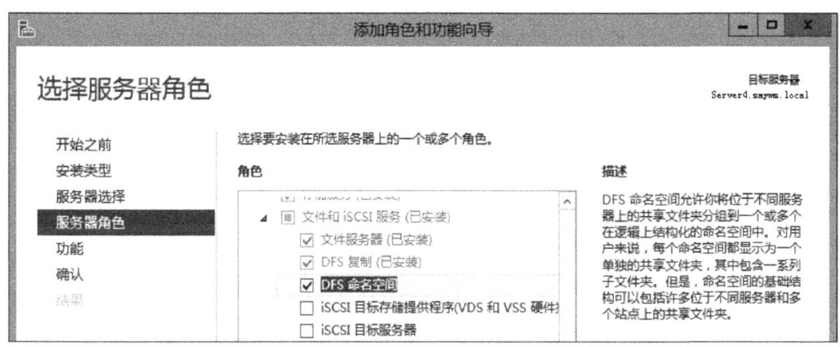

图 17-32

接下来，可以到Server1上【按⊞键切换到**开始**屏幕➲**DFS管理**➲如图17-33所示展开到命名空间\\sayms.local\public➲单击右侧的**添加命名空间服务器**➲输入或浏览服务器名称（例如Server4）➲单击**确定**按钮】。

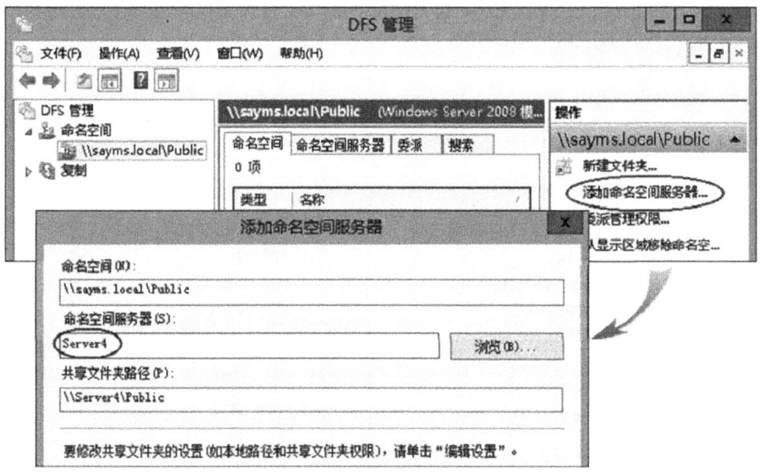

图 17-33

17.3 客户端的引用设置

当DFS客户端要访问命名空间内的资源（文件夹或文件等）时，域控制器或命名空间服务器会提供给客户端一个**引用列表**（Referrals），此列表内包含拥有此资源的目标服务器，客户端会尝试从位于列表中最前面的服务器来访问所需的资源。如果这台服务器因故无法提供服务时，客户端会转向列表中的下一个目标服务器。

如果某台目标服务器因故必须暂停服务，例如要关机维护，此时应该避免客户端被重定向到这台服务器，也就是不要让这台服务器出现在**引用列表**中，其设置方法如下：【如图17-34所示单击命名空间\\sayms.local\pubic下的文件夹Pictures➲对着该服务器单击鼠标右键➲**禁用文件夹目标**】。

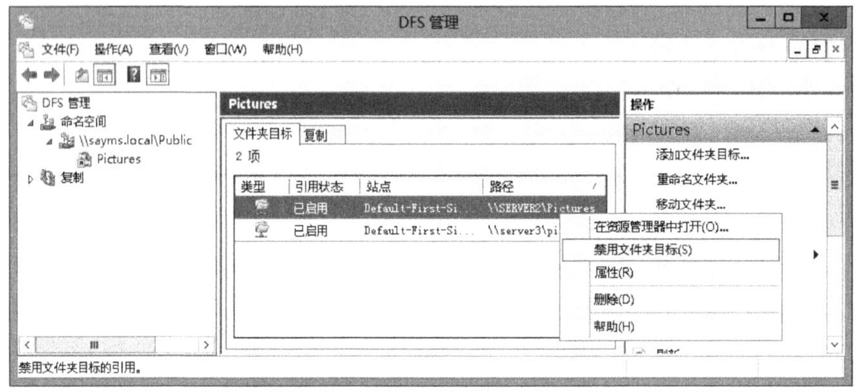

图 17-34

如何决定**引用列表**中目标服务器的先后顺序呢？可以通过【如图17-35所示对着**命名空间**\\sayms.local\pubic单击鼠标右键➲**属性**➲**引用标签**】。图中提供了缓存持续时间、（先后顺序的）排序方法与客户端故障回复设置。

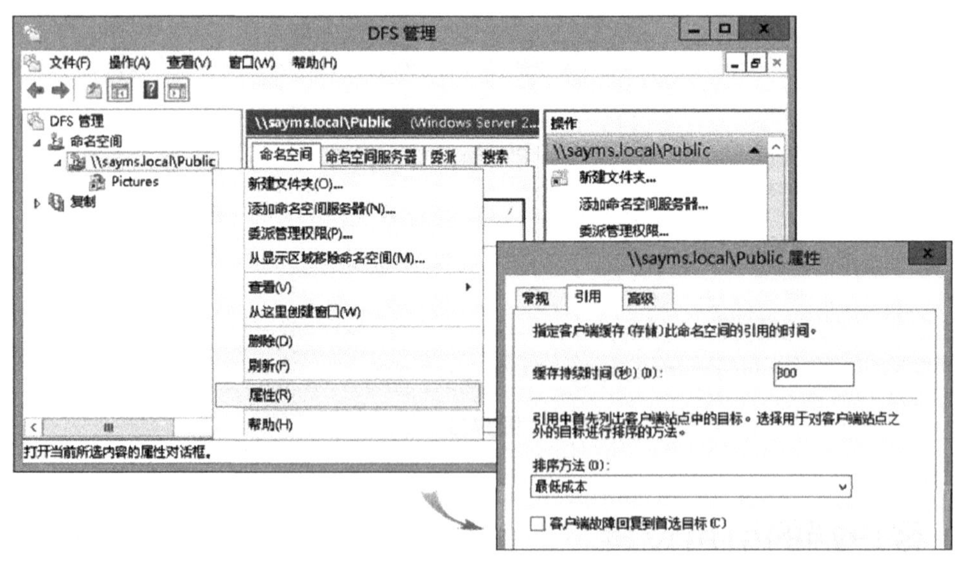

图 17-35

17.3.1 缓存持续时间

当客户端取得引用列表后，会将这份列表缓存到客户端计算机内，以后客户端需要此份列表时，可以直接从缓冲区取得，不需要再向命名空间服务器或域控制器索取，如此可以提高运行效率。不过，这份位于缓冲区的列表有一定的有效期限，这个期限就是通过如图17-35中所示**缓存持续时间**设置的，图中默认值为300 秒。

17.3.2 设置引用列表中目标服务器的先后顺序

客户端取得的引用列表中，目标服务器被排列在列表中的先后顺序如下。

- 如果目标服务器与客户端位于同一个AD DS站点，则此服务器会被列在列表中的最前面，如果有多台服务器，这些服务器会被随机排列在最前面。
- 如果目标服务器与客户端位于不同AD DS站点，则这些服务器会被排列在前述服务器（与客户端同一个站点的服务器）之后，而且这些服务器之间有以下排列方法。
  - **最低成本（lowest cost）**：如果这些服务器分别位于不同的AD DS站点，则以站点连接成本最低的优先。如果成本相同，则随机排列。

> **附注**
>
> 如果你对站点连接成本（Site Link Cost）感兴趣，可参考《Windows Server 2012 Active Directory配置指南》一书。

  - **随机顺序（random order）**：无论目标服务器位于哪个AD DS站点内，都以随机顺序来排列这些服务器。
  - **排除客户端站点之外的目标（exclude targets outside of client's site）**：只要目标服务器跟客户端位于不同的AD DS站点，就不将这些目标服务器列于引用列表内。

> **附注**
>
> 命名空间的引用设置会被其下的文件夹与文件夹目标继承，不过还可以直接针对文件夹进行设置，并且其设置会覆盖由命名空间继承的设置。还可以针对文件夹目标设置，并且其设置会覆盖由命名空间和文件夹继承的设置。

17.3.3 客户端故障回复

当DFS客户端访问的首选目标服务器因故无法提供服务时（例如服务器发生故障），客户端会转向列表中的下一台目标服务器，即使之后原先故障的首选服务器恢复正常了，客户端仍然会继续访问这一台并不是最佳的服务器（例如，它是位于另一个连接成本比较高的站点）。如果希望原来那一台首选服务器恢复正常后，客户端能够自动转回到此服务器，请勾选如图17-35中所示的**客户端故障回复到首选目标**。

附注

一旦转回原来的首选服务器后，所有新访问的文件都会从这台首选服务器读取。不过，之前已经从非首选服务器打开的文件，仍然会继续从那台服务器读取。

第 18 章 搭建 iSCSI 文件服务器故障转移群集

故障转移群集（Failover Cluster）可以提供一个高可用性应用程序或服务的网络环境，本章将介绍如何搭建iSCSI SAN文件服务器故障转移群集。

- 故障转移群集概述
- 创建故障转移群集实例演示
- 在群集中添加节点、移除节点与删除群集

18.1 故障转移群集概述

我们可以将多台服务器组成一个**故障转移群集**（Failover Cluster），这些服务器会协同工作以提供一个高可用性的应用程序或服务环境。群集内每台服务器被称为一个**节点**（Node），节点之间通过网络硬件与软件连接在一起对用户提供服务。如果群集中有一个节点发生故障，其他节点会接手继续提供服务，这个过程被称为**故障转移**（Failover），它让用户能够不中断地继续享有服务器提供的服务。

18.1.1 FC SAN或iSCSI SAN架构的群集

一般来说，群集需要存储媒体来存储数据，而存储媒体必须被连接到群集中的每个节点服务器，其连接方式可为**光纤通道**（Fiber Channel）或**iSCSI**（Internet SCSI）。

FC SAN 群集（Fiber Channel SAN Cluster）

我们以图18-1中的两节点群集来说明FC SAN（光纤通道SAN）群集的架构。图中两个节点服务器各通过一块称为Fiber Channel HBA（Host Bus Adapter）的网卡来连接到**光纤通道交换机**（Fiber Channel Switch），同时存储设备也连接到此交换机，服务器与存储设备之间使用的通信协议为Fiber Channel Protocol（FCP），FCP会将SCSI数据封装后转到光纤通道上发送。另外，这两台节点服务器也各有一块网卡连接到客户端所在的局域网，它让客户端可以通过这两台节点服务器来访问存储设备内的文件，这个存储设备可以是磁盘阵列（Disk Array）、自动换碟机（Optical Jukebox）或磁带库（Tape Library）等。

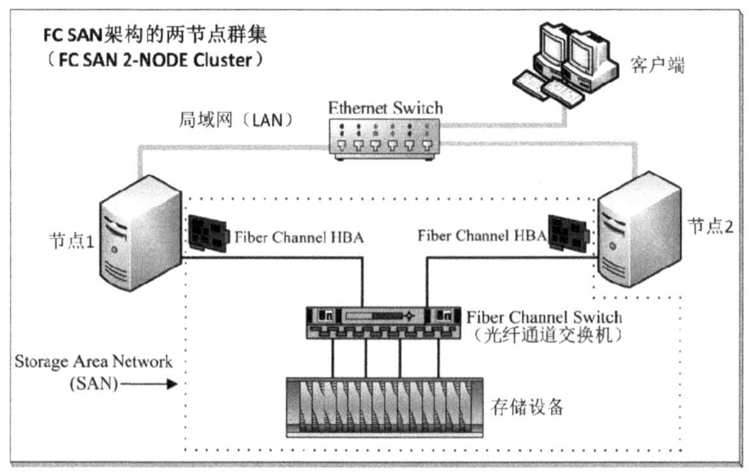

图 18-1

图中虚线框起来的Storage Area Network（SAN，存储局域网）为一种用来将存储设备连接到服务器的架构。在SAN架构下，服务器会将这些SAN存储设备视为好像是直接连接在服务器上，例如服务器会将SAN磁盘阵列内的一个卷（Volume）或一个逻辑单元号（Logical Unit Number，LUN）视为一个磁盘（硬盘）。因此，当在服务器上【**按⊞键切换到开始屏幕➲管理工具➲计算机管理➲存储➲磁盘管理**】，会看到界面上多了一个磁盘，例如图18-2中的磁盘1，然而它并不是一个真正连接在这台服务器上的磁盘，而是磁盘阵列内的一个卷或一个LUN。

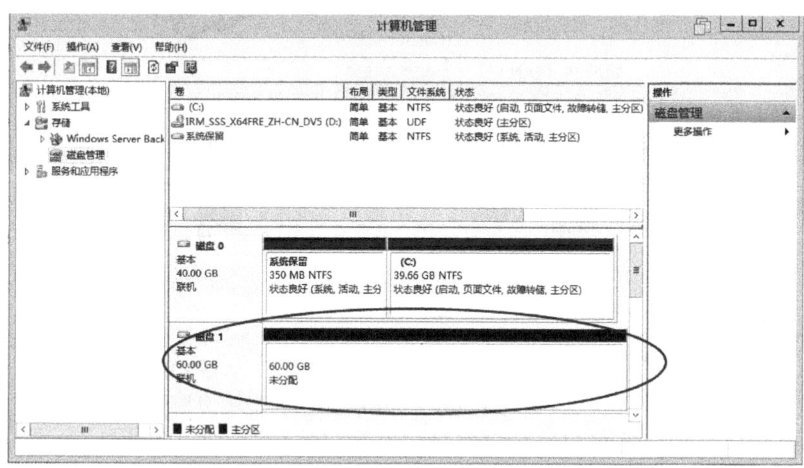

图 18-2

附注

存储设备分为Block Level与File Level两种类型，SAN存储设备属于Block Level。另一种被称为NAS（Network Attached Storage）架构的存储设备属于File Level，在NAS架构下，服务器利用网络驱动器来连接NAS存储设备，在**文件资源管理器**内可以看到一个连接到NAS存储设备的驱动器号，但是在磁盘管理窗口内不会多出一台磁盘。NAS架构使用的通信协议为NFS或SMB/CIFS。

iSCSI SAN 群集（iSCSI SAN Cluster）

我们以图18-3中的两节点群集来说明iSCSI SAN群集的架构。与FC SAN不同的是：在iSCSI SAN（Internet SCSI SAN，又称为IP SAN）的架构下，服务器与存储系统之间只需要通过IP网络就可以连接在一起。图中两台节点服务器可以通过以下两种方式之一连接存储系统。

- **安装iSCSI HBA网卡**：iSCSI HBA网卡包含iSCSI发起程序（iSCSI Initiator Firmware），服务器利用iSCSI发起程序将SCSI指令封装后发送到IP网络上。由于服务器在处理整个TCP/IP堆栈时会耗费不少的CPU资源（尤其是高速网络），因而可能会影响服务器运行效率，此时可以采用 TOE iSCSI HBA网卡来改善效率，因为拥有TOE（TCP Offload Engine）功能的iSCSI HBA网卡会将这些比较耗费资源的处理工作交给网卡负责。

- **安装1GB（含）以上的高速Ethernet网卡**：此时需要在节点服务器上另外安装iSCSI发起程序。

两台节点服务器通过iSCSI HBA或高速Ethernet网卡连接到高速Ethernet 交换机，同时存储系统也连接到此交换机。服务器与存储系统之间使用的通信协议为iSCSI Protocol。

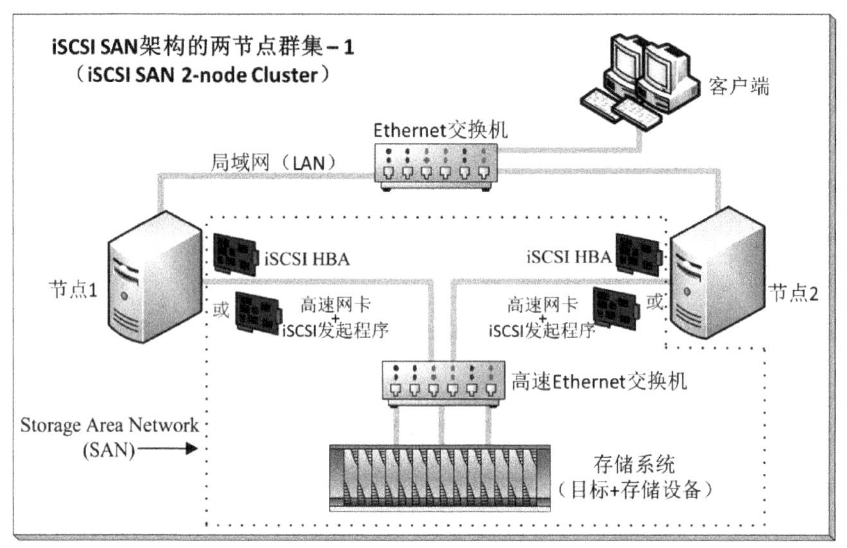

图 18-3

附注

为了能够有良好的网络传输效率，因此应该采用高速的1GB或 10GB （或更高速）网卡与交换机。

图中的存储系统内包含**目标**（Target）与存储设备，服务器先连接到**目标**，再通过**目标**来访问存储设备。服务器会将通过**目标**连接到的SAN存储媒体视为好像是直接连接在服务器上一样。图中两台服务器也各有一块网卡连接到客户端所在的局域网，它让客户端可以通过这两台服务器来访问存储媒体内的文件。

图18-3中存储系统内的**目标**可以改用图18-4中的**目标服务器**替代，这台**目标服务器**可以安装常用操作系统（例如Windows Server 2012），然后在其中安装**目标服务器**软件，而存储媒体可以是这台服务器内的普通磁盘（PATA、SATA、SCSI、USB、FireWire等存储媒体），或者连接在这台服务器上的磁盘阵列，或者直接利用现有磁盘内的文件来模拟虚拟磁盘。

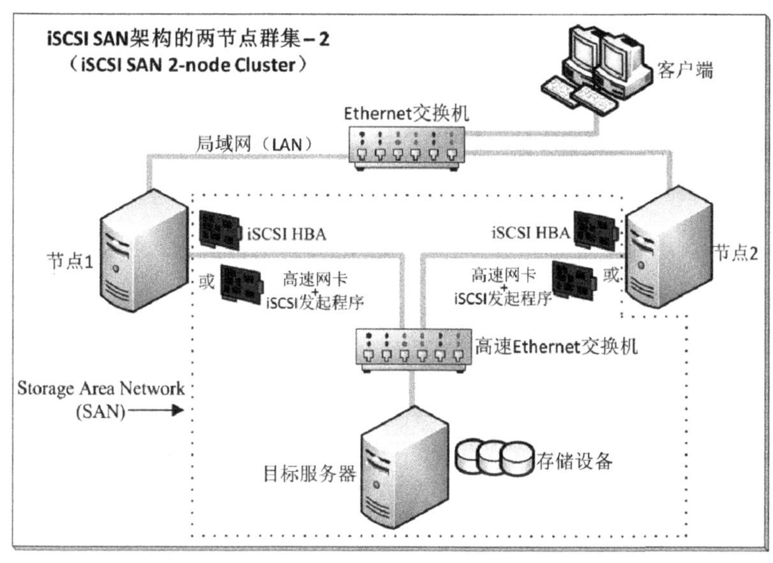

图 18-4

18.1.2 群集的仲裁配置

当群集中的节点发生故障时，会由其他节点接手继续提供服务。不过，当节点之间通信出现问题或太多节点发生故障时，群集就会停止服务，可是群集可以容忍多少个节点发生故障呢？这要由**仲裁配置**（Quorum Configuration）决定，Quorum中文就是**法定数量**的意思，也就是只要群集中仍然正常运行的节点数量达到法定数量，群集就会继续提供服务，否则就停止服务。在停止服务期间，仍然正常的节点会继续监听故障节点是否恢复正常，一旦正常节点的数量恢复到法定数量时，群集就会继续提供服务。

在计算法定数量时，有的仲裁配置会用到**仲裁磁盘**（Quorum Disk），又称为**见证磁盘**（Witness Disk）。仲裁配置可以分为以下几种。

- 多数节点（Node Majority）
  此种配置不会用到**仲裁磁盘**，而所谓**多数节点**就是在正常节点数量占多数的情况下，群集才会提供服务，否则就停止服务。此种配置适用于奇数节点的群集。例如，5个节点的群集，其正常节点的数量必须至少3个，群集才会提供服务。
- 多数节点与磁盘（Node and Disk Majority）
  适用于偶数节点的群集，它在计算法定数量时会将**仲裁磁盘**计算进来，例如，4个节点+1个**仲裁磁盘**的群集，可以将其视为5个节点的群集，此时正常节点的数量必须至少3个，群集才会提供服务。
- 多数节点与文件共享（Node and File Share Majority）
  它和**多数节点与磁盘**类似，不过将**仲裁磁盘**改为共享文件夹内的文件。
- 没有多数：只有磁盘（No Majority: Disk Only）

只要**仲裁磁盘**脱机，群集就会停止提供服务（不建议采用）。

18.2 创建故障转移群集实例演示

我们将通过图18-5来演示如何搭建一个iSCSI SAN两节点的文件服务器故障转移群集，其仲裁配置默认为**多数节点与磁盘**。

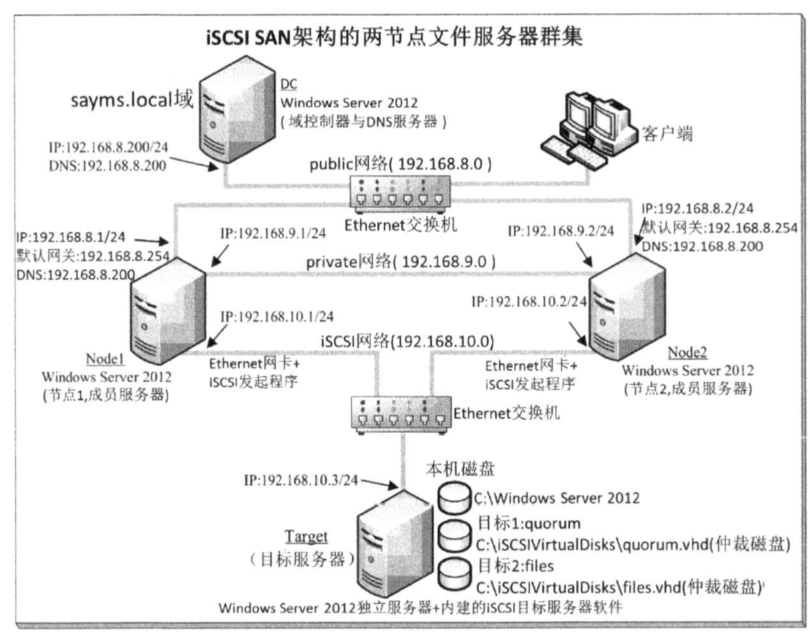

图18-5

18.2.1 软硬件需求

要创建图18-5中iSCSI SAN两节点群集，其软硬件配备必须符合以下要求，建议利用Hyper-V提供的虚拟环境进行练习（参见附录B）。

服务器

架设群集需要Active Directory域，群集中的节点服务器必须隶属于同一个域，并且应该扮演同样的域角色，也就是都是成员服务器（建议）或都是域控制器。本范例的域名为sayms.local，图18-5中左上角的服务器DC为域控制器兼DNS服务器，Node1与Node2为两个节点（都是成员服务器），最下面的服务器为**目标服务器**，其中将安装Windows Server 2012内置的**iSCSI目标服务器**软件，这台服务器不需要加入域。

为了让群集功能正常运行，因此群集中的两台节点服务器应该都要配备相同或类似的硬

件，而且需要安装相同版本的操作系统，包含相同的硬件版本（32位、64位），同时也要安装相同的Service Pack与软件更新（Update）。在Windows Server 2012 系列产品中只有Datacenter与Enterprise版本才具备群集功能，因此图18-5中两个节点都安装了Windows Server 2012 Datacenter。为了方便起见，域控制器与**目标服务器**也都采用Windows Server 2012 Datacenter。

网络设置

图18-5中两台节点服务器各有3块网卡，分别连接到public、private与iSCSI网络。

- **public网络**：两台节点服务器各有一块网卡连接到public网络，并通过public网络与域控制器通信，客户端也通过public网络来连接节点服务器。
- **private网络**：两台节点服务器之间需要随时监听对方的**心跳（Heartbeat）**情况，以便得知对方是否发生故障或故障后是否又恢复正常。为了避免受到其他网络流量的干扰，以便实时得知对方心跳状态，因此建议节点之间通过专用网络进行通信，例如图中两个节点各有一块网卡连接这个专用的private网络。由于本范例只有两个节点，因此若利用物理机器来练习，可以直接利用**计算机对计算机**的Crossover网线（跳线）来串接这两个节点，不需要交换机。

  为了提高故障恢复能力，我们会设置让节点之间也可以通过前面的public网络来通信，它在节点之间因故无法通过private网络通信时，还可以选择public网络。
- **iSCSI网络**：两个节点各有一块网卡连接到iSCSI网络，并通过此网络来连接目标服务器并访问存储媒体内的文件，这个网络应该仅用于节点与目标服务器之间使用iSCSI protocol来通信的专用网络，请勿作为其他用途，例如不要设定让两个节点之间通过这个网络来通信。两个节点用来连接iSCSI网络的网卡应该要相同，而且iSCSI网络内应采用高速交换机（1GB、10GB或更高速），不过本演示用100MB的交换机即可。

> **附注**
>
> 为了避免单一点故障而影响到群集的运行，建议在两个节点与客户端之间、两个节点与**目标服务器**之间的通信管道采取适当的故障恢复措施，例如以节点与客户端之间来说，可以在节点中利用两块网卡来连接两个网络，而通过这两个网络都可以跟客户端通信。还可以采用具备teaming功能的网卡来提供故障恢复功能，例如可以在public网络采用teaming网卡，但是不要在private网络使用teaming网卡，以免因为延迟问题而影响到节点之间通信的实时性。此外，iSCSI并不支持teaming，因此iSCSI网络不要使用teaming网卡。
>
> Teaming就是将一台计算机内的多块物理网卡（Network Interface Card，NIC），通过驱动程序将其变成一块虚拟网卡，其他计算机通过此虚拟网卡与这台计算机通信，但是数据实际上通过多块物理网卡来传送。Teaming网卡可以提高网络传输速度、提供负载平衡与故障处理功能。Windows Server 2012已经内置网卡的teaming驱动程序，不需要另外安装。此功能在Windows Server 2012内被称为NIC Teaming（NIC小组）。

目标服务器与存储媒体

Windows Server 2012要求存储媒体必须遵照SCSI Primary Command-3（SPC-3）的标准，尤其是必须支持SPC-3 Persistent Reservation（SPC-3持续保留）。我们要利用Windows Server 2012内置的**iSCSI目标服务器**来搭建iSCSI 目标服务器，通过它创建的iSCSI磁盘支持上述的SPC-3要求。

本范例为两个节点的文件服务器群集，因此**仲裁配置**为**多数节点与磁盘**，此时除了存储文件的**文件磁盘**外，还需要一个**仲裁磁盘**，这两个磁盘要求如下。

- 必须是基本磁盘，不可以是动态磁盘。
- 仲裁磁盘必须被格式化成NTFS，但是文件磁盘并没有强制规定，不过建议为NTFS。
- 磁盘分区样式可以是**MBR磁盘**或**GPT磁盘**。
- 本范例中的仲裁磁盘与文件磁盘都直接使用本地计算机C:磁盘内的文件来模拟，文件名分别是C:\iSCSIVirtualDisks\Quorum.vhd与C:\iSCSIVirtualDisks \Files.vhd。

18.2.2 iSCSI SAN两节点文件服务器群集实例演示

我们将按部就班地说明如何搭建如图18-5所示的iSCSI SAN两节点文件服务器群集，并请遵照以下步骤进行练习，以减少出错的机会。

准备网络环境与计算机

请准备好图18-5中网络环境与4台服务器。

- DC的网卡连接到public网络、目标服务器的网卡连接到iSCSI网络，两个节点的3块网卡分别连接到public、private与iSCSI网络。
  如果使用Windows Server 2012 Hyper-V，请自行创建图中的3个虚拟网络（虚拟交换机），其虚拟网络（虚拟交换机）类型选择**专用**即可。
- 目标服务器必须多准备两个磁盘
  这两个磁盘分别作为仲裁磁盘与文件磁盘，其中仲裁磁盘的容量建议为512 MB以上，而文件磁盘的容量请自定义。本范例将使用虚拟磁盘，也就是直接使用本地C:磁盘内的文件来模拟这两个磁盘，其中仲裁磁盘的文件名是C:\iSCSIVirtualDisks\Quorum.vhd、文件磁盘的文件名是C: \iSCSIVirtualDisks\ Files.vhd。
- 在这4台服务器上安装Windows Server 2012 Datacenter
  安装完成后，将它们的计算机名分别改为DC、Node1、Node2和Target。如果使用Hyper-V虚拟机器，并且这4台服务器是从现有虚拟机器复制（或使用**差异虚拟硬盘**），请先在这4台服务器上执行Sysprep.exe来更改其SID等数据后，再将计算机名分别改为DC、Node1、Node2和Target。
- 建议更改两台节点服务器内3块网卡的网络连接名称，以便于识别，例如图18-6中分

别连接到public、iSCSI与private网络的网络连接。更改方法为：【按⊞键切换到开始屏幕➲控制面板➲网络和Internet➲网络和共享中心➲更改适配器设置➲分别对着3个网络连接单击鼠标右键➲重命名】。

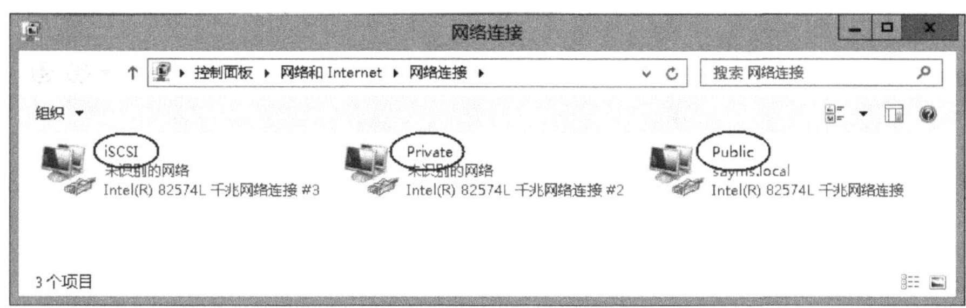

图 18-6

- 按照实例演示图（见图18-7）来设置4台服务器每块网卡的IP地址、子网掩码、首选DNS服务器与两个节点的public网卡的默认网关（如果未设置默认网关，将无法通过群集设置的验证程序，图中假设默认网关的IP地址为192.168.8.254）：【按⊞键切换到开始屏幕➲控制面板➲网络和Internet➲网络和共享中心➲单击要设置的网络连接➲属性➲Internet协议版本4（TCP/IPv4）】（本范例采用IPv4）。

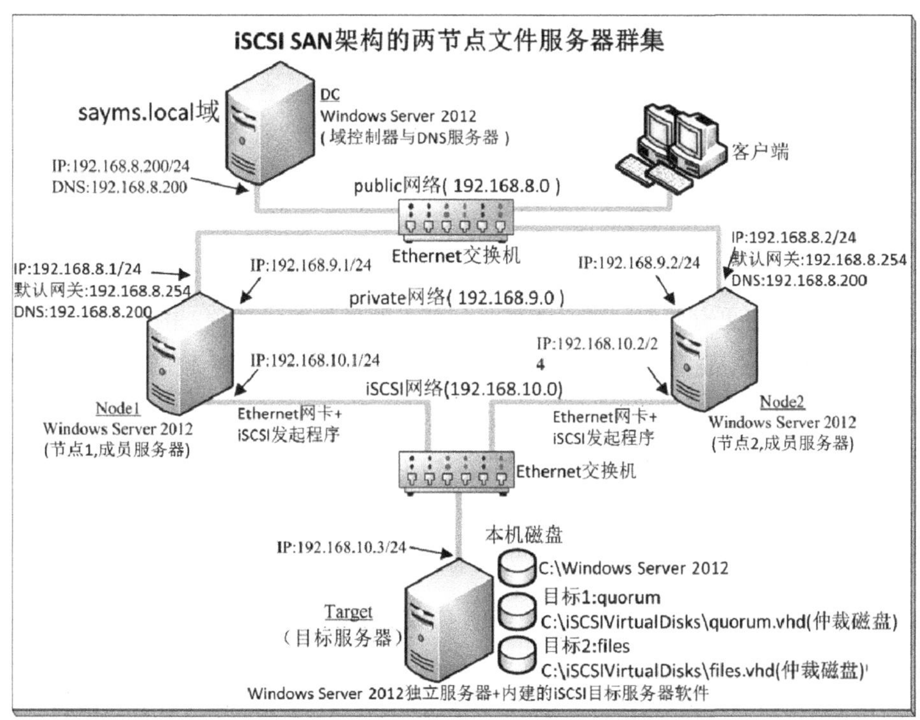

图 18-7

- 将DC、Node1、Node2与Target的**Windows防火墙**暂时关闭：【按⊞键切换到开始屏幕➲控制面板➲系统和安全➲Windows防火墙】。请将所有网络位置的防火墙都关闭，包含公用网络与专用网络。

- 务必执行以下步骤来测试同一个子网内的服务器之间是否可正常通信，以减少后面排除故障的难度（先确认4台服务器的**Windows防火墙**已经关闭）：
  - 到DC上分别利用ping 192.168.8.1与ping 192.168.8.2来测试是否可以跟Node1与Node2通信。
  - 到Node1上分别利用ping 192.168.8.200、ping 192.168.8.2、ping 192.168.9.2与ping 192.168.10.3来测试是否可以跟DC、Node2与目标服务器通信。
  - 到Node2上分别利用ping 192.168.8.200、ping 192.168.8.1、ping 192.168.9.1与ping 192.168.10.3来测试是否可以跟DC、Node1与目标服务器通信。
  - 到目标服务器Target上分别利用ping 192.168.10.1与ping 192.168.10.2来测试是否可以跟Node1与Node2通信。
- 通过将服务器DC升级为域控制器的方式来创建域：【打开**服务器管理器**➲单击**仪表板**处的**添加角色和功能**➲……➲添加**Active Directory域服务**角色➲……】，域名请设置为sayms.local，完成后重新启动。
- 到Node1与Node2上将它们加入域sayms.local：【按⊞键切换到**开始屏幕**➲对着**计算机**单击鼠标右键➲**属性**➲单击**更改设置**➲……】。完成后重新启动，并利用域Administrator身份登录。
- 可以重新打开DC的**Windows防火墙**，但是Node1、Node2、Target的**Windows防火墙**请继续保持关闭（包含加入域后新增的**域网络**）。如果要重新打开Node1、Node2、Target的**Windows防火墙**，请务必在Node1与Node2处例外开放**远程卷管理**的流量（后述），否则无法在群集内创建共享文件夹。

适当的节点设置

为了让群集运行得更有效率，建议调整两台节点服务器的设置值。例如，为了让两台节点服务器能够实时通过private网络来监听对方的**心跳**情况，因此应该避免在这个网络上发送其他不相干的流量；还有iSCSI网络仅用于节点与目标服务器之间使用iSCSI protocol来通信的专用网络，因此也应该避免在这个网络上发送其他不相干的流量。例如，我们最好将节点服务器上连接这两个网络的网络连接的DNS与WINS流量禁止。

以下步骤并非绝对必要，但是却可以提高群集运行效率。

STEP 1　请到Node1执行以下步骤：【按⊞键切换到**开始屏幕**➲**控制面板**➲**网络和Internet**➲**网络和共享中心**➲**更改适配器设置**➲对着private网络连接单击鼠标右键➲**属性**】，然后如图18-8所示将用不到的**Microsoft网络客户端**与**Microsoft网络的文件和打印机共享**禁用。因为此范例使用TCP/IPv4，因此建议取消勾选没有用到的TCP/IPv6。接着单击图中的**Internet协议版本4（TCP/IPv4）**➲单击**属性**按钮。

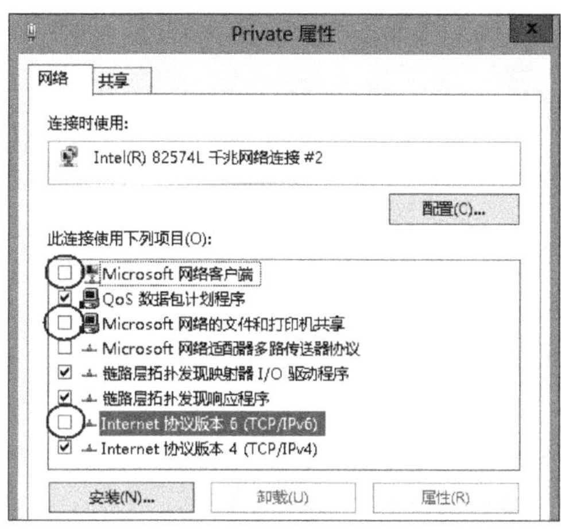

图 18-8

> **附注**
>
> **Microsoft网络客户端**用来访问网络上其他计算机内的共享文件与打印机；**Microsoft网络的文件和打印机共享**让网络上其他计算机来访问本地计算机上的共享文件与打印机。由于不需要通过private和iSCSI网络与其他计算机有此类型的互动，因此可以禁用。

STEP 2 如图18-9所示，不要设置**首选DNS服务器**与**备用DNS服务器**，然后单击下方的高级按钮。

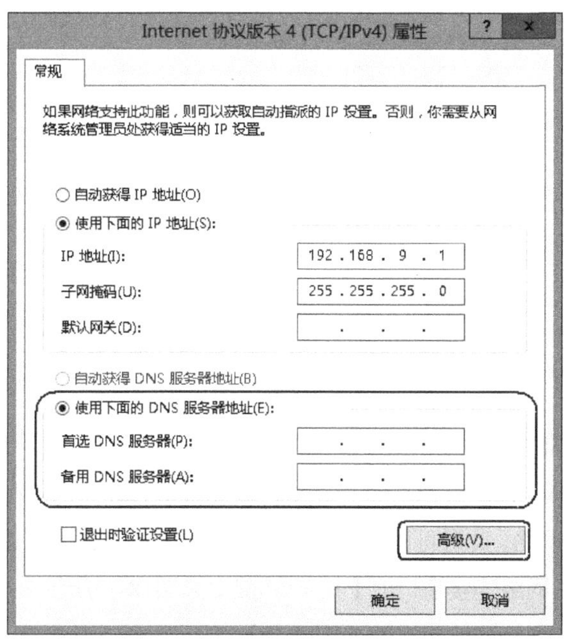

图 18-9

STEP 3 如图18-10所示，取消勾选**DNS**标签下的**在DNS中注册此连接的地址**。

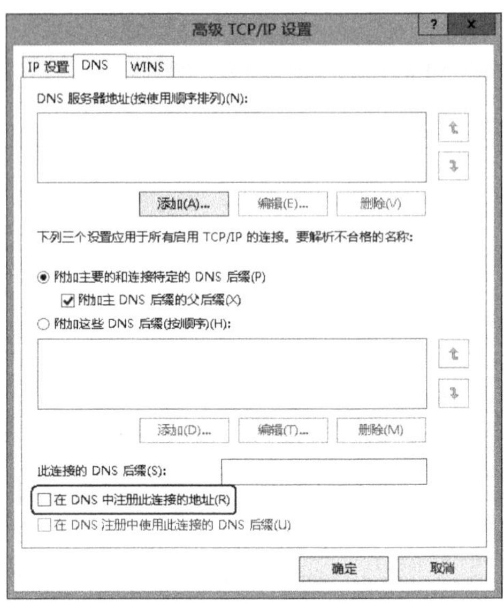

图 18-10

STEP 4　如图18-11所示，取消**WINS**标签下与NetBIOS有关的功能。

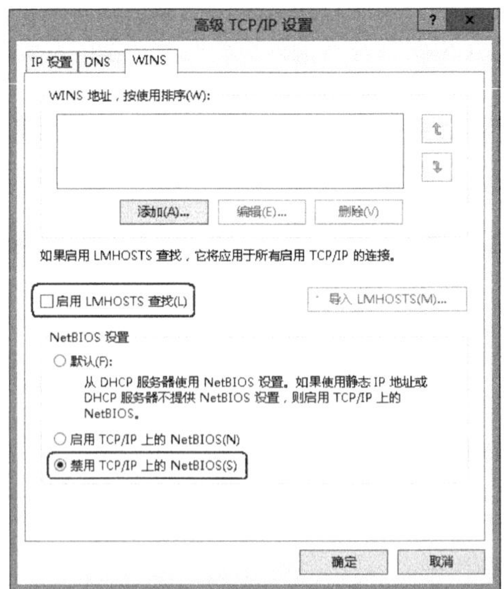

图 18-11

STEP 5　继续针对iSCSI网络连接来重复以上的步骤。

STEP 6　由于private与iSCSI网络都有专用用途，因此我们希望所有其他类型的网络流量能够优先使用public网络，此时可以通过调整网络连接的连接顺序来达到目的：回到如图18-12所示背景图的**网络连接**窗口时【按下Alt键➲如图18-12所示单击**高级**菜单➲**高级设置**➲通过前景图来调整网络连接的连接顺序】，图中网络连接的先后顺序为Public、Private、iSCSI。

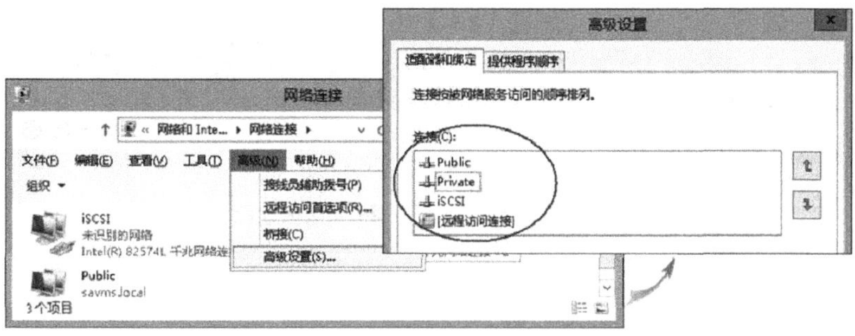

图 18-12

STEP 7　继续到Node2重复以上的步骤。

附注

两个节点需要安装相同的更新程序（Update），然而在此建议不要启动自动更新功能，而是由系统管理员手动更新，以便能够确保两个节点拥有相同的更新程序。可以通过以下方法检查与更改自动更新的设置：【按⊞键切换到**开始屏幕**➲**控制面板**➲**系统和安全**➲**Windows更新**】。

目标服务器与存储媒体的设置

本范例中的**仲裁磁盘**与**文件磁盘**都使用虚拟磁盘，也就是直接使用**目标服务器**C:磁盘内的文件进行模拟，文件名分别是Quorum.vhd与Files.vhd。

STEP 1　到目标服务器Target上【打开**服务器管理器**➲单击**仪表板**处的**添加角色和功能**➲一直单击**下一步**按钮……➲如图18-13所示在**选择服务器角色**界面下展开**文件和存储服务**➲展开**文件和iSCSI服务**➲勾选**iSCSI目标服务器**➲单击**添加功能**按钮➲……】，安装完成后单击**关闭**按钮。

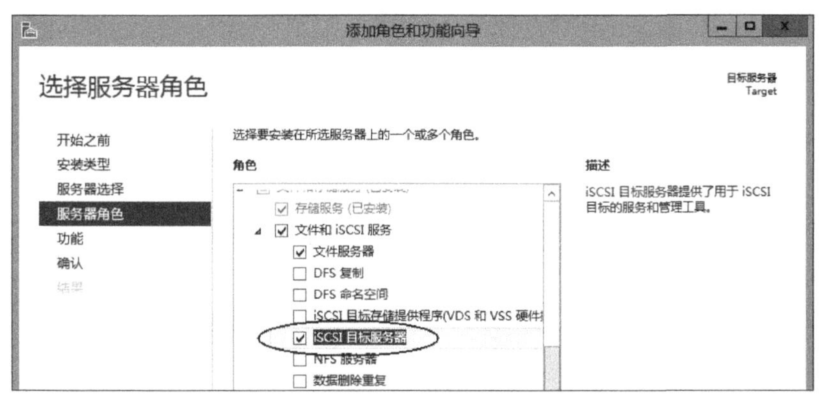

图 18-13

STEP 2　单击如图18-14中所示的**文件和存储服务**。

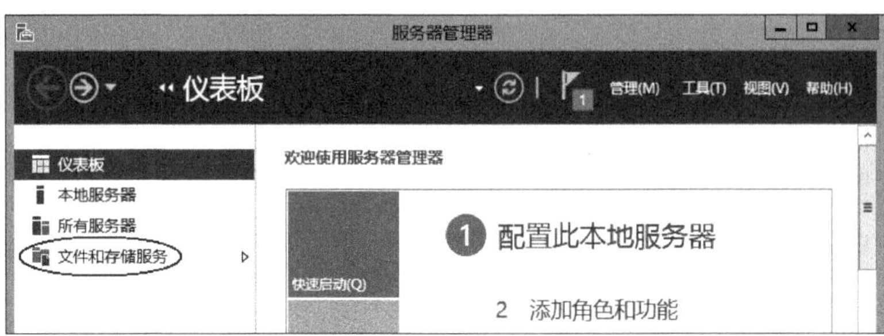

图 18-14

STEP 3 如图18-15所示，单击iSCSI右侧圈起来的部分，或【单击右上方的**任务➲新建iSCSI虚拟磁盘**】。

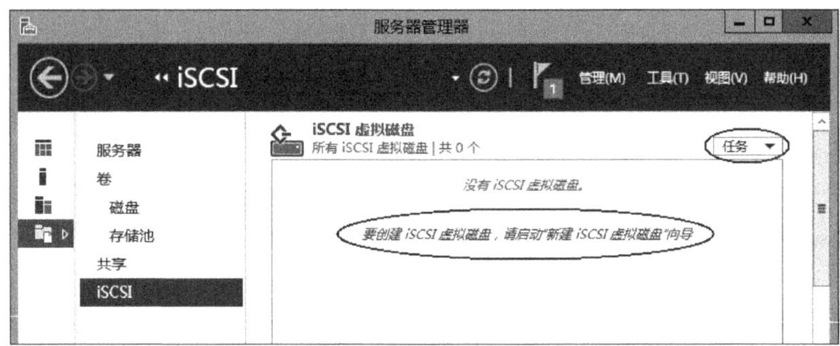

图 18-15

STEP 4 如图18-16所示，选择iSCSI虚拟磁盘的存放地点后单击下一步按钮，图中采用默认值（C:\iSCSIVirtualDisk）；还可以通过**键入自定义路径**来更改存放地点。

图 18-16

STEP 5 如图18-17所示为此iSCSI虚拟磁盘命名（例如quorum）后单击下一步按钮。

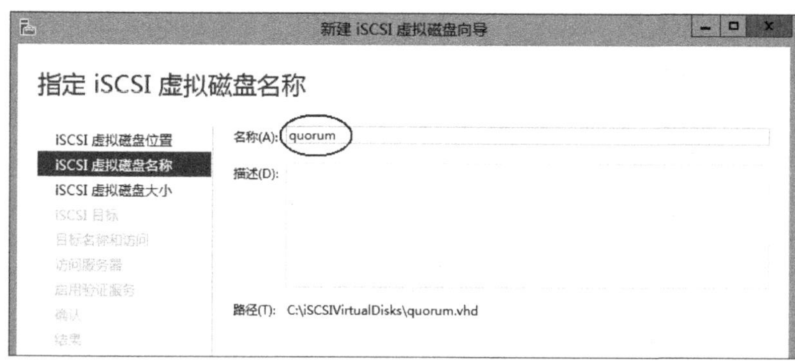

图 18-17

STEP 6 如图18-18所示，设置此虚拟磁盘的大小（例如512MB）后单击下一步按钮。

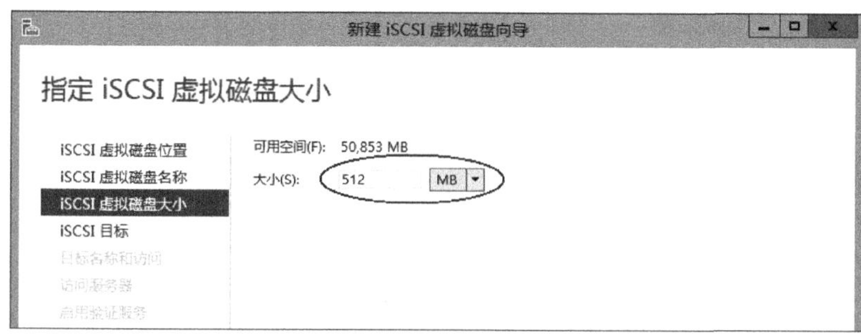

图 18-18

STEP 7 我们需要将此虚拟磁盘分配给一个iSCSI目标，安装在Node1与Node2上的iSCSI发起程序需要通过iSCSI目标来连接虚拟磁盘。由于目前尚未有任何iSCSI目标，因此必须如图18-19所示选中**新建iSCSI目标**单选按钮并单击下一步按钮。

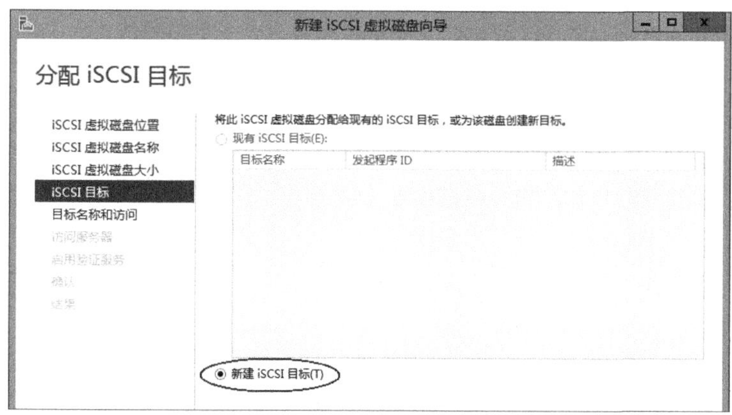

图 18-19

STEP 8 如图18-20所示为此iSCSI目标命名（例如quorum）后单击下一步按钮。

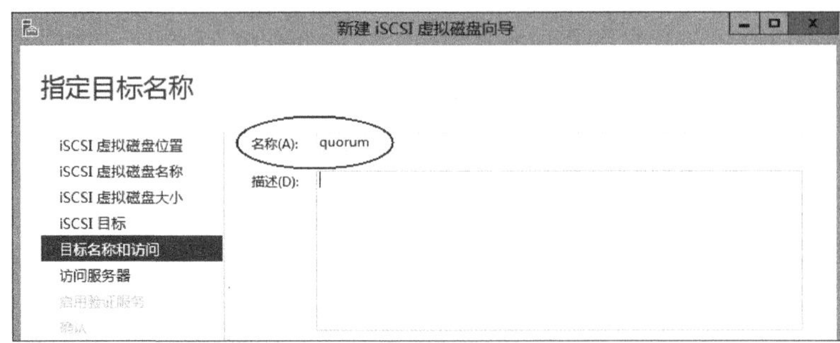

图 18-20

STEP 9　我们必须如图18-21所示单击添加按钮来指定可以连接此iSCSI虚拟磁盘的iSCSI发起程序（安装在节点Node1与Node2内）。

图 18-21

STEP 10　在如图18-22中所示的**类型**下拉列表中选择**IP地址**，输入Node1的iSCSI卡IP地址192.168.10.1后单击确定按钮。

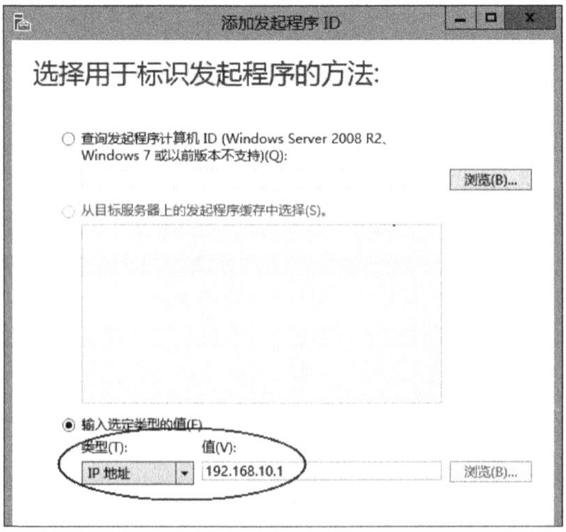

图 18-22

附注

图18-22中**类型**处也可以选择节点的DNS名称、MAC地址或iSCSI发起程序的IQN，其中IQN必须先到节点Node1与Node2处查询（在启动iSCSI发起程序后，位于**设置**标签下的**发起程序名**处）。

STEP 11 单击如图18-23中所示的添加按钮将Node2的iSCSI发起程序加入到可连接iSCSI虚拟磁盘的允许列表内。

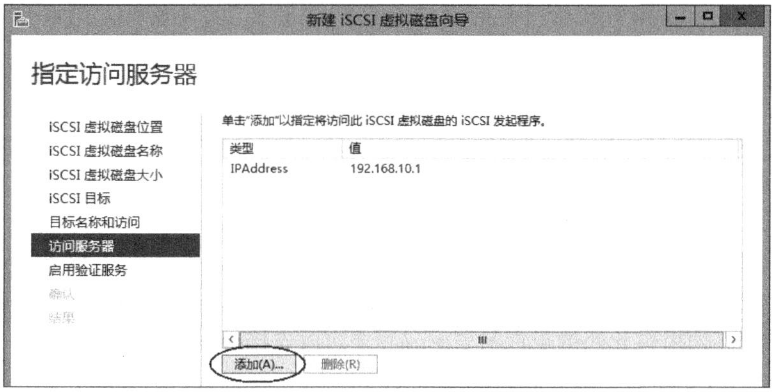

图 18-23

STEP 12 如图18-24所示，输入Node2的iSCSI网卡的IP地址。

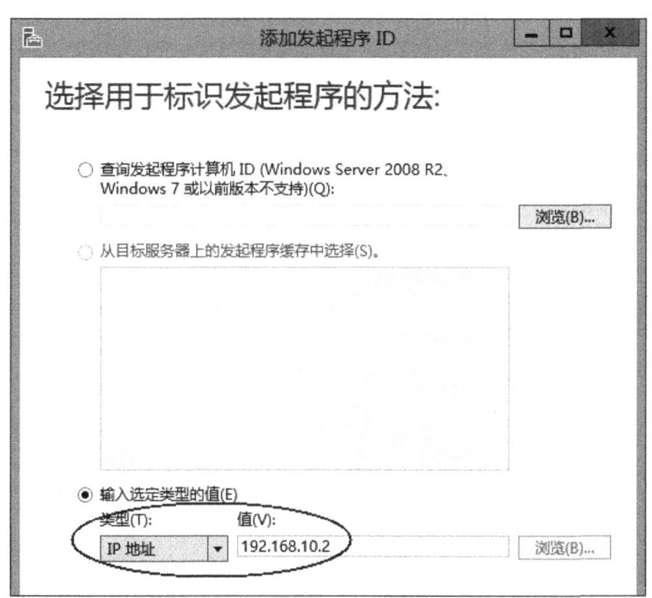

图 18-24

STEP 13 如图18-25所示，直接单击下一步按钮。

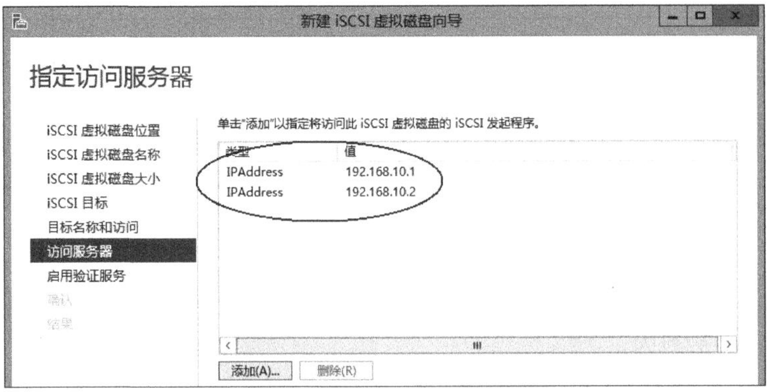

图 18-25

STEP 14　出现**启用验证服务**界面时直接单击**下一步**按钮。

> **附注**
>
> 可以要求iSCSI发起程序端（群集节点）必须经过验证后才可以连接iSCSI虚拟磁盘，其方法为【勾选**启用验证服务**界面中的**启用CHAP**，然后分别设置用户名与密码】，在iSCSI发起程序端必须提供此处的用户名与密码后才可以连接iSCSI虚拟磁盘。
>
> 反过来说，iSCSI发起程序端也可以验证iSCSI目标，此时需要勾选**启用验证服务**界面中的**启用反向CHAP**，然后输入iSCSI发起程序端指定的用户名与密码。

STEP 15　确认如图18-26所示的设置无误后单击**创建**按钮。完成后单击**关闭**按钮。

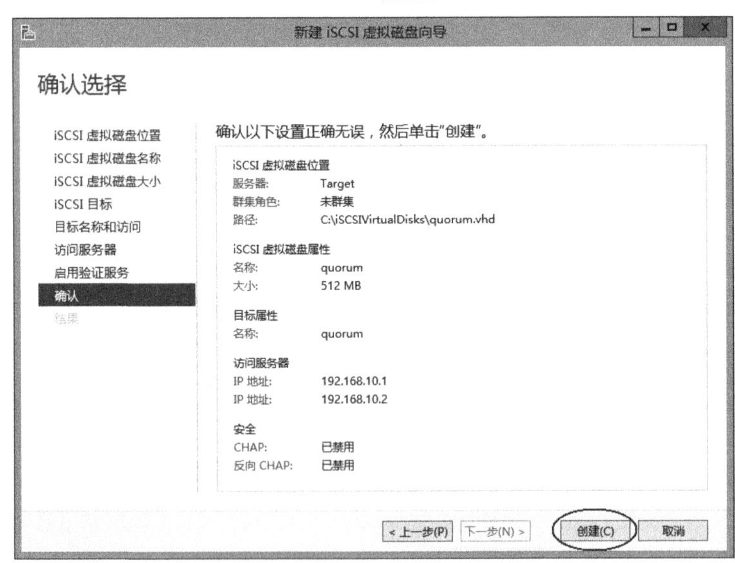

图 18-26

STEP 16　如图18-27所示为完成后的界面，上半部分为创建的iSCSI虚拟磁盘、下半部分为iSCSI目标。

> **附注**
>
> 如果要更改iSCSI虚拟磁盘或iSCSI目标的设置，可以直接对着iSCSI虚拟磁盘或iSCSI目标单击鼠标右键，然后通过弹出的快捷菜单进行设置。

图 18-27

STEP 17　单击如图18-27所示右上方的**任务**处**新建iSCSI虚拟磁盘**来新建另一个iSCSI虚拟磁盘files。

STEP 18　如图18-28所示，直接单击下一步按钮。

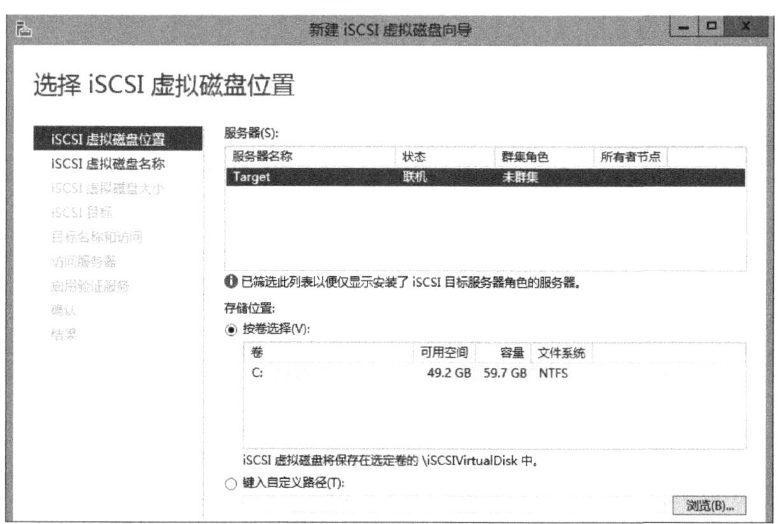

图 18-28

STEP 19　如图18-29所示，为此iSCSI虚拟磁盘命名（例如files）后单击下一步按钮。

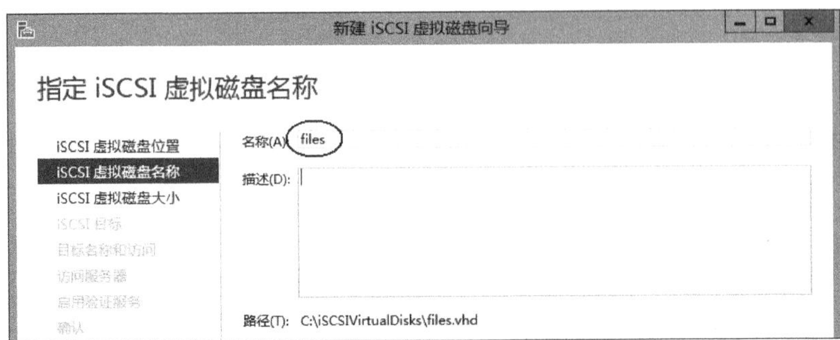

图 18-29

STEP 20 如图18-30所示，设置此虚拟磁盘的大小（例如10GB）后单击下一步按钮。

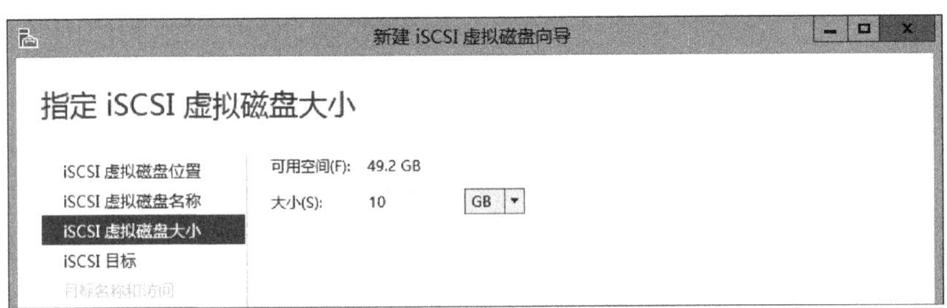

图 18-30

STEP 21 将此虚拟磁盘分配给一个iSCSI目标，请如图18-31所示选中**新建iSCSI目标**单选按钮并单击下一步按钮。

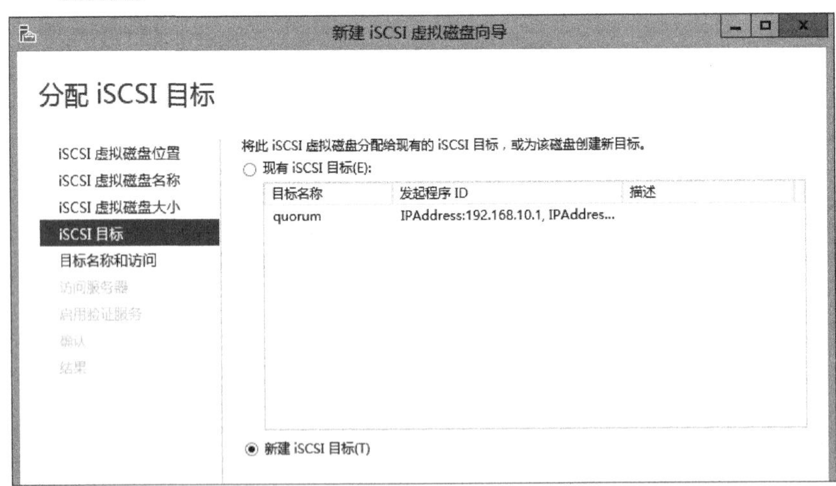

图 18-31

STEP 22 如图18-32所示为此iSCSI目标命名（例如files）后单击下一步按钮。

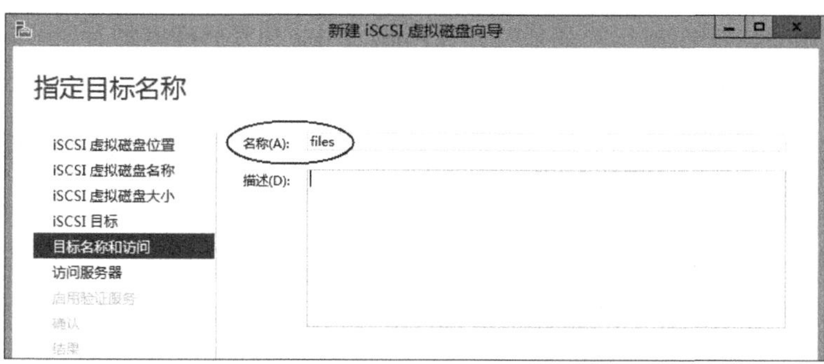

图 18-32

STEP 23　我们必须如图18-33所示单击**添加**按钮来指定可以连接此iSCSI虚拟磁盘的iSCSI发起程序（安装在节点Node1与Node2内）。

图 18-33

STEP 24　在如图18-34中所示的**类型**下拉列表中选择**IP地址**，输入Node1的iSCSI卡IP地址192.168.10.1后单击**确定**按钮。

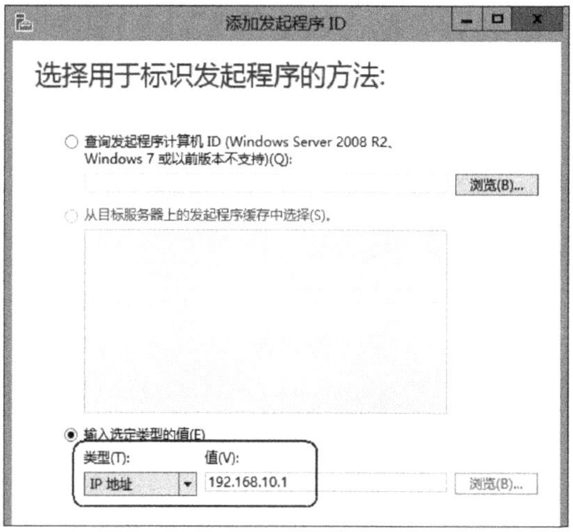

图 18-34

STEP 25　单击如图18-35中所示的添加按钮将Node2的iSCSI发起程序加入到可连接iSCSI虚拟磁盘的允许列表内。

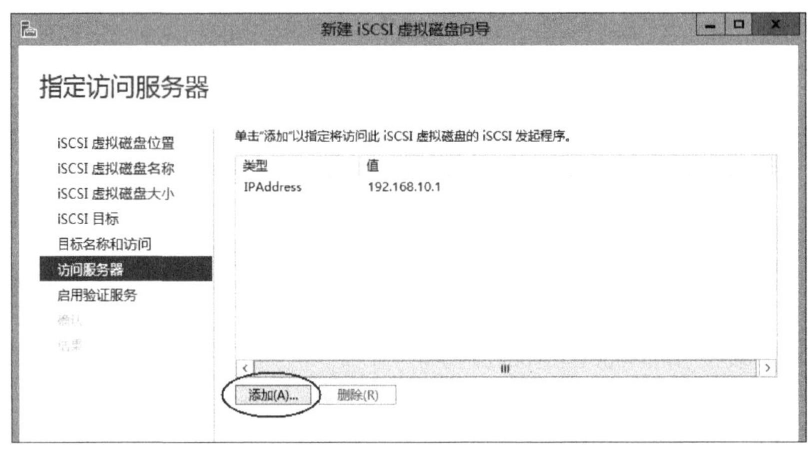

图 18-35

STEP 26　如图18-36所示，输入Node2的iSCSI网卡的IP地址。

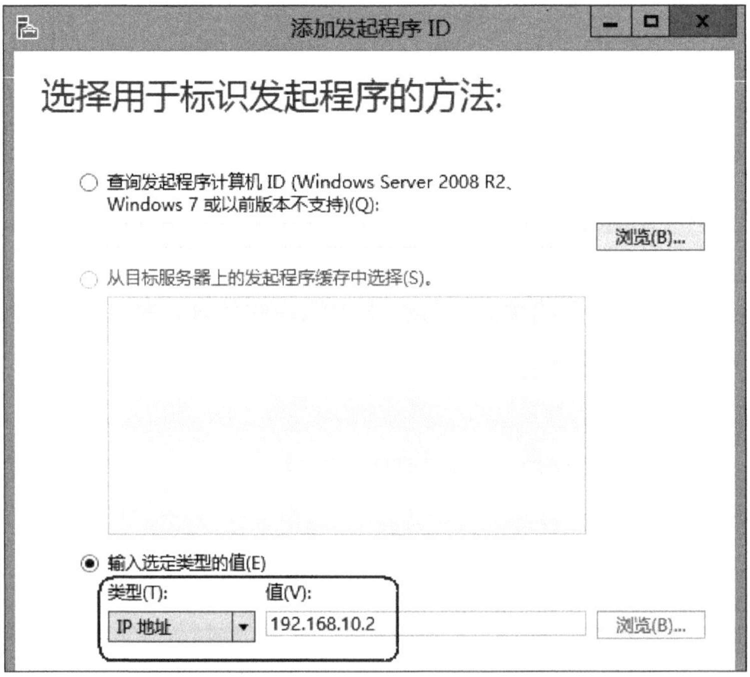

图 18-36

STEP 27　如图18-37所示，直接单击下一步按钮。

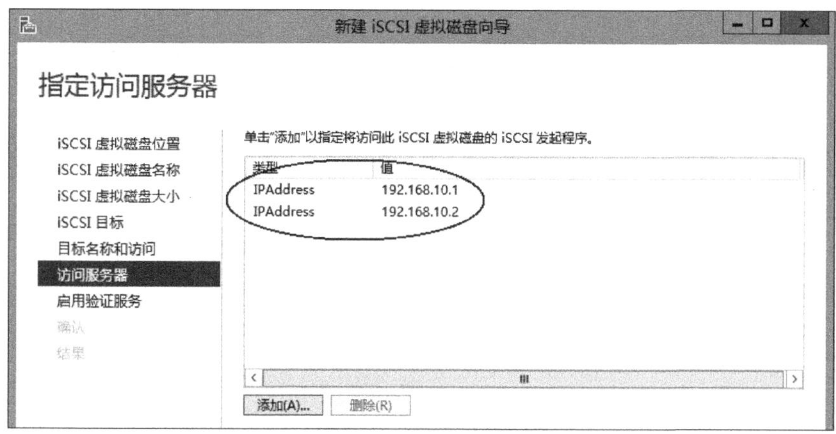

图 18-37

STEP **28** 出现**启用验证服务**界面时直接单击下一步按钮。

STEP **29** 确认如图18-38所示的设置无误后单击创建按钮。完成后单击关闭按钮。

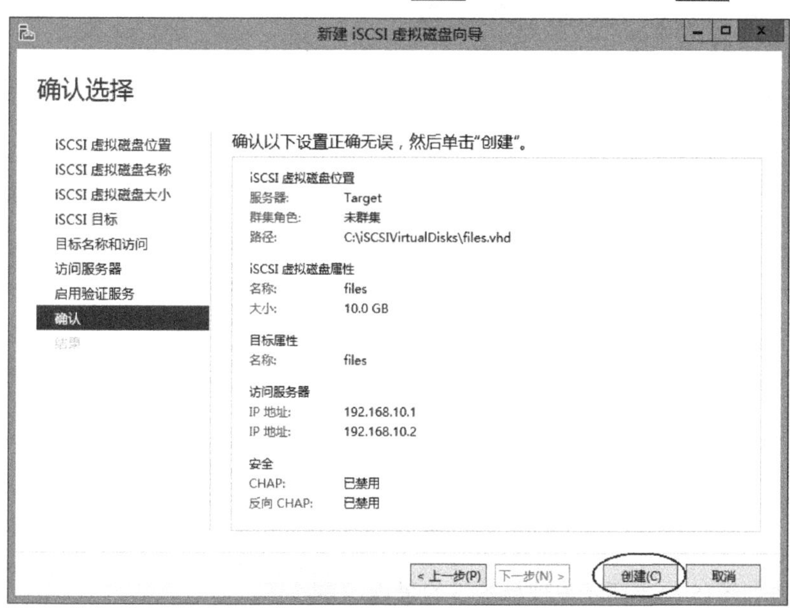

图 18-38

STEP **30** 如图18-39所示为完成后的界面，上半部分为所创建的iSCSI虚拟磁盘，下半部分为iSCSI目标。

> **附注**
>
> iSCSI目标所使用的连接端口号为TCP 3260，在通过**服务器管理器**安装iSCSI目标时，系统就已经自动在**Windows防火墙**开放了TCP 3260的输入流量。

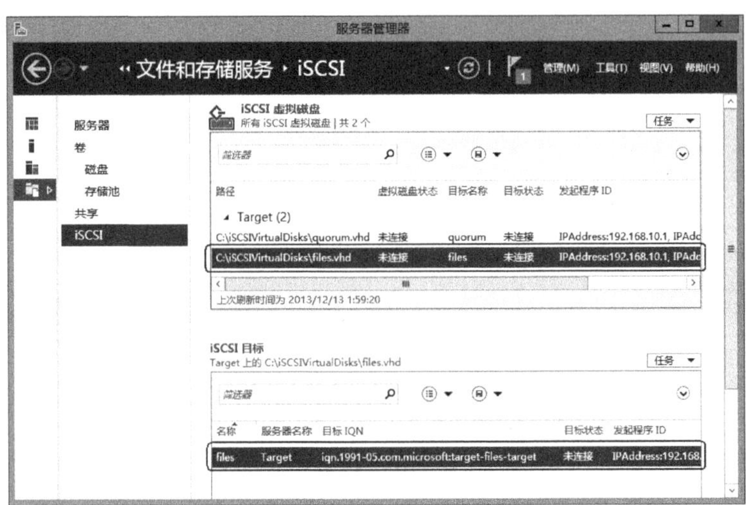

图 18-39

让节点服务器可以连接 iSCSI 虚拟磁盘

分别到两台节点服务器上设置iSCSI发起程序，以便通过它来连接目标服务器的目标，然后通过目标访问iSCSI虚拟磁盘。

STEP 1　先到节点Node1上【按⊞键切换到开始屏幕➲管理工具➲**iSCSI**发起程序➲出现如图18-40所示界面时单击是按钮来启动**iSCSI发起程序**服务】。

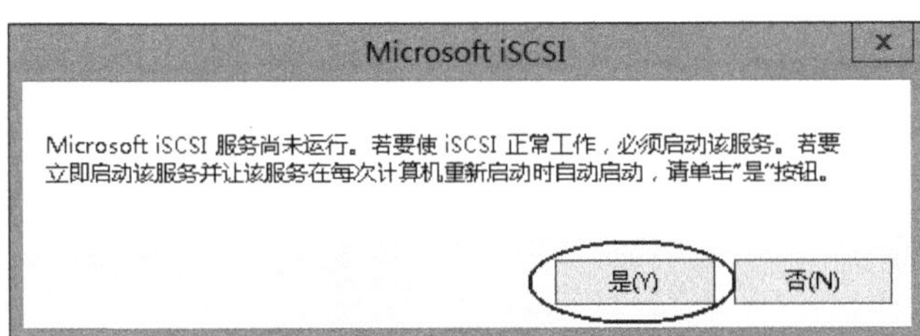

图 18-40

STEP 2　单击如图18-41中所示**发现**标签下的发现门户按钮。

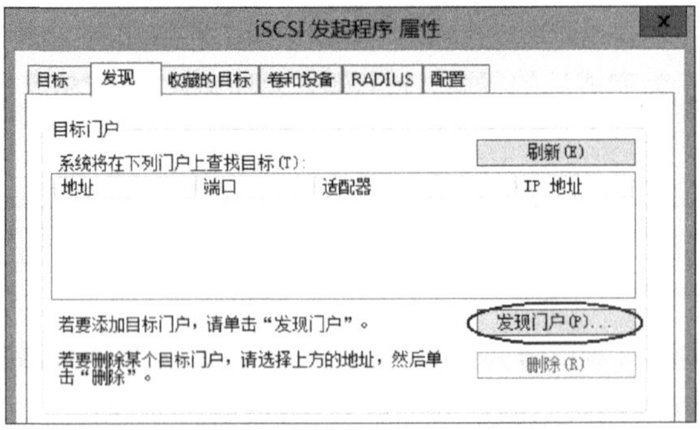

图 18-41

STEP 3　如图18-42所示，输入**目标服务器**的IP地址192.168.10.3后单击确定按钮。其默认的连接端口号为3260。

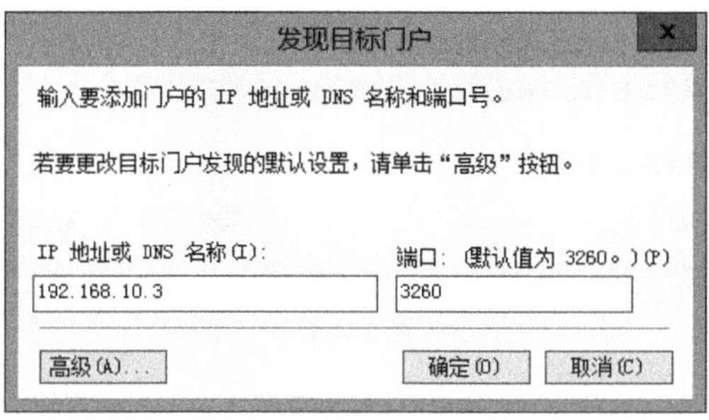

图 18-42

> **附注**
>
> 如果连接失败，请确认**目标服务器**的**Windows防火墙**已经关闭或有例外开放iSCSI流量（连接端口号为3260）。

STEP 4　选择如图18-43中所示**目标**标签下要连接的目标（例如用来连接iSCSI虚拟磁盘quorum的目标）后单击连接按钮。

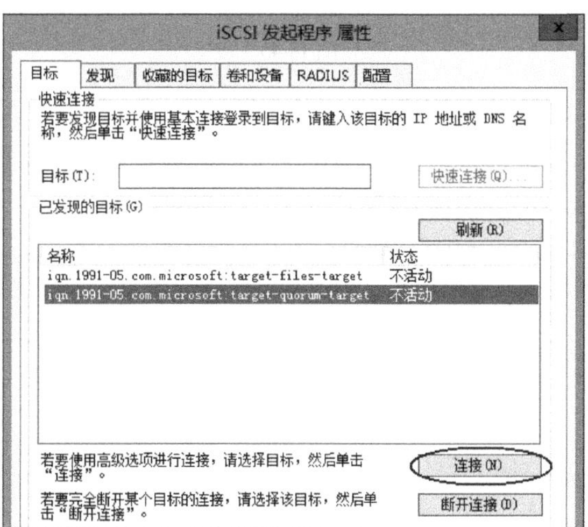

图 18-43

STEP 5　如图18-44所示，直接单击确定按钮。

> **附注**
>
> 如果目标服务器端有要求验证身份，请【单击高级按钮➲勾选**启用CHAP登录**➲输入**目标服务器**端指定的用户名与密码】。

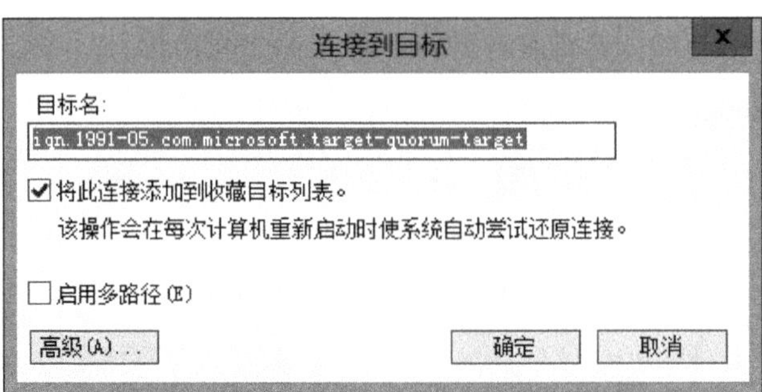

图 18-44

STEP 6　如图18-45所示为iSCSI目标（iSCSI虚拟磁盘）quorum连接成功后的界面。

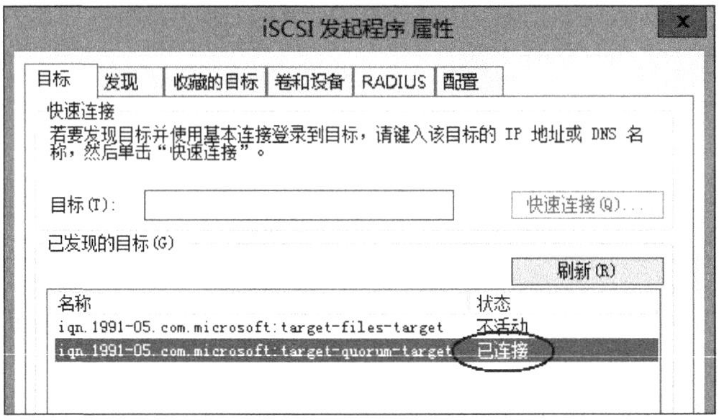

图 18-45

STEP 7　重复STEP 4与STEP 6来连接另一个iSCSI目标（虚拟磁盘）files。

STEP 8　图18-46所示为完成连接两个iSCSI目标（虚拟磁盘）后的界面。单击**确定**按钮来关闭**iSCSI发起程序**的设置界面。

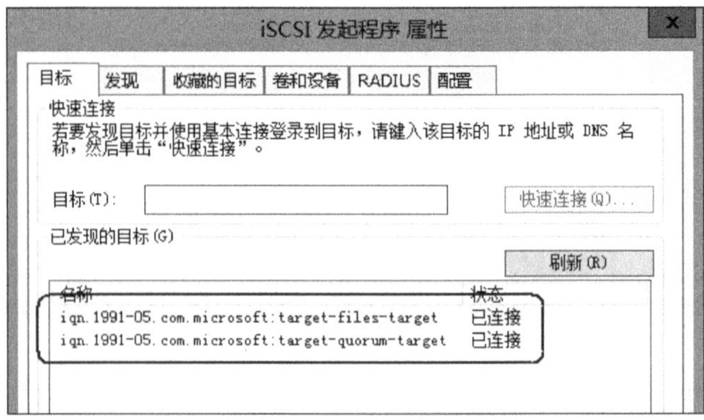

图 18-46

STEP 9　按⊞键切换到**开始**屏幕➲**管理工具**➲**计算机管理**➲单击**存储**下的**磁盘管理**，如果两个磁盘处于脱机状态，请【如图18-47所示对着磁盘1 （512MB的quorum）单击鼠标右键➲**联机**】。

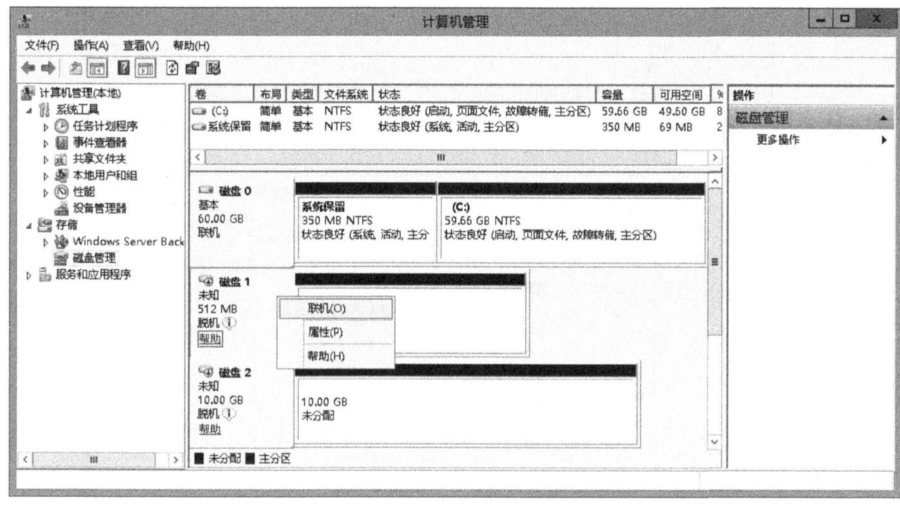

图 18-47

STEP **10** 重复STEP **9**将磁盘2（10GB的files）联机。

STEP **11** 如果这两个磁盘尚未初始化，如图18-48所示对着这两个磁盘中任意一个单击鼠标右键➲**初始化磁盘**➲确认已勾选前景图中的**磁盘1**与**磁盘2**后单击确定按钮。

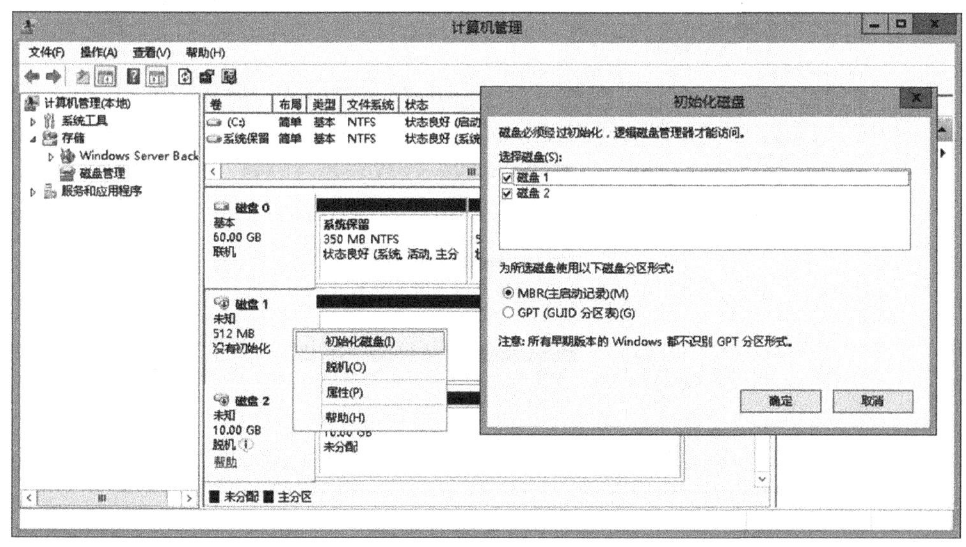

图 18-48

STEP **12** 如图18-49所示，通过【对着磁盘1单击鼠标右键➲**新建简单卷**】的方法来创建一个卷、给予一个驱动器号（假设为Q:）、设置驱动器标签（假设为quorum）并格式化。

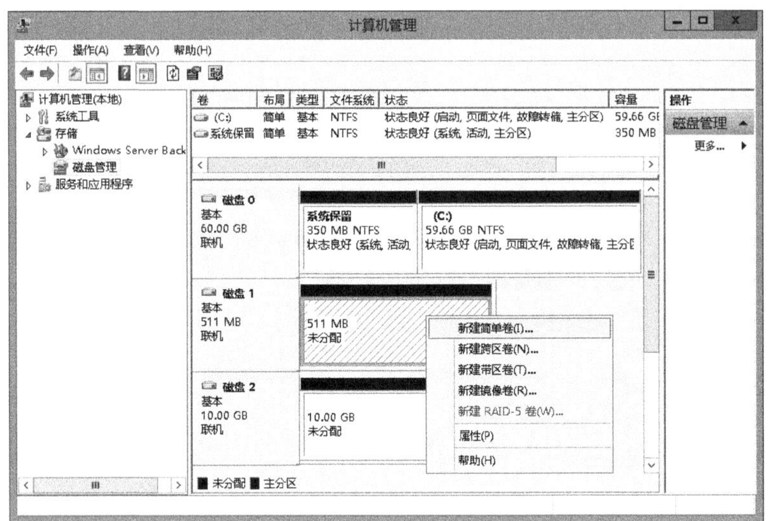

图 18-49

STEP 13　重复STEP 12在磁盘2内创建一个卷、给予一个驱动器号（假设为F:）、设置驱动器标签（假设为files）并格式化，图18-50为完成后的Q:与F:磁盘。

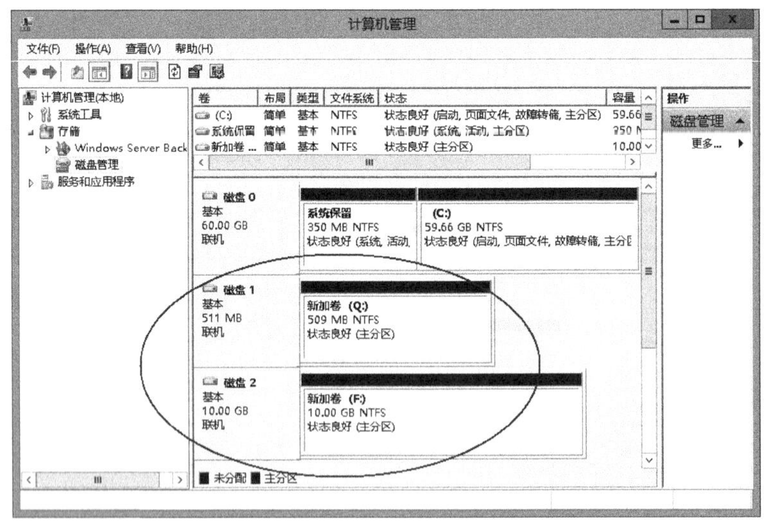

图 18-50

STEP 14　可以直接在这台节点服务器Node1上利用**文件资源管理器**在这两个磁盘内添加文件，以便测试是否可以正常访问这两个磁盘。

STEP 15　到节点服务器Node2内重复STEP 1～STEP 8（不需要执行从STEP 9开始的步骤，尤其不要重新格式化，否则磁盘内的数据都将丢失）。

在节点服务器上安装**故障转移群集**功能

分别到两台节点服务器安装**故障转移群集**（Failover Cluster）功能：【打开**服务器管理器**➲

单击**仪表板**处的**添加角色和功能**➲……➲如图18-51所示在**选择功能**界面中勾选**故障转移群集**复选框➲……】，等待安装完成后再继续以下步骤。

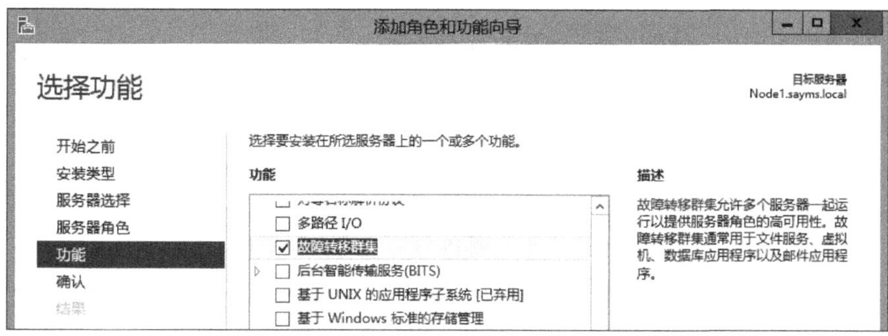

图 18-51

验证群集设置

在开始创建群集之前，强烈建议你执行群集设置验证程序，它会检查节点服务器、网络与存储媒体等是否符合群集的要求。

STEP 1　在Node1或Node2上【按⊞键切换到开始屏幕➲**故障转移群集管理器**➲如图18-52所示单击**验证配置**】。

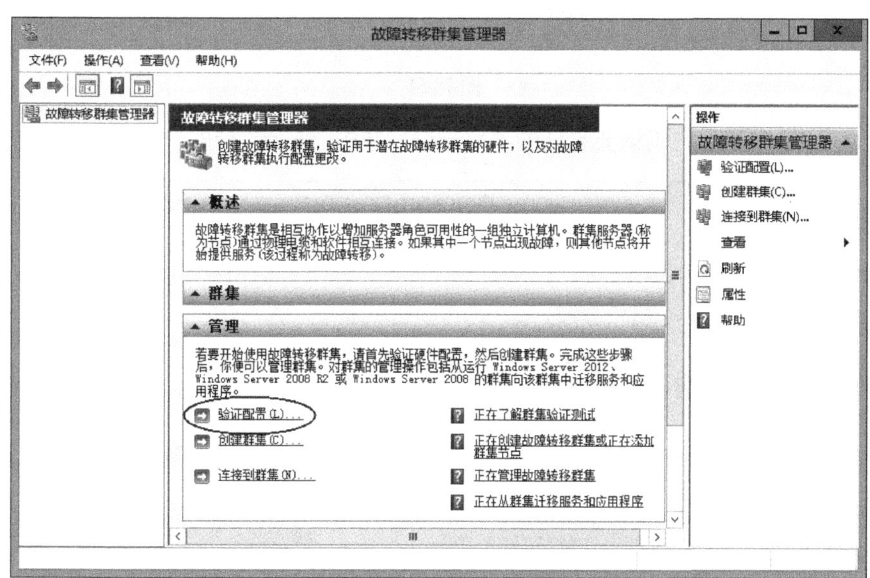

图 18-52

STEP 2　出现**开始之前**界面时单击下一步按钮。

STEP 3　如图18-53所示，输入或选择要被验证的节点Node1与Node2后单击下一步按钮（图中为完成选择后的界面）。

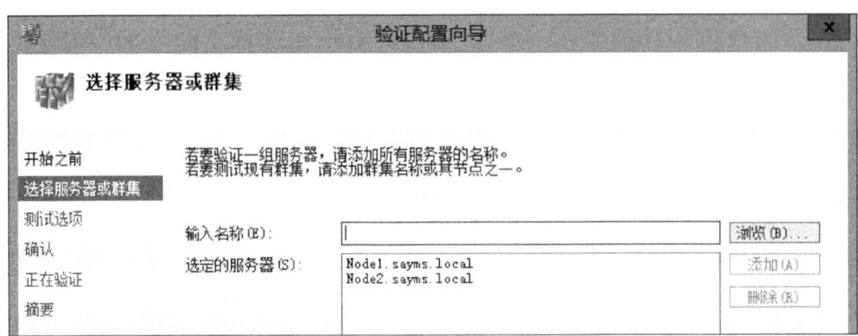

图 18-53

STEP **4** 如图18-54所示，选中**运行所有测试（推荐）**单选按钮后单击**下一步**按钮。

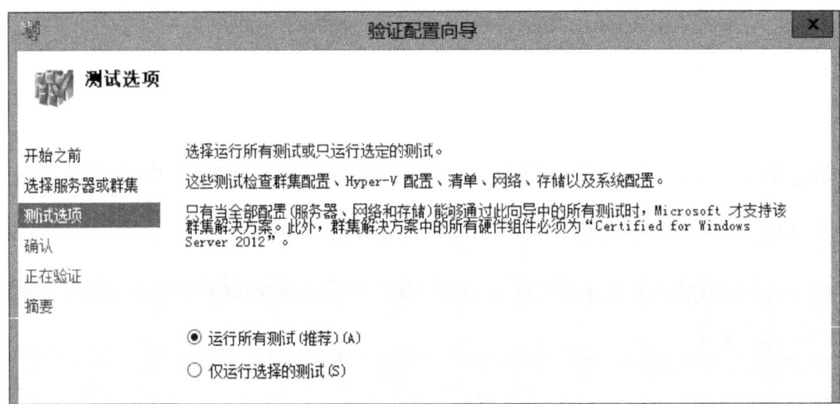

图 18-54

STEP **5** 如图18-55所示，确认要验证的项目无误后单击**下一步**按钮。

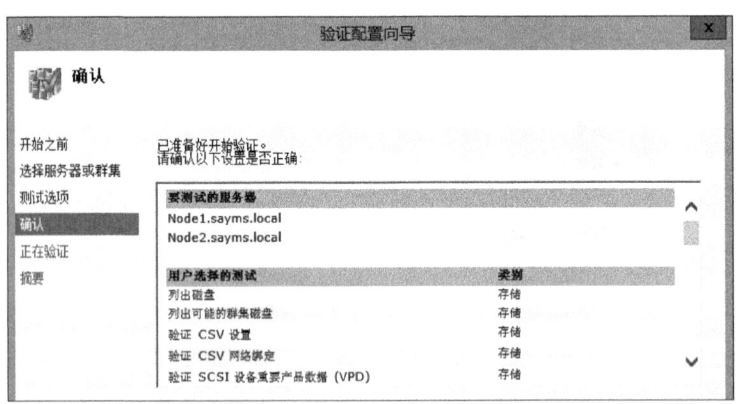

图 18-55

STEP **6** 如图18-56所示为完成验证后的界面，如果完全通过验证，没有任何警告或失败项目，就可以直接单击**完成**按钮立即开始创建群集（跳到下一个过程的STEP **1**）。

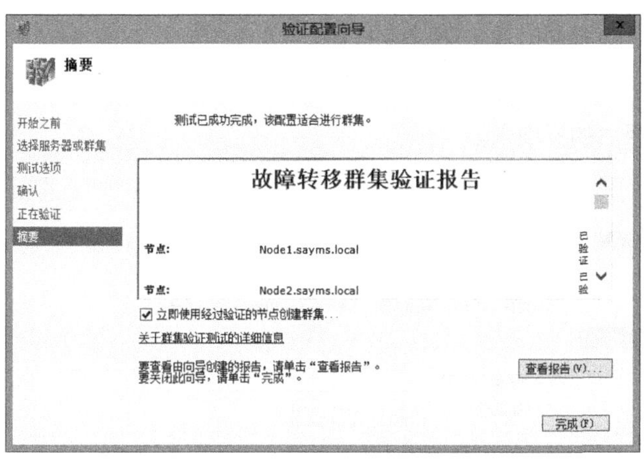

图 18-56

注意

1. 如果验证结果只有警告事项，可能不会影响群集的创建，例如，如果群集节点之间只通过一块网卡进行通信（没有通过多块网卡或没有绑定功能等），则验证向导会列出警告信息，但是它不会影响群集的创建。

2. 如果验证结果显示有其他未通过验证的失败事件，则请排除此问题后再重新验证，否则所创建的群集可能无法正常运行。

创建群集

我们将利用**群集创建向导**来创建群集。

STEP 1 如果在前面最后一个步骤中，如图18-56所示，直接单击完成按钮，它会自动执行以下的创建群集程序。如果取消勾选如图18-56中所示的复选框，则请自行如图18-57所示单击**创建群集**。

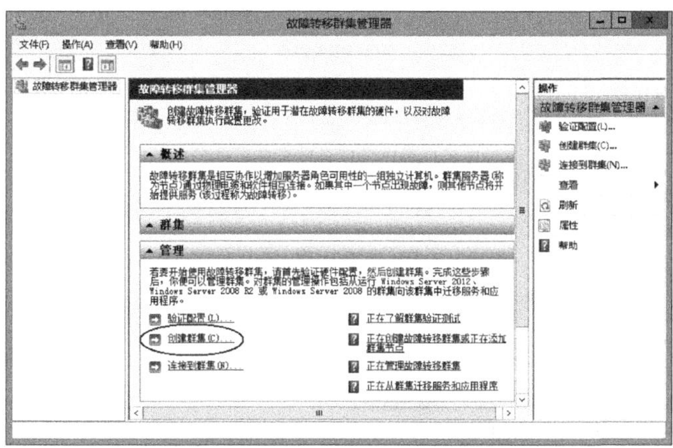

图 18-57

STEP 2　出现**开始之前**界面时单击下一步按钮。

STEP 3　如图18-58所示，输入或选择要加入群集的节点Node1与Node2后单击下一步按钮（图中为完成选择后的界面）。

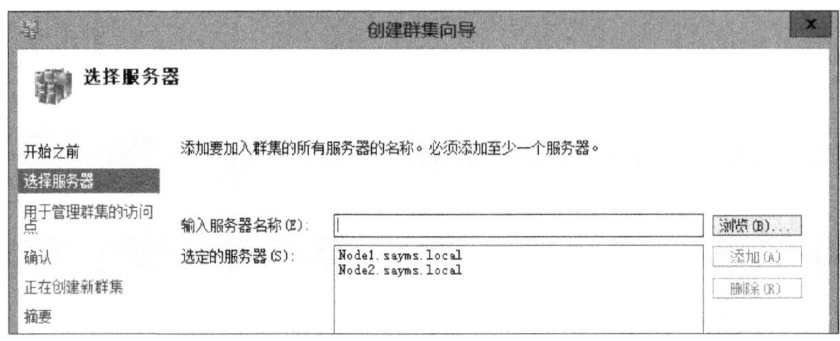

图 18-58

STEP 4　如图18-59所示，为此群集命名（例如MyCluster），设置群集的IP地址（它隶属于public网络的IP地址，图中我们选择192.168.8.10）。你将通过此IP地址来管理群集。群集名称与IP地址会被记录到DNS服务器内。

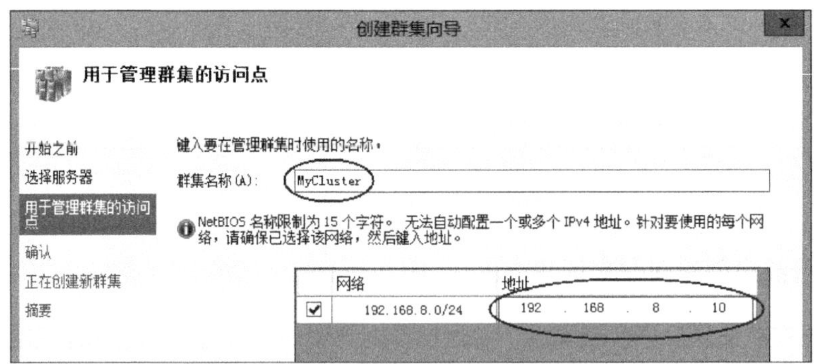

图 18-59

STEP 5　确认如图18-60中所示的群集设置无误后单击下一步按钮。

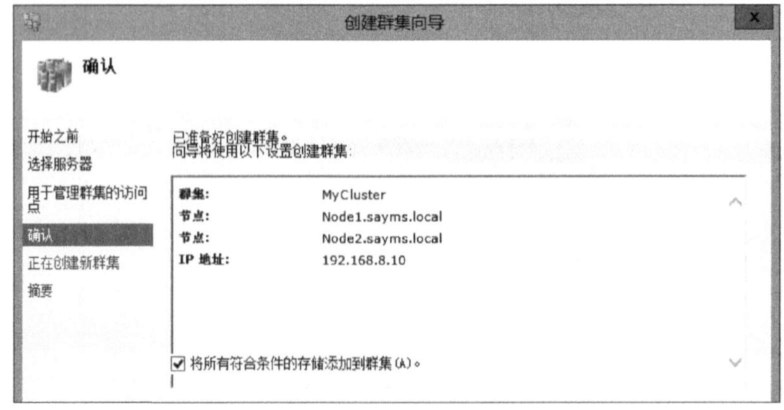

图 18-60

STEP 6　出现**摘要**界面时单击**完成**按钮。

STEP 7　如图18-61所示为完成后的界面，从界面中可以看出其仲裁配置自动被设置为**多数节点与磁盘**，因为此群集为偶数节点（两个节点）。括号内**Cluster Disk 2**表示**仲裁磁盘**为群集中的第2个磁盘。

> **附注**
>
> 如果要改用其他磁盘来扮演**仲裁磁盘**角色：【单击群集MyCluster.sayms.local➲单击界面右侧的**更多操作➲配置群集仲裁设置**】。

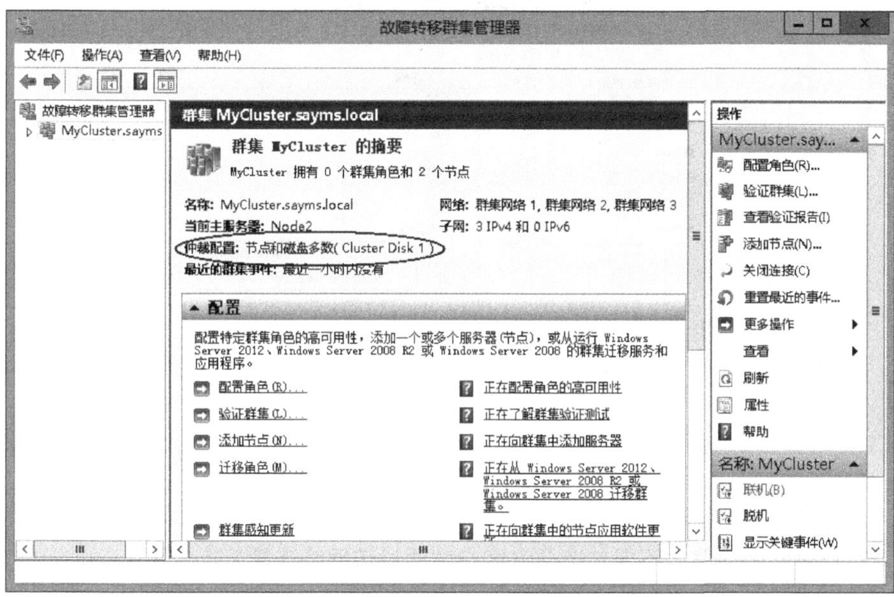

图 18-61

配置两节点的文件服务器故障转移群集

配置群集网络的用途

我们要调整群集内Public、Private与iSCSI网络的用途。

- **Public网络**：我们要让客户端可以通过此网络与群集节点通信，也要让群集节点之间可以通过此网络进行通信（当作private网络的备用网络）。
- **Private网络**：此网络专供群集节点之间通信使用。
- **iSCSI网络**：它是群集节点利用iSCSI通信协议与目标服务器通信的专用网络，不可以作为群集节点之间通信的网络，当然也不可以用来与客户端通信。

以下假设你已经将**故障转移群集管理器**控制台关闭。

STEP 1　按⊞键切换到**开始**屏幕➲**故障转移群集管理器**➲展开**群集**➲展开**网络**。

> **附注**
>
> 如果在窗口中没有看到要管理的群集，请单击中间窗口中的**连接到群集**，然后选择要管理的群集。

STEP 2　如图18-62所示【对着代表Public的网络单击鼠标右键➲**属性**➲选择**允许此网络上进行群集网络通信**、勾选**允许客户端通过该网络连接**复选框】。

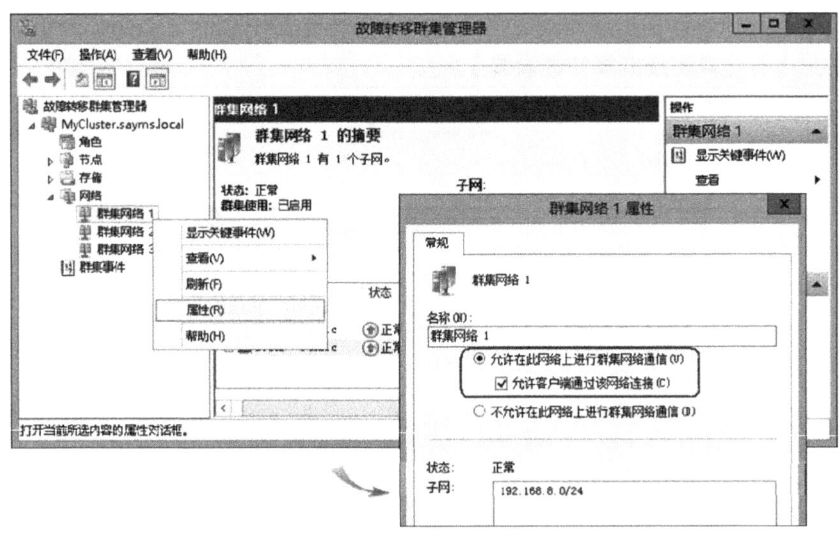

图 18-62

STEP 3　如图18-63所示，【对着代表Private的网络单击鼠标右键➲**属性**➲选择**允许此网络上进行群集网络通信**、不要勾选**允许客户端通过该网络连接**复选框】。

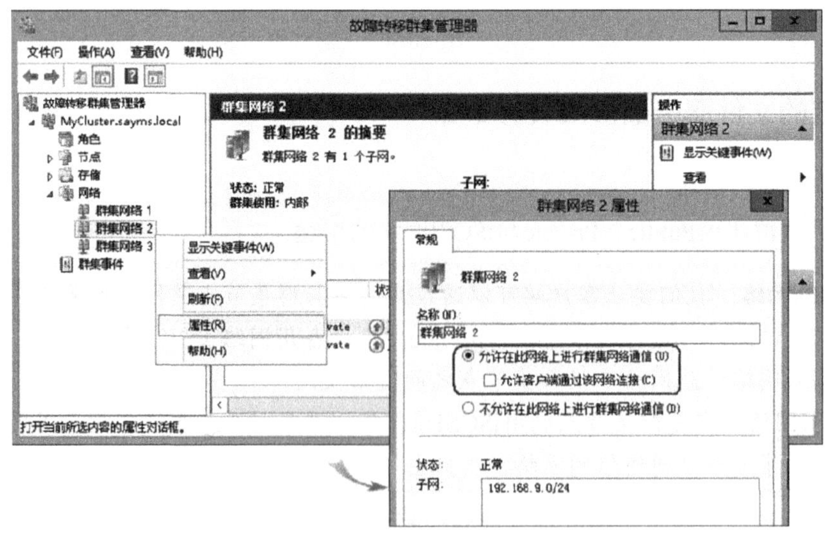

图 18-63

STEP 4 如图18-64所示，【对着代表iSCSI的网络单击鼠标右键➲**属性**➲选择 **不允许在此网络上进行群集网络通信**】。

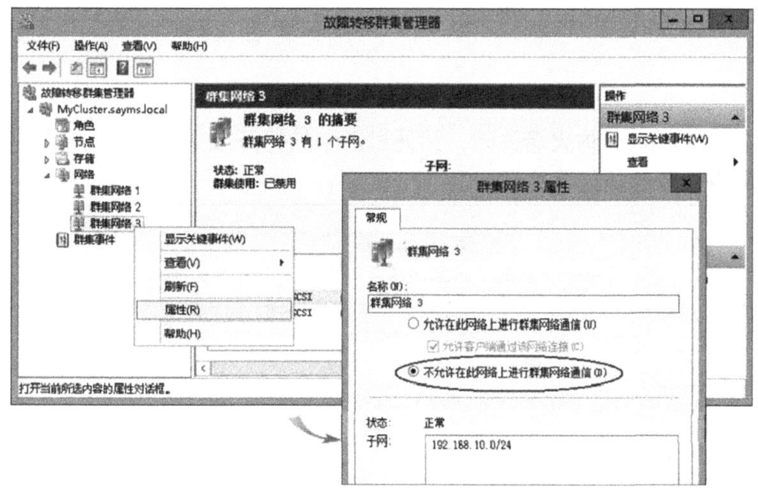

图 18-64

创建与测试两节点的文件服务器故障转移群集

在 Windows 防火墙开放所需流量

在创建文件服务器故障转移群集之前，需要在两台节点服务器的**Windows 防火墙**开放**远程卷管理**流量，否则无法在群集内创建共享文件夹。由于两个节点之间通过public网络进行通信，因此首先我们需要找出public网络的网络位置，然后只需要针对此网络位置来开放**远程卷管理**通信协议即可。

STEP 1 请到Node1上【按⊞键切换到开始屏幕➲控制面板➲网络和**Internet**➲网络和共享中心➲由图18-65可知public网络的网络位置是**域网络**】。关闭**网络和共享中心**。

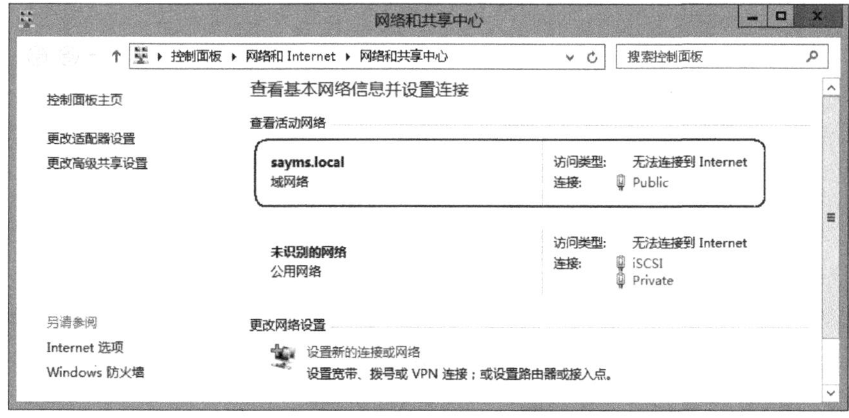

图 18-65

STEP 2 继续【按⊞键切换到开始屏幕➲**控制面板**➲**系统和安全**➲**Windows防火墙**➲如图18-66所示单击**允许应用或功能通过Windows防火墙**】。

> **附注**
>
> 如果要直接将**Windows防火墙**关闭，请通过图中的**打开或关闭Windows防火墙**关闭，并选择将**域网络**位置的防火墙关闭。

图 18-66

STEP 3 如图18-67所示勾选**远程卷管理**复选框并勾选**域**栏后单击**确定**按钮。

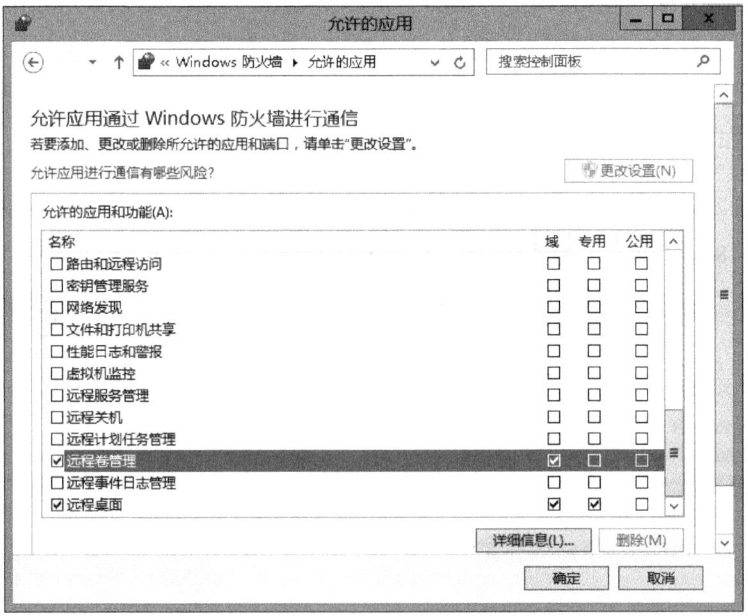

图 18-67

STEP 4 继续到Node2重复以上的步骤。

创建文件服务器故障转移群集

两个节点服务器需要先安装**文件服务器**角色服务。

STEP 1 请到任一节点上【打开**服务器管理器**➲单击**仪表板**处的**添加角色和功能**➲单击两次下一步按钮】。

STEP 2 在如图18-68所示的**选择目标服务器**界面中先选择Node1后单击下一步按钮。

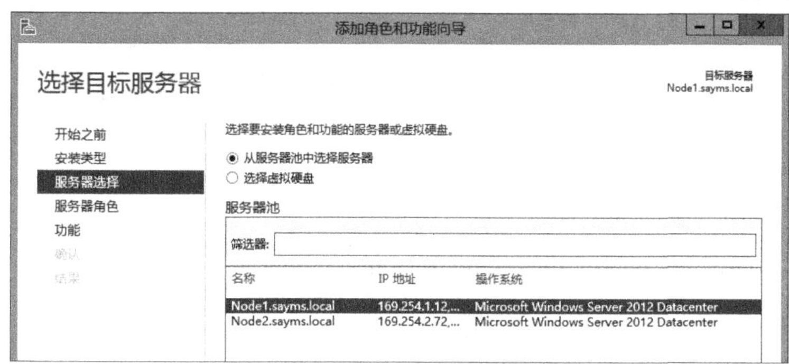

图 18-68

STEP 3 如图18-69所示，在**选择服务器角色**界面下展开**文件和存储服务**➲展开**文件和iSCSI服务**➲勾选**文件服务器**➲……】，安装完成后单击关闭按钮。

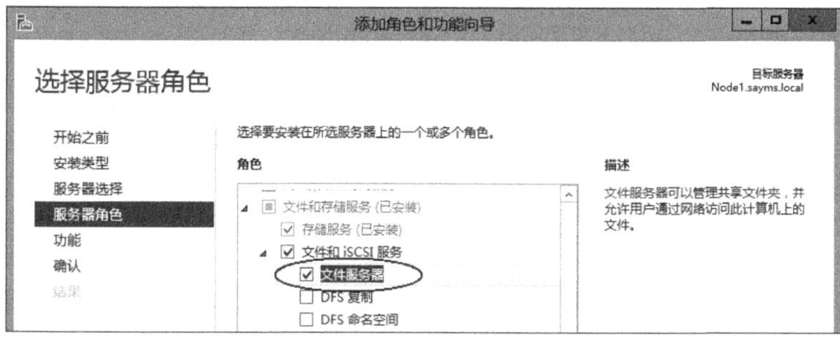

图 18-69

STEP 4 重复STEP 1～STEP 3的步骤，不过这次在**选择目标服务器**界面下选择在Node2安装**文件服务器**服务。

STEP 5 打开**故障转移群集管理器**，在如图18-70所示对话框中单击**角色**右侧的**配置角色**。

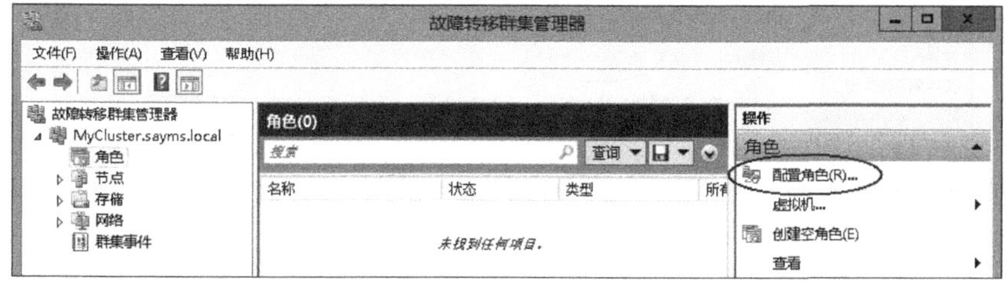

图 18-70

STEP 6 出现**开始之前**界面时单击下一步按钮。

STEP 7 如图18-71所示，选择**文件服务器**后单击下一步按钮。

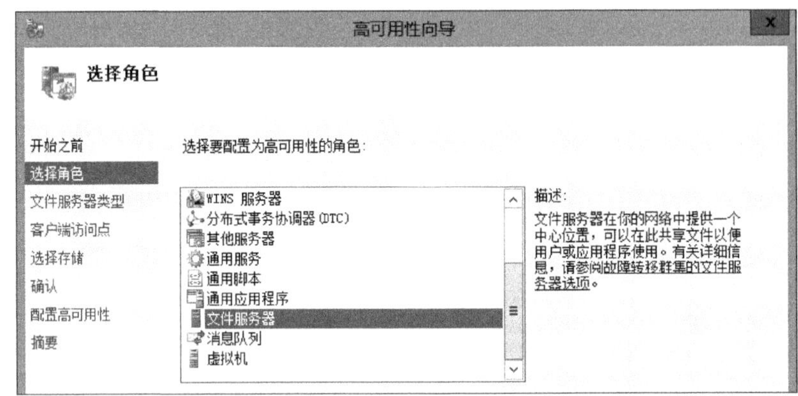

图 18-71

STEP 8 如图18-72所示，直接单击下一步按钮。

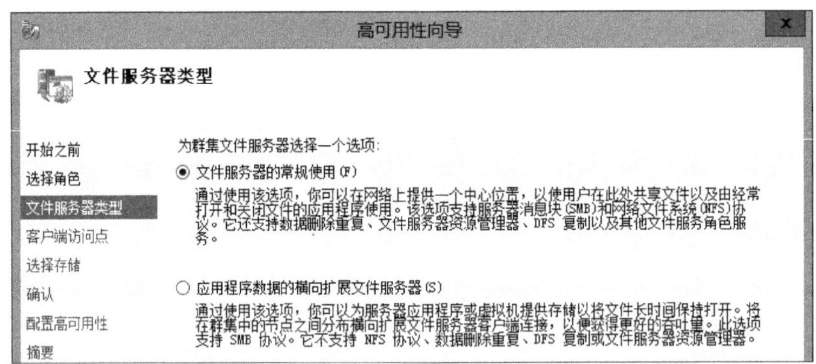

图 18-72

STEP 9 如图18-73所示，为此文件服务器命名（例如MyClusterFS），并设置IP地址（隶属于Public网络的IP地址，例如192.168.8.11）。客户端通过此IP地址来连接文件服务器。文件服务器名称与IP地址会被登记到DNS服务器内。

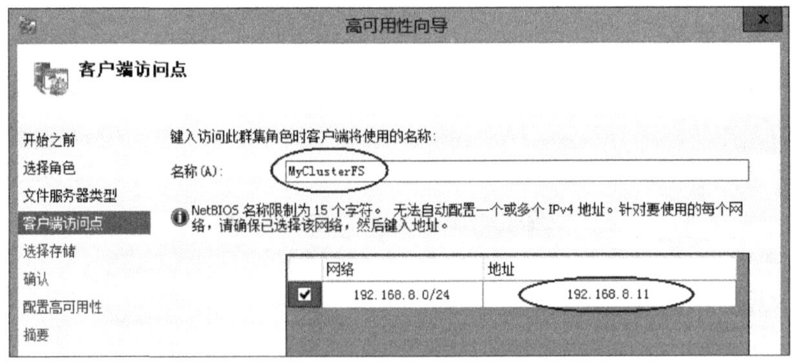

图 18-73

STEP 10 如图18-74所示，勾选要指派给文件服务器来使用的磁盘，如图中的**Cluster Disk 1**，它就是**文件磁盘**。

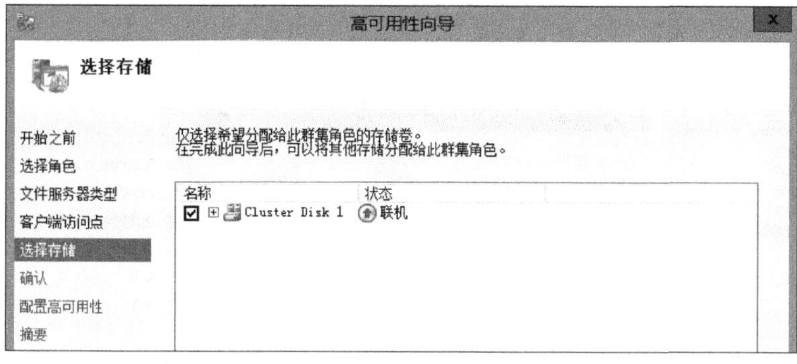

图 18-74

STEP 11 确认图18-75中的设置无误后单击下一步按钮。

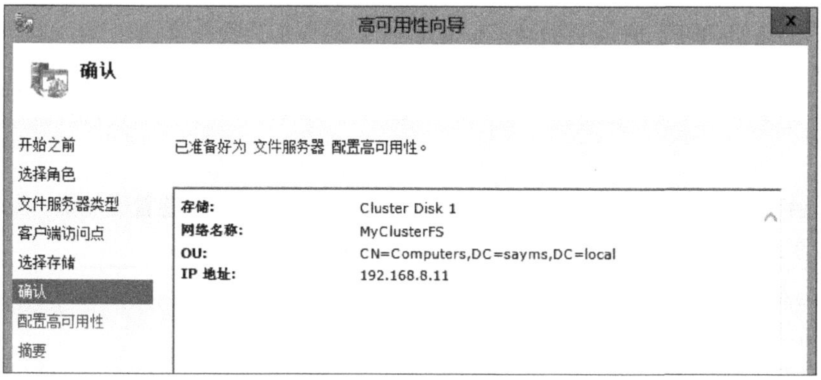

图 18-75

STEP 12 确认图18-76中的设置无误后单击完成按钮。

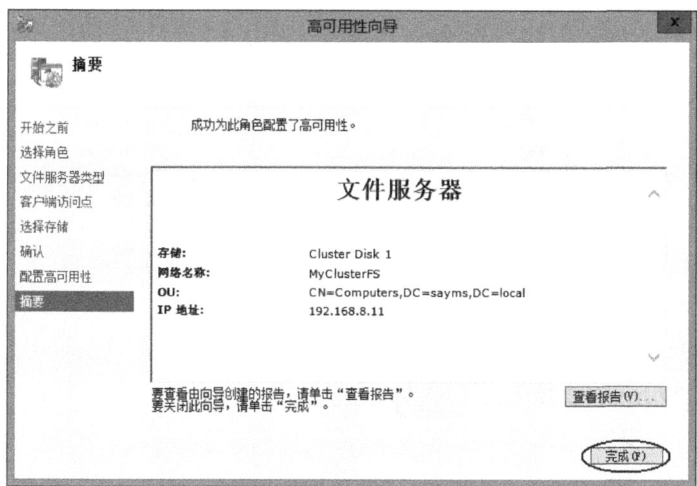

图 18-76

STEP 13　图18-77为完成后的界面，由图中可知此文件服务器目前的所有者是Node2，因此当客户端连接群集中的文件服务器时，由Node2提供服务。

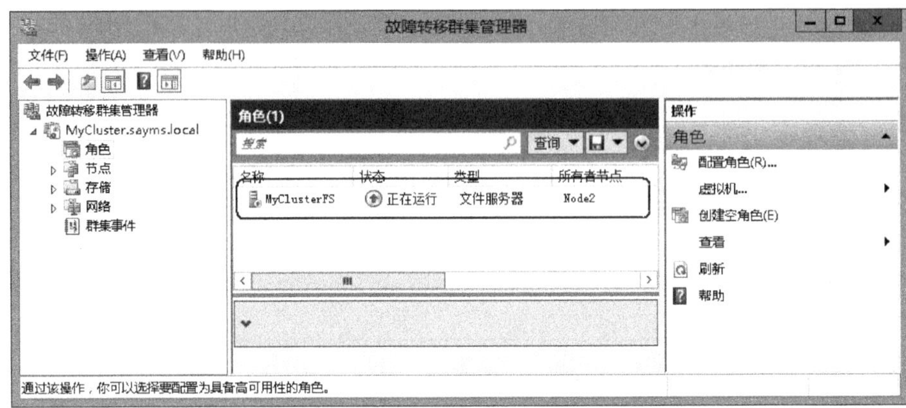

图 18-77

STEP 14　单击图18-78中文件服务器MyClusterFS右边的**添加文件共享**。

注意

如果两台节点服务器的**Windows 防火墙**未关闭或没有开放**远程卷管理**流量，此时将无法添加共享文件夹。

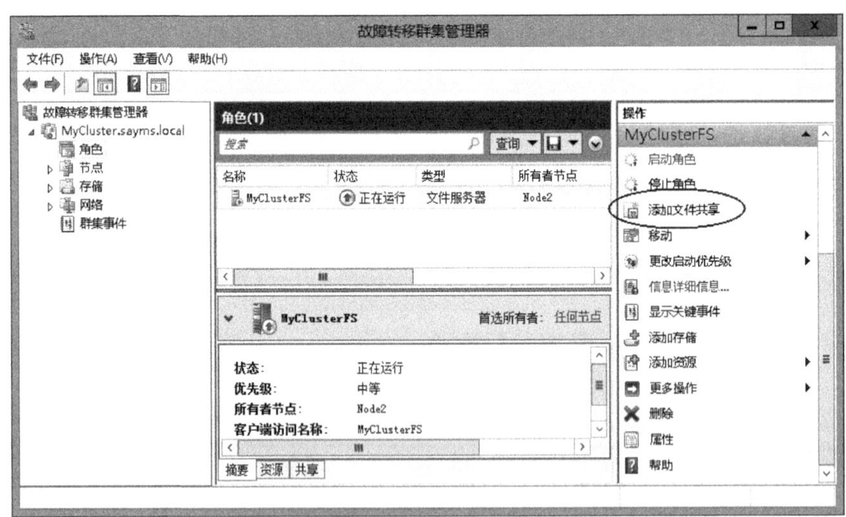

图 18-78

STEP 15　如图18-79所示，直接单击**下一步**按钮。

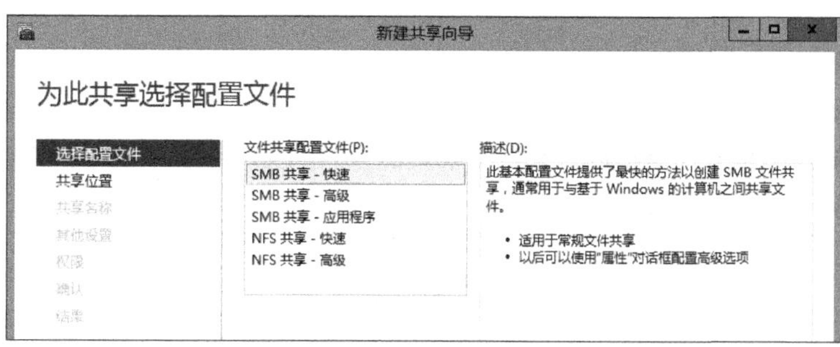

图 18-79

STEP 16 如图18-80所示，单击下一步按钮采用默认值即可，它会将F:\Shares内的指定文件夹设置为共享文件夹。你还可以自行指定文件夹路径。

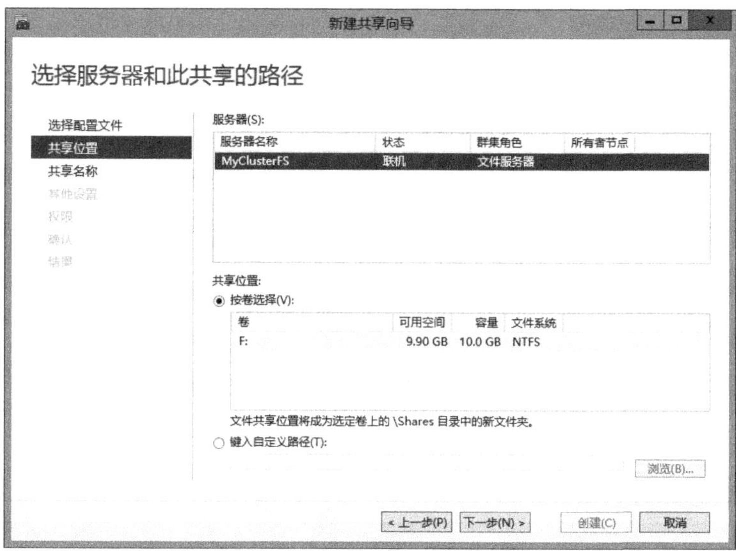

图 18-80

STEP 17 如图18-81所示，设置共享名，例如database，系统会将F:\Shares\database设置为共享文件夹。客户端可以通过\\MyClusterFS\database访问此文件夹。

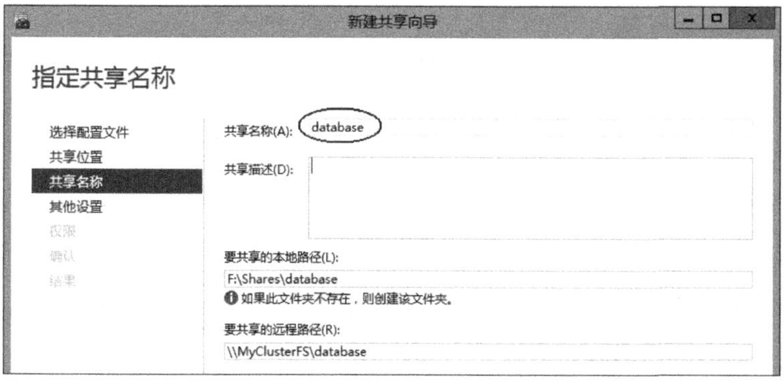

新建共享向导
指定共享名称
选择配置文件
共享位置
共享名称
其他设置
共享名称(A): database
共享描述(D):
要共享的本地路径(L):
F:\Shares\database
如果此文件夹不存在，则创建该文件夹。
要共享的远程路径(R):
\\MyClusterFS\database

图 18-81

注意

通过**故障转移群集管理器**控制台来共享群集磁盘内的文件夹，不要通过其他方法，例如不要通过**文件资源管理器**。

STEP 18　在如图18-82所示对话框中直接单击下一步按钮。

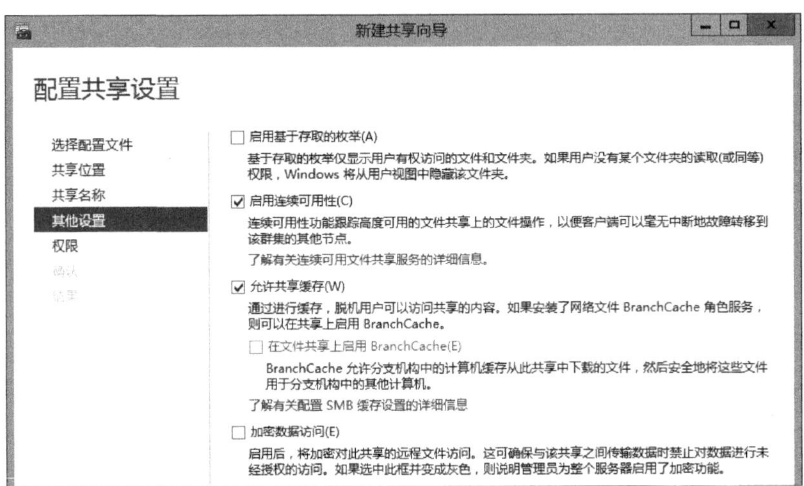

图 18-82

STEP 19　在如图18-83所示对话框中直接单击下一步按钮来采用默认权限设置（开放**完全控制**的权限给系统管理员，开放**读取**与**写入**的权限给其他用户等）。如果要更改权限，可以单击自定义权限按钮。

图 18-83

STEP 20　出现**确认选择项目**界面时直接单击创建按钮，完成后单击关闭按钮。

STEP 21　图18-84所示为完成后的界面。

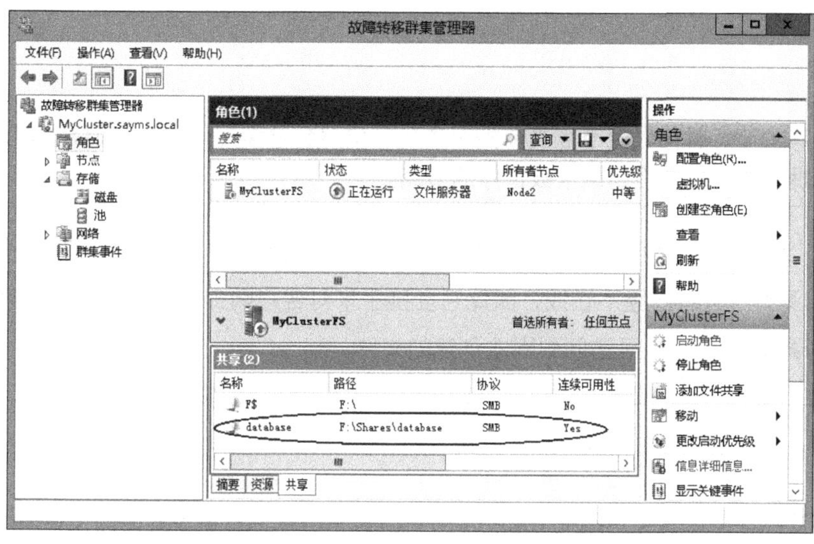

图 18-84

STEP 22 到客户端计算机测试是否可以访问文件服务器共享文件夹database内的文件，此处我们直接将前面图18-5中所示的域控制器DC当作客户端计算机来执行测试工作。

请到DC上【利用域Administrator登录➲按⊞+R键➲输入\\MyCluterFS\database】连接文件服务器的共享文件夹database，然后添加一个文件、存盘，由于我们是让Administrator拥有修改权限，因此这些访问操作应该都可以成功。

STEP 23 可以从图18-85中看出文件服务器目前的所有者为节点Node2，因此刚才的访问操作都是通过Node2提供服务的。现在可以试着【对着MyClusterFS单击鼠标右键➲**移动**➲选择**最佳节点**或**选择节点**】将所有者改为Node1，此时还可以在客户端（域控制器DC）上访问刚才创建的文件，不过这次通过Node1提供服务。

图 18-85

> **附注**
>
> 如果将某个节点**暂停**，此节点当前拥有的角色仍然会继续提供服务，但是你无法将由其他节点拥有的角色转移到这个被暂停的节点。

STEP 24 可以进一步验证群集的故障转移功能：将当前的所有者关机，此时另一个节点会自动检测到所有者已经不在线，因此它会接手来对客户端提供服务，因此在客户端（域控制器DC）上还是可访问到刚才创建的文件。

> **附注**
>
> 如果要让群集停止对客户端提供服务【对着群集单击鼠标右键➲**其他操作**➲**关闭群集**】，以后可以通过【对着群集单击鼠标右键（可能需要先连接到群集）➲**启动群集服务**】来重新提供服务。

18.3 在群集中添加节点、移除节点与删除群集

我们将利用前一节创建的文件服务器群集，说明如何在群集中添加节点、移除节点并将群集删除。

添加节点

可以在前一节创建的两节点群集内，按照以下步骤来添加第3个节点。

STEP 1 如图18-86所示，通过单击文件服务器MyClsuterFS右边**停止角色**的方法来暂时将**文件服务器**停止。

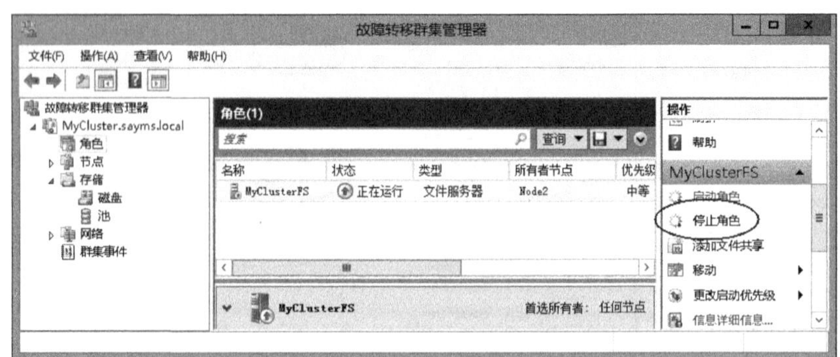

图 18-86

STEP 2 在新节点服务器上完成所有设置：例如安装所需的3块网卡、设置各网卡的IP地址、关

闭**Windows防火墙**、测试与其他服务器之间是否通信正常、调整新节点的TCP/IP设置、到目标服务器Target上设置让新节点的iSCSI发起程序可以连接目标quorum与files、回到新节点服务器继续设置iSCSI发起程序来连接上述两个目标、安装**故障转移群集**功能、在**Windows防火墙**开放**远程卷管理**流量（如果**Windows防火墙**启用）等。

STEP 3 到其他节点上通过**故障转移群集管理器**控制台中的**验证设置**来验证此新节点是否符合群集节点的要求（也可以在下一个添加节点步骤中顺便进行验证）。

STEP 4 完成验证后，通过如图18-87中所示的**添加节点**将此节点加入群集。

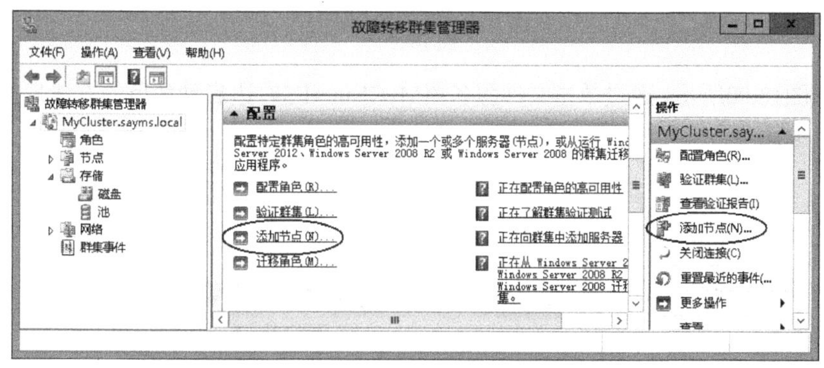

图 18-87

STEP 5 添加节点完成后，界面会提醒你因为现在的节点数量变成奇数（3个节点），所以应该更改仲裁配置（例如改为**节点多数**）。更改的方法为如图18-88所示【选择MyCluster.sayms.local➲选择**操作**菜单中的**更多操作**（或单击界面右边的**更多操作**）➲**配置群集仲裁设置**➲如图18-89所示可以通过**使用典型设置**让系统自动决定仲裁配置】。

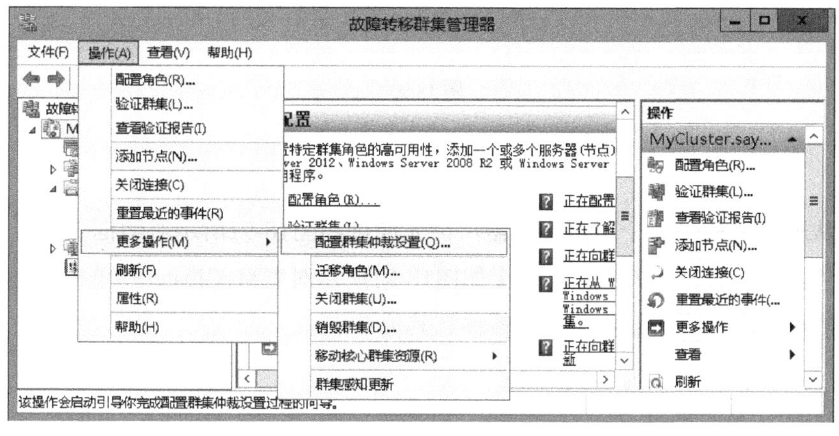

图 18-88

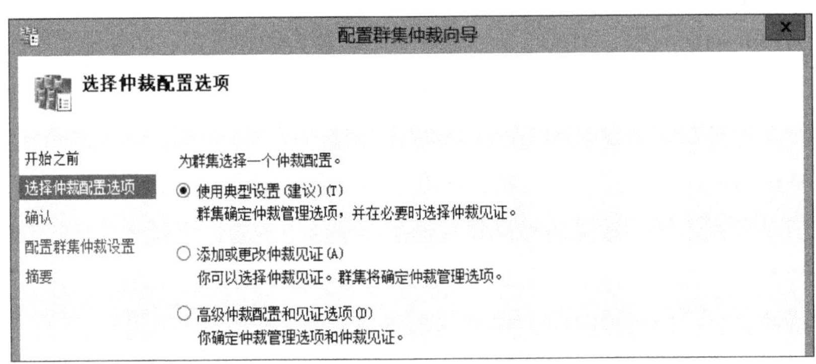

图 18-89

STEP 6　如图18-90所示，通过单击文件服务器MyClsuterFS右边**启动角色**的方法来重新启动文件服务器。

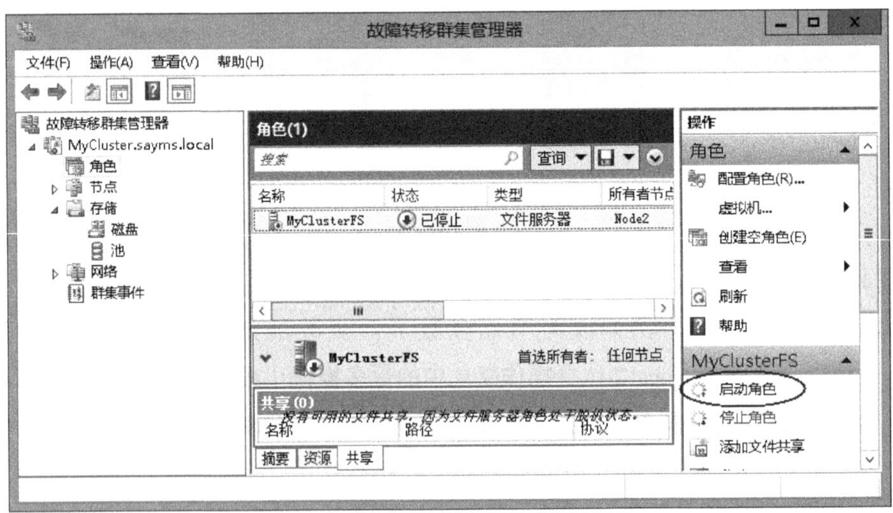

图 18-90

移除节点

如果要从群集中移除某个节点服务器，请先通过如图18-91所示对话框中间查看该节点是否为文件服务器的所有者，如果是，请【如图18-91所示对着MyClusterFS单击鼠标右键➲**移动**➲选择**最佳节点**或**选择节点**】将所有者转移到其他节点。

图 18-91

接着通过【如图18-92所示对着要移除的节点单击鼠标右键➲**更多操作**➲**逐出**】的方法来将此节点从群集中移除。

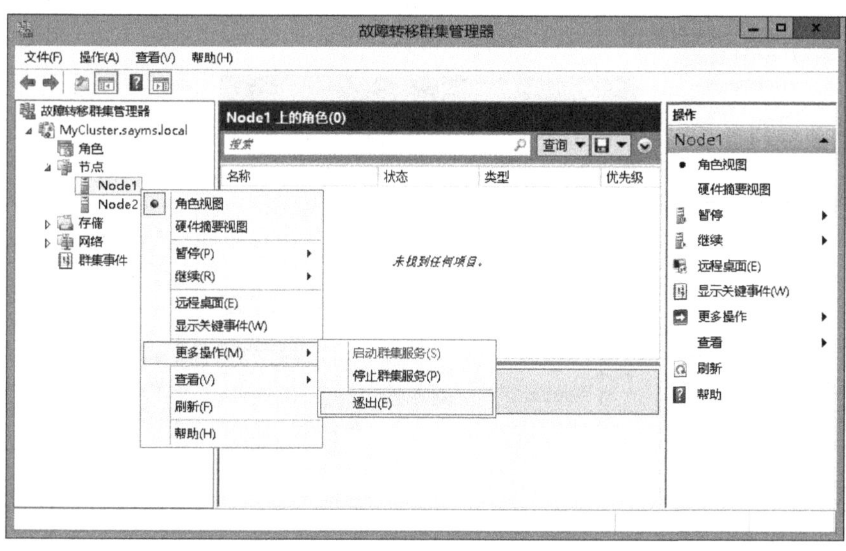

图 18-92

删除群集

请按照以下步骤将群集删除。

STEP 1 必须先删除群集内的角色后才可以将群集删除，因此先【选择如图18-93中所示的文件服务器MyClusterFS➲单击右边的**删除**】。

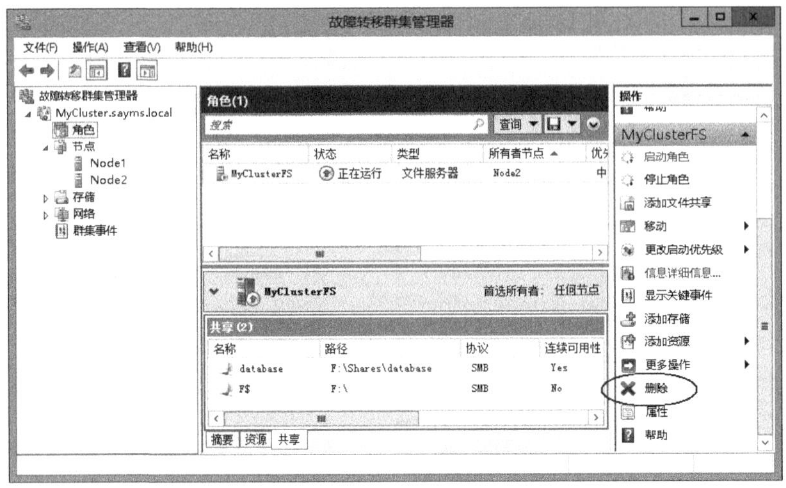

图 18-93

STEP 2　将文件服务器删除后，接下来【如图18-94所示对着群集MyCluster.sayms.local单击鼠标右键➲更多操作➲销毁群集】。

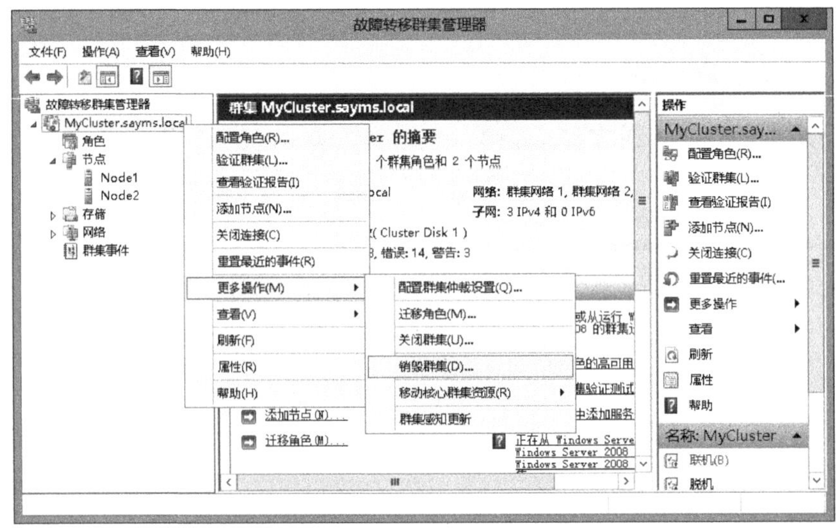

图 18-94

STEP 3　群集删除后，建议到域控制器DC上运行**Active Directory**管理中心，然后确认如图18-95所示**Computers**容器内与群集名称相同的计算机对象（例如MyClsuter）已经被禁用或不存在此对象，否则下一次重建相同名称的群集时，会出现如图18-96所示的警告界面。

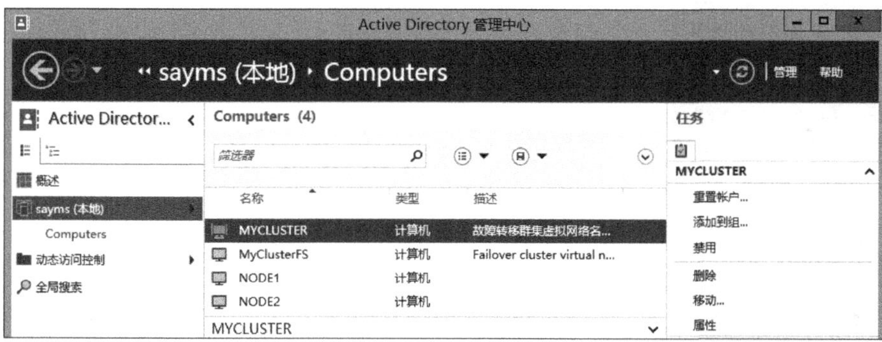
Active Directory 管理中心
sayms (本地) · Computers
管理
帮助
Active Director...
Computers (4)
任务
概述
sayms (本地)
Computers
动态访问控制
全局搜索
名称
类型
描述
MYCLUSTER
计算机
故障转移群集虚拟网络名...
MyClusterFS
计算机
Failover cluster virtual n...
NODE1
计算机
NODE2
计算机
MYCLUSTER
重置帐户...
添加到组...
禁用
删除
移动...
属性

图 18-95

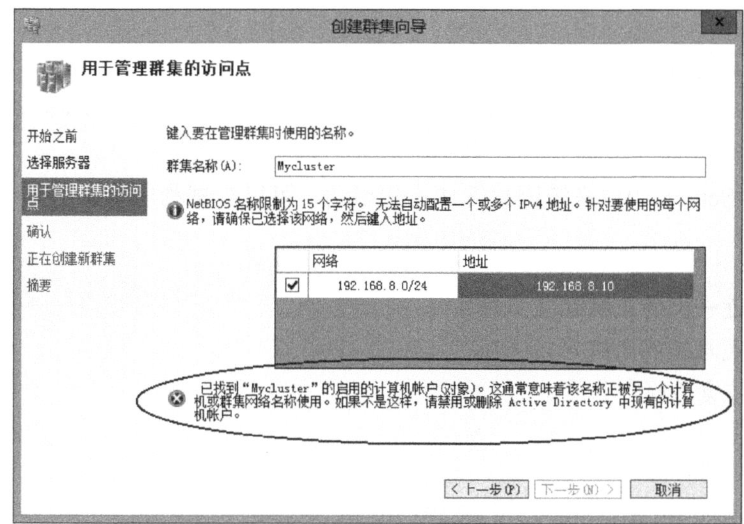
创建群集向导
用于管理群集的访问点
开始之前
选择服务器
用于管理群集的访问点
确认
正在创建新群集
摘要
键入要在管理群集时使用的名称。
群集名称(A):
Mycluster
NetBIOS 名称限制为 15 个字符。 无法自动配置一个或多个 IPv4 地址。针对要使用的每个网络，请确保已选择该网络，然后键入地址。
网络
地址
192.168.8.0/24
192.168.8.10
已找到“Mycluster”的启用的计算机帐户(对象)。这通常意味着该名称正被另一个计算机或群集网络名称使用。如果不是这样，请禁用或删除 Active Directory 中现有的计算机帐户。
< 上一步(P)
下一步(N) >
取消

图 18-96

第 19 章 系统启动的疑难排除

若Windows Server 2012系统因故无法正常启动，可以尝试利用本章所介绍的方法来解决问题。

- 选择最近一次的正确配置启动系统
- 安全模式与其他高级启动选项
- 备份与恢复系统

19.1 选择最近一次的正确配置启动系统

只要Windows系统正常启动，用户也登录成功，系统就会将当前的**系统设置**存储到**最近一次的正确配置**（Last Known Good Configuration）内。**最近一次的正确配置**有什么用处呢？如果用户因为更改系统设置，造成下一次无法正常启动Windows系统时，他就可以选择**最近一次的正确配置**来正常启动Windows系统。

系统设置内存储着设备驱动程序与服务等相关设置，例如哪些设备驱动程序（服务）需要启动、何时启动、这些设备驱动程序（服务）之间的相互依赖关系等。Windows系统在启动时会根据**系统设置**的设置值来启动相关的设备驱动程序与服务。

系统设置可以分为**当前的系统设置**、**默认系统设置**和**最近一次的正确配置**3种，而这些系统设置之间有什么联系呢？请看下面的说明。

- 计算机启动时：
  - 如果用户并未选择**最近一次的正确配置**来启动Windows系统，则系统会利用**默认系统设置**来启动Windows系统，然后将**默认系统设置**复制到**当前的系统设置**。
  - 如果用户选择**最近一次的正确配置**来启动Windows系统，如果用户前一次使用计算机时更改了系统设置，使得Windows 系统无法正常启动，他可以选择**最近一次的正确配置**来启动Windows系统。启动成功后，系统会将**最近一次的正确配置**复制到**当前的系统设置**。
- 用户登录成功后，**当前的系统设置**会被复制到**最近一次的正确配置**。
- 用户登录成功后，其对系统设置的更改，都会被存储到**当前的系统设置**内，之后将计算机关机或重新启动时，**当前的系统设置**内的设置值都会被复制到**默认系统设置**，以供下一次启动Windows系统时使用。

附注

选择**最近一次的正确配置**来启动系统，并不会影响用户个人的文件，例如电子邮件、照片文件等，它只会影响到系统设置而已。

19.1.1 适合选择最近一次的正确配置的场合

可以在发生下列情况时，选择**最近一次的正确配置**来启动Windows系统：

- 在安装了新的设备驱动程序后，Windows 系统停止响应或无法启动。此时可以选择**最近一次的正确配置**来启动Windows系统。因为在**最近一次的正确配置**内并没有包含此设备驱动程序，因此也不会发生此设备驱动程序所造成的问题。

- 有些关键性的设备驱动程序是不应该被禁用的，否则系统将无法正常启动。如果不小心将这类驱动程序禁用，此时可以选择**最近一次的正确配置**来启动Windows系统，因为在**最近一次的正确配置**内并没有将这个驱动程序禁用。

> **附注**
>
> 有些关键性的设备驱动程序或服务若无法被启动，系统会自动以**最近一次的正确配置**来重新启动Windows系统。

19.1.2 不适合选择最近一次的正确配置的场合

以下情况并不适合利用**最近一次的正确配置**的方法来解决。

- 所发生的问题并不是与系统设置有关：**最近一次的正确配置**只可以用来解决设备驱动程序与服务等系统设置有关的问题。
- 虽然系统启动时发生问题，但是仍然可以启动，而且用户也登录成功：则**最近一次的正确配置**会被**当前的系统设置**（此时它是有问题的设置）所覆盖，因此前一个**最近一次的正确配置**也就丢失了。
- 无法启动的原因是硬件故障或系统文件损毁、丢失：因为**最近一次的正确配置**内只是存储系统设置，它无法解决硬件故障或系统文件损毁、丢失的问题。

19.1.3 如何选择最近一次的正确配置

注意，如果不是通过以下步骤启动计算机，而是以正常模式来启动计算机，则即使会正常出现**按Ctrl＋Alt＋Delete登录**的窗口，也不要登录，否则想要选择的**最近一次的正确配置**会被覆盖。

STEP 1 启动计算机，并在完成自我测试后、系统启动初期立即按F8键。

> **附注**
>
> 如果计算机内已安装多个Windows系统，此时可以在出现操作系统选择列表时再按F8键。

STEP 2 如图19-1所示，选择**最近一次的正确配置（高级）**后按Enter键。

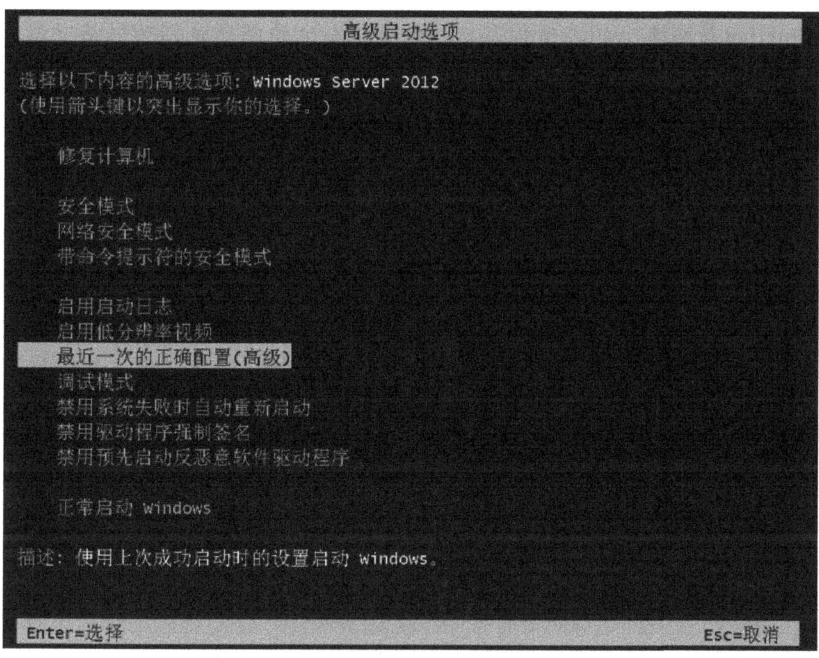

图 19-1

附注

如果计算机内安装了多个Windows系统，此时会出现操作系统列表，请从列表中选择要利用**最近一次的正确配置**来启动的操作系统。

19.2 安全模式与其他高级启动选项

除**最近一次的正确配置**外，还可以通过前面图19-1中所示多个高级启动选项，来协助查找与修复系统启动时碰到的问题。

- **安全模式**：如果是因为不适当的设备驱动程序或服务而影响到Windows系统正常启动，也可以尝试选择安全模式来启动Windows系统，因为它只会启动一些基本服务与设备驱动程序（而且会选用标准低分辨率显示模式），例如鼠标、键盘、大容量存储设备与一些标准的系统服务，其他非必要的服务与设备驱动程序并不会被启动。进入安全模式后，你就可以修正有问题的设置值，然后重新以普通模式来启动系统。
  例如，在安装了高级声卡驱动程序后，Windows系统因而无法正常启动，此时可以选择安全模式来启动Windows系统，因为它并不会启动此高级声卡驱动程序，就不会因而无法启动Windows系统。利用安全模式启动后，再将高级声卡驱动程序卸载、禁用或重新安装正确的驱动程序，然后就可以利用正常模式来启动Windows系统了。
- **网络安全模式**：它与安全模式类似，不过它还会启动网络驱动程序与服务，因此可以连接Internet或网络上的其他计算机。如果所发生的问题是因为网络功能所造成，请不要选择此选项。

- **带命令提示符的安全模式**：它类似于安全模式，但是没有网络功能，启动后也没有开始菜单，而且是直接进入**命令提示符**环境，需要通过命令来解决问题，例如将有问题的驱动程序或服务禁用。

> **附注**
>
> 由于鼠标还可以使用，因此可以输入**MMC**后按Enter键，然后新建一个包含**设备管理器**管理单元的控制台，就可以利用鼠标与**设备管理器**将有问题的设备驱动程序禁用或卸载。

- **启用启动日志**：它会以普通模式来启动Windows系统，不过会将启动时加载的设备驱动程序与服务信息记录到%Systemroot%\Ntbtlog.txt文件内。
- **启用低分辨率视频**：它使用当前的显卡驱动程序来启动Windows系统，但是会以低分辨率（例如800 × 600）与低更新频率启动。在安装了有问题的显卡驱动程序或显示设置有误，导致无法正常显示或运行时，就可以通过此选项来启动系统。
- **最近一次的正确设置（高级）**：我们在前一节已经详细介绍过。
- **调试模式**：它会将Windows系统启动的过程，通过串行端口（COM端口）发送给其他的计算机，以便IT专业人员利用这些信息查找问题所在。
- **禁用系统失败时自动重新启动**：它可以让Windows系统失败时不要自动重新启动。如果Windows系统失败时自动重新启动，但是重新启动时又失败、又重新启动，如此不断循环，此时请选择此选项。
- **禁用驱动程序强制签名**：它允许系统启动时加载没有经过数字签名的驱动程序。
- **禁用预先启动反恶意软件驱动程序**

  系统在启动初期会根据驱动程序是否为恶意程序，决定是否要初始化该驱动程序。系统将驱动程序分为以下几种。

  - **好**：驱动程序已经过签名，并且未遭篡改。
  - **差**：驱动程序已被识别为恶意软件。
  - **差，但启动需要**：驱动程序已被标识为恶意软件，但是计算机必须加载此驱动程序才能成功启动。
  - **未知**：此驱动程序没有经过你的**恶意软件检测应用程序**的证明，也没有经过**提前启动反恶意软件引导启动驱动程序**进行分类。

  系统启动时，默认会初始化被判断为**好**、**未知**或**差，但启动需要**的驱动程序，但是不会初始化被判断为**差**的驱动程序。可以在启动时选择此选项，以便禁用此分类功能。

> **附注**
>
> 如果要更改相关设置：【按⊞+R键➲运行gpedit.msc➲计算机配置➲管理模板➲系统➲提前启动反恶意软件】。

19.3 备份与恢复系统

存储在磁盘内的数据可能会因为不可抗力、人为失误、设备故障等因素而丢失，从而造成公司或个人的严重损失，但是只要平常定期备份（Backup）磁盘，并将其存放在安全的地方，以后即使发生上述意外事故，仍然可以利用这些备份迅速恢复数据并让系统正常运行。

19.3.1 备份与恢复概述

可以通过Windows Server Backup来备份磁盘，而它支持以下两种备份方式。

- **整个服务器备份**：它会备份这台服务器内所有卷（Volume）内的数据，也就是会备份所有磁盘（C:、D:……）内的所有文件，包含应用程序与系统状态。可以利用此备份将整台计算机恢复，包含Windows Server 2012操作系统与所有其他文件。
- **自定义备份**：可以选择备份**系统保留**卷、一般卷（例如C:、D:），也可以选择备份这些卷内指定的文件；还可以选择备份**系统状态**；甚至可以选择**裸机恢复**（Bare Metal Recovery）备份，也就是它会备份整个操作系统，包含**系统状态**、**系统保留**卷与安装操作系统的卷，以后可以利用此**裸机恢复**备份来恢复整个Windows Server 2012操作系统。

Windows Server Backup提供以下两种选项来执行备份工作。

- **计划备份**：利用它制定计划，以便在每天指定的日期与时间到达时自动运行备份工作。备份目的地（存储备份数据的地点）可以选择本地磁盘、USB或IEEE 1394外接式磁盘、网络共享文件夹等。
- **一次性备份**：也就是手动立即运行单次备份工作，备份目的地可以选择本地磁盘、USB或IEEE 1394外接式磁盘、网络共享文件夹。如果计算机内安装了DVD刻录机，还可以备份到DVD内。

19.3.2 备份磁盘

先新建Windows Server Backup功能：【打开**服务器管理器**➲单击**仪表板**处的**添加角色和功能**➲……➲如图19-2所示在**选择功能**界面下勾选**Windows Server Backup**复选框➲……】。

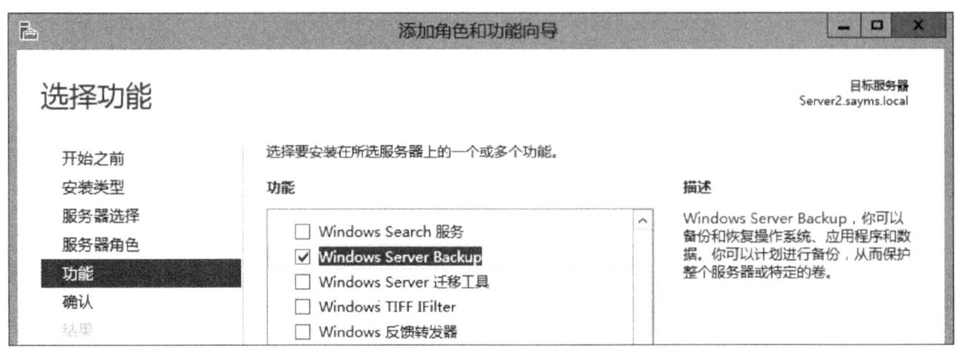

图 19-2

添加完成后，可以通过【**按⊞键切换到开始屏幕➲管理工具➲Windows Server Backup**】来执行备份工作。

计划完整服务器备份

以下说明如何制定计划来执行完整服务器备份，当所制定的日期与时间到达时，系统就会开始执行备份工作。

STEP 1　如图19-3所示单击**备份计划**（也就是自动备份）。

> **附注**
>
> 如果要备份另一台服务器，请通过【按⊞+R键➲运行MMC➲添加Windows Server Backup管理单元】的方法来选择其他服务器。

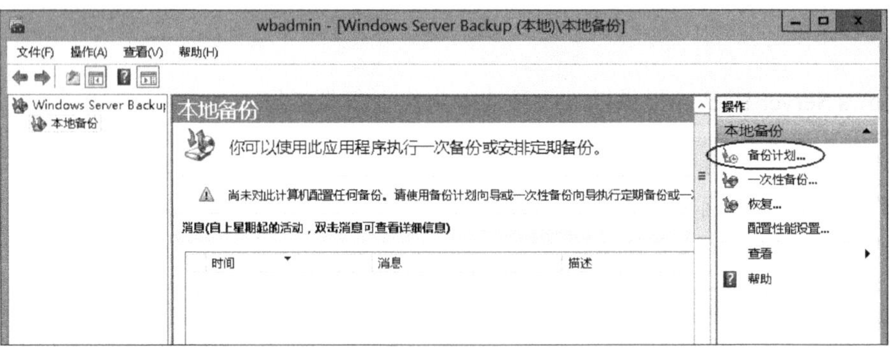

图 19-3

STEP 2　出现**开始使用**界面时单击下一步按钮。

STEP 3　假设在如图19-4所示对话框中选择**整个服务器（推荐）**备份。

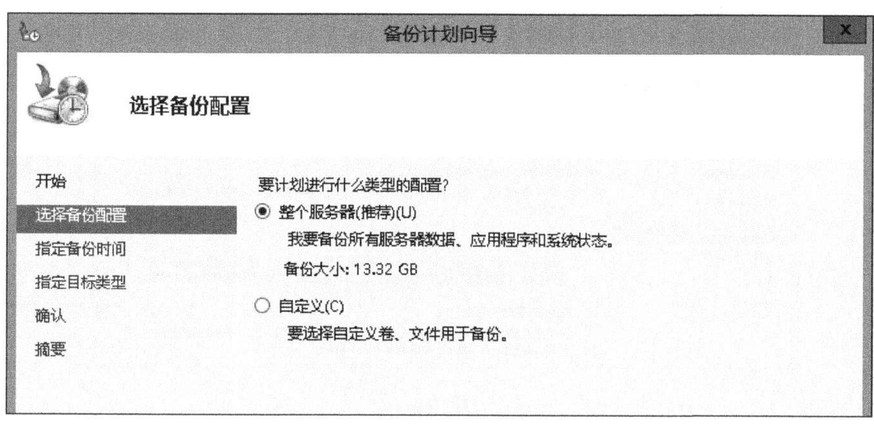

图 19-4

STEP 4 如图19-5所示，选择每日备份一次或多次，并且选择备份时间。

附注

图中的时间以半小时为单位，如果要改用其他时间单位，例如要选择下午9:15备份，则请使用**wbadmin**命令进行备份。

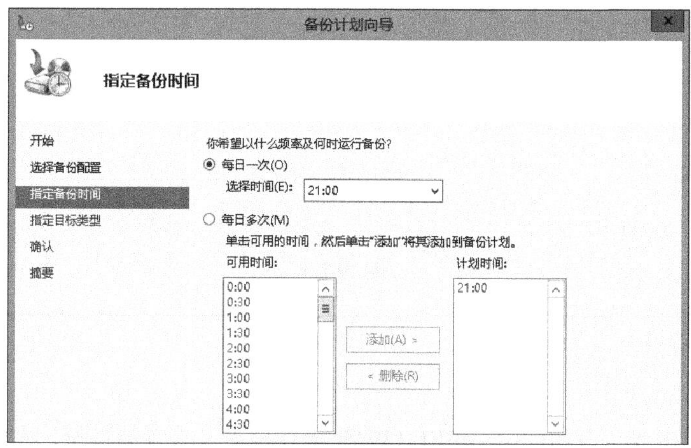

图 19-5

STEP 5 如图19-6所示，选择存储备份的地点。

- **备份到专用于备份的硬盘（推荐）**：这是最安全的备份方式，但是注意这种方式会将此专用硬盘格式化，因此其中现有数据都将丢失。
- **备份到卷**：此卷内的现有数据仍然会被保留，不过该卷的运作效率会降低（最多会降低200%）。建议不要将其他服务器的数据也备份到此卷。
- **备份到共享网络文件夹**：可以备份到网络上其他计算机的共享文件夹内。

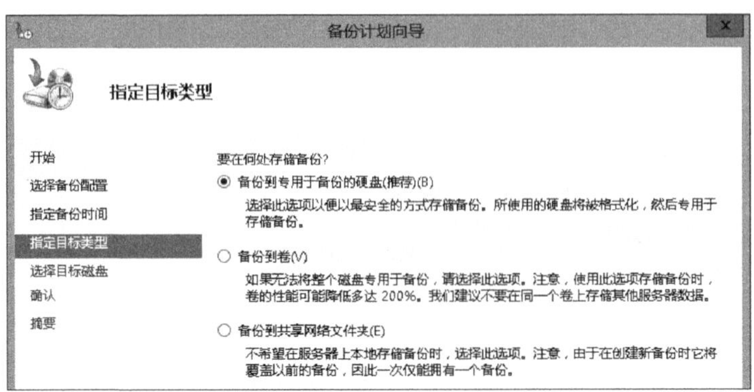

图 19-6

STEP 6　如图19-7所示，选择备份目标磁盘，如果磁盘没有显示在界面上，请先单击右下方的显示所有可用磁盘按钮进行选择。

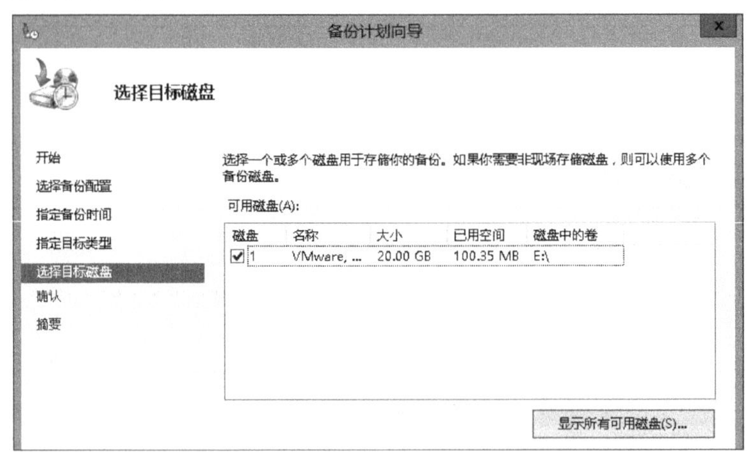

图 19-7

注意

如果选择多个磁盘（例如USB、IEEE 1394外接式磁盘）来存储备份，则它具备**离线存储**（Store Disk Offsite）的功能，也就是说，系统将其备份到第一个磁盘内后，就可以将此磁盘拿到其他地点存放。下一次备份时，系统会自动备份到第二个磁盘内，再将第二个磁盘拿到其他地点存放，并将之前的备份磁盘（第一个磁盘）带回来装好，以便让下一次备份时可以备份到这个磁盘内。这种轮流离线存储的方式，可以让数据多一份保障。

STEP 7　注意备份目标磁盘会被格式化，其中现有数据都将被删除，因此目标磁盘不可以被包含在要被备份的磁盘内，然而因为我们选择的是**整个服务器**备份，它会备份所有磁盘，也就是包含备份目标磁盘，因此，此时会出现如图19-8所示的警告界面，必须单击确定按钮将此磁盘排除。

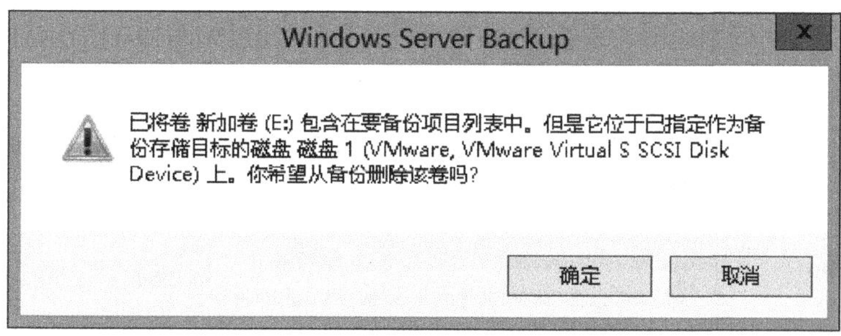

图 19-8

STEP 8 如图19-9所示，提醒目标磁盘会被格式化，因此其中所有数据都将被删除，而且为了便于**离线存储**（Offsite Storage）与确保备份的完整性，此磁盘将专用于存储备份，因此不会有驱动器号，也就是在**文件资源管理器**内看不到此磁盘。确认后单击是按钮。

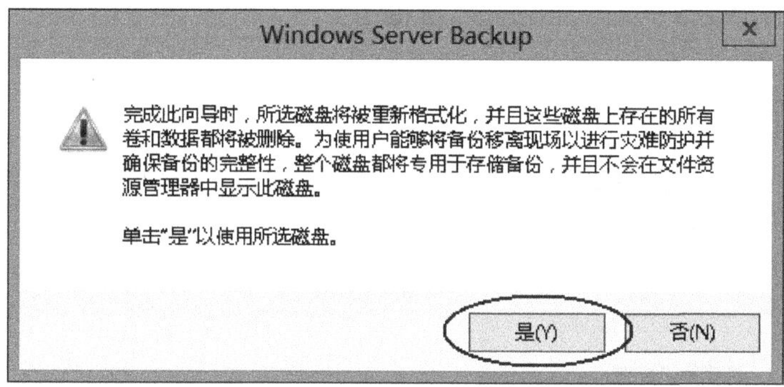

图 19-9

STEP 9 由图19-10中的**标签**栏可以看出系统会为此备份设置一个标识标签，请记录此标签，以后进行恢复工作时就可以很容易地通过这个标签来辨识此备份。单击完成按钮。

备份计划向导

确认

开始
选择备份配置
指定备份时间
指定目标类型
选择目标磁盘
确认
摘要

你将创建以下备份计划。
备份时间: 21:00
排除的文件: 无
高级选项: VSS 完整备份
备份目标

名称	标签	大小	已用空间
VMware, V...	Server2 2013...	20.00 GB	100.35 MB

备份项目

名称
本地磁盘(C:)
裸机恢复
系统保留
系统状态

图 19-10

STEP 10 出现**摘要**对话框时单击关闭按钮。

STEP 11 当计划的时间到达时，系统就会开始备份，可以通过如图19-11所示对话框查看当前的备份进度。

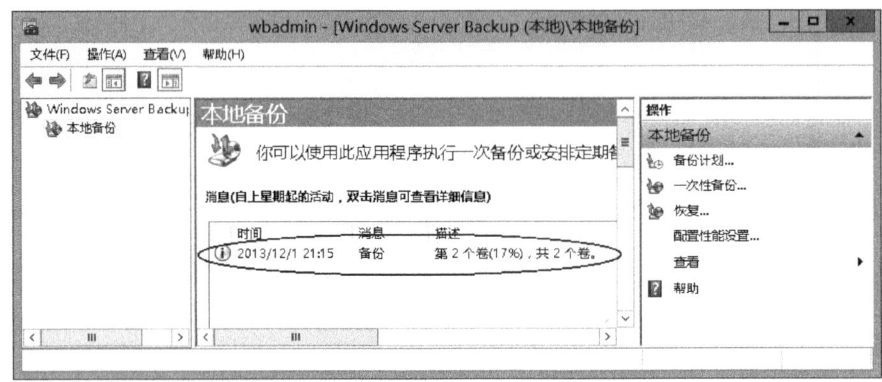

图 19-11

计划自定义备份

可以自行选择要备份的项目，然后制定日程来执行备份这些项目，其设置方式与制定完整备份类似，不过，如图19-12所示，需要选择自定义。

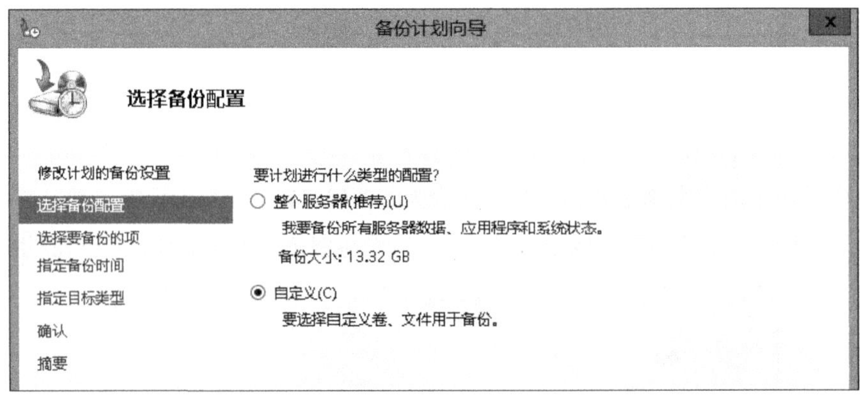

图 19-12

然后在如图19-13所示背景图中单击添加项目按钮、在前景图中选择要备份的项目，例如裸机恢复、系统状态、系统保留、普通卷或卷内的文件。

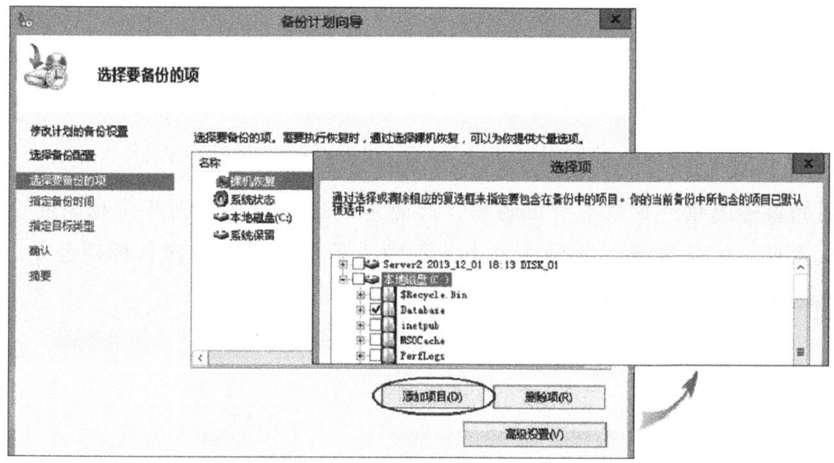

图 19-13

同时，如果在如图19-13所示的背景图中单击右下角的高级设置按钮，还可以通过如图19-14中所示的背景图来选择将某些文件夹或文件排除。

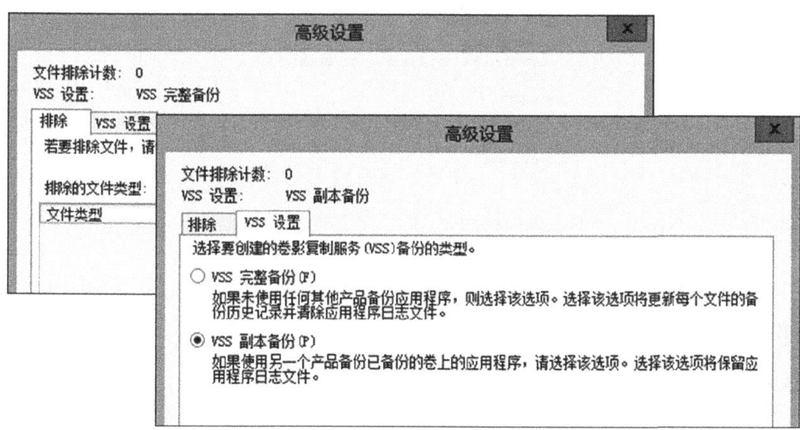

图 19-14

而在如图19-14所示的前景图中有以下选项。

- **VSS完整备份**：如果没有使用其他备份软件来备份磁盘内的应用程序，则选择此选项。请确定没有使用其他备份软件来备份磁盘内的应用程序，才选择此选项，因为它会破坏应用程序的日志文件。
- **VSS副本备份**：如果使用其他备份软件来备份磁盘内的应用程序，则此选项可以保留应用程序日志文件。

附注

VSS（Volume Shadow Copy Service，卷影复制服务）让用户可以访问正在备份的文件，而且备份时不会跳过已被用户打开的文件。

一次性备份

可以在如图19-15所示背景图中单击**一次性备份**来手动立即运行一次备份工作，然后在前景图中选择备份方式。

- **计划的备份选项**：如果有计划备份，此时可以选择与该计划备份相同的设置备份，这些设置包括完整服务器备份或自定义备份、备份时间、备份目标磁盘等。
- **其他选项**：重新选择备份设置。

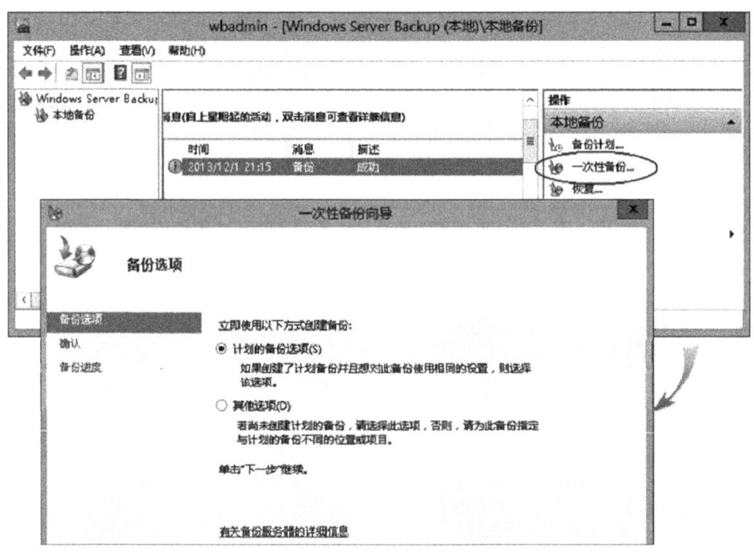

图 19-15

一次性备份的步骤与计划备份类似，不过如果在如图19-15所示前景图中选择**其他选项**，则还可以如图19-16所示选择备份到DVD或远程共享文件夹。

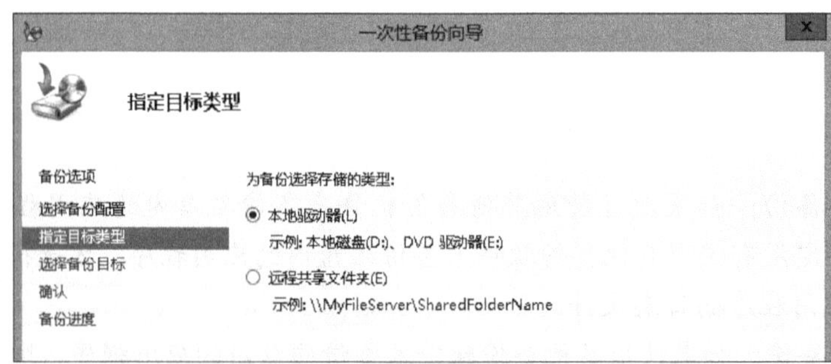

图 19-16

19.3.3 恢复文件、磁盘或系统

可以利用之前通过Windows Server Backup创建的备份来恢复文件、文件夹、应用程序、卷（例如D:、E:等）、操作系统或整台计算机。

恢复文件、文件夹、应用程序或卷

STEP 1　单击如图19-17中所示的**恢复**。

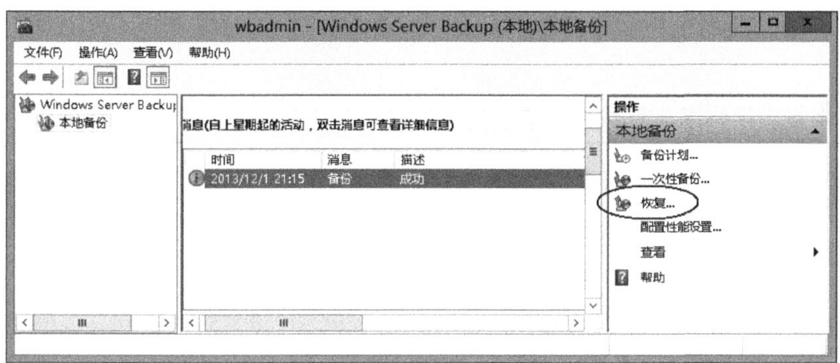

图 19-17

STEP 2　如图19-18所示，选择备份文件的来源（存储地点）后单击**下一步**按钮。

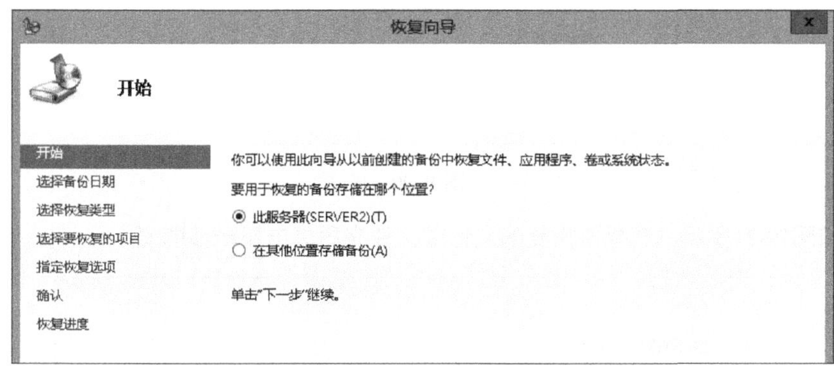

图 19-18

STEP 3　如图19-19所示，通过日期与时间来选择之前的备份后单击**下一步**按钮。

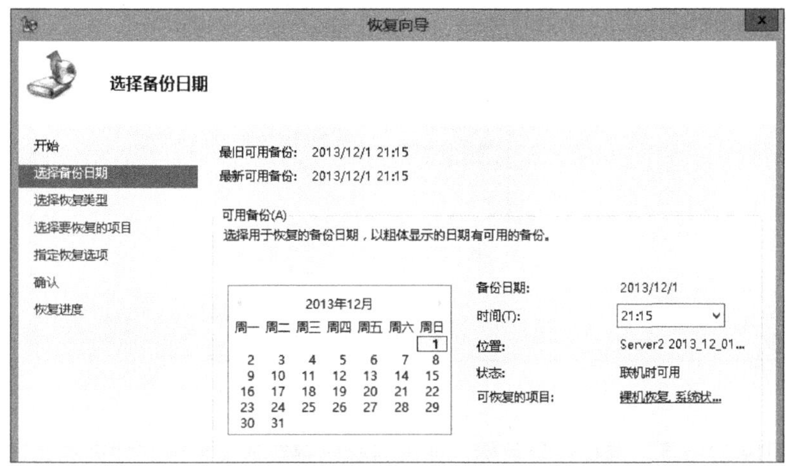

图 19-19

STEP 4　如图19-20所示，可以选择恢复**文件和文件夹**、**应用程序**、**卷**或**系统状态**后单击下一步按钮，图中假设选择恢复**文件和文件夹**。

附注

如果要恢复应用程序与其数据，该应用程序必须兼容Windows Server Backup。

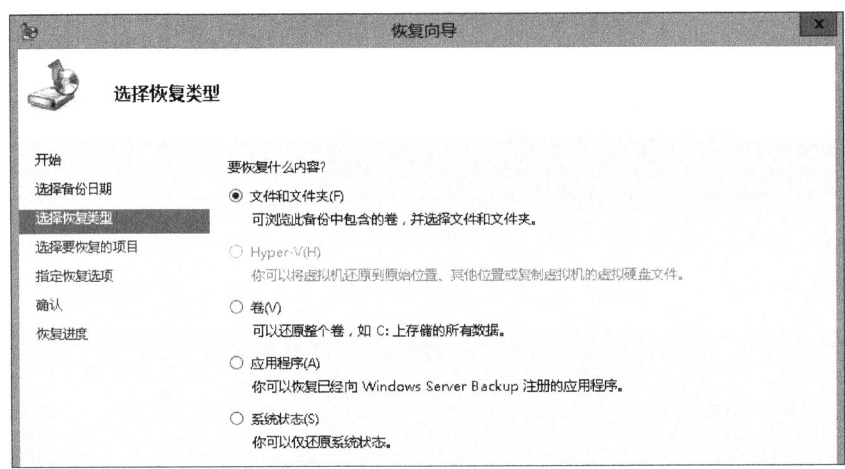

图 19-20

STEP 5　如图19-21所示，选择要恢复的文件或文件夹后单击下一步按钮。

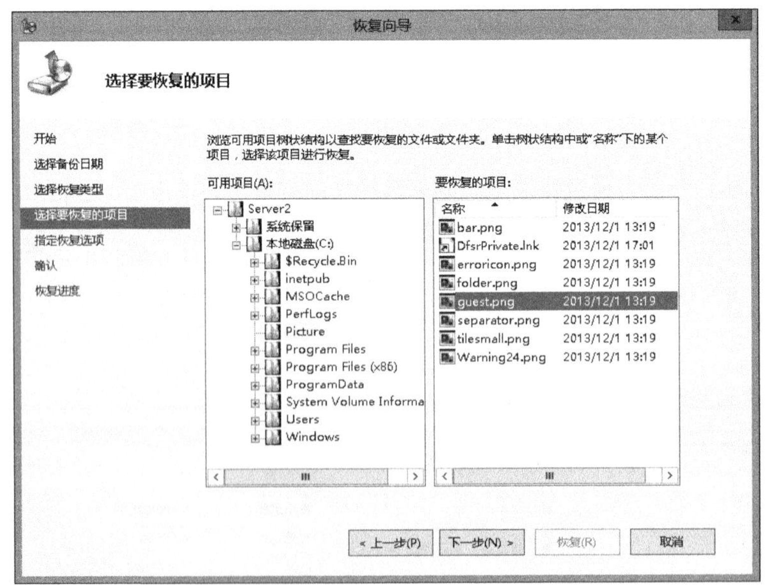

图 19-21

STEP 6　如图19-22所示，选择恢复目标、如果目标已存在该文件或文件夹的处理方式、是否恢复其原有的安全设置（权限）。

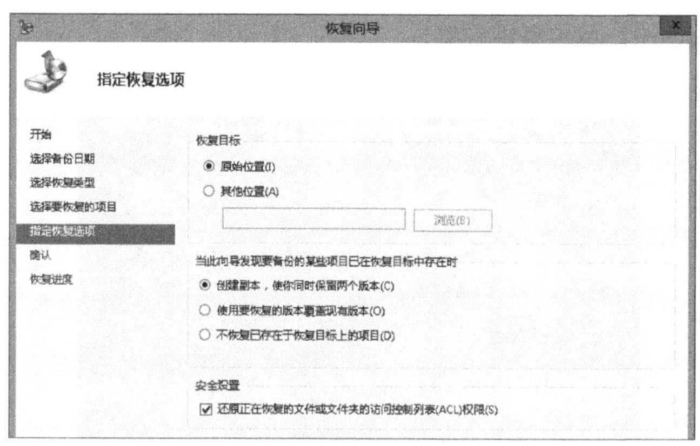

图 19-22

STEP 7　出现**确认**界面时单击恢复按钮。

STEP 8　查看**恢复进度**界面，完成恢复后单击关闭按钮。

恢复操作系统或整台计算机

可以选择以下两种方式之一来恢复操作系统或整台计算机：

- 计算机启动时按F8键，然后选择**高级启动选项**中的**修复计算机**。
- 利用Windows Server 2012 DVD启动计算机，选择**修复计算机**。

利用**高级启动选项**

请准备好包含操作系统（裸机恢复）或整个服务器的备份，然后按照以下步骤进行恢复（假设使用**裸机恢复**备份）。

STEP 1　启动计算机，并在完成自我测试后、系统启动初期立即按F8键。

STEP 2　如图19-23所示，选择**修复计算机**后按Enter键。

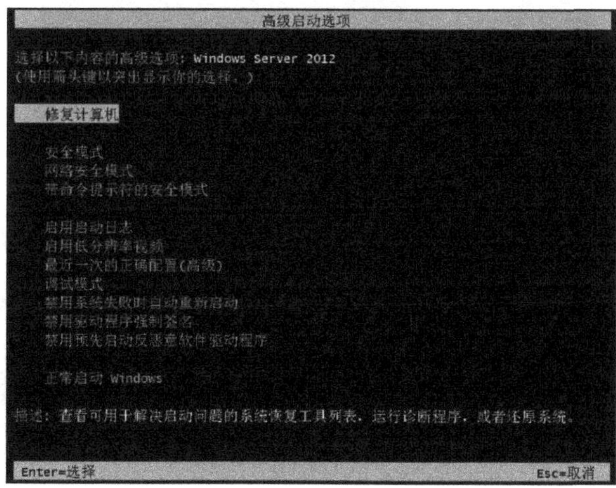

图 19-23

STEP 3　如图19-24所示，单击**疑难解答**。

图 19-24

STEP 4　如图19-25所示，单击**系统映像恢复**。

图 19-25

STEP 5　如图19-26所示，单击系统管理员账户Administrator。

图 19-26

STEP 6 如图19-27所示，输入Administrator的密码后单击继续按钮。

系统映像恢复

你好，Administrator

输入这个帐户的密码。

更改键盘布局

继续

图 19-27

STEP 7 如图19-28所示，可以选择系统自行找到的最新备份进行恢复，也可以通过**选择系统映像**选择其他备份，例如位于网络共享文件夹、USB/IEE 1394外接式磁盘（可能必须安装驱动程序）内的备份。完成后单击下一步按钮。

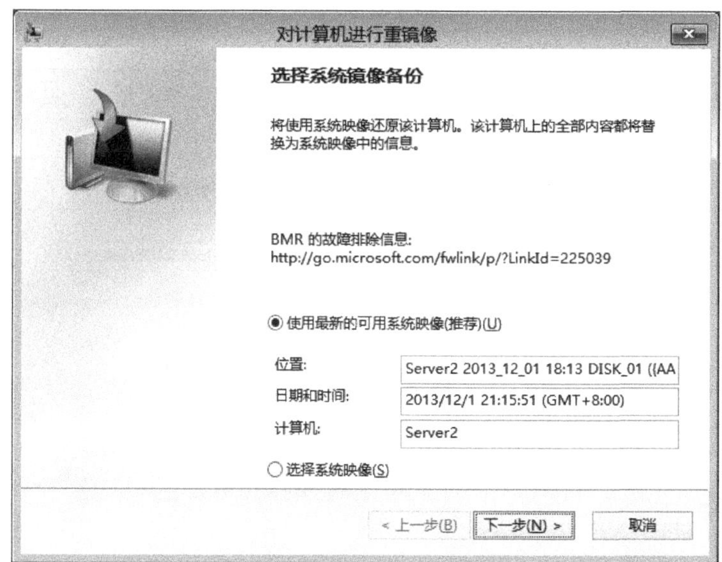

图 19-28

STEP 8 如图19-29所示，单击下一步按钮。

STEP 9 如图19-30所示，单击完成按钮。完成后，默认会重新启动，如果不想重新启动，请先通过如图19-29中所示的高级按钮进行设置。

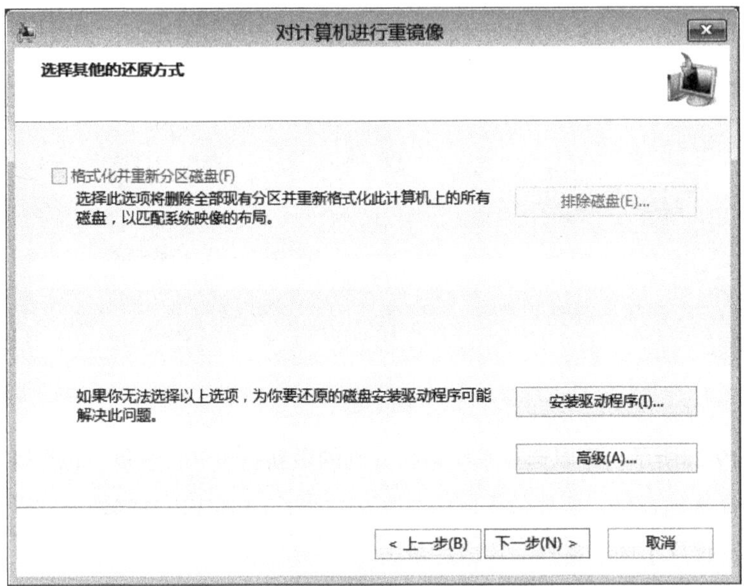

图 19-29

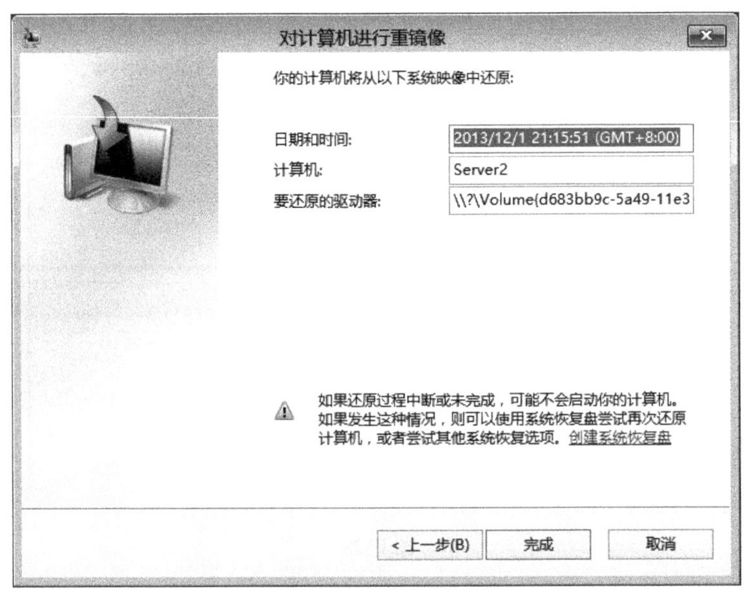

图 19-30

利用 **Windows Server 2012 DVD 启动计算机**

准备好Windows Server 2012 DVD、包含操作系统（裸机恢复）或整个服务器的备份，然后按照以下步骤进行恢复（假设使用**裸机恢复**备份）。

STEP 1　将Windows Server 2012 DVD放到光驱内、从 DVD启动计算机。

STEP 2　如图19-31所示，单击下一步按钮。

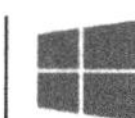

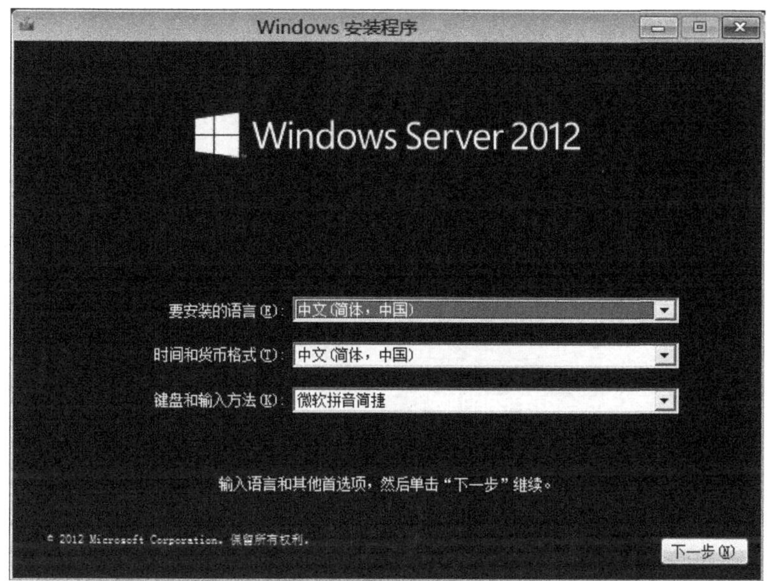

图 19-31

STEP 3 如图19-32所示，单击**修复计算机**。

图 19-32

STEP 4 如图19-33所示，单击**疑难解答**。

图 19-33

STEP 5 如图19-34所示，单击**系统映像恢复**。

图 19-34

STEP 6 如图19-35所示，单击要恢复的系统。

图 19-35

STEP 7 如图19-36所示，可以选择系统自行找到的最新可用备份进行恢复，也可以通过**选择系统映像**来选择其他备份，例如位于网络共享文件夹、USB/IEE 1394外接式磁盘（可能必须安装驱动程序）内的备份。完成后单击下一步按钮。

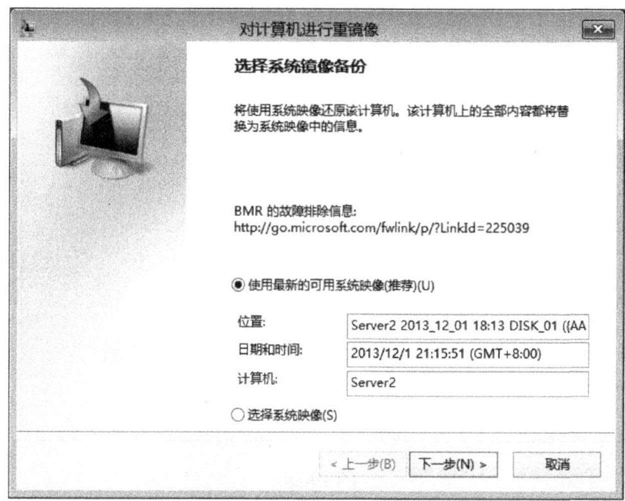

图 19-36

STEP 8 如图19-37所示，单击下一步按钮。

附注

如果勾选图中**格式化并重新分区磁盘**，其中现有数据都会被删除，不过包含备份的磁盘会被自动排除，如果要另外增加被排除的磁盘，请单击排除磁盘按钮。

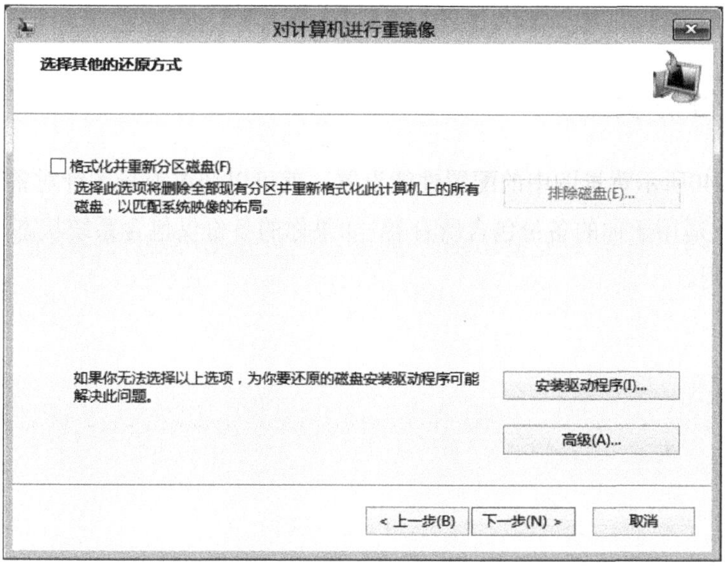

对计算机进行重镜像

选择其他的还原方式

格式化并重新分区磁盘(F)

选择此选项将删除全部现有分区并重新格式化此计算机上的所有磁盘，以匹配系统映像的布局。

排除磁盘(E)...

如果你无法选择以上选项，为你要还原的磁盘安装驱动程序可能解决此问题。

安装驱动程序(I)...

高级(A)...

< 上一步(B) 下一步(N) > 取消

图 19-37

STEP 9　如图19-38所示，单击完成按钮。完成后，默认会重新启动，如果不想重新启动，先通过如图19-37中所示的高级按钮进行设置。

图 19-38

STEP 10　如图19-39所示，单击是按钮。

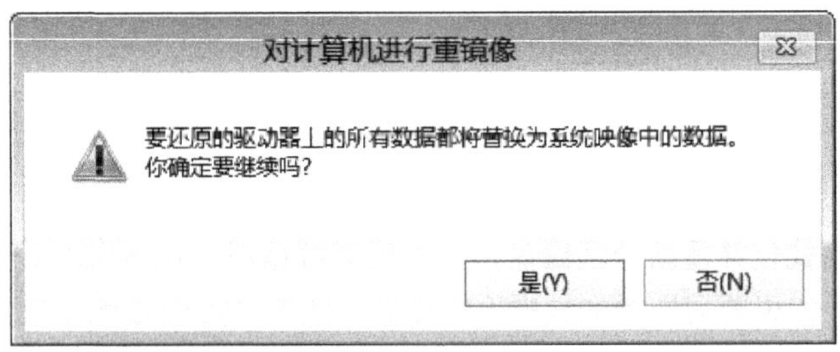

图 19-39

19.3.4 其他备份设置

单击如图19-40所示背景图中的**配置性能设置**，就可以通过前景图针对备份性能进行高级设置。以下设置仅适用于你的备份包含所有卷，如果你的备份仅包含系统状态、文件或文件夹，则这些设置不适用。

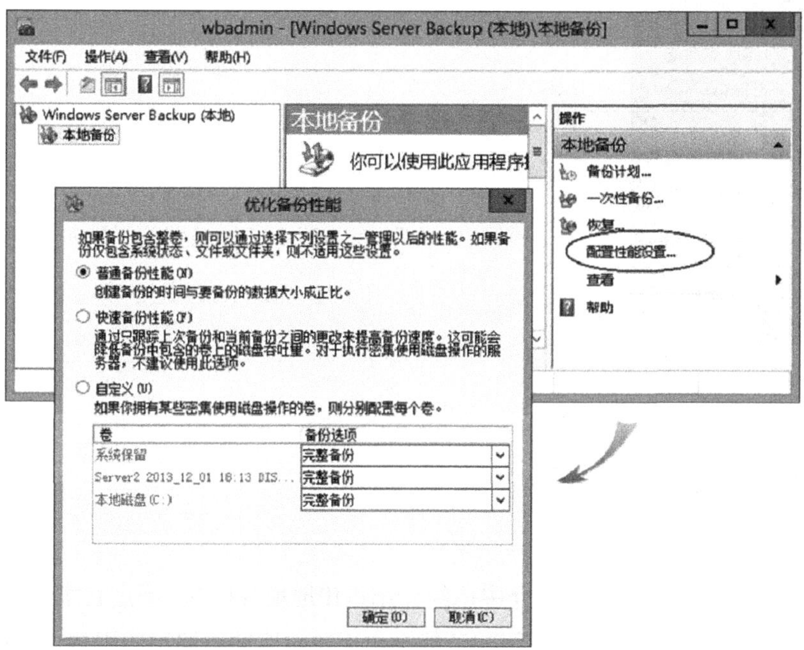

图 19-40

- **普通备份性能**：创建备份的时间会与备份的数据量成正比。这种备份方式不会降低服务器的运行性能。
- **快速备份性能**：所选磁盘内只有添加的文件或有改动的文件才会被备份，以前备份过但没有改动的文件不再备份。这种**增量备份**（Incremental Backup）的方式，其备份速度比较快，但是跟踪文件改动状态的操作会降低整体系统性能。
- **自定义**：可以针对不同的磁盘选择不同的备份方式（完整备份或增量备份）。

附录A IPv6基本概念

我们在前面1.3节**TCP/IP协议简介**中已经介绍过IP地址等概念，不过它隶属于IPv4的规范，记得在20世纪末，业界曾经担心21世纪初可能会出现IPv4地址不够用的困扰，虽然后来利用无类地址分配（Classless Addressing）、NAT（Network Address Translation）等技术暂时解决了问题，然而提供更多地址、效率更好、安全性更好的新版本通信协议IPv6正逐渐被采用。

- IPv6地址的语法
- IPv6地址分类
- IPv6地址的自动设置

A.1 IPv6地址的语法

IPv4地址一共占用32位，它被分为4个区块，每个区块占用8位，区块之间利用句点（.）隔开，然后以十进制来表示每个区块内的数值，例如192.168.1.31。

IPv6地址占用128位，它被分为8个区块，每个区块占用16位，区块之间利用冒号（:）隔开，然后以十六进制来表示每个区块内的数值。由于每个区块占用16位，因此每个区块共有4个十六进制的数值，举例来说，假设IPv6地址的二进制表示法为（128位）：

0010000000000001 0000000000000000 0100000100110110 1110001110001100 0001010011011001 0001001000100101 0011111101010111 1111011101011001

则其IPv6地址的十六进制表示法为（参见图A-1）：

2001:0000:4136:E38C:14D9:1225:3F57:F759

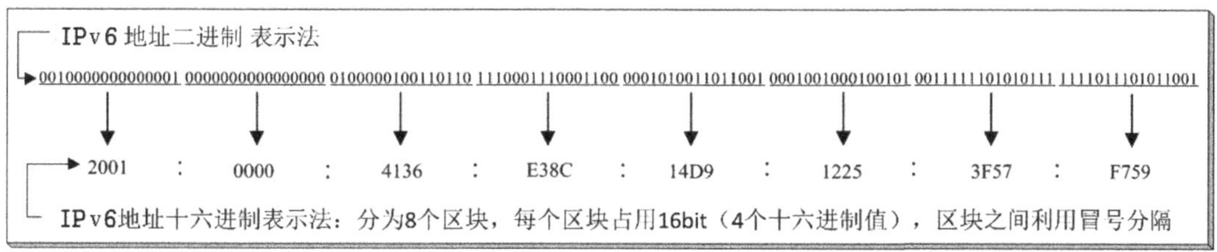

图 A-1

前导 0 可以省略

为了简化IPv6地址的表示方式，我们可以省略某些数字为0的部分，例如，如图A-2中所示的21DA:00D4:0000:E38C:03AC:1225:F570:F759可以被改写为21DA:D4:0:E38C:3AC:1225:F570:F759，其中的00D4被改写为D4、0000被改写为0、03AC被改写为3AC。

注意，区块中只有靠左边的0可以被省略，而靠右边或中间的0不可以省略，例如F570不可以改写为F57。

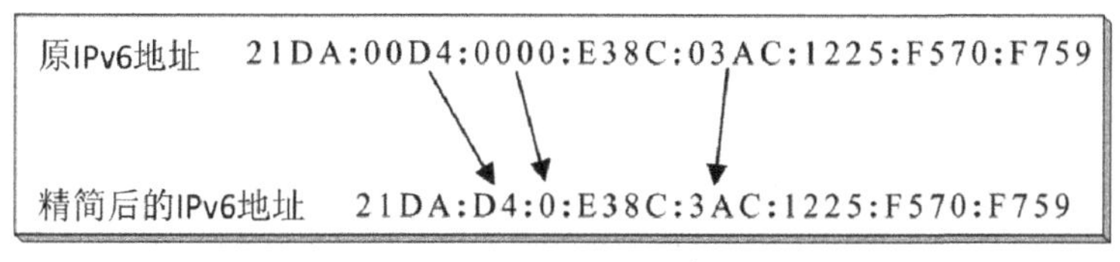

图 A-2

连续的 0 区块可以缩写

如果有连续数个区块都是0，则可以改用双冒号（::）来代表这些连续区块，例如，如图

A-3中所示的FE80:0:0:0:10DF:D9F4:DE2D:369B可以被缩写为FE80::10DF:D9F4:DE2D:369B。

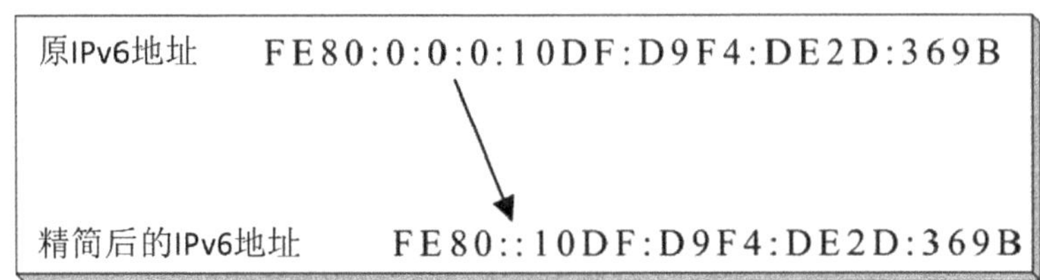

图 A-3

此范例将其中连续3个为0的区块改用双冒号来表示。注意，在一个IPv6地址中，这种缩写方式只能够使用一次，例如，图A-4中的地址FE80:0:0:0:10DF:0:0:369B中有两个连续0区块（0:0:0与0:0），则可以将其中的0:0:0或0:0缩写，也就是此地址可以用以下方式表示：

FE80::10DF:0:0:369B 或 FE80:0:0:0:10DF::369B

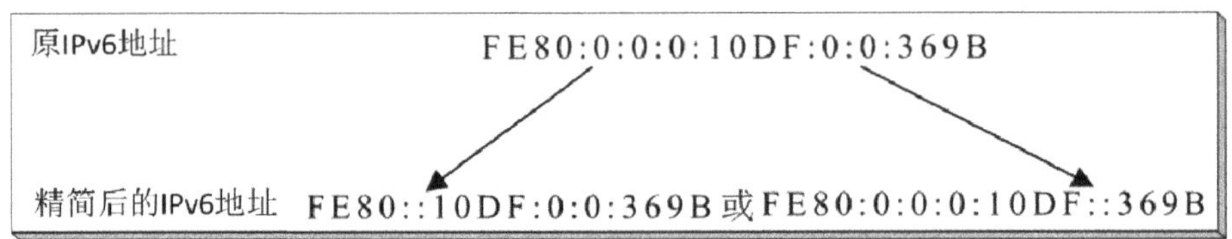

图 A-4

但是不可同时将0:0:0与0:0都缩写，也就是此地址不可写成FE80::10DF::369B，因为这样将无法判断其中两个双冒号::各自代表着多少个0区块。

IPv6 的前缀

前缀（Prefix）是IPv6地址的一部分，用来表示IP地址中某些位是固定的值，或者用来反映其所代表的子网，其前缀的表示方式与IPv4的CIDR表示方式相同。IPv6前缀的表示法为**地址/前缀长度**，例如21DA:D3:0:2F3B::/64就是一个IPv6地址的前缀表示法，也就是IPv6地址中最左边64位固定为21DA:D3:0:2F3B。IPv4内使用的子网掩码在IPv6内已经不支持。

A.2 IPv6地址分类

IPv6支持3种类型的地址，分别是Unicast地址（单播地址）、Multicast地址（多播地址）与Anycast地址（任意播地址）。表A-1列出了IPv4地址与其所相对应的IPv6地址。

表A-1

IPv4地址	IPv6地址
Internet地址按类别分类	不分类
Public IP地址	Global Unicast地址
Private IP地址（10.0.0.0/8、172.16.0.0/12与192.168.0.0/16）	Site-local地址（FEC0::/10）或Unique Local IPv6 Unicast地址（FD00::/8）
APIPA自动配置的IP地址（169.254.0.0/16）	Link-local地址（FE80::/64）
Loopback地址为127.0.0.1	Loopback地址为::1
未指定地址为0.0.0.0	未指定地址为::
广播地址	不支持广播
多播地址（224.0.0.0/4）	IPv6多播地址（FF00::/8）

A.2.1 Unicast地址（单播地址）

Unicast地址用来代表单一网络接口，例如每块网卡可以有一个Unicast地址，当数据包的目的地是Unicast地址时，该数据包将被送到拥有此Unicast地址的网络接口（节点）。IPv6的Unicast地址包含以下几种类型：

- Global Unicast 地址
- Link-local地址
- Site-local地址
- Unique Local IPv6 Unicast地址
- 特殊地址
- 兼容地址

Global Unicast 地址（全局单播地址）

IPv6的Global Unicast地址相当于IPv4的Public IP地址，它们可以被路由和连接到Internet。图A-5为Global Unicast地址的结构图。

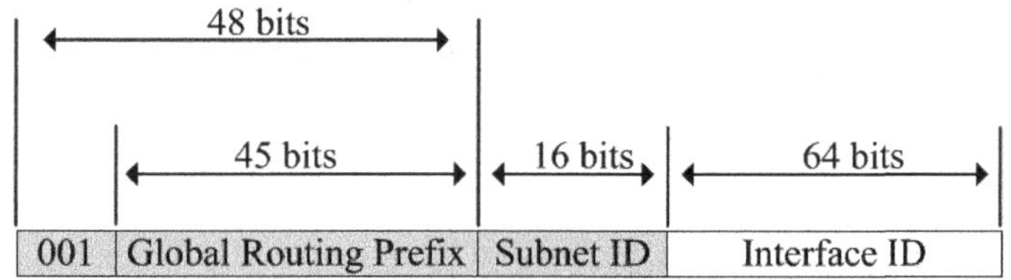

图 A-5

Global Unicast地址包含以下4个区块：

- 最左边3位固定为001。当前分配给Global Unicast地址的前缀为**2000::/3**，其中最左边

的2的二进制为0010，其左边的3位就是001。

- Global Routing Prefix（全局路由前缀）是企业网络内的站点（Site）的路由前缀，类似于IPv4的网络识别码（Network ID）。3个固定为001的前缀加上45位的Global Routing Prefix，一共48位被用来分配给企业内的站点，Internet的IPv6路由器在收到前缀符合这48位格式的数据包时，就会将此数据包路由到拥有此前缀的站点。
- Subnet ID（子网识别码）用来区分站点内的子网，通过这个16位的Subnet ID，可以让企业在一个站点内创建最多2^16=65536个子网。
- Interface ID（接口识别码）用来表示子网内的一个网络接口（例如网卡），相当于IPv4中的主机识别码（Host ID）。Interface ID可以通过以下两种方式之一生成。
  - **根据网卡的MAC地址生成Interface ID**：如图A-6中的1号箭头所示，首先将MAC地址（物理地址）转换成标准的EUI-64（Extended Unique Identifier-64）地址，然后修改此EUI-64地址，也就是如2号箭头所示将图中的0改为1（此位在标准的IEEE 802网卡中为0），最后将此修改过后的EUI-64地址当作IPv6的Interface ID。Windows Server 2003与Windows XP自动设置的IPv6地址，默认就是采用这种方式。

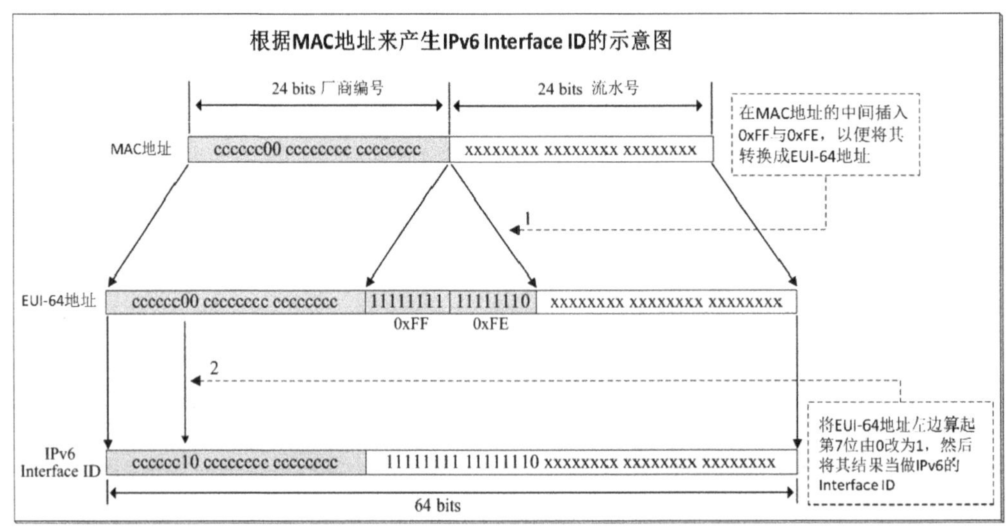

图A-6

  - **随机生成Interface ID**：Windows Server 2012、Windows Server 2008（R2）、Windows 8、Windows 7与Windows Vista自动设置的IPv6地址，默认就是采用这种方式。

Link-local 地址（本地链接地址）

拥有Link-local地址的节点使用此地址与同一**链接**（Link）上的邻近节点通信。IPv6节点（例如Windows Server 2012、Windows 8主机）会自动设置其Link-local地址。

附注

什么是节点（Node）？任何一个可以拥有IP地址的设备都可以称为节点，例如计算机、打印机、路由器等。一个站点（Site）内包含一或多个子网，这些子网通过路由器等设备串接在一起。每个子网内包含多个节点，这些节点通过网络接口（Network Interface，例如网卡）连接在这个子网上，也就是说这些节点在同一个**链接**（Link）上。

Link-local地址相当于IPv4中利用Automatic Private IP Addressing机制（APIPA）取得的IP地址169.254.0.0/16，IPv6节点会自动设置其Link-local 地址。Link-local地址的使用范围是该节点所连接的区域链接（Local Link）之内，也就是利用此地址来与同一个链接内的节点通信。图A-7为Link-local地址的结构图。

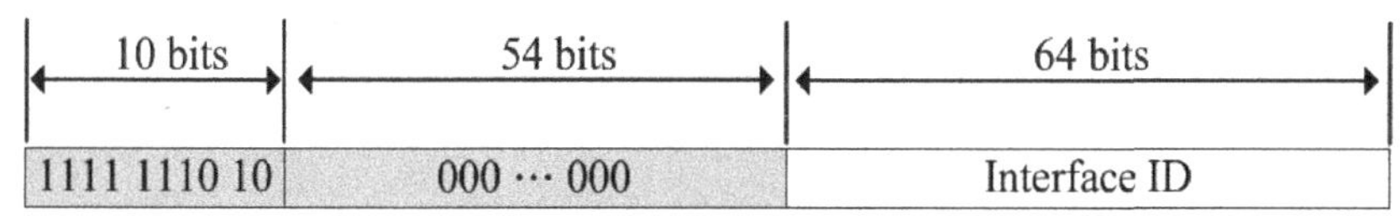

图 A-7

Link-local地址以**FE80**开头，其前缀为**FE80::/64**。IPv6路由器在收到目的地为Link-local地址的数据包时，绝对不可以将其路由到区域链接之外的其他链接。图A-8中右方倒数第一个箭头所指处就是一个Link-local地址，此界面是通过执行**netsh interface ipv6 show address**命令得来的。

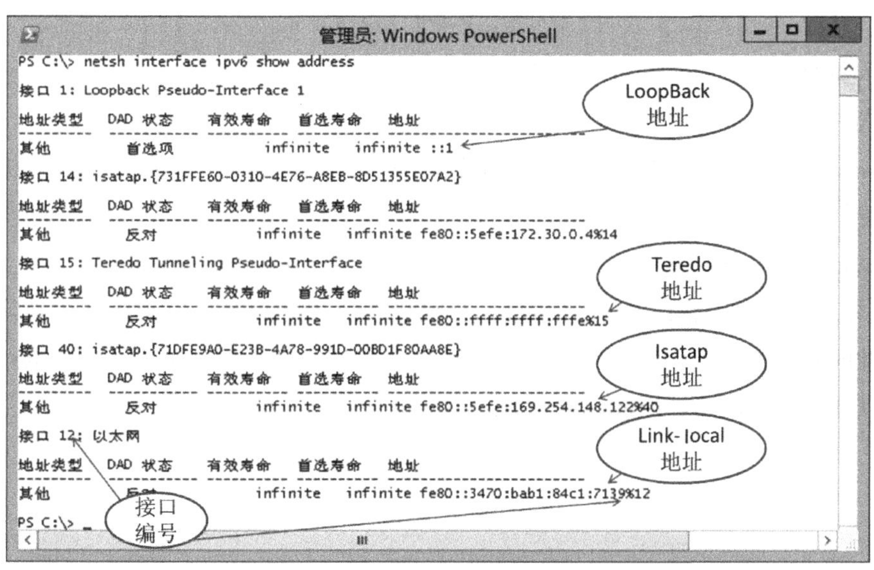

图 A-8

图中Link-local地址（FE80::开头）结尾%后面的数字12是网络接口索引值（Interface Index），为什么需要接口索引值呢？因为Link-local地址（与Site-local地址）的前置码可以重复使用，也就是站点内的所有链接都可以使用这个相同的前置码（因此位于不同链接内的节点，其Link-local地址也可以相同），这会造成使用上的混淆。例如，图A-9中的服务器拥有两块网卡，它们分别连接到链接1与链接2，同时链接1内有一台计算机、链接2内有两台计算机。图中的IPv6地址都是Link-local地址（其中链接1内的计算机1与链接2内的计算机2的Link-local地址相同），此时如果要在服务器上利用ping命令与连接2内的计算机2（或计算机3）通信时，此数据包应该通过网卡2送出，但是你要如何让这台服务器将数据包从这一块网卡送出呢？此时可以在ping命令后面加上此块网卡的接口索引值（图中的值为12）来解决问题，例如使用以下的ping命令：

```
Ping  FE80::10DF:D9F4:DE2D:3691%12
```

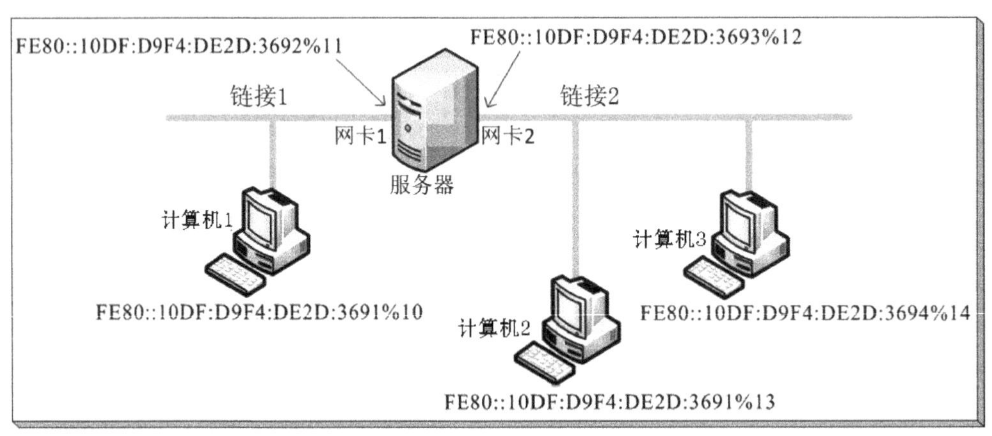

图 A-9

它表示要通过接口索引值为12的网卡2（位于链接2）将数据包送出。如果将此ping命令最后的接口索引值改为11，则数据包会通过网卡1（位于链接1）发送给计算机1。

每台Windows主机都会各自设置自己的接口索引值，因此同一个链接内的计算机，其接口索引值可能都不相同。其实%之后的数字应该称为zone ID（又称为Scope ID）。如果是Link-local地址，此zone ID就是接口索引值；如果是Site-local地址，zone ID就是Site ID。

同理，每台主机也可能有多个网络接口分别连接到不同的站点（Site），因此还必须通过zone ID区分（此时它被称为Site ID）。如果你的主机仅连接到一个站点，则其默认的Site ID为1。

还可以如图A-10所示利用**ipconfig**或**ipconfig/all**命令得到IPv6的相关信息。

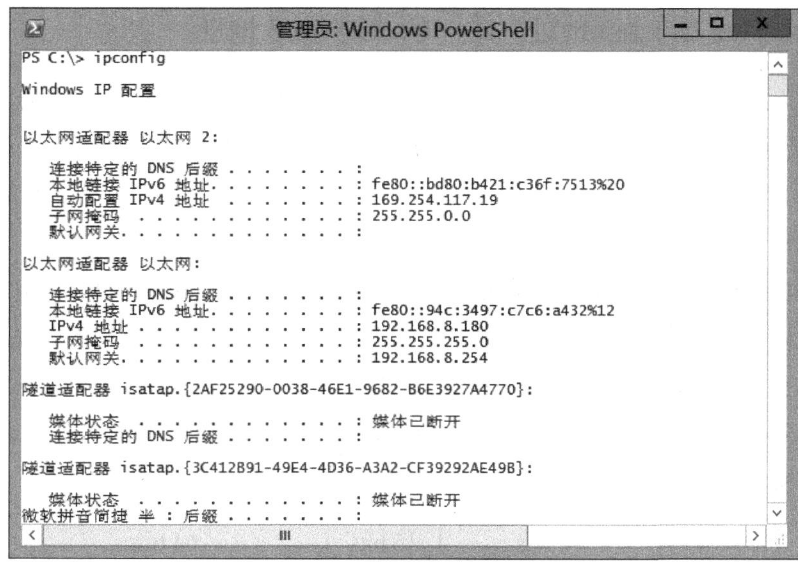

图 A-10

Site-local 地址（网站-本地地址、站点-本地地址）

Site-local地址相当于IPv4中的Private IP地址（10.0.0.0/8、172.16.0.0/12与192.168.0.0/16），Site-local地址的使用范围是该节点链接的站点（Local site）之内，也就是用来与同一站点（包含一个或多个子网）内的节点通信。路由器绝对不可以将使用Site-local地址的数据包转送到其他站点，因此一个站点内的节点无法使用Site-local地址来与其他站点内的节点通信。

不像IPv6节点会自动设置其Link-local地址，Site-local地址必须通过路由器、DHCPv6服务器或手动设置。

图A-11为Site-local地址的结构图。Site-local地址的前缀占用10位，其前缀为**FEC0::/10**。每个站点可以通过占用54位的Subnet ID来划分子网。IPv6路由器在收到目的地为Site-local地址的数据包时，并不会将其路由到区域站点（Local Site）之外的其他站点。

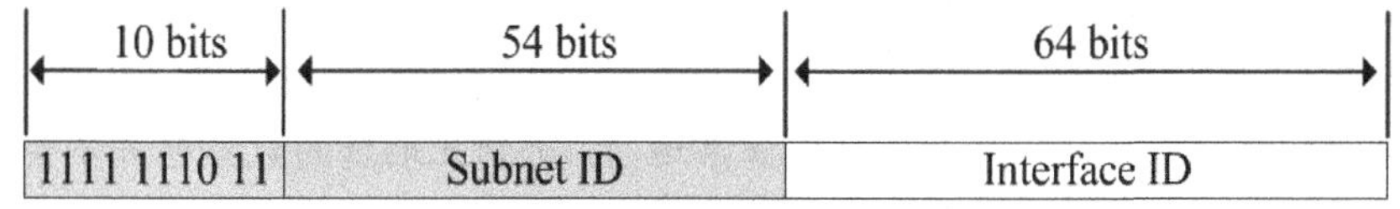

图 A-11

注意

RFC3879内不建议在内置的IPv6网络中使用Site-local地址，但现有IPv6环境可以继续使用Site-local地址。建议改用接下来要介绍的**Unique Local IPv6 Unicast**地址来取代Site-local地址。

Unique Local IPv6 Unicast 地址（唯一的本地 IPv6 地址）

由于Site-local地址的前置码具备可以重复使用的特性（因此位于不同站点内的节点的Site-local地址也可能会相同），这会造成使用上的混淆，增加IT人员的管理负担，此时可以利用新的Unique Local IPv6 Unicast地址来取代Site-local地址，企业内的所有节点都能够使用此具备唯一性的地址。

图A-12为Unique Local IPv6 Unicast地址的结构图，其前缀为**FC00::/7**，其中的L（Local）值为1表示它是一个Local地址（L值为0尚未被定义），因此将其设置为1后的Unique Local IPv6 Unicast地址前缀为**FD00::/8**。其中的Global ID用来区别企业内的每个站点，它是占用40位的随机值，因此请不要自行指定Global ID。Subnet ID（子网识别码）用来区分站点内的子网，通过这个16位的Subnet ID，可以让企业在一个站点内创建最多65,536个子网。

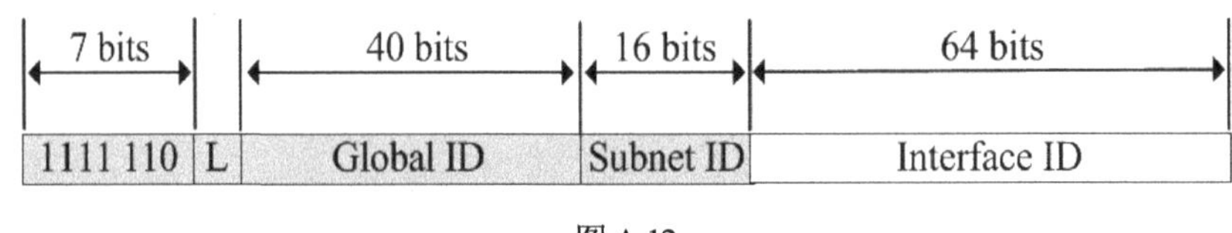

图 A-12

不像IPv6节点会自动设置其Link-local地址，Unique Local IPv6 Unicast地址必须通过路由器、DHCPv6服务器或手动进行设置。

特殊地址

下面是两个特殊的IPv6地址。

- **未指定地址（Unspecified Address）**：它就是**0:0:0:0:0:0:0:0**或**::**，相当于IPv4的0:0:0:0，此地址并不会被用来指定给网络接口，也不会被当作数据包的目的地址。当节点要确认其网络接口所获得的暂定地址（Tentative Address）是否唯一时，其所送出的确认数据包的来源地址就是使用**未指定地址**。
- **回环地址（Loopback Address）**：它就是**0:0:0:0:0:0:0:1**或**::1**（可参阅如图A-8中所示的范例），相当于IPv4的127.0.0.1。通过回环地址来执行回环测试（Loopback Test），以便检查网卡与驱动程序是否可以正常运行。送到此地址的数据包并不会被发送到链接（Link）上，路由器也不会将其发送到其他的链接。

兼容地址与自动信道

目前绝大多数的网络使用IPv4，而要将这些网络转移到IPv6是一项漫长且具有挑战性的工作。为了让转移工作能够更加顺利，IPv6提供了多个自动通道技术（Automatic Tunneling Technology）与兼容地址来协助从IPv4转移到IPv6。

自动信道不需手动创建，而是由系统自动创建此信道。如图A-13所示，两台同时支持IPv6

与IPv4的主机如果要利用IPv6通信，由于它们之间的网络为IPv4的架构，此网络无法发送IPv6数据包。此时可以在两台主机之间通过信道发送IPv6数据包，也就是将IPv6数据包封装到IPv4数据包内，然后通过IPv4网络发送。

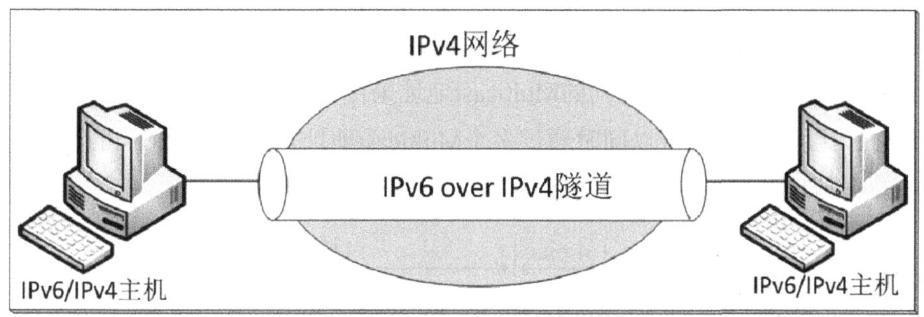

图A-13

IPv6支持多个兼容地址，以便信道两端的主机或路由器可以利用这些地址通信。

- **ISATAP地址**：ISATAP（Intra-Site Automatic Tunnel Addressing Protocol）地址是主机-主机、主机-路由器、路由器-主机之间通过信道通信时使用的IPv6地址，它让两台同时支持IPv6与IPv4的主机之间可以在IPv4局域网上利用IPv6通信。

  ISATAP 地址的Interface ID格式为**::0:5EFE:w.x.y.z**，其中的**w.x.y.z**为Unicast IPv4地址（public或private）。任何一个可用在Unicast地址的64位前缀，都可以当作是ISATAP 地址的前缀，例如FE80::5EFE:192.168.8.128就是一个link-local ISATAP 地址。Windows Server 2012的每个IPv4网络接口都有一个虚拟ISATAP信道接口（Tunneling Pseudo-interface），而系统默认会自动为此接口设置一个link-local ISATAP 地址（可以参阅如图A-8中所示的范例），拥有link-local ISATAP 地址的两台主机，可以各自利用其ISATAP地址来通过IPv4网络通信。
- **6to4地址**：6to4地址是路由器-路由器、主机-路由器、路由器-主机之间通过信道通信时使用的IPv6地址，它让IPv6主机或路由器可以通过IPv4 Internet来连接。6to4地址属于Global Unicast地址，其前缀为**2002:wwxx:yyzz::/48**，其中的**wwxx:yyzz**获取来自Unicast public IPv4地址（w.x.y.z）。
- **Teredo地址**：Teredo是给IPv6使用的NAT-T。如果一台同时支持IPv6与IPv4的主机位于IPv4的NAT之后，则当它要在IPv4 Internet上使用IPv6时，就可以使用Teredo地址，其前缀为**2001::/32**（Windows XP与Windows Server 2003早期使用的前缀为**3FFE:831F::/32**，必须安装更新程序后才会使用标准的前缀**2001::/32**，例如Windows XP必须安装Service Pack 3）。
- **IPv4-compatible地址**：两台同时支持IPv6与IPv4的主机相互利用IPv6通信时，如果它们之间需要经过使用public地址的IPv4网络，就可以使用IPv4-compatible地址来通过自动信道进行通信。

  IPv4-compatible地址的格式为**0:0:0:0:0:0: w .x.y.z**或**::w.x.y.z**，其中的**w.x.y.z**为Unicast IPv4地址（public），例如某台主机的IPv4地址为220.14.10.11，则其IPv4-compatible地

址为**0:0:0:0:0:0:220.14.10.11**或**::220.14.10.11**。

A.2.2 Multicast地址（多播地址）

IPv6的Multicast地址与IPv4同样用来代表一组网络接口，也就是多个节点可以加入到同一Multicast组内，它们都可以通过共同的Multicast地址来接听Multicast要求。一个节点也可以加入多个Multicast组，也就是它可以同时通过多个Multicast地址来接听Multicast的流量。如图A-14所示为Multicast地址的结构图。

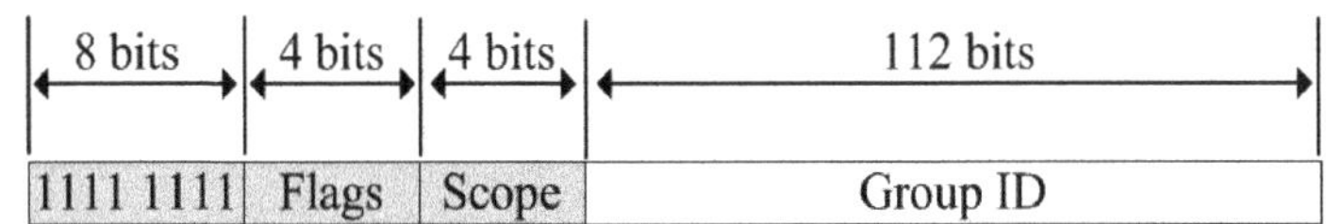

图 A-14

- 其最高8位固定为11111111，也就是十六进制的FF。
- **Flags**：如果被设置为0000，表示它是由IANA（Internet Assigned Numbers Authority）固定分配给Well-known Multicast地址的地址；如果被设置为0001，表示它是尚未被IANA固定分配使用的暂时Multicast地址。
- **Scope**：用来表示此Multicast地址可以发送的范围，当路由器收到Multicast地址的数据包时，它可以根据Scope来决定是否要路由此数据包。Scope最常见的值为1（表示node-local scope，其发送范围为节点自己）、2（表示Link-local scope，其发送范围为区域链接）与5（表示site-local，其发送范围为区域站点），举例来说，如果路由器收到一个要发送到FF02::2的数据包，由于此数据包的范围为Link-local，因此路由器并不会将此数据包发送到超出此区域链接（Local Link）以外的链接。
- **Group ID**：用来代表此组的唯一组识别码，它占用112位。

从FF01::到FF0F::是保留的Well-known multicast地址，例如：

- FF01::1（node-local scope all-nodes multicast address）
- FF02::1（link-local scope all-nodes multicast address）
- FF01::2（node-local scope all-routers multicast address）
- FF02::2（link-local scope all-routers multicast address）
- FF05::2（site-local scope all-routers multicast address）

Solicited-node multicast 地址

在IPv4中利用**ARP request**来执行IP地址解析工作，由于它是MAC-level的广播数据包，因此会干扰到网段内的所有节点。在IPv6中它通过发出**Neighbor Solicitation**信息来执行IP地址解析工作，而且为了减少对链接内所有节点的干扰，它采用了solicited-node multicast地址（请求节点多播地址），此地址是从网络接口的Unicast地址转换而来的，如图A-15所示，其前缀为

FF02::1:FF00:0/104，最后的24位是获取来自Unicast地址的Interface ID的最右24位。

> **附注**
>
> IPv6不再使用广播地址，所有原先在IPv4中使用广播地址的方式，在IPv6中都改用Multicast地址。

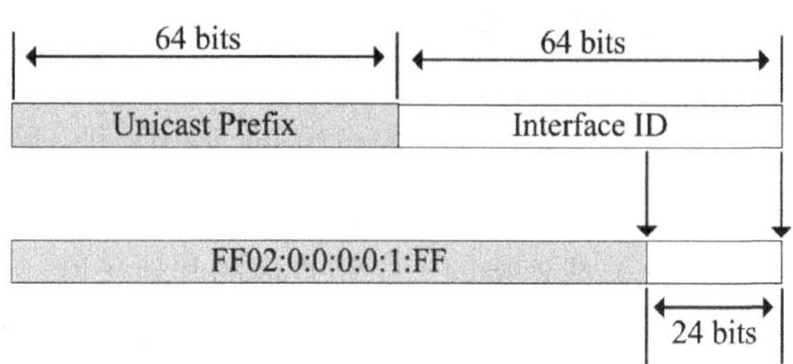

图 A-15

举例来说，假设某台主机的网络接口的IPv6 link-local地址为FE80::10DF:D9F4:DE2D:369B，由于其最右边24位为2D:369B，因此其solicited-node multicast地址为FE02::1:FF2D:369B，该主机会注册其拥有此地址，并通过此地址来接听IP地址解析要求（解析链路层的地址，以Ethernet网络来说就是MAC地址）。

A.2.3 Anycast地址（任意播地址）

Anycast地址像multicast地址一样可以被分配给多个网络节点，但是送到anycast地址的数据包，并不会被发送到拥有此anycast地址的所有节点，而是只会被发送到其中的一个节点，它是距离最近的节点（指路由距离）。

Anycast地址目前只能够用在数据包的目标地址，而且只能够分配给路由器使用。Anycast地址并没有自己的IPv6格式，它就是使用IPv6 unicast地址，但是在分配Anycast地址给路由器使用时，必须指明其为Anycast地址。

目前唯一被定义的Anycast地址为**Subnet-Router anycast地址**，它是路由器必须支持的地址，发送给Subnet-Router anycast的数据包，会被发送到该子网中的一个路由器。客户端可以通过发送Subnet-Router anycast数据包查找路由器。

Subnet-Router anycast地址的格式如图A-16所示，其中**Subnet Prefix**取自网络接口所在的链接（Link）的前缀，其长度根据不同的unicast地址而有所不同，后面剩下的位都是0。

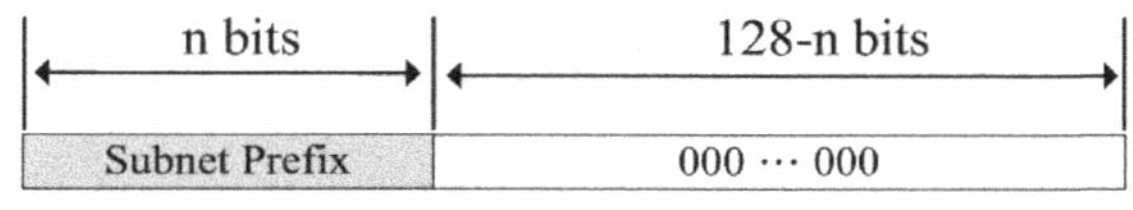

图 A-16

A.3 IPv6地址的自动配置

IPv6最好用的功能之一就是IPv6主机能够自动配置自己的IPv6地址，而且可以不需要通过DHCPv6通信协议的协助。

A.3.1 自动配置IPv6地址的方法

IPv6主机默认会自动为其每个网络接口配置一个Link-local地址，除此之外，如果IPv6主机能够找到路由器，还可以根据路由器内的设置获得更多的IPv6地址与选项，然后利用这些地址连接Internet（如果是Global地址）或连接同一个站点内的其他子网（如果是site-local地址或Unique Local IPv6 Unicast地址）。IPv6主机通过发送Router Solicitation信息查找路由器，路由器会响应Router Advertisement信息，此信息内包含以下信息。

- **一个或多个附加的前缀**：IPv6主机会根据这些附加的前缀（可能是global或local前缀）再创建一个或多个IPv6地址。
- **Managed Address Configuration（M）标志**：如果此标志被设置为1，表示要使用DHCPv6获取IPv6地址。
- **Other Stateful Configuration（O）标志**：如果此标志被设置为1，表示要使用DHCPv6取得其他选项，例如DNS服务器的IPv6地址。

如果路由器返回的信息内包含一个或多个前缀，则IPv6主机除了会根据这些前缀创建一个或多个IPv6地址之外，还会根据M标志与O标志来决定其他IPv6地址与选项。M标志与O标志存在以下的排列组合。

- **M=0 & O=0**：IPv6主机仅会根据路由器所传来的前缀创建一个或多个IPv6地址（或手动配置），此情况被称为**无状态地址自动配置**（stateless address autoconfiguration）。此时IPv6主机必须通过其他方式来配置选项，例如手动配置。
- **M=0 & O=1**：此时IPv6主机会根据前缀来创建一个或多个IPv6地址（或手动配置），通过DHCPv6取得其他选项。
- **M=1 & O=0**：此时IPv6主机会通过DHCPv6取得其他IPv6地址，此情况被称为**全状态地址自动配置**（stateful address autoconfiguration）。此时IPv6主机必须通过其他方式配置选项，例如手动配置。
- **M=1 & O=1**：此时IPv6主机会通过DHCPv6取得其他IPv6地址与选项。

A.3.2 自动配置的IPv6地址的状态分类

不论是IPv6主机自动配置的Link-local地址或利用路由器回复的前缀创建的Global或Local

地址，还是通过DHCPv6取得的任何一个IPv6地址，这些IP地址在不同的时机有着不同状态，如图A-17所示。

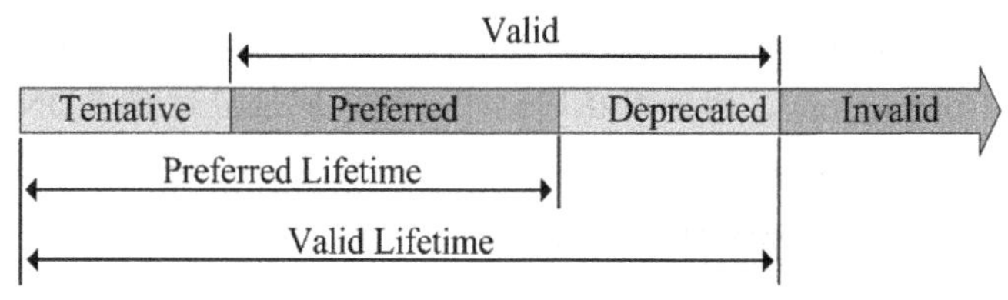

图 A-17

- **Tentative（临时性）**：当产生一个新的IPv6地址时，它处于Tentative（临时性）状态，此时IPv6主机会通过发送Neighbor Solicitation信息执行DAD（Duplicate Address Detection，重复地址检测）程序，以便检测此地址是否已经被重复使用，如果IPv6主机收到Neighbor Advertisement响应信息，就将此地址标识为**已经被重复使用**。
- **Preferred（首选项）**：如果确认了此IP地址的唯一性（IPv6主机未收到Neighbor Advertisement响应信息），就将此地址的状态改为Preferred，而从现在开始它就是一个有效的（Valid）IPv6地址，IPv6主机可利用此地址来接收与发送数据包。
- **Deprecated（反对）**：一个状态为Preferred的IPv6地址有一定的使用时限，时限过后，其状态就会被改为Deprecated，它还是一个有效的地址，现有的连接可以继续使用Deprecated地址，不过新的连接不应该使用Deprecated地址。
- **Invalid（无效的）**：处于Deprecated状态的地址在经过一段时间后就会变成无效的（Invalid）地址，此时就不可以再通过此地址来接收与发送数据包。

如图A-18所示，运行**netsh interface ipv6 show address**命令后，可以看到有几个处于不同状态的IPv6地址。

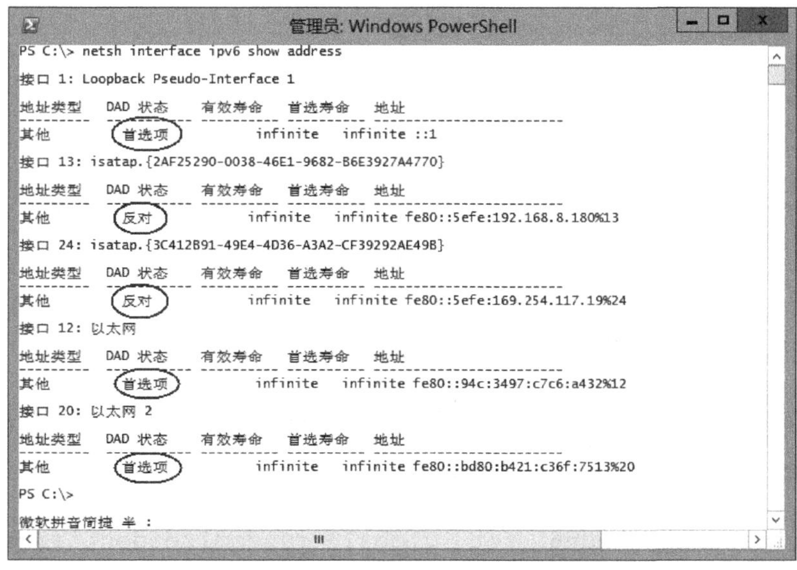

图 A-18

另外，图中最左边有个**地址类型**栏出现**公用**（Public）这个字眼，这是因为IPv6的地址又可以被分类为**公用**、**临时**与**其他**地址。其中公用与临时地址的说明如下。

- **公用IPv6地址（Public IPv6 Address）**：它是一个global地址，主要用来接收连入连接（Incoming Connection），例如用在网站中，这个地址应该要在DNS服务器内注册。公用IPv6地址的Interface ID可以是EUI-64地址（参见前面的说明）或利用随机数生成。
- **临时IPv6地址（Temporary IPv6 Address）**：此地址主要是客户端应用程序在初始连接时使用，例如网页浏览器可以使用此地址对外连接网站，这个地址不需要在DNS服务器内注册。临时IPv6地址的Interface ID由随机数生成，这是为了安全的考虑，因为Interface ID是随机生成的，因此每次IPv6通信协议启动时，其IPv6地址都不一样，这样可以避免用户的上网行为被跟踪。

为了安全起见，Windows Server 2012、Windows Server 2008（R2）、Windows 8、Windows 7与Windows Vista默认利用随机数创建unicast地址的Interface ID（包含global地址），而不是用EUI-64。

可以通过**netsh interface ipv6 show global**命令来查看当前系统是否利用随机数生成Interface ID，如图A-19所示为已经启用。

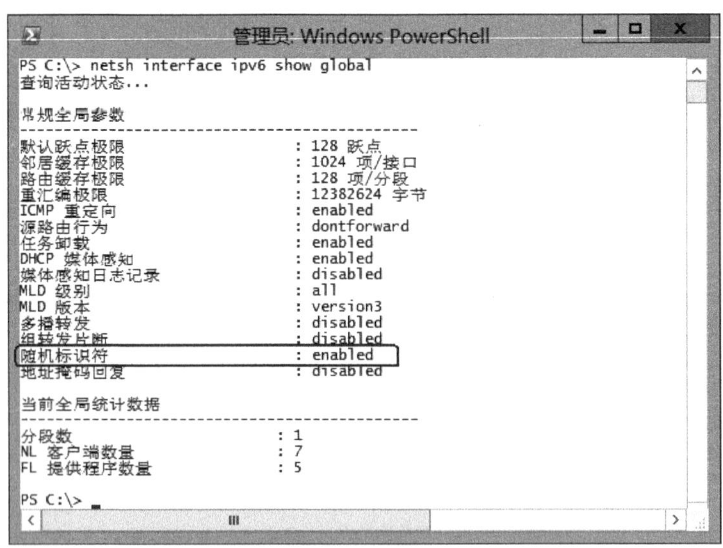

图 A-19

可以通过以下命令来禁用随机数生成Interface ID：

```
netsh interface ipv6 set global randomizeidentifiers=disabled
```

或者通过以下命令来启用随机数生成Interface ID：

```
netsh interface ipv6 set global randomizeidentifiers=enabled
```

附录B 利用Hyper-V搭建测试环境

阅读本书的过程中，可能需要一个包含多台计算机的网络环境来练习与验证书中介绍的内容，然而普通读者要同时准备多台计算机可能会有困难，还好现在可以使用虚拟化软件（例如Windows Server 2012内置的Hyper-V），让你轻易地拥有包含虚拟网络与虚拟机的测试环境。

- Hyper-V的硬件需求
- 安装Hyper-V
- 创建虚拟交换机与虚拟机
- 创建更多的虚拟机
- 通过Hyper-V主机连接Internet

B.1 Hyper-V的硬件需求

要使用Hyper-V虚拟技术来搭建测试环境，需要准备一台CPU（处理器）速度足够快、内存足够多、硬盘容量足够大的物理计算机，在这台计算机上利用内置的Hyper-V创建多台虚拟机与虚拟交换机（旧版将其称为“虚拟网络”），然后在这些虚拟机里安装所需操作系统，例如Windows Server 2012、Windows 8等。

这台物理计算机可以是Windows Server 2012、Windows Server 2008 R2或64位版本的Windows Server 2008，由于它们都是64位操作系统，因此CPU必须是64位。同时Hyper-V还要求此计算机的硬件需符合以下要求：

- 必须支持**硬件辅助虚拟化技术**（Hardware-assisted Virtualization），也就是CPU必须支持Intel VT（Intel Virtualization Technology）或AMD-V（AMD Virtualization），并且需要在主板的BIOS内启用Intel VT或AMD-V。
- 必须启用**硬件数据执行保护**（hardware data execution protection），也就是必须启用Intel XD bit（Execute Disable Bit）或AMD NX bit（No Execute Bit），并且主板BIOS必须启用Intel XD或AMD NX。

附注

Windows 8也内置Hyper-V，但是CPU还需要支持SLAT（Second Level Address Translation）。Windows 8 Hyper-V的启用方法为【**控制面板➲程序➲**打开或关闭Windows功能】。

B.2 安装Hyper-V

先在物理计算机上安装支持Hyper-V的操作系统，本书采用Windows Server 2012 Datacenter。

B.2.1 安装Hyper-V角色

安装Windows Server 2012完成后，接着在这台计算机上通过**添加角色和功能**的方式来安装Hyper-V。我们将这台安装Hyper-V的物理计算机称为**主机**（Host），其操作系统被称为**主机操作系统**（Host Operation System），而虚拟机内安装的操作系统被称为**来宾操作系统**（Guest

Operation System）。

STEP 1　打开**服务器管理器**➲单击**仪表板**处的**添加角色和功能**➲持续单击 下一步 按钮直到出现如图B-1所示的**选择服务器角色**界面时勾选**Hyper-V**复选框➲单击 添加功能 按钮。

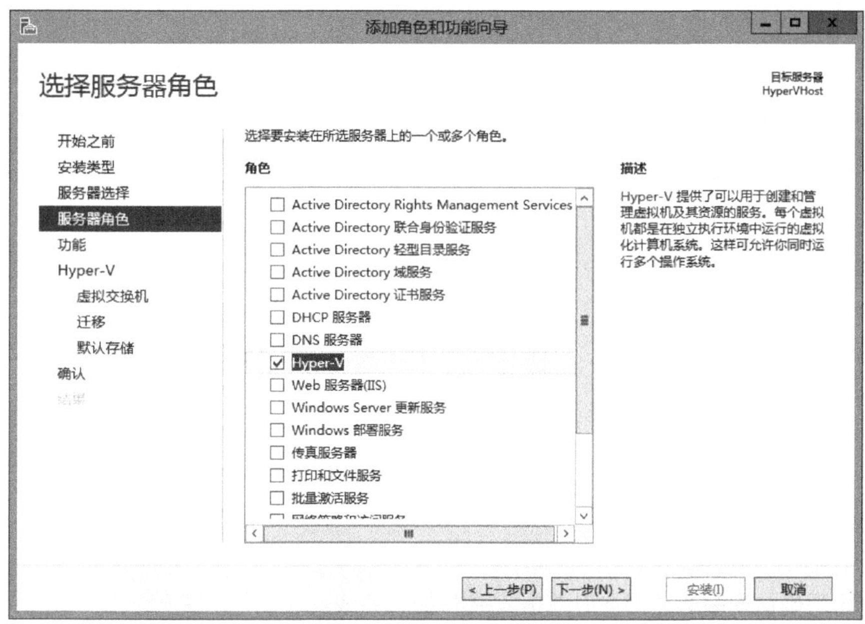

图 B-1

STEP 2　持续单击 下一步 按钮到出现如图B-2所示的**创建虚拟交换机**界面时单击 下一步 按钮。界面中的设置会在后面介绍Hyper-V虚拟交换机类型时再进行说明。

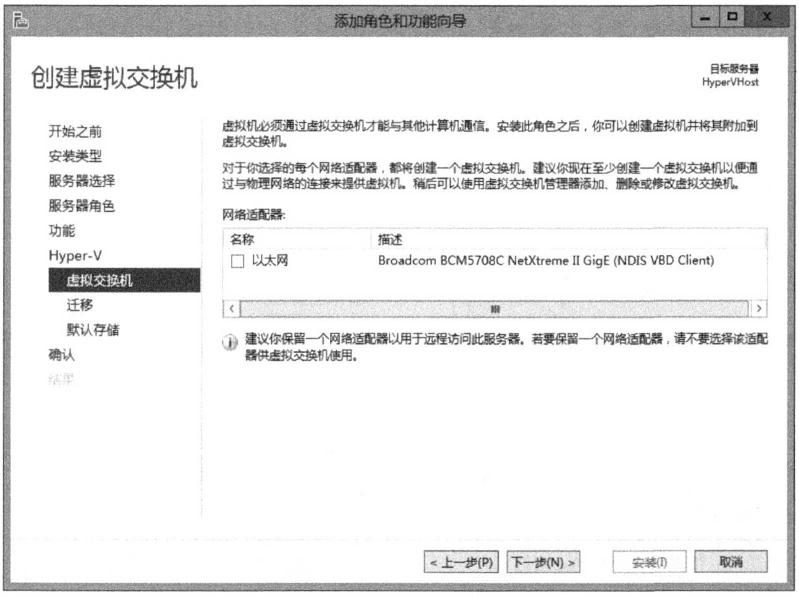

图 B-2

STEP 3　持续单击下一步按钮直到出现如图B-3所示的**默认存储**界面时单击下一步按钮即可，此界面用来设置虚拟硬盘文件与虚拟机配置文件的存储位置。

图 B-3

STEP 4　出现**确认安装选项**界面时单击安装按钮，完成安装后单击关闭按钮。

STEP 5　重新启动计算机并登录。

B.2.2 Hyper-V的虚拟交换机

通过Hyper-V可以创建以下三种类型的虚拟交换机（参见图B-4中的范例）。

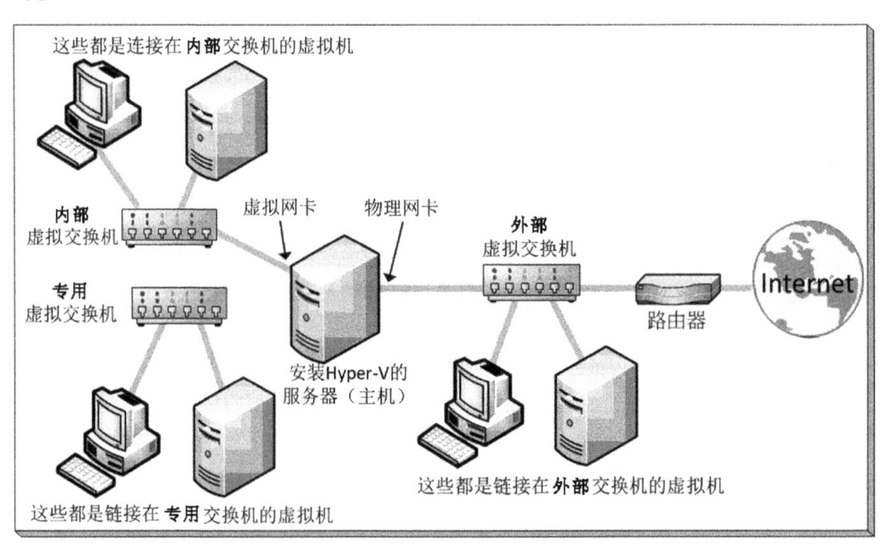

图 B-4

- **外部**虚拟交换机：此虚拟交换机所在的网络就是主机物理网卡所连接的网络，因此你所创建的虚拟机的网卡如果被连接到这个外部虚拟交换机，则它们可以通过此交换机与主机通信，也可以与连接在这个交换机上的其他计算机通信，甚至可以连接Internet。如果主机有多块物理网卡，则你可以针对每块网卡创建一个外部虚拟交换机。
- **内部**虚拟交换机：连接在这个内部虚拟交换机上的计算机之间可以相互通信，也可以与主机通信，但是无法与其他网络内的计算机通信，同时它们也无法连接Internet。除非在主机上启用NAT或路由，例如启用**Internet连接共享**（ICS）。可以创建多个内部虚拟交换机。
- **专用**虚拟交换机：连接在这个专用虚拟交换机上的计算机之间可以相互通信，但是并不能与主机通信，也无法与其他网络内的计算机通信（图B-4中的主机并没有网卡连接在这个虚拟交换机上）。可以创建多个专用虚拟交换机。

B.3 创建虚拟交换机与虚拟机

B.3.1 创建虚拟交换机

下面我们要练习先创建一个隶属于**外部**类型的虚拟交换机，以便可以将虚拟机的虚拟网卡连接到此虚拟交换机。

STEP 1　按⊞键切换到开始屏幕➲**Hyper-V管理器**。

STEP 2　如图B-5所示，单击主机名右边的**虚拟交换机管理器**。

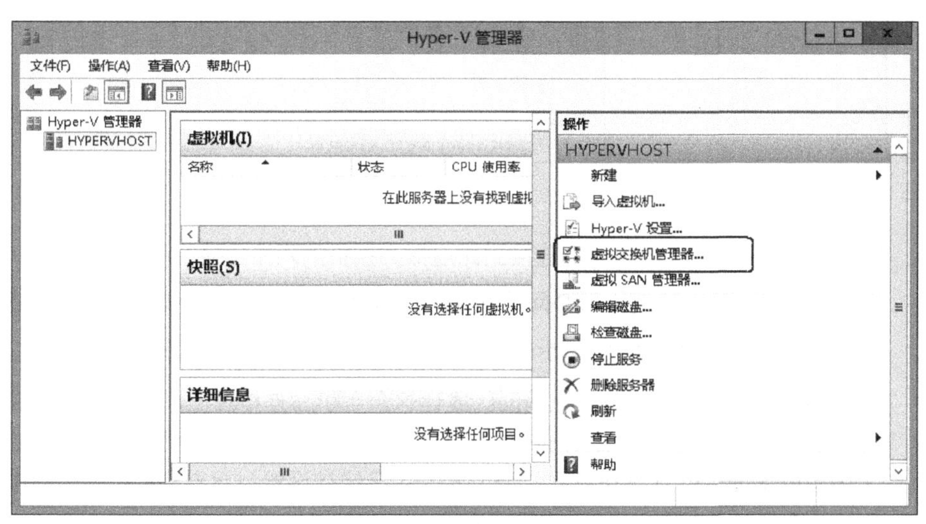

图B-5

STEP 3　如图B-6所示，选择**外部**后单击创建虚拟交换机按钮。

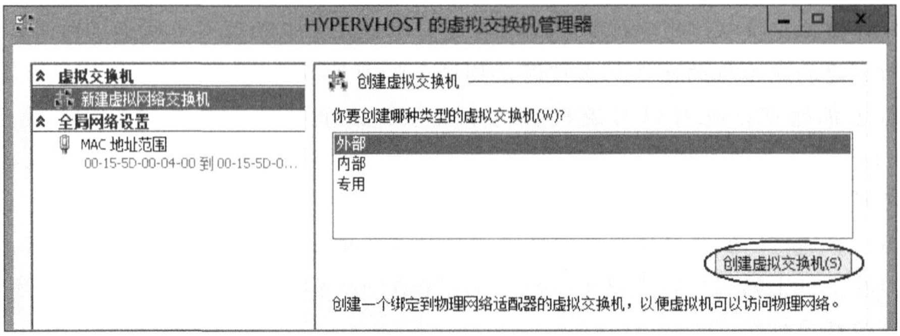

图B-6

STEP 4　如图B-7所示，为此虚拟交换机命名（例如**对外连接的虚拟交换机**），在**外部网络**下拉列表选择一块物理网卡，以便将此虚拟交换机连接到此网卡所在的网络。完成后单击**确定**按钮，出现界面提醒你网络会暂时断线时单击**是**按钮。

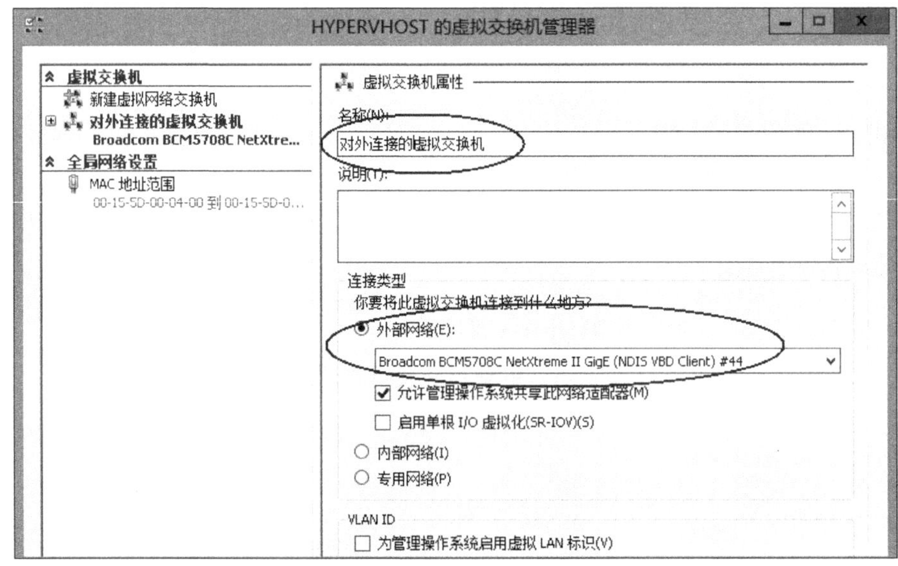

图B-7

STEP 5　Hyper-V会在主机内创建一个连接到此虚拟交换机的网络连接，而你可以通过【按⊞键切换到**开始屏幕**➲**控制面板**➲**网络和Internet**➲**网络和共享中心**➲**更改适配器设置**】的方法进行查看，如图B-8中所示的连接 **vEthernet**（**对外连接的虚拟交换机**）。

如果要利用这台主机来连接Internet，或让这台主机与连接在此虚拟交换机的其他计算机通信，请设置这个vEthernet连接的TCP/IP设置值，而不是更改物理网卡的连接（图中**以太网**）的TCP/IP设置，因为此连接已经被设置为**虚拟交换机**（可以【双击**以太网**➲**属性**➲如图B-9所示进行查看】）。

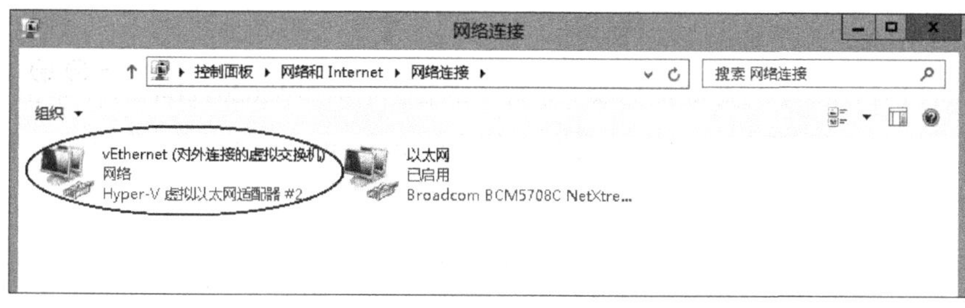

图 B-8

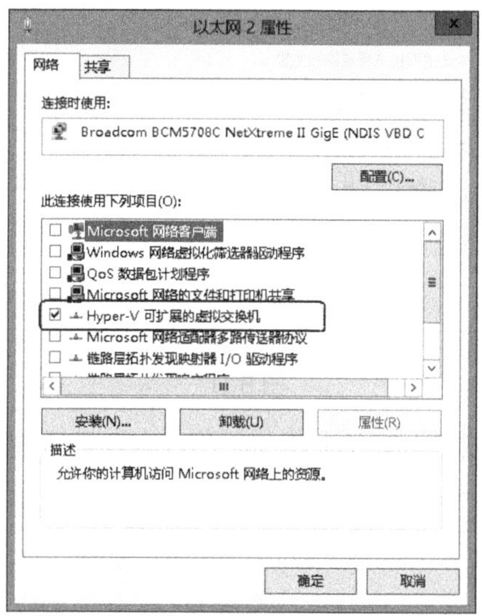

图 B-9

B.3.2 创建Windows Server 2012虚拟机

我们将利用Hyper-V创建一个包含Windows Server 2012 Datacenter的虚拟机。创建的顺序是先创建一个虚拟机，然后在此虚拟机内安装Windows Server 2012 Datacenter。下面假设使用Windows Server 2012 ISO文件进行安装。

STEP 1 请如图B-10所示【对着主机名单击鼠标右键➲**新建**➲**虚拟机**】(也可以【单击右方**操作**窗格的**新建**➲**虚拟机**】)。

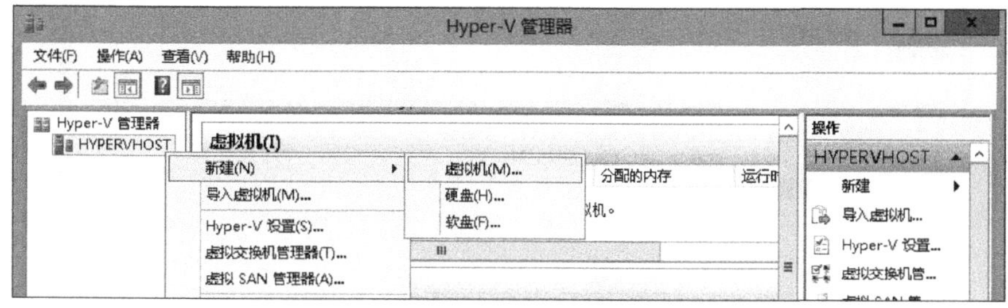

图 B-10

STEP 2　出现**开始之前**界面时单击下一步按钮。

STEP 3　如图B-11所示，为此虚拟机取一个好记的名称（例如Win2012Base）后单击下一步按钮（此虚拟机的配置文件默认会被存储到C:\ProgramData\Microsoft\Windows\Hyper-V文件夹，可以通过下方选项来更改文件夹）。

新建虚拟机向导
指定名称和位置
开始之前
指定名称和位置
分配内存
配置网络
连接虚拟硬盘
安装选项
摘要
为此虚拟机选择名称和位置。
名称显示在 Hyper-V 管理器中。建议你使用有助于轻松识别此虚拟机的名称，如来宾操作系统或负载的名称。
名称(M): Win2012Base
可以创建一个文件夹或使用现有文件夹来存储虚拟机。如果没有选择文件夹，虚拟机将存储在为此服务器配置的默认文件夹中。
将虚拟机存储在其他位置(S)
位置(L): C:\ProgramData\Microsoft\Windows\Hyper-V\
浏览(B)...
如果计划制作此虚拟机的快照，请选择具有足够可用空间的位置。快照包括虚拟机数据，因此可能需要大量空间。

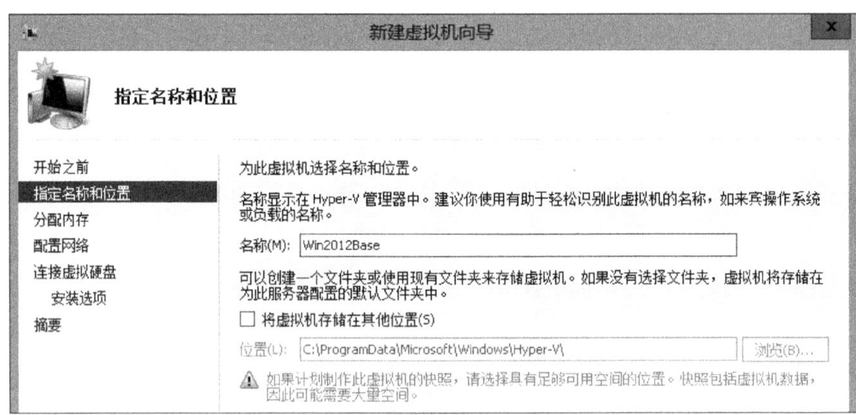

图 B-11

STEP 4　如图B-12所示，指定要分配给此虚拟机的内存容量后单击下一步按钮。

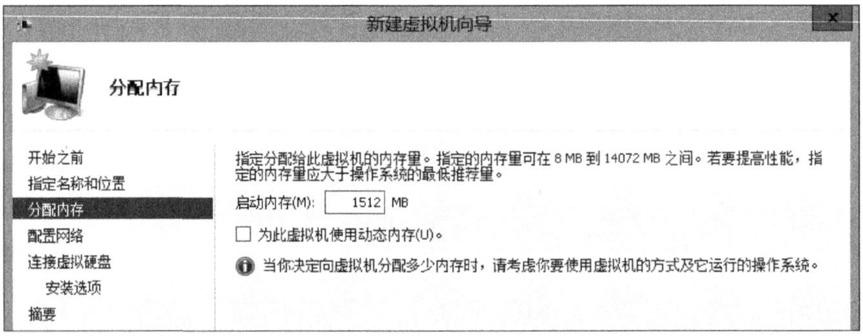

新建虚拟机向导
分配内存
开始之前
指定名称和位置
分配内存
配置网络
连接虚拟硬盘
安装选项
摘要
指定分配给此虚拟机的内存量。指定的内存量可在 8 MB 到 14072 MB 之间。若要提高性能，指定的内存量应大于操作系统的最低推荐量。
启动内存(M): 1512 MB
为此虚拟机使用动态内存(U)。
当你决定向虚拟机分配多少内存时，请考虑你要使用虚拟机的方式及它运行的操作系统。

图 B-12

STEP 5　如图B-13所示，选择其虚拟网卡连接的虚拟交换机，我们将其连接到之前所创建的第一个虚拟交换机**对外连接的虚拟交换机**。

新建虚拟机向导
配置网络
开始之前
指定名称和位置
分配内存
配置网络
连接虚拟硬盘
安装选项
摘要
每个新虚拟机包含一个网络适配器。你可以配置网络适配器以使用虚拟交换机，否则，它将保持断开连接状态。
连接(C): 对外连接的虚拟交换机

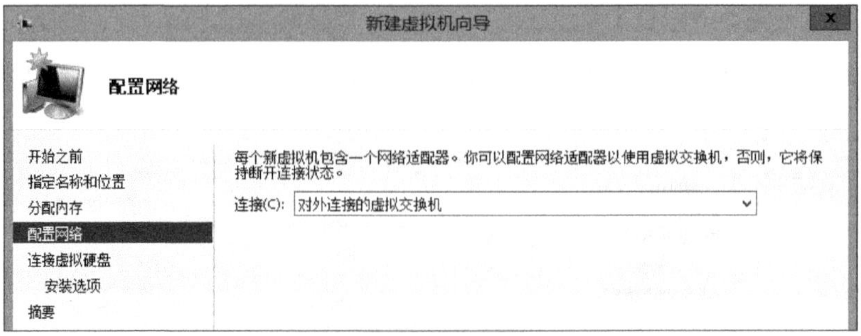

图 B-13

STEP 6 如图B-14所示，单击下一步按钮采用默认值即可。此界面用来设置要分配给此虚拟机的虚拟硬盘，包含文件名（扩展名为.vhdx）、存储位置与容量大小，图中我们选择默认值，其容量为不固定大小的动态设置，最大可自动扩充到127GB。由图中还可得知虚拟硬盘文件的默认存储地点是 C:\Users\Public\Documents\Hyper-V\Virtual Hard Disks。

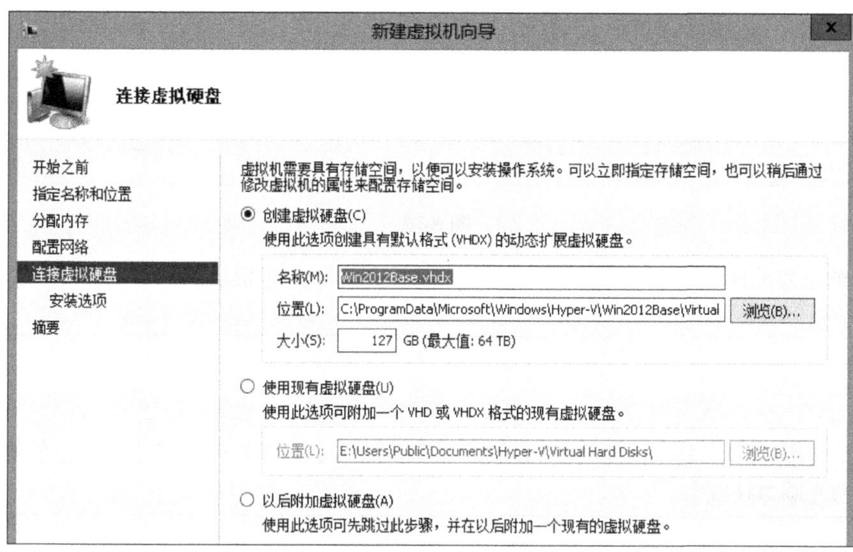

图 B-14

STEP 7 如图B-15所示，选择Windows Server 2012 ISO文件来安装后单击下一步按钮。

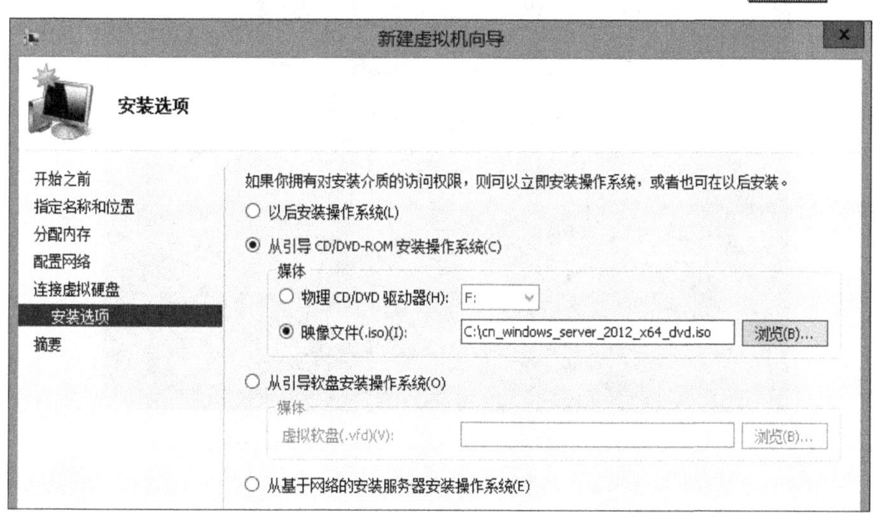

图 B-15

STEP 8 确认完成新建虚拟机向导界面中的选择无误后单击完成按钮。

STEP 9 如图B-16中所示的Win2012Base就是我们所创建的虚拟机，请双击此虚拟机Win2012Base。

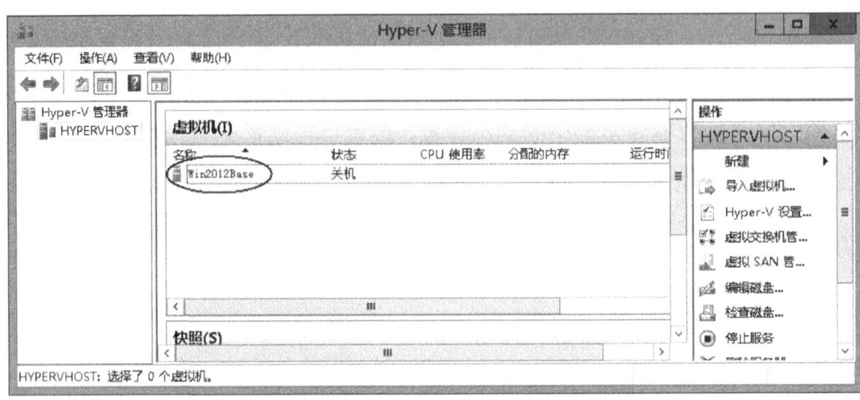

图 B-16

STEP 10　单击如图B-17所示左上方的启动图标后就会启动此虚拟机。

> **附注**
>
> 如果要利用DVD安装，请先将DVD放进光驱，然后【选择如图B-17所示上方的**媒体**菜单➲DVD光驱➲获取】。

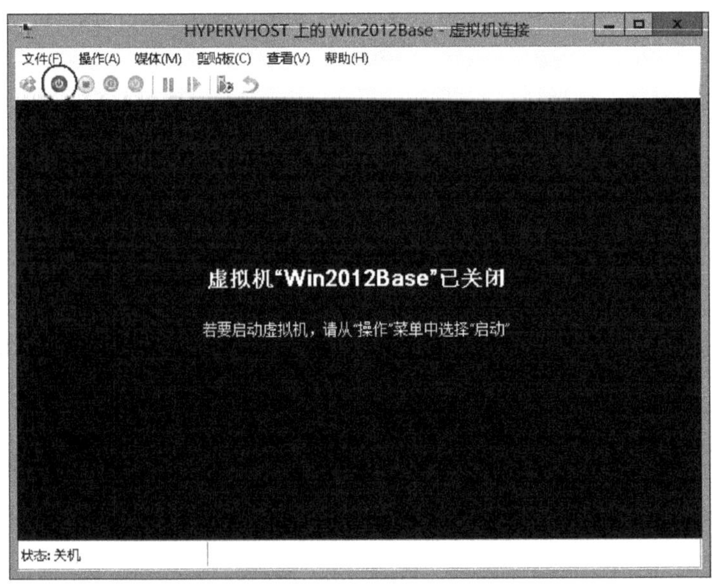

图 B-17

STEP 11　如图B-18所示，系统会开始安装Windows Server 2012（以下省略安装步骤的说明）。

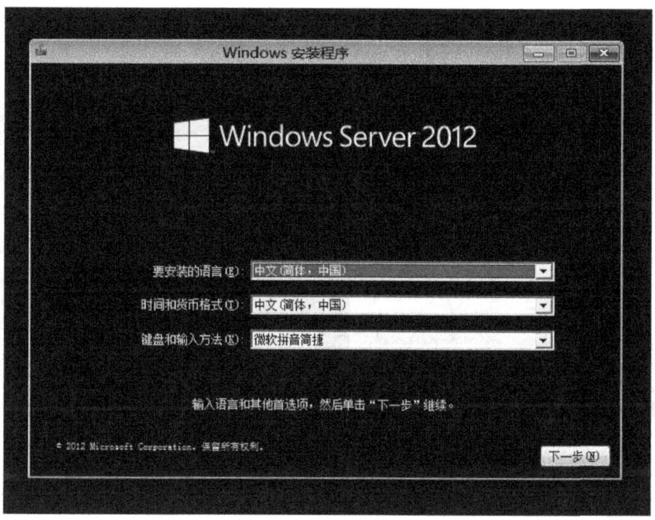

图 B-18

注意

安装过程中，如果要针对主机操作鼠标，却发生无法顺利将鼠标指针移动到窗口外的情况，请先按Ctrl + Alt + ← 3个键后，再移动鼠标指针即可。这3个键称为**鼠标释放键**。有些显卡的快捷键会占用这3个键，此时先按Ctrl + Alt + Del，然后单击**取消**，就可以在主机操作鼠标，建议将此类显卡的快捷键功能取消。可以在**Hyper-V管理器**窗口下单击右方的**Hyper-V设置**来更改**鼠标释放键**。通过按Ctrl + Alt + End 键可以来模拟虚拟机内按Ctrl + Alt + Del 的操作。

为了让主机与虚拟机之间有更高的集成度(例如让鼠标能够更顺利地在主机与虚拟机之间进行操作)，我们还需要在虚拟机内安装**Hyper-V集成服务**（Integration Services)，不过有的操作系统已经包含Hyper-V集成服务，有的却没有。

- Windows Server 2012、Windows 8：已经包含最新版的Hyper-V集成服务。
- Windows Server 2008 R2、Windows 7、Windows Server 2008 SP2：包含旧版的Hyper-V集成服务，建议更新为新版本。
- Windows Vista SP2、Windows XP Professional SP3、Windows Server 2003：不含Hyper-V集成服务，需要另外安装。

为虚拟机安装Hyper-V集成服务的方式为：先启动虚拟器内的操作系统并登录，然后如图B-19所示【选择**操作**菜单➲选择**插入集成服务安装盘**➲单击右上角出现的窗口（或打开**文件管理器**，然后单击光驱)】，完成后重新启动虚拟机。

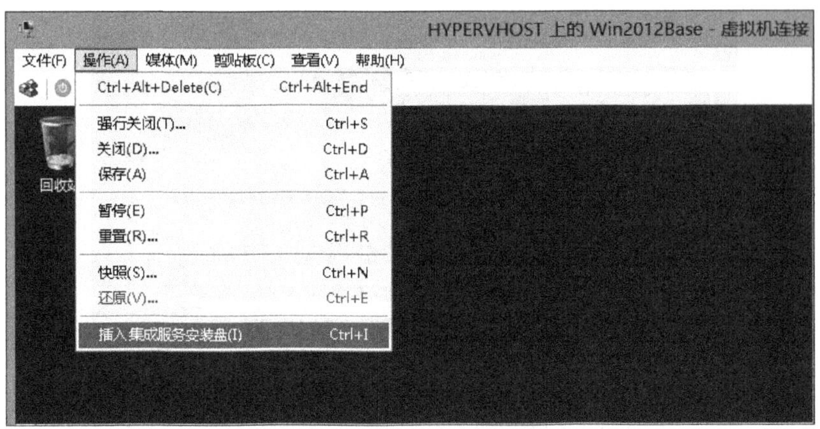

图 B-19

附注

Windows Server 2012 Hyper-V也让你可以将虚拟机的状态保存起来后关闭虚拟机，下一次要使用此虚拟机时，就可以直接将其恢复成关闭之前的状态。保存状态的方法为：【选择虚拟机窗口中的**操作菜单➲保存**】。

B.4 创建更多的虚拟机

可以重复利用前一节叙述的步骤创建更多虚拟机，不过采用这种方法，每个虚拟机占用的硬盘空间比较大，而且也比较浪费时间。本节将介绍另一种省时又省硬盘空间的方法。

差异虚拟硬盘

此方法是将之前创建虚拟机Win2012Base的虚拟硬盘当作**母盘**（Parent Disk），并以此母盘为基准创建**差异虚拟硬盘**（differencing virtual disk），然后将此差异虚拟硬盘分配给新的虚拟机使用，如图B-20所示，当启动右边的其他虚拟机时，它仍然会使用Win2012Base的母盘，但是之后在此系统内进行的任何改动都只会被存储到差异虚拟硬盘，并不会改动Win2012Base的母盘内容。

注意

如果使用**母盘**的Win2012Base虚拟机被启动，则其他使用**差异虚拟硬盘**的虚拟机将无法启动。如果**母盘**文件发生故障或丢失，则其他使用**差异虚拟硬盘**的虚拟机也无法启动。

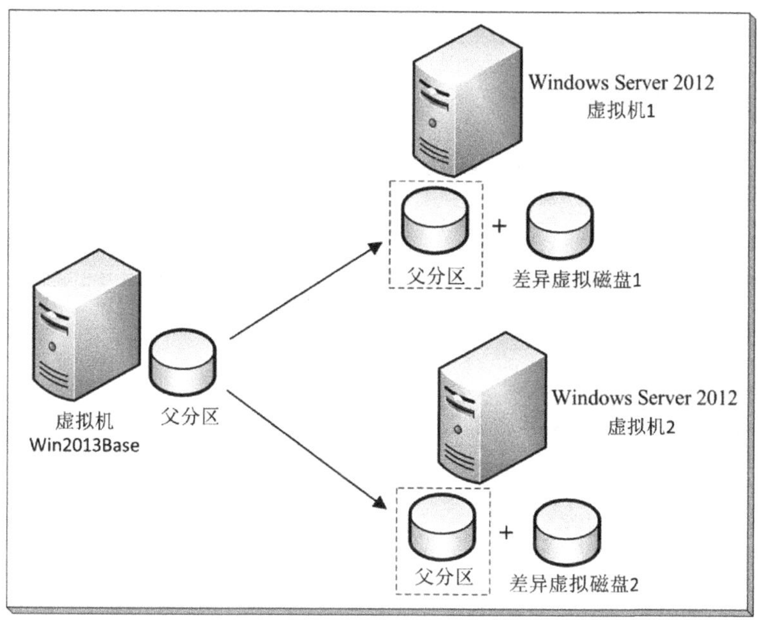

图 B-20

创建使用**差异虚拟硬盘**的虚拟机

下面将Win2012Base虚拟机使用的虚拟硬盘当作母盘制作差异虚拟硬盘，并创建一个使用此差异虚拟硬盘的虚拟机Server1。先将拥有此母盘的虚拟机关机。

STEP **1** 如图B-21所示【对着主机名单击鼠标右键➲**新建**➲**硬盘**】。

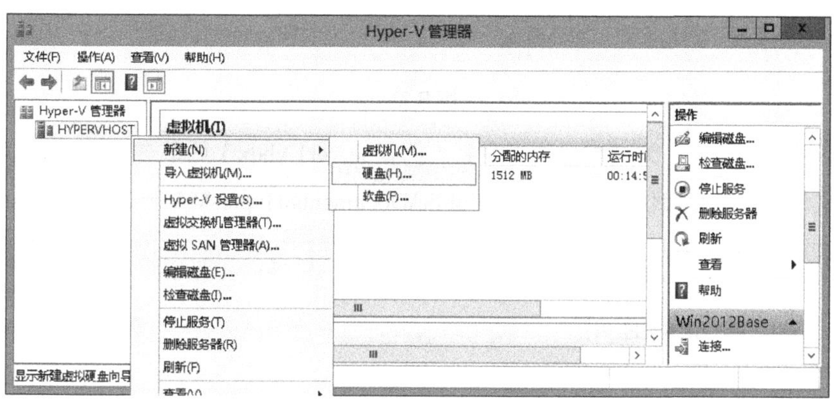

图 B-21

STEP **2** 出现**开始之前**界面时单击下一步按钮。

STEP **3** 如图B-22所示，选择默认的新格式（扩展名为VHDX）后单击下一步按钮。

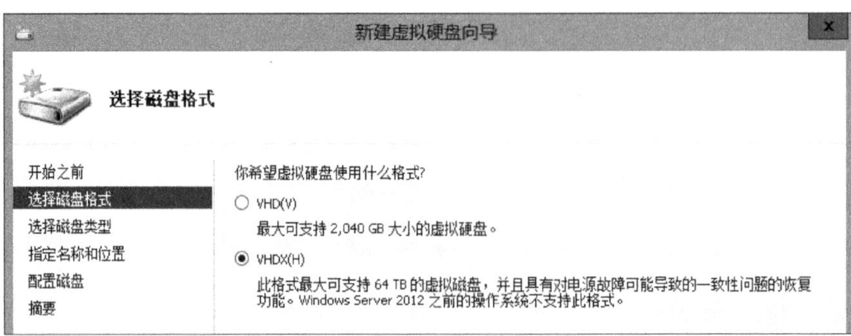

图 B-22

STEP 4　如图B-23所示，选择**差异**后单击下一步按钮。

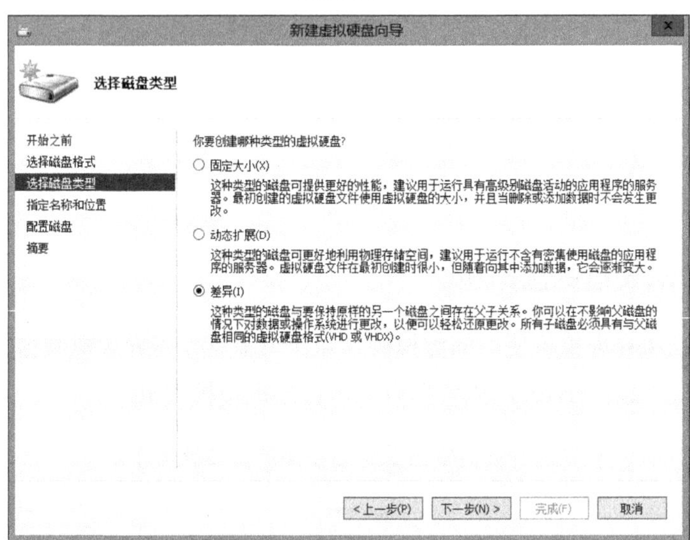

图 B-23

STEP 5　如图B-24所示，为此虚拟硬盘命名（例如Server1.vhdx）后单击下一步按钮。虚拟硬盘文件默认的存储位置为C:\Users\Public\Documents\Hyper-V\Virtual Hard Disks。

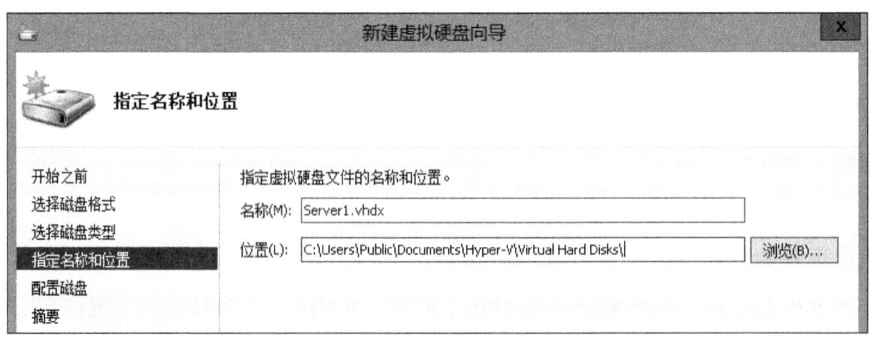

图 B-24

STEP 6　如图B-25所示，选择要当作**母盘**的虚拟硬盘文件，也就是Win2012Base.vhdx。

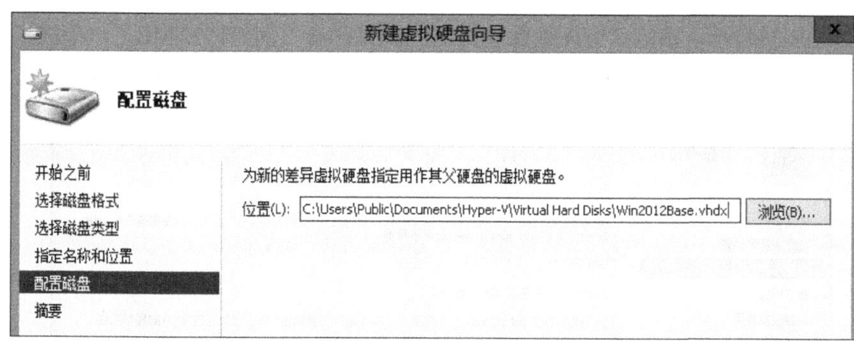

图 B-25

STEP 7　出现**完成新建虚拟硬盘向导**界面时单击完成按钮。

STEP 8　接下来将创建使用差异虚拟硬盘的虚拟机。请如图B-26所示【对着主机名单击鼠标右键➲新建➲虚拟机】。

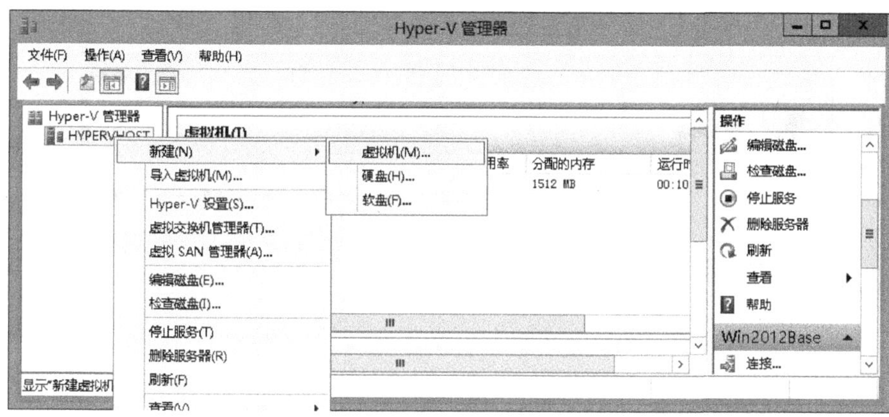

图 B-26

STEP 9　出现**开始之前**界面时单击下一步按钮。

STEP 10　如图B-27所示，为此虚拟机命名后（例如Server1）单击下一步按钮。

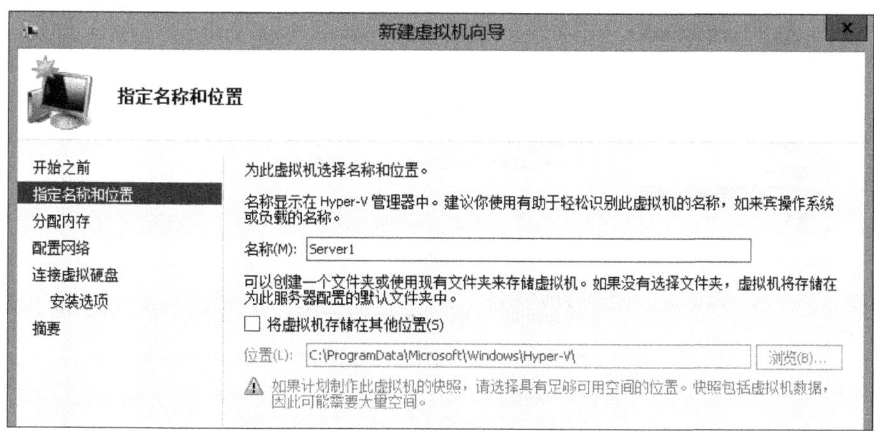

图 B-27

STEP 11 如图B-28所示，指定要分配给此虚拟机的内存容量（例如1512 MB），单击下一步按钮。

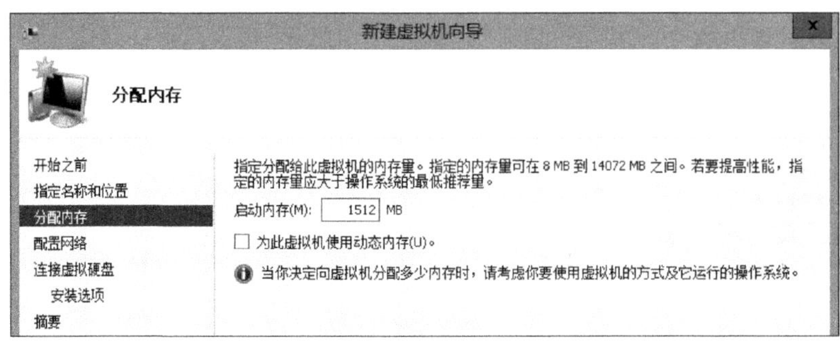

图 B-28

STEP 12 如图B-29所示，选择其虚拟网卡连接的虚拟交换机，例如将其连接到之前所创建的第一个虚拟交换机**对外连接的虚拟交换机**（此交换机是根据物理网卡创建的，它属于外部类型的交换机），单击下一步按钮。

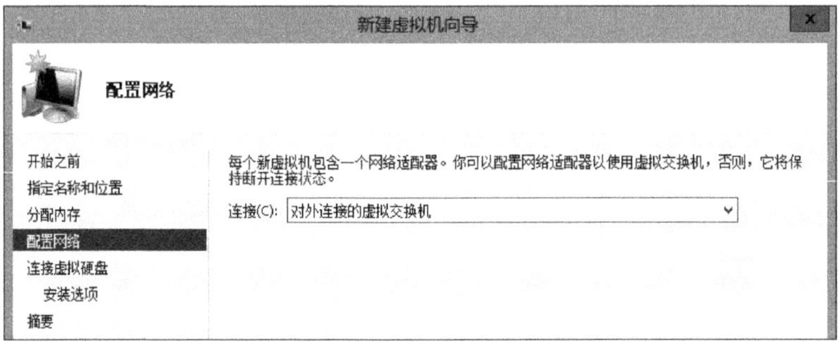

新建虚拟机向导
配置网络
开始之前
指定名称和位置
分配内存
配置网络
连接虚拟硬盘
安装选项
摘要
每个新虚拟机包含一个网络适配器。你可以配置网络适配器以使用虚拟交换机，否则，它将保持断开连接状态。
连接(C): 对外连接的虚拟交换机

图 B-29

STEP 13 如图B-30所示，选择要分配给此虚拟机的虚拟硬盘，我们选择之前所创建的**差异虚拟硬盘**Server1.vhdx，单击下一步按钮。

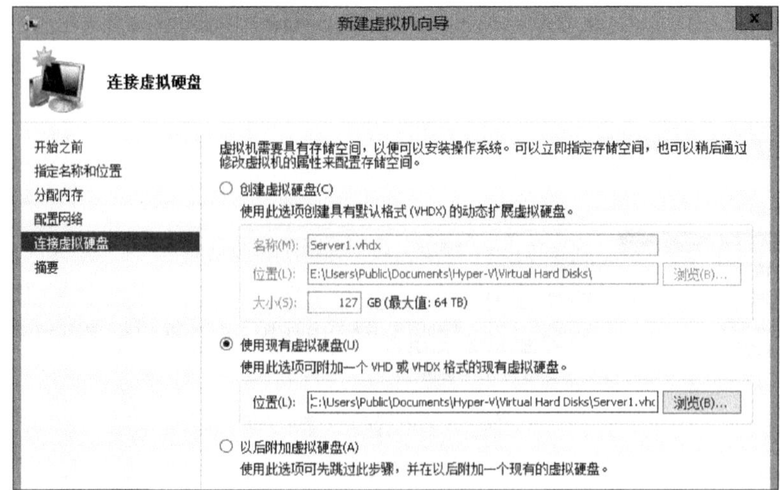

图 B-30

STEP 14 出现**完成新建虚拟机向导**界面时单击**完成**按钮。

STEP 15 如图B-31所示为完成后的界面，请启动此虚拟机并登录。

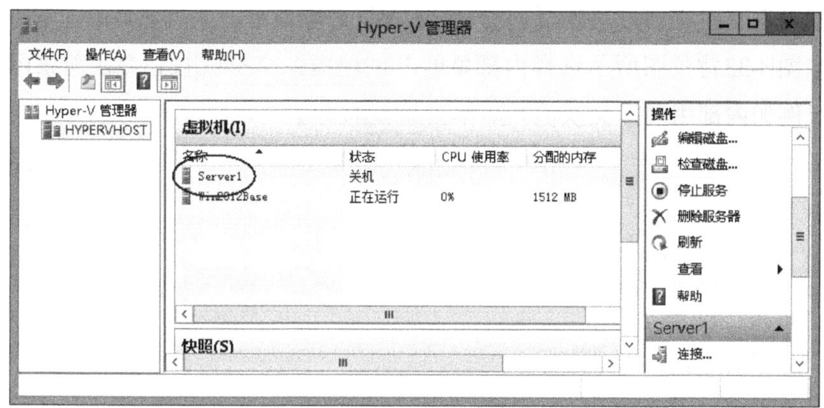

图 B-31

STEP 16 由于此虚拟机是利用Win2012Base制作出来的，因此其SID（Security Identifier）与Win2012Base相同，因此建议运行SYSPREP.EXE更改此虚拟机的SID，否则在域环境下会有问题。SYSPREP.EXE位于C:\System32\sysprep文件夹内。注意，运行SYSPREP.EXE时必须如图B-32所示勾选**通用**复选框才会更改SID。

图 B-32

B.5 通过Hyper-V主机连接Internet

前面介绍过如何新建一个属于**外部**类型的虚拟交换机，如果虚拟机的虚拟网卡连接到这个虚拟交换机，就可以通过外部网络连接Internet。

如果新建属于**内部**类型的虚拟交换机，Hyper-V也会自动为主机创建一个连接到此虚拟交换机的网络连接，如果虚拟机的网卡也连接在这个交换机，这些虚拟机就可以与Hyper-V主机通信，但是却无法通过Hyper-V主机连接Internet，不过只要将Hyper-V主机的NAT（网络地址转换）或ICS（Internet连接共享）启用，这些虚拟机就可以通过Hyper-V主机连接Internet。

新建**内部**虚拟交换机的方法为:【打开Hyper-V管理器➲单击主机名➲单击右方的**虚拟交换机管理器**➲如图B-33背景图所示选择**内部**➲单击创建虚拟交换机按钮➲在前景图中为此虚拟交换机命名（例如**内部用虚拟交换机**）后单击确定按钮】。

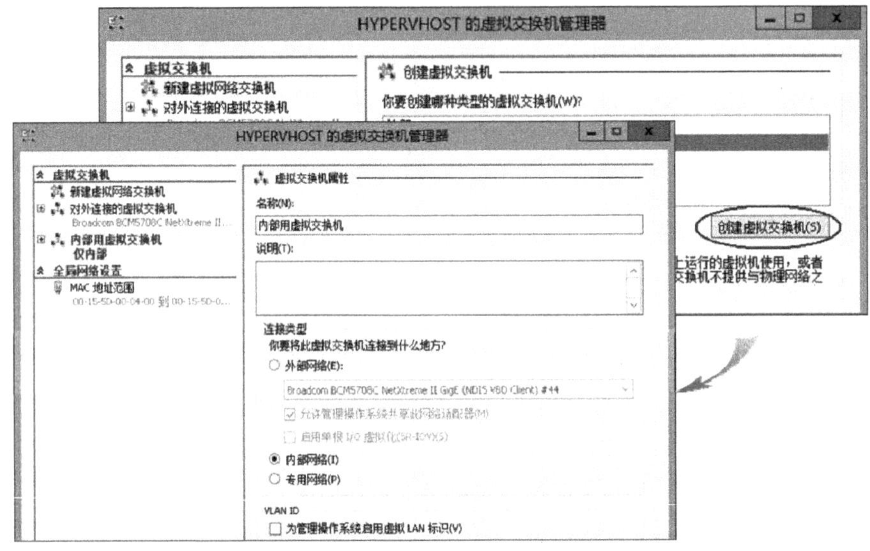

图 B-33

完成后，系统会替Hyper-V主机新建一个连接到这个虚拟交换机的网络连接，如图B-34所示的**vEthernet**（**内部用虚拟交换机**）。

图 B-34

如果要让连接在此虚拟交换机的虚拟机通过Hyper-V主机上网，只要将主机内可以连上Internet的连接**vEthernet**（**对外连接的虚拟交换机**）的**Internet连接共享**启用即可:【对着**vEthernet**（**对外连接的虚拟交换机**）单击鼠标右键➲**属性**➲如图B-35所示勾选**共享**标签下的选项】。

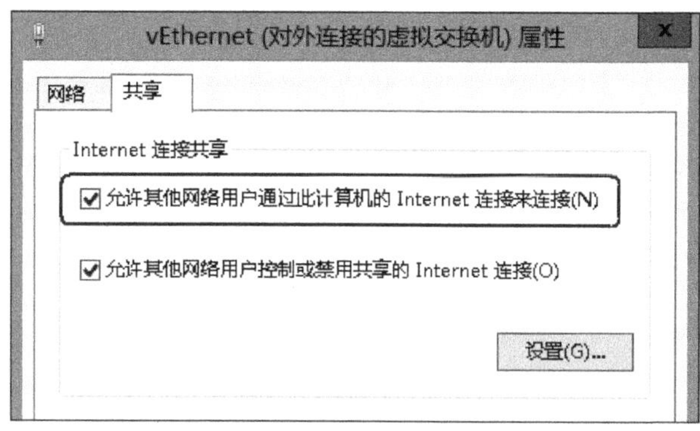

图 B-35

系统会将Hyper-V主机的**vEthernet（内部用虚拟交换机）**连接的IP地址改为192.168.137.1，而连接**内部用虚拟交换机**的虚拟机，其IP地址也必须为192.168.137.x/24的格式，同时**默认网关**必须指定到192.168.137.1这个IP地址。不过因为**Internet连接共享**具备DHCP的分配IP地址功能，也就是连接在**内部用虚拟交换机**的虚拟主机只要将IP地址的取得方式设置为自动获取即可，不需要手动配置。